Isaac D. Johnson

Anleitung zur Ausübung der homöopathischen Heilkunst

für Familien- und Privatgebrauch

Isaac D. Johnson

Anleitung zur Ausübung der homöopathischen Heilkunst
für Familien- und Privatgebrauch

ISBN/EAN: 9783743481794

Hergestellt in Europa, USA, Kanada, Australien, Japan

Cover: Foto ©berggeist007 / pixelio.de

Manufactured and distributed by brebook publishing software (www.brebook.com)

Isaac D. Johnson

Anleitung zur Ausübung der homöopathischen Heilkunst

Anleitung zur Ausübung

der

Homœopathischen Heilkunst,

für

Familien- und Privatgebrauch.

Von

J. D. Johnson, M.D.,

Mitglied des Amerikanischen Instituts der Homöopathie; Graduirter des
Homöopathischen Instituts von Pennsylvanien; Verfasser von
„Johnson's Therapeutic Key."

Aus dem Englischen übertragen.

Philadelphia:

F. E. Boericke,

Hahnemann Publishing House,
1886.

Vorrede.

Dieſes Werk iſt ein Leitfaden zur Ausübung des homöopathiſchen Heilverfahrens; es iſt, wie der Titel beſagt, für den Familien- und Privatgebrauch beſtimmt. Bei Ausarbeitung desſelben haben wir es uns zur Aufgabe gemacht, dem Laien ein Werk zu bieten, an deſſen Hand derſelbe viele Krankheiten mit Erfolg ohne ärztliche Hülfe ſelbſt behandeln kann.

Mit ängſtlicher Sorgfalt haben wir die verſchiedenen Krankheiten in ihren Verläufen beſchrieben, um auch den weniger gebildeten Laien in den Stand zu ſetzen, die Natur jeder Krankheit zu erkennen. Die unmittelbaren und entfernteren Urſachen der Krankheiten und deren Behandlung ſind ſo klar dargelegt, daß bei einiger Aufmerkſamkeit eine falſche Diagnoſe (unterſcheidende Kennzeichen) kaum möglich iſt. Unter der vorgeſchriebenen Behandlungsweiſe findet man eine genaue Angabe bezüglich der Größe der Doſis und deren Wiederholung; immerhin muß der Leſer, in Betracht der verſchiedenartigen Fälle, ſein eignes Urtheil zu Rathe ziehen, aber ſtets mit gewiſſenhafter Befolgung der unter „Anweiſung" ertheilten Rathſchläge. Das diätetiſche Verhalten iſt in jedem beſondern Fall genau angegeben. Was das Baden, die Ventilation und körperliche Uebungen betrifft, ſo wird der Laie allenthalben die gewünſchte Auskunft erhalten. Der Zweite Theil enthält eine Materia Medica im Auszug, worin die Hauptanzeichen zuſammengeſtellt ſind, ſo daß der Laie in Bezug auf die Auswahl der einſchlägigen Mittel ſich ſelbſt helfen kann. Um die Hauptanzeichen als ſolche zu

kennzeichnen, haben wir vor dem Ausdruck „Hauptanzeichen"
ein Sternchen [*] angebracht. Um anzudeuten, daß die Symptome
untergeordneter, aber immerhin bedeutungsvoller Art sind, bedienten
wir uns der gesperrten Schrift. Wenn am Ende eines Satzes
eins oder mehrere Mittel in Klammern [ ] gegeben sind, so wollen
wir damit sagen, daß ähnliche Symptome vorhanden sind. Diese
Methode der Nebeneinanderstellung zieht sich durch das ganze Werk
und sie wird sich bei der Auswahl der Mittel von großem Nutzen erweisen.

Da das Werk für das Publikum im Allgemeinen bestimmt ist, so
hat der Verfasser alle technischen Ausdrücke zu vermeiden gesucht, so
daß Jeder, bis zu einem gewissen Grade, sein eigner Arzt sein kann.
Damit ist nicht gemeint, daß man auf ärztlicher Hilfe Verzicht leisten
solle. Zur erfolgreichen Ausübung des homöopathischen Heilverfahrens gehört jahrelanges Studiren: anatomische, pathologische,
physiologische, chirurgische Studien, und gründliche Kenntnisse in der
Materia Medica.

Der Verfasser hat sein Bestes gethan, das Werk so nützlich und
vollständig, wie möglich, zu machen. Ob er bei seinen Bemühungen
erfolgreich gewesen, oder nicht, darüber hat er kein Urtheil. Wenn
diejenigen, für welche dieses Werk bestimmt ist, daraus einigen
Nutzen ziehen können, so ist er für seine mühsame Arbeit reichlich
belohnt.

                                              J. D. Johnson.

Kennet Square, Pa.

Inhalt.

Erster Theil.

Behandlung der Krankheiten.

Erstes Kapitel.

Krankhafte Zustände des Geistes.

Zweites Kapitel.

Krankheiten des Kopfes.

Drittes Kapitel.

Krankheiten des Auges.

Viertes Kapitel.

Krankheiten des Ohres.

Fünftes Kapitel.

Krankheiten der Nase.

Sechstes Kapitel.

Krankheiten des Mundes.

Siebentes Kapitel.

Krankheiten des Halses.

Achtes Kapitel.

Krankheiten der Brust.

Neuntes Kapitel.

Krankheiten des Magens.

Zehntes Kapitel.

Unterleibs-Krankheiten.

Elftes Kapitel.

Krankheiten der Harnorgane.

Zwölftes Kapitel.

Hautkrankheiten.

Dreizehntes Kapitel.

Frauenkrankheiten.

Inhalt.

Vierzehntes Kapitel.

Pflege des neugebornen Kindes.

Fünfzehntes Kapitel.

Allgemeine Krankheiten.

Sechzehntes Kapitel.

Aeußerliche Verletzungen.

Inhalt.

Siebenzehntes Kapitel.

Vergiftung.

Zweiter Theil.

Materia Medica.

Anweisung zur Ausübung

der

Homöopathischen Heilkunst.

Einleitung.

Es sind ungefähr siebenzig Jahre verflossen, seit die Homöopathie ihren Weg in dieses Land gefunden hat. Ihre Verdienste um das Wohl der Menschheit werden allenthalben anerkannt und ungeachtet der Schmähungen ihrer Gegner, hat sie stetig an Grund gewonnen, so daß sie auch unter einstigen Gegnern eine große Anzahl von Sachwaltern und Schildhaltern zu verzeichnen hat und in jedem Theile der gebildeten Welt ausgeübt wird. Ihre Grund=lagen sind offen dargelegt worden, und wo ihre praktische Verwer=thung geprüft wurde, sei es im Hospital oder in der Privatpraxis: das Ergebniß war stets dasselbe, nämlich, daß sie jedem andern Heil=verfahren den Rang abgelaufen hat. Sie verdankt ihren Triumph dem Umstand, daß sie auf ein unwandelbares Naturgesetz fest gegründet ist, auf ein Gesetz, das, richtig befolgt, so sicher eine heilsame Veränderung des gestörten Organismus herbeiführen muß, wie chemische Reagentien bei gehöriger Combination gewisse Phänomena erzeugen müssen. Die Unentbehrlichkeit eines solchen

2 (17)

Gesetzes hat sich längst gezeigt: aber erst der Homöopathie war es vorbehalten, dieses Gesetz aufzufinden und in Anwendung zu bringen.

Das Grundgesetz, worauf die Homöopathie gegründet, ist sprachlich zusammengefaßt in den Worten "*similia similibus curantur,*" d. h. „Gleiches wird behandelt durch Gleiches." Dies will einfach besagen, daß alle Krankheiten zu heilen sind durch Anwendung von Arzneimitteln, die Symptome erzeugen, welche mit der Krankheit verwandt sind. Wenn z. B. **Ipecacuanha** in größeren Dosen von einer gesunden Person genommen wird, so wird dasselbe Unwohlsein, Erbrechen u. drgl. bewirken, während es, in kleineren Dosen genommen, diese Erscheinungen beseitigt. Dies beruht auf einem einfachen homöopathischen Gesetz, wodurch alle Heilungen zu bewerkstelligen sind. Hieraus ergibt sich, daß man in Krankheitsfällen bei der Wahl von Heilmitteln sorgfältig verfahren muß; wir müssen vor allen Dingen die Symptome studieren, welche bei gesunden Personen zur Erscheinung kommen. Die Wirkung der heilkräftigen Mittel ist erst durch Hahnemann und seine Jünger erwiesen worden: sie haben Jahre lang an ihrem eignen Körper experimentirt, um in Krankheitsfällen feststellen zu können, welche Wirkung die Mittel auf den Körper ausüben. Hieraus ergibt sich, daß die **Materia Medica** eine Liste wohl geprüfter Heilmittel ist, deren Wirkungen mit den Symptomen der zu behandelnden Krankheit vollständig übereinstimmt.

Nunmehr, nach Darlegung der Prinzipien des homöopathischen Heilverfahrens, gestatte man uns einige Worte bezüglich der kleinen Dosen. Man verstehe wohl, die Größe der Gaben hat mit der Behandlungsweise an und für sich Nichts zu thun. Die mächtige Wirksamkeit der kleinen Gaben war eine spätere Entdeckung — eine Zugabe. Als Hahnemann seine Versuche machte, bemerkte er bald, daß die Mittel in verringerten Dosen verabfolgt werden müßten, da bei größeren Dosen Verschlimmerungen vorkommen könnten, welche

eine gründliche Heilung nur verzögern würden. Dies bewog ihn
kleinere Dosen zu verabfolgen, bis er sich vergewisserte, daß die
geringste Gabe auf dem kürzesten Wege zum Ziele führen würde.
So viel in Bezug auf die Quantität. Man wird leicht begreifen,
daß dies mit den Grundprinzipien der Homöopathie schlechterdings
nichts zu schaffen hat, sondern daß diese Modificirung nur ein noth=
wendiges Erforderniß des nunmehr immer mehr erkannten Gesetzes
ist. Jeder Arzt sollte soweit sein eignes Urtheil gebrauchen und
solche Gaben verordnen, die am raschesten zum Ziele führen; und
wenn der Erfolg beweist, daß die nach homöopathischen Gesetzen ver=
abfolgten Mittel die wirksamsten sind, dann sollte diesem Verfahren
unbedingt der Vorzug gegeben werden.

Ueber den Gebrauch dieses Werkes.

Vor Allem mache man sich mit der Inhaltsangabe bekannt, um das Kapitel zu finden, in welchem von der zu betreffenden Krankheit gehandelt wird. Sodann untersuche man den Fall gründlich, um eine richtige Diagnose stellen zu können. Dies ist von der größten Wichtigkeit, da die Wahl der Heilmittel und deren Erfolg wesentlich von einer richtigen Diagnose abhängt. Alle Symptome sollten wohl beachtet werden; ebenso die körperliche Beschaffenheit des Patienten, seine Gewohnheiten, seine Beschäftigung, namentlich auch die der Krankheit zu Grunde liegenden Ursachen, als: geistige oder körperliche Erregungen, Witterungseinflüsse, Unmäßigkeit u. s. w.

Sobald die Natur der Krankheit erkannt ist, wähle man ein Mittel, dessen Symptome mit denen der Krankheit genau übereinstimmen. Beim Vergleichen der Symptome der Heilmittel mit denen der Krankheit sollte man die gemeinsamen Hauptsymptome wohl ins Auge fassen. Die sich auf die Heilmittel beziehenden Symptome sind im Buche mit einem Sternchen [*] bezeichnet; die in gesperrter Schrift gedruckten sind ebenfalls bedeutende Symptome, aber doch von untergeordneter Bedeutung. Wo am Ende eines Satzes ein Heilmittel oder mehrere in Klammern [ ] verzeichnet sind, sind verwandte Symptome indizirt.

Bei der Wahl eines Mittels ist nicht gesagt, daß die mit einem * bezeichneten oder in gesperrter Schrift gedruckten Symptome andere Mittel ausschließen; jedes Symptom ist von Bedeutung und

(20)

wird von einem gewissenhaften Arzte nie übersehen werden.   Sollte das geeignete Mittel unter dem Namen der Krankheit nicht zu finden sein, so schlage man im 2. Theile (**Materia Medica**) nach, wo man weitere Auskunft erhalten kann

---

Anweisung zur Verabfolgung der Mittel und deren Wiederholung.

Homöopathische Medizinen sind für den häuslichen Gebrauch bestimmt und werden in Form von Kügelchen oder Verdünnungen verabfolgt.   Die Kügelchen werden trocken auf die Zunge genommen, oder in Wasser aufgelöst.   6 bis 8 Kügelchen genügen für eine erwachsene Person; 2 bis 4 für Kinder, je nach dem Alter.   Wenn die Medizin in Wasser genommen werden soll, löse man 12 Kügelchen (oder 3 Tropfen) in einem halben Glase Wasser auf und gebe von dieser Lösung je 2 Theelöffel erwachsenen Personen, Kindern 1.

Wiederholung der Dosen. — In einfachen Fällen, wie Kopfweh, Brustbeschwerden, Erkältungen, Husten, Magenstörungen 2c. nehme man die Arznei trocken und zwar alle 2, 3, 4 Stunden, je nach Umständen; aber in Fällen ernstlicher Art, wie brandige Bräune (Croup), Cholera, Krämpfen, Kolik u. drgl., wiederhole man die Gabe öfter, etwa jede Stunde, jede halbe Stunde, oder 15 Minuten.   In allen Fällen, wo die Behandlung einen günstigen Erfolg hat, ist die Wiederholung so lange einzustellen, wie die Besserung anhält; bei etwaigem Rückfall wiederhole man die Gaben, oder man wähle, wenn die Symptome wechseln sollten, ein anderes Mittel, je nach den Symptomen.

In chronischen Fällen wiederhole man das Mittel nur zwei bis drei Mal des Tages.

Was die äußerliche Anwendung der Tincturen (**Arnica, Calen-**

dula, **Cantharides** und **Urtica urens**) betrifft, so wird in den meisten Fällen eine Lösung von 10 Tropfen der Tinctur in einem halben Glase Wasser genügen. Man umhülle die Theile mit von dieser Lösung getränkten Tücher.

Anweisung zum Aufbewahren der Medizinen.

1. Die Arzneien sollten in einem wohl verkorkten Fläschchen aufbewahrt werden und zwar in einem eigens dafür angefertigten Kästchen, welches unter Verschluß zu halten ist.

2. Man bewahre das Kästchen an einem trocknen Orte auf, wo es den Einwirkungen von Licht und scharf riechenden Substanzen nicht ausgesetzt ist.

3. Man gebrauche nur ein Fläschchen für eine Medizin. Man entleere niemals den Inhalt eines Fläschchens in ein anderes, welches eine andere Medizin enthielt; auch gebrauche man nicht die Pfropfen von einem Glas, welches eine andere Medizin enthielt, wodurch die Heilkraft erheblich abgeschwächt würde.

4. Auf jedem Fläschchen sollte der Name des Mittels aufgeklebt und auf dem Propfen niedergeschrieben sein.

5. Ehe man die Medizin auflöst, vergewissere man sich, daß Glas und Löffel ganz rein sind, und sollte es nothwendig sein, zwei Medizinen zu gleicher Zeit in Wasser aufzulösen, so bediene man sich bei jeder Lösung eines besondern Löffels.

6. Man lasse die Kügelchen aus dem Fläschchen in die Hand gleiten, oder auf Papier, oder auf einen silbernen Löffel und nehme sie dann; aber man bringe nicht die Kügelchen mit einem speichelfeuchten Finger in den Mund, auch nicht, wenn die Kügelchen zusammenhängen, da alsdann die Medizin ihre heilsame Kraft verlieren möchte.

Diät.

Der Patient muß, so lange er in Behandlung ist, auf strenge Diät halten. Er sollte nur leicht verdauliche Speisen genießen und nur solche Getränke zu sich nehmen, womit Mutter Natur uns reichlich versorgt hat. Man enthalte sich aller officinellen Substanzen, da dieselben die Wirksamkeit der Medizin neutralisiren könnten.

Getränke.—Frisches, reines Wasser verdient unter allen Umständen den Vorzug; eine Beimischung von etwas Himbeeren=, Erdbeeren= oder Johannisbeeren=Saft ist zweckdienlich. Gute frische Milch, süße Molken, Buttermilch, Reis= und Gerstenwasser, Brotwasser, süßer Apfelwein, Chocolate und schwarzer Thee sind auch empfehlenswerth.

Früchte.—Alle reifen Früchte, die keinen sauren Beigeschmack haben, sind erlaubt, wie: Aepfel, Birnen, Melonen, Erdbeeren, Himbeeren, Brombeeren, süße Orangen u. s. w.

Gemüse.—Kartoffeln (keine süßen), grüne Bohnen, Linsen, Tomatoes, Spargeln, Mohrrüben, Reis.

Brot.—Roggen= oder Weizenbrot aus ungebeuteltem Mehl. Zwieback ohne Zuthat von Potasche, Soda oder Alaun; Buchweizenkuchen, die nicht mit Hefen angemacht sind; Puddinge aus Reis, Farina, Kornmehl und Brot.

Fleisch.—Zartes Rind= und Hammelfleisch, Wildpret, Hühner und wildes Geflügel. In acuten Krankheiten ist animalische Nahrung zu vermeiden.

Frische Butter, Rahm, Landkäse und Gefrornes ohne aromatische Zuthaten sind unschädlich.

Fische.—Frische Fische: Barsch, Seebarsch, Makrelen; Austern.

Die Mahlzeiten sollten regelmäßig genommen werden; die Speisen muß man verkauen und nicht verschlingen. Man vermeide längeres Fasten, oder Essen zwischen der Zeit. Man genieße keine kalten oder heißen Speisen, auch esse man nicht nach Ermüdung.

Nahrungsmittel, die mit dem homöopathischen Heilver= fahren durchaus unverträglich sind.

Getränke.—Man enthalte sich aller Spirituosen, trinke keinen Thee oder Kräuterthee und keine Mineralwasser, ob künstliche oder natürliche.

Früchte.—Ananas, Preiselbeeren, Nüsse aller Art und alle Früchte, die nicht in der Liste der erlaubten Artikel verzeichnet sind.

Gemüse.—Salat, Gurken, Eingemachtes, Gewürze, Mohrrüben, Petersilie, Sellerie, Rettig, Radieschen, Zwiebeln, Pfeffer, Senf, Catsup, Muscatnuß, Ginger u. s. w.

Backwerk.—Fettes, gewürztes Gebäck, Pasteten, Honig und Zuckerwerk.

Fleischspeisen.—Kalbfleisch, das Fleisch von Gänsen und zahmen Enten, Leber, Kutteln, Salzfleisch, ranzige Butter, Käse und stark gewürzte Suppen.

Fische.—Gesalzene Fische, eingepökelten Lachs, Aal, Krebse, Hummern und Schalthiere.

Alle Parfümerien, Zahnpulver, kosmetische Mittel u. drgl. sind zu vermeiden.

Liste der in diesem Werke verzeichneten Heilmittel.

Name der Medizin.	Deutscher Name.	Abkürzungen.
1. Aconitum napellus.	Sturmhut.	Acon.
2. Antimonium crudum.	Spießglas.	Ant. c.
3. Apis mellifica.	Bienengift.	Apis.
4. Arnica montana.	Wohlverleih.	Arn.
5. Arsenicum album.	Weißer Arsenik.	Ars.
6. Baptisia tinctoria.	Wilder Indigo.	Bapt.
7. Belladonna.	Tollkirsche.	Bell.
8. Bryonia alba.	Zaunrübe.	Bry.
9. Calcarea carbonica.	Austerschaale.	Calc. c.
10. Cantharides.	Spanische Fliege.	Canth.
11. Carbo vegetabilis.	Holzkohle.	Carbo v.
12. Causticum.	Aetzstoff.	Caust.
13. Chamomilla.	Feldkamille.	Cham.
14. China.	Chinarinde.	Chin.
15. Cimicifuga.	Schwarze Schlangenwurzel.	Cimi.
16. Cina.	Wurmsame.	Cina.
17. Cocculus.	Kockelkörner.	Cocc.
18. Coffea.	Kaffee.	Coff.
19. Colchicum.	Herbstzeitlose.	Colch.
20. Colocynthis.	Wilde Gurke.	Colo.
21. Conium maculatum.	Geflecter Schierling.	Con.
22. Crocus sativus.	Safran.	Croc.
23. Digitalis purpurea.	Rother Fingerhut.	Dig.
24. Dulcamara.	Bittersüß.	Dulc.
25. Ferrum.	Eisen.	Ferr.
26. Gelseminum.	Gelber Jasmin.	Gel.
27. Graphites.	Reißblei.	Graph.
28. Hepar sulph. calc.	Kalkschwefelleber.	Hepar.
29. Hyoscyamus.	Bilsenkraut.	Hyos.
30. Ignatia amara.	Ignazbohne.	Ign.
31. Ipecacuanha.	Brechwurzel.	Ipe.
32. Kali bichromicum.	Bromsaures Kali.	Kali b.
33. Lachesis.	Schlangengift.	Lach.
34. Lycopodium.	Bärlapp.	Lyc.
35. Magnesia carbonica.	Kohlensaure Magnesia.	Mag. car.

Liste der in diesem Werke verzeichneten Heilmittel.

(Fortsetzung.)

Name der Medizin.	Deutscher Name.	Abkürzungen.
36. Mercurius vivus.	Quecksilber,	Merc.
37. Natrum muriaticum.	Kochsalz.	Nat. m.
38. Nitric acid.	Salpetersäure.	Nit. ac.
39. Nux vomica.	Brechnuß.	Nux v.
40. Opium.	Opium.	Opi.
41. Phosphorus.	Phosphor.	Phos.
42. Phosphoric acid.	Phosphorsäure.	Phos. ac.
43. Phytolacca.	Poke.	Phyto.
44. Podophyllum.	Entenfuß.	Podo.
45. Pulsatilla.	Küchenschelle.	Puls.
46. Rhus toxicodendron.	Gift Sumach.	Rhus.
47. Sabina.	Säbenbaum.	Sabi.
48. Secale cornutum.	Mutterkorn.	Sec. cor.
49. Sepia.	Tintenfisch.	Sep.
50. Silicea.	Kieselsäure.	Sil.
51. Spongia.	Röstschwamm.	Spong.
52. Staphysagria.	Läusekraut.	Staph.
53. Stramonium.	Stechapfel.	Stram.
54. Sulphur.	Schwefelblüthe.	Sulph.
55. Tartar emetic.	Brechweinstein.	Tart. em.
56. Veratrum album.	Nieswurz.	Verat. alb.

Tinkturen für äußerlichen Gebrauch.

1. ARNICA.	Wohlverleih.
2. CALENDULA.	Ringelblume.
3. CANTHARIDES.	Spanische Fliege.
4. URTICA URENS.	Brennnessel.

Diagnostische Symptome.

Bei dem homöopathischen Heilverfahren ist eine richtige Diag=
nose von der größten Wichtigkeit; es sollte somit keine Erscheinung,
welche uns auf den Ursprung der Krankheit verweist, außer Acht ge=
lassen werden.

Das Gesicht.

Das Gesicht weist oft darauf hin, was im Innern des Körpers
vorgeht und zeigt in schwierigen Fällen oft dem Arzt den Weg,
wo er den Sitz der Krankheit zu suchen hat.

Das Gesicht ist eingezogen; der Ausdruck desselben deutet auf
Angst; Schwerathmigkeit; Erweiterung der Nüstern: diese Symp=
tome indiziren Lungenentzündung.

Das Gesicht ist spitzig; deutet auf Angst; die Stirne gerunzelt;
Blässe des Gesichtes; Lippen trocken und blau: indizirt Darment=
zündung.

Gesicht geröthet; wilder Blick; Augen roth und funkelnd; Pu=
pillen zusammengezogen oder erweitert; Empfindlichkeit gegen Licht=
einwirkungen; Schielen; Zucken der Lider und der Gesichtsmuskeln:
diese Symptome deuten auf Hirnentzündung.

Das Gesicht ist hoch geröthet und angeschwollen; Lippen sind
blau; die Augen stehen hervor; das Gesicht hat einen wilden Aus=
druck: diese Symptome deuten auf einen organischen Herz=
fehler.

Die Wangen sind bleich; die Lippen sind weiß und aufgedunsen;
die Augen sind dunkel umkränzt; Erschlaffung: diese Symptome
deuten auf Bleichsucht.

Gesichtsblässe; die Oberlippe ist geschwollen und deren Ränder
sind Fleischfarben: diese Symptome deuten auf scrophulöse Be=
schaffenheit.

Dunkelgelbe Gesichtsfarbe indizirt Gelbsucht oder sonstige Störungen der Leber.

Schielen und Schiefsehen sind Anzeichen von Gehirnwassersucht.

Der Puls.

Der Puls einer gesunden erwachsenen Person hat 70 bis 75 Schläge die Minute; aber dies ist keine feststehende Regel, da manche Personen mit 50, ja noch weniger Pulsschlägen sich einer guten Gesundheit erfreuen. Andere wiederum sind ganz wohl bei einem Puls von 90 Schlägen. Ebenso differirt er in den verschiedenen Lebensperioden: in der Kindheit schwankt er zwischen 100 und 120 Schlägen, während er im Alter auf 60 bis 70 veranschlagt wird.

Ein rascher, voller, klopfender Puls deutet auf Entzündung, oder Fieber von acutem Charakter.

Ein träger, voller Puls indizirt Mangel an nervöser Thätigkeit.

Ein langsamer Puls, wenn nicht stetig, mag Schwäche anzeigen, oder auch Blutandrang nach dem Kopfe.

Ein veränderlicher Puls weist auf nervöse Zerrüttung hin, und zuweilen auf organisches Herzleiden.

Ein leiser, kaum wahrnehmbarer Puls indizirt große Schwäche und herannahenden Tod.

Die Zunge.

Ein dicker, unreiner, weißer Zungenbeleg weist auf gastrische Störungen hin.

Ein dicker, gelber Beleg auf biliöse Störungen.

Ein dicker, weißer Beleg mit rothen Wärzchen, die durch den Pelz sichtbar sind, deutet auf Scharlachfieber.

Eine reine, hellrothe Zunge deutet auf Entzündung der gastrischen oder Unterleibs-Schleimhäute.

Eine schwärzliche, trockne, pelzichte und zitternde Zunge deutet auf Fleck- oder Unterleibs-Typhus.

Eine scharfe, spitzige, zitternde Zunge deutet auf Gereiztheit und Entzündung des Gehirns; so oft bei Gewohnheitssäufern.

Eine geschwollene Zunge, weiß belegt, an den Rändern gesprungen, deutet auf Zerrüttung der Nerven und der Magenwandhäute; häufig bei gastrischem Fieber.

Das Nervensystem.

Schmerz ist ein wichtiges Symptom, in welchem Theil oder Organ auch immer er seinen Sitz haben mag.

Scharfe, fliegende Schmerzen, die zuweilen nachlassen, um wiederzukehren, weisen auf Neuralgia.

Reißende, pulsirende und empfindliche Schmerzen, vermehrt durch Berührung oder Bewegung, deuten auf eine acute Entzündung.

Stechende, prickelnde Schmerzen deuten auf Blutandrang.

Plötzliches Aufhören des Schmerzes, bei acuter Entzündung, läßt auf kalten Brand schließen.

Plötzliche, rasche, ruckweise Bewegungen des Kopfes und der Glieder deuten auf Erregung des Gehirns, Säuferwahnsinn und gewisse Geistesstörungen.

Schmerz in gesunden Gliedern deutet oft auf eine Krankheit in einem entfernten Theile; z. B. Schmerz im Knie deutet auf eine Krankheit im Hüftgelenk, und Schmerz in der rechten Schulter ist oft das Zeichen einer krankhaften Leber.

Athmungsorgane.

Kurzer, jagender Athem, wobei man sich besonders der Bauchmuskeln bedient, deutet auf Lungenentzündung.

Bedient man sich beim Athmen nur der Brustmuskeln, so deutet dies auf Entzündung des Unterleibs.

Unregelmäßiges Athmen, schnarchendes Athemholen, deutet auf einen Druck des Gehirns, oder die Wirkungen einer Opium=vergiftung.

Keuchender, kurzer, schnaufender, beklommner Athem, mit Zusam=menziehung der obern Luftröhre, deutet auf Asthma.

Husten, mit dickem, schmutzig=gelbem, oder grünlichem Auswurf, der im Wasser sinkt, deutet auf Lungenkrankheit.

Husten, mit Auswurf eines zähen, weißen Schleimes, deutet auf chronische Bronchitis.

Schmerzvoller Husten, mit rostfarbigem oder blutigem Auswurf, deutet auf Lungenentzündung.

Stuhlentleerungen.

Sehr helle Entleerungen deuten auf mangelhafte Gallenab=sonderung.

Sehr dunkle Stühle deuten auf einen Ueberfluß an Galle.

Grüne Entleerungen (bei Kindern) deuten auf Versäuerung des Magens.

Eiweißartige, dunkel grüne Stühle, zerhacktem Spinat ähnlich, deuten auf Gehirnwassersucht.

Blutige, schleimige, mit Anstrengung verbundene Stühle, deuten auf Darmentzündung.

Harte, trockne Stühle deuten auf Erschlaffung und Trägheit der Darmschleimhäute.

Der Urin.

Eine gesunde männliche Person sondert ungefähr 2½ Pint Urin in 24 Stunden ab; er ist bernstein= oder strohfarbig; bleibt, nach=

dem er gestanden, hell, ohne Bodensatz; hat einen eigenthümlichen
ammoniakalischen Geruch.

Rother, nicht reichlicher Urin, deutet auf Entzündung.

Wasserheller, reichlicher Urin, in nervösen Affectionen.

Niederschlag des Urins läßt auf biliöse Störungen schließen.

Urin, der bald milchicht wird (besonders bei Kindern), deutet auf
Würmer.

Allgemeine Bemerkungen über das Baden.

Von der Bedeutung der persönlichen Reinlichkeit und des öftern
Badens zu reden, ist kaum nöthig. Daß es für die Gesundheit,
die Bequemlichkeit und die persönliche Erscheinung des Individuums
unerläßlich ist, wird so allgemein zugestanden, daß selbst diejenigen,
die davon keinen Gebrauch machen, zu seinen Gunsten reden müssen.
Von Erschaffung des Menschengeschlechtes an bis auf diesen Tag ist
es eine Nothwendigkeit gewesen; ohne seinen Gebrauch paßt der
Mensch nicht in die Gesellschaft. Vollendete auf alle Theile des
Körpers sich erstreckende Schönheit, kann keinen Ersatz bieten für
mangelnde Reinlichkeit.

In Bezug auf Gesundheit sind häufige Waschungen und Baden
von größter Wichtigkeit, wie die Bekanntschaft mit der Bildung der
Haut und deren Functionen unwiderleglich darthut. Die Haut,
„gleichsam ein Mantel ohne Saum," umschließt den ganzen Körper.
Sie ist mit unzähligen kleinen Drüsen ausgestattet, welche die Ausdünstungen absondern. Unter normalen Zuständen werden täglich
gegen zwei Pfund Ausdünstungen durch die Hauptporen abgesondert,
und wohl noch mehr durch körperliche Bewegung und sonstige Einflüsse. Außer dieser salzigen, wäßrigen Materie der Ausdünstung,
wirft die Haut beständig die alten abgenutzten Häutchen in Form

von winzigen, staubartigen Schuppen ab.   Zugleich kleben die abge=
nutzten Theilchen der Kleider, Staub, u. s. w. an der Oberfläche
des Körpers, vermischen sich mit dessen öligen und salzigen Aus=
schwitzungen, und bilden so eine dünne, schmutzige Kruste auf der
Oberfläche.   Wenn nun diese Anhäufungen nicht durch tägliche Rei=
bungen und Waschungen entfernt werden, so verstopfen sich die Poren
und die Haut stellt ihre Thätigkeit ein.   Darum ist es für Alle,
die ihre Gesundheit schätzen, von großer Wichtigkeit, die Haut in
gesundem Zustande zu erhalten, andernfalls man der Lunge, den Nie=
ren und Eingeweiden doppelte Arbeit zumuthen würde; Krankheit ist
fast gewiß im Gefolge.

Anweisungen ein Bad zu nehmen.

Jedes Bad sollte genommen werden, während der Körper warm
und der Blutumlauf beschleunigt ist.   Aus diesem Grunde ist es ge=
boten, vor jedem Bade sich etwas Bewegung zu machen, ausge=
nommen am Morgen, wo die Bettwärme des Körpers noch vorhanden
ist.—Kein Bad sollte genommen werden, wenn man durch Bewegung
u. s. w. ermüdet ist.   Man muß nie mit vollem Magen baden, eben=
sowenig bald nach einer Mahlzeit.   Einige Stunden sollten da=
zwischen liegen.   Wenn man schwitzt, so mag man wohl ein Bad
nehmen, Sitz= und Fußbad ausgenommen.   Letztern Falls sollte der
Körper erwärmt sein, aber nicht schwitzen.

Verfahren beim Baden.

Beim Baden verfahre man stets rasch; der Badende reibe sich—
nicht ängstlich=langsam, sondern rüstig, mit beschleunigter Bewegung,
um dadurch die Herzthätigkeit, sowie die R e s p i r a t i o n, behufs einer
kräftigen und wärmenden R e a c t i o n zu befördern.

Nach jedem Bade, einerlei was für eins, sollte man sich gehörig abtrocknen. Zu diesem Zwecke nimm ein trocknes Leintuch, schlage es, wie einen Mantel, rings um den Körper, und in diesem und mit diesem reibe dich' trocken und munter. Das Leintuch, in dieser Weise um den Körper geschlungen, hält die Luft ab, verhindert Abdünstung und Frösteln, welches durch Blosstellung leicht erzeugt wird.

Gleich nach dem Bade sollte man sich rasch ankleiden, um sich in der frischen Luft Bewegung zu machen. Hat man dies gethan, so hat man allen Anforderungen Genüge geleistet.

Die einfachste Art, ein Bad zu nehmen, besteht darin, daß man die Hautfläche vermittels eines mit Wasser gesättigten Schwammes gehörig ein= und trocken reibt. Das Wasser mag warm oder kalt sein; ein wenig gute Seife mag hierbei angewandt werden, je nach= dem der Zustand der Haut es verlangt. Jede schwächliche Person wird ein solches Bad mit Nutzen nehmen, vorausgesetzt, daß sich dar= nach ein Gefühl der Wärme auf der Hautfläche einstellt; und hier= nach überhaupt sollte man die wohlthätige Wirkung eines Bades irgend einer Art bemessen. Niemand sollte nach einem Bade kalt fühlen; ist dies der Fall, so ist es augenscheinlich, daß das Wasser für den Badenden entweder zu kalt war, oder daß dieser zu lange darin verweilte.

Das warme oder das laue Bad ist jedem Alter angemessen. Ersteres besonders den Kindern, schwächlichen Personen und Leuten vorgerückten Alters. Nach Benutzung des warmen Bades sollte man durch geeignete Kleidung und Bewegung Erkältung zu vermeiden suchen.

Das kalte Bad eignet sich nur für Personen von kräftiger Be= schaffenheit, wo die Lebenskräfte sehr energischer Art sind und das System frei von Erschöpfung ist. Man sollte es rasch nehmen, dann sich gehörig reiben, bis sich eine erfrischende Wärme über den ganzen Körper einstellt. Das Tropfbad, insofern es ein passendes und be= lebendes Substitut ist, läßt sich mit Vortheil anwenden, wo der Blut=

3

umlauf träge, oder die Haut trocken und unthätig ist. Der Sturz des Wassers läßt sich reguliren durch den Umfang der Oeffnungen, durch welche es fällt, und durch die Höhe des Behälters, je nach der schwächeren oder stärkeren Constitution.

Das Sitzbad kann man in einem gewöhnlichen Waschkübel nehmen.

Man fülle diesen mit Wasser soweit, daß dasselbe den Nabel er= reicht, wenn der Patient darin sitzt. Er mag von zehn Minuten bis zu einer halben Stunde darin bleiben. Ein derartiges Bad ist beim Ausbleiben der monatlichen Regel sehr vortheilhaft; ebenso bei Ver= stopfung, Hämorrhoiden u. s. w. Die Temperatur muß je nach dem Falle regulirt werden. In den oben genannten Fällen sind warme, ja heiße Bäder vorzuziehen.

Seebäder sind, vermöge ihrer stimulirenden und stärkenden Ein= wirkungen auf das ganze Nervensystem nicht nur sehr angenehm, sondern auch sehr heilkräftig, wenn man sie in der geeignetsten Jahreszeit nimmt. Zudem haben sie vor Süßwasserbädern den Vorzug, daß man sich nur selten erkältet.

Allgemeine Bemerkungen über Ventilation.

Die Ventilationsfrage hat die Aufmerksamkeit der Aerzte mehr oder weniger zu allen Zeiten in Anspruch genommen, aber niemals mehr als in den letzten Jahren. Ehedem wurde sie unberücksichtigt; die in dem alten Stil erbauten Häuser, mit ihren niedrigen Stuben= decken, kleinen Fenstern und schlecht ventilirten Zimmern, würde man heute für unbewohnbar halten. Schwerlich giebt es einen die Er= haltung unserer Gesundheit betreffenden Gegenstand, der wichtiger wäre, als der hier in Betracht gezogene. Denn wenn wir bedenken, daß das unreine Blut der Venen verwandelt wird — arterialisirt in den Lungen durch die Thätigkeit der eingeathmeten Luft — so folgt naturgemäß, daß dieses Element ganz rein sein sollte. Die Luft ist zusammengesetzt aus 1 Theil Sauerstoff, 4 Theilen Stickstoff und einer geringen Quantität Kohlensäure. Der wesentlichste Theil des lebensspendenden Elements ist der Sauerstoff, und eine Verringerung oder Veränderung desselben würde die Luft zum Athmen untauglich machen. Nun, die Reinheit der Luft wird bei jedem Athemzug affi-cirt, der Sauerstoff nimmt ab, die Kohlensäure nimmt zu, der Stick-stoff bleibt wie er war. Nicht alle Luft, die wir einathmen, wird von der Lunge ausgestoßen: ein Theil des Sauerstoffs bleibt im Blut, und Kohlensäure wird an dessen Statt abgegeben. Ein Mal ausge-athmete Luft enthält 8½ Procent Kohlensäure; somit, wenn Mehrere in einem Zimmer zusammengepfercht sind, so wird die Luft durch ein Uebermaß von Kohlensäure und andere Ausscheidungen des Körpers verdorben, so daß sie zum Einathmen durchaus untauglich ist. Eine solche Atmosphäre vergiftet den Born des Lebens und erzeugt Pesti-lenz. Darum ist es für die Erhaltung unsrer Gesundheit von der größten Bedeutung, jeden Theil des Wohn-, und namentlich der Schlaf- und Krankenzimmer, reichlich mit frischer, reiner Luft zu versorgen. Das Schlafzimmer sollte so ventilirt sein, daß am Mor-gen die darin befindliche Luft ebenso rein ist, wie beim Eintritt in dasselbe am Abend. Wenn dem allenthalben wäre, würde man weit weniger an Kopfweh zu leiden haben, an Schwindel, an Mangel an Appetit und einem Heer von Nervenkrankheiten, die nur zu häufig vom Schlafen in schlecht ventilirten Zimmern kommen.

Das Krankenzimmer besonders sollte wohl ventilirt sein. Es sollte so construirt sein, daß die unreine Luft stets entweichen und die reine stets einströmen könnte. Das Verfahren, dieses belebende Element vom Krankenzimmer auszuschließen, unter der Annahme, der Kranke möchte sich erkälten, ist höchst absurd; es zielt vielmehr dahin, die

Krankheit zu nähren und Heilung zu verhüten. Frische Luft sollte beständig freien Zutritt zum Krankenzimmer haben. Alles und Jedes, das dahin zielt, auf irgend welche Weise die Atmosphäre des Zimmers zu verderben, muß ängstlich fern gehalten werden. Alle Parfümerien, wie Kölnisches Wasser, Moschus, aromatische Kißchen, Kampfer, Riechfläschchen und marktschreierischer Firlefanz sollten fern bleiben und nichts als Luft, als frische Himmelsluft sei die Speise der Athmungsorgane.

In fast allen modern gebauten Häusern sind für die Zwecke der Ventilation Lufträhren in den Wänden angebracht. Wo dies nicht der Fall ist, sollte das Zimmer von den Fenstern her mit frischer Luft gespeist werden durch Herablassen des Schiebfensters von oben und Hinaufschieben des andern Theiles vom Fensterbrett. Wenn thunlich, öffne ein Fenster oder eine Thür an der dem Zimmer gegenüberliegenden Seite, um dem Luftstrom Eintritt zu gestatten, aber in keinem Falle sitze man im Zug, oder gestatte der Luft, direkt auf den Kranken einzuströmen. Die Unsitte, in dem Krankenzimmer längere Zeit zu verweilen, zielt nur dahin, die Luft zu verderben, zum Nachtheile des Kranken.

Erster Theil.

Behandlung der Krankheiten.

Erstes Kapitel.

Krankhafte Zustände des Geistes.

Gemüths-Erregungen.

Daß Gemüths-Erregungen großen Einfluß auf die körperliche Gesundheit haben, ist längst bekannt. Viele Fälle zeigen, daß Personen plötzlich ihres Bewußtseins beraubt und für immer ruinirt worden sind in Folge einer plötzlichen Gemüthsbewegung, als Schreck, Kummer, Sorge, Aergerniß u. s. w. Ehedem wähnte man, daß die geistigen Störungen mysteriöse Strafen der Vorsehung, somit unheilbar seien. Aber, zum Glück für die Menschheit, wissen wir es jetzt besser, sodaß diese Störungen des Geistes als Krankheiten des Gehirns und des Nervensystems zu behandeln sind. Die schlimmen Wirkungen plötzlicher Erregungen erfolgen gewöhnlich sofort, aber zuweilen erst nach Tagen und Wochen; ist dies der Fall, dann ist ihre Behandlung eine um so schwierigere.

Schreck.

Die schädlichen Folgen eines Schreckens können durch eins oder das andere der folgenden Mittel abgeschwächt werden:

Aconit.—Wenn der Patient Herzklopfen hat und glaubt, er werde sterben. * Nach dem Schreck bleibt noch die Furcht; es scheint nicht, als ob er sie überwinden könne.

Belladonna.—Wo Schreck Krämpfe verursacht hat, namentlich bei Kindern. Der Patient schreit und zittert; Convulsionen an

(37)

Armen und Beinen.   * Blutandrang nach dem Kopf, Gesicht roth [vergl. Opi.].

Coffea.—Große nervöse Erregung, Zittern, Ohnmacht. * Schlaf=losigkeit; kann durchaus keinen Schlaf finden [Opi.].   Weint und jammert.   Schreck in Folge plötzlicher angenehmer Ueber=raschungen.

Gelseminum.—Wo der Schreck Durchfall verursacht hat. Patient scheint verwirrt, wie betrunken.

Opium.—Wenn dem Schrecken Blutandrang oder Convulsionen folgen. * Unnatürlicher Schlaf, mit Schnarchen; schweres Athmen. * Verlust des Bewußtseins, mit Irrereden.   Unwillkürliche Entleerungen.   Wenn nicht besser in einer halben Stunde nach **Opi.**, gib **Ign.**

Anweisung.—Gib einem Erwachsenen 8 Kügelchen; einem Kinde, je nach dem Alter, 3 bis 4.   Wiederhole die Dosis alle zwei oder drei Stunden, nach der Dringlichkeit der Symptome.   Halte den Patienten ganz ruhig; gestatte nur wenig Personen Zutritt.

Gram und Sorge.

Die Wirkungen des Grames und der Sorge, insoweit sie die Gesundheit untergraben und deren Wiederherstellung erschweren, sind besonders bedeutsam.   Tückisch stellen sie ihrem Opfer nach, bis dessen moralische und physische Kräfte gründlich zerstört sind.   Sie vermindern die Herzthätigkeit, hemmen die Absonderungen der Leber, verderben den Appetit, bewirken Verstopfung und allgemeine Er=schlaffung.—Bei Behandlung der Folgen, die aus Gram und Sorge entspringen, ist es von großer Bedeutung, alle moralischen Einflüsse anzuwenden, die auf den Patienten wirken können; ohne dieses ist ärztlicher Beistand von keinem Belang.   Wechsel der Scenerie, an=genehme Gesellschaft, freundliche Sprache, erheiternde Beschäftigung und kleine Gefälligkeiten sollten dem Geist eine andere Richtung geben.

Behandlung.—Hauptanzeichen.

Ignatia.—* Der Kranke ist gebeugt von tiefem, unterdrücktem Schmerz, mit einem Gefühl der Schwäche und Leere des Magens. Große Gleichgültigkeit gegen Alles [auch **Phos. ac.**].   Krampf=Anfälle, durch Gram oder Kränkung verursacht.

Phosphoric acid.—Der Kranke ist sehr schwach; gleichgültig gegen alle Lebensverhältnisse. * Zum Sprechen nicht aufgelegt [auch **Bell.**].   Am Morgen, Neigung zu heftigem Schwitzen und Schläfrigkeit.

Cocculus.—Schwermuth, mit einer Neigung zum Aufstehen, namentlich des Nachts.   Kopfweh und nervöse Gereiztheit, eine Folge des Grames.   Schlaflosigkeit vom Wachen bei kranken Freunden.

Lachesis.—* Nach dem Schlaf sehr unglücklich und niederge=
schlagen. Redet viel und über Vieles. Irgend welche Bekleidung
des Halses ist unerträglich.

Pulsatilla.—Melancholie; Traurigkeit, verbunden mit Weinen.
Aufgelegt zum Lachen oder Weinen. * Alles ist ihr zuwider. Be=
klemmung in der Herzgegend. Passend für weichherzige Personen.

Anweisung.—Gib 6 oder 8 Kügelchen ein bis zwei Mal des Tages, je nach
Umständen.

Aerger.

Die Hauptmittel, mit welchen man den Folgen des Aergers zu
begegnen hat, sind:

Arnica.—Das Kind ist sehr erregt, weint und hat häufige Husten=
anfälle. Will nicht antworten.

Bryonia.—* Aeußerst reizbar; wird leicht ärgerlich. Der Kopf
schmerzt, als ob er zerspringen wollte; schlimmer nach der geringsten
Bewegung. * Verstopfung, Stuhl trocken und hart, wie verbrannt.

Chamomilla.—Wenn kleine Kinder in heftigen Zorn gerathen,
verlieren sie ihren Athem und verfallen in Krämpfe. In diesem
Falle verursacht der Aerger Unverdaulichkeit und S t ö r u n g d e r
L e b e r.

Colocynth.—Durchfall nach Aerger oder Gram [nach S c h r e c k,
Gel. oder Opi.]. Ist zu Aerger und Unwillen geneigt. * Will nicht
sprechen oder Fragen beantworten.

Nux vomica.—Personen heftiger Gemüthsart; fühlen unwohl,
sobald die Hitze vorüber ist. * Ist sehr reizbar und wünscht allein
zu sein.

Anweisung.—Alle zwei oder drei Stunden 8 Kügelchen trocken auf die Zunge,
bis Besserung eintritt.—Warme Fußbäder, mit kalten Aufschlägen auf den Kopf
sind rathsam, wenn ein Blutandrang nach diesem Theile hin stattfinden sollte.

Wahnsinn.

Wahnsinn ist eine der geheimnißvollsten Krankheiten, die zu be=
handeln der Arzt berufen ist. Die fähigsten Pathologen haben sie
zum Gegenstand der eifrigsten Untersuchung gemacht, um ihre Ent=
stehungsursache aufzufinden. In einem gegebenen Falle ist schon
die Frage, ob wirklich ein Wahnsinnsfall vorliegt, ein oft schwer zu
lösendes Problem. Darum soll eine so schwer zu verstehende und so
schwer zu behandelnde Krankheit nur der Umsicht eines geschickten
Arztes anvertraut werden. Somit werden wir in einem Werke, wie
dieses, nicht auf die Einzelheiten eingehen, sondern uns auf eine

kurze Beschreibung der Krankheit und einige Winke, wie sie in ihren
Anfängen zu behandeln ist, beschränken.—Die Krankheit tritt ganz
verschiedenartig auf, je nach Umständen. „Sie beginnt," sagt Dr.
Brigham, „oft in einer tückischen Weise. Einige scheinen nur hin=
sichtlich ihrer Gefühle oder moralischen Kräfte zerrüttet. Man be=
merkt, daß sie nicht mehr das sind, was sie waren; daß sie ruheloser
oder mürrisch und reizbar sind. Andere offenbaren eine unbegrün=
dete Furcht vor einem Unglück; sprechen wenig; meiden Umgang
und sind selbst gegen ihre liebsten Freunde argwöhnisch; und wieder
Andere sind ungewöhnlich munter, oder zänkisch und beleidigend.
In der Folge werden sich solche Veränderungen des Charakters und
der Gewohnheiten als Nachwirkungen eines unangenehmen Ver=
mögenswechsels, des Verlustes von Freunden, oder einer Krankheit
offenbaren, und sind bedenklicher Art. „Oft ist die Krankheit
Monate lang in milder Form vorhanden, nur von den nächsten
Freunden bemerkt, um dann plötzlich eine beunruhigende Form anzu=
nehmen und ihre Opfer in einigen Fällen zu Mord, in andern zu
Selbstmord zu treiben."

Es giebt verschiedene Formen des Wahnsinns, unter verschiedenen
Kapiteln beschrieben, als: Mania, wo eine rasende Wuth die
Kranken erfaßt und die geistigen Kräfte gänzlich zerstört sind; Mo=
nomania, wo der Geist bezüglich nur eines Gegenstandes gestört
ist, während er in Bezug auf alle andern gesund erscheint; Demen=
tia (Geistesabwesenheit), worunter man den Verlust des Verstandes
versteht (meistens bei alten Leuten). So viel darüber.

Ursachen.—Man darf wohl behaupten, daß dem Wahnsinn eine
körperliche Krankheit zu Grunde liegt. In fast allen Fällen ist sie
erblich, indem sie, zugleich mit andern Eigenthümlichkeiten, vom
Vater auf den Sohn übergeht. Sie kommt in allen Lebensperioden
vor, und wird verursacht durch Krankheiten des Gehirns, der Leber,
der Harn= und Verdauungswerkzeuge, sowie durch den Mißbrauch
von Einschläferungsmitteln. Unmäßigkeit ist eine ergiebige
Quelle des Wahnsinns, wie denn statistische Tabellen zeigen, daß
ein Drittel der Fälle, die in unseren Anstalten Aufnahme gefunden
haben, auf den Genuß berauschender Getränke zurückzuführen sind.
Mangel an Schlaf ist ebenfalls eine anregende Ursache.

Moralische Ursachen, wie angestrengtes Studiren, plötzliche Ge=
müthsbewegungen, getäuschte Liebe, anhaltender Kummer, betrognes
Vertrauen, religiöser Enthusiasmus u. s. w., sind häufig anregende
Ursachen der Krankheit.

Behandlung.—Gegenwärtig wird Wahnsinn meistens in öffent=
lichen Anstalten behandelt. Aber die Einsperrung eines Kranken
hinter den Mauern der Anstalt, wo er, hinter Schloß und Riegel,

sich dessen bewußt, daß er ein Gefangner, der Außenwelt, seinen Freunden und liebsten Angehörigen verschlossen ist, kann keinen heil= samen Einfluß auf den Kranken ausüben. Die Zeit ist vorüber, wo Wahnsinnige, als Verbrecher, mit Ketten belastet, in einem Kerker eingeschlossen worden. Nun, dem Himmel sei Dank, man hat ein= sehen gelernt, daß Wahnsinn eine Krankheit ist, die sich erfolgreich behandeln läßt.—Wir glauben, daß Wahnsinn erfolgreicher in dem Heim des Patienten behandelt werden kann, wo der Patient, von verständigen, verschwiegenen Freunden umgeben, seiner persönlichen Sicherheit und der seiner Freunde versichert ist, wo ein verläßiger homöopathischer Arzt ihm zur Seite steht, als dies in einer öffent= lichen Anstalt geschehen könnte. Die moralische Behandlung sollte durchaus milder Art sein; liebreiche Sprache, freundliche Umgebung, erheiternde Vergnügungen, um den Geist in neue Bahnen zu lenken. „Man bringe ihm Vertrauen entgegen und gebe ihm Rathschläge in einer freundlichen Weise. Rasender Wuth begegne man mit Ruhe und unerschütterlicher Festigkeit."

Medizinische Behandlung.

Aconit.—Voller, rascher Puls; Haut heiß und trocken, und andre fieberische Symptome. * Furcht und Angst, verbunden mit heftiger Erregung. * Furcht vor dem Tode; Vorhersagung der Todesstunde.

Belladonna.—Gesicht hochroth und heiß; Augen funkelnd; Pu= pillen erweitert. Furchtbare Geisteszerrüttung; zerreißt die Kleider und will sich selbst ein Leid zufügen. * Beißt um sich und schlägt nach seiner Umgebung. * Singt und versucht zu componiren. Hat schreckliche Erscheinungen.

Hyoscyamus.—Tobsuchtsanfälle, epileptischen (fallsüchtigen) Krämpfen ähnelnd. Denkt von einem bösen Geiste besessen zu sein; sie macht unanständige Geberden. Sie zerreißt ihre Kleider, um nackend zu erscheinen. Sie fürchtet mißbraucht, vergiftet, verkauft oder sonst beschädigt zu werden.

Nux vomica.— Anzuwenden in Fällen von Selbstmord= Mania, verbunden mit großer Angst und Neigung umherzuwandern. Die Krankheit ist eine Folge übermäßigen Genusses von Kaffee, Wein oder berauschenden Getränken. * Sehr empfindlich; wünscht allein zu sein. * Will Jedermann, selbst ihre besten Freunde tödten. Geräusch, Gespräch, starke Gerüche, helles Licht sind unerträglich [auch **Bell.**]. Verstopfung; Stühle groß, hart, beschwerlich.

Opium.—Angst; Neigung zum Aufstehen. Allgemeine Geistes= und Gefühlsschwäche. Krampfhafte Bewegungen und Gliederzittern. * Raserei, mit fixen Ideen. * Voller, träger Puls. Schläfrig, ohne Schlaf zu finden [auch **Bell.**]. Verstopfung; Stühle harter, schwarzer Klumpen. Vorzugsweise bei Kindern und alten Leuten.

Pulsatilla.—Wo die Krankheit von irgend einer Gebärmutter=
beschwerde herrührt.   Patientin ist schwermüthig und traurig.   Be=
sonders bei Personen von weichem, sanftem Gemüth.

Anweisung.—Gieb 8 Kügelchen, oder 1 Tropfen der flüssigen Medizin auf ein
wenig Zucker, ein oder zwei Mal des Tages, je nach Heftigkeit der Symptome.

    Diät. — Muß ganz einfach sein; alle stimulirende Nahrung und Getränke
sollten vermieden werden.   Oefteres Abwaschen und Wechsel der Kleidung ist
von großem Nutzen.

Zweites Kapitel.

Krankheiten des Kopfes.

Schwindel.

    Dies ist ein Zustand, in dem sich alle Dinge um und um zu drehen
scheinen, oder man glaubt sich selbst rundum zu drehen.   Gewöhn=
lich liegt eine Störung des Magens zu Grunde, aber nicht selten
haben wir den Grund dieses Zustandes in einem Blutandrang nach
dem Gehirn zu suchen, in welchem Falle Schlagfluß oder irgend eine
andere Krankheit angezeigt ist.

    Die gewöhnlichen Ursachen sind: ein verdorbener Magen, Aus=
schweifung, Genuß berauschender Getränke, Patentmedizinen, Schläge
auf den Kopf, sowie unterdrückte Ausschläge alter verschmierter
Geschwüre.

Behandlung.—Besondere Anzeichen.

    Aconit.—Schwindel beim Aufstehen, beim Bücken oder Auf=
schauen [auch Bry., * Puls.].   Eine Wolke vor den Augen, Schwin=
den des Bewußtseins.

    Arnica.—Wenn verursacht durch einen Fall, Schlag, oder eine
sonstige äußerliche Beschädigung.   * Schwindel mit Uebelkeit, besser
beim Niederliegen [schlimmer beim Niederliegen, **Con.**].

    Antimonium.—Schwindel von Ueberladung des Magens.
* Dicker, milchicht=weißer Beleg der Zunge.

    Belladonna.—Schwindel mit Verdunklung des Augenlichts und
Betäubung.   Beim Bewegen, Funken vor den Augen; schlimmer
beim Bücken.   * Klopfendes Kopfweh mit Blutandrang nach dem
Kopfe.

Cocculus.—Schwindel beim Aufsitzen im Bett, oder bei einer Bewegung beim Fahren. [* Schwindel beim Umdrehen im Bett, **Con.**] Betäubendes Gefühl im Kopfe, wie in Folge eines Rausches.

Mercurius.—Schwindel, mit Trübung des Gesichtes; nur am Abend. Schwindel beim Liegen auf dem Rücken; Alles erscheint schwarz vor den Augen.

Nux vomica.—In Folge geistiger Erregung. * Schwindel, mit Verdunklung des Gesichts und Ohrensausen. Anhaltende Verstopfung. Für Opfer des Schnapses und der Geheimmittel.

Pulsatilla.—Wenn von einem verdorbenen Magen herrührend, oder von einer schweren, fetten Speise. * Schwindel beim Aufstehen, mit Frösteln. Uebelkeit und Erbrechen. Keinen Appetit. * Schlimmer am Abend.

Sulphur.—Wenn eine Folge von unterdrückter Hautkrankheit, oder unterdrückten alten Geschwüren [auch Calc. c.].

Vergleiche: „Blutandrang nach dem Kopfe, Unverdaulichkeit, u. s. w."

Anweisung. — Bei einem plötzlichen und ernstlichen Anfalle löse man 12 Kügelchen in 10 Theelöffeln Wasser auf, und gebe jede halbe, oder ganze Stunde 2 Theelöffel, bis Besserung eintritt, dann weniger. In weniger dringenden Fällen gebe man 6 bis 8 Kügelchen trocken auf die Zunge, drei bis vier mal des Tages. — Starkt beleibte Personen, die Schwindelanfällen und dem Blutandrang nach dem Kopfe unterworfen sind, sollten sich aller Reizmittel enthalten, selbst des Kaffees und des Thees, und sollten Maß halten beim Essen. Zeitiges Aufstehen, fleißiges Baden und Bewegung in der frischen Luft sind empfehlenswerth.

Blutandrang nach dem Kopfe.

Viele Personen, namentlich solche, die an eine sitzende Lebensweise und kräftige Nahrung gewöhnt sind, sind einem Etwas unterworfen, das wir „Andrang des Blutes nach dem Kopfe" nennen. Wiederum Andere, die an irgend einer Herzkrankheit oder an Blutverlust leiden, sind oft derselben Krankheit ausgesetzt.

Die Symptome sind: plötzlicher Schwindel, zuweilen mit Verlust des Bewußtseins; ein Gefühl von Schwere im Kopfe und dem Nacken; vernehmbares Pulsiren der Arterien des Halses und Kopfes; Röthe, mit Hitze im Kopfe und im Gesicht. Kopfschmerzen; ein Gefühl, als ob die Kopfhaut zusammengezogen und wund wäre. Ohrensausen, mit Schwerhörigkeit; Punkte vor den Augen; Beklemmung der Brust; Erstarrung der äußeren Gliedmaßen.

Behandlung.—Besondere Anzeichen.

Aconit.—Dieses Heilmittel wird sich in fast allen Fällen wirksam erweisen, besonders unter den folgenden Symptomen: * Blutandrang nach dem Kopfe, mit Röthe und Hitze im Gesicht. Man fühlt, wie Kopfadern und Puls zusammenschlagen. Der Kranke fühlt schwindlich, namentlich beim Bücken oder Gehen in der Sonne. Funkeln vor den Augen. * Große Furcht und Herzensangst.

Arnica.—Wo der Blutandrang durch äußere Verletzungen, Schläge, Fallen, u. s. w. herbeigeführt ist. Brennen und Klopfen im Kopfe, während die übrigen Körpertheile kalt bleiben.

Belladonna.—Bedeutende Ausdehnung der Blutgefäße des Kopfes. * Klopfendes Kopfweh; Licht und Geräusch unerträglich. Glühende Röthe des Gesichtes und der Augen; Funken vor den Augen, namentlich beim Bücken. * Schwindel, mit Betäubung und Schwimmen vor den Augen. Stark beleibte Personen besonders dazu geneigt.

Nux vomica.—Wo das Uebel sitzender Lebensweise, angestrengtem Studiren, oder unmäßigem Genuß geistiger Getränke entspringt. Schwindel, wie von Trunkenheit. * Kopf gleichsam erweitert [wenn zu eng, gib **Coff.**]. Schmerz in der Stirn verschlimmert durch geistige Anstrengung.

Opium.—Blutandrang nach dem Kopfe, wenn von Schreck, oder Schwelgerei [siehe **Nux v.**]. Kopf aufgedunsen, dunkelroth und heiß. * Betäubung; muß sich niederlegen; Schnarchen im Schlafe, die Augen halb offen. * Langsamer, voller Puls. Bei ältern Leuten.

Anweisung.—In dringenden Fällen mag die Arznei jede halbe, auch jede Stunde wiederholt werden, bis Besserung eintritt, dann seltener. Man gebe 10 bis 12 Kügelchen in 8 Theelöffeln Wasser; je 2 Theelöffel voll.

Diät.—Ist der Patient von beträchtlicher Körperfülle und neigt zur Vollblütigkeit, so muß in der Diät Maß gehalten werden, in Qualität und Quantität. Animalische Nahrung vermeide man; ebenso fettes Gebäck, fette Speisen u. s. w. Die Nahrung sollte bestehen in Reis, Hafermehl, Haferschleim, weißem Sago, einfachem Brot, Pudding u. s. w. Man brauche keinerlei Reizmittel; kaltes Wasser ist das beste Getränk.

Anmerkungen.—Personen, die zum Blutandrang nach dem Kopfe geneigt sind, sollten täglich kalte Waschungen vornehmen, mit fleißiger Benutzung des Fleischkammes. Bei einem Anfall nehme man ein warmes Fußbad, zugleich bediene man sich eiskalter Umschläge auf dem Kopfe. Die Umschläge sollten dick zusammengefaltet werden und groß genug sein, um den ganzen Kopf einzuhüllen. Man wechsle öfters damit und warte nicht, bis sie warm sind. Der Patient vermeide alle Aufregung, schlafe in einem wohl gelüfteten Zimmer, und mache sich, wenn möglich, Bewegung in der freien Luft.

Schlagfluß.

Personen, die von einem Schlagfluß getroffen werden, stürzen gewöhnlich sofort nieder, ihrer Sinne und der willkürlichen Bewegung

beraubt. Wohl spricht man von verschiedenen Formen der Krank=
heit, indeß würde eine Beschreibung derselben für uns keinen Werth
haben.

Diagnose.—Eine Person, anscheinend in guter Gesundheit, fällt
plötzlich nieder und verliert gänzlich oder theilweise den Gebrauch der
Sinne, während andere Lebensverrichtungen, wie das Athmen und
der Blutumlauf fortdauern. Gesicht schwarzblau; Blutgefäße des
Gesichts und des Kopfes blutgeschwollen; Athem rasselnd und
dumpf, mühsam, zuweilen rascher und lebhafter; Glieder schlaff;
Puls voll und träge, auch stockend. In diesem Falle ist Genesung
sehr selten; der Zustand verschlimmert sich allmälig; stirbt innerhalb
vierundzwanzig Stunden.

Dies ist der gewöhnliche Verlauf eines Schlaganfalls; aber es
gibt auch andere Fälle, welchen warnende Symptome vorangehen,
wie Schwindel, starke Neigung zum Schlafen; dumpfer Schmerz,
schwerer Kopf, namentlich beim Bücken; Pulsiren der Schläfeadern;
Zunge steif, u. s. w. Dieser Zustand mag geraume Zeit anhalten,
bevor die Krankheit sich völlig entwickelt.

Ursachen.—Gewöhnliche Ursachen der Krankheit sind: Mangel an
körperlicher Bewegung; unmäßiges Essen; übermäßiger Genuß von
Spirituosen; der Gebrauch von Betäubungs= und Reizmitteln; starke
geistige Erregungen; übermäßiges Studiren und körperliche An=
strengung.

Behandlung.—Besondere Anzeichen.

Aconit.—Kopf heiß; Schlagadern pulsirend; Röthe des Gesich=
tes [Bell.]. Augen geröthet, funkelnd, aus den Höhlen tretend; Pu=
pillen erweitert; starrer Blick. Lähmung der Zunge, mit Zittern
und Stottern. Große Beschwerde beim Schlingen [* Bell.,
Hyos.]. Puls voll und schwer, ohne zu stocken.

Arnica.—Kopf heiß, während die übrigen Körpertheile kalt sind.
Lähmung der Glieder, namentlich der linken Seite. Bewußtlosig=
keit; Erstarrung und widriger Athem [Opi.]. Stiere Augen, Veren=
gerung der Pupillen. * Seufzen, Stöhnen; unwillkürliche Koth=
und Harnentleerung.

Belladonna.—Gesicht geschwollen, bläulich, dunkelroth. Er=
weiterung der Kopf= und Halsadern. * Wahrnehmbares Pulsiren
der Schlag= und Schläfeadern [Acon.]. Schläfrigkeit, Verlust des
Bewußtseins und der Sprache. Lähmung der Glieder, namentlich
an der rechten Seite [linke Seite, Lach.]. * Mund nach einer Seite
gezogen (windschief); Schlingen schwierig, kaum möglich. * Verlust
des Gesichtes, des Geruchs und der Sprache. Unwillkürliche Urin=
entleerung.

Cocculus.—Dumpfes Gefühl im Kopfe und Schwindel geht

dem Anfall voran. Krampfartige Verdrehungen der Augen. Läh=
mung, namentlich der unteren Glieder, mit Gefühllosigkeit. * Kopf
und Gesicht roth; Füße kalt.

Hyoscyamus. — * Plötzliches Hinstürzen mit einem Schrei.
Verlust des Bewußtseins und der Sprache; Schaum aus dem
Mund. Zusammenschnürung des Halses; ist unfähig zu schlingen
[Bell.]. Braunrothes, geschwollenes Gesicht; stiere, verdrehte Augen,
mit erweiterten Pupillen. Lähmung (Unthätigkeit) der Harnblase
und der Schließmuskel. Zerren und Reißen in allen Muskeln.

Lachesis. — Schlagfluß mit Lähmung der linken Seite; kalte
Hände, wie die eines Todten. Mund nach einer Seite gezogen
[* Bell.]. Häufige Geistesabwesenheit und Schwindel gehen oft
voran. * Berührung des Halses unerträglich. Durchaus unfähig
zu schlingen.

Nux vomica. — Schwindel, mit Kopfweh und Ohrensausen,
oder Uebelkeit, Neigung zum Erbrechen gehen dem Anfall voran.
Betäubung, mit Schnarchen. * Lähmung des Unterkiefers und der
untern Extremitäten, die kalt und gefühllos sind. Personen von
sitzender Lebensweise, die stark gewürzte Speisen und aufregende
Getränke zu sich nehmen.

Opium. — * Der Kranke liegt in einem Zustande der Betäubung
und Bewußtlosigkeit, mit halb=offnen Augen und erweiterten Pupil=
len. Gesicht roth, aufgedunsen und heiß. * Athem beschwerlich,
schnarchend und rasselnd. Krampfhafte Bewegungen der Extremi=
täten, oder starrkrampfartige Steife des ganzen Körpers [Nux v.].
* Träger Puls.

Anweisung. — Löse 12 Kügelchen, oder 3 Tropfen der flüssigen Arznei in einem
halbvollen Glase Wasser auf und gib davon alle zwanzig bis dreißig Minuten 2
Theelöffel voll. Wenn der Patient nicht wohl schlingen kann, lege 6 bis 8 Kü=
gelchen auf die Zunge. Sobald Besserung eintritt, gebe man verringerte Dosen,
oder höre ganz auf.

Anmerkungen. — Corpulente Personen mit kurzem, dickem Hals, namentlich
solche, die eine sitzende Lebensweise führen, sind dieser Krankheit besonders aus=
gesetzt. Solche Personen sollten sich berauschender Getränke gänzlich enthalten,
ebenso fetter Speisen und aller Reizmittel. Die Nahrung bestehe in Pflanzen=
kost; das Getränk sei reines, frisches Wasser. Empfehlenswerth sind tägliche
Waschungen und Bewegungen in der freien Luft.

Gehirnentzündung.

Die Symptome dieser Krankheit sind sehr mannigfaltig, je nach
dem Alter, dem Geschlecht, dem Temperament, der Leibes= und Ge=
müthsbeschaffenheit, und den angegriffenen Gehirntheilen. Wenn
die umhüllenden Häute Sitz der Krankheit sind, so heißt dieselbe
Meningitis; in diesem Falle sind die Schmerzen heftig und

stechend. Ist die Substanz Sitz der Krankheit, heißt sie Encepha=
litis, und die Schmerzen sind dumpf, schwer und mehr innerlich.

Die Krankheit gibt sich zu erkennen durch starkes Fieber, heftiges
Kopfweh, Röthe des Gesichtes und der Augen, Pulsiren der Schläfe=
und Halsadern, Empfindlichkeit gegen Licht und Geräusch, Schlaf=
losigkeit, Irrereden. Im Verlaufe der Krankheit stellt sich gewöhn=
lich Erbrechen ein, zuweilen schon bei Beginn derselben. Im ersten
Stadium der Krankheit sind die Pupillen gewöhnlich zusammengezo=
gen; in dem folgenden Stadium erweitern sie sich und sind gegen
das Licht empfindlich. Der Puls ist unstät; zuweilen rasch und
schwach, dann voll und langsam. Im letzteren Falle, namentlich
wenn sich Krämpfe dazu gesellen, so ist es wahrscheinlich, daß sich
Wasser in die Kammern ergossen hat.

Kinder sind in Folge ihres zarten Gehirnbaues und feinen Em=
pfänglichkeitsvermögens in früher Jugend dieser Krankheit mehr un=
terworfen, als erwachsene Leute. Während der Periode des Zah=
nens, oder wenn die Kinder von irgend einer acuten Krankheit
ergriffen sind, sollte man alle Symptome wohl beachten. Wenn das
Kind ärgerlich wird, keine Lust am Spielen zeigt, niederliegen will;
den Kopf nicht aufrecht tragen kann; öfters mit der Hand nach dem
Kopf greift; seinen Kopf hin und her bewegt; ohne Veranlassung
laut aufschreit; sich in die Kissen drückt; Geräusch und Licht scheut;
die Augen roth und funkelnd sind; die Pupillen erweitert oder zu=
sammengezogen sind; wenn die Blutgefäße des Halses und Kopfes
pulsiren; plötzlich aus dem Schlafe auffährt; wenn schläfrig, ohne
Schlaf zu finden: wenn diese Symptome vorhanden sind, dann hat
man Grund zu der Annahme, daß das Gehirn entzündet und sofor=
tige Behandlung geboten ist.

Ursachen.—Aeußerliche Verletzungen am Kopfe, in Folge eines
Falles, oder Schläge, Stöße; plötzliche, geistige Erregungen; ange=
strengtes, anhaltendes Denken; Ueberschätzung des geistigen Vermö=
gens der Kinder; verschmierte Ausschläge; ansteckende (contagiöse)
Krankheiten; übermäßiger Genuß von Opium und Spirituosen.
Im Verlaufe der Krankheit stellen sich oft ein: Scharlachfieber,
Rose und Brechdurchfall.

Behandlung.—Besondere Anzeichen.

Aconit.—Im Anfang, wenn das Fieber hochgradig ist, wie
dies an der heißen, trockenen Haut und dem schweren, raschen Puls=
schlag wahrnehmbar ist. * Todesfurcht; Angabe des Todestags.
* Schlaf= und Ruhelosigkeit, Umherwälzen im Bett. Schwindel,
oder Ohnmacht beim Aufstehen.

Belladonna. — Heftiger, stechender Kopfschmerz. * Rothe,
glühende Augen; wilder Blick. Gesicht roth und geschwollen

[Acon.]. Große Hitze im Kopfe; heftiges Pulsiren der Schlagadern,
[Hyos.]. Rasendes Delirium; will aus dem Bett springen; will
schlagen und beißen u. s. w. * Sehr empfindlich gegen Geräusch
und Licht. Pupille erweitert, oder zusammengezogen. * Auffahren
im Schlafe.

Bryonia.—Schmerz im Kopf, als wollte er zerspringen. Blutandrang nach dem Kopfe, mit brennender Hitze. Irrereden des
Nachts; will auf- und davonlaufen [Bell.]. Lippen vertrocknet;
großer Durst. * Will ganz ruhig liegen, da die kleinste Bewegung
den Zustand verschlimmert. Plötzliches Auffahren aus dem Schlafe.
* Aufsitzen im Bett verursacht Uebelkeit und Ohnmacht. * Trockner,
harter Stuhl, wie verbrannt. Sehr reizbar.

Hyoscyamus.—Schläfrigkeit; Verlust der Besinnung. Ver-
wirrtes Reden. Irrereden; wilder, stierer Blick, Gliederzucken und
Pulsiren der Schlagadern. Weiß belegte Zunge; Schäumen des
Mundes; stiere, verdrehte Augen; Doppeltsehen. Plötzliches Auffahren aus dem Schlafe [Bell.]. * Murmeln im Schlafe; Flocken-
lesen. Unwillkürliche Koth- und Urinentleerungen.

Opium.—Schlafsucht; widriger Athem; Augen halb geschlossen.
Betäubung nach dem Erwachen. * Verworrenes Reden; Augen
weit offen. Gesicht purpurroth und geschwollen. * Verschärftes
Gehör. Angst; will aufstehen. Darnach Schmerz, Schreck, oder
heftige Gemüthsbewegungen. * Stühle runder, harter, schwarzer
Klumpen.

Stramonium.—Kümmert sich nicht um seine Umgebung. Betäubung der Sinne. * Schwatzt Unsinn; will davongehen [Bell.,
Opi.]. Erwacht mit furchtsamem Blick, wie erschreckt von dem ersten
wahrgenommenen Gegenstande. * Will immer sprechen. * Knirschen mit den Zähnen; Schüttelfrost. Lippen wund und gesprungen;
Zähne belegt. Glänzende Augen und stierer Blick. Schwarzer, flüssiger Stuhl.

Anweisung.—Man löse 12 Kügelchen, oder 3 Tropfen in einem halbgefüllten
Glase Wasser auf, und gebe einem Erwachsenen alle drei bis sechs Stunden 2
Theelöffel voll, einem Kinde je nach der Dringlichkeit des Falles.
Diät.—Muß ganz einfach sein. Dünner Haferschleim, Brotwasser, Farina,
Stärke, leichte Puddinge. Reines, frisches Wasser, hie und da mit Eis.
Bemerkungen.—Sollten die Extremitäten erkalten, so lege man Krüge heißen
Wassers an, oder hülle jene in warmen Flanell. Eiskalte Umschläge lege man
auf den Kopf; man wechsle oft; sollten nicht warm werden. Die Umschlage-
tücher sollten groß genug sein, um den ganzen Kopf zu bedecken.

Fleckfieber.

Diese Krankheit kommt plötzlich; sie beginnt mit Frösteln, gefolgt

von Fieber; heftiges Kopfweh; Ruhelosigkeit; Niedergeschlagen=
heit; Jucken in den Gliedern; empfindlich gegen Berührung; rascher,
unregelmäßiger Puls; Betäubung; Krämpfe. Das Genick dreht
sich nach der einen oder der andern Seite, sodaß der Kopf nach einer
Seite hin rückwärts gebogen ist; Schielen und Doppeltsehen; Zunge
schlaff und geschwollen. Beim Fortschreiten dieser Krankheit erschei=
nen purpurfarbige, an Umfang sehr verschiedene Flecken auf verschie=
denen Körpertheilen; darum heißt die Krankheit „Fleckfieber‟.
Nach einem Drucke werden diese Flecken nicht weiß; auch erscheinen
sie nicht in allen Fällen.—Die Krankheit ist epidemisch und beschränkt
sich auf Kinder und junge Leute. Gewöhnlich tritt sie am Ende des
Winters und im Frühjahr auf. Ihre Entstehungsursache ist un=
bekannt.

Behandlung.—Besondere Anzeichen.

Aconit. — Frösteln; Fieber; Ruhelosigkeit; großer Durst.
Jucken, auch wohl Gefühllosigkeit im Rückgrat. Geberdet sich wie
verzweifelt; Todesfurcht.

Arnica.—Schmerzendes Gefühl der Glieder, als ob sie zerschla=
gen wären. Auf der Haut blutrünstige Flecken. Stumpfe Gleich=
gültigkeit.

Belladonna.—Heftiges, klopfendes Kopfweh. Körper krampf=
haft zurückgebogen [auch **Opi.**]. Empfindlichkeit und Steifheit im
Hals [**Bry.**]. Erweiterte Pupillen, Doppeltsehen [**Gel., Hyos.**]. Im
Delirium schreckliche Gesichte.

Bryonia.—Kopfschmerzen, als wollte er bersten; Schlimmer
nach Bewegung [**Bell.**]. Steifheit des Nackens. Schmerzen in den
Gelenken und Gliedern; Magenschmerzen.

Gelseminum.—Dumpfes Gefühl im Hinterkopfe. Wie be=
trunken. * Lähmung der Augenlider. Doppeltsehen und erweiterte
Pupillen [**Bell., Hyos.**]. Muskelthätigkeit vollständig gelähmt. Puls
sehr schwach [sehr langsam, **Opi.**]. Mühsamer Athem, Uebelkeit und
Erbrechen.

Lycopodium.—Betäubung; Irrereden [**Opi.**]. Fächerartige
Bewegung der Nüstern. Sinken des untern Kiefers [**Opi.**]. Glie=
derreißen über den ganzen Körper.

Opium.—Betäubung und tiefes, langsames Athmen. * Sehr
rascher, oder sehr träger Puls. Zieht den Körper rückwärts und
wälzt sich um und um. Krämpfe, mit Hin= und Herschlenkern der
Glieder.

Anweisung.—Von irgend einem der oben angegebenen Arzneimittel löse 10
Kügelchen in einem bis zu einem Drittel angefüllten Glase auf, und gebe alle
zwei, drei, vier oder fünf Stunden 2 Theelöffel voll, bis Besserung eintritt;
dann beschränke man die Dosen.

4

Diätetisches Verhalten.—Siehe Verhaltungsmaßregeln unter „Gehirnentzündung."

Kopfwassersucht.

Dies ist eine namentlich bei Kindern häufig vorkommende Krankheit. Die Symptome im ersten Stadium der Krankheit sind die eines gewöhnlichen Fieberanfalles. Der kleine Patient ist unruhig und reizbar; zunehmende Hitze des Kopfes; Geräusch und Licht unausstehlich; Pupillen zusammengezogen; Runzeln der Stirne; Auffahren im Schlafe; Erwachen mit einem Schrei. Symptome des zweiten Stadiums, aus welchen gewöhnlich ersichtlich ist, daß die Entzündung in einen Erguß übergegangen ist, kennzeichnet sich durch Trägheit des Pulses; Schreien, wie bei einem Schmerz; Stöhnen; erweiterte Pupillen; Schielen; Einwärtsdrehen der Füße und Hände; kurzes, krampfartiges Zusammenziehen des Gesichtes, der Oberlippe und des Armes. Umherwälzen des Kopfes; beständige Bewegung der Lippen; endlich, Zuckungen und Lähmung.

Die Krankheit ist von unbestimmter Dauer; zuweilen tödtet sie den Kranken in zwei Tagen; in andern Fällen nach zwei bis drei Wochen.

Ursachen.—In vielen Fällen liegt eine constitutionelle Anlage zu Grunde. Wir kennen mehrere Familien, in welchen zwei bis drei Kinder frühzeitig an der Krankheit gestorben sind. Häufig erscheint sie nach Scharlachfieber, Masern, Keuchhusten und beim Zahnen.

Behandlung.—Besondere Anzeichen.

Aconit.—Im ersten Stadium. * Licht und Geräusch unerträglich [* Bell.]. * Große Angst; nervöse Aufregung. * Das Kind ist schlaflos; schreit auf; beißt in seine Hände; Durchfall grün und wässerig.

Apis mel.—Heftiges Fieber, mit Irrereden. Unterbrechung des Schlafes durch lautes Aufschreien. * Wühlt mit dem Kopfe in den Kissen [Bell.]. * Schielen; Zähneknirschen; Reißen an einer Seite des Körpers, während die andere gelähmt ist. Reichliche Ausschwitzung des Kopfes. Häufige und spärliche Urinentleerungen.

Belladonna.—Fliegende Röthe des Gesichtes; Augen eingefallen [Acon.]. Wühlen mit dem Kopfe in den Kissen; Augenrollen und Schielen [Apis]. * Pulsiren der Schlagadern. * Plötzliches Auffahren im Bette. Irrereden; will aufstehen. Unwillkürliche Urinentleerungen. Sehr empfindlich gegen Licht und Geräusch.

Bryonia.—Anzeichen eines Ergusses. Dunkelglühendes Gesicht; trockne, gesprungene Lippen. Dunkelgelber Beleg der Zunge.

* Oeftere Bewegung des Gaumens, als wollte man etwas zerkauen.
* In Folge von Uebelkeit und Schwindel kann man nicht aufsitzen.
* Harter, trockner Stuhl, wie verbrannt. Spärlicher, heißer, rother Urin. Sehr reizbar.

Calcarea c.—Skrophulöse Personen. * Dicker Kopf, mit offnen Geschwüren [Sulph.]. * Reichliches Schwitzen im Schlafe. * Abzehrung; guter Appetit. Schmerzliches, mühsames Harnlassen; Urin scharf und stinkend.

Opium.—* Große Schläfrigkeit; widriger Athem. Gesicht purpurfarben und geschwollen [karmesinroth, Bell.]. * Aufschreien vor dem Anfall und während desselben. Erweiterte, oder zusammengezogene Pupillen; allgemeine Symptome einer Gehirnlähmung.

Stramonium.—Krampfhafte Bewegungen des Kopfes. Kopf fühlt leicht; der Kranke will aufstehen. * Erwacht mit ängstlichem Blick, wie erschrocken von dem ersten wahrgenommenen Gegenstande. * Schwatzt im Delirium; will davonlaufen. Kein Durst, ungeachtet der Trockenheit des Mundes. * Helle, leuchtende Gegenstände und Berührung rufen neue Anfälle hervor. Schwarzer, flüssiger Stuhl.

Sulphur.—Schwerheitsgefühl des Kopfes; sinkt unwillkürlich rückwärts. Kopf schwitzt; riecht nach Moschus. Riecht sauer aus dem Munde. * Schläfrig am Tage; ruhelos bei Nacht. Scrophulöse Anlage; Haut trocken, rauh und schuppig. * Nach unterdrückten oder vertrockneten Geschwüren am Kopfe, hinter den Ohren, oder sonstwo.

Anweisung.—Im ersten Stadium verabreiche man die Medizin [gewöhnlich **Aconit.**] alle drei Stunden, bis die Entzündung nachläßt. Sollte die Krankheit im Zunehmen begriffen sein und sollten sich Symptome von Blutverlust einstellen, gebe man die Arznei alle zwei bis drei Stunden. 10 Kügelchen, oder 2 Tropfen flüssiger Medizin löse man in 12 Theelöffeln Wasser auf; 1 Theelöffel bei jeder Dose.

Anmerkungen.—In Familien, wo die Krankheit augenscheinlich auf andere Kinder übertragen werden könnte, sollte die größte Vorsicht beobachtet werden, mit Anwendung aller möglichen Mittel, um das Kind gesund zu erhalten. Irgend einer Störung der Gesundheit sollte man mit umsichtiger Behandlung begegnen. Als Zugabe zu den oben angegebenen Arzneien ist Wasser sehr empfehlenswerth. Ein Schwammaufschlag, bestehend aus dünnen, zusammengenähten Stückchen eines Schwammes, mit einem Lederstreifen eingefaßt, mit kaltem Wasser gesättigt, auf dem Kopfe passend angebracht, thut gute Dienste. So kann man den Kopf kühl halten, um den Blutandrang nach demselben zu verhindern, während man die Extremitäten vermittelst Krüge heißen Wassers warm hält. Eine mit zerstücktem Eise gefüllte Blase, auf dem Kopfe wohl angebracht, wirkt wohlthätig.

Kopfweh—Cephalalgia.

Jeder Schmerz, an irgend einem Theile des Kopfes, heißt Kopfweh. Es ist gewöhnlich symptomatisch, d. h., es deutet auf eine constitutionelle Störung, oder eine gewöhnliche Krankheit; so hört man von katarrhalischen, gastrischen (Magen betreffenden), nervösen, rheumatischen, sympathetischen Kopfschmerzen. Der Leser beachte dies wohl, da es bei der in fast allen Fällen einzuschlagenden Behandlung eine treffliche Anleitung sein dürfte.

Ursachen.—Zu den gewöhnlichsten Ursachen gehören: Unverdaulichkeit; sitzende Lebensweise; unterdrückte Ausschläge; Störungen der monatlichen Regel; Schlaflosigkeit; Einathmen verdorbner Luft; Maßlosigkeit im Trinken berauschender Getränke, Thees und Kaffees, ungeregelte Lebensweise u. s. w.

Behandlung.—Hauptanzeichen.

Aconit.—Heftiges betäubendes Kopfweh, mit einem Gefühl der Schwere in der Stirne. * Ein Gefühl, als wollte das Gehirn aus der Stirne herausdringen [Bell.]. Schwindel beim Aufrichten aus sitzender Haltung [Puls.]. Bitteres, gallartiges Erbrechen; Angst vor dem Tode. * Verzweiflung; glaubt die Schmerzen nicht lange ertragen zu können.

Arnica.—Kopfweh namentlich über den Augen. Stechende, fliegende Schmerzen in der Stirne, heftiger beim Bücken. * Kopf und Gesicht heiß; die andern Körpertheile sind kalt. Uebelkeit des Magens; Auswurf wie von faulen Eiern [Sep., Sulph.]. Erbrechen; schlimmer nach dem Essen und Trinken. In Folge eines Schlags oder einer Gehirnerschütterung.

Arsenicum.—Periodisches Kopfweh [Bell.]. Schwere des Kopfes, namentlich der Stirne. Klopfender Schmerz in der Stirne; Neigung zum Erbrechen. * Heftiges Erbrechen, zuweilen nach dem Essen und Trinken. * Starker Durst; trinkt wenig und oft. * Ruhelosigkeit; Niedergeschlagenheit; Furcht vor dem Tode. Schlimmer nach der Ruhe, besser bei Bewegung.

Belladonna.—Kopfweh mit Unpäßlichkeit; Kopf wie zum Zerspringen [Bry., Nux v.]. Blutandrang nach dem Kopfe; Pulsiren der Schlagadern. * Heftiger pulsirender Schmerz, namentlich in der Stirne; muß die Augen schließen [Acon.]. * Bohrendes Kopfweh an der rechten Seite. Uebelkeit und Erbrechen von Galle, Schleim, oder Speisen. * Geräusch und helles Licht unerträglich [Acon., Cocc.]. Verschlimmerung gegen 3 Uhr Nachmittags.

Bryonia.—Kopfweh stellt sich ein beim Erwachen des Morgens [Calc. c., Nux v.]. Kopf schmerzt, als wollte er bersten; schlimmer beim Bücken. * Will ganz ruhig liegen. * Fühlt schwindlich beim

Aufsitzen. Saures, bitteres Erbrechen. Lippen gesprungen und trocken. * Trockner, harter Stuhl, wie verbrannt. Patient sehr reizbar.

Calcarea c.—Chronisches Kopfweh. Dumpfer, betäubender Schmerz in der Stirne; Geist umnachtet. Klopfendes, den ganzen Tag anhaltendes Kopfweh. * Ein Gefühl der Kälte im Kopfe. * Füße kalt, als ob man feuchte Strümpfe anhabe. * Viel Schorf auf dem Kopfe. Schwindel beim Treppensteigen. Regel zu früh, zu reichlich und zu lange anhaltend.

Chamomilla.—Wenn in Folge einer Erkältung, oder des Genusses von Kaffee [Ign., Nux v.]. Reißender, ziehender Schmerz der einen Kopfseite, bis zum Kiefer ausstrahlend. Fliegende, pulsirende Schmerzen in der Stirn. * Eine Wange roth, die andere blaß [Acon., Nux v.]. Bitteres, saures Aufstoßen. Aeußerst empfindlich gegen Schmerz; wird fast rasend. * Sehr ungeduldig; kann nicht höflich antworten. Schmerzhafte Regel, mit wehengleichen Schmerzen.

China.—Kopfweh von unterdrückter Erkältung. Druck auf den Vorkopf, als wollte er bersten. Empfindlichkeit des Kopfes, als ob er zerschlagen wäre; schlimmer nach geistiger Anstrengung [* Nux v., Sulph.]. Heftiges pulsirendes Kopfweh nach zu reichlicher Entleerung. * Ohrensausen; schwächende, leichte Krämpfe. Einen um den andern Tag schlimmer.

Cocculus.—Kopfweh mit Uebelsein vom Fahren u. s. w. [Bell.]. Reißendes, klopfendes Kopfweh; gewöhnlich des Abends. * Heftiges Kopfweh, das den Kranken zum Aufsitzen nöthigt; verschlimmert durch Reden, Lachen, Lärm, oder helles Licht. * Schwindel, oder Aufstoßen nach passiver Bewegung. Harter, schwieriger Stuhl. Schmerzhafte Regel, gefolgt von Hämorrhoiden.

Coffea.—Patient sehr empfindlich und reizbar. * Kopfweh, als ob ein Nagel in das Gehirn getrieben wäre; schlimmer in der freien Luft [siehe Ign.]. Kopfschmerzen, als wollte er zerspringen; schlimmer von Geräusch und Licht. Beengung des Kopfes [Erweiterungsgefühl: Nux v.]. Schlaflosigkeit. Brandiger, saurer Auswurf.

Ignatia.—Bohrender, stechender Schmerz in der Stirne; läßt nach beim Liegen. * Schmerz, als ob ein Nagel durch und durch getrieben wäre [wie durch den Scheitel, Nux v.]. Kopfweh, als ob ein schwerer Gegenstand auf dem Kopfe lastete. * Patient von Kummer niedergebeugt; Leerheitsgefühl in der Magengrube. Verstopfung, mit Vorfall des Mastdarms.

Ipecacuanha.—* Bei üblem Aufstoßen [Verat. alb.]. Kopfweh, als wäre das Gehirn zerquetscht. * Bücken verursacht Erbrechen. Durchfall; grasgrüner Stuhl.

Lachesis.—Kopfweh mit Uebelkeit und Schläfrigkeit. Pulsi=
rende Schmerzen in den Schläfen [Acon., Arn., * Bell.]. Drückendes
Kopfweh früh am Morgen, heftiger beim Bücken. Kann nichts um
den Unterleib haben. Schwindel; Blässe des Gesichts. Schmerz
in der linken Eierstockgegend [in der rechten, Bell.]. Kehlkopf und
Hals beim Berühren sehr empfindlich. In verzweifelndem Zu=
stande. Schlimmer nach dem Schlafe.

Nux vomica.—Kopfweh, mit saurem, bitterem Erbrechen.
Drückender, bohrender Schmerz, als wollte der Kopf zerspringen
[Bell., Bry.]. * Betäubendes Kopfweh, namentlich am Morgen;
verschlimmert nach geistiger Anstrengung [Calc. c., Sulph.]. Anhal=
tende Verstopfung, hartleibiger Stuhl. Personen von sitzender,
oder unmäßiger Lebensweise, oder mit Hämorrhoiden
Behaftete.

Phosphoric ac.—Heftiger Schmerz auf dem Kopfe, als ob
das Gehirn zermalmt wäre; Folge langwierigen Grames. * Zu
frühe und anhaltende Regel, mit Schmerzen in der Leber. * Ge=
fühl, als ob der Magen auf= und niederschwankte. Schmerzloser
Durchfall; weißlicher Stuhl.

Pulsatilla.—Kopfweh regelmäßig nach reichlicher, kräftiger
Mahlzeit [Ant. c., Ipe., Nux v.]. Reißende, stechende Schmerzen
gegen Abend. Schwindel, namentlich beim Bücken oder Aufstehen.
* Verlangen nach kalter, frischer Luft; fühlt schlimmer in eingeeng=
tem Raume. Uebelkeit und Erbrechen; Widerwille gegen
Speise. Regel verspätet; sparsam und unterdrückt [zu früh und zu
reichlich, * Bell., Calc. c.]. Frösteln, selbst in warmem Zimmer. Sie
weint und klagt [Ign., Sep.]. Uebler Geschmack am Morgen.

Sepia.—Klopfende, stechende Schmerzen, namentlich in der
Stirne und den Schläfen [siehe Lach.]. Großer Schmerz, als
wollte der Kopf bersten; unterdrücktes Schreien. Uebelkeit und
Erbrechen, mit einem Gefühl der Leere im Magen. * Schmutzig=
gelbes Aussehen des Gesichts, namentlich über der Nase; Stuhl
hart und rauh. Uebelriechender Urin, mit strohfarbigem Nieder=
schlag. Weißer Fluß zwischen den Regeln.

Silicea.—Klopfende, pulsirende Schmerzen, besonders in der
Stirne [in den Schläfen, Acon., * Bell.]. Reißende Schmerzen, na=
mentlich auf einer Seite; Stechen in den Augen. Zunehmende
Schmerzen; heftiger nach geistiger Anstrengung, Bücken, Sprechen,
kalter Luft; fühlt besser im warmen Zimmer. * Verstopfung;
Stuhl geht, nach theilweiser Entleerung, zurück.

Sulphur.—Schmerzen meistens in der Stirne und den Schläfen;
drückend, pulsirend, reißend. * Beständige Hitze auf dem
Kopfe [Kälte, Sep., * Verat. alb.]. Durchfall früh des Morgens;

Patient muß eilen. * Häufige, schwache, ermattende Krampfan=
fälle. Unterdrückte Geschwüre. Hämorrhoiden. * Magere, ge=
bückt gehende Personen.

Veratrum alb.—Nervöses Kopfweh [Cham., Coff., Ign.].
Heftige Schmerzen, die den Patienten fast seiner Besinnung berauben.
* Wird sehr schwach; ist über und über mit kaltem Schweiß bedeckt.
* Kalt oben auf dem Kopfe [anhaltende Hitze, Sulph.]. * Erbrechen,
mit anhaltendem Durchfall und kaltem Schweiß. Nervöses Kopf=
weh während der Periode. Heftiges Verlangen nach kalten
Getränken.

Anweisung.—Bei heftigem Schmerz wiederhole man die Arznei alle zwei bis
drei Stunden, bis Besserung eintritt, dann seltener. In chronischen Fällen nur
ein bis zwei Mal des Tages. Man nehme 6 bis 8 Kügelchen trocken auf die
Zunge, oder löse 12 Kügelchen in einem halben Glas Wasser auf; je 2 Thee=
löffel voll.

Kopfweh, mit Uebelkeit.

Dieses ist eine besondere Form der Krankheit, in welcher Magen=
beschwerden vorherrschen. Manche leiden viele Jahre daran, ohne,
ungeachtet zeitweiliger Erleichterung, gründlich geheilt zu sein. Der
Anfall beginnt gewöhnlich des Morgens, gleich nach dem Erwachen,
nach vorangehender Abspannung, geistiger Aufregung, oder unregel=
mäßiger Lebensweise. In vielen Fällen ist es eine Folge passiver
Bewegung, wie Fahren in einem Wagen, einem Kahne u. s. w. Die
Symptome sind verschieden: zuweilen beginnt es mit Uebelkeit, be=
gleitet von heftigen Kopfschmerzen; in andern Fällen beginnt es mit
einem dumpfen, drückenden Schmerz im Vorderkopf und den Schlä=
fen; wiederum fühlt man einen stechenden, reißenden, klopfenden
Schmerz nur auf einer Seite. Das Auge der angegriffenen Seite
ist oft entzündet, geschwollen, wässerig; empfindlich gegen Licht und
Geräusch; klebriger, widriger Geschmack im Munde; Schaudern der
Haut; kalte, feuchte Hände; Puls schwach; Gesicht blaß. Diese
Symptome währen eine Zeit lang mit mehr oder weniger Heftigkeit,
bis sich Uebelkeit im Magen einstellt. Zuerst wird der Mageninhalt
nach oben gestoßen, gefolgt von einer dünnen, eiweißartigen Flüssig=
keit von scharfem, bitterem Geschmack. Das Erbrechen gewährt zu=
weilen Erleichterung; aber bald kehrt der Schmerz wieder und gelbe,
bittere Galle wird ausgeworfen. Diese Anfälle währen sechs bis
zwölf Stunden; in einigen Fällen zwei bis drei Tage.

Ursachen.—Entsteht oft in Folge anderer körperlicher Leiden, wie
Gebärmutterbeschwerden, Unverdaulichkeit, Leberverhärtung, ner=
vöser Reizbarkeit. Häufig bei Personen mit schwacher Verdauung,
die ihrem Geschäft große Aufmerksamkeit schenken, sich viel abplagen
und ängstlich sind.

Behandlung.—Besondere Anzeichen.

Aconit.—Periodischer Kopfschmerz. Schwere des Kopfes, besonders der Stirne. * Heftiges Erbrechen, namentlich nach dem Essen und Trinken. Ruhelosigkeit; Niedergeschlagenheit; Furcht vor dem Tode. * Kalte Aufschläge bewirken Linderung.

Belladonna.—Geröthetes Gesicht; tief liegende Augäpfel. Kopfweh mit Uebelkeit; Kopf, als wollte er zerspringen. * Heftiger, klopfender Schmerz, namentlich in der Stirne; muß die Augen schließen. Uebelkeit und Erbrechen von Galle, Schleim, oder Speisen. * Kann keinen Lärm und kein Licht vertragen [Acon.]. Gefühl von Schwere im Kopfe. Regel zu häufig und zu reichlich [Calc. c.].

Calcarea c.—Betäubendes, klopfendes Kopfweh vom Morgen bis zum Nachmittag. Kälte in dem Kopfe [gegen Hitze auf dem Kopfe, gib **Sulph.**]. Die Symptome werden durch geistige Anstrengung verschlimmert [auch **Nux v.**]. Gefühl an den Füßen, als ob man kalte, feuchte Strümpfe anhabe.

Nux vomica.—Das Kopfweh ist eine Folge unmäßigen Essens und Trinkens von Spirituosen; geistiger Anstrengung, Verstopfung und sitzender Lebensweise. * Betäubendes Kopfweh, namentlich des Morgens, verschlimmert durch geistige Anstrengung. * Drückender Schmerz auf dem Scheitel, als wäre ein Nagel eingetrieben [Ign.]. Uebelkeit und Erbrechen einer sauern, bittern Masse u. s. w. Dieses Mittel ist anzuwenden bei Personen von sitzender Lebensweise, die an gute Küche und stimulirende Speisen gewöhnt, oder Opfer der Quacksalber geworden sind.

Ipecacuanha. — * Wenn Uebelkeit und Erbrechen hervorragende Erscheinungen sind [Verat. alb.]. Bis auf die Zungenwurzel sich erstreckender Schmerz, als ob Gehirn und Schädel wund wären. * Bücken verursacht Erbrechen. Wenn nach dem Genuß von Schweinefleisch oder fettigen Speisen, Pasteten [auch **Ant. c.**, * **Nux v., Puls.**].

Sepia.—* Schmerzvolles Klopfen oben auf dem Kopfe. Starkes Kopfweh, als wollte der Kopf bersten und die Augen aus ihren Höhlen treten. Uebelkeit. Schlimmer nach Bewegung, besser beim Schließen der Augen und bei Ruhe. * Schmutziggelbes Aussehen des Gesichts; stinkender Harn, mit lehmfarbnem Niederschlag. Weißfluß zwischen den Regeln. Paßt für Frauen während der Schwangerschaft, im Wochenbett und beim Stillen.

Veratrum alb.—Dumpfer Kopfschmerz; erstreckt sich von den Schläfen aus nach der Stirne; nimmt zu beim Bücken. Schmerzhafte Paroxysmen in verschiedenen Theilen des Gehirns; dieses ist wie wund. * Kopfschmerz mit Uebelkeit, Er-

brechen und kaltem Schweiß auf der Stirne. Heftiges Er=
brechen mit anhaltender Uebelkeit [auch **Ipe.**]. Große Schwäche
[auch **Ars.**].

Weitere Belehrung über diese Krankheit findet man in dem voran=
gehenden Capitel unter „Kopfweh."

Anweisung.—2 Tropfen der Auflösung, oder 10 Kügelchen in einem halben
Glas Wasser. Nehme alle zwei bis drei Stunden 1 Theelöffel voll, bis ein
Wechsel eintritt.

Diät und Lebensordnung.—Bei Tisch halte man Maß; man enthalte sich fet=
ter Speisen, des Schweinefleisches, der Pasteten u. s. w. Trinke viel frisches
Wasser, aber keinerlei stimulirende Getränke — selbst nicht Thee oder Kaffee.
Freie Bewegung in der frischen Luft und häufige Waschungen sind sehr heil=
kräftig.

Sonnenstich.

Dies ist ein durch die Einwirkung der Sonne auf gewisse Körper=
theile herbeigeführter Zustand; gewöhnlich sind die direkten Einwir=
kungen der Sonnenstrahlen auf den Kopf die Ursache. Die Symp=
tome sind denjenigen einer beginnenden Hirnentzündung ähnlich.
Zuweilen bestehen sie in Frösteln, gefolgt von raschem, vollem Puls
und Fieber; klopfendem Kopfweh; geröthetem Gesicht; Schwimmen
im Kopfe; Verlust des Bewußtseins; Niedergeschlagenheit.

Heilmittel.—Besondere Anzeichen.

Aconit.—Wenn der Kopf den direkten Sonnenstrah=
len ausgesetzt war. Heftiger Durst; rothes Gesicht; klopfender
Kopfschmerz; große nervöse Erregung.

Belladonna.—Schmerz und Schwere im Kopfe, als wollte er
bersten; schlimmer beim Bücken. Gefühl in der Stirne, als wollte
das Gehirn durch die Hirnschale dringen. Schwindel beim Bücken,
oder beim Aufstehen. Augen empfindlich; entzündet; empfindlich
gegen Licht.

Bryonia.—Kopfschmerz zum Zerspringen; schlimmer bei der
geringsten Bewegung [**Bell.**]. Sehr mürrisch am Morgen; klagt
wenig, aber ist aufgeregt und eigensinnig. * Kann in Folge von
Uebelkeit und Schwindel nicht aufsitzen. * Trockner, harter Stuhl,
wie verbrannt. Kopf sehr schwer.

Carbo veg.—Kopfweh; Schwerheitsgefühl; Klopfen; drückender
Schmerz über den Augen. Schmerz in den Augen verschlimmert,
wenn man einen Gegenstand unverwandt ansieht.

Behandlung.—In plötzlichen ernsthaften Fällen gebe man alle fünfzehn bis
zwanzig Minuten 6 bis 8 Kügelchen in etwas Wasser, bis Besserung eintritt;
dann seltener, etwa ein Mal alle zwei bis drei Stunden.

Der Patient mag kaltes Wasser trinken, aber anfangs nur in kleinen Quan=
titäten. Wohl angebracht sind eiskalte Aufschläge, wie oben unter „Gehirn=
entzündung" angegeben ist.

Verlust des Haares.

Frühzeitigem Verlust des Haares liegen verschiedene Ursachen zu Grunde. Häufig nach heftigem Fieber, Rose, oder sonstigen Entzündungskrankheiten der Kopfhaut. Anhaltender Gram, heftiges Kopfweh, anhaltendes Studiren beschleunigen ebenfalls frühzeitigen Verlust der Haare. Die Gewohnheit, enganschließende, luftdichte Hüte zu tragen; der Gebrauch von Haarfärbemitteln, von Haarwasser und andern Quacksalbereien, um den Haarwuchs zu befördern, sind häufige Ursachen frühzeitiger Kahlheit.

Behandlung.—Man halte das Haar kurz und bade es häufig mit kaltem Wasser. Das kalte Tropfbad beim Aufstehen des Morgens, dann Reiben mit der Haarbürste, werden sich sehr wirksam erweisen. In manchen Fällen, wo das Haar dünn ist und auszufallen droht, mische man 2 Unzen "Bay-rum" gehörig mit 5 Tropfen der "Tincture of Cantharides" und mit dieser Mischung benetze man die Haarwurzeln alle drei Tage einmal. Sollte dies nicht helfen, so nehme man 2 Tropfen Bittermandelöl und mische sie mit 2 Eßlöffel geschmolzenen Ochsenmarks; damit befeuchte man die Finger und reibe die Haarwurzeln alle zwei bis drei Tage damit ein.

Innerliche Mittel sind selten nothwendig; immerhin mögen folgende von Nutzen sein:

China, oder **Ferrum,** wenn das Ausfallen der Haare eine Folge von Onanie oder Säfteverlusten u. dgl. ist.

Hepar s., Calc. c., Ignatia, wenn in Folge von Entzündungskrankheiten.

Phos. ac., Ignatia, wenn verursacht durch Gram oder große Angst.

Hepar s., Nitric ac., wenn durch Mißbrauch von Mercur.

Bell., Puls., wenn durch Mißbrauch von Quinin.

Calc. c., Sulphur, wenn vom Wochenbett herrührend.

Calc. c., Graph., wenn von Kopfschorf.

Anweisung.—Das Mittel mag eine Woche lang jeden, auch einen um den andern Tag angewendet werden; dann setze man einige Tage aus, oder wähle ein anderes. 6 Kügelchen, trocken auf die Zunge.

Neuralgie—Gesichtsschmerz.

(TIC DOULOUREUX.)

Neuralgie bedeutet eigentlich Nervenschmerz. Das ganze Nervensystem ist der Krankheit ausgesetzt. Am häufigsten hat die Krankheit ihren Sitz im Gesicht und auf dem Kopfe. Sie ist erkennbar an quälenden Schmerzen von schneidender, bohrender,

brennender, stechender Art, die nach längerem Ausbleiben wieder=
kehren; in vielen Fällen sind sie von Mitempfindungen in entfern=
teren Ausläufen der Nerven begleitet. Oft beginnt der Schmerz
unter dem Auge oder vorn an dem Ohr, von wo aus er nach der
ganzen Hälfte des Gesichtes und des Kopfes, ja nach dem Augapfel
und der Augenhöhle ausstrahlt. Zuweilen wird der Schmerz
heftiger in Folge von Licht= oder Schalleinwirkung, Bewegung,
Berührung, Reden, oder Essen, und ist von Steifheit des Halses
und Verzerrung der Gesichtsmuskeln begleitet. Die Krankheit ist
oft äußerst hartnäckig und widersteht zuweilen den gewähltesten
Mitteln. Häufige Ursachen sind: kalte Luft; plötzlicher Wechsel
der Temperatur; mechanische Verletzung; Druck von einem Ge=
schwür; cariöse Zähne u. s. w.

Behandlung.—Hauptanzeichen.

Aconit. — Heißes, rothes Gesicht; halbseitiger Schmerz.
* Schmerzen sehr heftig; der Patient wird fast rasend und erklärt,
etwas müsse geschehen [**Cham.**]. * Große Furcht und Angst, mit
Schwindel beim Sicherheben. Schmerz am heftigsten bei Nacht;
dabei große Ruhelosigkeit.

Arsenicum.—Periodische Anfälle, namentlich rings um die
Augen und in den Schläfen wahrnehmbar. * Brennender, stechender
Schmerz, als wäre man mit rothglühenden Nadeln durchstochen.
Schmerz unerträglich, namentlich des Nachts [**Acon., Cham.**]. Große
Furcht und Angst; sehr ruhelos [**Acon.**]. Verschlimmerung um
Mitternacht. Aeußerliche Wärme und Bewegung gewährt Linde=
rung. Große Erschlaffung.

Belladonna.—Schmerz sehr heftig unter dem Auge, hervorge=
rufen durch Reibung desselben [wenn durch Berühren, **Chin., Calc. c.,**
Phos.]. * Lancirende Schmerzen in den Kiefern, der Nase und der
einen Seite des Gesichts. Schneidende, reißende Schmerzen, mit
Steifheit des Nackens und der Kiefern. * Schneidende, reißende
Schmerzen im Augapfel. * Krampfhaftes Zucken der Gesichts=
muskeln. * Große Empfindlichkeit gegen Licht und Geräusch
[**Acon.**]. Schlimmer des Nachmittags.

Causticum.—Spannende, klopfende Schmerzen in den Gesichts=
knochen, namentlich unter dem Auge. * Ziehende Schmerzen auf
der rechten Seite, von dem Backenknochen an bis zu den Schläfen
[siehe **Hepar**]. Hartnäckige Verstopfung und Hämorrhoiden. * Beim
Husten unwillkürliches Harnlassen [**Puls., Verat. alb.**].

Chamomilla.—Stechende, zuckende Schmerzen; namentlich des
Nachts unerträglich [siehe **Ars.**]. Der Schmerz verursacht heißen
Schweiß in der Kopfgegend, sowie krampfhaftes Schreien. * Sehr
ungeduldig; kann kaum höflich antworten. Sehr empfänglich für
Schmerz; wird fast rasend.

China.—Periodische Anfälle [**Ars.**].   Lancirende, reißende
Schmerzen; schlimmer bei der geringsten Berührung. Schmerzen,
namentlich in den Kiefernerven.   Schlimmer einen um den andern
Tag.   Schwächliche Personen, die viel Blut verloren haben.

Cimicifuga.—In den Augäpfeln heftige, hartnäckige Schmerzen
dumpfer, schmerzender Art. Gefühl, als wollte die Hirnschale bersten;
das Gehirn ist gleichsam zu groß für den Schädel; es drückt nach
außen und aufwärts.

Colocynth.—Gesichtsschmerz, namentlich linksseitig [auch **Sep.**].
* Heftig reißende und lancirende Schmerzen, verschlimmert durch
Berührung und Bewegung [**Chin.**, **Phos.**].   Reißende, bohrende
Schmerzen, mit großer Unruhe und Angst. Besserung nach voll-
ständiger Ruhe und warmen Aufschlägen.   Besonders nach Zorn.

Gelseminum.—Klopfende Schmerzen im Gehirn; sie erstrecken
sich durch die Brustbeinmuskel hindurch bis zur Stirn und den
Augen.   Schwere der Augenlider; kann sie nicht offen halten [**Rhus**,
Sep.].   Sehkraft geschwächt; Geistesverwirrung.

Hepar s.—Schmerzen in den Backenknochen, die bis in die
Ohren und Schläfe ausstrahlen [**Puls.**].   Schlimmer in der freien
Luft, besser beim Einhüllen des Gesichts.   Fluß aus der Nase, mit
reichlichem Schweiß und Heiserkeit.   Nach Mißbrauch von Mercur.

Mercurius.—Reißende Schmerzen, verschlimmert des Nachts
im Bett. * Der Schmerz beginnt in einem faulen Zahn, von wo
aus er sich über die ganze Seite des Gesichts ausbreitet [**Staph.**].
Reichlicher Speichelfluß und Thränenabsonderung.   Schweiße, die
keine Linderung verschaffen [im Falle der Linderung, **Verat. alb.**].
Wenn durch Erkältung verursacht.

Nux vomica. — Ziehende, reißende, zusammenschnürende
Schmerzen, namentlich in der Stirne oder gerade unter der Nasenwurzel. * Reißende Schmerzen in den Gesichts- und Augenhöhlen-
nerven. Betäubung der angegriffenen Theile.   Röthe und Thränenabsonderung der Augen.   Wäßrige Entleerung aus der Nase.   Verstopfung mit häufigem Stuhldrang. * Sehr reizbar; wünscht allein
zu sein [**Chin.**].   Schlimmer des Morgens, sowie bei geistiger
Erregung.

Phosphorus.—Ziehende und reißende Schmerzen in den Kiefern,
der Nasenwurzel, den Augen und Schläfen.   Gesicht geschwollen und
blaß.   Schwindel, Ohrensausen. * Schwäche und Leerheitsgefühl
des Magens. * Dünner, harter, langer Stuhl; Entleerung sehr
mühsam [**Caust.**].   Verschlimmert durch Kauen, Sprechen, oder
Berührung der angegriffenen Theile.

Pulsatilla.—Gewöhnlich bei rechtsseitigem Gesichts- und Kopfschmerz. * Lancirende, reißende Schmerzen, die sich vom Kiefer bis

zur Augenhöhle erstrecken. * Vermehrte Thränenabsonderung des angegriffenen Auges [Merc., **Nux v.**] Schüttelfrost selbst in einem warmen Zimmer. Neigung zum Weinen und Jammern [**Ign., Sep.**]. Schlimmer des Morgens und im warmen Zimmer. Besser nach kalten, schlimmer nach warmen Aufschlägen [umgekehrt, **Ars.**].

Rhus tox.—Ziehende, brennende, reißende Schmerzen in den Backenknochen, der Nasenwurzel und dem Ohr. * Schmerz durch Ruhe verschlimmert; muß sich beständig bewegen, um etwas Linderung zu finden [besser nach Ruhe, **Acon., Merc.**]. Schlimmer des Nachts, namentlich nach Mitternacht.

Sepia.—Ziehende, krampfartige Schmerzen in den Gesichts= knochen, namentlich auf der linken Seite. Leerheitsgefühl in der Magengrube. Gesicht gelblich, mit einem sattelähnlichen, quer über das Nasenbein laufenden Streifen. * Vollheitsgefühl im After, das selbst nach kräftigem Stuhlgang anhält. Namentlich während der Schwangerschaft.

Staphysagria.—Der Schmerz beginnt in einem faulen Zahne, von wo aus er sich bis zum Auge erstreckt [siehe **Merc.**]. Ziehende, reißende Schmerzen in den Backenknochen. Sehr empfindlich gegen den leisesten Druck. Kalte Hände und kalter Gesichtsschweiß. * Schmerzen vermehrt durch leichten, verringert durch harten Druck [**Nux v.**].

Stramonium.—Die nervösen Symptome sind mannigfach. Fühlt zu groß. * Schmerzen unerträglich; Patient ist in Ver= zweiflung. Aeußerster Grad nervöser Reizbarkeit, mit krampfhaften Verzerrungen der Gesichtsmuskeln. Zucken durch den ganzen Kör= per. * Anhaltendes Irrereden; Augen weit offen. * Schwindel beim Gehen im Dunkeln.

Sulphur.—Meistens chronische Fälle, oder wo die gewählten Mittel nicht den gewünschten Erfolg hatten. * Nach unterdrückten Hautausschlägen. Trockne, heiße, schuppige Haut; keine Aus= dünstung. * Anhaltende Hitze oben auf dem Kopfe [Kälte, **Sep.,** **Verat. alb.**]. Häufige schwache Krämpfe.

Veratrum alb.—Ziehender, reißender Schmerz in der rechten Seite des Gesichts und über dem Ohr. Eingefallene Augen und Kälte der Extremitäten. * Schmerzanfälle mit Irrereden; wird fast wahnsinnig, [wenn in Verzweiflung, **Acon., Cham., Stram.**]. Zittern und Reißen der Glieder. * Kalter Schweiß, namentlich auf der Stirne.

Anweisung.—In hitzigen Fällen, wo der Schmerz heftig ist, mag es nöthig sein, die Arznei jede Stunde zu wiederholen, bis Besserung eingetreten ist; dann alle drei bis vier Stunden, wie es der Fall erheischt. Löse 12 Kügelchen oder 3 Tropfen in 12 Theelöffeln Wasser auf, und nimm jedes Mal 2 Theelöffel voll, oder 8 Kügelchen trocken auf die Zunge.

Drittes Kapitel.

Krankheiten des Auges.

Augenentzündung.

Kennzeichen derselben sind: Schmerz im Augapfel; Röthe desselben und der ihn umgebenden Theile; Lichtscheu; Thränenfluß; zeitweilige Absonderung einer eiterigen Flüssigkeit; Gefühl, als ob Sand oder sonst ein fremder Körper im Auge Entzündung verursachte. Wenn die Entzündung tief sitzt und hitziger Art ist, so ist gewöhnlich heftiges Kopfweh damit verbunden. Anzeichen von schwachem Fieber stellen sich wohl ein; in milden Fällen auch nicht.

Die geeignetsten Mittel gegen das Uebel in dieser Form sind: Acon., Apis, Ars., Bell., Merc.

Rheumatische Augenentzündung.—Diese Form der Augenentzündung ist die Folge eines rheumatischen oder gichtischen Leidens. Die Schmerzen sind stechend und reißend; das ganze Auge ist geröthet; reichliche Thränenabsonderung. Nicht selten fühlt man Schmerz in den Augenhöhlen und den Schläfen; verschlimmert beim Witterungswechsel. Gewöhnlich ist das Uebel mit andern rheumatischen Schmerzen verbunden, wie Kopfweh an der angegriffenen Seite, Zahnschmerz u. s. w. Zur Behandlung dieser Form des Uebels eignen sich: Acon., Bry., Puls., Rhus.

Scrophulöse Augenentzündung.—Mit dieser Krankheit sind gewöhnlich Kinder behaftet, aber auch erwachsene scrophulöse Personen. Das Augenweiß ist rothadrig; die Blutgefäße laufen bündelweise vom Augenwinkel nach dem Centrum; die Absonderung ist heiß, scharf und ätzend; Lichtscheu; der Patient hält die Augen beständig bedeckt; besser bei Nacht, schlimmer bei Sonnenaufgang; F l e c k e n und G e s c h w ü r e a u f d e r H o r n h a u t. Mit dieser Krankheit behaftete Personen haben einen Rückfall zu befürchten. Folgende Mittel werden gute Dienste leisten: **Ars., Calc. c., Graph., Hepar, Lyc., Merc., Sulph.**

Arzneien.—Hauptanzeichen.

Aconit.—Eiterige Augenentzündung, wo die Entzündung einen hohen Grad erreicht; trockne, heiße Haut; voller, rascher Puls. * Außerordentliche Röthe und Anschwellen der ergriffenen Theile, verbunden mit heftigem Schmerz [Bell.]. S e h r e m p f i n d l i c h g e g e n L i c h t. * Furcht, Angst und Ruhelosigkeit. Geröthete Wangen und Klopfen der Schlagadern.

Apis.—Augenlider geschwollen, entzündet; die innere Haut wulstig hervorragend; die Wimpern fallen aus. * Brennender, stechender Schmerz in den Theilen. Das Augenweiß ist entzündet, mit vermehrter Schleimabsonderung.

Arsenicum.—Entzündung der innern und äußern Hautlage des Augenlides; dunkle Röthe und Zusammenziehen der Gefäße. * Brennschmerz; die betreffenden Theile brennen wie Feuer [**Acon.**]. Die Lider sind roth angeschwollen. Flecken oder Geschwüre auf der Hornhaut [**Calc. c., Sulph.**]. Des Nachts kleben die Augenlider zusammen. Große Angst und Ruhelosigkeit. * Heftiger Durst; trinkt wenig und oft.

Belladonna.—Acute Augenentzündung, mit großer Empfindlichkeit gegen Licht und Schall [**Acon.**]. * Lebhafte Röthe der innern Haut des Augenlides, mit heißem, salzigem Thränenfluß, oder großer Trockenheit der Augen. Scharfe Schmerzen in den Augenhöhlen; erstrecken sich bis zum Gehirn. Schmerzen kommen und vergehen schnell. Doppeltsehen [**Hyos., Nit. ac., Stram.**]. Klopfendes Kopfweh, verschlimmert durch Bewegung.

Calcarea c.—Lider roth geschwollen; des Nachts Lidverklebung. * Stechende Schmerzen, verschlimmert durch Kerzenlicht. Flecken und Geschwüre auf der Hornhaut. Beständiges Verlangen, im Dunkeln zu verweilen. Halsdrüsengeschwulste; Ausschlag auf der behaarten Kopfhaut.

Graphites.—Scrophulöses (chronisches) Augenleiden. Eiteriger Ausfluß aus den Augäpfeln und Lidern; öftere Lidverklebung [**Calc. c.**]. Geschwüre auf der Hornhaut [auf der innern Lidhaut, **Merc.**]. Schmerzhafte Entzündung der Lider. Beständiges Verlangen, die Augen bedeckt zu haben. * Ungesunde Haut mit Ausschlägen, die eine zähe, klebrige Flüssigkeit absondern [wässerige Flüssigkeit, **Dulc.**].

Lycopodium.—Lidverklebung bei Nacht [**Ars., Calc. c., Puls.**]. Brennschmerz in den Augen [wie von Sand, **Graph., Merc., Sulph.**]. Scrophulöses (flüssiges) Augenleiden. Empfänglich für Erkältung. Rother, sandartiger Niederschlag im Urin. Hartnäckige Verstopfung. Beständiges Gefühl der Uebersättigung; fühlt voll bis zum Hals hinan.

Mercurius.—Augentripper oder scrophulöse Augenkrankheit. Heftige Entzündung und Röthe der Augen. * Schneidende, brennende Schmerzen, oder Druck in den Augen wie von Sand. Aeußerst empfindlich gegen Feuerglanz oder Licht [**Acon., Bell.**]. * Bläschen und Finnen auf der innern Lidhaut. Pusteln und Male um die Augen und auf dem Lidrande. **Nit. ac.** und **Hepar** sind die besten Mittel gegen mercurialisches Augenleiden, das im

Gefolge des Mißbrauchs von Mercur in syphilitischen und ver=
wandten Krankheiten zu sein pflegt.

Pulsatilla.—Flüssiges oder rheumatisches Augenleiden; nach
unterdrücktem Tripper [Merc.]. Schwellung der Bindehaut und
der Lider. Brennende, ätzende Thränenabsonderung. Jucken und
Brennen der Augen, mit der Neigung zum Reiben. * Schlimmer
des Abends. Weiche, weinerliche Stimmung.

Sulphur.—Scrophulöses Augenleiden. * Jucken und Brennen
in den Augen und Lidern; schlimmer durch Bewegung und Licht=
einwirkungen. * Ein Gefühl, als ob Sand in den Augen wäre.
Flecken und Geschwüre auf der Hornhaut. * Flammende Hitze;
matter Puls. * Brennen oben auf dem Kopfe. Nach unterdrückten
Hautausschlägen.

Anweisung.—In hitzigen Fällen mag es geboten sein, die Arznei alle zwei bis
drei Stunden zu wiederholen, aber in leichten Anfällen, oder wo die Krankheit
eine chronische Form angenommen, wird eine ein= bis zweimalige Wiederholung
genügen. Gib 6 Kügelchen trocken auf die Zunge, oder löse in einem bis zu
einem Drittel gefüllten Glase Wasser 12 Kügelchen auf; jedes Mal 2 Theelöffel
voll. Häufiges Baden der Augen mit warmem Wasser wird sich in vielen Fällen
als lindernd und wirksam erweisen. „Augenwässerchen," Salben u. dgl.
sollten ängstlich vermieden werden, da sie mehr schaden als helfen. Wenn die
Augen gegen das Licht empfindlich sind, sollte der Patient in einem dunklen
Zimmer verweilen; frische Luft sollte ungehinderten Zutritt haben.
    Die Diät sei einfach; sie bestehe aus leichten Puddingen, wie Farina, Stärke
u. s. w. Man vermeide alle stimulirenden Getränke und beschränke sich auf den
Genuß frischen Wassers.

Entzündung der Augenlider.

(BLEPHARITIS.)

Die Augenlider sind zuweilen entzündet und geschwollen, auch
wenn das Auge selbst gesund ist. Die Entzündung beschränkt sich
gewöhnlich auf den Rand der Lider, welche geschwollen, roth und
gegen Berührung empfindlich sind; kleine harte Geschwüre, „Ger=
stenkörnern" ähnlich, erscheinen an den Rändern und eitern zu=
weilen. In chronischen Fällen bilden sich Schuppen an den
schwärenden Rändern; die Wimpern fallen häufig ab.

Behandlung.—Hauptanzeichen.

Aconit.—Rothe, harte Anschwellung der Lider, mit Brennhitze
und Trockenheit. Lichtscheu [auch **Bell.**]. Die Lider brennen und
jucken, sind geschwollen und roth; kleben zusammen und bluten, wenn
man sie öffnet. Der Rand ist nach innen umgestülpt, oder er ist
schwer, gleichsam gelähmt. * Lichteinwirkungen unerträglich [auch
Sulph.].

Hepar s.—Anschwellen des obern Lides, mit Jucken und

Stechen. Nachts Zusammenkleben der Lider [auch **Rhus**]. * Helles Licht und Bewegung der Augen verursacht Schmerzen.

Mercurius.—Die Lider stülpen sich nach außen um. Stechen, Brennen, Jucken; oder kein Schmerz. * Lider geschwollen; Ränder entzündet und schuppig. Schwarze Stäubchen vor den Augen [auch **Sulphur**].

Nux vomica.—Die Augenlider brennen und jucken; sind beim Berühren empfindlich und kleben am Morgen zusammen.

Rhus tox.—Entzündung der innern Augenlidfläche. Rothe, harte Geschwulst, als ob ein Gerstenkorn an dem Lid wäre. Zusammenkleben am Morgen [auch **Hepar, Nux v.**].

Sulphur.—Schwären der Ränder. Die Lider brennen und schmerzen, namentlich beim Lesen. Eiterartiger Schleim in den Augen, so daß man sie oft wischen muß. Empfindlich gegen das Sonnenlicht [auch * **Bell.**].

Anweisung.—In einigen Fällen wird es nöthig sein, das Mittel drei oder vier Mal des Tages zu wiederholen; in chronischen Fällen wird eine am Abend zu verabfolgende Dosis hinreichen.

Gerstenkorn—Hordeolum.

Dies ist ein kleines, beulenartiges Entzündungsgeschwür, das sich am freiliegenden Augenlidrande zeigt, namentlich in der Nähe des innern Augenwinkels; es ist von leichtem Fieber begleitet und mehr oder weniger schmerzhaft.

Behandlung.—Besondere Anzeichen.

Pulsatilla.—Dieses Mittel wird, wenn im ersten Stadium angewandt, das Geschwür rasch vertheilen. * Namentlich anzuwenden bei Gerstenförnern an den obern Lidern [an den untern, **Rhus**].

Staphysagria.—Wenn sie öfters erscheinen und harte Flecke hinterlassen. Sie beißen und brennen in den Ecken, wo sich trockner Eiter ansammelt.

Hepar s.—Wo ein Wiederholungsfall zu befürchten ist, wird dieses Mittel, ein bis zwei Mal die Woche verabreicht, den gewünschten Erfolg haben.

Anweisung.—Nur selten wird man dieses Mittel öfter als zwei oder drei Mal — in Zwischenräumen von drei Stunden — wiederholen müssen. Gabe: 6 Kügelchen trocken auf die Zunge. — In einigen Fällen sind Aufschläge von weichem Brot und Milch oder Flachssamen geboten; die Aufschläge lasse man über Nacht liegen.

5

Schielen—Strabismus.

Dies ist ein Zustand der Augen, bei dem die betreffende Person schief sieht, d. h. die Augen nach verschiedenen Punkten richtet. Die natürliche oder erworbene Ursache mag sein, daß die bewegenden Augenmuskeln nicht zusammen arbeiten; auch ist es oft eine Folge gewisser Krankheiten, wie Keuchhusten, Gehirnaffectionen u. s. w.— Die eigenthümliche Beschaffenheit des Auges macht gewöhnlich eine Operation nöthig; aber in neuen Fällen kann dem Zustand durch mechanische und innere Mittel abgeholfen werden. Der Gebrauch von Brillen mit Metallplättchen oder dergleichen, anstatt der Gläser, die in der Mitte jedes Plättchens eine Oeffnung haben, um durch= zusehen, wird guten Erfolg haben. Sind die Augen nach auswärts gerichtet, so klebe man ein Stückchen englisches Pflaster auf die Nasenspitze; sind sie nach innen gerichtet, so bringe man an jeder Seite des Kopfes einen Schirm von heller Seide oder emaillirtem Papier an, ähnlich den Scheuledern am Pferdegeschirr.

Heilmittel.—Besondere Anzeichen.

Belladonna.—Wenn das Schielen von irgend einer Gehirn= krankheit herrührt. Hitze im Kopfe; Augen blicken wild, unstät.

Hyoscyamus.—Augen aufwärts und einwärts gerichtet. Alles sieht zu groß aus; Zucken in den Augen; Doppeltsehen.

Phosphorus.—Augennerven sind in einem Zustande der Erlah= mung. * Das Aufschlagen der Lider ist beschwerlich.

Stramonium.—Schielen nach allen Seiten. Das obere Lid sinkt, wie in Folge eines Muskelkrampfs. Pupillen erweitert, zu= sammengezogen; endlich unbeweglich, wie gelähmt.

Anweisung.—Für eine Woche nehme man des Abends und Morgens 6 Kügel= chen trocken auf die Zunge; dann warte man eine Woche; wenn nicht besser, wähle man ein anderes Mittel. Sollte nach dem zuerst genommenen Mittel Besserung eintreten, fahre man damit fort, so lange die Besserung anhält, ein Mal des Tages.

Schwäche des Gesichts.

Viele Personen sind damit behaftet. Der Patient klagt nach der geringsten Anstrengung über Schwäche und Schmerzen in den Augen, und zwar ohne anscheinende Ursache, ohne bemerkbare Veränderung seines Zustandes. Bei scharfer Ausschau nach irgend einem Gegen= stande wird die Erscheinung undeutlich; der Patient muß seinen Augen eine Zeit lang Ruhe gönnen; Alles erscheint ihm verschwom= men, wie durch Gaze gesehen. Schwarze Pünktchen, wie Sonnen= stäubchen, erscheinen vor seinen Augen; zuweilen Kopfschmerz. Die

Ursachen sind mannigfach und oft schwer zu ermitteln. Lang anhal=
tendes Wachen; zu starke Lichteinwirkungen; anhaltendes Lesen,
namentlich im Zwilicht; große Aengstlichkeit; Selbstbefleckung;
Krankheit des Sehnervs u. s. w.: Alles dies mag zu Grunde liegen.

Behandlung.—Besondere Anzeichen.

Aconit.—Der Patient ist Schwindelanfällen unterworfen;
öfters Dunkelheit vor den Augen. Zerren der Lider; fühlt ein
Zucken im Augapfel. Die Gegenstände scheinen wie befleckst und
nebelig.

Belladonna.—Zittern der Buchstaben beim Lesen; sieht sehr
undeutlich. Die Augen sehen roth aus; zittern krampfartig.
* Pupillen erweitert [auch **Acon., Hyos.**]. Rothe Kränze um das
Kerzenlicht.

Hyoscyamus. — Abnehmende Sehkraft. * Augen verklebt.
Verlust des Gesichts. Zittern in den Augen. Optische Täuschungen.
Doppeltsehen [auch **Stram.**]. Die Augen sehen aus, als ob man
geweint hätte. Dunkle Flecken vor den Augen [auch **Merc., Sulph.**].

Mercurius.—* Nebel vor den Augen. Augen matt und
glanzlos. Zeitweiliges Schwinden des Gesichts [auch **Stram.**].
Abneigung gegen Licht und gegen das Sehen in das Feuer. Zucken
der Lider.

Pulsatilla.—Undeutliches Sehen, wie durch Nebel, oder wie
wenn etwas über dem Auge wäre, das man wegwischen möchte.
Mattigkeit der Augen, namentlich bei Erwärmung von Bewegung.
Lähmung des Sehnervs. Schlimmer gegen Abend.

Stramonium. — Umwölkter Blick, verbunden mit
Durst und Schweiß auf der Stirn. Unbestimmtes, ver=
wirrtes Sehen; die Gegenstände erscheinen vervielfacht und von
verschiedenen Farben. Fast gänzliche Erblindung.

Sulphur.—Brennen im Innern der Lider, als ob Gaze vor den
Augen wäre; Blick umwölkt. Sonnenlicht unerträglich. Schwarze
Stäubchen vor dem Auge [auch **Hyos., Merc.**]. * Anhaltende Hitze
oben auf dem Kopfe.

Anweisung.—6 Kügelchen trocken auf die Zunge, Abends und Morgens; oder
löse 12 Kügelchen oder 3 Tropfen der Flüssigkeit in 8 Eßlöffeln Wasser auf;
Abends und Morgens einen Löffel voll.

Anmerkungen.—Mit dieser Krankheit behaftete Personen sollten niemals ihre
Augen mit feiner Nadelarbeit, Nähen, Lesen u. dgl. anstrengen; sie sollten ihre
Augen wohl verwahren vor Staub, hellem Licht, sowie allen reizenden Stoffen.
Man bade die Augen häufig in warmem Wasser, aber brauche nie „Augenwasser,‟
Salben, oder andere in den Zeitungen empfohlene Mittel. Sollte man der
Augengläser bedürfen, so wende man sich an einen erfahrenen Optiker.

Fremde Körper in dem Auge.

Fremde Körper in dem Auge sollten so rasch wie möglich entfernt
werden.   Man reibe die Theile nicht, da dies die Entzündung nur
verschlimmern würde.   Ist die Entzündung durch ätzende Säuren
entstanden, oder Salz, so wird etwas Baumöl, in das Auge geträu=
felt, heilsam wirken.   Wenn Kalk, Asche, Farbestoffe, oder Tabak
die Entzündung verursacht haben, so gebrauche man Rahm oder
saure Milch.   Wenn scharfe mineralische Stoffe, Farbe, Sand,
Schmutz u. dgl. in's Auge gekommen sind, so wird sich Eiweiß als
nützlich erweisen.   Wenn Eisentheilchen, Stahlstaub, Feilspäne oder
Hammerschlag in die Augen gekommen sind, so fasse man das
Augenlid mit dem Zeigefinger und dem Daumen, ziehe es, indem man
die umgestülpten Wimpern nach oben zusammenhält, aufwärts, und
fahre getrost mit dem Bug einer reinen Haarnadel darunter her, von
einem Winkel bis zum andern;   der Störefried läßt sich alsdann
vermittelst eines Schnupftuches oder eines Stückchens zusammen=
gerollten Löschpapieres leicht entfernen.   Ist das Auge nach Entfer=
nung des fremden Körpers entzündet, so gebe man alle drei bis vier
Stunden eine Dosis **Acon.**, bis Besserung eintritt.

In allen Fällen bade man das Auge mit warmem, nur nicht
mit kaltem Wasser.

Viertes Kapitel.

Krankheiten des Ohres.

Ohrenentzündung—Otitis.

Entzündung des inneren Ohres ist eine sehr schmerzhafte Krank=
heit.   Sie ist verbunden mit Hitze, Röthe und Anschwellung, welche
öfters das Ohrloch verschließt, namentlich bei Entzündung der
Außentheile.   Brennender, stechender, reißender und klopfender
Schmerz, verschlimmert in Folge der geringsten Bewegung oder
Berührung.   Kleine Kinder legen ihre Hände an das entzündete
Ohr, schreien auf, werfen ihren Kopf von der einen nach der andern

Seite, bohren den Kopf in die Kissen, und werden, wenn gewiegt, noch unruhiger. Gewöhnlich ist die Krankheit die Folge einer Erkältung, aber sie kann auch der Entzündung eines benachbarten, bis zum Ohre sich erstreckenden Organes entspringen. Zuweilen breitet sich die Entzündung nach andern Theilen aus, ja, sie dringt bis zum Gehirn vor.

Behandlung.—Besondere Anzeichen.

Aconit.—Das Ohr sieht hellroth aus, ist geschwollen und sehr heiß. Die innern Theile sind entzündet; klopfender, schießender, lancirender Schmerz. * Furcht, Angst; große Unruhe. Sehr empfindlich gegen Lärm [auch Bell.].

Belladonna.—Das Ohr ist dunkelroth; der Gehörgang ist bis weit nach innen hin entzündet. Der Schmerz sitzt tief, ist klopfend, reißend, drückend, als wollte sich das Ohr vom Kopfe ablösen. * Kinder schreien plötzlich auf — ebenso schnell verstummen sie. Flammende Röthe des Gesichtes und der Augen. * Beim Einschlafen fährt er wie erschreckt auf.

Mercurius.—Nachts sind die Schmerzen heftiger, reißend, klopfend. Der Patient klagt über Summen und Schwirren im Kopfe [auch Bell.]. Ausfluß blutigen, stinkenden Eiters aus dem Ohr. Reichlicher Kopfschweiß [auch Calc. c.].

Pulsatilla.—Entzündung des äußern und innern Ohres. Lancirende, reißende Schmerzen, verbunden mit Schwerhörigkeit. Ausfluß aus den Ohren, namentlich nach Masern. Anzuwenden bei Personen, die zu Schüttelfrost und Weinen geneigt sind.

Anweisung.—In ernsten Fällen gebe man die Arznei alle zwei bis drei Stunden. Gib 6 Kügelchen trocken auf die Zunge, oder löse in einem bis zu einem Drittel gefüllten Glase Wasser 12 Kügelchen auf; jedes Mal 2 Theelöffel voll.— Bähungen des Ohres werden öfters Erleichterung verschaffen. Zu diesem Zwecke nehme man einen weichen Schwamm, tauche ihn in heißes Wasser, drücke ihn gehörig aus, lege ihn auf das Ohr und bedecke ihn mit einem trocknen Tuche, um ihn warm zu halten und um Ausdünstung zu vermeiden. Empfehlenswerth ist auch das Bedecken des Ohres mit Watte, um dasselbe gegen Luft- und Schalleinwirkungen zu schützen.

Ohrenschmerz—Otalgia.

Ohrenschmerz stellt sich oft ein, ohne daß eine Entzündung äußerlich wahrnehmbar wäre. Der Schmerz ist sehr heftig; wühlend, bohrend, reißend, klopfend. Zuweilen tobt und kracht es im Ohr, daß man es kaum aushalten kann; kleine Kinder legen ihre Hände an den angegriffenen Theil, reißen sich in den Haaren und schreien laut auf. Wenn der Patient im Allgemeinen besser fühlt, bilden sich kleine Geschwüre, die ausbrechen.

Häufig ist er im Gefolge einer Erkältung; namentlich nach vorangegangnen Masern, Scharlachfieber, Frieseln u. s. w. Wiederum stellt er sich ohne wahrnehmbare Ursachen ein, mit allen Eigenthümlichkeiten der Nervenschmerzen und des Rheumatismus.

Behandlung.—Besondere Anzeichen.

Aconit.—* Acutes Ohremweh, verursacht durch kalte Luftzüge, oder durch plötzliche Unterbrechung eines chronischen Ausflusses aus den Ohren.

Belladonna.—Wühlende, bohrende, schießende Schmerzen. Summen in den Ohren. * Sehr empfindlich gegen Geräusch. Schmerz im Kopf und in den Augen, verbunden mit Schwere und Hitze im Kopf.

Chamomilla.—Heftige, schießende Schmerzen, wie wenn man mit einem Messer in's Ohr gestochen wäre; Ursache: Erkältung oder unterdrückter Schweiß. * Die Schmerzen machen den Patienten fast rasend; schlimmer in der offnen Luft und des Nachts. * Kinder sind äußerst verdrießlich; müssen immer umhergetragen werden, um ruhig zu bleiben.

Dulcamara.—Schmerzen vermehrt bei Nacht; wenn der Patient ruht [auch **Rhus**]. * Jedes Mal schlimmer, wenn das Wetter kälter wird.

Mercurius.—Bei bevorstehender Eiterung. Schmerz reißend, stechend, brennend; erstreckt sich bis nach den Wangen. * Der Patient schwitzt, ohne Linderung zu fühlen. Schlimmer des Nachts und bei feuchtem, regnerischem Wetter.

Pulsatilla.—* Lancirende, reißende Schmerzen; das Ohr ist gleichsam verstopft. Gefühl, als ob etwas aus dem Ohr entfernt werden müßte. Von außen roth, heiß und geschwollen [auch **Bell.**]. Passend für Personen von milder, weichherziger Natur; ebenso für Solche, die zu Schauderfrost geneigt sind. S c h l i m m e r g e g e n A b e n d.

Anweisung.—Löse 12 Kügelchen oder 3 Tropfen der Flüssigkeit in einem halben Glas Wasser auf; 1 Theelöffel voll einem Kind und 1 Eßlöffel voll einem Erwachsenen; alle zwei bis drei Stunden, je nach der Dringlichkeit des Falles.

Der Gewohnheit, Oel, Laudanum u. dgl. in das Ohr zu träufeln, sollte man entsagen, da die Wirkung nur eine nachtheilige sein kann. Bähungen sind in manchen Fällen wohl angewandt. Man tauche einen Schwamm in heißes Wasser und bringe ihn auf dem Ohr passend an, dann bedecke man denselben mit einem trocknen Tuch.

Ohrenfluß—Otorrhoea.

Dies ist eine in früher Kindheit häufig vorkommende Krankheit. Sie besteht in einem flüssigen, eiterartigen Ausfluß aus den Ohren, gewöhnlich die Folge einer innerlichen Ohrenentzündung. Die Entleerung ist zuweilen höchst widrig. Häufig sind scrophulöse Personen damit behaftet, und was Kinder anbetrifft, so steht das Uebel oft im engsten Zusammenhang mit Masern oder Scharlachfieber.

Behandlung.—Besondere Anzeichen.

Arsenicum.—Heftig brennender, ätzender Ausfluß; oft unerträglich. Ohrensausen mit Schwerhörigkeit.

Calcarea c.—Namentlich geeignet für scrophulöse Frauen und Kinder. * Ausfluß widrigen Eiters, namentlich aus dem rechten Ohre. Abmagerung; Unterleib geschwollen; guter Appetit. Geschwollene Halsdrüsen. * Kalte, feuchte Füße. Blasse, nette Kinder, mit weichen, schlaffen Muskeln.

Hepar s.—Scrophulöse Personen [auch Calc. c., Sil., Sulph.]. Uebelriechender Ausfluß aus den Ohren. Summen und Klopfen in den Ohren; Schwerhörigkeit. Passend nach Mißbrauch von Mercur.

Lycopodium.—Eiteriger, ätzender Ausfluß; Schwerhörigkeit; scrophulöse Beschwerden. Passend nach Scharlachfieber [auch Bell., Merc.].

Mercurius.—Widerlicher Ausfluß; Schwärung des äußern Ohres. Schwerhörigkeit; die Ohren sind wie verstopft. * Blasenartiger Ausbruch im Gesichte; Pusteln an den untern Theilen. Syphilitische Personen.

Pulsatilla.—Ausfluß eines dicken, schleimigen Eiters aus den Ohren. * Schwerhörigkeit; die Ohren sind wie verstopft. Reißende Schmerzen, wie von Nadelstichen. Namentlich passend für weichherzige Personen; ebenso gegen Ohrenfluß, wenn eine Nachwirkung von Masern.

Silicea.—Verstopfung der Ohren, die sich zuweilen mit einem lauten Knall öffnen. Eiterausfluß aus den Ohren; der äußere Theil derselben ist geschwollen. * Schuppen hinter den Ohren. Scrophulöse Personen.

Sulphur.—Eiteriger, widriger Ausfluß, gewöhnlich aus dem linken Ohr [aus dem rechten, Calc. c.]. Ausbrüche hinter dem Ohr; Jucken und Bluten nach dem Kratzen. Ohrenfluß nach Unterdrückung einer sich entwickelnden Krankheit oder Auftrocknen alter Geschwüre.

Anweisung.—In frischen Fällen mag man die Arznei Abends und Morgens verabreichen, aber in chronischen Fällen nur ein Mal des Tages, oder ein Mal

in zwei Tagen. Für Kinder: 3 bis 4 Kügelchen trocken auf die Zunge; für Er=
wachsene 6 bis 8. Vermittels warmen Wassers und guter Seife sollte das Ohr
rein gehalten werden; Verstopfen der Ohren mit Wolle oder Baumwolle wird
den Zutritt der Kälte verhindern. Aeußerliche Mittel, um dem Ausfluß Ein=
halt zu thun, sollten nicht angewandt werden; die Folgen möchten sehr ernst=
licher Art sein.

Taubheit—Schwerhörigkeit.

Die Construction der Gehörorgane ist so zarter Art, daß sie für
jeden Eindruck empfänglich sind, der dazu angethan ist, sie in ihren
Functionen zu stören und theilweise oder gänzliche Taubheit zu ver=
ursachen. Das Leiden mag Folge einer Erkältung oder mechanischer
Verletzungen oder verschiedener Krankheiten sein; in vorgerücktem
Alter stellt es sich öfters schmerzlos und wie von selbst ein. Zu=
weilen ist das Uebel erblich, woraus es sich erklärt, daß dasselbe
embryonisch vorgebildet erscheint bei ganz jungen Leuten, deren
Eltern mit jenem behaftet waren.

Behandlung.—Hauptmerkmale.

Belladonna.—Taubheit nach Scharlachfieber [auch **Hepar**].
Sausen in den Ohren. Lähmung des Gehörnervs.

Calcarea c.—Schwerhörigkeit, namentlich nach Unterdrückung
des Fiebers und Wechselfiebers durch Chinin. Besonders passend
für scrophulöse Personen [auch **Sil.** und **Sulph.**].

Chamomilla.—Schwerhörigkeit bei Kindern, die häufig an
Ohrenschmerz leiden [auch **Puls.**]. Jauche fließt aus dem
Ohre.

Conium.—Anhäufung von Ohrenschmalz; dieses sieht aus wie
ausgenutztes, mit Schleim und Eiter vermischtes Papier; auch blut=
roth. * Schwerhörigkeit, weniger oder mehr, je nach der Anhäufung
des Ohrenschmalzes.

Gelseminum. — Augenblicklicher, momentaner Verlust des
Hörvermögens.

Graphites.—Gefühl, als ob das Ohr mit Wasser angefüllt
wäre. Schwerhörigkeit, mit Krachen in den Ohren beim Bewegen
des Schlundes. Wundheit hinter den Ohren, namentlich bei
Kindern.

Hepar s.—Summen und Klopfen in den Ohren; Schwer=
hörigkeit. Beim Schnäuzen lautes Krachen in den Ohren. Grin=
diger Ausschlag an und hinter den Ohren.

Mercurius. — Schwerhörigkeit; alle Töne zittern heftig in
dem Ohre. * Schmerzhafte Aufschärfung der innern Ohrtheile.
Summen, Rauschen und Klingen.

Silicea.—Verstopfung der Ohren, die sich zuweilen mit einem

Knall öffnen. Laute, namentlich die der menschlichen Stimme, schwer zu vernehmen [auch **Phos.**]. Schuppen hinter den Ohren. **Passend für scrophulöse Kinder.** * Starker Kopfschweiß.

Sulphur. — Summen in den Ohren, mit Schwerhörigkeit. Schwappen in den Ohren, als ob Wasser darin wäre. Chronische Hautausschläge. Die Haut ist ungesund, schuppig und schorfig. Passend nach Vertrocknen alter Geschwüre in Folge von Einschmierungen u. s. w.

Anweisung.—In frischen Fällen gebe man die Arznei ein bis zwei Mal des Tages; in langwierigen Fällen genügt eine Dosis alle zwei Tage; 6 bis 8 Kügelchen trocken zu nehmen, Kindern die Hälfte.

Man hüte sich vor innerlicher Anwendung der Arzneien. Man gebrauche nur warmes Wasser.

Ohrensausen.

Dies ist ein Symptom, welchem irgend eine Krankheit des Gehörs zu Grunde liegt. In dem obigen Artikel „Taubheit" ist der Gegenstand genügend erörtert worden. Wenn das Uebel nicht mit einem krankhaften Zustande des Systems verbunden zu sein scheint, vielmehr als eigenartiges Symptom auftritt, so empfehlen wir folgende Mittel:

Aconit.—Dröhnen in den Ohren und im Kopfe.

Belladonna. — Summen, Dröhnen in den Ohren nach Scharlachfieber.

China.—Helltönende, zischende Laute, wie von Glockenklang oder Singen.

Carbo veg.—In Folge Mißbrauchs von Chinin bei Fieber und Wechselfieber [auch **Calc. c.**, **Puls.**].

Mercurius. — Nachwirkungen der Blattern oder heftigen Schwitzens.

Nux vomica.—Nachwirkung einer Erkältung; schlimmer am Morgen.

Pulsatilla.—Nachwirkung der Masern; schlimmer gegen Abend.

Rhus tox.—Wenn in Folge von Erhitzung, kaltem Bade, oder Ueberhebung. * Verschlimmert bei ruhigem Verhalten.

Sulphur.—Wenn in Folge des Austrocknens alter Geschwüre oder Unterdrückung einer Hautkrankheit.

Anweisung.—Man gebe die Arznei zwei Mal des Tages, 6 bis 8 Kügelchen trocken auf die Zunge.

Fremde Körper im Ohr.

Häufig stecken Kinder Schmutz, Sand, Perlen, Bohnen, Schrot, Kirschensteine u. dgl. in die Ohren, die, wenn sie stecken bleiben, Entzündung, ja selbst Taubheit verursachen. Sie sollten sofort entfernt werden. Zuerst untersuche man das Ohr sorgfältig; zu diesem Behufe bringe man den Patienten an einen hell erleuchteten Platz; dann ziehe man das Ohr nach oben und weg von dem Kopf. So kann man wohl in die innern Theile desselben sehen. Wenn Schmutz oder Sand darin ist, so wird sorgfältige Ausspritzung mit warmem Wasser den gewünschten Erfolg haben. Wenn größere Körper, wie Sand, Perlen, Kirschensteine u. s. w. in dem Ohre sind, so sollten sie von einem Arzte vermittels geeigneter Instrumente entfernt werden. Das Ohr ist sehr empfindlich, und irgend einer Störung dieses Organs sollte von einem geschickten Arzte sofort abgeholfen werden.

Medizinische Behandlung.

Arnica.—Man gebrauche diese Arznei, wenn nach Entfernung des fremden Körpers der Schmerz anhält. Man gebe ein Mal in drei Stunden 6 oder 8 Kügelchen trocken auf die Zunge. Man kann auch 2 bis 3 Tropfen der Flüssigkeit in einem Eßlöffel Wasser auflösen; von dieser tröpfle man 2 bis 3 Mal des Tages ein wenig in das Ohr.

Belladonna.—Wenn sich fieberartige Schmerzen einstellen, wird das Kind wie irrsinnig; alle zwei bis drei Stunden zu wiederholen.

Pulsatilla.—Man gebe dieses Mittel öfters, wenn das Ohr roth, heiß und innerlich wie äußerlich geschwollen ist.

Mumps—Bauerwetzel.

(ANGINA PAROTIDEA.)

Dies ist eine Entzündung der unter dem Ohr und neben dem Winkel des Unterkiefers befindlichen großen Speicheldrüsen. Gewöhnlich geht ein krankhafter Zustand voran: der Patient ist schlaff, gedrückt; klagt über Gliederschmerzen; Mangel an Appetit; über Schüttelfrost; Fieber und Kopfweh. Nach einigen Tagen beginnt eine der Drüsen, auch beide, zu schwellen; sie schmerzen und verhärten sich. Die Anschwellung nimmt vier oder fünf Tage zu; dann läßt sie nach. Zuweilen ist der ganze Hals in Mitleidenschaft gezogen; in diesem Falle ist das Bewegen der Kiefern beim Kauen und Schlingen sehr beschwerlich. Nicht selten zieht sich die Krankheit vom Halse weg, um bei weiblichen Personen die Brüste und Eierstöcke, bei männlichen die Hoden zu befallen, welche alsdann schwellen, sich entzünden und schmerzen.

Dieser Zustand dauert gewöhnlich ein bis zwei Wochen. Bei feuchtem, kaltem Wetter wird das Leiden häufig epidemisch; besonders Kinder sind dem Leiden unterworfen. Die Krankheit scheint ansteckender Art zu sein.

Behandlung.—Besondere Anzeichen.

Belladonna.—Röthe des Gesichtes und der Augen. * Hellrothe Anschwellung der Drüsen, namentlich an der rechten Seite [dunkelrothe Anschwellung an der linken, **Rhus**]. Neigung zu rothlaufartiger Anschwellung, verbunden mit klopfendem Kopfweh und Irrereden. * Schläfrig, dabei Schlaflosigkeit.

Carbo veg.—Schwaches Fieber; die Geschwulst wird sehr hart und will nicht weichen. * Uebertragung auf den Magen, verbunden mit Brennen, Drücken und Empfindlichkeit des Oberleibes. Nach Mißbrauch von Calomel. * Die leichteste Speise widersteht. Aufstoßen nach dem Genuß saurer, ranziger Speisen.

Hyoscyamus.—Wenn die Krankheit auf das Gehirn übertragen wird. Irrereden; rothes Gesicht; wilder, starrer Blick; Klopfen der Pulsadern [**Bell.**]. * Zwicken und Jucken in den Gliedern, mit großer nervöser Aufregung. Schwindel; Betäubung.

Mercurius. — Ursache: Erkältung. Aufregendes Fieber; Hitze mit Kälte wechselnd. * Harte Anschwellung der Drüse; beschwerliches, mit Steifheit der Kiefern verbundenes Schlingen. * Schwitzen gewährt keine Erleichterung. Reichliche Speichelentleerung; widriger Athem. Dunkelgrüner Stuhl mit S t u h l = z w a n g. Schlimmer bei Nacht und feuchtem, regnerischem Wetter.

Pulsatilla.—Bei Uebertragung auf die weiblichen Geschlechtstheile [auf die Hoden, **Ars.**, **Carbo v.**]. Entzündung und Anschwellen der Hoden; zieht sich hinauf nach den Samensträngen. Schwindel und Schüttelfrost beim Aufsitzen. Dickbelegte Zunge; übler Geschmack am Morgen. Weichherzige Personen.

Rhus tox.—Wenn die Krankheit einen typhus= oder rothlaufartigen Charakter annimmt. Steifheit der Glieder, verbunden mit Schmerzen gleich bei der ersten Bewegung. * Ohrendrüsenentzündung nach Scharlachfieber, mit wassersuchtartigen Symptomen. * Wenig Ruhe bei Nacht; dreht sich nach allen Seiten, um Ruhe zu finden.

Anweisung.—In gewöhnlichen Fällen gebe man das Mittel drei bis vier Mal des Tages. Bei Uebertragung der Krankheit auf das Gehirn, die Hoden oder Eierstöcke gebe man dasselbe alle drei Stunden. Löse 10 bis 12 Kügelchen in einem bis zum Drittel gefüllten Glase Wasser auf; 1 Theelöffel für ein Kind, 2 für eine erwachsene Person.

Die Temperatur sollte eine gemäßigte sein; man hüte sich vor Erkältung. Stimulirende Mittel müssen ganz vermieden werden; ebenso äußerliche Mittel.

Diät.—Sie sei einfach: dünner Haferschleim; weißer Sago; Pfeilwurz; Reiswasser; kühlende Getränke.

Fünftes Kapitel.

Krankheiten der Nase.

Entzündung der Nase.

Die Nase ist in Folge ihrer ungeschützten Lage den Anfällen einer Entzündung leicht ausgesetzt. Diese rührt oft her von einem Schlag, einer Quetschung, Erkältung, unmäßigem Genuß geistiger Getränke, scrophulöser Anlage u. s. w. Sie ist leicht erkenntlich an den sie umgebenden rothen Kränzen und dem Anschwellen der Spitze, womit ein eigenthümlicher, brennender, juckender Schmerz verbunden ist. Zuweilen bilden sich in den Nüstern kleine harte Geschwüre, schmerzhaft, aber selten eiternd.

Behandlung.—Besondere Anzeichen.

Arnica.—Wenn verursacht durch einen Schlag, Verwundung, oder eine andere äußere Einwirkung.

Belladonna.—Wenn die Krankheit einen rothlaufartigen Charakter annimmt, mit Brennen, Jucken und Empfindlichkeit.

Calcarea c.—Nase entzündet, geschwollen, roth.   * Nüstern geschworen und schuppig. Scrophulöse und an starke Getränke gewöhnte Personen.

Mercurius.—Rothe, glänzende Anschwellung der Nase, mit Jucken (Alpenglühen). Nüstern schorfig; bluten beim Schnäuzen.

Hepar s.—In Folge Mißbrauchs von Mercur.

Anweisung.—In hitzigen Fällen gebe man das Mittel ein Mal alle drei Stunden; in chronischen ein bis zwei Mal des Tages. Gabe: 6 bis 8 Kügelchen trocken auf die Zunge.

Bei äußerlichen Verletzungen gebrauche man in Wasser aufgelöste **Tinctura Arnica.**

Schnupfen.

(COLD IN THE HEAD.)

Dies ist eine Entzündung der äußern Nasenwandung und der damit in Verbindung stehenden Höhlen. Sie beginnt gewöhnlich mit Prickeln, Jucken und Trockenheit der Nüstern, gefolgt von wässerigem, schleimigem Ausfluß; öfteres Niesen; dumpfer Schmerz und Schwere in der Stirne; vermehrte Thränenabsonderung; zuweilen Schüttelfrost; des Abends leichtes Fieber. Wird hier kein Einhalt geboten, so verbreitet sich die Krankheit über die hintern Nasentheile, den Schlund und die Athmungsorgane; damit ist verbunden Heiserkeit, wunder Hals, kitzelnder Husten, beklemmter Athem und Fieberschauer. Zuweilen erstreckt sich die Krankheit bis auf die schleimigen Wandungen der Gedärme, mit schmerzhaftem Durchfall.

Heilmittel.

Gegen trocknen Schnupfen, mit Verstopfung der Nase: Bry., Dulc., Nux v., * Sep.

Gegen flüssigen Schnupfen: Ars., Cham., * Merc., Puls., Sulph.

Besondere Anzeichen.

Aconit.—Beim Beginn der Krankheit; Frostschauder; brennende Hitze, namentlich in der Stirne und im Gesicht. Kurzer, trockner Husten, verursacht durch Kitzeln im Kehlkopf. * Furcht; Angst; Unruhe. * Von kalten, feuchten Westwinden herrührend [Hepar].

Arsenicum.—Häufiges Niesen, mit reichlichem Ausfluß; auch Verstopfung. Brennschmerz in den Nüstern. Thränenabsonderung und Augenbrennen [Acon.]. Trockenheit des Mundes und Verlust des Geschmackes. Schüttelfrost, besonders nach dem Trinken. * Heftiger Durst; trinkt wenig und oft. * Ruhelosigkeit und Niedergeschlagenheit.

Belladonna.—Wunder Hals, mit Heiserkeit. Klopfender Kopfschmerz, verschlimmert durch Bewegung. Schwären der Nüstern und Mundwinkel. Trockner, heiserer Husten. Kinder schreien beim Husten laut auf. Schüttelfrost wechselt mit Hitze [Merc.]. Anschwellen und Steifheit des Nackens. * Schläfrig, ohne schlafen zu können.

Bryonia.—Trockner Schnupfen, mit entzündeten und eiterigen Nüstern. * Trockne, gesprungene Lippen. Trockner Husten, anscheinend aus dem Magen; verschlimmert durch Trinken. Verstopfung; Stuhl hart, trocken, wie verbrannt. * Patient sehnt sich nach Ruhe. Sehr reizbar.

Carbo veg.—Klopfender Kopfschmerz [Bell.]. Brennen in den Augen; reichliche Thränenabsonderung [auch Merc.]. Nase verstopft, besonders am Abend. Flüssiger Schnupfen; Heiserkeit; Brust rauh. * Wenn der Schnupfen am Abend wiederkehrt.

Chamomilla.—Flüssige, scharfe Entleerung der Nase. Schüttelfrost, Fieberhitze. * Die eine Wange roth und heiß, die andere blaß und kalt [Acon., Nux v.]. Rasselnder Husten in der Luftröhre. * Trockner Husten, schlimmer bei Nacht; selbst während des Schlafes. * Patient sehr reizbar; kann kaum höflich antworten. * Kinder wollen umhergetragen werden.

Dulcamara.—Trockner Husten, verschlimmert in der kalten Luft. Trockenheit des Mundes, ohne Durst. * Die Symptome werden bei jedem Umschlag der Witterung in Kälte ungünstiger [Gels.]; ebenso bei nassem Wetter, besser beim Umhergehen [schlimmer darnach, Bry.].

Gelseminum.—Empfänglich für Erkältung bei jedem Witterungswechsel [siehe **Dulc.**]. Hals wund; Schmerzen beim Schlingen; schießen auf bis zum Ohr. * Fieber ohne Durst; Verlangen nach Ruhe.

Hepar s.—Für Erkältung sehr empfänglich, namentlich nach Mißbrauch von Mercur. Rauhheit und Kratzen im Halse [Nux v.]. Stiche im Halse, wie von einem Splitter. Rauher, croupartiger Husten; Schleim los und erstickend.

Ipecacuanha. — Empfindlicher Schmerz über den Augen. Flüssiger Schnupfen; Verstopfung der Nase und Verlust des Geruches. * Rasselnder Schleim in der Brust; kein Auswurf. * Uebelkeit, verbunden mit reichlichem Schleimauswurf. Athmungsbeschwerden, wie von Asthma.

Lachesis.—Flüssiger Schnupfen, mit reichlicher Schleim- und Thränenabsonderung. Trockenheit des Mundes, als ob er von Pfeffer verbrannt wäre. Trockner Husten, Kurzathmigkeit; Stechen in der Brust. * Berührung des Halses unerträglich [Apis]. Dies reizt zum Husten und verursacht Erstickungsgefühl. * Symptome ungünstiger des Nachmittags und nach dem Schlafen.

Mercurius.—Catarrhalischer Kopfschmerz. Brennen in den Augen und reichliche Thränenabsonderung. Schmerzen in den Kiefern und Zähnen. * Oefteres Niesen, mit anhaltender Absonderung. Entzündete, schwärende Mandeln [Bell.]. Kurzer, trockner, schwächender Husten; schlimmer bei Nacht. Nach Nachtschweiß keine Besserung. Fühlt besser im warmen Zimmer [Ars.]. Bei epidemischem Catarrh.

Nux vomica.—Schüttelfrost mit Fieberhitze; Druck auf der Stirne, mit stechenden Schmerzen. * Flüssiger Schnupfen bei Tage; Stockschnupfen bei Nacht. Trockner Husten mit Kopfweh, wie zum Zerspringen. * Sehr reizbar; wünscht allein zu sein

[Chin.]. Verstopfung, verbunden mit häufigem Stuhldrang. Symptome schlimmer am Morgen.

Pulsatilla.—Ausbruch einer gelblichen, grünen, stinkenden Materie aus der Nase. Verlust des Geschmackes und des Geruchs [Sulph.]. Zahn= und Ohrenweh. Verlangen nach frischer, kühler Luft; schlimmer im warmen Zimmer [besser, Ars.]. * Schüttelfrost selbst im warmen Zimmer. Loser Husten; Auswerfen gelben Schleimes. * Symptome schlimmer am Abend. Weichherzige Personen.

Sepia.—Nase geschwollen und entzündet; die Nüstern sind wund. Verstopfung der Nase; Stockschnupfen. Verlust des Geruches. Schmerzen im Rücken und im Nacken [Bell.]. * Husten schlimmer am Morgen; schließliches Würgen. * Leerheitsgefühl im Magen.

Sulphur. — Catarrh, mit flüssigem Schnupfen von hellem Wasser. Vollständiger Verlust des Geschmackes und Geruchs [* Puls.]. Kälte der Extremitäten, mit Schüttelfrost. Zuweilen Krämpfe. Sehr empfänglich für Erkältung. Des Morgens Durchfall; muß eilen.

Anweisung.—Man gebe die Arznei alle drei bis vier Stunden, 6 Kügelchen trocken auf die Zunge, oder man löse 12 Kügelchen in 8 Eßlöffeln Wasser auf; je einen Eßlöffel. Der Patient sollte sich an magere Kost halten und nur reines Wasser oder Flachssamenthee trinken.

Chronischer Schnupfen.

Dies ist eine gewöhnliche, in jedem Alter vorkommende Krankheit. Gewöhnlich ist sie die Folge eines falsch behandelten einfachen Schnupfens, besonders bei scrophulösen Personen. Oft ist dieses Leiden auch idiopathisch (ohne im Zusammenhang mit einer andern Krankheit); schleicht tückisch ohne wahrnehmbare Ursache heran. Anfänglich fließt dünne, wässerige Materie aus der Nase; der Patient muß oft sein Schnupftuch gebrauchen; dies währt eine Weile, dann entzünden sich die Nasenwandungen und sind zuweilen blutig. Verlust des Geruches; ein Gefühl der Beengung um die Nase; dumpfer, träger Schmerz in den Augen. Beim Fortschritt der Krankheit bilden sich Schuppen, oder Pfropfen, die schwer zu entfernen sind; sie sind tief=braun, grünlich und höchst widerlich. Zuweilen erstreckt sich die Schwärung bis auf die hintern Nasen= theile; Materie ergießt sich bis nach hinten in den Hals, Uebelkeit und öfteres Räuspern verursachend. Die Krankheit ist eine Quelle großer Unannehmlichkeit für den Patienten und seine Umgebung, in Folge des übeln Geruchs, den er ausathmet.

Behandlung.—Besondere Anzeichen.

Baptisia.—Dicker, schleimiger Ausfluß aus der Nase. Heftige, die Nase entlang sich ziehende Schmerzen; dumpfer Schmerz zwischen den Augen.

Calcarea c.—Eiternde Nüstern; Geruchssinn stumpf [auch Sil.]. * Nagender Schmerz an der Nasenwurzel; Ausfluß stinkenden Eiters. Passend für Scrophulöse.

Kali bichr. — Druck auf die Nasenwurzel. Die Nasenscheidewand ist geschworen. Reichlicher Ausfluß dicken, hellen Schleimes; läßt jener nach, stellen sich Kopfschmerzen ein. * Ausbruch einer zähen, grünen Materie aus der Nase. Uebler Geruch [auch Phos. ac.].

Lachesis.—Blut- und Eiterentleerung aus der Nase. Die innern Theile derselben sind geschwollen und wund. * Ausfluß einer widerlichen, aufschärfenden Flüssigkeit aus Mund und Nase.

Mercurius. — Grünlicher, widriger Ausfluß aus der Nase. Bohrt mit den Fingern in der Nase; übelriechender Geruch.

Silicea.—Scharfer, ätzender Ausfluß. * Verstopfung der Nase in Folge verhärteter Schleimabsonderung. Verlust des Geruches [auch Calc. c., Kali b.]. * Anhaltendes Jucken auf der Nasenspitze.

Anweisung.—6 oder 8 Kügelchen trocken auf die Zunge, zwei Mal des Tages eine Woche lang; dann setze man sechs bis acht Tage lang aus; wenn dann keine Besserung erfolgen sollte, wähle man ein anderes Mittel und verfahre damit in der angegebenen Weise.

Entzündung der Nasenschleimhaut.

Die Nasenschleimhaut füllt die Nasenhöhlung aus. Wenn entzündet, sondert sie eine übelriechende Materie ab; zuweilen ist Zerstörung der Knorpel- und Knochentheile damit verbunden. Die Ausschwitzung sammelt sich im obern Theile der Nasenhöhlung an, wo sie in Eiterung übergeht; der dabei ausströmende Geruch ist für den Patienten und dessen Umgebung unausstehlich. Ein anderes lästiges Symptom ist die Anhäufung von festen, elastischen Klumpen, die oft die Nase verstopfen und schwer zu entfernen sind. Wenn der Zustand sich verschlimmert, werden die Knochen in Mitleidenschaft gezogen, die Nasenscheidewand wird durchfressen; die Nase sinkt ein, einen abscheulichen Anblick darbietend.

In den meisten Fällen wird man die Krankheit auf Syphilis zurückführen müssen. Was die Behandlung betrifft, so ziehe man einen durchaus befähigten Arzt zu Rathe; der Laie kann sich in derartigen Fällen nicht auf sein eignes Urtheil verlassen. Einige verläßliche Mittel sind: Con., Hepar, Lach., Lyco., * Merc., Phos., Sil., außer andern hier nicht angegebenen Mitteln. Oefteres Baden des ganzen Körpers; Ausspritzen der Nüstern mit warmem Wasser; Bewegung in frischer Luft; Schlafen in luftigen Zimmern sind empfehlenswerthe Zugaben zu jenen Mitteln. Sie erhalten und kräftigen die Gesundheit im Allgemeinen und gebieten der Krankheit Einhalt.

Nasenpolyp.

Darunter versteht man birnförmige Geschwülste, die an den Nasen= schleimhäuten festsitzen. Sie sind verschieden hinsichtlich ihres Um= fanges, ihrer Menge, Beschaffenheit u. dgl. Demgemäß haben sie verschiedene Benennungen. Der gewöhnliche gallertartige Polyp ist gelblich, durchadert mit rothen Blutgefäßen; das Verbindungs= rohr ist sehr eng, während es nach unten zu erweitert ist: daher der Name. Der Patient hat ein beständiges Gefühl von Verstopfung und Erkältung im Kopfe, besonders bei feuchtem Wetter. Wenn man durch die affizirte Nasenseite die Luft gewaltsam austreibt und zugleich den gesunden Flügel zudrückt, kommt der Polyp zum Vor= schein. Zuweilen sind mehrere Polypen vorhanden, die, wenn ent= fernt, bald wiederkehren. Zuweilen sind beide Nasenflügel mit den Geschwüren behaftet, die, wenn sie nicht entfernt werden, an Umfang zunehmen, die Nasenhöhlung ausfüllen und das Athmen sehr erschweren.

Behandlung.—In vorgeschrittenen Fällen wird eine rasche Operation das Geschwür beseitigen. Man fasse es an der Verbin= dungsröhre und drehe es behutsam ab. In frischen Fällen gebrauche man innere Mittel, als:

Calcarea c.—Passend für aufgedunsene Individuen. Patient fühlt unwohler in kalter, feuchter Luft. * Stechen und Jucken des Geschwüres, verbunden mit Niesen. Hat fortwährend kalte, feuchte Füße.

Phosphorus.—Nasenpolyp mit leichtem Bluten. Gefühl, als ob die Nase verstopft wäre; Betäubung im Kopfe, wie wenn eine Erkältung im Anzuge wäre. Passend für schwache, schmächtige Personen.

Sepia.—Namentlich für leichtlebige Frauen mit dunklem Haar. * Der Urin ist sehr übelriechend, mit einem lehmfarbigen, röthlichen Niederschlag, der an dem Geschirr festsitzt. Nasenverstopfung, mit öfterem Niesen.

Silicea.—Nagende Schmerzen im obern Nasentheile; Beschwerde beim Bücken. * Jucken; kleine Bläschen um die Nasenöffnung.

6

Stets Verschlimmerung nach dem Neumond.   Passend für scrophu=
löse Personen [auch **Calc. c., Phos.**].

Staphysagria.—Schwärung der innern Nasentheile.   Schorf
an dem untern Theile.   * Verstopfung der Nase mit häufigem Niesen
ohne Fluß.   Sehr empfindlich gegen die geringsten geistigen Ein=
drücke.   * Die Zähne werden schwarz; man kann sie nicht rein
halten.

Anweisung.—6 bis 8 Kügelchen jeden Abend, eine Woche lang; dann setze
man eine Woche aus; dann, wenn keine Besserung eintreten sollte, bediene man
sich irgend eines andern Mittels in der angegebenen Weise.

Nasenbluten.

Dem Nasenbluten liegen verschiedene Ursachen zu Grunde.   Es
mag activ oder passiv sein.   Ist es activ, dann ist das Blut
hellroth, und die Blutung ist verursacht durch Erregung, oder Voll=
blütigkeit, oder Blutandrang nach dem Kopf.

Ist es passiv, dann ist das Blut venös, dunkelroth, in Folge
gehemmter Blutcirculation; oder einer krankhaften, wässerigen
Beschaffenheit des Blutes, namentlich im letzten Stadium eines
Fiebers.

Zuweilen stellt es sich ohne warnende Vorzeichen ein; in andern
Fällen geht ihm Kopfweh, Schwindel, Gesichtsröthe, Klopfen der
Blutgefäße und Kälte der Extremitäten voran.   Häufig ist es ein
wirksames Naturheilmittel und befreit uns als solches von Kopf=
schmerzen und Congestionen.   Man sollte den Blutfluß nicht stillen,
es sei denn, daß er zu reichlich oder langwierig wäre.

Behandlung.—Besondere Anzeichen.

Aconit.—Vollblütigkeit; geröthetes Gesicht; heftiges Klopfen
der Schlagadern [**Bell.**].   Blut h e l l r o t h.

Arnica.—* Nach äußerlicher Verletzung, und wenn der Blutung
Jucken an der Nase und der Stirne vorangeht.   Nach großer An=
strengung, schwerem Heben; Ueberanstrengung [* **Rhus**].

Belladonna.—Blutandrang nach dem Kopf [**Acon., Nux v.**].
Nach Ueberhitzung [**Acon., Bry.**].   Funken vor den Augen.   Ver=
schlimmert durch Bewegung, Geräusch und helles Licht.

Bryonia.—Am Morgen nach dem Aufstehen [Bluten des Nachts,
Rhus].   Bluten, wenn die Regel sich nicht rechtzeitig einstellen will
[**Bell.**, * **Puls., Sep.**].   Bei heißem Wetter und nach Ueberhitzung.

China.—Häufige, lang anhaltende Anfälle.   * Klingen in den
Ohren [**Nux v.**].   Blässe des Gesichtes und der Extremitäten.

Nux vomica.—Nach unterdrückter Blutung der Hämorrhoiden.
Drückender Schmerz in der Stirne.   Gewohnheitssäufer.

Phosphorus.—Reichliche Blutung; öftere Wiederholungsfälle, namentlich beim Stuhlgang.

Wenn die angegebenen Mittel nicht alsbald den gewünschten Erfolg haben sollten, so lasse man den Patienten den Mund schließen und durch die Nase athmen. Man strecke den Arm nach oben aus, oder tauche die Hände in warmes Wasser und verhalte sich dann ruhig. Zuweilen verschafft das Verstopfen der obern und untern Nase Linderung.

Anweisung.—In dringenden Fällen löse man 10 Kügelchen, oder 3 Tropfen der Flüssigkeit in 8 Löffel voll Wasser auf und gebe alle fünfzehn bis zwanzig Minuten 1 Löffel voll, bis das Bluten aufhört. Ist eine Wiederkehr zu befürchten, so gebe man eine Dosis ein oder zwei Mal des Tages.

Fremde Körper in der Nase.

Kinder stecken zuweilen Bohnen, Erbsen, Früchte, Körner u. dgl. in die Nase, ohne die Folgen zu bedenken. Werden jene Körper nicht entfernt, so verursachen sie Entzündung. Behufs rascher Entfernung bediene man sich einer feinen Zange, oder eines Drahtes, dessen eine Spitze gebogen ist. Läßt sich der Körper nicht durch die Nüstern entfernen, so stoße man denselben den Mund hinunter. In allen Fällen, wo dies nicht leicht thunlich ist, ziehe man einen Arzt zu Rathe, der die erforderlichen Instrumente besitzt.

Wenn die Nase nach Entfernung des fremden Körpers entzündet und wund ist, so werden einige in einem Löffel Wasser aufgelöste Tropfen **Arnica**, womit die Theile zu befeuchten sind, gute Dienste thun. Auch gebe man 6 bis 8 Kügelchen innerlich. Wenn die Entzündung heftig sein sollte, gebe man 1 bis 2 Dosen **Aconit**.

Sechstes Kapitel.

Krankheiten des Mundes.

Uebler Geschmack in dem Munde.

Dies ist gewöhnlich nur ein Symptom, aber oft ein bedeutungsvolles, an welchem man das Wesen einer Krankheit erkennen kann.

Bittrer Geschmack, z. B., deutet auf Leberstörung; ein fauliger auf örtliche Uebel des Mundes, Halses u. s. w.; ein salziger, eiteriger auf Anlage zur Schwindsucht; ein scharfer, saurer Geschmack läßt auf Unordnung des Magens schließen. Gänzlicher oder theilweiser Verlust des Geschmacks weist auf organische nervöse Störungen.

Die folgenden Mittel und Anweisungen werden sich bewähren:

Bry., Calc. c., Merc.—Bittrer Geschmack des Morgens.

Bell., Bry., Chin., Ferr., Merc., Puls.—Süßlicher Geschmack.

Calc. c., Chin., Nux v., Phos. ac., Sulph.—Saurer Geschmack.

Ars., Carbo v., * Nux v., Phos. ac.—Salziger Geschmack.

Rhus, Verat. alb.—Scharfer, beißender Geschmack.

Arn., Cham., * Merc., Puls.—Fauler Geschmack.

Sabi., Sil.—Fettiger, öliger Geschmack.

Bry., Chin., Puls., * Staph., Sulph.—Fader Geschmack.

Bell., Canth., Hepar, Lyc., Phos., * Verat. alb.—Verlust des Geschmackes.

Bry., Colo., Hepar, Sulph.—Gesunde Kost schmeckt bitter.

Bry., Chin., Puls.—Jede Speise und jedes Getränk schmeckt bitter.

Lyc., Nux v.—Jede Kost schmeckt sauer.

Ars., Bell., Chin., Sulph.—Jede Speise schmeckt salzig.

Uebelriechender Athem.

Es gibt kaum etwas Widrigeres, als einen übelriechenden Athem, namentlich in gesellschaftlichen Verhältnissen. Er ist den damit behafteten Personen zuwider, und macht sie im geselligen Verkehr unmöglich. Man sollte darum nicht nur bereitwilligst geeignete Gegenmaßregeln treffen, sondern auch allen Gewohnheiten, die das Uebel verschlimmern, entsagen.

Die gewöhnlichsten Ursachen sind: Fäule der Zähne; krankes Zahnfleisch; Anhäufung von Weinstein an den Zähnen; verdorbner Magen; der Gebrauch von Tabak und Spirituosen und Mangel an Reinlichkeit.

Behandlung.—Wenn der Uebelstand von faulen Zähnen herrührt, so sollte man sofort einen Zahnarzt zu Rathe ziehen; und wenn die Zerstörung nicht zu weit gegangen ist, so sollten die Zähne gefüllt werden; ist dies unthunlich, oder wenn die Schmerzen zu heftig sind, so sollten sie ausgezogen und durch künstliche ersetzt werden. Liegt eine Krankheit des Zahnfleisches zu Grunde, so greife man zu den in diesem Falle angemessenen Mitteln. Bei Anhäufung von Weinstein entferne man denselben behutsam. Um die Zähne rein und in gesundem Zustande zu erhalten, reinige man dieselben nach jeder Mahlzeit mit einer weichen Bürste und reinem Wasser; den Mund spüle man wohl aus. Personen, die Tabak rauchen und kauen, können keinen reinen Athem haben; immerhin mögen sie, durch Gebrauch der Bürste vor dem Schlafengehen, den gegen Morgen sich entwickelnden Geruch etwas moderiren.

Rührt er von Magenstörung her, so greife man zu den gegen die= ses Uebel gebotenen Mitteln. Schließlich rathen wir zu täglichen Waschungen des ganzen Körpers, um die Haut zu stärken und das allgemeine Wohlbefinden zu befördern.

Nux v., Sil., wenn der Athem nur des Morgens riecht.

Puls., wenn nur des Morgens und Abends.

Cham., Sulph., wenn nur nach Tisch.

Carbo v., Hepar, Lach., Sulph., wenn in Folge von Mißbrauch von Mercurius.

Zungenentzündung.

Die Krankheit ist nicht häufig vorkommend; immerhin beobachte man wohl ihre Symptome und handle in vorkommenden Fällen rasch. Sie beginnt gewöhnlich mit klopfenden Schmerzen in der Zunge, verbunden mit Röthe, Hitze und Anschwellung. Leichte Frostschauder stellen sich ein, sowie dumpfer Kopfschmerz; trockne, heiße Haut und rascher Puls. Jeder Versuch, die Zunge zu bewegen beim Sprechen und Schlingen vermehrt den Schmerz. Zuweilen schwillt die Zunge so an, daß sie die ganze Mundhöhlung ausfüllt und Erstickung zu befürchten ist. Die Krankheit artet zuweilen in Eiterung aus.

Ursachen.—Das Uebel kann von äußern Verletzungen herrühren, als: Brennen; Insectenstiche; örtliche Anwendung von Giften, oder sie kann während der Entwicklung der Blattern entstehen.

Behandlung.—Hauptanzeichen.

Aconit. — Große nervöse Reizbarkeit. Fieber, mit raschem Puls. * Prickeln, Beißen, Bohren und Brennen der Zunge. Be= ständiges Sichhinundherwerfen; heftiger Durst; rothes Gesicht.

Apis mel.—Trockne, geschwollne Zunge, mit der Unfähigkeit zu schlingen. * Brennende, stechende Schmerzen [auch **Merc., Puls.**]. Große Trockenheit im Mund und Hals.

Arnica.—* Wenn die Entzündung von äußeren Verletzungen herrührt. * Fühlt wie wund und zerschlagen am ganzen Körper. 10 Kügelchen in ein halbes Glas Wasser; mit der Lösung spüle der Patient alle drei bis vier Stunden den Mund aus.

Arsenicum.—In sehr gefährlichen Fällen; dunkles, grünliches oder schwarzes Aussehen der Zunge. Erstickung ist zu befürchten [auch **Lach.**]. * Kann nicht ruhig liegen; muß immer wieder die Lage wechseln. Heftiger Durst, aber trinkt je nur wenig. * Brennende Schmerzen; die Theile brennen wie Feuer.

Belladonna.—Wenn die Entzündung sich ausdehnt und einen rothlaufartigen Charakter annimmt. Die Zunge ist schwarz, geschwollen und schmerzt bei Berührung. Gesicht geschwollen, Augen roth. Namentlich geeignet, wenn das Gehirn angegriffen ist.

Lachesis.—Anschwellung der Zunge; nur mit großer Mühe kann man sie bewegen. Entzündung der Zunge; sie droht brandig zu werden [auch **Ars.**]. * Berührung des Halses ist unerträglich. * Stets schlimmer nach dem Schlafen.

Mercurius. — Entzündung, Anschwellung und Eiterung der Zunge. Beständig fließt Speichel aus dem Munde, wie von Speichelfluß. Die Zunge ist wie verbrannt [auch **Colo.**]. * Starker Schweiß; gewährt keine Erleichterung.

Urtica urens.—Die Krankheit rührt von Verbrennen oder Verbrühen her. Man verfahre, wie unter **Arnica.**

Anweisung.—Von dem gewählten Mittel löse man 12 Kügelchen oder 3 Tropfen der Flüssigkeit in einem halben Glas Wasser auf. In dringenden Fällen gebe man alle zwei bis drei Stunden 1 Eßlöffel voll, bis Besserung eintritt; dann setze man vier bis sechs Stunden aus.

Diät.—Sie bestehe aus frischer Milch oder Haferschleim, Brot- oder Reiswasser.

Anschwellung unter der Zunge.

(RANULA—FROG.)

Darunter versteht man ein weiches, elastisches, hin und her schwankendes Geschwür, das sich unter der Zunge bildet und eine eiweißartige, blaßgelbe Flüssigkeit enthält. Früher wähnte man, dasselbe stehe in Verbindung mit Verstopfung der Speichelröhre, doch ist dem nicht so; man weiß jetzt, daß es eine unabhängige Blase ist. Es mag bis zu einem beträchtlichen Grade anschwellen, so daß es die Zunge nach einer Seite hin oder nach oben bis an den Gaumen drängt, auf diese Weise das Reden und Kauen beträchtlich erschwerend.

Behandlung.—In den meisten Fällen ist es nöthig, das Geschwür zu öffnen, um der Flüssigkeit freien Ausgang zu verschaffen. Darnach nehme man etwas **Calcarea c.** oder **Mercurius**; diese Mittel kann man auch gleich bei der Erscheinung des Geschwüres nehmen.

Scharbock—Scorbut.

Dies ist eine Krankheit der Mundwandungen. Dem örtlichen Leiden gehen gewöhnlich Erschlaffung, Appetitlosigkeit und gastrische Fiebersymptome voran. Bald wird das Zahnfleisch roth, heiß und sehr empfindlich; es schwillt auf, wird schwammig und löst sich von den Zähnen; kleine schmerzhafte Geschwüre erscheinen an dem Zahnfleisch, an den (innern) Wandungen der Lippen, des Gaumens, und auf der Zunge. Der Athem ist äußerst widrig; reichlicher Ausfluß zähen, stinkenden, zuweilen mit Blut vermischten Eiters ergießt sich aus dem Mund. Die Zähne werden locker und fallen zuweilen aus; Halsdrüsen geschwollen und schmerzhaft; der Patient ist sehr schwach und hat anhaltendes Fieber. Die Krankheit währt durchschnittlich zehn Tage.

Behandlung.—Hauptanzeichen.

Arsenicum.—Der Mund ist bläulich, entzündet und brennt. Reichlicher Ausfluß zähen, stinkenden und blutenden Speichels. * Brand zu befürchten; das Zahnfleisch wird schwarz [auch **Chin.**].

Carbo veg.—Wenn die Krankheit dem übermäßigen Genuß gesalzner Speisen oder Mißbrauch von Mercur entsprungen ist. Das Zahnfleisch löst sich von den Zähnen und blutet leicht.

Dulcamara.—* Wenn Erkältung die wirkende Ursache war und die Halsdrüsen geschwollen und hart sind. Speichelfluß; das Zahnfleisch ist locker und schwammig. * Verschlimmert nach jedem Umschlag der Witterung in Kälte.

Mercurius.—Jucken, Brennen und Röthe des Zahnfleisches; leichtes Bluten der Zähne [auch **Carbo v.**]. Das Zahnfleisch löst sich von den Zähnen; diese sind empfindlich gegen Berührung; brennen des Nachts und sind geschwollen. * Anhaltender Ausfluß riechenden Speichels aus dem Munde. Der Patient fühlt schlimmer bei Nacht; nicht besser nach starkem Schwitzen. * Grüne, schleimige Stühle, mit Anstrengung der Bauchmuskeln verbunden.

Nux vomica.—Die Innenseite des Mundes ist entzündet, namentlich die weichen Gaumentheile und das Zahnfleisch. Uebelriechende Geschwüre im Mund und Schlund. * Fauler, leichenartiger Geruch aus dem Munde [* **Merc.**]. Verstopfung mit reichlichen, anstrengenden Stühlen.

Anweisung.—Alle drei Stunden 6 bis 8 Kügelchen trocken auf die Zunge; oder man löse 12 Kügelchen in einem halben Glas Wasser auf; davon gebe man alle drei Stunden 2 Theelöffel voll, bis Besserung eintritt, oder man wähle ein anderes Mittel. Dr. Hering räth, im ersten Stadium den Mund mit Citronensaft oder Salbeithee auszuspülen.

Diät.—Sie bestehe namentlich in frischer Milch; nach eingetretener Besserung ist reichlichere, kräftigere Nahrung gestattet, wie allerlei Früchte, Rindfleisch, Gemüse.

Schwamm im Munde.

(CANERUM ORIS.)

Personen, die an Unverdaulichkeit und Leberverhärtung leiden, sind oft mit diesem Uebel behaftet. Die Geschwüre erscheinen gewöhnlich auf der Innenseite der Lippen, den Wangen, auch auf der Zunge; sie haben eine entzündete Basis, brennen und stechen, namentlich bei Berührung; sind somit für den Patienten, namentlich beim Essen, eine große Beschwerde.

Behandlung.—Carbo v., Merc. und Nux v. werden sich als die besten zum Ziele führenden Gegenmittel erweisen. Aber wenn die Geschwüre eine Folge von Magen= oder Leberstörungen sind, wähle man solche Mittel, die die Grundursachen zu beseitigen vermögen.

Bluten des Zahnfleisches.

Bluten des Zahnfleisches ist oft ein Symptom anderer Uebel= stände, wie Scharbock, niedrige Formen des Typhus u. s. w., aber die lästigsten und gefährlichsten Blutungen folgen dem Aus= ziehen von Zähnen.

Behandlung.—Acon., * Arn., * Phos. sind die hauptsächlichsten innerlichen Mittel, von welchen man alle halbe oder ganze Stunde eine Dosis geben mag, bis Besserung eintritt. Sollten sie sich unwirksam erweisen, wird eine Lösung von Persulphate of Iron, Tannin, Sugar of Lead, oder Creosote Erfolg haben. Man kann diese Mittel in jeder Apotheke erhalten. Man feuchte etwas Char= pie mit der Medizin an und stecke dieselbe in die Höhlung des Zahn= fleisches. Zuweilen muß die Höhlung verstopft werden; dies be= werkstelligt man, indem man zuerst alles geronnene Blut entfernt und dann die Höhlung mit trocknem Weizenmehl ausfüllt; man lasse es eine Zeit lang darin.

Zahnfleischgewächs.

(ALVEOLAR ABSCESS.)

Dies ist ein kleines Geschwür, das in den Zahnhöhlen entsteht, durch das Zahnfleisch bricht, zuweilen selbst durch die Wange. Es entsteht gewöhnlich durch reizende Einwirkung eines todten oder faulen Zahnes auf das Zahnfleisch. Wird es vernachlässigt, so hat man eine beträchtliche Abblätterung des Knochens zu befürchten.

Behandlung.—Hauptanzeichen.

Belladonna.—Das Geschwür ist roth, hart und schmerzhaft. Der Schmerz ist brennend, stechend und klopfend [auch **Hepar**].

Hepar s.—* Wo Eiterung unausbleiblich ist [auch **Merc.**, **Sil.**]. Bei scrophulösen Personen und nach Mißbrauch von Mercur.

Mercurius.—Wenn gleich angewandt, verhindert es öfters die Eiterung [auch **Hepar**, **Sil.**]. Das Geschwür ist hell, oder sehr roth; brennende, stechende, klopfende Schmerzen [auch **Bell.**].

Silicea. — Schmerzhafte, entzündete Anschwellung des Zahn=fleisches. * Wenn ein Eiterausbruch bevorsteht, oder in Fällen, wo die Entleerung übelriechend, dünn und wässerig wird. Es bilden sich fistelartige Oeffnungen, die nur sehr schwer zu heilen sind.

Anweisung.—Alle drei bis sechs Stunden 6 Kügelchen trocken auf die Zunge. Wenn sich Eiter in dem Geschwür gebildet hat, so sollte dieses mit einer Lancette aufgestochen werden.

Zahnschmerz.

Wir sind schwerlich einem Leiden ausgesetzt, das so schmerzhaft und unerträglich wäre, wie Zahnweh; schwerlich einem, das uns für unsern Beruf so untauglich machte. Es entsteht gewöhnlich in Folge falscher Behandlung oder Vernachlässigung der Zähne, Fäule, Magenstörung, oder nach plötzlichem Umschlag der Witte=rung, oder Erkältung. Wenn ein Zahn durch Fäulniß gründlich ausgehöhlt ist, so wird die darin befindliche zarte, nervöse Fleisch=masse durch Berührung von Flüssigkeiten und Speise im Munde für Schmerzen sehr empfänglich, ebenso für acute Entzündung, für quälenden Zahnschmerz. Somit ist die Erhaltung der Zähne eine Sache von größter Wichtigkeit. Da die Vernachlässigung der Zähne Fäulniß und Zahnschmerz zur Folge hat; und da die Zähne überdies das wichtige Amt haben, die Speisen für das Verdauungs=geschäft vorzubereiten, so sollte man auf ihre Erhaltung ernstlich bedacht sein.

Die vernünftigste Behandlung besteht wesentlich darin, daß man sie rein hält; sodann, daß man sich des Genusses solcher Getränke und Speisen enthält, die auf sie oder das Zahnfleisch schädlich ein=wirken könnten. Eiswasser, heißer Kaffee, starke Säuren, Medi=camente und geheime Mittel u. s. w. greifen die Zähne an und verursachen Fäulniß. Man lasse derartige Stoffe bei Seite; halte den Mund rein durch Ausspülen mit reinem Wasser; reinige die Zähne nach jeder Mahlzeit; man entferne die kleinsten Reste anima=malischer oder vegetabilischer Speisen zwischen den Zähnen. Er=haltung der Zähne, Bewahrung vor Fäulniß, wird reichlicher Lohn kleiner Mühen sein.

Behandlung.—Hauptanzeichen.

Aconit. — Der Patient ist fast rasend vor unerträglichem Schmerz. Stechende, klopfende Schmerzen, mit Blutandrang nach dem Kopf; Ruhelosigkeit. * Anhaltende Furcht und Aengstlichkeit, verbunden mit großer nervöser Aufregung.

Antimonium.—Schmerzen in hohlen Zähnen, mit Stoßen und Nagen, das sich, namentlich des Abends im Bett, bis oben nach dem Kopf erstreckt. Schmerzen sind schlimmer nach dem Essen, sowie nach einem kalten Trunke [Bry., Cham., Nux v., Merc.]. Das blutende Zahnfleisch löst sich von den Zähnen.

Arnica.—Zahnschmerz nach einer Operation. Gefühl, als ob die Zähne verrenkt wären. Wange geschwollen, roth und hart, mit Klopfen und Prickeln in dem Zahnfleisch. * Der Patient ist über den ganzen Körper wie wund und zerschlagen.

Arsenicum. — Verlängerung, d. h. Lockerung der Zähne. Ziehende, prickelnde Schmerzen der Zähne und des Zahnfleisches, die sich bis zu den Ohren, Wangen und Schläfen erstrecken. Speichelentleerung, d. h. Trockenheit des Halses und des Mundes, mit großem Durst. * Plötzlich kommende und ebenso schnell wieder verschwindende Schmerzen. Gesicht hoch geröthet; Augen roth. Schmerzen heftiger nach dem Niederliegen des Nachts; auch in kalter Luft.

Bryonia.—Schmerzen in faulen und noch mehr in gesunden Zähnen. Ein Gefühl, als ob die Zähne sich verlängerten, verbunden mit ruckweise kommenden, ziehenden Schmerzen. Schlimmer des Nachts, oder wenn man etwas Warmes in den Mund genommen [Cham., Nux v., Puls.]. Mund trocken; Durst. * Verstopfung; trockne, harte Stühle, wie verbrannt. Aeußerst reizbar. Will ganz ruhig bleiben.

Calcarea. — Klopfende, stechende, bohrende Schmerzen, oder Wundheit der Zähne. * Schmerzen durch kalten Luftzug vermehrt; ebenso durch kalte oder warme Getränke, wie bei dem geringsten Umschlag der Witterung [Puls.].

Carbo veg.—Zahnfleisch löst sich ab und blutet; Geschwüre. Die Zähne sind locker und gegen Berührung empfindlich, namentlich nach dem Essen. * Nach dem Genuß salziger Speisen kommen die Schmerzen verschlimmert wieder.

Chamomilla.—Nach einer Erkältung, die man sich während starker Ausdünstung zugezogen. Die Schmerzen kommen ruckweise; sind reißend, klopfend, stechend. Unerträgliche Schmerzen, besonders des Nachts; können Einen zur Verzweiflung treiben [Acon.]. Heißes Anschwellen der Wangen; rothes, geschwollnes Zahnfleisch. Schlimmer in der freien Luft und des Nachts [Bell., Merc., Phos., Rhus]. * Kann nicht wohl höflich antworten; sehr ungeduldig.

China.—Der zeitweilig wiederkehrende Schmerz ist klopfend, reißend, ruckend, oder ziehend. Verschlimmert durch die leiseste Berührung, durch Zugluft und durch Rauchen; läßt bei kräftigem Zusammenpressen der Zähne aufeinander etwas nach [Bell., Merc.]. * Säugende Frauen und Personen, die durch Verlust von Lebens= säften geschwächt sind.

Coffea. — Unerträgliche Schmerzen, die den Patienten fast rasend machen [Acon., Cham.]. Durch eiskaltes Wasser wird der Schmerz gelindert [Bry., Cham.]. Gefühl, als wäre der Kopf zusammengepreßt oder zu eng. * Ungemeine Schwäche, Verlust des Geschmacks.

Dulcamara.—Zahnschmerz in Folge einer bei feuchtem oder nassem Wetter sich zugezogenen Erkältung; wenn Durchfall damit verbunden ist. Ein Durcheinander im Kopf; überreicher Speichel= fluß. Gefühl, als wären die Zähne stumpf [Acon., Chin., * Puls.]. Symptome beim Umschlag der Witterung in Kälte stets ungünstiger.

Hepar s.—Schmerzhaftes Anschwellen der Wangen. Ruckende, ziehende Schmerzen in den Zähnen; verschlimmert beim Zusammen= pressen der Zähne, beim Essen, in einem warmen Zimmer oder b e i N a c h t.

Hyoscyamus.—Die Schmerzen machen den Patienten fast rasend; sie sind reißend oder klopfend; erstrecken sich bis zu den Wangen und laufen dem Unterkiefer entlang. Anschwellen des Zahnfleisches, mit reißendem Schmerz und·Summen in dem Zahn, der los zu sein scheint. * Krampfhaftes Zucken der Finger, der Hände, Arme und Gesichtsmuskeln. Schlimmer des Morgens und in Folge kalter Lufteinwirkungen.

Mercurius.—Zu gleicher Zeit heftige Schmerzen in verschiednen Zähnen; die ganze Zahnreihe ist mitangegriffen [Cham., Rhus]. Ziehende und stechende Schmerzen, die sich von einem Ohre bis zum andern erstrecken; oder springende Schmerzen in den Zähnen, na= mentlich des Nachts. Die Schmerzen werden vermehrt durch kalte, feuchte Luft, oder durch den Genuß von etwas Warmem oder Kaltem [* Bry., Nux v., Puls.]. Gefühl, als wären die Zähne wund, locker und verlängert. * Keine Linderung nach Schweiß. Viel S p e i= c h e l i m M u n d.

Nux vomica.—Heftige, ruckende Schmerzen, mit Stechen in den Zähnen und dem Zahnfleisch. Die Schmerzen erstrecken sich bis in den Kopf, die Ohren und Backenknochen, mit schmerzhaftem Anschwellen der Unterkieferdrüsen [Merc.]. Verschlimmerung des Nachts oder früh des Morgens; von geistiger Anstrengung oder wenn in einem warmen Zimmer; besser in der freien Luft. * Ist mürrisch und reizbar. * Personen von sitzender Lebensweise und solche, die zu reichhaltige und stimulirende Nahrung zu sich zu nehmen gewohnt sind.

Pulsatilla. — Passend für weinerliche Personen. Schmerzen reißend, ziehend, stechend, ruckweise erfolgend, als wäre der Nerv auf die Folter gespannt und plötzlich wieder los gelassen worden. * Besser nach Kaltem, schlimmer nach Warmem [Bry., Cham., Coff.]. * Schauderfrost, selbst im warmen Zimmer. Spärliche oder unterdrückte Regel.

Rhus tox. — Peinliche Gesichtsschmerzen. Gefühl, als wären die Zähne locker und verlängert [* Caust., * Bry., Nux v.]. Zahnfleisch geschwollen; es brennt und sticht wie ein Geschwür. Springende, schießende, ziehende Schmerzen, als würden die Zähne ausgedreht [Puls.]. Verschlimmert während der Ruhe und bei feuchtem Wetter. * Besser unter dem Einfluß äußerlicher Wärme.

Sepia. — Zahnschmerz während der Schwangerschaft. Die Schmerzen sind klopfend, stechend und erstrecken sich bis zu den Ohren, laufen den Fingern und Armen entlang, wo sie in einem kriechenden Gefühl enden. Anschwellen der Wangen und Speicheldrüsen [Merc., Nux v.]. Bleiche Gesichtsfarbe, mit Flecken auf dem Gesicht. Reichlicher Weißfluß; riecht sehr übel.

Staphysagria. — Schwarze, angefressene Zähne, die zerbröckeln wollen. Zahnfleisch blaß, schwärig, geschwollen und schmerzhaft. Reißende, ziehende Schmerzen in den kranken Zähnen und in den Wurzeln der gesunden [Merc.]. Schlimmer früh des Morgens und nach einem kalten Trunk. Kalter Gesichtsschweiß; kalte Hände.

Sulphur. — Springende Schmerzen in den hohlen Zähnen, die sich bis zum Oberkiefer oder den Ohren erstrecken. Lockerheit, Unempfindlichkeit und gleichsam Verlängerung der Zähne [siehe Rhus]. Vermehrung oder Erneuerung der Schmerzen des Abends, oder Nachts im Bett, oder von kaltem Wasser herrührend. * Brennen oben auf dem Kopfe, während die Extremitäten kalt sind. * Mangelhafte, dunkle Entleerung während der Regel.

Anweisung. — Man wiederhole die Dosis alle zwei Stunden. Nehme 8 Kügelchen trocken auf die Zunge, oder löse 12 Kügelchen oder 3 Tropfen der Flüssigkeit in einem halben Glas Wasser auf. Jedes Mal 1 Theelöffel voll.

Siebentes Kapitel.

Krankheiten des Halses.

Halsentzündung.

Dieser ist eine einfache Entzündung des Schlundes, des weichen Gaumens und anderer an den Hals gränzenden Theile. Man erkennt sie an der Röthe der leicht angeschwollenen Theile; Hitze, Brennen, Schmerzen—namentlich beim Schlingen—auch wohl leichte Frostschauder und schwaches Fieber sind damit verbunden.

Sie rührt meistens von Erkältung her, oder vom Sitzen in der Zugluft, nassen Füßen, plötzlicher Abkühlung, wenn man erhitzt war u. s. w.

Behandlung.—Hauptanzeichen.

Aconit.—Meistens in einem frühen Stadium. * Acute Entzündung des Halses; Fieber. Dunkle Röthe der Theile—des Schlundes, des Gaumens, der Halsdrüsen [auch **Bell.**]. Beschwerde beim Schlingen; Heiserkeit.

Belladonna.—* Entzündung des Halses, verbunden mit Brennen und Trockenheit. Pflockgefühl [auch **Merc.**]. Der Hals ist gleichsam zu eng. Namentlich, wenn die Entzündung auf der rechten Seite ist [wenn auf der linken, **Lach.**].

Chamomilla.—Sie ist eine Folge des Zutrittes der Zugluft beim Schwitzen. * Stechen und Brennen im Halse, mit einem Gefühle, als ob etwas darinnen wäre, das herauf müßte. Passend für Kinder. Sie sind sehr ärgerlich.

Lachesis.—Entzündeter Hals; man hat ein Gefühl von der Entzündung, als ob dieselbe kleine Flecken wären. Pflockgefühl [auch **Bell.**, * **Merc.**, **Nux v.**]. Brennen im Halse mit Heiserkeit. Kann keine Berührung vertragen. Schlimmer nach dem Schlafen.

Mercurius.—Catarrhalische Entzündung, mit stechenden Schmerzen beim Schlingen. Sie erstreckt sich oft bis nach den Ohren und Halsdrüsen [auch **Cham.**]. Die Knochen und Glieder schmerzen. Gefühl, als ob die Erkältung eine allgemeine wäre. * Reichlicher Schweiß; aber keine Linderung. Schlimmer bei Nacht und feuchtem Wetter.

Anweisung.—Löse 12 Kügelchen in 8 Theelöffel Wasser auf; nimm 1 Eßlöffel voll alle drei Stunden, bis Besserung eintritt; dann seltener.

Böser Hals.

Dies ist gewöhnlich eine chronische Form eines wunden Halses, wo die Entzündung in Schwärung übergeht; sie ist im Gefolge des Scharlachfiebers und der Diphtherie, oder sie ist scrophulöser Art. Die Geschwüre sind gewöhnlich an der Oberfläche; sie finden sich an dem obern und untern Halstheile und an den Drüsen; dabei ein Gefühl der Trockenheit und des Unbehagens im Halse, mit dem Drange, durch Räuspern sich Erleichterung zu verschaffen. Mitunter lösen sich Eitertheilchen, auch schuppenartige Körper los und lassen zuweilen die Theile weich.

Behandlung.—Hauptanzeichen.

Baptisia. — Faule, schwarz aussehende Geschwüre; Athem äußerst widrig. Betäubender Kopfschmerz; Niedergeschlagenheit.

Kali bichr. — Geschwüre am Zäpfchen, den Drüsen und dem Gaumen. Kleine rothe Flecken am Gaumen, die aussehen, als wollten sich Geschwüre daran bilden. * Uebelriechender Fluß aus der Nase [auch Merc., Nit. ac.].

Lachesis.—Geschwüre im Hals und an den entzündeten Drüsen. * Aufstoßen von Schleim, namentlich des Abends, als ob ein Geschwür geborsten wäre. Trockenheit des Halses.

Mercurius.—Geschwüre im Schlund und an den Drüsen, verbunden mit stechenden Schmerzen beim Schlingen. * Schmerz im Halse, als ob er zu trocken wäre. * Beim Schlingen, Stiche im hintern Theile des Halses.

Nitric ac. — Stechen und Brennen im wunden Halse, mit Trockenheit. * Geschwüre im Halse, namentlich nach Mißbrauch von Mercur. Fauler Geruch aus dem Munde [auch Merc.].

Anweisung.—Man nehme jeden Abend, ein Mal des Tages, 8 Kügelchen trocken auf die Zunge.

Diät.—Der Patient enthalte sich aller fetten Speisen und Brühen, sowie aufregender Getränke. Man genieße kein Salzfleisch, sondern nur einfach hergerichtetes Rind- und Schaffleisch, Gemüse, Brot Milch und dgl.

Geschwollene Drüsen.

(TONSILITIS.)

Dies ist eine Drüsenkrankheit, die oft in Eiterung übergeht. Sie beginnt mit Wundheit des Halses, der rasche Anschwellung der Theile folgt, mit klopfendem Schmerz; große Beschwerden beim Schlingen; Kopfweh, belegte Zunge und Fieber. Beim Fortschreiten der Krankheit erweitern sich die Drüsen, so daß sie die Verbindung mit den untern Halstheilen erschweren und das Schlingen fast unmöglich machen.

Große Athmungsbeschwerden; die Stimme ist stickend; reichlicher klebriger Speichel in dem Munde; der Athem ist äußerst widrig. Wenn der Krankheit nicht Halt geboten wird, so stellt sich Eiterung ein; das Geschwür bricht von selbst auf, während Geschwulst und Entzündung allmälig nachlassen. Die Krankheit dauert eine bis zwei Wochen; aber ein Mal damit behaftete Personen sind ihren Angriffen öfters ausgesetzt.

Ursachen.—Die vorbedingende Ursache ist: scrophulöse Beschaffenheit. Die bewegenden Ursachen sind: Einwirkungen von Kälte; Naßwerden der Füße; feuchtkalte, schwüle Luftumgebung; Einwirkungen der Nachtluft; plötzliche Unterbrechung des Schweißes u. s. w.

Behandlung.—Hauptanzeichen.

Aconit.—Drüsen geschwollen; entzündet; von dunkelrother Farbe; Fieber [Bell.]. Schmerz beim Schlingen und Sprechen. Der Hals ist wie zusammengeschnürt; dabei Brennen und Stechen. * Ruhelosigkeit und nervöse Erregtheit.

Apis mel.—Drüsen roth und stark aufgeschwollen; Mund und Hals trocken. * Beim Schlingen, brennender, stechender Schmerz im Halse [Acon.]. Irgend welche Berührung ist unerträglich [Lach.]. Verschlimmert durch Hitze; besser durch Kälte.

Belladonna.—Drüsen geschwollen, entzündet und von tiefrother Farbe; baldige Bildung von Geschwüren [Merc.]. Brennende, schießende Schmerzen im Halse beim Schlingen. * Der Hals ist wie verstopft. * Trinken verursacht Krämpfe im Hals; die Flüssigkeit kommt aus der Nase wieder heraus [Lach., Merc.]. Beständiger Drang etwas zu verschlucken, oder etwas auszuwerfen. Namentlich an der rechten Seite [wenn linke, Lach.].

Hepar s.—Bei öfterem Rückfall. Stechende Schmerzen beim Schlingen, als ob eine Gräte im Halse steckte. Pflockgefühl im Halse [Bell., Merc., Nux v.]. * Eiterung zu befürchten. Scrophulöse Personen. Nach dem Mißbrauch von Mercur.

Lachesis.—Drüsenanschwellung, namentlich auf der linken Seite. Beim Schlingen erstreckt sich der Schmerz bis zu dem Ohr. Flüssigkeiten entweichen während des Trinkens durch die Nase. Pflockgefühl im Halse [vergl. Hepar]. Kann keine Berührung des Halses vertragen, selbst nicht die von Betttüchern. * Schlimmer des Abends und nach dem Schlafen.

Mercurius.—Drüsen geschwollen, entzündet, dunkelroth; werden schwärig. Widriger Geruch aus dem Munde. Mundschwamm, oder dicker gelber Filz auf der Zunge. Heftig prickelnde Schmerzen beim Schlingen, die sich bis zu den Ohren und Halsdrüsen erstrecken. Zahnfleisch und hintere Zunge geschwollen. * Reichlicher Speichelfluß. * Starkes Schwitzen ohne Linderung. * Schlimmer bei Nacht.

Nux vomica.—Wenn Magenstörung die vorbedingende Ursache ist. Pflockgefühl beim Schlingen. Rauhheitsgefühl im Halse, als wäre er gekratzt [Hepar]. * Patient sehr reizbar; wünscht allein zu sein. An Unverdaulichkeit leidende und durch Mixturen verpfuschte Personen. Symptome ungünstiger des Morgens.

Silicea.—Wenn das Aussehen des Halses auf einen Eitergang schließen läßt, verbunden mit stechendem, klopfendem Schmerz [Hepar]. Meistens links. Scrophulöse Personen.

Sulphur.—Bei öfterem Rückschlag. Nach dem Eitergang bleiben die Theile wund; heilen langsam [Hepar]. Scrophulöse Personen, die mit Schwären behaftet sind; der kleinste Riß neigt zur Eiterung. * Schwächliche Personen, die gebückt gehen. * Oeftere Krampfanfälle.

Anweisung.—In dringenden Fällen wiederhole man die Arznei alle zwei, drei, vier Stunden. 6 Kügelchen trocken auf die Zunge, oder 12 Kügelchen in 6 Theelöffel voll Wasser aufgelöst; jedes Mal 1 Eßlöffel voll.

Einathmen heißer Wasser- oder Milchdämpfe wird oft Linderung verschaffen. Wenn ein Eiterausbruch unvermeidlich ist,—er zeigt sich an durch klopfenden Schmerz, Anschwellen und Weichheit der Theile, so werden wiederholte Umschläge von Leinsamen gute Dienste thun. Auch wird der Eiterausbruch beschleunigt, wenn man warme Milch oder Haferschleim eine Zeit lang im Munde behält.

Ohren-Drüsenerweiterung.

Scrophulöse Kinder leiden oft an Drüsenerweiterung. Stickende Stimme; rasselnder Athem; Schwerhörigkeit; zuweilen Husten mit eiterigem Auswurf. Kinder, die daran leiden, schlafen mit offnem Munde; der Kopf ist rückwärts gebogen; lautes Schnarchen im Schlafe. Unter diesen Umständen haben oft die geringsten Ursachen häufige Entzündungsanfälle zur Folge.

Behandlung.—Hauptanzeichen.

Belladonna.—Die Drüsen sind entzündet, erweitert und schmerzen beim Schlingen. Namentlich passend nach Scharlachfieber und für wohlbeleibte Personen.

Calcarea c. — Chronische Drüsenerweiterung bei scrophulösen Personen [auch Lyc., Merc., Sulph.]. * Für blasse, zarte Kinder mit weichen, schlaffen Muskeln. * Kalte, feuchte Füße.

Hepar s.—Anschwellung der Drüsen, trockner Hals. * Stechen im Halse beim Schlingen, wie von einem Splitter. * Die Drüsen neigen zur Eiterung.

Lycopodium.—Chronisches Halsweh; Hals wie zusammengeschnürt. * Geschwüre an den Drüsen [auch Calc. c., Merc.]. * Rother Sand im Urin [auch Sil.].

Mercurius.—Wenn die Drüsenerweiterung Schwerhörigkeit verursacht. Scrophulöse Personen.

Anweisung.—Eine Woche lang nehme man des Abends und des Morgens
8 Kügelchen trocken auf die Zunge; dann setze man acht bis zehn Tage aus, und
wenn inzwischen keine Besserung eintreten sollte, so wähle man eine andere Medizin; zu nehmen in der angegebenen Weise. Im Falle der Besserung, behalte
man die erste Medizin bei und nehme sie ein Mal des Tages.

Diphtherie.

(DIPHTHERITIS.)

Diese Krankheit hat in ihren verschiedenen epidemischen Verläufen
und in verschiedenen Gegenden, wo sie aufgetreten, eine Mannigfal-
tigkeit von Formen angenommen. Ihre unverkennbare Erscheinung
zeigt sich in der örtlichen Bildung einer falschen Haut an den Halsdrüsen, dem Zäpfchen, den weichen Gaumentheilen u. s. w. Dieser
örtlichen Erscheinung geht ein Frösteln voran, fieberische Aufregung,
rascher Puls, Erschlaffung und Beschwerde beim Schlingen. Wenn
man den Hals untersucht, zeigt sich derselbe entzündet und von dunkelrother Farbe, wobei die Halsdrüsen geschwollen und mit weißlich-
grauen Tüpfelchen bedeckt sind, die sich rasch vertiefen, gerinnen und
größere Flecken bilden, verschieden an Umfang und Dichtigkeit. Diese
Flecken haben einen tiefrothen Rand und lassen, wenn entfernt, eine
rauhe, zuweilen blutende Oberfläche zurück. Die Zunge ist mit einem
schmutzigen grauen Filz belegt; der Athem ist äußerst widrig;
die Halsdrüsen sind geschwollen und weich; Beschwerden beim Schlingen; Niedergeschlagenheit. Wenn hier der Krankheit kein Halt
geboten wird, so breitet sich die jauchigte Ausschwitzung aus über das
Zäpfchen, die weichen Gaumentheile, die hinteren Nasentheile, die
Nasenhöhle, über den Kehlkopf und die Luftröhre. Wenn sie das
letztere Organ erreicht hat, dann stellen sich ein: Husten, Heiserkeit,
Verlust der Stimme, rasselnder Athem, erstickende (würgende) Krämpfe,
"croupal diphtheria", und meistens der Tod.

In einigen epidemischen Fällen stellt sich ein Hautausschlag ein,
ähnlich dem des Scharlachfiebers, während in andern Fällen Erbrechen,
Durchfall, Bluten aus Nase und Mund stattfindet. Die Krankheit
währt gewöhnlich ein bis drei Wochen; immerhin kommen Fälle vor,
in welchen der Tod in ebenso vielen Tagen eintritt. Ungünstige
Symptome sind: Scharfe Jauche aus der Nase; rauher, croupartiger
Husten; Nasenbluten; Erbrechen, Durchfall, Krämpfe u. s. w. —
Fälle, die anfänglich mild sind, nehmen in der weiteren Entwicklung
der Krankheit häufig einen gefährlichen Charakter an und enden in
Tod. Wiederum, Personen, anscheinend hergestellt, müssen erfahren,

7

daß Lähmung, Verlust des Gesichts, des Gehörs, des Geschmacks und des Geruches im Gefolge dieser Krankheit zu verzeichnen sind.

Diphtherie ist an und für sich nicht ansteckend, etwa wie Scharlachfieber, Masern, Blattern u. s. w., sondern sie existirt in einer epidemischen Form, und somit sind alle Personen, welche die umgebende Atmosphäre einathmen, der Gefahr ausgesetzt, von dieser Krankheit ergriffen zu werden. Scrophulöse und Solche, die an einer Drüsenanschwellung leiden, sind für diese Krankheit besonders empfänglich und darum schwer zu behandeln.

Behandlung.—Besondere Anzeichen.

Aconit.—Im ersten Stadium. Trockene, heiße Haut; sehr rascher Puls. Dunkle Röthung des Schlundes, der Halsdrüsen [helle Röthe * Bell.]. Ein Gefühl von brennenden, bohrenden Stichen im Halse. * Große Furcht und Beklemmung, verbunden mit nervöser Erregung.

Apis mel.—Von vornherein große Schwäche. Die Haut nimmt sofort eine schmutzige graue Färbung an [dunkle Färbung, **Phyto.**]. Anschwellungen rings um die Augen; Schmerzen in den Ohren beim Schlingen; stechende Schmerzen in den affizirten Theilen; juckender, stechender Ausschlag auf der Haut. Erstarrung der Hände und Füße.

Arsenicum.—Große Angst und Unruhe; Furcht vor dem Tode. Uebelriechender Athem; zäher, unreiner Ausfluß aus den Nasenlöchern. Stetiges Verlangen nach kalten Getränken, wobei man nur wenig zu sich nehmen kann. * Große, stets zunehmende Niedergeschlagenheit. Gegen Mitternacht ist der Zustand am schlimmsten.

Belladonna.—Erhebliche Trockenheit des Schlundes; Halsdrüsen hell gefärbt und geschwollen. Wenn überhaupt, kann man nur mit der größten Mühe schlingen. * Sehr ruhelos; schläfrig ohne ruhig schlafen zu können. * Auffahren im Schlafe, oder plötzliches Aufspringen im Bett. Congestionen nach dem Kopfe, wobei die Arterien stark pulsiren; Augen tiefliegend; Delirium.

Bryonia.—Falsche Hautbildung an den Drüsen und dem Gaumen. Lippen verbrannt, trocken und gesprungen. Verlangen nach reichlichem Wasser. * Möchte gern ruhig liegen, da die kleinste Bewegung das Leiden verschlimmert. Kann nicht aufsitzen in Folge von Uebelkeit und der Erschlaffung. * Harter, trockner Stuhlgang, als ob er verbrannt wäre.

Cantharides.—Brennen und Trockenheit im Munde; diese erstrecken sich über den Hals und die Halsröhre. Große Niedergeschlagenheit; Schwächen; Todesanwandlungen. * Beständiger Drang zu uriniren, aber nur Entleerung je weniger Tropfen.

Kali bichr. — Entzündeter Schlund, mehr oder weniger mit einem schmutziggelben Niederschlag belegt, welcher eine falsche Hautbildung erzeugt. * Rauher, croupiger Husten; Auswurf fasrigen Schleimes. Tief fressende Geschwüre im Schlunde. Zähe, fasrige Entleerung der Nase. Anschwellen der Drüsen.

Lachesis.—Die Krankheit erscheint meistens zuerst auf der linken Seite [wenn rechts verglichen mit Lyc.]. Hals hoch geschwollen, von außen und von innen. Entleerungen aus der Nase und dem Munde von einer stinkenden und ätzenden Flüssigkeit. Irgend welche Berührung des Kehlkopfes und des Halses ist schmerzlich, ja unerträglich. Der Schlund ist mit einer diphtherischen Haut belegt. * Patienten unwohler nach dem Schlafen [Apis].

Lycopodium.—Die Krankheit beginnt an der rechten Seite, von wo sie sich nach der linken ausbreitet. Schlund bräunlich. Beim Schlingen stechende Schmerzen im Halse. Nase verstopft. * Bei jedem Athemzug weit ausgedehnte Nasenflügel. Beim Erwachen sehr ärgerlich und reizbar. * Rother Sand in dem Urin. Schlimmer nach warmen, besser nach kalten Getränken [Lach.].

Mercurius iod. ruber.—Die Halsdrüsen, die weichen Gaumentheile und die Halsröhre sind bedeckt mit schmutziggelben Tüpfelchen. Muß oft schlucken in Folge einer Anhäufung von Speichel, Schleim, oder in Folge eines Gefühles, als ob ein Klumpen im Halse wäre. Auswerfen eines weißen, zähen und stinkenden Schleimes. * Zunge mit einer dicken, gelben, schmutzigen Hülle belegt. Athem höchst widrig. Schwellen der Halsdrüsen.

Diese Medizin kann man in jeder homöopathischen Apotheke erhalten. Zu nehmen in Gran-Dosen in der dritten Verdünnung; zu wiederholen alle 2 oder 3 Stunden, je nach der Hartnäckigkeit des Falles.

Nitric acid.—Geschwüre verbreiten sich im Mund und Hals. Fauler Athem. Anschwellung der Speicheldrüsen [Merc. j.]. Aetzender Ausfluß aus der Nase. Trockner, bellender Husten; unterbrochener Puls. * Starkriechender Urin, wie von Pferden. Wundheit des Halses; erstreckt sich bis in die Nasengegend; reichlicher, dünner, eiteriger Ausfluß.

Phytolacca.—Schlund, Drüsen und Halsröhre mit einer dunkelrothen, falschen Haut bedeckt. Widriger Athem. Niedergeschlagenheit. Unvermögen zu stehen. Beim Emporrichten im Bett, Anwandlungen von Ohnmacht und Schwindel [Bry.]. Heftige Schmerzen im Rücken und den Gliedern.

Anweisung.—Von einer Lösung von 12 Kügelchen in 6 Theelöffel Wasser gebe man in dringenden Fällen alle zwei oder drei Stunden einen Theelöffel voll, bis Besserung eintritt; dann seltener. Tritt nach sechs Stunden keine Besserung ein, so wähle man ein anderes Mittel.

Hülfsmittel.—Viele Aerzte verordnen Gurgeln des Halses mit verdünntem Alcohol, verdünnter Kohlensäure, chlorsaurem Kali, oder heißem Wasser als

Linderungsmittel. Sie entfernen die eiweißartigen Ablagerungen und damit
ein beängstigendes Erstickungsgefühl. Einathmungen von Ammonia-Waſſer
oder Jodine-Tinktur sind gleichfalls zu empfehlen. Die Diät ist den Neigungen
des Patienten anzupassen. Hat er Verlangen nach Speise, so gebe man ihm
dieselbe. Kräftige Brühen von Ochsen-, Hammel- oder Hühnerfleisch, sowie
gute, frische Milch, eignen sich besonders. Spirituosen jeglicher Art sind unstatthaft, da sie die Lebenskräfte nur erschöpfen. — Man suche die Dienste eines
homöopathischen Arztes.

Fremde Körper im Halſe.

Wenn ein fremder Körper seinen Weg in die obern Halstheile gefunden hat, so klopfe man den Patienten gehörig zwischen den Schultern. Hilft dies nicht, so setze er sich mit rückwärts gebogenem Kopf
und geöffnetem Mund auf einen Stuhl; wenn der Körper sichtbar
wird, so entferne man denselben mit den Fingern oder einer kleinen
Zange.—Ist er bis zum Schlund vorgedrungen und ist er nur klein
und spitz—eine Gräte oder ein Splitter—so lasse man den Patienten
eine gehörige Portion Brot verschlingen. Ist der Körper groß und
weich—etwa ein Stück Fleisch—so stoße man ihn hinunter in den
Magen. Aber große feste Körper, namentlich wenn rauh und eckig,
sollten nach oben hin entfernt werden. Man versuche den Patienten
durch Kitzeln im Halse zum Brechen zu bringen; oder man streue
etwas Schnupftabak auf die Zunge. Erfolgt keine Abhülfe, so schicke
man unverzüglich nach einem Arzt.

Achtes Kapitel.

Krankheiten der Bruſt.

Heiſerkeit—Rancedo.

Heiserkeit ist gemeiniglich nur ein Zeichen anderweitiger krankhafter Zustände; namentlich deutet sie auf einen Reiz der Schleimhäute am obern Theil der Luftröhre oder des Halses. Erkennungs-
zeichen sind: Rauhheit und Undeutlichkeit der Stimme; zuweilen
auch Husten und Wundheit der Luftröhre. Häufig entsteht sie aus
Erkältung, oft ist sie auch im Gefolge anderer Krankheiten, wie
Masern, Bräune, Bronchitis u. s. w. Bei längerer Dauer derselben
oder in Rückfällen ist Vorsicht geboten.

Behandlung.—Hauptanzeichen.

Carbo veg.—Gegen verschleppte Heiserkeit, schlimmer des Morgens und Abends, sowie nach Sprechen. * Heiserkeit und Husten, wenn im Gefolge von Masern [auch **Cham.**, **Puls.**].

Causticum.—Heiserkeit und Rauhheit, namentlich des Morgens. In hartnäckigen Fällen; bei Brust= und Halsschmerzen.

Chamomilla.—Heiserkeit mit Schnupfen; zäher Schleim im Halse, namentlich bei Kindern. Patient ist sehr empfindlich.

Mercurius.—Rauhe, heisere Stimme; Brennen und Kitzeln im Halse. * Nach starkem Schwitzen keine Linderung; verschlimmert durch jeden Luftzug.

Nux vomica.—Schnupfen mit Heiserkeit; Kratzen im Hals; Starrsinn; Verstopfung.

Pulsatilla.—Die Heiserkeit macht lautes Sprechen unmöglich [auch **Phos.**]. Schnupfen mit leichtem Husten und Ausfluß einer gelben, grünen, widrigen Materie. * Weinerliche Personen.

Phosphorus.—Heiserkeit mit Verlust der Stimme. Rauhheit im Halse und der Luftröhre. Chronische Heiserkeit [auch **Caust.**]. * Engbrüstigkeit; trockner Husten [auch **Puls.**].

Anweisung.—In hitzigen Fällen gebe man das Mittel alle drei bis vier Stunden; in chronischen Fällen ein oder zwei Mal des Tages. Nimm 8 Kügelchen trocken auf die Zunge, oder von einer Lösung von 12 Kügelchen in 6 Theelöffel Wasser einen Eßlöffel voll.

Verlust der Stimme.

Ist dieser Zustand eine Folge von Erkältung, so hat er nicht viel zu bedeuten; aber wenn herbeigeführt durch Einwirkungen auf das Nervensystem, wie z. B. durch heftige Gemüthserregung, oder bemerkenswerthe Verletzungen der Stimmorgane, dann ist die Behandlung schwierig.

Behandlung.—Hauptanzeichen.

Causticum. — Verlust der Stimme, besonders am Morgen. Wenn in Folge einer Zungenlähmung [auch **Hyos.**].

Gelseminum.—Stimme sehr schwach. Lähmung der Stimmritze; Beschwerde beim Schlingen. Gefühl, als wäre der Hals geschworen. * Passend für nervöse, hysterische Frauen.

Mercurius.—Verlust der Stimme, mit beständiger Heiserkeit. Brennen und Jucken im obern Theil der Luftröhre. * Kurzer, trockner Husten, mit Neigung zum Schwitzen.

Phosphorus.—* Gänzlicher Verlust der Stimme [auch **Bapt.**, * **Bell.**, **Sulph.**]. Rauhheit des Kehlkopfes und der Luftröhre, mit Hüsteln. * Kann in Folge der Schmerzen im Kehlkopf nicht sprechen.

Paſſend für große, ſchlanke Perſonen, mit zarter Haut und von
raſchem Faſſungsvermögen.

Sulphur.—Verluſt der Stimme mit Erſtickungsgefühl; will
Fenſter und Thüren offen haben. Schleichendes Gefühl im Kehl=
kopf. * Beſtändige Hitze auf dem Kopfe. Paſſend für
Perſonen von gebückter Haltung.

Anweiſung.—In hitzigen Fällen nehme man die Medizin ein oder zwei Mal
des Tages; aber in chroniſchen nicht öfter als ein Mal des Tages, oder nur in
zwei Tagen. 8 Kügelchen trocken auf die Zunge.

Entzündung des Kehlkopfes.

(LARYNGITIS.)

Der Kehlkopf iſt eine eigenthümlich geformte Höhlung am obern
Theil der Luftröhre, womit er in Verbindung ſteht. Er dient dazu,
der Lunge Luft zuzuführen; auch iſt er eines der wichtigſten Sprach=
organe. Entzündung der dieſe Höhlung bekleidenden Schleimhäute
nennt man Laryngitis. In mancher Hinſicht ähnelt ſie der häu=
tigen Bräune; aber ſie entbehrt des eigenthümlichen Geräuſches
beim Einathmen, welches wir bei dieſer wahrnehmen. In beiden
Zuſtänden fühlt man bei einem Druck auf den Hals Schmerz; aber
Laryngitis iſt eine Krankheit bei Perſonen vorgeſchrittenen Alters,
während die Bräune vorzugsweiſe Kinder befällt. Jene beginnt mit
Froſtſchauder, fliegender Hitze und Fieber; ſodann Wundheit des
Halſes, der gegen Berührung ſehr empfindlich iſt; Beſchwer=
den beim Schlingen; Stimme rauh, zuweilen unterdrückt; ſchwerer
Athem, als ob der Hals zu eng wäre; Geſicht zuweilen purpurroth.

Behandlung.—Hauptanzeichen.

Aconit.—Beim Beginne und wenn fieberiſche Symptome vor=
herrſchen. Weichheit des Halſes, mit trocknem Huſten und raſchem
Athem. * Große Gemüthsaufregung, Furcht u. ſ. w. Die Theile
brennen wie von heißen Kohlen [auch **Ars.**].

Belladonna.—Kehlkopf ſchmerzt heftig; ängſtliches Auffahren
bei Berührung deſſelben. Trockner, krampfhafter, bellender Huſten.
* Erſtickungsgefühl, als wäre er verſtopft. Brennen und Trocken=
heit im Halſe; Beſchwerden beim Schlingen.

Hepar s. — * Keuchen im Kehlkopf; ein kleiner Fleck darin
iſt ſehr ſchmerzhaft. Trockner, krähender Huſten; der Patient ath=
met nur mühſam. * Huſten, wenn irgend ein Theil des Körpers
unbedeckt iſt.

Lachesis.—Anſchwellung des Kehlkopfes, verbunden mit Rauh=
heit, Kratzen; Drang zu Schlucken. Heiſerkeit, mit ſchwacher

Stimme und Zusammenziehen des Halses. * Berührung des Halses unerträglich; dies bewirkt Husten und Erstickungsgefühl.

Phosphorus. — Empfindlichkeit des Kehlkopfes, mit Brennschmerz. Heiserkeit, mit Verlust der Stimme [auch Bell., Hepar]. Kann in Folge der heftigen Schmerzen im Kehlkopf nicht sprechen [auch Bell.]. Zusammenschnüren der Brust und trockner, juckender Husten.

Spongia. — Heiserkeit, Trockenheit und Brennen im Halse. Schmerzen im Kehlkopf bei Berührung oder beim Umwenden des Halses. Trockner, hohler, pfeifender Husten. * Fährt im Schlafe oft erschrocken auf; Erstickungsgefühl. Wenn die Krankheit der häutigen Bräune ähnelt.

Anweisung.—Löse 12 Kügelchen oder 3 Tropfen der Flüssigkeit in 8 Theelöffel Wasser auf, und gib jede Stunde 1 Eßlöffel voll; in ernsten Fällen alle zwei Stunden; weniger häufig, wenn Besserung eintritt. Oeftere feuchtwarme Umschläge—man ringe die Tücher wohl aus—erweisen sich sehr nützlich.

Diät.—Haferschleim, Reiswasser, Milch. Man vermeide stimulirende Nahrungsmittel und verhalte sich ruhig

Chronische Entzündung des Kehlkopfes.

(Halsschwindsucht.)

Diese Krankheit naht sich oft in tückischer Weise; ehe der Patient es nur ahnt, hat sie schon viel Unheil angerichtet. Man erkennt sie an Entzündung und Schwärung der innern Kehlkopftheile; auch wohl an den angefressenen knorpelartigen Ringen, womit er umgeben ist. Im oberen Theile der Luftröhre stellen sich Wundheitsschmerzen ein, welche durch Sprechen, Husten, Schlucken und Einathmen kalter Luft vermehrt werden. Sie fängt mit einem leichten Reiz zum Husten an, mit Auswurf eines dünnen, klebrigen Schleimes; dieser wird später eiterig und mit Blut untermischt. Die Stimme ist heiser, zuweilen tonlos; der Husten ist croupartig; Zusammenschnüren des Halses und Erstickungsgefühl. Wie die Krankheit fortschreitet, stellt sich heftiges Fieber ein, und dazu gesellen sich alle Symptome der Auszehrung, womit sie häufig verbunden ist.

Ursachen.—Einwirkungen der Kälte; mangelhaft behandelte Entzündung des Kehlkopfes; Einathmen reizender Substanzen; öfteres, anhaltendes, lautes Lesen, Sprechen und Singen.—Hat die Krankheit sich völlig entwickelt, so läßt sich nur wenig thun. Somit sollte in den ersten Stadien Alles gethan werden.

Behandlung.—Hauptanzeichen.

Calcarea c.—Passend für scrophulöse Personen. * Schwärung des Kehlkopfes, mit schmerzloser Heiserkeit. Trockner, gebrochner Husten des Abends, namentlich im Bett; gelber, stinkender Auswurf. * Neigt zur Erkältung. Feuchtkalte Füße.

Carbo veg.—Verlust der Stimme, namentlich des Morgens [auch **Caust.**, **Sulph.**]. Prickeln und Kitzeln im Kehlkopf. Halsschwindsucht. Husten, mit Auswurf grünen Schleimes.

Causticum.—Halsschwindsucht [auch **Carbo v.**]. * Kurzer, gebrochner Husten, verursacht durch beständiges Kitzeln im Halse. Kehlkopf sehr trocken.

Lachesis. — Schwärung des Kehlkopfes und der Luftröhre; rasselndes, beschwerliches, croupartiges Athmen. Heiserkeit, mit schwacher Stimme und Zusammenschnüren des Halses. Der leiseste Druck auf den Kehlkopf verursacht heftigen Husten und Erstickungsgefühl. Schlimmer nach dem Schlafen.

Mercurius.—Anhaltende Heiserkeit und Verlust der Stimme. Brennen und Kitzeln im Kehlkopf [auch **Carbo v.**]. Trockner, ermüdender Husten—schlimmer des Nachts und bei nassem Wetter. Husten mit blutigem Auswurf [auch **Carbo v.**, **Sulph.**]. Passend für syphilitische Personen [auch **Nit. ac.**].

Nitric ac.—* Die Krankheit droht in Halsschwindsucht überzugehen. Kratzen und Stechen im Kehlkopf mit Heiserkeit, namentlich nach dem Sprechen. Trockner, bellender Husten.

Sulphur.—Vollständiger Verlust der Stimme, mit Kriebeln im Kehlkopf. Aushusten grünlicher Klumpen von süßem Geschmack. Tuberculose Schwindsucht.

Anweisung.—In frischen Fällen mag die Arznei zwei bis drei Mal des Tages wiederholt werden; in mehr oder weniger veralteten Fällen nur ein Mal eine Gabe. 8 Kügelchen trocken auf die Zunge oder 1 Tropfen der Flüssigkeit auf ein wenig Zucker.

Bräune.

(CYNANCHE TRACHEALIS.)

Dies ist eine dem Kindesalter eigenthümliche Krankheit; nur selten greift sie Kinder von über sieben Jahren an. Sie besteht in einer Entzündung der Schleimhäute des Kehlkopfes und der Luftröhre. Sie kommt in zwei verschiedenen Hauptformen vor, nämlich: falsche oder nicht-häutige Bräune, und wirkliche oder häutige Bräune.

Die erste Art, die nicht-häutige Bräune, erscheint plötzlich. Das Kind z. B. begibt sich in bester Gesundheit zu Bette; einige Stunden später erwacht es mit einem trocknen Husten, Athmungsbeschwerden, lautem Athemholen und andern auf einen heftigen

Bräuneanfall deutenden Symptomen. Aber diese anscheinend ge=
fährlichen Fälle sind nicht so beunruhigend wie die, welche sich tückisch
nähern; jene weichen gewöhnlich ohne Schwierigkeit einer einfachen
Behandlung.

Die wirkliche häutige Bräune hingegen ist eine sehr bedenk=
liche, oft tödtliche Krankheit. Sie beginnt gewöhnlich mit den Symp=
tomen einer gewöhnlichen Erkältung, wie Husten, Heiserkeit, bösem
Hals, heißer Haut, beschleunigtem Puls und zuweilen Athmungs=
beschwerden. In kurzer Zeit wird der Husten trocken, rauh, croup=
artig. Gegen Abend verschlimmert sich der Zustand; die Fieber=
Symptome vermehren sich; das Athmen wird beschwerlich, der Husten
schrill, wie wenn Luft durch eine metallene Röhre dränge; der Patient
ist ruhelos; die Haut heiß, das Gesicht geröthet, die Mienen drücken
Angst aus. So arbeitet sich das Kleine die Nacht hindurch ab; am
Morgen sind die Symptome etwas günstiger; das Kind wird leb=
hafter und will spielen; aber beim Wiedereinbruch der Nacht erneuern
sich die Anfälle: der Husten wird erstickend; der Athem laut, wie
sägend; der Kopf ist rückwärts gebogen; das Kind greift nach dem
Halse und scheint in Erstickungsgefahr zu sein; Gesicht und Kopf
sind mit kaltem, klebrigem Schweiß bedeckt; die Stimme ist nur noch
ein Flüstern; der Puls, anfangs rasch und kräftig, ist jetzt schwach,
häufig und regelmäßig; das ganze System ist zerrüttet und das Kind
stirbt in Folge von Erschöpfung oder Erstickung.

Ursachen.—Da wir finden, daß in einigen Familien alle Kinder
wiederholten Anfällen unterworfen sind, während andere Familien
unter gleichen Verhältnissen gänzlich verschont bleiben, so müssen ge=
wisse Personen von Geburt an für diese Krankheit empfänglich sein.
Anregende Ursachen sind Einwirkungen der Kälte und schwüler Luft;
Sitzen oder Liegen in einem Luftzug während starker Ausdünstung
u. s. w. Die thörichte Gewohnheit einiger Mütter, ihre Kinder mit
kurzen Aermeln und tief ausgeschnittenen Kleidchen (am Halse) aus=
zustaffiren, hat schon zahllose Gräber mit den Opfern der Bräune
gefüllt.

Behandlung.—Besondere Anzeichen.

Aconit. — Erstes Stadium, hochgradiges Fieber; trockne
Haut; große Unruhe. Nach direkten Einwirkungen kalter West=
winde [Hepar]. Beim Versuch zu schlucken schreit das Kind auf,
wie in Folge von Wundheit und Schmerz in dem Halse. * Lautes
Geräusch beim Aus=, nicht beim Einathmen. * Jeder Athemstoß
endet mit rauhem, gebrochenem Husten.

Belladonna.—Hitze im Kopf; Gesicht geröthet, Augen
feurig. Wundheit im Kehlkopf, bei dessen Berührung das Kind
ersticken zu wollen scheint [Lach.]. Helle Röthe des Rachens.

Trockner, bellender, krampfartiger Husten. Kurzes, ängstliches Athem=
holen mit Stöhnen. * Schläfrig, aber vermag nicht zu schlafen
[Lach.]. * Auffahren im Schlafe.

Calcarea c.—Der Körper ist blaß und schlaff; reichlicher
Schweiß der Kopfhaut; rauhes, lautes, mühsames Einathmen, in
Folge deß das Kind vor Schmerz aufschreit. Schlimmer nach
dem Schlaf [* Lach.].

Chamomilla.—Catarrhalische Bräune mit viel Heiserkeit;
rasselnder Schleim im untern Theil der Luftröhre [Trachea].
Trockner, kurzer, croupartiger Husten; schlimmer des Nachts, selbst
während des Schlafes. * Das Kind ist sehr ärgerlich; will immer
umhergetragen werden. * Eine Wange roth, die andere blaß.

Hepar s.—Loser, rasselnder, erstickender Husten. Die Luft=
wege scheinen mit Schleim verstopft zu sein [Tart. em.]. Heftiger
Krampfhusten, als wollte das Kind ersticken, oder sich erbrechen. Leichte
Erregung der Nerven und Blutgefäße. Das Kind ist empfindlich
gegen Bloßliegen und hustet, sobald irgend ein Körpertheil kalt wird.
Große Schläfrigkeit und starker Schweiß.

Kali bichr.—Bei wirklicher, häutiger Bräune. Die
Krankheit kommt allmälig. Die ersten Zeichen sind unbedeutende
Athmungsbeschwerden und rauher, croupartiger Husten; im weitern
Verlauf wird das Athmen beschwerlicher und die durch die Luftröhre
ihren Weg nehmende Luft tönt, wie wenn sie durch eine metallene
Röhre dränge. Heiserer, trockner, bellender Husten. Drüsen und
Kehlkopf roth, geschwollen und mit einer falschen Haut bedeckt. Kopf
rückwärts geneigt; heftiges Schnaufen und Rasseln in der Luftröhre,
in einiger Entfernung hörbar.

Lachesis.—In vorgeschrittenen Fällen, wo Lungenlähmung zu
befürchten ist. Flecken im Rachen, von innen ausschwitzend. Be=
rührung des Kehlkopfes ist schmerzhaft; der leiseste Druck erzeugt
krampfhaften, erstickenden Husten. Mag Nichts um den Hals leiden.
Wirft sich hin und her; stöhnt im Schlafe. Beunruhigende
Verschlimmerung nach dem Schlafe [Calc. c.].

Phosphorus.—Große Heiserkeit mit Schmerzen im Kehlkopf;
mühsames Sprechen. * Kann vor Schmerzen im Kehlkopf nicht
sprechen. * Zittern des ganzen Körpers beim Husten. Kurzer
Athem, der sonst natürlich ist. Heiserkeit nach der Bräune und
wo ein Rückfall zu befürchten ist.

Spongia.—* Nicht=häutige Bräune; rauher, krähender,
bellender Husten. Träger, lauter, keuchender und sägender Athem,
oder würgende Krämpfe, mit Unvermögen zu athmen, es sei denn,
daß der Kopf rückwärts gebogen ist. * Der laute Ton beim Athmen
ist nur während des Einathmens vernehmbar, und der Husten, der
trocken ist, stellt sich nur in Verbindung mit dem Athmen ein.

Tartar em.—In vorgeschrittenen Stadien, wo Anzeichen einer Lähmung der pneumogastrischen Nerven vorhanden sind. Bei jedem Hustenanfall glaubt man zu hören, daß eine große Masse Schleim entfernt werde; aber es erscheint nichts der Art [* Ipe.]. Der Athem ist schwer, kurz, rauh, schrill, oder pfeifend. Die Brust dehnt sich nur mühsam aus; Kopf zurückgebogen; sehr ängstlich und niedergeschlagen. Stirne und zuweilen der ganze Körper sind mit kaltem Schweiß bedeckt.

Anweisung.—Löse 12 Kügelchen oder 3 Tropfen der Flüssigkeit in 10 Theelöffel Wasser auf und gib in dringenden Fällen alle fünfzehn oder zwanzig Minuten 1 Theelöffel voll, bis Besserung eintritt. In milden Fällen jede halbe oder ganze Stunde. Warme Bähungen und Fußbäder sind kräftige Hülfsmittel. Wohl ausgerungene, feuchtwarme Tücher um den Hals geschlungen, mit trocknem Flanell bedeckt, sollten ununterbrochen gebraucht werden. Die Extremitäten bis zu den Knieen hinauf, sollten in warmem Wasser und zuweilen mit Hinzufügung heißen Wassers gebähet werden. Man befürchte nicht, daß es zu heiß werde—nur lasse man das Wasser allmälig zufließen. Die Füße mögen zwanzig bis dreißig Minuten im Bade verbleiben; darnach hülle man sie in ein trocknes Tuch, um die Luft abzuhalten, und reibe sie trocken, worauf man sie in trocknen, warmen Flanell einhülle.
Besucher halte man möglichst fern, aber man gestatte frischer Luft Zutritt, nur nicht der Zugluft.
Diät.—Hauptsächlich Milch; etwas dünner Haferschleim, Brotwasser, Farina, Stärkemehl; reizende Diät ist unstatthaft.

Huften.

Husten, meistens das Symptom einer andern Krankheit, ist oft sehr lästig und erheischt besondere Behandlung. Wenn man dabei auswirft, so nennt man ihn losen Husten; wenn nicht, trocknen Husten.
Behandlung.—Hauptanzeichen.
Aconit.—Trockner, kurzer Husten, der von beständigem Kitzel im Halse herrührt, hervorgerufen durch Rauchen und Trinken; des Nachts, Stiche in der Brust, die das Athmen erschweren, kann nicht frei athmen; die Lungen wollen sich nicht ausdehnen. * Vollblütige Personen [Bell.]. Einwirkungen kalter Westwinde [Hepar].
Arnica.—Trockner, kurzer, kitzelnder Husten, namentlich des Morgens nach dem Aufstehen. Auch gegen Husten mit Auswurf von Schleim und geronnenem Blut. Stechender Schmerz in der Brustseite, verschlimmert durch Husten [Bry.]. * Brust und Unterleib wie zerschlagen.
Arsenicum.—Trockner Husten, wie verursacht durch Schwefeldünste, mit Erstickungsgefühl [Chin., Ign.]. Husten mit kargem, mühsamem Auswurf, zuweilen mit blutigem Schleim. Beklemmende Kurzathmigkeit, namentlich beim Treppensteigen. * Angst und Ruhelosigkeit; Verlangen nach Wasser, aber Unvermögen viel zu trinken.

Belladonna.—Trockner, krampfartiger Huſten, ſchlimmer bei Nacht und nach Bewegung. * Wundheitsgefühl in der Bruſt; Kinder ſchreien beim Huſten [**Cham.**]. Gefühl, als ob Flaumfedern oder Sand im Halſe wären, die einen beſtändigen Reiz zum Huſten ver- urſachten. Röthe und Hitze des Geſichtes; klopfendes Kopfweh.

Bryonia.—Trockner Huſten, dem ein Kitzeln in der Magengrube vorangeht, ſowie Erbrechen [**Nux v., Puls.**]. Huſten des Nachts im Bett, ſo daß man aufſitzen muß. Beim Huſten oder Athmen, Stiche in der Bruſt [* **Acon., Bell.**]. Gefühl beim Athmen, als wollte Kopf und Bruſt zerſpringen. * Trockner, harter Stuhl, wie verbrannt. Sehr reizbar.

Calcarea c.—Trockner Huſten, namentlich des Abends und nach Mitternacht, mit Herzklopfen. Auch Huſten mit gelbem Auswurf, früh des Morgens [vgl. **Puls.**]. Bruſtbeklemmung. Verliert beim Treppenſteigen den Athem; muß ſich ſetzen [**Ars.**]. * Kalte, feuchte Füße.

Carbo veg.—Kurzer, trockner Huſten, verurſacht durch einen Kitzel im Halſe, welcher oft zum Brechen und Würgen reizt. Auch gegen heftigen Huſten mit Auswurf eines gelblichen Eiters, begleitet von Stichen in der linken Seite und Bruſt.

Causticum.—Kurzer, trockner Huſten, verurſacht durch beſtän- digen Kitzel im Halſe. * Schlimmer von Abend bis Mitternacht; Linderung nach einem Schluck kalten Waſſers. * Huſten mit unfrei- williger Urinentleerung [**Puls., Verat. alb.**]. Wundheitsgefühl der Bruſt beim Huſten. Heiſerkeit, namentlich des Morgens.

Chamomilla.—Trockner, kitzelnder Huſten, ſchlimmer des Nachts, ſelbſt während des Schlafes, beſonders bei Kindern. * Die eine Wange iſt roth, die andere blaß [**Acon., Nux v.**]. * Pa- tient iſt ſehr reizbar; kann nicht höflich antworten. * Kinder ſind ärgerlich und wollen immer umhergetragen werden.

China.—Trockner, hackender Huſten, wie von Schwefeldäm- pfen [**Ars., Ign.**]. Lachen, Sprechen, Trinken und tiefes Athmen reizt zum Huſten. Auch Huſten mit Auswurf eines hellen, zähen, oder blutigen Schleimes. * Nach Lungenblutungen oder ſonſtigen Kräfteverluſten.

Cina.—Trockner, krampfartiger Huſten bei Kindern, die von Würmern geplagt ſind. Das Kind fährt plötzlich auf, wie ſeiner Sinne nicht mächtig, ſchnappt nach Luft, huſtet und keucht, als ob Etwas im Halſe ſteckte. * Pickt und bohrt beſtändig an der Naſe [**Phos. ac.**]. Der Urin wird nach kurzem Stehen milchicht.

Hepar s.—Croupartiger Huſten mit loſem, raſſelndem Schleim in der Luftröhre. * Raſſelnder, erſtickender Huſten, ſchlimmer nach Mitternacht. Auch gegen trocknen, heiſern Huſten, wenn ſchlimmer des Morgens. * Will immer gedeckt liegen; die geringste Blöße reizt zum Husten. Beklommener, heiserer, keuchender Athem.

Hyoscyamus.—* Trockner, krampfartiger Husten, besonders des Nachts und beim Liegen; gelinder beim Aufsitzen [Puls.]. Bläuliche Gesichtsfarbe; die Muskeln des ganzen Körpers sind in krampfhaft zuckender Bewegung. Hysterische Frauen und junge Mädchen [schwangere Frauen, Con., Sabi.].

Ignatia.—Trockner, krampfartiger Husten, wie von Schwefeldämpfen oder Staub [vergl. Chin.]. Gebrochner, anhaltender Husten des Abends im Bett. * Voller Kummer, mit dem Gefühl, als wäre der Magen leer und schwach. * Stiche in Hämorrhoidal-Geschwüren bei jedesmaligem Husten.

Ipecacuanha.—Trockner Husten, verursacht durch Kitzel im obern Theile des Kehlkopfes [Kitzel in der Brust, Phos.]. Erstickender Husten, mit rasselndem Schleim im Luftrörengeäste beim Athmen. Kinder ersticken fast beim Husten und werden im Gesicht purpurroth. * Große Uebelkeit mit Schleimauswurf [* Tart. em.]. * Die Brust scheint voll von Schleim zu sein; dabei Unvermögen ihn auszuhusten [* Tart. em.].

Mercurius.—Trockner Husten, welcher lautet, als wäre die ganze innere Brust trocken. Husten mit Auswurf eines gelblichen Schleimes; zuweilen mit Blutspeien verbunden. * Schwitzen ohne Linderung. Schlimmer des Nachts und bei feuchtem, regnerischem Wetter [Dulc., Rhus].

Nux vomica.—Trockner Husten in Folge eines rauhen kratzenden Gefühles im Halse [Phos., * Puls.]. Husten mit Kopfschmerzen, als wollte der Schädel bersten, oder Wundheitsgefühl in der Magengegend. * Verstopfung; auch reichlicher, harter, beschwerlicher Stuhl [Lyc.]. Nach dem Gebrauch von Mixturen.

Phosphorus.—Meistens trockner Husten, von einem Kitzel im Halse und in der Brust herrührend; befördert durch lautes Lesen, Lachen, Sprechen und Trinken [Bry.]. * Trockner, kitzelnder Husten des Abends, mit Brustbeklemmungen [Puls., Sulph.]. Lange, dünne, harte Stühle, die nur mühsam zu entfernen sind. Große, schlanke Personen, die Anlage zur Schwindsucht haben.

Pulsatilla.—Trockner Husten während der Nacht, stellt sich beim Aufsitzen im Bett ein [* Hyos.]. Auch loser Husten mit gelblichgrünem Auswurf, der sich leicht ablöst. * Des Morgens Husten mit gelbem, salzichtem, bitterem, ekelhaftem Auswurf; zuweilen mit Erbrechen verbunden. Stechende Schmerzen in der Brust, namentlich beim Liegen. * Alle Symptome schlimmer gegen Abend.

Sulphur.—Trockner Husten, mit Heiserkeit und Trockenheit des Halses. Auch gegen losen Husten, mit Auswurf grüner Klumpen von süßlichem Geschmack.   * Anhäufungen rasselnden Schleimes in der Lunge; Husten schlimmer am Morgen.   Trockene, schuppige, ungesunde Haut.   * Schmächtige Personen mit gebückter Haltung.

Tartar em.—Loser Husten ohne Auswurf.   Rasselnder, hohler Husten, schlimmer bei Nacht, mit erstickenden Krämpfen.   * Hals voll von Schleim; dabei Unvermögen denselben auszuhusten [* **Ipe.**]. * Uebelkeit und Erbrechen reichlicher Schleimmassen [* **Ipe.**].   D u r s t b e i   T a g   u n d   N a c h t.

Veratrum alb.—Dumpfer, hohler Husten, Kitzel in dem untern Luftröhrengeäste mit leichtem Auswurf.   Husten mit gelbem Auswurf und Wundschmerz in der Brust nach dem Husten.   Heftiger Husten; Gesicht bläulich; unfreiwillige Urinentleerungen [**Caust.**, **Puls.**]. G r o ß e   S c h w ä c h e.

Anweisung.—Bei heftigem anhaltendem Husten löse 12 Kügelchen oder 3 Tro= pfen der Flüssigkeit in 8 Theelöffel Wasser auf, und nimm alle zwei bis 3 Stun= den 1 Eßlöffel voll.   In milderen Fällen nehme man zwei oder drei Mal des Tages 8 Kügelchen trocken auf die Zunge.

Keuchhusten—Blauer Husten.

(WHOOPING-COUGH.)

Diese Krankheit ist, wie die Bräune, meistens den Kindern eigen= artig und wird für ansteckend gehalten.   Wiederholungsfälle sind selten.   Die Krankheit hat drei Stadien: das catarrhalische Stadium, das nervöse Stadium und das Stadium der Genesung.

Das e r s t e   S t a d i u m hat alle Symptome einer heftigen Erkältung, wie Niesen, wässerige Augen, trockner Husten, Erschlaffung, ruhelose Nächte und fieberische Erregung.   Selbst in diesem Stadium bewahrt der Husten seinen intermittirenden Charakter; er kehrt in der Nacht häufiger wieder als am Tage.   Dieses Stadium währt ein bis zwei Wochen.

Das zweite, convulsivische (nervöse) Stadium, zeigt sich durch einen hochgradigen Husten an, der, wenn ein Mal gehört, nicht leicht vergessen wird.   Er besteht in einem eigenthümlichen Keuchen, der durch den krampfhaften Verschluß der Glottis (lappenähnlicher Rand am obern Theile der Luftröhre) verursacht wird; das Athmen wird hierdurch sehr erschwert und das Gefühl einer drohenden Er= stickung erzeugt.   Diese Anfälle dauern ein bis drei Minuten und enden meistens mit dem Ausbrechen einer großen Menge zähen Schleimes. Den Hustenkrämpfen geht ein Kitzeln im Halse voran; und das Kind, die Anfälle fürchtend, greift nach den nächsten Gegenständen, um einen Stützpunkt zu finden.   Während der Anfälle schwillt das Gesicht schwarzblau an, und häufig quillt Blut aus Nase, Mund und zuweilen aus den Ohren.   Dieses Stadium währt von drei bis sechs Wochen.

Das dritte Stadium, das der Abnahme, ist erkenntlich an den milder werdenden Symptomen; die Anfälle sind weniger heftig, und unter günstigen Umständen ist das Kind mit Verlauf von 3 bis 4 Wochen ziemlich wohl.

Behandlung. — Hauptanzeichen.

Aconit. — Wenn ein anhaltender fieberischer Zustand vorherrscht, und wenn im Anfang der Husten trocken und pfeifend ist, mit Wundheitsgefühl im Hals. * So oft das Kind hustet, greift es nach dem Hals, als ob es Schmerzen hätte. * Große Angst und Ruhelosigkeit.

Arnica. — Linke Wange roth geschwollen, Hitze im Kopf, während der Körper kalt ist. * Jedem Krampfhusten geht Schreien voran [Tart. em. — Wenn darnach, Bell.]. Wundheitsgefühl über den ganzen Körper. Nasenbluten.

Arsenicum. — Erstickender, trockner Husten, mit spärlichem, verhaltenem Urin. * Große Niedergeschlagenheit, mit wachsbleicher Farbe und Kälte der Haut. * Heftiger Durst, trinkt wenig und oft. * Fühlt im warmen Zimmer wohler. Verschlimmerung des Nachts, besonders nach Mitternacht.

Belladonna. — Häufige krampfhafte Anfälle, schlimmer des Nachts; bellender Husten wie bei Bräune. * Das Kind wird sehr roth im Gesicht bei jedem Krampfhusten [wenn blau, * Ipe.]. * Augen geschwollen, die Hornhaut ist blutunterlaufen. Nasenbluten. Zu Anfang, oder wenn die Krankheit hochgradig geworden ist.

Bryonia. — Die Paroxysmen stellen sich gewöhnlich des Abends oder Nachts ein, oder nach dem Essen und Trinken; dabei Erbrechen. * Husten mit Auswurf bräunlichen Schleimes; dabei Stiche durch die Brust [Acon., Bell.]. * Trockne, harte Stühle, wie verbrannt. Aeußerst erregbar; Alles macht ihn ärgerlich. Lippen verbrannt, trocken und geborsten.

Chamomilla. — Trockner Husten, schlimmer bei Nacht oder in kalter Luft. * Das Kind ist sehr reizbar; muß immer getragen werden. * Die eine Wange ist roth und heiß, die andere blaß und kalt [Acon.]. Grüne, ätzende Stühle, riechen wie faule Eier. * Warmer Schweiß rings um den Kopf.

Cina. — * Während des Paroxysmus wird das Kind plötzlich steif [und blau im Gesicht, Ipe.]. Nach dem Paroxysmus vernimmt man ein gurgelndes Geräusch vom Halse an bis zum Unterleib. Husten verschlimmert durch Laufen, Sprechen, Lachen u. s. w. Gesichtsblässe; blaue Ringe um die Augen; Mund bläulich. Reißen und Verdrehen der Muskeln. * Bohrt häufig in der Nase, abgesehen von andern auf das Dasein von Würmern deutenden Symptomen.

Hepar s. — Trockner, krampfhafter, croupartiger Husten, mit Wundheitsgefühl im Kehlkopfe, schlimmer gegen Morgen. * Der

Huften lautet croupartig; es scheint, als wollte der Patient erstiken. Raffelnder, croupartiger Huften; schlimmer nach Mitternacht. * Huftet, sobald irgend ein Körpertheil entblößt ift.

Ipecacuanha.—* Erftickender Huften; das Kind wird blau und fteif im Gefisch. * Die Bruft scheint voller Schleim zu fein; dabei Unvermögen zu huften [**Tart. em.**]. Der Huften erzeugt Würgen und Schleimauswurf.

Kali bichr.—Heftiger, raffelnder Huften, hält nur einige Minuten an, Neigung zum Erbrechen. * Würgender Huften, mit Auswurf eines klebrigen, fadenartigen Schleimes. Brennschmerz im untern Theile der Luftröhre (Trachea und der Bronchia.).

Mercurius.—Huften nur des Nachts, oder nur des Tages. * Zwei Paroxysmen folgen rasch auf einander; dazwischen vollftändige Ruhe. Während des Erbrechens Bluten aus Nase und Mund [vergl. **Nux v.**]. Reichlicher Nachtschweiß mit nervöfer Aufregung.

Nux vomica.—Harter, trockner Huften, schlimmer des Morgens. * Das Kind hat würgende Krämpfe, wird blau im Gefisch und blutet aus Mund und Nase. Würgen, Erbrechen und Zusammenschnüren. Während des Anfalls heftige Schmerzen in der Nabelgegend. Nach Schwindelmedizinen.

Pulsatilla.—Huften vom Anfang an, mit reichlichem Auswurf. Öfteres Ausbrechen von Schleim oder genoffener Speife [**Ipe.**]. Durchfall, besonders des Nachts. * Schüttelfroft felbst im warmen Zimmer; Schwindel beim Aufstehen. Weinerliche Perfonen mit blauen Augen und blondem Haar.

Tartar em.—Dem Huften geht Schreien voran, oder er ftellt sich nach dem Essen oder Trinken ein, oder wenn das Kind im Bett erwarmt ift. * Raffelnder Huften; die Luftröhren find anscheinend voller Schleim, ohne daß dieser ausgeworfen würde [**Ipe.**]. * Uebelkeit und Erbrechen beträchtlicher Schleimmassen, mit kaltem Schweiß auf der Stirne. Schläfrigkeit.

Veratrum alb.—Krampfartiger Huften; das Gefisch blau; Erftickungsgefahr. * Nach jedem Krampfhuften fällt das Kind erschöpft nieder, mit kaltem Schweiß auf der Stirne. * Erbrechen eines zähen, dünnen Schleimes; unfreiwillige Urinentleerung. Anfälle erfolgen, sobald man das Kind in ein warmes Zimmer bringt, oder nach einem kalten Trunke.

Anweisung.—Im erften Stadium wiederhole man das Mittel drei bis vier Mal des Tages. Im zweiten (convulfivischen) Stadium alle drei bis vier Stunden—in schweren Fällen. Im abnehmenden Stadium zwei bis drei Mal des Tages. Löse 12 Kügelchen oder 3 Tropfen der Flüffigkeit in einem bis zu einem Drittel mit Waffer gefüllten Glafe auf; je 1 Theelöffel voll.

Diät.—Sie fei einfach und mäßig. Keinerlei Reizmittel.—Man vermeide alle Aufregung.

Bronchitis.

Dies ist eine Entzündung der Schleimhaut der Luftröhrenäste. Man unterscheidet zwischen acuter und chronischer Bronchitis.

Die acute Form zeigt sich an durch Schauderfrost, fieberische Erregung, Heiserkeit, Kitzeln in der Luftröhre, Beschwerde beim Athmen, häufigen, beunruhigenden Husten, der anfänglich trocken ist, oder mit spärlichem, später reichlicherem Auswurf eines schaumigen, klebrigen, zuweilen blutaderigen Schleimes verbunden ist. Mit dem Fortschritt der Krankheit nimmt die Beklemmung und Athmungsbeschwerde zu; der Husten ist mit Schmerzen und Wundheitsgefühl in den obern Lungentheilen verbunden. Hält man das Ohr an die Brust, so hört man ein Rasseln und Keuchen, als ob die Luftkanäle versperrt oder mit Schleim angefüllt wären. Wird der Krankheit hier kein Halt geboten, so werden die Athmungsbeschwerden höchst lästig; das Gesicht ist gedunsen und blauschwarz; der Körper ist mit einem kalten, klebrigen Schweiß bedeckt, und der Patient geht an Erschöpfung zu Grunde oder stirbt an Todesohnmacht (Asphyxia).

Kleine Kinder sind dieser Krankheit besonders unterworfen. Sie beginnt mit den Symptomen einer gewöhnlichen Erkältung, wie Fieber, rascher Athem, trockner heiserer Husten, keuchender Athem, Ruhelosigkeit u. s. w. Wegen des Wundheitsschmerzes in den Bronchien hält das Kind den Husten möglichst lang an und schreit nach jedem Krampfhusten. Kinder an der Brust haben große Beschwerde beim Saugen; sie nehmen die Warze, lassen aber wieder los; ziehen den Kopf zurück und schreien verzweifelt. Wie die Krankheit fortschreitet, werden die Luftwege durch die sich anhäufenden Absonderungen verstopft, die zu entfernen das Kind zu schwach ist, und das Kind stirbt an Erstickung.

Bei älteren Leuten nimmt die Krankheit häufig einen typhusartigen Charakter an; der Patient wird schläfrig; redet irr; Zunge braun und trocken; Puls schwach und häufig; die Haut ist in Schweiß gebadet; Rasseln in der Luftröhre; Unvermögen den Schleim zu entfernen; endlich Tod.

Chronische Bronchitis.—Diese sehr gewöhnliche Krankheit ist oft die Folge eines acuten Anfalles, oder sie entwickelt sich allmälig als tückische Entzündung der Kehlschleimhäute. Wenn die Krankheit einem acuten Anfall folgt, so bleibt Husten zurück, sowie Heiserkeit, Auswurf klebrigen Schleimes, Athmungsbeschwerden nach leichter Anstrengung, vermehrte Empfänglichkeit für Kälte und allgemeine Schwäche. Wenn der Zustand längere Zeit anhält, so setzt sich die Heiserkeit fest, und ein trockner, hohler, schmerzhafter Husten ist die

8

weitere Folge; zuweilen bilden sich Geschwüre in den Luftwegen und die Symptome sind denen der Auszehrung sehr ähnlich.

Ursachen.—Anhaltende Einwirkungen der Kälte; rascher Umschlag der Witterung in Kälte; Einathmung von Staub und andern reizenden Substanzen; unzulängliche Kleidung; unangemessene Entblößung des Halses nach längerem Sprechen, öffentlichen Reden oder Singen.

Behandlung.—Hauptanzeichen.

Aconit.—Namentlich am Beginn eines acuten Anfalls. Frostschauder und Blausucht und große Ruhelosigkeit. Kurzer, trockner Husten, mit beständigem Reiz im Kehlkopf. * Große Furcht und Gemüthsunruhe mit nervöser Erregung. * Wenn man trocknen, kalten Winden ausgesetzt war [**Hepar**].

Apis mel. — Wundheitsgefühl in der Brust wie von einem Stoße. * Husten, namentlich nach dem Liegen und Schlafen [**Lach.**]. Im Halse bildet sich heller, zäher, fadenartiger Schleim, der zu öfterem Räuspern reizt [* **Kali b.**].

Arsenicum.—Trockner, hackender Husten, mit Wundheitsgefühl in der Brust, als wäre sie roh; oder feuchter Husten, mit mühsamem Auswerfen blutigen Schleimes. Athmungsbeschwerden nöthigen zum Aufsitzen [**Apis**]. * Trinkt bei großem Durst nur wenig. Ruhelosigkeit, Schwäche und Todesfurcht.

Belladonna.—Gesicht und Augen geröthet. * Große Schwere im Kopfe, oder Schmerzen wie zum Zerspringen. Heiße Haut, mit Neigung zum Schwitzen. Krampfhafter Husten, der ein auch nur einmaliges Athmen unmöglich macht. Kinder schreien nach jedem Anfall. Schläfrig, aber unvermögend zu schlafen [**Opi.**]. * Auffahren im Schlafe.

Bryonia.—Kurzes, mühsames Athmen zwingt zum Aufsitzen [**Ars.**]. Trockner Husten, mit Stechen in der Brust. Heftiger Husten des Morgens, mit etwas Schleimauswurf. * Gefühl beim Husten, als wollten Kopf und Brust zerspringen. * Der Patient wünscht ruhig zu liegen.

Carbo veg.—Hartnäckige Heiserkeit, besonders des Abends [des Morgens, * **Caust., Phos.**]. Brennen in der Brust, wie von glühenden Kohlen. Heftiger Husten; dabei gelblicher Schleimauswurf. Stechende Schmerzen zwischen den Schultern [wenn brennende, **Bry.**]. * Der Patient verlangt mehr Luft; will immer gefächelt werden.

Causticum.—Heiserer, rauher Hals, besonders am Morgen. Kurzer, gebrochner Husten, mit Rauhheit des Halses. * Beim Husten, Schmerz über der Hüfte; unfreiwillige Urinentleerungen [**Puls.**]. Verlust der Stimme, namentlich des Morgens.

Chamomilla.—Heiserkeit und Husten von rasselndem Schleim in der untern Luftröhre (Trachea); Wundheitsgefühl an der Stelle, von welcher der Schleim entfernt worden. * Kratzender, trockner Husten, von einem Kitzel im Kehlkopf; schlimmer des Nachts, selbst während des Schlafens. Die eine Wange ist roth, die andere blaß [* Acon., Nux v.]. * Sehr ungeduldig; gibt barsche Antworten.

Hepar s.—Trockner, heiserer Husten, mit Rauhheit des Halses. * Rasselnder, würgender Husten; schlimmer nach Mitternacht. Heiseres, ängstliches, keuchendes Athmen, mit Erstickungsgefahr beim Liegen. Wenn man sich Westwinden ausgesetzt hat [* Acon.]

Ipecacuanha. — * Rasselnder Schleim in den bronchialen Luftröhren. Erstickender Husten, mit großen Athmungsbeschwerden. Die Brust scheint voll von Schleim zu sein; dabei Unvermögen zu husten [* Tart. em.]. * Große Uebelkeit und Schleimerbrechen.

Kali bichr. — Brennschmerzen in der Trachea und Bronchia. Husten, mit zähem, fadenartigem Schleim, der sich bis zu den Füßen hinunterziehen läßt [Phos.].

Lachesis.—Heiserkeit, mit matter Stimme und Zusammen=schnüren des Halses. Kurzer, hackender Husten; verursacht durch Kitzeln im Halse. Gelber Auswurf. * Kehlkopf und Hals schmerzen bei Berührung; Druck bewirkt heftiges Husten. * Schlimmer nach dem Schlafe und des Nachmittags.

Mercurius.—Heiserkeit und wunder Hals. Catarrh der ganzen Schleimhaut. Heftiger, lang gezogener Husten, als wollte Kopf und Brust zerspringen [vgl. **Bry.**]. Frost wechselt mit Hitze [**Bell.**]. * Husten schlimmer beim Liegen auf der rechten Seite [auf der lin=ken, **Phos.**]. * Starker Schweiß, der keine Linderung verschafft.

Nux vomica.—Rauhheit und Kratzen im Kehlkopf verursachen Husten [Caust., * **Phos.**]. Trockner Husten von Mitternacht bis Morgen. Husten mit Schmerz im Kopf, als sollte er bersten [**Bry.**, **Merc.**]. Nase verstopft. Fieberfrost nach der kleinsten Anstrengung. * Stets schlimmer nach 4 Uhr des Morgens. * Andauernde Ver=stopfung. Nach Husten=Mixturen.

Phosphorus. — Vollständiger Verlust der Stimme [Caust.]. * Kann vor Schmerzen im Kehlkopf nicht sprechen. Zu=sammenschnüren der Brust [Ars., Puls.]. Husten, mit Auswurf schaumigen, blaßrothen oder rostfarbenen Schleimes. Heftiger er=schöpfender Husten, den der Patient fürchtet und möglichst lang zu unterdrücken sucht. * Gefühl von Schwäche und Leere im Magen.

Pulsatilla.—Kratzen und Trockenheit im Halse [Nux v.]. Trockner Husten bei Nacht; geht los beim Aufsitzen im Bett [Hyos.]. Loser Husten, mit reichlichem Auswurf gelblichen Schlei=mes. * Schüttelfrost, selbst im warmen Zimmer. * Heiße, trockne Haut, mit wenig oder keinem Durst. Weinerliche Personen.

Rhus tox.—Husten verursacht durch Kitzel unter der Mitte des Brustbeines, verschlimmert durch Lachen oder lautes Reden. * Rheumatische Schmerzen in den Knochen, schlimmer während der Ruhe [wenn besser, **Bry.**]. * Schlimmer bei Nacht, namentlich nach Mitternacht.

Spongia.—Große Trockenheit im Kehlkopf, mit heiserem, hohlem, keuchendem Husten; schlimmer des Abends. Sägendes Athmen. * Die Stimme versagt beim Sprechen oder Lautlesen.

Sulphur.—Heiserkeit, mit Stimmverlust. Gefühl, als ob etwas im Kehlkopf umherkröche [**Carbo v.**]. Loser Husten, mit dickem Schleimauswurf und Wundheitsgefühl in der Brust. * Stechen in der Brust, das sich bis zum Rücken erstreckt. Schmerz in der linken Seite. Häufige schwache Krämpfe. Beständiges Rasseln in der Brust. * Schmächtige Personen, die gebückt gehen; chronische Fälle.

Tartar em.—Beträchtliche Schleimanhäufung in den Bronchien, mit Athmungsbeschwerden. * Wenn der Patient hustet, sollte man meinen, daß viel Schleim ausgeworfen würde; aber dem ist nicht so [* **Ipe.**]. * Uebelkeit und Schleimerbrechen. Athmungsbeschwerden und Beklemmung.

Veratrum alb.—Trockner, hohler Husten, als käme er aus den untern Brusttheilen oder dem Unterleib. * Die Brust rasselt vor Schleim, der nicht ausgeworfen werden kann [vgl. **Tart. em.**]. * Erbrechen mit Durchfall und großer Erschlaffung.

Anweisung.—In acuten Fällen löse 12 Kügelchen oder 3 Tropfen der Flüssigkeit in 8 Dessertlöffel Wasser auf und gib alle drei oder vier Stunden 1 Löffel voll. In chronischen Fällen, Abends und Morgens, 8 Kügelchen trocken auf die Zunge.

Diät.—Während eines acuten Anfalls sollte die Diät einfach und karg sein. Leichte Puddinge, Farina, Stärkemehl, weißer Sago u. s. w. In der chronischen Form sei die Diät nahrhaft, leicht verdaulich und nicht reizend; gute frische Milch; reife Früchte und Gemüse. Fleisch ist nur in kleinen Portionen zu nehmen.

Bronchialcatarrh—Influenza (Grippe).

(COLD ON THE BREAST.)

Die Krankheit beginnt oft mit Symptomen, die denen einer Erkältung im Kopfe sehr ähnlich sind, wie Niesen, wässeriger Ausfluß aus der Nase, Thränenabsonderung, leichtes Kopfweh, gelegentlicher Schüttelfrost und Fieber. Wenn die Krankheit fortschreitet, so stellt sich ein Gefühl von Rauhheit oder Brennen im Halse ein; anfänglich trockner Husten wird später feucht, wobei ein weißlichgelber

Schleim ausgeworfen wird; Gliederschmerzen und allgemeines Ge=
fühl der Müdigkeit. Der zuerst milde Husten wird heftig; Wund=
heitsschmerz in der Brust, vermehrt durch Husten. Beklommner
Athem; der Auswurf wird reichlicher und ist von gelblichgrüner
Farbe; zuweilen ist er unerträglich; trockne, brennende Haut oder
reichlicher Schweiß; schmutziger Beleg der Zunge; fauler Geschmack;
Verlust des Appetits und Störung aller Verrichtungen.

Zuweilen nimmt die Krankheit einen epidemischen Charakter an;
in diesem Falle sind die Symptome ernsterer Art; man faßt sie zu=
sammen unter dem Namen „Influenza" (Grippe).

Behandlung.—Hauptanzeichen.

Aconit.—Passend zu Anfang, namentlich wenn der Anfall durch
Einwirkungen eines kalten, trocknen Windes herbeigeführt wurde
[auch **Hepar**]. * Trockne, heiße Haut, oder Frösteln und Hitze, mit
Durst. Kurzer, trockner Husten, mit Kitzeln im Hals. * Stiche
in der Brust, die das Athmen erschweren [vgl. **Bry.**].
* Furcht, Angst und große Ruhelosigkeit.

Belladonna.—Brennen, Röthe des Gesichts und klopfen=
der Kopfschmerz. * Wunder Hals, mit dunkler Röthe und An=
schwellen der Theile. Trockner, krampfhafter Husten, mit Kitzeln im
Hals und Stechen in der Brust [auch **Bry.**]. * Der Patient ver=
sucht den Husten zurückzuhalten wegen des durch ihn verursachten
Schmerzes. Kinder schreien und zittern nach jedem Hustenanfall.
Stöhnen während des Schlafes. Schlimmer des Nachmittags.

Bryonia.—Rauhe Stimme. Trockner oder loser Husten,
mit Stichen in der Brust. * Stiche in der Brust beim Husten und
Athmen [vgl. **Acon., Bell.**]. * Kopf schmerzt, als wollte er zer=
springen; schlimmer nach Bewegung [vgl. **Bell.**]. Gedärme ver=
stopft; Patient äußerst reizbar [vgl. **Cham., Nux v.**]. Schlimmer
am Morgen.

Chamomilla.—Jauche fließt aus der Nase. Catarrhalische
Heiserkeit und Husten von rasselndem Schleim in der Luftröhre.
* Die eine Wange ist roth und heiß, die andere blaß und kalt [vgl.
Acon., Nux v.]. Frösteln und Fieberhitze. * Trockner Husten des
Nachts, selbst während des Schlafes. Patient sehr reizbar; gibt
barsche Antworten. * Kinder sind ärgerlich; müssen immer getragen
werden, um sie zu beruhigen.

Dulcamara.—Wenn der Anfall von Nässe oder Feuchtigkeit
herrührt. Feuchter Husten mit Heiserkeit. * Die Symptome sind
ungünstiger nach jedem Umschlag der Witterung in Kälte, ebenso bei
warmem Wetter. Durchfall in Folge von Erkältung.

Hepar s. — Rauhheit und Kratzen im Halse [vgl. **Nux v.**].
* Stiche im Halse, wie durch einen Splitter verursacht. * Heiserer,

croupartiger Husten; der Schleim ist los und erstickend.   * Husten, wenn irgend ein Körpertheil kalt wird [auch **Rhus**]. Erstickende Anfälle, die einen nöthigen aufzustehen und den Kopf rückwärts zu neigen.

Ipecacuanha.—Peinlicher Schmerz über den Augen. Verstopfung der Nase, mit Verlust des Geruches [vgl. **Puls.**]. Erstickender Husten, mit rasselndem Schleim in dem Luftröhrengeäste (bronchial tubes) beim Athmen. Kinder ersticken fast beim Husten und werden purpurroth im Gesicht. * Die Brust scheint mit Schleim angefüllt zu sein, ohne daß welcher ausgehustet würde [auch **Tart. em.**]. * Uebelkeit und Schleimauswurf [vgl. **Tart. em.**].

Mercurius. — In epidemischen Fällen, bei Erkältung im Kopfe; Jauche fließt aus der Nase. * Wunder Hals, mit stechenden Schmerzen beim Schlingen. Ermüdender, trockner Husten, welcher ein Geräusch macht, als ob die innere Brust trocken wäre, mit Schmerzen im Rücken und im Kreuz. Husten schlimmer des Nachts und beim Liegen auf der linken Seite. **Hitze wechselt mit Frösteln.** * Heftiger Schweiß, aber keine Linderung. Erkältet sich sehr leicht [vgl. **Hepar**].

Nux vomica. — Frösteln und Fieberhitze, mit stechenden Schmerzen in der Stirne. Erkältung im Kopfe, mit Ausfluß aus der Nase während des Tages; läßt des Nachts nach. * Trockner Husten, mit heftigen Kopfschmerzen. Husten durch Lesen, Sprechen und Nachdenken verschlimmert. Harter, schwerer Stuhl, mit Verstopfung. * Sehr reizbar, wünscht allein zu sein. Symptome ungünstiger am Morgen.

Pulsatilla.— Erkältung im Kopf, mit Verlust des Geschmackes und Geruches. * Kratzen und Trockenheit im Halse [auch **Nux v.**]. **Loser Husten mit gelblichem Schleimauswurf.** * Trockner Husten bei Nacht, während des Liegens; wird los beim Aufstehen [vgl. * **Hyos.**]. Brustbeklemmung [vgl. **Bell.**, **Phos.**]. * Frösteln im warmen Zimmer. Passend für weinerliche Personen. Schlimmer am Abend.

Sulphur.—Catarrh; helles Wasser fließt aus der Nase. Gänzlicher Verlust des Geschmackes und Geruches [vgl. **Puls.**]. Schleimrasseln in den Lungen; Husten schlimmer am Morgen. * Sehr empfänglich für Erkältung [vgl. **Merc.**]. * Passend für schmächtige Personen von gebückter Haltung.

Anweisung.—Löse 12 Kügelchen oder 3 Tropfen der Flüssigkeit in 8 Dessertlöffel Wasser auf; davon gib alle drei Stunden 1 Löffel voll, bis Besserung eintritt.

Diät.—Sie sollte aus mehlhaltigen Speisen bestehen, wie Reis, Hafermehl, Haferschleim, weißem Sago, einfachem Brotpudding u. s. w. Getränke: kaltes Wasser, Gummiarabicum-Wasser und Brotwasser.

Lungenentzündung.

(PNEUMONIA.)

Dies ist eine sehr gewöhnliche Krankheit, von der Personen allen Alters befallen werden. Gewöhnlich beginnt sie mit Schüttelfrost, dem hochgradiges Fieber folgt; der Puls ist voll und rasch; scharfer, stechender Brustschmerz; mühsames Athmen. Husten ist fast immer dabei, bald mehr, bald weniger. Wegen der damit verbundenen Schmerzen sucht der Patient jenen zu unterdrücken. Der Husten ist zuerst trocken und kurz, wird aber bald los und ist begleitet von einem durchsichtigen, zähen Schleimauswurf, der an den Wandungen des Organes festsitzt. Ungefähr am dritten oder vierten Tage nimmt der Auswurf eine eisenrothe (rostige) Farbe an: ein der Krankheit eigen= thümliches Symptom; mitunter ist der Auswurf von reinem Blut oder blutigem Schleim als ein solches zu betrachten. Rasches, mühsames Athmen; Neigung auf der affizirten Seite, oder auf dem Rücken zu liegen—gewöhnlich auf letzterem; Haut sehr heiß; Kopfschmerz; Durst; rascher, voller Puls; Ruhelosigkeit; spärlicher, rother Urin, zuweilen brennend. Nicht selten nimmt die Krankheit einen typhus= artigen Charakter an; die Zunge wird trocken und braun; das Ge= hirn ist in Mitleidenschaft gezogen; Irrereden u. s. w.

Die Krankheit hat einen durchschnittlichen Verlauf von vierzehn Tagen, aber bei rationeller homöopathischer Behandlungsweise ist der Patient oft schon nach sieben Tagen ein Reconvalescent; immerhin mag sie, namentlich wenn unter anderer Behandlungsweise, drei bis vier Wochen dauern.

Ursachen.—Einwirkungen kalter Luft. Plötzliche Schweißunter= brechung nach Ueberhitzung. Einathmen schädlicher Dämpfe oder sonstiger reizenden Substanzen; Rippenbruch oder tiefgehende Wunden.

Behandlung.—Hauptanzeichen.

Aconit.—Erstes Stadium [Tart. em.]. Hochgradiges Fieber; voller, hüpfender Puls; heftiger Durst und Kurzathmigkeit. Boh= rende, stechende Schmerzen in der Brust, mit Schwerathmig= keit. * Große Gemüthsangst; nervöse Aufregung. Kann vor Schwindel im Bett nicht aufsitzen. * Todesfurcht; sagt seinen To= destag voraus.

Arsenicum.—Große Angst und Ruhelosigkeit; Umherwälzen im Bett. * Rasche Abnahme der Kräfte; klebriger Schweiß auf der Haut. * Nicht zu löschender Durst; trinkt dabei nur wenig, aber oft. Brennschmerz und Hitze in der Brust; Kälte der äußern Gliedmaßen. Große Todesfurcht. Schlimmer des Nachts, namentlich nach Mitternacht. In vorgeschrittenen Fällen [Carbo v.].

Belladonna.—Gehirncongestionen, wobei das Gesicht geröthet ist und die Krampfadern klopfen [**Gel.**]. Heftiges Delirium, mit wildem Blick und dem Verlangen davonzulaufen, zu schlagen, zu zanken und zu beißen. Schwerathmigkeit [**Dyspnœa**], mit Schmerzen in den untern und mittlern Brusttheilen. Auswurf blutig, karg, beschwerlich [**Merc., Rhus**]. Trockne, gesprungene Zunge und Lippen, mit großem Durst. * Auffahren im Schlaf, mit Stöhnen. * Schläfrigkeit und kein Schlaf. Schlimmer um 3 Uhr des Nachmittags.

Bryonia.—Mäßiges Fieber. * Husten mit Auswurf eines zähen, röthlichen, eisenfarbenen Schleimes [* **Phos.**] Das Athmen ist sehr erschwert; schießende oder stechende Schmerzen in der Seite oder der Brust [**Acon., Bell.**]. * Durch Athmen und die geringste Bewegung wird der Schmerz verschlimmert. * Will ganz ruhig liegen. Kann nicht tief athmen, als ob die Lunge sich nicht ausdehnen könnte. * Schwere, trockne, harte Stühle, wie verbrannt. Sehr reizbar. Irrereden; will auf und davon.

Carbo veg.—Bei fortgeschrittner Krankheit, wo die Lebenskräfte sehr geschwächt sind [* **Ars.**]. Gefühl von Schwäche in der Brust. Krampfartiger Husten, mit bräunlichem Auswurf. Blässe des Gesichtes und Kälte der Extremitäten. Puls sehr schwach. * Schnappt nach frischer Luft; will stets gefächelt werden. Uebler Geruch der Absonderungen.

Lycopodium.—Ist von vornherein zu tuberculosen Krankheiten angelegt. Scharf abgegrenzte Röthe der Wangen. Reichlicher, eiteriger Auswurf. * Die Nüstern bewegen sich wie Flügel. Furcht allein gelassen zu werden [**Ars.**]. * Rother, sandiger Niederschlag im Urin. Schlimmer von 4 bis 8 Uhr des Abends.

Mercurius.—Biliöse Lungenentzündung [**Tart. em.**]. Beklemmter Athem, mit Stechen in der rechten Brust von dem Schulterblatt her ausstrahlend. Husten zuerst trocken, dann mit Auswerfen blutigen Schleimes verbunden. * Große Empfindlichkeit über der Magen- und Lebergegend. * Reichlicher Schweiß ohne Linderung.

Phosphorus.—In ernsthaften Fällen. Die stechenden Schmerzen sind verursacht oder vermehrt durch Husten oder Athmen. Beklemmung, mit trocknem Husten und eisenfarbenem Auswurf [**Bry.**]. * Ein großer Theil der Lunge ist angegriffen; Athmungsbeschwerden. * Schwäche- und Lehrheitsgefühl im Unterleib. Lange, dünne, harte Stühle, die nur mühsam abgehen. Hochgewachsene, schlanke, engbrüstige Personen. Immer schläfrig

Rhus tox.—Die Krankheit droht einen typhusartigen Charakter anzunehmen. Der Kranke liegt in einem Zustande halber Betäubung; zuweilen Irrereden [**Phos.**]. * Heftiger Husten, als wollte er die

Brust sprengen. Ziegelfarbener, blutiger Auswurf. * Die Schmerzen werden durch Ruhe vermehrt; der Kranke sucht somit Linderung durch Bewegung. Sehr ruhelos bei Nacht, namentlich gegen Morgen.

Sulphur.—In verschleppten Fällen von Krätze oder Scrophulen. Die Krankheit droht in Schwindsucht auszuarten. * Rasselnder Schleim in der Brust. * Öfter schwache Krampfanfälle, mit fliegender Hitze. Husten bei tiefem Einathmen; stechender Schmerz in der linken Brust [Phos.]. Erstickungsgefühl; will Fenster und Thüren offen haben. * Beständige Hitze auf dem Kopfe.

Tartar em.—Kurzer, mühsamer, beklommener Athem. * Loser Husten, aber kein Auswurf [Ipe.]. Erstickende, krampfhafte Athmungsbeschwerden [Sulph.]. * Lungenlähmung ist zu befürchten. Gefühl, als ob die Brust innen mit Sammt belegt wäre. Biliöse Lungenentzündung.

Anweisung.—In dringenden Fällen sollte die Arznei alle zwei bis drei Stunden verabfolgt werden, bis Besserung eintritt; dann seltener. Von einer Lösung von 12 Kügelchen oder 3 Tropfen der Flüssigkeit in 8 Dessertlöffel Wasser, gebe man je 1 Löffel voll.

Diät.—Sie sei einfach. Etwas Haferschleim, Milch, Farina, Stärke, Reiswasser u. s. w. im Stadium der Entzündung. Getränke: Gummiarabicum-Wasser, Thee von Ulmenrinde oder Leinsamen; wohl gereifte Früchte, Hühnersuppe, Fleischbrühe u. s. w., während der Genesung. Das Krankenzimmer muß stets gelüftet sein; man gestatte, da der Patient der Ruhe bedarf, nur wenigen Personen Zutritt.

Seitenstechen—Rippenfell-Entzündung.

(PLEURISY.)

Die dünne, feuchte Hautwandung der Brusthöhlung, welche, zurückgebogen, sich über die Lungenflächen ausdehnt, heißt Pleura. Die Entzündung dieser Hautwandung heißt Pleurosis (Seitenstechen). Die Krankheit beginnt mit Schüttelfrost und Fieber; voller Puls, gefolgt von scharfen, schneidenden, stechenden Schmerzen, die von irgend einem Theile der Brust ausstrahlen, namentlich von der Brustwarzengegend; vermehrt durch Husten, Athmen, Bewegung oder Liegen auf der affizirten Seite. Der Husten ist kein zuverlässiges Symptom, insofern er in einigen Fällen lästig und in andern gar nicht vorhanden ist. Gewöhnlich ist er kurz und trocken; aber, wenn die Entzündung sich bis auf die Lunge erstreckt, ist er begleitet von einem eiterigen, zähen, zuweilen blutigen Schleim. Der Schmerz beschränkt sich gewöhnlich auf eine Seite der Brust, aber er mag auch von einem andern Theile ausstrahlen, den Rippenseiten entlang, nach der Armhöhle, unter die Brust, das Halsbein u. s. w.

Die Pleura, ein feuchtes, elastisches Hauptgewebe, schwitzt, wenn entzündet, eine wässerige Substanz aus; wird, wenn trocken, fest und dicht und bewerkstelligt auf diese Weise eine Verwachsung der Lungenflächen mit den angrenzenden Brusttheilen.   Alsdann nimmt die Krankheit einen chronischen Charakter an und ist sehr schwer zu behandeln.   In einigen Fällen hat der Patient keinen oder nur unbedeutenden Schmerz: so namentlich bei ältern, sowie durch Krankheit geschwächten Personen.   In solchen Fällen kann die Diagnose nur von competenten Aerzten gestellt werden.   Die Krankheit erreicht ihren Höhepunkt gewöhnlich am siebenten Tage, und dann, bei richtiger Behandlung, verschwinden die Symptome allmälig und Besserung tritt ein.

Ursachen.—Sie sind dieselben, welche der Lungenentzündung und ähnlichen Krankheitsformen zu Grunde liegen, wie Kälteeinwirkungen, plötzliche Schweißunterdrückung, mechanische Verletzungen, Ueberanstrengung u. s. w.

Behandlung.—Hauptanzeichen.

Aconit.—Frösteln, gefolgt von Fieber; voller, regelmäßiger Puls; trockne, heiße Haut; qualvolles Umherwälzen im Bett; starker Durst; rothes Gesicht; kurzer Athem; große nervöse Erregung. * Durchdringende, stechende Schmerzen in der Brust, die das Athmen erschweren; trockner Husten. Kann nicht auf der rechten Seite liegen. Allgemeine Unthätigkeit der die Absonderungen verrichtenden Organe.

Arnica.—Nach mechanischen Verletzungen.   Gefühl, als wären die Rippen zerschlagen.   Stechende Schmerzen in der linken Brustseite, mit kurzem, trocknem Husten.   * Wundheitsgefühl durch das ganze System, wie von Quetschung.   * Wechselt beständig seine Lage, als ob das Bett zu hart wäre.

Bryonia.—Wangen geröthet und heiß.   Die Krankheit hat ihren Sitz auf der rechten Seite; dabei beklommener Athem.   * Stechender Schmerz im angegriffenen Theile, vermehrt beim Athmen und der kleinsten Bewegung [Acon.].   * Kopf schmerzt, als wollte er bersten. * Kann vor Uebelkeit und Ermattung nicht aufsitzen.   Nach längeren Zwischenräumen Verlangen nach viel Wasser.   * Harte, trockne Stühle, wie verbrannt.   Sehr aufgeregt; Alles macht ihn ärgerlich.

Mercurius.—Wundheitsgefühl und Brennschmerz in der Brust. Stechender Schmerz in der rechten Brustseite, der sich vom Schulterblatt ausstrahlend durch und durch erstreckt.   Husten, schlimmer des Nachts und beim Liegen auf der linken Seite.   Feuchte Zunge, mit großem Durst.   * Keine Linderung nach starkem Schweiß.   * Symptome bei Nacht durchweg schlimm.

Phosphorus.—Kurzes, mühsames Athmen.   Bohrende Schmerzen, meistens auf der linken Seite.   Scharfe Schmerzen beim Drücken auf den zwischen den Rippen befindlichen Theilen.   Brustbeklemmung mit trocknem Schüttelhusten. * Gefühl von Schwäche und Leere im Unterleib. Scharfe, schneidende Schmerzen in den Eingeweiden, zuweilen mit Erbrechen. * Lange, dünne, schwer abgehende Stühle.

Rhus tox.—Wenn die Krankheit von der Uebertragung eines rheumatischen Leidens, oder von Einwirkungen der Nässe, von Verrenkungen, Heben u. s. w. herrührt. Auch wo Anzeichen von Fieber vorhanden sind und die Schmerzen in der Brust, Kurzathmigkeit und allgemeine Schwäche nachbleiben. * Schmerzen schlimmer während der Ruhe; muß immer in Bewegung bleiben, um etwas Linderung zu finden.

Sulphur.—Wenn die Krankheit mit Lungenentzündung in Verbindung steht, oder wenn sie den gewählten Mitteln nicht weichen will. Etwas Wundheitsgefühl bleibt nach, namentlich nach Bewegung. Kurzer, trockner Husten, mit Stechen in der Brust, die sich bis zum linken Schulterblatt hindurch erstrecken; schlimmer bei Bewegung. * Deftere schwache Krampfanfälle, mit fliegender Hitze. Anhaltende Hitze auf dem Kopf [bei Kälte, **Verat. alb.**].

Tartar em.—Athem kurz und schwer. Brennende, trockne, heiße, schweißbedeckte Haut. Gefühl, als ob die innern Brustwandungen mit Sammt bedeckt wären. * Loser Husten, aber kein Schleimauswurf. Schwindel und Schläfrigkeit. Lungenlähmung zu befürchten.

Anweisung.—Von einer Lösung von 12 Kügelchen oder 3 Tropfen der Flüssigkeit in 9 Dessertlöffel Wasser, gib in dringenden Fällen jede Stunde 1 Löffel voll, bis Besserung eintritt, dann seltener.

Diät.—Vergleiche unter Lungenentzündung. Warme Aufschläge, namentlich von heißem Salz, sind sehr wirksam.

Falsche Pleuresie—Seitenstechen.

(PLEURODYNIA.)

Ein rheumatisches Leiden, das man oft für Pleuresie hält. Zu ihren wesentlichen Symptomen gehören Schmerzen in der Brust, meistens in der linken, einem Stich oder „Hexenschuß" ähnlich, die, obwohl heftig, nicht lang anhalten, höchstens einige Tage. Von der ächten Pleuresie unterscheidet sie sich bestimmt dadurch, daß weder Fieber, noch Husten damit verbunden sind. Der Schmerz hat seinen Sitz in den Brustmuskeln, wird durch Druck, tiefes Athmen und zuweilen durch Bewegen des Armes auf der betreffenden Seite vermehrt.

Behandlung.—Hauptanzeichen.

Arnica.—Schmerzen wie von Stichen, namentlich in der linken Brust; vorzugsweise beim Athmen. Athmungsbeschwerden in Folge der Schmerzen. Passend nach mechanischen Verletzungen.

Bryonia.—Stechender, schießender Schmerz, als ob ein scharfes Inſtrument in die Seite gedrungen wäre. Vermehrt durch Athmen, sowie durch die kleinſte Bewegung. Sehr reizbar und ärgerlich. * Verstopfung; harter, gleichsam verbrannter Stuhl.

Nux vomica.—Stechende Schmerzen in den Muskeln zwischen den Rippen, vermehrt durch Athmungsverrichtungen der Bruſt [auch Puls.]. Falsche Pleureſie, mit Stichen in der Seite, oder schießende Schmerzen mit schmerzhafter Empfindlichkeit der Extremitäten. Schlimmer nach Bewegung, nach tiefem Athmen und Gähnen. * Passend für Personen von ausschweifenden Gewohnheiten.

Pulsatilla.—Stechender Seitenschmerz, aber nur beim Liegen, besonders des Nachts. * Die Schmerzen wandern fortwährend. Schlimmer des Abends und vom Liegen auf der linken Seite. Passend für Frauen und weinerliche Personen.

Sulphur.—Stechender, von der Bruſt bis zum Rücken sich erstreckender Schmerz, schlimmer beim Liegen oder beim Erheben der Arme. Passend für scrophulöse Personen, sowie nach dem Vertrocknen alter Geschwüre.

Anweisung.—Von einer Lösung von 12 Kügelchen oder 3 Tropfen der Flüssigkeit in 6 Eßlöffel Wasser, gib anfänglich alle zwei Stunden 1 Löffel voll. Wenn Besserung eintritt, nur 1 Mal in drei oder vier Stunden.

Lungenblutung — Blutspeien.

(HEMORRHAGE FROM THE LUNGS.)

Ein Gefühl der Wärme und Ueberfülle in der Bruſt pflegt dem Anfall voranzugehen; dann hat man eine Empfindung, als ob Blut aus dem Halse käme. Ein Kitzeln im Halse reizt zum Huſten; das Blut kommt mit einem gurgelnden Geräusch ohne Anstrengung oder Schmerz; doch ist zuweilen Brennschmerz in der Bruſt damit verbunden. Die Menge des ausgespieenen Blutes ist je nach den Umständen mehr oder weniger beträchtlich; kommt das Blut aus den kleinen Gefäßen in den Luftröhren, so wird es in kleinen Quantitäten ausgebuſtet und ist von heller und dunkler Farbe, dünn oder geronnen; dies ist ein einfacher Bluterguß und wird durch angemessene Behandlung leicht beseitigt. Wenn das Blut aus höhligen Geschwüren in der Lunge ausbricht, dann strömt es mächtig aus Nase und Mund: dann haben wir es mit einer wirklichen Lungenblutung zu thun, einer Krankheit sehr ernster Art.

Der Patient vermeide alle Aufregung, verhalte sich ruhig, gehe in allen Dingen bedächtig zu Werke. Man bedenke stets, daß der Tod nur selten als eine unmittelbare Folge eines Blutsturzes eintritt.

Der Aufregung liegt die oft wohl begründete Annahme zu Grunde, daß eine Krankheit dahinter steckt, deren bloßer Name den Patienten erschreckt.

Ursachen.—Uebermäßige Anstrengungen; Ueberheben; Unterdrückung der monatlichen Reinigung u. dgl. Das Einathmen reizender Substanzen, wie Metall- oder Kalkstaub; Blasen der Windinstrumente; lautes Sprechen und organische Lungenkrankheit.

Behandlung.—Während des Anfalles und einige Zeit darnach verbleibe der Patient in einer halbsitzenden, halbruhenden Haltung und verhalte sich immer ruhig. Er vermeide lautes Sprechen. Ist der Fall ernsthafter Art, so schlinge man ein Taschentuch, so fest wie es der Patient vertragen kann, um den obern Theil des linken Armes und ein anderes um den obern Theil der rechten Hüfte; sollte alsdann das Bluten nicht aufhören, so unterbinde den rechten Arm und die linke Hüfte in derselben Weise. Beim Nachlassen der Blutung lockere man die Binden allmälig.

Aconit.—Vollheitsgefühl und Brennschmerz in der Brust gehen dem Anfall voran [Bell.]. Herzklopfen, Angst und Ruhelosigkeit. * Furcht, Angst, nervöse Aufregung.

Arnica.—Nach einem Fall oder einem Schlag auf die Brust. * Auswurf dunklen, geronnenen Blutes [Puls.]. Kitzeln unter dem Brustbein; Wundheitsgefühl beim Husten, als wäre die Brust zerschlagen. * Das Bett ist, nach dem Gefühl des Patienten, zu hart.

Belladonna.—Blutandrang nach dem Kopf und der Brust. Beständiger Kitzel im Kehlkopf, mit Husten und blutigem Schleimauswurf. Stechende Schmerzen in der Brust, verschlimmert durch Bewegung. * Schwindel beim und nach dem Bücken. Erkältet sich nach jedem Luftzug.

China.—Nach Blut- und Säfteverlusten [Ars.]. * Singeln in den Ohren; schwächende Krämpfe. Von Zeit zu Zeit wiederkehrende Anfälle; schlimmer einen um den andern Tag. Schwäche am Morgen; Nachtschweiße.

Dulcamara.—Fortwährender Kitzel in dem Kehlkopf, mit Neigung zum Husten [Bell.]. Blutiger Auswurf [wenn dunkel oder geronnen, **Ars.**, **Puls.**]. Blutungen verursacht durch Erkältung oder längere Zeit anhaltenden Husten. * Schlimmer, so oft das Wetter kälter wird. * Wenn man am Morgen umhergeht, fühlt man schwindelig; Zittern und Schwäche

Ferrum.—Blutungen, mit fliegenden Schmerzen in der Brust; fühlt besser beim Umhergehen [wenn nach der kleinsten Bewegung schlimmer, **Ipe.**]. * Blutungen, mit Schmerzen zwischen den Schulterblättern. Auswurf von reinem, hellfarbenem Blut [vgl. **Puls.**]. Herzklopfen, mit Athmungsbeschwerden. Die geringste Bewegung treibt das Blut nach dem Gesicht. Hagere Personen von blaßer Gesichtsfarbe.

Hyoscyamus.—Der Blutung geht ein trockner Husten voran, namentlich des Nachts; der Patient muß aufsitzen [**Puls.**]. Fährt oft im Schlafe auf; Gesicht roth, wilder Blick. Alle Dinge erscheinen größer; sieht oft nach den Händen, die ihm zu groß erscheinen.

Phosphorus.—Fühlt, als wäre die Brust zu eng; trockner, beengter Husten. * Blutspeien an Statt der Reinigung [**Ars.**, **Bry.**, * **Puls.**]. Tuberculose Beschaffenheit.

Pulsatilla.— Hartnäckige Fälle; schwarzer, geronnener Auswurf [wenn hellroth, **Acon.**, **Dulc.**, **Rhus**]. Loser Husten. * Sehr nervös in der Nacht. * Frösteln im warmen Zimmer. Schwäche und Schmerz in der untern Brustgegend. Gefühl von Schwäche und Leere im Magen. * Schnappt nach frischer Luft; schlimmer im warmen Zimmer. Spärliche oder unterdrückte Stühle.

Rhus tox.—Trockner Husten; erscheint, als wollte etwas aus der Brust hervorbrechen. Entleerung hellrothen Blutes [vgl. **Puls.**]. Kitzeln unter dem Brustbein; dies verursacht den Husten. Nach Ausstrecken oder Aufheben der Arme, um irgend etwas zu ergreifen.

Anweisung.—In dringenden Fällen wiederhole man die Medizin alle fünfzehn bis zwanzig Minuten; wenn Besserung eintritt, nur alle zwei bis drei Stunden. Von einer Lösung von 12 Kügelchen oder drei Tropfen der Flüssigkeit in einem halben Glas Wasser, nehme man ein Dessertlöffel voll als Dose.

Diät.—Dünner Haferschleim, Reis u. s. w. Getränke und Speisen sollten kalt genossen werden; man vermeide stimulirende Nahrungsmittel.

Lungenschwindsucht.

(PULMONARY CONSUMPTION.)

Eine furchtbare Krankheit, der alle Menschen ohne Unterschied ihrer gesellschaftlichen Stellung ausgesetzt sind. Kein Alter, kein Geschlecht bleibt verschont. Keine Krankheit ist so heimtückisch, und zwar von ihrem Anfang an bis zu ihrem den Tod der Patienten herbeiführenden Ende; ihre Opfer wiegen sich immer in der thörichten Hoffnung einer baldigen Genesung. In den ersten Stadien ist die Diagnose oft nur sehr schwer zu stellen; sobald die Krankheit sich entwickelt hat, ist sie leicht erkennbar. Zuweilen zieht sie sich Jahre lang unbemerkt dahin, bis sie plötzlich in ihrer ganzen Schrecklichkeit fertig dasteht. Die ersten Zeichen ihrer Annäherung sind: allmäliges, aber stetiges Schwinden der Kräfte, das man sich nicht erklären kann; man ist guten Muthes und schon der bloße Gedanke an Auszehrung findet keinen Raum; der Appetit ist nicht immer gut; doch sind Anzeichen einer mangelhaften Verdauung vorhanden. Der Puls ist nicht stetig; gewöhnlich matt, aber erregbar. Der Schlaf ist unruhig, nicht stärkend; dabei Schweiße. Abmagerung ist ein bedeutsames Zeichen der Krankheit, das nicht sowohl von dem Patienten, als vielmehr von seiner Umgebung bemerkt wird. Auch Husten gehört zu den ersten Symptomen. Er ist kurz und trocken, wie von einem Kitzel im Halse. Etwaiger Auswurf besteht in einem hellen, zuweilen blutbesprenkeltem Schleim; gelegentlich machen sich Schmerzen in verschiedenen Theilen der Brust fühlbar.

Beim Fortschritt der Krankheit wird der Husten lästiger, der Auswurf reichlicher und eiterig; der Athem wird fliegend, auch unterdrückt; die Körperfülle schwindet; der Puls ist beschleunigt; heftiges Fieber, mit rothen Kranzringen auf den Wangen. Nachtschweiße und Durchfall stellen sich ein. Der nach vorn gebeugte Körper ist ein Bild der Magerkeit. Wenn die Tuberkeln sich erweichen und aufbrechen, so kann man, wenn man das Ohr an die Brust hält, das Rasseln des Eiters sofort hören; das Athmen ist oft sehr beschwerlich und läßt Erstickung befürchten; die Füße und Knöchel schwellen an; Pusteln zeigen sich im Mund und im Halse; zuweilen Irrereden bei Nacht, und wenn die Lebenskräfte verbraucht sind, kommt der erlösende Tod.

Ursachen. — Meistens sind es erbliche Uebertragung von den Eltern, die selber die Krankheit von ihren Eltern ererbt haben. Oft entsteht sie aus der Uebertragung einer andern Krankheit, wie Scropheln, Krebs, Lustseuche u. s. w. Eine falsche Erziehung, sowie die Lebensgewohnheiten, welche im Gefolge einer verfeinerten Lebensweise sind, tragen sehr viel zur Erzeugung der Krankheit bei. So werden Kinder zur Schule geschickt, deren embryonisch vorgebildeter Geist mit allerlei Arbeiten überladen wird, während die zarten Körper in heißen, mangelhaft gelüfteten Zimmern aushalten müssen. Die Folge davon ist, daß ihr Körper schwächlich wird und sich nur mangelhaft entwickelt, so daß sie für die Krankheit äußerst empfänglich werden. Sodann ist es die Kleidung; der Körper wird in Schnürleibchen eingezwängt, um ja den Anforderungen einer abscheulichen Mode zu genügen; Selbstbefleckung, namentlich bei jungen Männern; Heirathen in die Verwandtschaft; maßloser geschlechtlicher Umgang: Alles dieses befördert die Entwickelung der Krankheit.

Häufig zieht man sich die Krankheit zu durch längeren Aufenthalt in einem kleinen, feuchten, nicht gehörig gelüfteten Zimmer; durch ungenügende Bekleidung; kärgliche, ungesunde Nahrung; durch unmäßigen Genuß von Schweinefleisch; Mißbrauch von Mercur, Opium und Spirituosen, gehören zu den die Krankheit erzeugenden Ursachen.

Behandlung.—Wenn die Krankheit sich völlig entwickelt hat, so ist sie unheilbar. Aber im ersten Stadium, unter rationeller Behandlung mit homöopathischen Heilmitteln, ist sie heilbar. Auch in einem spätern Stadium kann viel zur Erleichterung und Lebensverlängerung beigetragen werden.

Personen mit schwindsüchtiger Anlage sollten sich nach den strengsten Gesundheitsmaßregeln richten. Die Lebensweise sei einfach; man mache sich viel Bewegung in der frischen Luft; lebe kräftig; nehme täglich ein Bad, oder wenigstens drei Mal die Woche; schlafe in einem durchgelüfteten Zimmer; man nehme regelmäßige körperliche Uebungen vor; athme behufs Ausdehnung der Lunge lang und tief; lebe christlich und bewahre Heiterkeit und Frohsinn.

Medizinische Behandlung.

Aconit.—Besonders geeignet für Personen, deren Wangen hell geröthet sind, namentlich für corpulente junge Mädchen [vgl. Calc. c.]. Kurzer, trockner Husten, mit Kitzeln im Kehlkopf. * Lungenblutung [auch Ferr.]. Fieberartige Erregung; Stiche in der Brust und Durst.

Belladonna.—Passend für scrophulöse Kinder; Husten des Nachts; Kurzathmigkeit; rasselnder Athem. Für junge mannbare Mädchen.

Calcarea c.—Husten schlimmer am Morgen, mit Auswurf klumpigen, eiterigen, grünlichen Schleimes. * Schwitzt häufig und ermüdet nach der geringsten Anstrengung. Schwindel und Kurzathmigkeit beim Treppensteigen. * Verliert an Gewicht, aber der Appetit ist gut. Sehr empfindlich gegen kalte Luft; sehr empfänglich für Erkältung. Scrophulöse Anlage.

Carbo veg.—Oefters während des Tages wiederkehrende krampfhafte Anfälle, mit gelblichem Schleimauswurf. Hitze, mit Ausbrechen von Schweiß; Bluthusten, mit Brennschmerzen in der Brust.

China.—Passend für Personen, die Anfällen von Lungenentzündung unterworfen und durch Blutungen geschwächt sind [vgl. Ferr.]. Husten in Folge von Sprechen, Lesen, Lachen, Trinken [vgl. Bry., Phos.].

Dulcamara.—Sehr geneigt zu Erkältung [vgl. Calc. c., Merc.]. * Die Symptome vermehren sich bei jedem Umschlag der Witterung in Kälte. * Husten, mit hellrothem Blutauswurf.

Ferrum.—Husten, schlimmer des Abends; läßt nach um Mitternacht. Am Morgen reichlicher Schleimauswurf; am Abend ist der Husten trocken. * Lungenblutung, mit Schmerzen zwischen den Schultern. Husten, mit Athmungsbeschwerden und Erbrechen. * Die geringste Anstrengung oder Bewegung verursacht Röthe des Gesichtes. Schmerzloser Durchfall.

Hepar s. — Passend für scrophulöse Personen, namentlich für Kinder, im ersten Stadium. * Rasselnder, würgender Husten, schlimmer nach Mitternacht. Husten in Folge der geringsten Kälteeinwirkung. Trockne Hitze der Handflächen [vgl. **Sulph.**].

Lycopodium. — Tag und Nacht Husten, mit beträchtlichem Eiterauswurf. Hectisches Fieber, mit rothen Ringkränzen auf den Wangen. * Nachtschweiße [vgl. **Chin.**, * **Merc.**, **Phos.**]. Rother Niederschlag im Urin [vgl. **Phos.**]. Gährungsgefühl im Unterleib, als ob ein Topf Hefe darin arbeitete.

Phosphorus. — Kurzer, trockner Husten, von einem Kitzel in der Brust herrührend; verschlimmert durch Lesen, Sprechen, Lachen oder Umhergehen in der freien Luft [vgl. **Chin.**]. Heiserkeit, mit Verlust der Stimme [vgl. **Bell.**, **Sulph.**]. Stiche in der Seite. * Gefühl von Ausdehnung und Beengung der Brust [vgl. **Puls.**]. Verstopfung; lange, dünne, schwerabgehende Stühle. Geeignet für hochaufgeschossene, schlanke Personen und empfindsame Mädchen.

Pulsatilla. — Trockner Husten bei Nacht; löst sich beim Aufsitzen los [vgl. * **Hyos.**]. Auch gegen einen losen Husten, mit gelblich-grünem oder bitterem Auswurf; löst sich leicht los. Ausbleiben der Regel, namentlich nach Erkältung [vgl. **Dulc.**, **Sulph.**]. Weinerliche Personen.

Sulphur. — Trockner Husten, mit Heiserkeit und Trockenheit des Halses. Auch gegen losen Husten, der mit Auswurf grüner Klumpen von süßlichem Geschmack verbunden ist. * Schleimrasseln in der Lunge; Husten schlimmer am Morgen. Trockne, schuppige, ungesunde Haut. * Anhaltende Hitze auf der Oberfläche des Kopfes. Für schmächtige Personen mit gebückter Haltung.

Anweisung. — Wenn der Husten und andere Symptome lästig sind, so nehme man die Arznei drei bis vier Mal des Tages; aber in den meisten Fällen wird eine ein- oder zweimalige Dosis genügen. Man nehme 8 Kügelchen trocken auf die Zunge, oder löse 12 Kügelchen oder 3 Tropfen der Flüssigkeit in 8 Dessertlöffel Wasser auf; davon je 1 Löffel voll.

Diät. — Sie sei reichlich und nahrhaft; halb gebratenes Rindfleisch; Hammelfleisch; gutes Brot, zum großen Theil aus ungebeuteltem Mehl, (mit Kleie) bestehend; Gemüse; reife Früchte. Milch kann nicht genug empfohlen werden.

Asthma.

Dies ist eine Krankheit der Athmungsorgane; Schwerathmigkeit, Brustbeklemmung mit Erstickungsgefühl sind ihre Symptome. Der Anfall kommt gewöhnlich plötzlich, meistens bei Nacht. Ein Gefühl der Enge um die Brust macht sich bemerkbar; Verlangen nach frischer Luft; dabei ist der Patient gegen Zug empfindlich; der Athem ist mühsam und keuchend; die Brust arbeitet schwer; der Puls ist un-

9

regelmäßig; in den Gesichtszügen drückt sich große Angst aus; das Gesicht ist geschwollen und geröthet; der Patient muß, den Kopf nach vornen geneigt, aufsitzen; der Husten ist anfänglich trocken, dann ist er begleitet von trocknem Schleimauswurf. Der Zustand währt gewöhnlich drei bis vier Stunden, läßt dann allmälig nach, um vielleicht erst nach Wochen, Monaten, ja nach Jahren zurück= zukehren. Bei Personen, die dieser Krankheit unterworfen sind, wird der Anfall oft durch Einathmen gewisser Gerüche herbeigeführt; von Staub, Gasen, Droguen, wie Ipecacuanha, Schwefeldämpfen u. s. w. Die Krankheit befällt alle Personen, besonders solche von vorgerücktem Alter; häufiger bei Personen männlichen Geschlechts. Sie nimmt selten einen tödtlichen Verlauf.

Ursachen.—Sie ist in vielen Fällen erblich; dies erklärt ihr häu= figes Vorkommen in gewissen Familien. Einige Schriftsteller be= haupten, daß sie immer auf chronische Ansteckungsstoffe zurückzuführen sei, oder auf eine verborgene Hautkrankheit, wie Nesselfieber u. s. w. Zu den anregenden Ursachen gehören: Witterungswechsel, das Ein= athmen gewisser medizinischer und reizender Substanzen.

Behandlung.—Hauptanzeichen.

Aconit.—Kurzathmigkeit, namentlich beim Schlafen. Athmungs= beschwerde; ist nicht im Stande tief aufzuathmen. Krampfartiger, rauher, krächzender Husten, mit Zusammenschnürungsgefühl der Luft= röhre. * Gemüthserregung und Angst; nervöse Aufregung. * To= desfurcht [Ars.]; sagt seinen Todestag voraus.

Arsenicum.—Aengstlicher, beklommener Athem, namentlich bei aufrechter Stellung. Erstickungsanfälle, besonders des Nachts, oder beim Niederlegen. * Angst, Unruhe und Todesfurcht. * Trinkt bei heftigem Durst nur wenig [Chin.]. * Kann vor Furcht zu ersticken nicht niederliegen. Will im warmen Zimmer sein. Für blutarme Personen [vollblütige, Bell.].

Belladonna.—Anfälle gewöhnlich des Nachmittags oder Abends. * Gefühl als ob Staub in der Lunge wäre; besser beim Zurückbiegen des Kopfes und beim Anhalten des Athems. Gesicht und Augen geröthet, Kopf heiß. Kurzer, krampfartiger Husten, namentlich des Nachts. Klopfen und unbehagliches Gefühl in der Brust. * Schläf= rigkeit ohne Schlaf. Vollblütige und junge Leute.

Bryonia.—Der Patient will ganz ruhig liegen, da die kleinste Anstrengung den Zustand verschlimmert. Trockener, auch von Schleimauswurf begleiteter Husten. Stiche in der Brust, besonders beim Einathmen oder Husten [Acon., Bell.]. * Aufsitzen im Bett erzeugt Uebelkeit und Schwindel. * Trockene, harte Stühle.

Chamomilla.—Brustbeklemmung, wie von Windsucht im Epi= gastrium (Gegend über den Eingeweiden); Heiserkeit und Husten von

rasselndem Schleim in der Trachea (untere Theil der Luftröhre)
[Ipe.]. Heißer Schweiß im Gesicht und auf dem Kopf [bei kaltem
Schweiß, **Ars.**, * **Verat. alb.**]. Die eine Wange ist roth, die andere
blaß. * Sehr ungeduldig, gibt barsche Antworten. Namentlich für
Kinder, die oft sehr ärgerlich sind und immer umhergetragen wer=
den wollen.

China.—Würgende Krämpfe des Abends im Bett, wie von
Schleim im Kehlkopf. Erschwertes Ein= und Ausathmen. * Der
Patient scheint sterben zu wollen. Husten, mit beschwerlichem Aus=
wurf eines hellen, zähen Schleimes. Schlimmer des Nachts und
nach dem Trinken. * Einen um den andern Tag besser.

Ipecacuanha.—Krampfartiges Asthma; Zusammenschnüren der
Kehle und der Brust. Zusammenschnüren der Brust, mit kurzem,
schnaufendem Athmen. * Rasselndes Geräusch in den Luftröhren,
beim Einathmen. Drohende Erstickung in Folge des Zusammen=
schnüren des Halses und der Brust. Schlimmer nach der kleinsten
Bewegung [**Bry.**]. * Uebelkeit; Leerheitsgefühl in der Magen=
gegend.

Phosphorus.—Lautes, keuchendes Athmen. Krampfhaftes Zu=
sammenziehen der Brust [**Acon.**, **Ars.**]. Ermüdender Husten, mit
schleimigem Eiterauswurf. * Gänzlicher Verlust der Stimme.
* Schwäche und Leerheitsgefühl im Magen. * Lange, dünne, harte,
nur mühsam abgehende Stühle. Hagere Personen.

Spongia.—Athmungsbeschwerden, mit Pflockgefühl. Keuchender
Athem, oder langsamer, tiefer Athem, wie in Folge von Schwäche.
* Wacht öfters erschreckt auf; fürchtet zu ersticken. Heiserer, hohler,
keuchender Husten.

Sulphur.—Der Anfall kommt des Abends, oder im Schlafe;
Brustbeklemmung; Gefühl, als ob Staub in den Luftröhren wäre.
Heiserer, trockener Husten, oder loser Husten mit Wundheits=
gefühl und Beklemmung der Brust. Wiederkehrende Krampfanfälle.
* Anhaltende Hitze oben auf dem Kopf. Wenn der Anfall durch
Einathmen einer rauchigen Atmosphäre (Luftumgebung) bewirkt
wurde.

Tartar em.—Peinlicher Druck; Athmungsbeschwerden, Kurz=
athmigkeit; will aufrecht sitzen [* **Ars.**]. * Wenn der Patient hu=
stet, sollte man glauben, daß die Luftröhren mit Schleim angefüllt
wären; aber es wird keiner ausgeworfen [* **Ipe.**].

Veratrum alb.—Der Anfall kommt meistens bei kaltem Wetter,
in der Morgenfrühe. Ein banges Gefühl, wie von Erstickung und
einem Druck auf das Herz. Nase, Ohren, sowie die untern Extre=
mitäten sind kalt. * Kalter Schweiß auf der Stirne [wenn heißer,
Cham.]. Erschlaffung. Schwächender Durchfall.

Anweifung.—In plötzlichen und dringenden Fällen gebe man die Arznei jede halbe Stunde; follte Befferung eintreten, fo gebe man fie nach längern Paufen. 12 Kügelchen oder 3 Tropfen der Flüffigkeit löfe man in 8 Deffertlöffel Waffer auf; davon gebe man je 1 Löffel voll.

An Afthma leidende Perfonen follten in einem ihrem Zuftand angepaßten Klima wohnen. Feuchte Niederungen, Marfchländer u. f. w., bieten keinen geeigneten Aufenthalt. Man vermeide alle Aufregung, bade fich täglich und lebe von kräftiger Koft.

Herzklopfen.

Dies ift nur ein Symptom und kommt in einer Anzahl von Krankheitsfällen vor. Zuweilen ift es auf ein organifches Herzleiden zurückzuführen, als ein bedeutfames Symptom diefer Krankheit. Zuweilen rührt es von geiftigen Ueberanftrengungen her; von einem nervöfen, krankhaften Zuftande; von Spirituofen, Tabak u. f. w. Vollblütige Perfonen leiden oft darunter; auch ift es zuweilen mit Verdauungsbefchwerden verbunden.

Behandlung.—Hauptanzeichen.

Aconit. — Herzklopfen, namentlich bei jungen wohlbeleibten Männern. Das Herzklopfen ift fehr heftig und ift mit großer Unruhe verbunden. * Befonders paffend nach einem Schreck [vgl. **Coff., Opi.**]. * Große Furcht und Gemüthsunruhe; der Patient glaubt fterben zu müffen; muß aufrecht fitzen und kann nur mühfam athmen.

Arsenicum.—Heftiges Herzklopfen, namentlich bei Nacht und beim Niederliegen [vgl. * **Dig.**]. Große Angft und Unruhe; Todesfurcht. Rafche Kräfteabnahme. * Trinkt bei brennendem Durft oft, aber je nur wenig.

Belladonna.—Herzklopfen, mit wechfelndem Puls. Beklemmung in der Herzgegend. * Herzklopfen, wenn in Ruhe; fchlimmer nach Bewegung. Beleibte Perfonen. Klopfender Kopffchmerz.

Digitalis.—* Herzklopfen, wenn verurfacht durch Reden, Bewegung, Niederliegen. * Gefühl, als ob bei jeder Bewegung das Herz zu fchlagen aufhören wollte. Scharfe Stiche und zufammenziehende Schmerzen in der Herzgegend [vgl. **Rhus**]. Organifche Herzkrankheit; Anfchwellen der Füße und Beine.

Rhus tox.—Heftiges Klopfen beim Stillfitzen; muß öfters eine andere Lage einnehmen, um Ruhe zu finden. * Stiche im Herzen, mit fchmerzhaftem Lähmungs= und Betäubungsgefühl im linken Arm.

Phosphorus. — Bruftbeklemmung, mit Athmungsbefchwerden und großer Schwäche. Herzklopfen, fchlimmer nach dem Effen, oder in Folge geiftiger Anftrengung.

Veratrum alb.—Heftiges, sichtlich wahrnehmbares Herzklopfen [vgl. **Dig.**]. *Kalter Schweiß auf der Stirne. Entkräftender Durchfall; Erschöpfung nach jedem Stuhl. Todesfurcht [auch **Ars.**].

Anweisung.—Löse 12 Kügelchen oder 3 Tropfen der Flüssigkeit in einem theilweise gefüllten Glas Wasser auf; von der Mischung nehme man jede halbe Stunde 1 Dessertlöffel voll, in ernsten Fällen jede Stunde. In chronischen Fällen ist eine Dosis in je zwei oder drei Stunden genügend.

Herzbeutelentzündung.

(RHEUMATISM OF THE HEART.)

Mit Rheumatismus behaftete Personen—zuweilen auch anscheinend gesunde—klagen oft über ein Gefühl der Schwere in der linken Brust; zuweilen auch über damit verbundene stechende Schmerzen. Der Kranke kann nicht auf der linken Seite liegen; Athmungsbeschwerden; Angst; unruhiger Herzschlag; hochgradiges Fieber; zuweilen heftige Schweiße. Der Puls ist schwach, beengt und ist nicht in Uebereinstimmung mit dem Herzschlag. Solche Fälle sind bedenklich; sie nehmen einen raschen Verlauf, und wenn sie nicht direkt tödtlich sind, so verlaufen sie in chronischer, unheilbarer Herzkrankheit.

Behandlung.—Hauptanzeichen.

Aconit.—Hochgradiges Fieber; Herzklopfen; Herz und Puls schlagen nicht zusammen. Stechende Schmerzen in der Brust, mit Athmungsbeschwerden [vgl. **Phos.**]. Unruhe und Angst; nervöse Erregtheit. Mangelhafte Urinabsonderung; Stechen in den Nieren.

Arsenicum.—Herzklopfen, namentlich des Nachts und beim Liegen auf dem Rücken. *Abnahme der Kräfte. Ruhelosigkeit; Todesfurcht. *Trinkt bei heftigem Durst nur wenig.

Belladonna.—Druck in der Herzgegend, mit Athmungsbeschwerden. *Ungleichartige, unregelmäßige Zusammenziehung des Herzens, mit heftigem Klopfen. *Plötzlich kommende und rasch verschwindende Schmerzen. Roth geschwollenes Gesicht, mit klopfendem Kopfweh. Klopfen der Blutgefäße; Erbrechen; ermattende Krämpfe; kalter Schweiß über den ganzen Körper.

Cimicifuga.—Beklemmungsgefühl in der Herzgegend, mit Schmerz in der linken Schulter, der sich hinunter bis in den linken Arm erstreckt; ein Gefühl, als ob dieses Glied der Seite angeheftet wäre.

Lachesis.—Krampfartiger Schmerz im Herzen, mit Klopfen. Kurzathmigkeit bei jeder Bewegung, namentlich beim Bewegen der Hände. Erstickungsgefühl macht das Niederliegen unmöglich [vgl.

Ars.].   * Berührung des Halſes unerträglich.   * Schlimmer nach Schlaf.

Rhus tox.—Schwächegefühl mit Zittern des Herzens.   Heftiges Klopfen beim Stillſitzen.   * Stiche im Herzen, mit ſchmerzendem Lahmheits= und Betäubungsgefühl im linken Arm [vgl. **Cimicifu.**]. * Schmerzen ſchlimmer beim Ruhen; muß oft ſeine Lage wechſeln, um Ruhe zu finden.

Anweiſung.—Von einer Löſung von 3 Tropfen der Flüſſigkeit oder 12 Kügel= chen in 8 Deſſertlöffel Waſſer, gib alle ein bis zwei Stunden 1 Löffel voll, je nach der Dringlichkeit des Falles; ſobald Beſſerung eintritt, nur alle drei oder vier Stunden.

Diät. — Sie ſei einfach; dünner Haferſchleim, Pfeilwurz, Reis, Gerſte; man trinke nur reines Waſſer oder Reiswaſſer.

Herzbeklemmung—Herzkrampf.

(NEURALGIA OF THE HEART.)

Dies iſt ein äußerſt ſchmerzhafter Krankheitszuſtand, deſſen wahre Urſache noch in Dunkel gehüllt iſt.   Er zeigt ſich an durch furchtbare, plötzliche Schmerzen in der Herzgegend und Paroxysmen; zuweilen erſtrecken ſie ſich bis in den Hals und die Arme; Athmungsbeſchwer= den; Erſtickungsgefühl und Todesahnung.   Der Patient muß in aufrechter Haltung ſeine Ruhe bewahren; der Patient iſt matt und ſchwach; Geſicht und Extremitäten ſind kalt; die verzerrten Geſichts= züge verrathen große Angſt.   Der Anfall dauert von einer halben bis zu zwei Stunden; dann läßt er nach.

Urſachen.—Oft iſt die Krankheit auf einen organiſchen Herzfehler zurückzuführen, oder gehemmten Blutumlauf in Folge von Fett= anhäufungen um das Organ; auch liegt der Mißbrauch von ſchar= fen Spirituoſen und Tabak zu Grunde.   * Zuweilen iſt der Zuſtand nur ſympathetiſcher Art: er iſt bedingt durch Unverdaulich= keit, fehlerhafte Diät, geiſtige Anſtrengung u. ſ. w.

Behandlung.—Hauptanzeichen.

Aconit.—Scharfe Schmerzen in der Herzgegend, die ſich bis nach dem linken Arm erſtrecken [vgl. **Bry.**].   Erſtickendes Zuſammen= ſchnüren der Bruſt; ſo heftig, daß der Patient vor Schmerzen in Schweiß ausbricht.   Voller, klopfender Puls.   * Große Angſt; Todesfurcht [vgl. **Ars.**].   Paſſend für ſtarkbeleibte Perſonen.

Arsenicum. — Große Gemüthsbewegung und Todesfurcht. Unbeſchreibliche, quälende Schmerzen in der Herzgegend, die nach oben bis zum Hals und dem Kopfe ausſtrahlen.   Herzbeklemmung mit Stechen; Schwindel und Angſt.   * Kann nur athmen, wenn er die Bruſt nach vorne neigt [vgl. **Lach.**].   Die geringſte Bewegung hat eine Erneuerung des Anfalles zur Folge [vgl. **Bry.**].

Bryonia.—Wenn der Anfall durch geistige Erregung oder Schreck herbeigeführt wurde. Schneidende, bis zum linken Arm sich erstreckende Schmerzen. * Schnelles, beklommenes, mühsames Athmen, von Stichen in der Brust. * Verschlimmert nach der geringsten Bewegung.

Digitalis.—Wenn hervorgerufen durch Gram, Sorge oder Angst. Scharfe Stiche oder concentrirte Schmerzen in der Herzgegend. * Gefühl, als wollte das Herz zu schlagen aufhören. Heftiges, laut vernehmbares Herzklopfen [vgl. **Verat. alb.**]. Die Herzthätigkeit ist kräftiger als der Pulsschlag. Ein Gefühl in der Magengrube, als wollte man sterben.

Lachesis. — Zusammenschnürungsgefühl in der Herzgegend. Herzklopfen, mit Furcht und Angst. Kann nicht niederliegen; muß vorwärts gebeugt aufsitzen [vgl. **Ars.**]. * Berührung des Halses ist unerträglich.

Veratrum alb.—Periodische Anfälle eines krampfhaften, klammernden Schmerzes in der linken Brust, oder schneidender, peinlicher, das Athmen erschwerender Schmerz; der Schmerz erstreckt sich zuweilen bis in die Schulter. * Heftiges, sichtbares Herzklopfen [vgl. **Dig.**]. * Kalter Stirnschweiß.

Anweisung.—Löse 12 Kügelchen oder 3 Tropfen der Flüssigkeit in 6 Dessertlöffel Wasser auf; 1 Löffel voll als Dosis, oder 8 Kügelchen trocken auf die Zunge. In ernsthaften Fällen verabreiche man die Arznei alle zwanzig bis dreißig Minuten, bis Besserung erfolgt; dann seltener.

Brustwasserfucht.

(HYDROTHORAX.)

Dies ist eine Ansammlung von Wasser in der Brust, auf einer oder auch auf beiden Seiten. Die Krankheit naht sich oft tückisch; der Kranke klagt zuweilen über zeitweiligen Druck auf der Brust beim Ersteigen einer Anhöhe, nach raschem Gehen und sonstigen körperlichen Anstrengungen. Dieser Zustand mag Wochen, ja Monate lang verborgen bleiben; aber bei fortschreitender Krankheit wird das Athmen beschwerlich, namentlich des Nachts und beim Niederliegen. Bei reichlicher Ansammlung verursacht jede Drehung im Bett Athmungsbeschwerden. Beim Gehen schlägt das Herz heftig und der Patient muß aufsitzen, um nach Luft zu schnappen; die Extremitäten sind kalt; die Lippen blau und die Stirne ist schweißbedeckt. Lästiger Husten stellt sich ein, der anfangs trocken ist, dann von zähem Schleimauswurf begleitet wird; Füße und Glieder sind geschwollen; der Puls ist matt, unregelmäßig, zitternd, und im letzten Stadium der Krankheit sind alle Symptome der wirklichen Wassersucht vorhanden.

Brustwassersucht ist in den meisten Fällen ein Symptom von Lungen- oder Herzkrankheit. Zuweilen stellt sie sich ein nach Scharlachfieber, oder nach dem Vertrocknen alter Beingeschwüre nach dem Gebrauch von Salben u. s. w.

Behandlung.—Hauptanzeichen.

Apis mel. — Gedrücktheit und Unfähigkeit niederzuliegen. Wundheitsgefühl in der Brust, wie von Quetschung [vgl. **Arn.**]. * Spärlicher Urin von kaffeebrauner Farbe. Kein Durst. Passend nach Scharlachfieber.

Arsenicum. — Athmungsbeschwerden bei der geringsten Anstrengung. * Erstickungsgefühl beim Liegen oder Umherwälzen im Bett. * Muß mit nach vorn gebeugter Brust aufsitzen [vgl. **Lach.**]. Heftiges Herzklopfen, namentlich des Nachts. * Große Angst, Ruhelosigkeit und Todesfurcht. * Trinkt bei heftigem Durst wenig, aber oft. Rasche Abnahme der Kräfte.

Bryonia.—Die Krankheit steht mit Rheumatismus im Zusammenhang [vgl. **Colch.**]. * Stechende Schmerzen in der Brust, schlimmer beim Athmen und bei Bewegung. Will ganz ruhig liegen. Der Patient ist sehr reizbar und bissig.

Colchicum.—Brustbeklemmung mit Angst; etwas Linderung beim Neigen des Kopfes nach vornen. Anschwellen der Hände und Füße. * Spärlicher Urin von brauner, schwarzer Farbe [vgl. **Apis**]. Der Patient leidet an Herzkrankheit in Folge von rheumatischen Einflüssen.

Lachesis.—Erstickende Krämpfe; plötzliches Erwachen aus dem Schlafe; Umherschlenkern der Arme. * Unterdrückter Athem, verschlimmert durch Sprechen und nach dem Essen. * Kann nicht niederliegen; muß vorwärts gebeugt aufsitzen [vgl. * **Ars.**]. Berührung des Halses ist unerträglich; glaubt dabei ersticken zu müssen.

Lycopodium.—Vollheitsgefühl in der Brust. Beklemmung und Angst, namentlich nach dem Essen. * Beständiges Gährungsgefühl im Unterleib, wie von Hefe. * Rother, sandiger Niederschlag des Urins.

Anweisung.—In acuten, dringenden Fällen, gebe man das Mittel alle zwei bis drei Stunden; nach Eintritt der Besserung, alle vier bis fünf Stunden. 12 Kügelchen oder 3 Tropfen in 10 Theelöffel Wasser aufgelöst; davon 2 Theelöffel als Dosis.

Diät.—Geröstetes Rind- oder Hammelfleisch; gutes Brot; frische Milch. Man sei mäßig im Essen und trinke nicht zu viel Wasser.

Neuntes Kapitel.

Krankheiten des Magens.

Verlust des Appetits.

Mangel an Appetit ist fast immer ein Symptom einer Störung des Magens oder einer constitutionellen Krankheit. Oft ist er die Folge von dem Genuß verdorbener Speisen; von Betäubungsmitteln, hitzigen Getränken, Tabak, Patent-Medizinen und übeln Gewohnheiten; auch vom Schlafen in nicht gehörig gelüfteten Zimmern und Mangel an nöthiger Bewegung in der frischen Luft.

Mit dieser Krankheit behaftete Personen sollten niemals ihre Zuflucht zu sogenannten „Tonics," „Magen-Bittern" und andern Quacksalbereien nehmen, um auf erkünstelte Weise den Appetit anzuregen. Nahrung, die in das System hineingezwängt wird, wenn der Magen nicht gehörig verdaut, stiftet mehr Unheil als Gutes. Die einzige vernünftige Weise, den Appetit wieder herzustellen, besteht darin, daß man dem krankhaften Zustand, der den Mangel an Appetit veranlaßt, ein Ende macht.

Zuweilen sind Symptome vorhanden, die besonders berücksichtigt zu werden verdienen.

Heilmittel.

China.—Verlust des Appetits; Widerwille vor jeder Speise. * Alles schmeckt bitter [vgl. * **Bry., Puls.**]. Nach erschöpfenden Krankheiten, Blutverlust u. f. w.

Hepar s. — Der Magen ist ungeachtet aller Vorsicht außer Ordnung. Fauler Geschmack, mit Widerwillen vor aller Speise. Passend nach dem Mißbrauch von Mercur oder Chinin.

Mercurius.—Fauler Geschmack, namentlich des Morgens [vgl. * **Puls.**]. * Vollständiger Appetitverlust [vgl. **China, Nux v.**]. Beim Sitzen hat man ein Gefühl, als ob die Speise das Gewicht eines Steines hätte.

Nux vomica.—Bitterkeit des Geschmackes, Bitterkeit beim Aufstoßen und beim Erbrechen [vgl. **Puls.**]. Alle Speisen sind geschmacklos. Widerwille vor Speise, namentlich Brot, Kaffee, Tabak; verlangt nach Schnapps und Kreide. * Verstopfung, mit harten, beschwerlichen Stühlen. Geeignet für Personen von sitzender und ausschweifender Lebensweise.

Pulsatilla.—Fauler, bitterer Geschmack, namentlich nach dem Essen oder Trinken. * Widerwille vor fetter Speise, Brot, Fleisch, Milch. * Erbrechen nach dem Essen; Nachgeschmack von der zuletzt genossenen Speise [vgl. **Chin., Nux v.**]. Verlust des Appetits in Folge Tabakrauchens. Passend für weinerliche Personen. Der Leser wolle die Abhandlungen über Verdauungsbeschwerden (Dyspepsia), Leberleiden, im zweiten Capitel, berücksichtigen.

Anweisung.—8 Kügelchen trocken auf die Zunge, eine halbe Stunde vor jeder Mahlzeit, drei Tage lang; dann seltener für einige Tage; sollte keine Besserung eintreten, so gebrauche man in der angegebenen Weise ein anderes Mittel. Der Patient nehme täglich ein Bad und bewege sich in der freien Luft; er trinke nur frische Milch und kaltes Wasser, schlafe in einem wohlgelüfteten Zimmer und stehe zeitig auf.

Krankhafte Eßlust.

Diese Krankheit ist, ähnlich dem Appetitverlust, das Symptom einer allgemeinen Störung der Verdauungsorgane. Sie deutet häufig auf Vorhandensein von Würmern; stellt sich ein bei Schwangerschaft, in hysterischen Fällen und zuweilen nach Genesung von einer schweren Krankheit. Der Patient hat unersättlichen Hunger—immerwährendes Verlangen nach Speise, deren der Körper nicht benöthigt ist.

Heilmittel.—Hauptanzeichen.

China.—Unersättlicher Hunger, namentlich bei Nacht. Verlangen nach saurem Obst, Wein, * Leckereien u. s. w. Trinkt bei heftigem Durst je nur wenig [vgl. **Ars.**].

Cina.—Gegen Würmer. Außerordentlicher Appetit; Hunger nach der reichlichsten Mahlzeit [vgl. **Merc., Staph.**]. * Der Urin wird nach längerem Stehen milchicht [vgl. unter Wurmkrankheit].

Silicea.—Hunger ohne Appetit. * Verstopfung; der Stuhl, wenn er theilweise entfernt ist, geht zurück.

Staphysagria.—Freßgier, selbst nach Ueberladung des Magens. Verlangen nach Wein und Tabak [vgl. **Nux v.**].

Anweisung.—8 Kügelchen trocken auf die Zunge; drei Mal täglich.

Unverdaulichkeit—Magenschwäche.
(DYSPEPSIA.)

Dyspepsie, eine Krankheit der Verdauungsorgane, wobei der eine oder der andere Verdauungsprozeß nur ungenügend vollzogen wird. Die Krankheit ist sehr verwickelter Art, da fast alle Organe des Systems in Mitleidenschaft gezogen sind, in Folge ihrer gegenseitigen sympathischen Einwirkung. Sie erscheint in so vielen Gestalten, daß ihrer Symptome und der damit verbundenen Leiden Legion sind. Zuweilen deutet der Patient auf seinen Kopf als den Sitz der Krankheit und befürchtet einen Schlagfluß; wiederum glaubt er, daß die Krankheit in der Lunge stecke und Auszehrung im Anzuge sei; ein anderes Mal sucht er sie im Herzen; muß sofort sterben. In dieser Weise geht es fort von Monat zu Monat.

Zu den vorherrschenden Krankheitssymptomen gehören Appetitmangel, oder aber starkes Verlangen nach Speise; Windanhäufung in dem Magen; Rülpsen, Magendrücken und Herzklopfen; Empfindlichkeit des Magens selbst gegen den leisesten Druck der Kleidung; Gefühl wie von einem Stein oder einem Bleiklumpen im Magen; saures, ranziges Aufstoßen; Herzbrennen; Sodbrennen mit Erbrechungen nach jedem Mahl; Wind in den Eingeweiden; Verstopfung u. s. w. Der Patient hat keine Neigung zu irgend einer Arbeit, kein Streben; ist traurig und hoffnungslos; leidet an Schwindel und Kopfweh; ist ruhelos bei Nacht; der Schlaf wird durch aufregende Träume gestört; Kräfteverlust mit nervöser Erregung.

Ursachen.—Eine der wirksamsten Ursachen ist der Mißbrauch von Droguen. Sobald die Kinder zur Welt kommen, werden sie mit Kräuterthee, beruhigendem Syrup, Opiaten und allen Arten von Patent-Medizinen gefüttert, welche die Verdauungsorgane und somit das ganze System schwächen. Wenn wohlmeinende Mütter nur eine leise Ahnung hätten von den verderblichen Einflüssen dieser höllischen Droguen, so würden sie dieselben ins Meer versenken, wo es am tiefsten ist.

Andere Ursachen sind: Niedergeschlagenheit; Sorge; Verdruß; ausschweifende Lebensweise; zu reichliche und reizende Diät; hastiges Essen, ohne die Speisen gehörig zu kauen; der Mißbrauch von Kaffee, Thee, Tabak, Spirituosen und Quacksalbereien; träge, sitzende Lebensweise; Ueberladung des Magens und ungeregelter Stuhlgang.

Behandlung.—Hauptanzeichen.

Antimonium. — In Folge von Ueberladung des Magens. **Weiß belegte Zunge.** * Aufstoßen, mit Nachgeschmack der zuletzt genossenen Speisen [vgl. **Chin.**, * **Puls.**]. Uebelkeit und Erbrechen. Wässerige Stühle, untermischt mit harten Klumpen. Durst; schlimmer bei Nacht.

Arnica.—Nach mechanischen Verletzungen [**Bry.**, **Rhus**]. Wundheitsgefühl im Magen. Aufstoßen wie von faulen Eiern [**Sep.**, **Sulph.**]. Vollheitsgefühl in der Magengegend. Zunge weiß belegt. Nach dem Essen Neigung zum Erbrechen. Bitterer, fauliger Geschmack.

Arsenicum.—Nach dem Genuß von Gefrornem, Obst und scharfen Substanzen. * Uebelkeit und Erbrechen nach Essen und Trinken. Hitze und Brennschmerz im Magen [Nux v., Phos.]. * Trinkt bei heftigem Durst oft und wenig. Unruhe und Angst. * Druckgefühl, wie von einem Stein im Magen [Bry., Nux v.].

Bryonia.—Dyspepsie bei heißem Wetter und nach dem Trinken von kaltem Wasser bei Ueberhitzung. Ueberladung des Magens, mit unerträglichem Geruch. Wundheitsgefühl über der Magen=gegend. Oefteres Aufstoßen, namentlich nach dem Essen. * Alles schmeckt bitter [Puls., wenn sauer, Chin., Nux v.]. Sofor=tiges Erbrechen nach dem Essen. * Verstopfung; Stühle sind hart und trocken. * Aeußerst empfindlich.

Calcarea c.—Druck wie von einem Gewicht im Magen. * Knappe Bekleidung, namentlich der Hüfte, ist unerträglich [* Lyc., * Nux v.]. Saurer Geschmack im Munde; Erbrechen unverdauter Speise. Widerwille vor Fleisch und warmen Speisen; Verlangen nach Leckereien. * Feuchte, kalte Füße. Reichliche Regel. Kann nach 3 Uhr des Morgens nicht schlafen [wenn wach bis 3 Uhr, Merc.]. Reichliche, harte, nur zum Theil verdaute Stühle.

Carbo veg. — Oefteres Aufstoßen, mit nur vorübergehender Erleichterung. Die leichteste Kost widersteht. * Gefühl, als ob der Magen beim Essen oder Trinken zerspringen wollte [vgl. Chin.]. Saures, ranziges Aufstoßen, mit Brennen im Magen. Nach Aus=schweifung [Nux v.].

Chamomilla.—Schmerzhaftes Anschwellen der obern Magen=gegend am Morgen; Gefühl, als ob der Mageninhalt hervorbrechen wollte. * Peinliche Schmerzen im Magen und unter den kleinen Rippen. Bitterer Geschmack, mit galligem Erbrechen. * Sehr ungeduldig; kann nur barsch antworten.

China.—* Ein Gefühl von Enge und Fülle im Unterleib, als wäre er vollgestopft; Aufstoßen gewährt keine Erleichterung [bei kurzer Erleichterung, Carbo v.]. * Abneigung gegen Nahrung überhaupt. Verlangen nach Wein und sauren Speisen. Aufstoßen, mit einem Gefühl von Unverdaulichkeit [Ant. c., * Puls.]. Schwäche, mit dem Verlangen nach jeder Mahlzeit zu ruhen. Schwäch=liche Personen, die Blut verloren haben.

Gelseminum.—Leerheits= und Schwächegefühl im Magen und den Eingeweiden. Ausdehnungsgefühl des Magens, mit Schmerz und Uebelkeit. Brennen im Magen, das sich bis zum Mund er=streckt. * Alle Symptome sind schlimmer nach plötzlicher Aufregung, Schreck, Sorge oder unliebsamen Nachrichten. * Falscher Hunger; ein nagendes Gefühl im Magen [Ars., Nux v.].

Hepar s.—Der Magen kommt leicht außer Ordnung, ungeachtet der größten Vorsicht [jegliche Speise ist zuwider, **Carbo v.**]. Verlangen nach scharfen, sauren Speisen. Uebelkeit mit Aufstoßen, womit kein Nachgeschmack verbunden ist. Fauler, metallischer Geschmack. * Schleimanhäufung in dem Hals. Harte, beschwerliche Stühle. Emporkommen von Speisen im Schlund, wie von saueren Speisen.

Lycopodium.—Vollheitsgefühl im Magen nach jeder Mahlzeit. * Selbst nach dem kleinsten Bissen fühlt man, als ob man bis oben hin vollgestopft wäre [vgl. **Chin.**]. * Beständiges Gährungsgefühl im Unterleib, wie von Hefe [**Phos.**]. Rumpeln im Unterleib, namentlich auf der linken Seite. Peinlicher Schmerz im Rücken vor dem Harnlassen. * Rother Sand im Urin. Verstopfung; spärliche, harte, beschwerliche Stühle. Symptome schlimmer nach 4 Uhr Nachmittags.

Mercurius.—* Sehr empfindlich in der Gegend der Magengrube und im Unterleib [**Bry., Nux v.**]. Beim Sitzen fühlt sich die Speise wie ein Stein im Magen an. Druck in der obern Magengegend; Aufstoßen und Herzbrennen nach jeder Mahlzeit. Widerwille vor kräftiger, substanzieller Kost, Fleisch, warmen Speisen; dafür Verlangen nach Erfrischungen. Reichlicher Speichelfluß, mit salzigem Geschmack.

Nux vomica.—Fauler, bitterer Geschmack früh am Morgen [* **Puls.**]. * Defteres, saures Aufstoßen. * Die Magengegend ist gegen Druck sehr empfindlich. Krampfartiger, schmerzhafter Druck auf den Magen, namentlich nach dem Essen. Festanliegende Kleidung ist unerträglich. * Sehr reizbar; wünscht allein zu sein [wenn nicht, * **Ars.**]. Reichliche, harte, beschwerliche Stühle. Nach kräftiger, stark gewürzter Speise, stark wirkender Medizin und Ausschweifung.

Pulsatilla—Die Zunge ist weiß oder gelb belegt; übler Geschmack am Morgen. * Aufstoßen nach der Mahlzeit; Nachgeschmack der zuletzt genossenen Speise [**Chin., Nux v., Sulph.**]. Klopfen in der Magengegend [**Sep.**]. Fette Speisen aller Art, wie Schweinefleisch, widerstehen; ebenso Pasteten, Gefrornes u. s. w. [**Ipe.**]. * Schwindel beim Bücken oder Aufstehen. Frösteln, mit fliegender Kopfhitze. Nächtlicher Durchfall. Weinerliche Personen.

Sepia.—Magenklopfen während des Essens. * Große Verdauungsschwäche. Saueres, bitteres Aufstoßen. Druckgefühl, wie von einem Stein. Gelbliches Aussehen des Gesichtes, mit einem sattelähnlichen Strich quer über die Nase. * Harte, beschwerliche Stühle, mit einem Gefühl der Schwere im After.

Silicea.—Bitterer Geschmack am Morgen. Uebelkeit, nament-

lich am Morgen oder nach der Mahlzeit.   * Wasser schmeckt nicht;
Erbrechen nach dem Trinken.   Magenschmerzen mit Sodbrennen.
Kein Appetit, aber viel Durst.   Verstopfung; die Stühle gehen,
wenn theilweise entfernt, zurück.

Staphysagria.—Gefühl, als ob der Magen schlaff nach unten
hänge [wie wenn auf= und abschwappend, * Phos.].   Der Patient
fühlt gleich nach jeder substanziellen Mahlzeit hungrig.   * Starker
Hunger, selbst nach Ueberladung des Magens.

Sulphur.—Saures Aufstoßen und lästige Säure im Magen.
Die Magengegend ist gegen Berührung empfindlich.   Fühlt gegen
11 Uhr Vormittags schwindelig; muß etwas essen.   * Brennende
Hitze auf dem Kopf.   * Oeftere schwache Krampfanfälle.   * Durch=
fall früh am Morgen.   * Schwache Personen, mit gebückter
Haltung.

Gegen Brennschmerz im Magen und Ausdehnungs=
gefühl desselben: **Arn., Ars., Bell., Phos.**

Versäuerung des Magens, mit Aufstoßen; Herzbren=
nen.   Auswürgen und Erbrechen einer sauern Substanz:
Calc. c., Carbo v., Chin., Nux v., Phos., Sulph.

Saurer Magen nach dem Essen: **Nat. m., Nux v., Phos.,
Sep., Sulph.**

Ranziges Aufstoßen: **Carbo v., Puls., Sulph.**

Faules Aufstoßen: **Arn., Ars., Chin., Ferr., Merc., Phos., Sep.**

Bitterer Geschmack, bitteres Aufstoßen, bitteres Er=
brechen: **Ars., Cham., Nux v., Puls., Verat. alb.**

Gänzlicher Verlust des Appetits: **Ars., Chin., Nat. m.,
Nux v., Sep.**

Nicht zu stillender Hunger: **Calc. c., Chin., Nat. m., Nux v.,
Phos.**

Schwäche und Mangel an Thatkraft: **Ars., Chin., Ferr.,
Phos.**

Anweisung.—In ernsten Fällen gebe man das Mittel alle drei bis vier
Stunden; in chronischen Fällen wird eine Dosis genügen.   Von einer Lösung
von 12 Kügelchen oder 3 Tropfen der Flüssigkeit in 6 Dessertlöffel Wasser gebe
man 1 Löffel voll; oder man nehme 8 Kügelchen trocken auf die Zunge.

Diät und Verhaltungsmaßregeln.—Die Diät sollte aus nahrhafter, leicht
verdaulicher Kost bestehen, einerlei ob aus dem Pflanzen= oder Thierreich; aber
sie sollte nur gehörig gekocht und verkaut genossen werden.   Man vermeide alle
der Natur nicht zusagende Speisen, ebenso Getränke während des Essens; aber
des Morgens oder des Abends vor dem Schlafengehen sollte man ein Glas
Wasser trinken.   Spirituosen, starker Kaffee, Thee, Tabak und Droguen aller
Art sind zu vermeiden.   Der Patient grübele nicht über seinen Zustand nach,
sondern bewahre seine Gemüthsruhe und eine heitere Stimmung.   Er beschäf=
tige sich auf eine nützliche Weise und bewege sich in der freien Luft.   Oeftere
Waschungen und gehörige Benutzung des Fleischkammes sind gleichfalls sehr
nützlich.

Sodbrennen—Pyrosis.

Es besteht in einem peinlichen Brenngefühl im Magen und ist gewöhnlich ein dyspepsisches Symptom. Häufig sind Beängstigungen, Ohnmachtsanwandlungen, Neigung zum Erbrechen und ein nagendes Gefühl im Magen damit verbunden; ebenso saures, scharfes Aufstoßen und Erguß einer wässerigen, geschmacklosen Flüssigkeit.

Oft liegt Wurmkrankheit zu Grunde, auch der Genuß von scharfen Speisen, Gewürzen, starkem Kaffee, Spirituosen, Tabakkauen und Rauchen.

Behandlung.—Hauptanzeichen.

Carbo veg.—Sodbrennen, namentlich des Nachts. * Saures Aufstoßen, mit Magenbrennen. Passend nach Weintrinken und Nachtschwärmen [vgl. **Nux v.**].

China.—Sodbrennen nach jeder Mahlzeit, mit Ansammlung von Wasser im Munde, erfolglosem Würgen und Druck im Magen. * Vollheitsgefühl nach jeder Mahlzeit.

Nux vomica.—Bei Nacht, Auswürgen einer sauern, bittern Flüssigkeit [vgl. **Puls.**]. Erbrechen nach jeder Mahlzeit. * Die Magengegend ist gegen Druck sehr empfindlich [vgl. **Phos.**]. * Sodbrennen bei Trinkern. Verstopfung; harte, beschwerliche Stühle.

Pulsatilla.—* Aufstoßen, mit dem Geschmack und Geruch der zuletzt genossenen Speisen. Nagen im Magen wie von Hunger. Aufstoßen einer bittern Flüssigkeit [vgl. **Phos.**]. Namentlich für weinerliche Personen.

Sepia.—Sodbrennen nach dem Genuß von Speisen und Getränken. Magenbrennen [vgl. * **Ars., Nux v.,** * **Phos.**]. Passend für schwangere Frauen [vgl. **Nux v.**].

Phosphorus.—* Sodbrennen, mit Aufstoßen bitteren, ranzigen Wassers. Saures Zurückstoßen der Speise nach dem Essen [vgl. **Nux v.**] * Sehr schläfrig, namentlich nach dem Mittagessen.

Behufs weiterer Belehrung, vergleiche man das Kapitel über Dyspepsie und deren charakteristische Symptome, im 2. Theile des Buches.

Anweisung.—Man nehme 6 oder 8 Kügelchen trocken auf die Zunge, eine halbe Stunde vor jeder Mahlzeit, drei Tage hintereinander; erfolgt keine Besserung, so wähle man ein anderes Mittel.

Diät.—Vergleiche unter Dyspepsie.

Magenkrampf.

Dies ist eine sehr schmerzhafte Magenkrankheit, wobei namentlich die Magennerven in Mitleidenschaft gezogen sind. Sie kennzeichnet sich durch heftige, krampfartige Schmerzen, die in Paroxysmen verlaufen und an Heftigkeit verschieden sind. Gewöhnlich beginnt er mit einem Magendruck, öfterem Gähnen, Kälte der Extremitäten und einem Gefühl von allgemeinem Unbehagen. Zuweilen wird der Patient ohne vorhergehende warnende Anzeichen von einem heftigen Schmerz in der Brustgegend befallen; der Schmerz ist schneidend, reißend, krampfartig, zusammenziehend. Nicht selten erstreckt sich der Schmerz bis auf den Rücken, in die Brust und den Hals, und verursacht so ein Erstickungsgefühl und Schwerathmigkeit. Zuweilen wird der Schmerz durch einen harten Druck auf den Magen gelindert; in anderen Fällen wieder dadurch vermehrt. Der Patient leidet an heftiger Gemüthsunruhe. Gewöhnlich dauern die Anfälle von einer bis zu sechs Stunden, zuweilen länger; sie enden mit Windaufstoßen, auch mit Erbrechungen saurer, wässeriger Flüssigkeiten.

Ursachen.—Zu den häufigsten Entstehungsursachen gehört der Genuß von unverdaulichen Speisen; z. B.: ungekochtes Gemüse; Salat; Zwiebeln; Radieschen; Gurken u. s. w. Auch der Genuß von scharfen Getränken, blutreinigenden Arzneien, Opium, Laudanum und schmerzstillenden Mitteln wirken nachtheilig. Wenn eine Voranlage vorhanden ist, so wird der geringste Diätfehler oder eine ungewöhnliche geistige Aufregung einen Anfall zur Folge haben.

Behandlung.—Hauptanzeichen.

Belladonna.—* Krampfartiger Schmerz in dem Magen. Ziehender, krampfhafter, drückender Schmerz, der den Patienten zwingt, den Kopf rückwärts zu biegen und den Athem anzuhalten [vgl. **Colo.**]. * Periodische Schmerzen, die ebenso rasch vergehen, wie sie kommen.

Carbo veg.—* Krampf im Magen, mit anhaltendem, sauerm Aufstoßen. Bis zu dem Rücken und hinauf nach den Schultern sich erstreckender Brennschmerz. Schlimmer nach dem Niederliegen. Nach allzukräftiger Lebensweise und dem Genuß starker Getränke [vgl. **Nux v.**].

Cocculus.—* Heftiger Magenkrampf, während und nach der Mahlzeit, mit Bauchgrimmen. Vollheitsgefühl des Magens, mit unterdrücktem Athmen.

Colocynth.—Krampfartiger, bis zu dem Hals sich erstreckender Magenschmerz. * Die Schmerzen werden durch eine Krümmung des Körpers und harten Druck etwas gemildert [vgl. **Nux v.**]. Nach Verdruß oder Unwille.

Nux vomica. — * Krampfartige Magenschmerzen, mit einem Druck nach unten; der Schmerz läßt etwas nach, wenn man den Körper nach vornen beugt und die Theile reibt. Aufstoßen einer sauern, bittern Flüssigkeit. * Verstopfung, mit häufigem Stuhldrang. Namentlich für Personen von sitzender Lebensweise, und Solche, die einen guten Tisch führen und stark trinken.

Anweisung.—Löse 3 Tropfen oder 12 Kügelchen in 6 Dessertlöffel Wasser auf; davon gib, in dringenden Fällen, jede halbe Stunde 1 Löffel voll, bis Besserung eintritt; dann setze man aus oder wähle eine andere Medizin.

Hülfsmittel.—Warme Bähungen oder ein mit heißem Sand gefülltes Säckchen, wohlangebracht, sowie Badungen der untern Extremitäten, leisten gute Dienste.

Erbrechen.

Dies ist ein vielen Krankheiten gemeinsames Symptom. Oft ist es zurückzuführen auf Störungen des Magens, der Leber, der Nieren, der Galle, des Mutterleibs, der Eingeweide und des Gehirnes. Auch ist es eine Folge von Schwäche, Ueberladung des Magens, Wurmkrankheit, Schwangerschaft, Bootfahren, sowie von einem ekelerzeugenden Anblick.

Behandlung.—Wenn der Uebelstand von Ueberladung des Magens, vom Genuß unverdaulicher Speise oder giftiger Substanzen herrührt, so thut man am Besten, durch Trinken von lauwarmem Wasser oder Kitzeln mit einer Feder im Halse zum Erbrechen zu reizen. Aber sollten die Symptome auf eine ernsthafte Krankheit hinweisen, so bediene man sich folgender Mittel:

Antimonium.—Uebelkeit und Erbrechen nach Ueberladung des Magens, oder nach dem Genuß sauern Weines [vgl. Ipe., Nux v., Puls.]. * Schreckliches Erbrechen [vgl. Tart. em.]. Dicker, milchweißer Beleg der Zunge.

Arsenicum.—* Erbrechen, namentlich nach Essen oder Trinken [vgl. Bry., Verat. alb.]. * Erbrechen von Galle und von grünlichgelbem Schleim, sowie schwärzlichen Substanzen [vgl. Verat. alb.]. * Rasche Abnahme der Kräfte.

Bryonia.—Sofortiges Erbrechen nach dem Genuß von Speisen oder Getränken [vgl. Ars.]. * Bitterer, galliger Geschmack [vgl. * Cham., Verat. alb.]. Beim Erbrechen Schmerzen in der linken Seite.

Chamomilla.—Erbrechen, mit sauerm oder bitterm Geschmack. * Bitteres, galliges Erbrechen. Passend für Kinder.

Cocculus.—* Uebelkeit und Erbrechen nach einer Fahrt in einem Wagen oder einem Boot; nach Schaukeln. Seekrankheit [vgl. Ars.]. Uebelkeit, mit Neigung zu Schwindel.

Conium.—* Erbrechen einer kaffeesatzähnlichen Substanz [vgl. Ars., Sec. cor.]. Schwangere Frauen [vgl. Ipe., Nux v.]

Ipecacuanha.—Eines der besten Mittel gegen Uebelkeit und Erbrechen. * Anhaltende Uebelkeit [vgl. * Tart. em., Verat. alb.]. Erbrechen von Speisen oder einer bittern, galligen Flüssigkeit, oder eines gallertartigen, grünen Schleimes. * Heftige Schmerzen, mit

10

Uebelkeit. Verdorbener Magen nach dem Genuß von Schweinefleisch, fetten Speisen und Tabakrauchen [vgl. * Puls.].

Nux vomica.—Uebelkeit nach dem Essen. * Leeres Aufstoßen nach starkem Trinken. Erbrechen sauerschmeckenden und riechenden Schleimes, mit Kopfweh. Erbrechen hellen, rothen oder schwarzen Blutes [vgl. **Bry.**, **Ipe.**]. Schlucken.

Pulsatilla.—Der Magen ist schwach und nimmt nur wenig an. Erbrechen nach jeder Mahlzeit [vgl. **Nux v.**]. Namentlich passend nach dem Genuß von fettem Fleisch [vgl. **Ipec.**]. Für weinerliche Personen.

Veratrum alb.—Heftiges Erbrechen, mit Uebelkeit; ist niedergeschlagen [vgl. **Ars.**]. Erbrechen, oder Auswurf einer bittern, galligen Flüssigkeit. * Bricht schwarze Galle und Blut aus [vgl. **Ars.**, **Ipec.**]. Erbrechen beim Trinken und bei jeder Bewegung. * Kalter Stirnschweiß. Plötzliche Kräfteabnahme [vgl. **Ars.**].

Anweisung.—Löse 3 Tropfen oder 12 Kügelchen in 8 Dessertlöffel Wasser auf; davon nehme man in dringenden Fällen jede Stunde 1 Löffel voll. In milden Fällen ist eine Dosis in drei oder vier Stunden genügend.

Blutspeien.

(VOMITING OF BLOOD.)

Dem Blutspeien geht gewöhnlich ein Vollheitsgefühl voran, begleitet von Schmerz und Unbehagen in der Magengegend, salzigem Geschmack, Uebelkeit, Schwindel, Schwäche und dumpfem Gefühl im Kopfe. Das ausgespiene Blut ist in Bezug auf Quantität und Qualität sehr verschieden. Zuweilen ist es hellroth und flüssig; ein anderes Mal dunkel und geronnen. Die ausgespiene Masse ist mitunter beträchtlich, von einem bis zu zwei Quart; in diesem Falle ist das Blut gewöhnlich zersetzt und ist von chocolad- oder kaffeeartiger Farbe. Wenn es nicht ausgespieen wird, sondern seinen Weg durch die Gedärme findet, so sind die Stühle schwarz und theerfarbig.

Ursachen.—Die unmittelbare Ursache ist das Zerspringen von Blutgefäßen im Magen. Der anregenden Ursachen sind mehrere. Es mag ein Magenleiden zu Grunde liegen; der Gebrauch von Medizinen; der Genuß von Spirituosen; mechanische Verletzungen; plötzliche Unterbrechungen von Afterblutungen; Unterdrückung der Regel u. s. w.

Behandlung.—Hauptanzeichen.

Aconit.—Bei wohlbeleibten, sowie jüngern Personen. Hellrothes Blut. * Große Gemüthsunruhe und nervöser Erregung.

Arnica.—Wenn in Folge von mechanischen Verletzungen und das Blut dunkel und geronnen ist. * Wundes Gefühl im Magen.

Arsenicum.—Brennhitze mit drückendem Magenschmerz. * Er-
brechen schwarzer Galle und Blut [vgl. **Verat. alb.**]. Plötzlicher
Kräfteverlust. Schmerz bei der Berührung des Magens. * Große
Unruhe.

China.—Für schwächliche Personen [vgl. **Ferr.**]. * Große
Schwäche in Folge von Blutverlust.

Ipecacuanha.—* Unerwartete Anfälle; Blut ist schwarz und
sauer; Blässe und Schwäche. * Anhaltende Uebelkeit [vgl.
Verat. alb.]. Heftiger Schmerz, mit Uebelkeit.

Phosphorus.—Erbrechen hellrothen Blutes. Gesicht, Lippen,
Zahnfleisch und Zunge sind blaß. * Irgend welche Getränke, sobald
sie im Magen warm geworden sind, werden ausgebrochen. * Schläfrigkeit, namentlich nach dem Mittagessen.

Secale cor.—Blutungen bei schlanken, schwachen Personen. * Erbrechen schwärzlichen, braunen, zersetzten Blutes. Der Patient liegt
still, hat keine Schmerzen, ist aber sehr schwach. Gesicht ist todtenblaß; die Haut ist mit kaltem Schweiß bedeckt.

Anweisung.—Wenn Blutungen eintreten, wiederhole die Medizin jede halbe
oder ganze Stunde, bis sie gehemmt sind; darnach alle drei bis vier Stunden.
Von einer Lösung von 3 Tropfen oder 12 Kügelchen in 8 Dessertlöffel Wasser,
gebe man 1 Löffel voll, oder man nehme 8 Kügelchen trocken auf die Zunge.

Diät und Verhaltung.—Nach einem Anfall sollte man mehrere Stunden nichts
essen; dann nehme man etwas Haferschleim, Kornstärke und frische Milch. Man
genieße alle Speisen kalt.

* In dringenden Fällen setze man trockne Schröpfköpfe unter den Rippen an;
auch kaltfeuchte Aufschläge auf den Unterleib—man ringe die Tücher wohl aus—
sind wohlthätig.

Magenentzündung.

(GASTRITIS.)

Acute Magenentzündung zeigt sich an durch brennende, schneidende
Schmerzen in der Magengegend; durch Wundheitsgefühl, Empfindlichkeit gegen Druck oder Bewegung; großes Verlangen nach kalten
Getränken, die meistens sofort hinuntergeschluckt werden. Vollheitsgefühl des Magens, der sich heiß anfühlt; allgemeine fieberartige
Aufregung, mit vollem, raschem Puls; Zunge ist roth an der Spitze
und an den Rändern, während die Mitte weiß belegt ist; der Patient
liegt auf dem Rücken, mit nach oben gezogenen Beinen; Verstopfung
der Eingeweide, mit spärlichem Urin. Bei fortschreitender Krankheit
wird der Puls rasch, klein, fadenartig; das Gesicht ist zusammengezogen und eingesunken; Gesicht und Extremitäten sind mit kaltem
Schweiß bedeckt; die Krankheit endet in Krämpfen und Tod.

Ursachen.—Reizende, dem Magen zugeführte Substanzen, wie

Arsenik, ätzendes Sublimat und andere Gifte. Auch reichlicher Genuß von Eiswasser und Gefrorenem, namentlich bei Ueberhitzung, sind unter den Ursachen zu verzeichnen.

Behandlung.—Hauptanzeichen.

Aconit.—Hochgradiges Fieber; heiße, trockne Haut; voller, rascher Puls und fürchterlicher Durst. Scharfe, schießende Schmerzen im Magen, der gegen Berührung sehr empfindlich ist. * Bitteres, galliges Erbrechen, mit Todesfurcht. Alles, Wasser ausgenommen, hat einen bitteren Geschmack [vgl. **Bry.**]. * Furcht und Gemüthsunruhe, mit nervöser Erregung. Kurzathmigkeit und Unruhe.

Arnica.—Nach Verletzungen. Schmerzhafter Druck im Magen; kneipende, krampfhafte, grimmige Schmerzen. * Erbrechen von dunkelm, geronnenen Blut [**Ars.**, **Nux v.**]. Wundheitsgefühl über den ganzen Körper; das Bett fühlt sich hart an. Aufstoßen wie von faulen Eiern.

Arsenicum.—Aengstlicher Gesichtsausdruck. Große Empfindlichkeit der obern Magengegend. * Hitze und Brennen im Magen, mit scharfen, schießenden Schmerzen [vgl. **Bell.**]. Jedesmaliges Erbrechen nach dem Essen und Trinken [**Bry.**]. Heftiger Schmerz im Magen während des Erbrechens. Ungestümes Verlangen nach kaltem Wasser; trinkt oft, aber nur wenig. * Große Unruhe, Angst und Todesfurcht. Rasche Abnahme der Kräfte.

Belladonna.—Der Unterleib ist sehr empfindlich; Druckgefühl im Magen. Brennende, schneidende Magenschmerzen [**Ars.**, **Bry.**]. * Rasch kommende und rasch verschwindende Schmerzen. Blutandrang nach dem Kopf, mit klopfendem Kopfschmerz. Irrereden; will aus dem Bett springen. * Ist sehr empfindlich gegen Licht und Geräusch. * Auffahren im Schlafe. Schläfrigkeit und kein Schlaf.

Bryonia.—Die Magengegend ist sehr empfindlich, so daß der leiseste Druck auf dieselbe unerträglich ist. Stechende, fliegende Schmerzen in der Magengrube. Magenbrennen. * Sofortiges Erbrechen nach dem Essen und Trinken [**Ars.**, **Verat. alb.**]. * Uebelkeit und Schwindel beim Aufsitzen im Bett. Irrereden, mit dem Verlangen aufzustehen und nach Haus zu gehen. Die Lippen sind wie gedörrt und gesprungen. Verlangen nach reichlichem Wasser. * Wünscht ruhig zu liegen. Harte, trockene, verbrannte Stühle.

Cantharides.—Heftige Magenschmerzen. Der Kranke wälzt sich vor Verzweiflung umher. Brennen im Magen; es erstreckt sich zuweilen bis nach den Eingeweiden hinunter. * Beständiger Harndrang, mit nur spärlicher Entleerung. Die Stühle sehen wie Schabsel der Eingeweide aus. Brennender Durst. * Erbrechen, mit schrecklichem Würgen und Bauchgrimmen. Angst und Ruhelosigkeit [**Acon.**, **Ars.**].

Ipecacuanha.—Wo Uebelkeit und Erbrechen hervorstechende Merkmale sind. Durchfall, mit grasgrünen, schleimigen Stühlen und schneidendem Bauchgrimmen.

Nux vomica.—Gesicht roth und gedunsen. Zunge roth, rein, zitternd. Brennender Schmerz im Magen, der gegen Berührung sehr empfindlich ist [Ars., Bell.]. * Zusammenziehende, krampfartige Magenschmerzen. * Erbrechen eines sauerschmeckenden Schleimes; auch von Blut. Brennen im Schlund. Harte, beschwerliche Stühle. Durchweg schlimmer am Morgen; kann nach 3 Uhr des Morgens nicht schlafen. Für Opfer von stark wirkenden Medizinen oder Quacksalbereien.

Pulsatilla.—Die obern Bauchtheile (epigastrium) sind gegen Druck empfindlich. Lancirende Schmerzen im Magen. Uebelkeit und Erbrechen nach dem Essen oder Trinken [Ars., Bry.]. * Erstickende, ermüdende Krämpfe. * Schwindel beim Sicherheben; dabei Frostschauer. Wässeriger Durchfall, namentlich bei Nacht. Für weinerliche Personen. Bitterer Geschmack, beständiges Ausspeien von schaumigem Schleim.

Veratrum alb.—Augen gesunken und glasig. Lippen bläulich und trocken. Wundheitsgefühl in der Magengegend. * Heftiges Verlangen nach kalten Getränken. Kann nichts im Magen behalten. Die kalten Extremitäten sind mit klebrigem Schweiß bedeckt. Außerordentliche Erschlaffung, mit Todesfurcht [* Ars.]. Puls kaum wahrnehmbar. Entkräftender Durchfall.

Anweisung.—In dringenden Fällen gebe man die Arznei jede halbe oder ganze Stunde; nach Anzeichen der Besserung seltener. Von einer Lösung von 3 Tropfen oder 12 Kügelchen in 10 Theelöffel Wasser, gebe man je 1 Theelöffel voll.

Diät. – Im völlig entwickelten Stadium der Krankheit nimmt der Magen keine Nahrung an; höchstens ein wenig Wasser oder Eisstückchen. Bei eintretender Genesung gebe man etwas dünnen Reis, Farina, oder frische Milch, aber keinerlei substanzielle Nahrung, bis der Magen dieselbe ohne Mühe annimmt. Die Rückkehr zur gewohnten Diät findet nur langsam statt.

Seekrankheit.

(SEA-SICKNESS.)

Gewöhnlich werden des Seelebens ungewohnte Personen von ihr ergriffen; immerhin sind Seeleute nicht ausgenommen. Ihre Symptome sind: Schwindel, Uebelkeit, Erbrechen, Schwächegefühl u. s. w. Die ausgebrochenen Substanzen sind: Speisen, Wasser, Galle, große Massen Schleim. Die Dauer und Heftigkeit hängen vielfach von der individuellen Geistes= und Körperbeschaffenheit ab.

Behandlung.—Hauptanzeichen.

Arsenicum. — Außerordentliche Unpäßlichkeit, begleitet von gänzlicher Erschlaffung und Hülflosigkeit.   * Heftiges Würgen und Erbrechen nach dem Genuß von Speisen und Geträn-ken.   Durst; trinkt oft, aber je nur wenig.   Todesfurcht.

Cocculus. — Eines der wichtigsten Mittel in diesem Zustand. Passend bei Schwindel, mit Uebelkeit beim Aufsitzen im Bett oder beim Aufrechtstehen.   * Außerordentliche Unpäßlichkeit, mit Er-brechen bei jeder Bewegung des Schiffes.   Schlimmer nach Essen oder Trinken.

Ipecacuanha. — * Anhaltendes Unwohlsein.   Reichliches Erbrechen, ohne große Erschlaffung [umgekehrt, **Ars.**].   Gefühl von Leere im Magen.

Nux vomica. — Wird von einigen Aerzten verordnet, um An-fällen vorzubeugen, ehe man an Bord geht; ebenso gegen etwaige Nachwirkungen, wie Verwirrtheit, Schwindel, Mangel an Eßlust u. s. w.

Diät und Verhaltung. — Die Diät sei regelmäßig, nahrhaft und leicht verdau-lich; halbe Portionen Fleisch; gutes, einige Tage altes Brot; Puddinge aus Welschkorn, Roggen oder Hafermehl; Kartoffeln, Bohnen und Tomatoes; reife Früchte u. s. w.   Kleine Brocken Eis sind gelegentlich von Nutzen.   Roggen-kaffee ist ein passendes Getränk.

Der Patient sollte möglichst ruhig liegen; wiederum mache er sich gelegentlich Bewegung durch Auf- und Abgehen.

Schlucken.

(HICCOUGH.)

Dies ist ein eigenthümlicher Laut, hervorgebracht durch ein plötz-liches Zusammenziehen des Zwerchfelles und ein gleichzeitiges Zu-sammenziehen der Stimmritze, wodurch die Luft in der Luftröhre zurückgehalten wird.   Es ist dies ein Symptom vieler krankhaften Zustände, namentlich im letzten Stadium gewisser Krankheiten, auch bei Kindern und Personen von anscheinend guter Gesundheit.

Behandlung. — Wenn Schlucken mit andern Krankheiten in Ver-bindung steht, so sollte er nur nach den allgemeinen Grundsätzen be-handelt werden.   Erscheint er aber als ein vereinzeltes Symptom, wie dies häufig bei kleinen Kindern der Fall ist, so wird etwas ver-süßtes Wasser das Uebel beseitigen; wenn ohne Erfolg, so gebe man einige Dosen **Nux vomica.**

Zehntes Kapitel.

Unterleibs-Krankheiten.

Kolik.

Man bedient sich jetzt des Ausdruckes „Kolik," um fast alle Schmerzen im Unterleib damit zu bezeichnen. Bei richtiger Anwendung des Ausdruckes hat man darunter nur einen schmerzhaften Krankheitszustand des Grimmdarmes zu verstehen. Symptome sind: heftige, klammernde, packende, zusammenziehende Schmerzen, die in Paroxysmen kommen und gehen. Sie haben ihren Sitz in der Nabelgegend, oder in der Seite, dem Laufe des Grimmdarmes folgend. Der Schmerz ist zuweilen so heftig, daß der Patient sich wie ein Wurm krümmt, sich auf dem Boden wälzt u. s. w. Uebelkeit, Erbrechen und Windaufstöße sind in einigen Fällen beachtungswerthe Erscheinungen. Das Gesicht ist mit kaltem Schweiß bedeckt und nimmt einen schmerzlichen Ausdruck an. Der Unterleib ist zuweilen ausgedehnt und gegen Berührung empfindlich; wiederum ist er eingezogen, wobei der Schmerz bei äußerem Druck nachläßt. Verstopfung mit Stuhldrang ist eine häufig vorkommende Erscheinung.

Ursachen.—Der Genuß saurer, unreifer Früchte, unverdaulicher Speisen, wie rohes Gemüse, Gurken, Sellerie, warmes Brot u. s. w. Auch Trinken von Eiswasser oder anderer kalter Getränke nach Ueberhitzung.

Behandlung.—In Verbindung mit den Arzneien werden Bähungen des Unterleibs und der Extremitäten ersprießliche Dienste leisten. Warme Bäder und warme Klystiere sind sehr zu empfehlen. Die Einspritzungen sollten in großen Quantitäten verabfolgt werden, während der Patient auf der rechten Seite liegt, mit den Hüften nach oben, in welcher Lage er längere Zeit verharren sollte.

Heilmittel.—Hauptanzeichen.

Aconit.—Hitzige Kolik; die Blase ist in Mitleidenschaft gezogen. Mühsame, spärliche Urinentleerungen. Große Empfindlichkeit des Unterleibes [vgl. **Bell.**]. Schneidende, unerträgliche Schmerzen im Leib, so daß der Patient laut aufschreit, sich umherwälzt und fast außer Sinnen ist. * Große Furcht und Angst.

Belladonna. — Wulstartiges Hervortreten des umgestülpten Grimmdarmes. Ein Zusammenschnüren im Unterleib, wie von Krallen [wenn wie von einer Hand, * Ipe.]. Zusammenschnü= ren des Unterleibes um den Nabelpunkt, als ob sich ein Ball bilden wollte. Durch Druck von Außen und eine ganze Krümmung gemildert [Chin., Colo., Nux v.]. Zeitweilige, rasch kommende und rasch verschwindende Schmerzen.

Carbo veg. — Vollheitsgefühl im Magen, als wollte er bersten. In verschiedenen Theilen des Unterleibes eingeengte Winde [* Chin., Lyc.]. Oefteres, keine Erleichterung gewährendes Külpsen. * Ste= tiger Druck nach der untern Magengegend. Hörbares Rumpeln im Leib; Aufstoßen saurer, ranziger Speise. * Erschlaffung; hippo= kratisches (Tod anzeigendes) Gesicht, mit Kälte der Extremitäten [Verat. alb.]. Schlimmer von 4 bis 6 Uhr des Nachmittags.

Chamomilla. — Windkolik; der Unterleib ist wie eine Trommel ausgespannt. Anhaltende, ziehende, reißende Schmerzen im Unter= leib, mit einem Gefühl, als wären die Gedärme in einen Klumpen aufgerollt [vgl. Bell.]. Druck gegen den Leistenring, als wollte ein Bruch hervortreten [Druck nach Brust, Nux v.]. Erbrechen ver= säuerter Speisen oder schleimiger Substanzen. * Sehr ungeduldig; kann kaum höflich antworten. Kinder wollen immer umhergetragen werden. * Wird vor Schmerzen fast rasend.

China. — Windkolik, mit Durst. Heftig schneidende, zwickende Schmerzen in der Nabelgegend, welche nach einer ganzen Krümmung nachlassen [* Colo., Nux v.]. * Vollheitsgefühl im Unterleib, als wäre er vollgestopft [als wollte er bersten, Carbo v., Lyc.]. Wenn nach dem Genuß von Früchten oder jungem Bier. Nach ermatten= der Unpäßlichkeit oder Verlust von Lebenssäften.

Cocculus. — Heftige Magenkrämpfe, mit einem den Magen gleichsam zerreißenden Gefühl. Zusammenziehen des Unterleibes, mit einem Druck nach außen und nach unten [wenn nach oben, Nux v.]. Windkolik um Mitternacht; Linderung nach Windabgang. * Der Unterleib ist angespannt; ein Gefühl, als wäre er voll scharfer Steine.

Coffea. — Unerträgliche Schmerzen im Unterleib. * Gefühl, als würden die Gedärme in Stücke geschnitten; Schreien und Zähne= knirschen. * Der Patient wird in Folge der Schmerzen wie rasend [* Acon.]. Empfindlich gegen Berührung; Aufgeregtheit.

Colocynth. — Heftig schneidende, zusammenziehende, krampfartige Schmerzen. * Ein Gefühl durch den ganzen Unterleib, als würden die Eingeweide zwischen Steinen zermalmt; muß sich krümmen [vgl. Bell.]. Große Unruhe, Stöhnen, Klagen. Nach Aerger, oder Mißbrauch von Opium.

Ipecacuanha.—Fürchterliche, unbeschreibliche Schmerzen und Uebelkeit im Magen. Schneiden und Zwicken in der Nabelgegend; schlimmer nach Bewegung, besser nach Erbrechen [vgl. **Bell.**]. * Anhaltende Unpäßlichkeit; Erbrechen beim Bücken. Nach dem Erbrechen, Neigung zum Schlafen.

Lycopodium.—Kolik, mit verhaltenem Wind [**Carbo v.**, **Chin.**]. Gefühl, als wollte der Unterleib bersten [vgl. **Chin.**]. Wind, ohne Erleichterung [mit, **Cocc.**].

Mercurius.—Sehr empfindlich über der Magengrube und dem Unterleib. Klemmende Schmerzen im Unterleib, mit Schüttelfrost [**Puls.**]. Häufiger Stuhldrang [**Lyc.**, * **Nux v.**]; schleimiger Durchfall. * Kalter, klebriger Schweiß an den Hüften und Beinen.

Nux vomica.—Krampfartige Schmerzen im Magen; Druck nach der Brust. Druck im Magen, wie von einem Stein [* **Puls.**]. Schneidende, zwickende Schmerzen, mit Neigung zum Erbrechen und Aufstoßen. Windkolik von Verdauungsschwäche oder dem Genuß ungeeigneter Speise. * Häufiger, ergebnißloser Stuhldrang [**Lyc.**]. Bei bösartiger, reizbarer Gemüthsstimmung. Ein Opfer von Droguen.

Pulsatilla.—Fauler, bitterer Geschmack, namentlich nach dem Genuß von Speisen oder Getränken. Empfindliche, zusammenziehende Schmerzen in der Magengrube. Rülpsen, mit einem Beigeschmack der genossenen Speise. Häufige, lose, veränderliche Stühle; schlimmer des Nachts. Der Patient kann nicht wohl unter einer Decke liegen und schnappt nach frischer Luft. * Nach dem Genuß fettiger Speisen. Weichherzige Personen.

Veratrum alb.—Schmerzen hier und da im Unterleib, wie von Messerschnitten [**Colo.**]. Heftige Kolik (schneidende Schmerzen), mit Uebelkeit und Erbrechen. Furcht, Angst, Verzweiflung. * Kalter Schweiß über den ganzen Körper. Starkes Verlangen nach großen Quantitäten kalten Wassers. Schwäche; matter Puls.

Anweisung.—In dringenden Fällen gebe man die Arznei alle zwanzig Minuten, oder jede halbe Stunde, bis Besserung eintritt. In weniger dringenden Fällen alle zwei oder drei Stunden. Man nehme 8 Kügelchen trocken auf die Zunge; oder man löse 3 Tropfen oder 12 Kügelchen in 8 Dessertlöffel Wasser auf und gebe davon je einen Löffel voll.

Gallenkolik.

(BILIOUS COLIC.)

Gallenkolik wird herbeigeführt durch Anhäufung ätzender Galle im Magen und den Eingeweiden. Der Schmerz wird gewöhnlich in der Magengegend empfunden; er ist packend, brennend und ist begleitet von Unpäßlichkeit und Erbrechen gelblichgrüner Galle. Die Anfälle kommen nicht auf ein Mal; oft geht ihnen Appetitverlust voran, sowie ein bitterer Geschmack mit belegter Zunge, und andere Störungen. Heftige Anfälle haben oft Leberentzündung zur Folge, oder sie machen den Kranken für weitere Anfälle empfänglich.

Behandlung.—Hauptanzeichen.

Bryonia.—Kneipende, stechende Schmerzen in der Magengrube. * Bitteres, galliges Erbrechen, namentlich nach dem Essen oder Trinken. Die Magengegend ist gegen Druck sehr empfindlich. Der Patient ist äußerst reizbar [vgl. **Cham.**]. * Stühle hart und trocken, wie verbrannt.

Chamomilla.—Krampfartige Schmerzen im Magen, namentlich bei an starken Kaffee gewöhnten Personen [vgl. **Nux v.**]. Schmerzhafte Ausspannung und Dichtigkeit in der Lebergegend. * Bitteres, galliges Erbrechen. * Wenn der Anfall durch heftige Leidenschaft oder Verdruß herbeigeführt wurde [vgl. **Colo.**]. Patient ist sehr reizbar; gibt barsche Antworten.

Colocynth.—Ein sehr wirksames Mittel. Bitterer Geschmack [vgl. **Cham.**, **Nux v.**]. Erbrechen grünlicher Galle. Krampfschmerzen im Magen, die sich bis zum Hals erstrecken. * Zusammenschnürende Schmerzen im Unterleib, als ob die Eingeweide zwischen Steinen zermalmt würden. * Unruhe, Stöhnen und Klagen. In Folge von Unwillen oder Opium.

Ipecacuanha.—Anhaltende Unpäßlichkeit des Magens. Erbrechen galliger, bitterer Flüssigkeit. Heftige Magenschmerzen, mit Uebelkeit. * Kneipen und Zwicken im Unterleib.

Nux vomica.—Zusammenschnürende, krampfartige Magenschmerzen. Schneidende, zwickende Schmerzen, mit Neigung zum Erbrechen und Aufstoßen. * Die Magengegend ist gegen Berührung sehr empfindlich. Aufstoßen einer bittersauern Flüssigkeit. Erbrechen sauerschmeckenden Schleimes. Verstopfung, mit Stuhldrang. Für ausschweifende Personen und Opfer von Droguen.

Anweisung.—Vergleiche unter Kolik.

Bleikolik.

(PAINTER'S COLIC.)

Eine Krankheit, der vorzugsweise Anstreicher, Glaser und Leute, die in Blei arbeiten, unterworfen sind. Sie kommt allmälig, mit Symptomen einer Magenstörung; unregelmäßiger, schwacher Appetit, fauliges Aufstoßen, Erschlaffung, Uebelkeit, Verstopfung mit vorübergehenden Schmerzen, mit einem Schwere- und Beengungsgefühl im

Unterleib. Zuweilen kommt der Anfall plötzlich, begleitet von packen=
den, drehenden Schmerzen im Magen oder im Unterleib, die in
Paroxysmen gehen und kommen; zuweilen erstreckt sich der Schmerz
aufwärts bis nach der Brust und den Armen, und niederwärts bis
zur Blase und dem Mastdarm; Harnlassen und Entleerung ist müh=
sam. Der Unterleib fühlt sich hart an, ist eingefallen und gegen
Druck empfindlich; Uebelkeit und Erbrechen schleimiger Flüssigkeit,
mit oder ohne scharfe Galle. Der Patient ist sehr ruhelos—bald auf
dem Magen liegend, bald sich krümmend; wiederum drückt er den Un=
terleib an irgend einen harten Gegenstand und versucht Alles, um Lin=
derung zu finden. Wenn Heilversuche vergeblich sind, so bricht kalter
Schweiß aus den Extremitäten und dem Gesicht hervor; die Lebens=
kräfte schwinden und der Patient stirbt in ohnmächtigem Zustand.

Behandlung.—Umschläge von feuchten, lauwarmen Tüchern, sind
sehr wirksam.

Belladonna.—* Zusammenschnüren des Unterleibes um den
Nabel, als wollte sich ein Klumpen bilden. * Packendes Gefühl,
wie von Krallen. Für wohlbeleibte Personen, sowie für Personen
mit zarter Haut und rother Gesichtsfarbe.

Colocynth.—Krampfschmerzen im Magen, die sich bis in den
Hals erstrecken [vgl. **Nux v.**]. Neigung zum Gähnen und Erbrechen
[vgl. **Ipe.**]. Packende, schneidende, drückende Schmerzen in der
Nabelgegend, die beim Bücken nachlassen. * Gefühl im ganzen
Unterleib, als würden die Eingeweide zwischen Steinen
zermalmt. Der Patient muß sich nach vorwärts biegen und den
Unterleib anhalten; kann sich außerdem keine Linderung verschaffen.
Ruhelosigkeit und Wehklagen.

Nux vomica.—Packende, grimmige Schmerzen im Magen, die
gehen und kommen. Schneiden in den Eingeweiden, mit Neigung
zum Erbrechen. * Heftige Schmerzen in den Eingeweiden, wie
wund und roh. Druck nach dem Mastdarm, mit Stuhlzwang.
* Hartnäckige Verstopfung. Für Personen von ausschweifenden Ge=
wohnheiten und Opfer von Quacksalbern.

Opium.—Schmerz im Unterleib, als wären die Eingeweide zer=
schnitten. * Erbrechen; heftige Kolik und Krämpfe. * Voller, träger
Puls. Schläfrigkeit. Verstopfung; harter, runder, schwarzer
Stühle.

Anweisung.—In heftigen Anfällen gebe man die Medizin alle zwanzig bis
dreißig Minuten, bis Besserung erfolgt; dann ein=, zwei=, dreistündlich. Löse
3 Tropfen oder 12 Kügelchen in 8 Dessertlöffel Wasser auf; davon je 1 Löffel
voll.

Leberentzündung.

(INFLAMMATION OF THE LIVER.)

Die Symptome sind je nach dem Sitz der Krankheit verschieden. Wenn die äußere Fläche entzündet ist, so fallen die Symptome mit denen des Seitenstiches zusammen: hochgradiges Fieber; voller, rascher Puls; Schmerzen unter der rechten Seite und unter den falschen Rippen, brennend und fliegend; zuweilen zieht sich der Schmerz bis nach der Brust, zwischen den Schultern hin, läuft den Arm hinunter und wird durch Husten, Athmen und Liegen auf der rechten Seite verschlimmert. Die Lebergegend ist gegen Druck sehr empfindlich, ist heiß, zuweilen geschwollen; Athmungsbeschwerden; trockner, lästiger Husten; Schmerzen in den Eingeweiden, mit Verstopfung.

Wenn die innere (concave) Oberfläche der Sitz der Entzündung ist, so sind die Schmerzen nicht so heftig; aber durch Liegen auf der linken Seite werden sie verschlimmert; Unpäßlichkeit und Erbrechen sind andere bemerkenswerthe Symptome; ebenso dicker, pelzartiger Beleg der Zunge; bitterer Geschmack; heftiger Durst; spärlicher Urin von dunkelgelber oder saffran Farbe; Augen und Haut sind gelb gefärbt; Rücken- und Gliederschmerzen; Verwirrung der Gedanken, zuweilen Irrereden. Besserung tritt gewöhnlich nach sieben oder acht Tagen ein; aber unter falscher Behandlung nimmt sie leicht eine chronische Form an und dauert Wochen, ja Monate lang.

Ursachen.—Der Krankheit liegen oft heftige Gemüthsbewegungen zu Grunde, wie Aerger, Gram; sodann starke Brechmittel; Abführungsmittel; gewohnheitsmäßiger Genuß von Spirituosen; Verletzungen; der Aufenthalt in einem heißen Klima; Verhärtung der Gallenblase u. s. w.

Behandlung.—Hauptanzeichen.

Aconit.—Hochgradiges, hitziges Fieber, mit Stechen in der Lebergegend. * Unerträgliche, zur Verzweiflung treibende Schmerzen. * Unruhe, Angst, Todesfurcht. Schwindel beim Aufsitzen im Bett. Kopfweh, als wollte das Gehirn hervordringen. Bitteres, galliges Erbrechen. * Harnunterdrückung, mit Stechen in den Nieren. * Nervöse Erregung.

Arsenicum.—Lebergegend empfindlich und geschwollen; heftige Brennschmerzen. Erbrechen einer bräunlichen, schwärzlichen Materie [**Verat. alb.**]. Durchfall; schwärzliche Stühle; schlimmer nach Essen und Trinken. * Heftiger Durst; trinkt wenig und oft. Angst, Unruhe, Todesfurcht [**Acon.**]. Rasche Abnahme der Kräfte.

Belladonna.—Heftige Schmerzen in der Lebergegend, die sich bis nach der Brust und Schulter erstrecken. Spannung in der Magengegend [Merc.]. * Empfindlichkeit des ganzen Unterleibes, gesteigert durch die geringste Erschütterung. * Blutandrang nach dem Kopf, mit klopfenden Schmerzen in den Schläfen. Stöhnt fortwährend und fährt im Schlafe auf. * Irrereden; möchte auf und davon. Geräusch und scharfes Licht unerträglich. * Urin ist goldgelb.

Bryonia.—Brennende, stechende Schmerzen in der rechten Seite. Schmerzen im rechten Arm und in der rechten Schulter. Gelbbelegte Zunge, mit bitterem, galligem Erbrechen [Merc.]. Lippen verbrannt und gesprungen. Kopf schmerzt, als wollte er bersten [Bell., Merc.]. * Uebelkeit und Ohnmacht beim Aufsitzen im Bett. Die Magengegend ist gegen Berührung sehr empfindlich. * Außerordentlich reizbar; ärgert sich über Alles. * Harte, trockne, verbrannte Stühle. * Will ruhig liegen.

Mercurius.—Drückender Schmerz und Stechen in der Leber. Kann nicht auf der rechten Seite liegen [Puls.]. Entzündung, mit großer Empfindlichkeit der Leber gegen Berührung; gelbsuchtartiges Aussehen der Haut. * Beim Husten oder Niesen dringt ein Schmerz mitten durch die Brust bis nach dem Rücken hin. * Keine Linderung nach starkem Schwitzen. Grüne, gallige, schaumige, schwer abgehende Stühle. Galliges Erbrechen.

Nux vomica.—Stechende, klopfende Schmerzen in der Leber, mit großer Empfindlichkeit gegen Berührung [Bell.]. Saurer oder bitterer Geschmack in dem Munde, mit galligem Erbrechen. Kurzathmigkeit, mit Druckgefühl unter den Rippen. * Kopf schmerzt wie zum Zerspringen [vgl. **Bry.**]. Anhaltende Hartleibigkeit, mit reichlichen, beschwerlichen Stühlen. * Kann nach 3 Uhr des Morgens nicht schlafen [nicht vor 3 Uhr d. M., Merc.]. Personen von sitzender oder ausschweifender Lebensweise.

Podophyllum.—Vollheitsgefühl und Schmerzen in der Lebergegend. Uebelkeit und galliges Erbrechen. * Der Patient reibt und schüttelt beständig die Lebergegend. Bitterer Geschmack und Aufstoßen im Munde. * Am Morgen schmerzloser Durchfall.

Pulsatilla.—Gelbbelegte Zunge; bitterer Geschmack im Munde. Häufige Anfälle von Furcht, namentlich des Nachts. Uebelkeit, mit Neigung zum Erbrechen. * Grüner, schleimiger Durchfall, besonders bei Nacht. Frösteln, selbst im warmen Zimmer, mit Schwindel beim Aufstehen und Aufsitzen. Weint und jammert [Ign., Sep.]. Häufiger Harndrang, mit schneidenden Schmerzen. Symptome schlimmer gegen Abend.

Anweisung.—In ernsten Fällen gebe man die Arznei bis zum Eintritt der Besserung, alle zwei bis drei Stunden; dann alle drei bis vier Stunden. Löse 12 Kügelchen oder 3 Tropfen in 8 Dessertlöffel Wasser auf; davon je einen Löffel voll.

Diät.—Alle animalische und fettige Nahrung ist zu vermeiden. Man be= schränke sich auf den Genuß von Reis, Hafermehl, weißen Sago, einfache Pud= binge, geröstetem Brot, Gemüse und Früchten, und trinke nur Wasser.

Chronisches Leberleiden.

(CHRONIC HEPATITIS.)

Diese Krankheit kommt sehr häufig vor, namentlich in heißen Län= dern. Die Symptome sind denen der acuten (hitzigen) Leberent= zündung sehr ähnlich, nur sind sie milderer Art. Die Schmerzen in der Lebergegend sind dumpf und heftig; die in der Schulter und dem Arm sind unbestimmter, drückender Art. Der Zungenbeleg ist gelb= schmutzig; bitterer Geschmack; Appetitverlust; Uebelkeit, namentlich am Morgen; Schmerzen und Vollheitsgefühl im Magen nach jeder Mahlzeit; dumpfer, betäubender Kopfschmerz; möchte immer schlafen; Schwäche und Mangel an Thatkraft; gedrückte Stimmung; gelbliche Farbe der Augen und der Haut; dunkelgefärbter, spärlicher Urin; Hartleibigkeit; helle, lehmfarbene Stühle. Die Krankheit steht fast immer in engem Zusammenhang mit Unverdaulichkeit — gleichzeitig damit oder nachfolgend.

Ursachen.—Zu reichlicher Genuß animalischer oder fetter Speisen; starkes Trinken; der Mißbrauch von Droguen, namentlich Mercur in irgend welcher Form; der Aufenthalt in heißen Ländern; Mangel an geeigneter Bewegung u. s. w.

Behandlung.—Hauptanzeichen.

Bryonia.—Schmerzen wie von Nadelstichen, schlimmer durch Bewegung oder Berührung. * Schmerzen im rechten Arm und in der rechten Schulter. Vollheitsgefühl im Magen und Unterleib. * Alle Speisen und Getränke schmecken bitter. Gelbliche Gesichts= farbe [vgl. Calc. c.]. * Aeußerst reizbar; ist über Alles ärgerlich. Hartleibigkeit: trockne, harte Stühle.

Calcarea c.—Kein Appetit. Widerwille vor gekochten Spei= sen [vgl. **Puls.**]. Beim Bücken stechende Schmerzen in der Leber. Knapp anliegende Kleidung—namentlich um die Hüfte—unerträglich. Harte, unverdaute, lehmfarbene Stühle. * Kalte, feuchte Hände. Für scrophulöse Personen.

China.—Schwache Verdauung und Appetitmangel. Bitteres Aufstoßen [vgl. **Bry., Nux v.**]. * Leber geschwollen und schmerzlich zu berühren, namentlich nach Mißbrauch von Chinin. * Schmerzlose, unverdaute, schwächende Stühle.

Mercurius.—Geschwüre im Mund; übelriechender Athem. Schmutziggelber Beleg der Zunge [vgl. **Bry.**]. * Bitterer, saurer, fauliger, süßlicher Geschmack. Die Speise liegt bleischwer im Ma=

gen [vgl. **Bry.**, * **Nux v.**]. * Stechen und Wundheitsgefühl in der Lebergegend. Dunkelrother Harn, wie mit Blut vermischt. Gelbliche Gesichtsfarbe [vgl. **Calc. c.**]. Dunkelgrüner, schaumiger Stuhlgang, mit kneipenden Schmerzen.

Nux vomica. — Schwindel, mit Verdunkelung der Augen. Drückender Schmerz auf dem Kopf. Fauler oder bitterer Geschmack, früh des Morgens [vgl. **Merc.**]. * Aufwürgen einer bittern Flüssigkeit [vgl. **Bry.**]. * Klopfen in der Lebergegend. * Nach dem Essen, Vollheitsgefühl im Magen; eng anschließende Bekleidung des Leibes ist unerträglich. * Andauernde Hartleibigkeit; reichliche, harte, beschwerliche Stühle. Für Leute von ausschweifender Lebensweise.

Podophyllum. — Kopfschmerz am Morgen [vgl. **Nux v.**]. Zunge weiß belegt; fauler Geschmack, * Vollheitsgefühl und Schmerz in der Lebergegend. Häufige, kreideähnliche Stühle.

Silicea. — Verhärtung der Lebergegend, mit klopfendem Schmerz [vgl. **Nux v.**]. * Bildung von Geschwüren [vgl. **Merc.**]. * Hartleibigkeit; nach theilweisem Abgang der Stühle gehen dieselben zurück. Für scrophulöse Personen [vgl. **Calc. c.**].

Sulphur. — Niedergeschlagenheit; Neigung zum Weinen. Schwere in der Stirne. * Beständige Hitze oben auf dem Kopf. Die Zunge ist weiß; die Spitze roth. Wundheitsgefühl in der Magen- und Unterleibsgegend. * Passend für schmächtige, gebückt gehende Personen.

Anweisung. — Man nehme, je nach Umständen, drei oder vier Mal des Tages, 1 Tropfen auf etwas Zucker, oder 8 Kügelchen trocken auf die Zunge.

Diät und Verhaltung. — Der Patient enthalte sich gänzlich aller animalischen oder fetten Speisen; er genieße nur Gemüse, reife Früchte, Brot von ungebeuteltem Mehl, Reis, Hafermehl, einfache Puddinge und frische Milch.

Sehr zu empfehlen sind: fleißiges Baden und öftere Bewegung in freier Luft. Man vermeide Hitze und Ueberanstrengung.

Gelbsucht—Icterus.

Gelbsucht ist nicht eine Krankheit an und für sich, sondern nur ein aus einer krankhaften Beschaffenheit der Leber entspringendes Symptom. Man erkennt sie an der gelben Farbe der Haut und der Augen, an den weißen, lehmfarbenen Stühlen und dem braunen, dunkeln Urin. Die gelbliche Färbung schwankt zwischen einem hellen Gelb und einer schwärzlichen, grünlichbraunen Farbe. Oft ist ein lästiges Hautjucken damit verbunden, sowie ein verworrenes Gefühl im Kopf; die Zunge ist weiß belegt; Appetitmangel; fader oder bitterer Geschmack; Neigung zum Erbrechen, oder Erbrechen von Schleim und Galle; zuweilen Schmerz in der Lebergegend;

Frösteln, mit fieberischer Hitze; langsamer Puls; Nachlassen des Fiebers am Morgen.

Ursachen.—Heftige Gemüthsbewegungen; Aerger; Verstopfung des Abführungskanals der Gallenblase, in Folge von Gallensteinen; der Mißbrauch von Chinin und Arsenik bei (kaltem) Fieber; der Genuß von Spirituosen u. s. w.

Behandlung.—Hauptanzeichen.

Aconit.—Hochgradiges Fieber, mit Stichen in der Lebergegend. Gelbliche Hautfarbe. Spärlicher, rother Urin. * Große Gemüthsunruhe und Angst; nervöse Erregtheit.

Bryonia.—Stechende Schmerzen in der Leber nach jedem Druck auf die Gegend. Schmerz in der rechten Schulter und dem rechten Arm. Schmerz in den Gliedern, verschlimmert durch Bewegung. Gelbbelegte Zunge, mit bitterm, galligem Erbrechen. Uebelkeit und Mattigkeit beim Aufsitzen. * Hartleibigkeit; harte, trockne, wie verbrannte Stühle.

Calcarea c.—Scrophulöse Personen. Großer Kopf und offene Fontanellen. Stiche in der Leber während des Bückens und darnach. Erweiterung der Leber. Eng anschließende Bekleidung des Leibes ist lästig. * Lehmfarbige Stühle, spärlich und klumpig. Stinkender, dunkelbrauner Urin, mit weißem Niederschlag. Füße kalt und feucht. Geschwollener Unterleib; Abmagerung, bei gutem Appetit.

Chamomilla.—Neugeborne Kinder. Nach Aerger [vgl. Acon., Chin.]. Gelbliche Farbe des Gesichtes und des Augenweißes. * Grüne, wässerige, scharfe Stühle, mit Kolik [* Merc.]. Bitterer Geschmack; galliges Erbrechen. * Sehr ungeduldig; ist unhöflich in seinen Antworten. Kinder sind reizbar und wollen getragen werden.

China.—Für Personen, die durch den Verlust von Lebenssäften geschwächt sind. Gelbe Hautfarbe. Eingenommenheit und Betäubung des Kopfes. Drückender, reißender Kopfschmerz. Leber geschwollen, hart und empfindlich. * Bitterer Geschmack im Hintertheile des Halses; Alles schmeckt bitter [**Bry.**]. * Der Unterleib fühlt sich hart und gespannt an, wie vollgestopft. Gelbe, wässerige, unverdaute, schmerzlose Stühle. Einen um den andern Tag schlimmer.

Digitalis.—Oefteres, leeres Würgen, wobei die Zunge rein ist. Wundheitsgefühl und Aufgedunsenheit der Magengrube. * Stühle fast weiß [**Chin.**]. Häufige, schmerzlose, spärliche Entleerungen von braunem Harn. Unregelmäßiger Puls.

Mercurius.—* Entwickelte Gelbsucht. Schmerzen in der Lebergegend; Haut ganz gelb. * Graulichweiße Stühle, mit

Stuhlzwang vor und nach dem Stuhlgang. Dickbelegte, schlaffe Zunge. * Uebler Geruch aus dem Munde. Uebelkeit, mit Er= brechen. Widerwille gegen Speise. Urin spärlich, roth, übel= riechend.

Nux vomica.—Anschwellen und Verhärtung der Le= ber [Chin., Merc.]. Saurer oder widriger Geschmack; Abneigung vor Speisen. Zusammenziehender Schmerz in der Lebergegend. Unpäßlichkeit, mit galligem Erbrechen. * Hartleibigkeit, mit erfolg= losem Stuhldrang. * Kann nach 3 Uhr des Morgens nicht schlafen. * Sehr reizbar; sehnt sich nach Einsamkeit. Schlimmer am Morgen. Personen von sitzender und unmäßiger Lebensweise.

Podophyllum.—Gelbsucht, als eine Folge der Verstopfung des Abzugskanales der Gallenblase [vgl. Gallenstein]. * Schmerz in der Gegend der Gallenblase; dabei Unpäßlichkeit. Ein Gefühl der Schwere und Vollheit in der Leber [Nux v.].

Pulsatilla.—Gelber Zungenbeleg, mit bitterm Geschmack in dem Munde [Cham.]. Uebelkeit, mit Neigung zum Erbrechen. Häufige Anfälle von Angst, besonders bei Nacht. Durstlosigkeit. Weinerliche Personen. Schlimmer gegen Abend.

Sulphur. — Schlagende, stechende Schmerzen in der Leber= gegend. Saurer oder bitterer Geschmack in dem Munde. Unterleib angeschwollen [Chin.]. * Schwache Krämpfe, mit fliegender Hitze. * Anhaltende Hitze auf dem Kopfe. Jucken der Haut bei Nacht. * Schläfrig bei Tage; ruhelos bei Nacht. Verstopfung, oder Durchfall am Morgen. Scrophulöse Personen [vgl. Calc. c.].

Anweisung.—Von einer Lösung von 12 Kügelchen oder 3 Tropfen in 10 Thee= löffel Wasser, gebe man alle drei bis vier Stunden 2 Theelöffel voll; oder 8 Kügelchen trocken auf die Zunge. In chronischen Fällen genügt eine Dosis des Abends und Morgens.

Diät.—Vergleiche „Leberentzündung" (hepatitis.)

Gallenstein-Kolik.

(BILIARY CALCULI.)

In der Gallenblase, zuweilen auch in den größern Abzugskanälen der Galle, bilden sich mitunter rundliche oder winkelige Körper von der Festigkeit eines Seifensteines. Sie sind von verschiedener Größe; einige sind nur so groß wie ein Weizenkorn, während an= dere einer Haselnuß, ja einem Hühnerei an Umfang gleich kommen. Diese Gallensteine verstopfen zuweilen die Abzugskanäle, oder sie nehmen ihren Weg durch dieselben; in beiden Fällen verursachen sie oft heftige Schmerzen; diese fühlt man ungefähr drei Zoll zur rech=

11

ten Seite des Brustbeines, auch etwas darunter; sie sind anhaltend, dumpf, empfindlich, zuweilen geradezu qualvoll, und erstrecken sich hinauf bis in die Brust und hinunter bis in den Unterleib. Den Anfällen folgen Uebelkeit und Erbrechen, mit kaltem Schweiß; der Puls ist matt und rasch; das Gesicht ist blaß; dabei große Ermattung. Die Anfälle kommen gewöhnlich ohne vorangehende Warnung, währen von einer bis zu drei Stunden, hören plötzlich auf, und der Stein geht durch den Kanal in die Eingeweide. Einem einmaligen Anfall pflegen andere zu folgen.

Die Entstehungsursache ist noch unerklärt.

Behandlung.—Hervorragende Aerzte verordnen drei bis vier Unzen warmen Olivenöles. Heiße, feuchte Umschläge — die Tücher wohl ausgerungen — oder Säckchen mit heißem Salz, sowie warme Bäder, sind von vorzüglicher Wirkung. Sodann empfehlen wir folgende Mittel: * Acon., Bell., Cham., * Chin., Nux v., Sulph.

Anweisung.—Von dem gewählten Mittel löse man 3 Tropfen oder 12 Kügelchen in 10 Theelöffel Wasser auf; davon alle fünfzehn bis zwanzig Minuten 2 Theelöffel voll.

Darmentzündung.

(ENTERITIS.)

Die Krankheit beginnt gewöhnlich mit Frösteln und hochgradigem Fieber; dann folgen schneidende, brennende, bohrende, reißende Schmerzen irgendwo im Unterleib—vorzugsweise in der Nabelgegend; die Schmerzen werden durch die leiseste Berührung, durch Würgen, Athmen, Husten u. s. w. vermehrt. Der Patient liegt auf dem Rücken, die Knie nach oben; er stöhnt und darf sich nicht rühren, ohne die Schmerzen zu vermehren. Die trockne Zunge ist in der Mitte dick belegt, während die Spitze und die Ränder roth sind; innerliche Hitze, mit nicht zu löschendem Durst; der Puls ist rasch, schwach, zusammengezogen (ziehend). Der Unterleib ist angeschwollen, ist heiß und gegen Berührung sehr empfindlich; hartnäckige Verstopfung, die während der Krankheit anhält; Uebelkeit und Erbrechen, anfänglich von Schleim und Galle; dann folgt grüne Materie, nicht unähnlich dem Kothe.

Die Krankheit nimmt einen raschen, oft tödtlichen Verlauf; ist es so weit gekommen, dann hört der Schmerz plötzlich auf; der Puls wird schwächer, das Gesicht wird todtenblaß; die Extremitäten sind kalt; das Gesicht ist mit kaltem Schweiß bedeckt; Schluchzen, Irrereden, Zuckungen und—Tod. Die Krankheit währt selten länger als sieben oder acht Tage—alsdann entweder Besserung, oder das Ende.

Ursachen.—Der Genuß scharfer, reizender Speisen, unreifen Obstes, Gurken; das Verschlucken von Kirschen mit den Steinen; der Miß=brauch sogenannter Reinigungsmittel, wie Calomel, Jalappe, Crotonöl, Aloe u. s. w.; Verletzungen; die Anhäufung von Koth im Magen und übermäßiger Genuß von Spirituosen.

Behandlung.—Hauptanzeichen.

Aconit.—Im ersten Stadium, bei hochgradigem Fieber; trockne Haut; voller, rascher Puls. Mund und Zunge sind trocken; heftiger Durst. Der Unterleib ist geschwollen und gegen Be=rührung empfindlich [Bell., Bry.]. * Schneidende, brennende, reißende Schmerzen in der Nabelgegend, verschlimmert durch den leisesten Druck. * Große Furcht und Unruhe; nervöse Aufregung.

Arsenicum.—Vorzugsweise im letzten Stadium. Sehr rascher, schwacher Puls. Plötzliches Sinken der Kräfte; kalter, klebriger Schweiß; große Unruhe. * Heftiger Durst; trinkt wenig und oft. * Brennen im Unterleib; lanzirende, schneidende Schmerzen, schlim=mer nach dem Essen und Trinken. Erbrechen nach dem Essen und Trinken. Symptome schlimmer nach Mitternacht.

Belladonna.—Große Hitze und Empfindlichkeit im Unterleib. Zusammenziehende, packende Schmerzen in den Gedärmen. * Plötz=lich kommende und verschwindende Schmerzen. Blutandrang nach dem Kopf; Klopfen der Schlagadern. Flammende Röthe des Ge=sichtes; Augen roth und funkelnd. * Aeußerst empfindlich gegen Geräusch und Licht. Auffahren im Schlafe. Kann bei großer Schläfrigkeit nicht schlafen [Opi.]. Fortwährendes Stöhnen. Oert=liche, auch allgemeine Krämpfe mit Bewußtlosigkeit.

Bryonia.—Entzündung, mit harter Geschwulst rings um den Nabel. * Stechende Schmerzen in den Eingeweiden, schlimmer nach der geringsten Bewegung. * Liegt ganz ruhig; will sich nicht rühren. * Kann in Folge von Uebelkeit und Ermattung nicht aufsitzen. Die Lippen sind verbrannt, trocken und gesprungen. Verlangt in vollen Zügen zu trinken. Sofortiges Erbrechen nach dem Genuß von Speisen und Getränken [* Ars.]. Harte, trockne, verbrannte Stühle. Sehr reizbar. Irrereden; will auf und davon.

Cantharides.—Hitze und Brennen im Unterleib; dieser ist gegen Druck sehr empfindlich. Schneidende, brennende Schmerzen durch die Gedärme [Acon., Ars.]. * Brennender Durst; dabei Widerwille vor jedem Getränke. * Harnzwang; vergebliche Bemühungen, Urin zu lassen. Stühle hellrothen Schleimes, als wären die Gedärme angeschabt worden. Aengstliche Unruhe.

Mercurius.—Unterleib geschwollen, hart und empfindlich gegen Berührung. Schneidende, stechende Schmerzen in den Eingeweiden, begleitet von Schauderfrost [Ars.]. * Grüner oder blutiger Schleim beim Stuhlgang, mit Stuhlzwang. Reichlicher Schweiß gewährt keine Erleichterung. Blasses, jammervolles Aussehen. Fauler Geruch aus dem Munde; Erbrechen von bitterm Schleim. Ruheloser Schlaf. Erbrechen von gallenbitterem Schleim.

In Verbindung mit den angegebenen Mitteln werden Bähungen von gutem Erfolg sein. Man bedecke die angegriffenen Theile mit heißen, wohl ausgerungenen, feuchten Tüchern; wenn die Schmerzen heftig sind, so erneuere man die Aufschläge alle fünfzehn bis zwanzig Minuten. Bei anhaltender Verstopfung verabfolge man schleimige Klystire, z. B. von Leinsamen, Ulmenrinde, Milch und Wasser.

Anweisung.—In ernsten Fällen gebe man die Arznei alle zwei oder drei Stunden; wenn besser, seltener. 3 Tropfen oder 12 Kügelchen in einem bis zu einem Drittel angefüllten Wasserglase aufgelöst; davon je 2 Theelöffel voll.

Diät.—Muß sehr einfach sein. Dünner Haferschleim, Reis, etwas Milch — wenn der Patient es verlangt. Man beobachte große Vorsicht während der Genesung.

Durchfall—Diarrhöe.

Darunter versteht man einen krankhaften Zustand der Eingeweide, der sich durch häufige und gewöhnlich reichliche, flüssige—meist schmerzhafte Entleerungen angibt. Meistens ist er auf Entzündung oder Reizbarkeit der Darmschleimhäute zurückzuführen. Die Entleerungen sind je nach der Beschaffenheit des Falles unterschiedlich; zuweilen sind sie schleimig, wässerig, gallig, unverdaut, hefig, blutig, von heftigen, kolikartigen Schmerzen begleitet; zuweilen sind sie schmerzlos. Oefters stellt sich Mangel an Eßlust ein; die Zunge ist belegt; Uebelkeit; Erbrechen; Rumpeln in den Eingeweiden; Kälte der Extremitäten und Niedergeschlagenheit.

Die Krankheit mag ohne Gefahr sein und von selbst verschwinden; sie mag bei längerer Dauer gefährlich werden; sie mag von vorneherein gefährlich sein, wie denn viele Krankheiten mit Durchfall anfangen und enden. In keinem Falle kann man dem Verlauf der Krankheit durch Branntwein, Opium oder zusammenziehende Mittel, Einhalt thun, indem bei einer derartigen Behandlung ernstliche Folgen zu befürchten sind. Man vergesse nicht, daß Durchfall gewöhnlich nur ein Symptom ist, welches auf eine andere Krankheit deutet; und wenn man ihn richtig behandeln will, so muß man alle damit verwandten Erscheinungen berücksichtigen; eine bloße Unterdrückung des Zustandes ist nicht gleichbedeutend mit Entfernung des Grundübels.

Chronischer Durchfall.—Diese Form der Krankheit entspringt oft acuten (hitzigen) Anfällen, oder sie ist eine Begleiterin anderer Krankheiten, wie Cholera, Ruhr, Typhus u. s. w. Die Stühle sind dünn und hefig, von allen Farben und Substanzen, vermischt mit schleimiger, gallertartiger Materie und höchst widrig. Zuweilen wechseln Durchfall und Verstopfung, und der harte Koth ist mit zähem Schleim überzogen. Der Patient hat nur wenig Schmerzen; aber dafür leidet er um so mehr an Windsucht. Siehe unten.

Ursachen.—Diarrhöe wird oft durch plötzliche, geistige Aufregung verursacht, wie Schreck, Furcht, Aergerniß; durch Ueberhitzung, den Genuß unreifen Obstes, wie Pflaumen, Aepfel, oder grünen Kornes; roher Gemüse, wie Gurken, Melonen, Salat und Zwiebel. Häufig treffen wir sie in Begleitung von Masern, Scharlachfieber, Blattern u. s. w.

Behandlung.—Die geeignetsten Mittel sind:

Gegen acute (hitzige) Diarrhöe, mit plötzlicher Kräfteabnahme: * Ars., Carbo v., * Sec. cor., * Verat. alb.

Wenn mit Verstopfung wechselnd: Ant. c., Bry., Lach., * Nux v.

Chronisch: * Ars., Calc. c., Chin., Ferr., Hepar, Lyc., Phos., * Phos. ac., * Podo., Rhus, Sulph., Verat. alb.

Nach Frost: Bell., Bry., Cham., Chin., * Dulc., Merc., Puls., Verat. alb.

Erkältung (nach): Acon., Bell., Bry., Cham., * Dulc., Merc., Nux v.

Kalte Getränke (in Folge davon): * Ars., Bry., Carbo v., Dulc., * Puls.

Droguen (nach dem Mißbrauch von): Carbo v., * Nux v., * Puls.

Fette Speisen (nach dem Essen von): Carbo v., * Puls.

Obst (nach dem Genuß von): Ars., Bry., * Chin., Colo., * Puls.

Gram (von): * Colo., * Gel., Ign., Phos. ac.

Unwille (von): Cham., * Colo.

Freude (von unerwarteter): * Coff., Opi.

Liegen in weiblichen Umständen: Ant. c., Dulc., Hyos.

Magnesia (nach Mißbrauch von): * Nux v., Puls.

Mercur (nach Mißbrauch von): Chin., * Hepar, Nit. ac.

Milch (vom Trinken): Ars., * Calc. c., Sulph.

Opium (nach Mißbrauch von): Bell., Merc., * Nux v.

Ueberhitzung (nach): * Acon., Ant. c., Bry., * Podo.

Austern (nach dem Genuß von): Lyc.

Schmerzloser Durchfall: Apis, Ars., * Chin., Colch., * Ferr., Hepar, Hyos., Phos. ac., * Podo., Rhus.

Birnen (vom Genuß): * Verat. alb.

Schwindsüchtige Personen: Calc. c., Chin., Ferr., * Phos.

Schwangerschaft: Ant. c., Dulc., Hyos., Lyc., Phos.

Kalbfleisch (vom Genuß von): **Ant. c.**

Nässe (von): **Acon.,** * **Rhus.**

Behandlung.—Besondere Anzeichen.

Aconit.—Stühle häufig, aber spärlich; wässerig, weißlich oder schleimig. Uebelkeit und Schweiße vor dem Stuhlgang; schmerzhafte Entleerungsversuche (tenesmus) während derselben. * Schwindelanfälle beim Aufstehen [* **Bry.**]. Unruhe, Durst. * Wenn in Folge von unterdrücktem Schweiß, oder Einwirkungen der Kälte, oder trockner Winde.

Antimonium. — Wässerige, überreiche Stühle; verdorbener Magen. * Die Zunge ist weiß belegt. Heftiges Erbrechen eines bitteren, galligen Schleimes; schlimmer nach dem Essen oder Trinken. Nach Ueberladung des Magens.

Apis mel.—Grünliche, gelbliche, schleimige oder wässerige Stühle. * Gefühl im Unterleib, als wollte etwas brechen. Zunge trocken, glänzend; nur wenig Durst [**Puls.**]. Schwellen der Füße. Schlimmer am Morgen.

Arsenicum.—Stühle dick, dunkelgrün, schleimig, oder braun, schwarz, wässerig. Unfreiwillige Stühle [**Bell.,** * **Carbo v., Ferr.,** * **Hyos., Rhus,** * **Sec. cor.**]. Diarrhöe, die gewisse Theile schindet [**Cham.,** * **Merc., Puls.**]. * Große Schwäche; Ohnmacht; Erschöpfung [* **Verat. alb.**]. * Unruhe; wechselt seine Lage beständig. * Trinkt bei heftigem Durst nur wenig [**Chin.**]. Erbrechen nach dem Essen oder Trinken. Schlimmer nach dem Genuß von kalten Speisen [wenn besser, **Phos.**].

Belladonna.—Stühle dünn, grüner oder weißer, wässeriger Schleim; dünn und reichlich. Packende Schmerzen im Unterleib. * Plötzlich kommende und verschwindende Schmerzen. * Schläfrig, aber kann nicht schlafen [**Opi.**]. * Jähes Auffahren aus dem Schlafe. Schlimmer um 3 Uhr des Nachmittags und nach dem Schlafen.

Bryonia.—Durchfall bei heißem Wetter, oder wenn durch den Genuß kalter Getränke herbeigeführt, während man erhitzt war [**Podo.**]. Stühle braun, dünn, heftig, oder unverdaut; riechen wie verfaulter Käse [wenn wie faule Eier, **Cham.**]. * Uebelkeit und Schwäche beim Aufsitzen. * Verlangen nach großen Quantitäten Wasser — nur nach längeren Zwischenräumen. Verschlimmerung am Morgen; nach Bewegung; nach unterdrückten Hautausschlägen.

Calcarea c. — Durchfall bei scrophulösen Personen. Der Unterleib ist geschwollen und angespannt; dabei guter Appetit und Abmagerung. Stühle weißlich oder wässerig [* **Phos. ac.**]. Chronischer Durchfall, mit lehmartigen Stühlen. * Reichlicher Kopfschweiß während des Schlafens [Merc.]. * Füße kalt und feucht. Beschwerliches Harnlassen; heller Harn von widrigem Geruch.

Carbo veg.—Hellgefärbte, unfreiwillige Stühle; fauler, leichenartiger Geruch. Im letzten Stadium, wo die Lebenskräfte schon sehr erschöpft sind [Ars.]. * Reichlicher Windabgang, geruchlos oder faulig. Ruhelosigkeit und Angst. Schlimmer von 5 bis 6 Uhr des Abends.

Chamomilla.—Die Stühle sind grün, wässerig, scharf, kolikartig. * Heiße, diarrhöeartige, wie faule Eier riechende Stühle. Bitterer Geschmack, mit galligem Erbrechen. Patient ist ungeduldig; kann kaum höflich antworten. * Kinder sind ängstlich; müssen immer getragen werden. * Die eine Wange ist roth, die andere blaß [Acon.]. Schlimmer des Nachts.

China. — Stühle gelblich, wässerig, weißlich oder schwärzlich; die krampfhaften Schmerzen lassen bei ganzer Biegung des Körpers nach. Schmerzlose, unverdaute, widrige Stühle; Anspannung des Unterleibs [Ars.]. * Große Schwäche, mit Neigung zum Schwitzen. Reichlicher, übelriechender Windabgang. Durst; trinkt dabei oft und wenig [Ars.]. Schlimmer bei Nacht, nach dem Essen, und einen um den andern Tag.

Cina.—Weiße, klebrige Stühle. * Bohrt oft in der Nase [Phos. ac.]. * Weißer, trüber, gallertartiger Urin [Phos. ac.]. Unruhiger Schlaf; häufiges Wechseln der Lage; Erwachen unter Aufschreien. Zähneknirschen während des Schlafes [* Podo.]. Leidet an Wurmkrankheit.

Colocynth.—Stühle safrangelb, schaumig, oder dünn, schleimig und wässerig. Vor dem Stuhl, schneidende Kolik mit heftigem Drang. * Gefühl im Unterleib, als würden die Eingeweide zwischen Steinen gepreßt; etwas besser, wenn man den Körper ganz biegt. Bitterer Geschmack im Munde. Verschlimmert nach dem kleinsten Bissen.

Dulcamara.—Stühle gelblich, grünlich, wässerig, weißlich. Kolik vor und nach dem Stuhl. Zwickende Schmerzen in der Nabelgegend; dabei Schleimerbrechen. * Wenn in Folge von Erkältung. Schlimmer bei naßkaltem Wetter. Trockne Hitze auf der Haut.

Ferrum.—Schmerzlose, wässerige, unverdaute Stühle [Chin.]. Wundheitsgefühl in den Gedärmen. Abmagerung, Schwäche, guter Appetit [Calc. c.]. Erbrechen sofort nach jeder Mahlzeit [Bry.]. Die geringste Bewegung oder Anstrengung treibt das Blut nach dem Gesicht.

Gelseminum. — Durchfall in Folge plötzlicher Gemüthsbewegung, wie Schreck, Gram, schlimmer Nachrichten [Opi.]. Stühle von dunkelgelber Theefarbe. Verlangen nach Ruhe.

Hepar s. — Schmerzlose oder chronische Diarrhöe. Stühle hellgelb, grün, schleimig, unverarbeitet. * Sauerriechende Stühle. Besser nach dem Essen [wenn schlimmer, * **Ars.**]. Heißes, saures Aufstoßen von Speisen. * Vollheitsgefühl im Magen, mit der Neigung seine Kleider zu lockern [**Chin.**, **Lyc.**].

Hyoscyamus. — Schmerzlose, gelbe, wässerige Diarrhöe. * Unwillkürliche, kaum empfundene Stühle [**Bell.**, **Carbo v.**]. Durchfall während eines typhusartigen Fiebers und im Kindbett.

Ipecacuanha. — Stühle grasgrünen Schleimes, schaumig, auch blutig. * Während des Stuhlganges und darnach schmerzhafter Drang. Schneidende, zwickende Schmerzen im Unterleib, mit Frösteln [**Ars.**, **Puls.**]. Starker Durst nach kalten Getränken. Bläschen im Munde; vermehrter Ausfluß von Speichel. Sauerriechende Nachtschweiße, namentlich in der Kopfgegend; kalt auf der Stirne. Schlimmer des Nachts und bei heißem Wetter.

Phosphorus. — Chronischer, schmerzloser Durchfall, schlimmer des Morgens [**Podo.**]. Unverdaute, wässerige Stühle, mit kleinen, weißen Klümpchen, die wie Sago aussehen. Allmäliger Kräfteverlust [wenn nicht, **Phos. ac.**]. * Erbrechen aller Getränke, sobald sie im Magen warm geworden sind. Schläfrig bei Tage, namentlich nach dem Essen.

Phosphoric ac. — Schmerzloser Durchfall. Stühle weißlichwässerig, oder gelblich; höchst widrig. Poltern in den Eingeweiden. Ist sehr theilnahmlos; hat keinerlei Wünsche. Häufige Entleerungen hellen, wässerigen Urines. Reichliche Nachtschweiße. Schwäche ist nicht vorhanden.

Podophyllum. — Schmerzloser Durchfall. Reichliche, wässerige Stühle, mit mehlartigem Niederschlag; auch gelbliche Stühle, die einen leichenartigen Geruch verbreiten. Vor dem Stuhlgang lautes Gurgeln in den Eingeweiden, wie von Wasser. Hervortreten des Darmes während des Stuhlganges. Würgen oder vergeblicher Stuhldrang. Krampf in den Füßen, Waden und Lenden. * Stets schlimmer des Morgens, des Abends und bei heißem Wetter.

Pulsatilla. — Stühle sind grünlich, gelblich, gallenähnlich. * Sehr veränderliche Stühle [**Sulph.**]. Vor dem Stuhlgang Poltern und Schneiden in den Gedärmen. * Durchfall, schlimmer des Nachts, nach dem Genuß von Obst oder Gefrornem [von Obst mit Milch, **Podo.**]. Bitterer Geschmack nach dem Essen. * Schnappt nach frischer Luft; schlimmer im warmen Zimmer [besser, **Ars.**]. Frösteln selbst im warmen Zimmer. Weißbelegte Zunge; Appetitverlust; Durstlosigkeit.

Secale cor. — Schmerzloser Durchfall. Stühle braun, wässerig, schleimig; gehen rasch und kräftig von Statten. Große Ermattung während des Stuhlgangs und darnach). Erbrechen ohne Anstrengung, aber mit Ermattung. Große Angst; Brennen in der Magengrube. * Abneigung vor Wärme; mag keine Decken auf sich leiden. Außerordentlicher Durst.

Sulphur.—Stühle sehr veränderlich, gelb, braun, grün, unverdaut. Früh des Morgens schmerzloser Durchfall. Vor dem Stuhlgang drängende, schneidende Kolik. * Beständige Hitze auf dem Kopf [Kälte, Verat. alb.] Saueres oder bitteres Erbrechen. * Defters schwache Krampfanfälle. Schläfrigkeit am Tage; schlaflos bei Nacht. Nach unterdrücktem Ausschlag.

Veratrum alb.—Stühle reichlich, wässerig, schwärzlich, grünlich. Heftig kneipende Kolik vor und nach dem Stuhl. * Nach dem Stuhl große Schwäche und Leerheitsgefühl im Unterleib. Die Heftigkeit des Leidens erzeugt kalten Schweiß auf der Stirne. Erbrechen schaumigen Schleimes. Starker Durst nach kaltem Wasser. Ungemeine Schwäche [Ars.].

Anweisung.—Die Arznei werde mehr oder weniger häufig verabfolgt, je nach der Natur des Falles. Sind die Stühle häufig — sagen wir alle zwei bis drei Stunden — so gebe man eine Dosis nach jeder Entleerung, bis Besserung eintritt; dann immer seltener. Löse 3 Tropfen oder 12 Kügelchen in einem bis zu einem Drittel gefüllten Glase Wasser auf; davon nehme man je 2 Theelöffel voll, oder 8 Kügelchen trocken auf die Zunge.

Diät.—Sie bestehe aus leichten, nicht reizenden Speisen, wie wohl gekochtem Reis, Haferschleim, Farina, guter frischer Milch, Hammelbrühe, verdickt mit Mehl, Reis; Zwieback, in Milch erweicht u. s. w. Scharfe Früchte, Eier, Geflügel, Wildpret und Fische vermeide man. In chronischen Fällen ist eine gehaltvollere Diät statthaft.

In ernsteren Fällen beobachte der Patient eine wagerechte Lage und gönne Leib und Seele möglichst viel Ruhe.

Rothe Ruhr—Dysenterie.

Dysenterie ist eine Entzündung der Schleimhäute, welche die großen Eingeweide (Gedärme) von innen bekleiden. Dem Anfall pflegen vorauszugehen: Appetitmangel; ein Gefühl der Schwäche; leichtes Frösteln, abwechselnd mit fliegender Hitze; Durst; vorübergehende Schmerzen in den Gedärmen; gelegentlich Durchfall, womit sie häufig beginnt. Zuweilen aber kommt sie plötzlich, ohne Vorzeichen, mit packenden Schmerzen und häufigen, mit Blut vermischten Schleimentleerungen, begleitet von Stuhldrang und Brennen im Mastdarm. Die Stühle sind nicht immer mit Blut vermischt; oft bestehen sie aus einer schmutzigweißen oder röthlichbraunen Schleimmasse, als wären sie aus den Eingeweiden herausgeschabt. Diese Entleerungen haben zuerst einen eigenthümlichen, süßlichen Geruch an sich, wie von Fleisch herrührend; aber in vorgeschrittenen und gefährlichen Fällen wird der Geruch fürchterlich. Ein eigenthümliches Kennzeichen der Krankheit ist der beständige Stuhldrang, mit Neigung, recht lange im Aborte zu verbleiben. Die Eingeweide sind gegen Druck empfindlich; dabei scharfe, kolikartige Schmerzen, besonders vor und nach den Entleerungen; immerhin kommen Fälle vor, in denen der Patient während des ganzen Krankheitsverlaufs fast keine 'Schmerzen verspürt. In einigen Fällen ist das Fieber von keinem Belang; häufiger stellt sich hochgradiges Fieber ein, mit vollem Puls, heftigem Durst und großer Ruhelosigkeit. In verschleppten Fällen, oder wenn die Heilmittel ihre Kraft versagen, wird der Patient sehr hinfällig; der Puls wird schwach; das Gesicht schrumpft zusammen; dazu unwillkürliche Stühle; die Schmerzen lassen nach; die Haut bedeckt sich mit kaltem Schweiß; der Geist wandert, und der Patient stirbt an Erschöpfung.

Die Krankheit tritt meistens in epidemischer Form auf; günstig für ihre Entwickelung sind Gefangenen-Schiffe, Gefängnisse, Hospitäler, sowie Gegenden, wo das Sumpffieber herrscht. Einige Gelehrte halten sie für ansteckend, während andere abweichender Ansicht sind. Sie soll sich vermittelst Kleidungsstücke und anderer von Ausleerungen besudelter Gegenstände, sowie durch Ausdünstungen von Abtritten weiter verbreiten.

Anregende Ursachen sind: der Genuß unreifer Früchte, ungesunder Gemüse, überhaupt unverdaulicher Nahrung; die Einwirkungen kaltfeuchter Luft; das Schlafen in der freien Luft auf nassem Boden. Die Krankheit kommt im Spätsommer und Herbst, wo die Tage heiß und die Nächte kühl sind, häufiger vor, als in andern Jahreszeiten.

Behandlung.—Hauptanzeichen.

Aconit. — Gewöhnlich beim Beginn der Krankheit. Stühle häufig, klein, blutig; Schleim. Während des Stuhlganges schmerzhafter Stuhldrang. * Schwindel beim Aufstehen. Allgemeine trockne Hitze und große Ruhelosigkeit. * Todesfurcht; bestimmt seinen Todestag im Voraus.

Arnica.—Ruhr, verursacht durch mechanische Verletzungen. Die Stühle sind eitel Schleim, oder blutig; schmerzhafter Stuhldrang. Bitterer, fauler Geschmack im Munde. * Faules Aufstoßen, wie von faulen Eiern [Sulph.].

Arsenicum.—Stühle dunkel, schwärzlich, flüssig, mit Blut untermischt, von faulem Geruch; unwillkürlich [vgl. Carbo v.]. Harter Stuhl, mit schmerzhaftem, beschwerlichen Drang und Brennen im Mastdarm. * Große Angst, Ruhelosigkeit und Todesfurcht. * Außerordentlicher Durst; trinkt oft, aber je nur wenig. Rasches Schwinden der Lebenskräfte [Verat. alb.]. Schlimmer des Nachts und nach dem Essen oder Trinken.

Baptisia.—Stühle spärlich; blutiger Schleim. Vor dem Stuhlgang und während desselben, heftige kolikartige Schmerzen in der untern Nabelgegend. Während des Stuhles, heftiger schmerzhafter Drang. * Wundheitsgefühl des Fleisches und des ganzen Körpers; Frösteln. * Schweiß, Urin und Stühle äußerst übelriechend [* Carbo v.].

Belladonna.—Stühle grünlich, schleimig, blutig. Heftiger schmerzhafter Stuhldrang während des Stuhles und darnach [Merc.]. * Packende Schmerzen im Unterleib; sie kommen und gehen plötzlich. Schmerzen gelindert durch Anhalten des Athems und Niedersitzen. Der Unterleib heiß und gegen Druck empfindlich. Plötzliches Auffahren im Schlafe [Ars., Bry.]. Mund und Hals trocken; dabei kein oder nur wenig Durst.

Bryonia.—Die Krankheit wurde durch Ueberhitzung herbeigeführt, oder durch den Genuß kalter Getränke, während der ganze Körper erhitzt war [Acon.]. Dünne, blutige Stühle, welchen schneidende Kolik vorangeht. * Aufsitzen im Bett bewirkt Uebelkeit und Erbrechen. * Der Patient wünscht ruhig zu liegen. Trinkt nach längern Zwischenräumen große Quantitäten Wasser. Schlimmer nach Bewegung, sowie des Morgens.

Catharides.—Stühle weiß, oder blaßroth, wie aus den Eingeweiden geschabt [vgl. Colch., Colo.]. Schmerzhafter, heftiger Stuhldrang und Brennen; Stiche in der Schließmuskel. * Oefterer Harndrang, mit geringer, schmerzhafter Entleerung. Hochgradiges Fieber, mit Brennen und Trockenheit des Mundes; brennender Durst, oder überhaupt keiner.

Chamomilla. — Stühle häufig, klein, grün, oder weißer Schleim; riechen wie faule Eier. Kolik vor und nach dem Stuhl. * sehr ungeduldig; kann kaum höflich antworten. Kinder sind ärgerlich und wollen immer getragen werden. * Die eine Wange ist roth und heiß, die andere blaß und kalt [Acon., Nux v.]. In den ersten Stadien und während der Zahnung.

China.—Schwächliche Personen und Solche, die viel Blut verloren haben. * Chocoladenfarbige, übelriechende Stühle. Kolik vor dem Stuhlgang; Linderung bei ganzer Körperbiegung [* Colo.]. Schlimmer des Nachts und nach dem Essen. Große Schwäche; Neigung zum Schwitzen. * Schlimmer einen um den andern Tag.

Colchicum. — Gelceähnlicher Schleimstuhl, oder blutige, mit Schleim vermengte Materie, mit Kolik und heftigem, schmerzhaftem Stuhlzwang (tenesmus). Auch schmerzloser, blutiger Stuhl [Ars., Colo., Sulph.]. Während des Stuhles, Krämpfe der Schließmuskel, dabei Schauder über den Rücken. * Herbstruhr, wenn die Tage warm und die Nächte kühl sind. Anschwellen der Füße; dunkelbrauner, spärlicher Urin.

Colocynth.—Blutige Schleimstühle, oder wie Schabsel [vgl. Canth.]. Schneidender Schmerz und Drängen vor dem Stuhlgang. * Heftige kolikartige Schmerzen, besonders rings um den Nabel, die den Patienten zwingen, sich ganz zu biegen. Linderung nach Entleerung. Unterleib angespannt und schmerzhaft anzufühlen. Schlimmer nach dem Essen.

Ipecacuanha.—Stühle blutig, oder blutiger Schleim. Heftiges Drängen, mit kneipenden Schmerzen in der Nabelgegend. * Uebelkeit und Erbrechen. Ekel vor jedwelcher Speise. Wenn vom Genuß unreifer, saurer Früchte. Kein Durst [**Puls.**].

Mercurius. — Blutige oder grüne Schleimstühle. Heftiges, öfteres Drängen vor dem Stuhl. Während des Stuhles und darnach, Stuhlzwang. * Verweilt geraume Zeit auf dem Abtritt. Kneipende und schneidende Kolik, mit Frösteln [* **Bell.**, * **Puls.**]. Hervortreten des Afters [* **Podo.**]. Heftiger Durst nach kalten Getränken. Reichliche Nachtschweiße, besonders auf dem Kopf. Alle Symptome schlimmer des Nachts und bei feuchtem Wetter.

Nux vomica.—Stühle dünn, blutiger Schleim, zuweilen mit Klumpen einer häsigen Materie versetzt. Anhaltendes Drängen vor dem Stuhl; der Rücken schmerzt, als wäre er zerbrochen. Heftiger Stuhlzwang während des Stuhles; dabei schneidende Schmerzen in den untern Gedärmen mit Brechneigung. Erleichterung nach dem Stuhl. * Personen von unmäßiger Lebensweise; auch Solche, die verquacksalbert worden sind. S y m p t o m e   s c h l i m m e r   a m   M o r g e n. * Patient sehr reizbar und will allein sein.

Podophyllum.—Blutige und grüne Schleimstühle, oder gallertartige. Schneidende Schmerzen vor und während des Stuhles. * Schmerzen, welche bei jeder Entleerung in Strahlen an den Gliedern hinunterlaufen. Nach dem Stuhl und beim Umhergehen lassen die Schmerzen nach. In Folge der Nässe [einer Erkältung, **Dulc.**].

Sulphur.—Grüne oder blutgestreifte Schleimstühle; veränderlich [* **Puls.**]. Schneidende Schmerzen vor dem Stuhl. Stuhlzwang nach dem Stuhl. S c h m e r z h a f t e   E m p f i n d l i c h k e i t   d e s   U n t e r l e i b s,   a l s   w ä r e n   d i e   i n n e r n   T h e i l e   r o h   u n d   w u n d. * Schwache Krämpfe. Ruhr, eine Folge unterdrückter Hautausschläge [**Bry.**]. * Schmächtige Personen, welche gebückt gehen, oder Solche, die an Hämorrhoiden (Goldene Ader) leiden.

Anweisung.—In ernsthaften Fällen gib 1 Tropfen oder 8 Kügelchen in einem Theelöffel Wasser, alle zwei oder drei Stunden, bis Besserung eintritt; dann, oder wenn die Symptome wechseln sollten, wähle man ein anderes Mittel. Nach augenscheinlicher Besserung setze man ganz aus, oder verlängere die Zwischenräume.

Diät.—Sie bestehe vorzugsweise aus schleimigen Getränken (Reis, Gerste, Hafer). Gekochte, auch frische Milch von der Kuh weg ist erlaubt, aber nur in kleinen Quantitäten; sodann Hammelsuppe mit Mehl oder Reis; feste Nahrung erst nach gesunden, normalen Stühlen. Wagerechte Lage; vollkommene Ruhe.

Cholera Morbus.

Diese Krankheit kommt gewöhnlich plötzlich und zwar des Nachts. Ihre Symptome sind: Erbrechen und Purgiren, krampfartiger Schmerz in den Gedärmen, zuweilen Krampf in den Beinen, rasches Sinken der Kräfte und Kälte der Haut. Zuerst werden nur die genossenen Speisen erbrochen, dann aber Schleim und Galle. Die Darmentleerungen bestehen aus einer dünnen, hefigen Materie, die höchst widrig ist; zuweilen ähneln sie dem Reiswasser und sind geruchlos.

Die Krankheit verläuft meistens in einigen Stunden. Bei älteren und schwächlichen Personen erweist sie sich oft tödtlich. Die meisten Fälle kommen während der heißen Jahreszeit vor; sie werden verursacht durch Ueberladung des Magens, unzweckmäßige Diät, den Genuß gewisser Früchte und Gemüse, sauren Bieres und anderer gegohrnen Getränke; durch plötzlichen Witterungswechsel und unterdrückten Schweiß.

Behandlung.—Hauptanzeichen.

Antimonium.—* Heftiges Erbrechen und Durchfall. Erbrechen von Schleim und Galle. Krampfähnliche Magenschmerzen. * Weißer Zungenbeleg. Namentlich passend nach Ueberladung des Magens und dem Genuß von saurem Wein.

Arsenicum.—Die Krankheit tritt von vornherein sehr heftig auf und ist rasches Sinken der Kräfte damit verbunden. * Brennen in der Magengegend [vgl. **Nux v.**]. * Heftiger Durst, trinkt oft, aber je nur wenig. Erbrechen sofort nach dem Essen oder Trinken [vgl. * **Verat. alb.**]. Starker Durchfall; wiederholt sich nach dem Trinken. * Ruhelosigkeit und Todesfurcht. Wenn herbeigeführt durch den Genuß von Obst, Gefrornem oder Eiswasser.

Chamomilla.—Scharfe, kolikartige Schmerzen, oder schwerer Druck in der Nabelgegend. Galliger Durchfall, mit Erbrechen von Galle. Krämpfe in den Waden [vgl. **Nux v., Verat. alb.**]. * Sehr ungeduldig; kann nicht höflich antworten. Wenn der Anfall durch Anwandlung einer Leidenschaft herbeigeführt wurde.

China.—Erbrechen von Speise, mit öftern wässerigen und bräunlichen Stühlen, die unverdaute Speisetheilchen enthalten. Brustbeklemmung, mit Aufstoßen, das kurze Erleichterung verschafft. Namentlich geeignet, wenn die Krankheit vom Genuß unverdaulicher

Speisen, besonders unreifen Obstes, herrührt. Zur Stärkung der durch Anfall geschwächten Natur.

Ipecacuanha.—* Uebelkeit und Erbrechen herrschen vor. Stühle sehen wie gegohren aus. Packender, zwickender Schmerz in den Gedärmen.

Veratrum alb.—* Heftiges Erbrechen, mit starkem Durchfall, außerordentliche Schwäche und Beinkrampf. * Kalter Stirnschweiß. Heftiger Schmerz in der Nabelgegend. Augen eingesunken, Gesicht blaß, mit schmerzlichem Ausdruck. Puls klein; fadenartig.

Anweisung.—3 Tropfen oder 12 Kügelchen löse in einem bis einem Drittel vollen Glase Wasser auf; davon gib je 2 Theelöffel voll, oder nehme 8 Kügelchen trocken auf die Zunge. In ernsten Fällen verabfolge man die Arznei alle zwanzig bis dreißig Minuten; wenn es besser geht, alle zwei bis drei Stunden.

Diät und Verhaltung.—Während eines Anfalles wird der Patient nur selten im Stande sein, Speise zu sich zu nehmen; nimmt der Magen Speise an, so nehme man etwas Haferschleim, frische Milch, etwas Suppe oder Fleischbrühe. Im ersten Stadium lasse man den Patienten viel heißes Wasser trinken; sind die Extremitäten kalt, so hülle man sie in warmen Flanell ein.

Cholera.

(ASIATIC CHOLERA.)

Eine der fürchterlichsten und tödtlichsten Krankheiten, von denen das Menschengeschlecht heimgesucht wird. Nichts erfüllt mehr die Gemüther mit Schrecken und Unruhe, als ihre verderbenbringende Erscheinung. Auf keine Nation oder Klima beschränkt, auf kein Alter, keinen Stand, erledigt sie sich in rasender Eile ihres Geschäftes, indem sie ihre Opfer zu Tausenden vernichtet. Die Geschichte ihres Wüthens im Asiatischen Europa und andern Ländern zeigt die ungeheure Gebietsausdehnung ihrer todtbringenden Herrschaft; sie belehrt uns, wie gänzlich machtlos die Allopathie ihr gegenüber dasteht, während anderseits der Homöopathie zur Bekämpfung der Krankheit vortreffliche Mittel zu Gebote stehen. Die Anfälle erfolgen in sehr verschiedner Weise; zuweilen stellen sich gewisse warnende Vorzeichen ein, als Appetitverlust, Schwäche, Schwindel, Ohrensausen, Dunkelheit vor den Augen u. s. w. Wiederum tritt sie ganz plötzlich auf, alsdann: Purgiren, sich krümmen, sofortiges Sinken der Kräfte; die Magen- und Darmentleerungen sind reichlich, Reiswasser vergleichbar, daher Reiswasser-Entleerungen genannt. Bei fortschreitender Krankheit wird der Patient ruhelos; dabei brennender Durst; Krämpfe in den Waden, Fingern und Zehen, ja, selbst in den Bauchmuskeln; Brennen im Magen und packende Schmerzen in den Gedärmen.

Im sogenannten blauen Stadium [collapsus] ist der Puls sehr

schwach und kaum fühlbar; Körper und Extremitäten sind kalt und
von blauer Farbe; die eingesunkenen Augen liegen tief in ihren
Höhlen; die Nase ist spitz; die Wangen sind eingefallen; der Athem
ist kalt; Haut an den Händen eingeschrumpft; Stimme schwach und
heiser; Schweiß klebt auf dem Gesicht; Augen stier und halb offen;
Schluchzen und rascher Tod.

Die Krankheit hat einen ungemein raschen Verlauf; wenige Stunden genügen ihr, ein Leben zu vernichten. Im Genesungsfalle stellt
sich gewöhnlich eine gründliche Reaction ein und die Symptome verschwinden allmälig; sollte aber die Reaction nur unvollständig sein,
so nimmt die Krankheit einen typhusartigen Charakter an, wobei die
Genesung nur langsam von Statten geht.

Ursachen.—Die Grundursache der Krankheit ist ohne Zweifel in
dem Vorhandensein eines gewissen spezifischen Giftes zu suchen, über
dessen wahre Natur man sehr wenig weiß. Zu Anregungsursachen
gehören: Aufenthalt in unreinen, übervölkerten, schlecht gelüfteten
Stadttheilen; Mangel an persönlicher Reinlichkeit, Todesfurcht und
andere Gemüthserregungen; der Genuß unreifer, unverdaulicher
Speisen; Mißbrauch von Spirituosen, von Laxirmitteln u. s. w.

Behandlung.—Dr. Hering empfiehlt Schwefelmilch als Vorbeugungsmittel. Streue ungefähr einen halben Theelöffel voll innen
auf die Sohlen der Schuhe oder Strümpfe, zwei Mal die Woche.
Man thue dies, wenn die Krankheit in der Nachbarschaft herrscht.
Gleich nach dem Anfall, bringe man den Patienten zu Bett, decke ihn
wohl zu und lege Flaschen heißen Wassers rings um ihn. Um den
großen Durst zu löschen gib kleine Portionen kalten Wassers, außer in
Fällen, wo der Patient warmes Toastwasser vorziehen sollte. Als
Nahrung diene: Hammelfleisch-, Hühner-, Rindfleischbrühe, schwach
gesalzen. Er verhalte sich ganz ruhig und benutze die Bettpfanne.

Bei Muskelkrämpfen thut das Reiben mit der trocknen Hand die
besten Dienste; es befördert die Körperwärme und den Blutumlauf.

Heilmittel.—Hauptanzeichen.

Aconit.—Beim Beginn der Krankheit, wo alle Gefäße heftig erregt sind. Große Hitze und Trockenheit der Haut. Furcht, Angst,
mit nervöser Erregbarkeit. Voller und rascher Puls. * Schwindel,
namentlich beim Erheben des Kopfes. * Bitteres, grünliches Erbrechen. Stühle weißlich. * Todesfurcht; sagt den Todestag voraus.

Arsenicum.—* Große Angst, Ruhelosigkeit, Todesfurcht [Acon.,
Verat. alb.]. * Plötzliche Erschlaffung, mit Schwinden der Lebenskräfte. Zunge trocken, schwärzlich und gesprungen. Heftige Brennschmerzen im Magen. Erbrechen von wässerigen, schleimigen, grünlichen, bräunlichen oder schwärzlichen Stoffen. Schlimmer nach dem

Trinken. Erbrechen und Purgiren gleichzeitig [Ipe., * Verat. alb.].
* Großer Durst; trinkt wenig und oft. Haut kalt und mit klebrigem
Schweiß bedeckt, oder trocken und runzelig.

Camphor.—Zu Anfang, bei großer Angst und plötzlichem Schwin=
den der Kräfte [Ars., Verat. alb.]. Puls schwach und rasch. Hände,
Füße und Haut kalt. * Brennschmerzen im Magen und Hals.
Wadenkrämpfe. Schmerzen in der Magengrube bei Berührung
desselben. * Gesicht, Glieder, ja die Zunge sind eiskalt und bläulich.
* Wie betäubt und gefühllos. Heiseres, ächzendes Stöhnen. Man
gebrauche gewöhnlichen Kampfergeist; davon gib in dringenden
Fällen alle fünf, zehn oder fünfzehn Minuten einige Tropfen auf
etwas Zucker.

Carbo veg.—Gewöhnlich im letzten Stadium [in früheren Sta=
dien, Ipe., * Phos. ac.]. * Vollendeter Collapsus (blaues Stadium,
vgl. Einleitung); kein wahrnehmbarer Puls. Krämpfe und Er=
brechen haben aufgehört; große Schwäche. Kalter Athem, kalte
Zunge, Kälte überall [Camph.]. * Gesicht schwarzblau, Stimme
heiser, Augen eingesunken.

China. — Hippocratisches Gesicht, spitze Nase, hohle Augen.
Zunge gelblich, schwärzlich, oder verbrannt. Heftiger Durst; trinkt
dabei je nur wenig [Ars.]. Krampfhafte Magenschmerzen. Schmerz=
loser Durchfall; Stühle schwärzlich, gallig oder weißlich. An Ohn=
macht grenzende Erschlaffung. * Nach dem Verlust von Lebens=
säften.

Colocynth. — Erbrechen, anfänglich von Speisen, dann von
einem grünlichen Stoff. * Heftiger, zusammenziehender Schmerz,
als würden die Eingeweide zwischen Steinen gedrückt; Erleichte=
rung nach kräftigem Druck. * Schreckliche, krampfartige
Schmerzen, unter welchen des Patienten Oberkörper sich fast bis zu
den Füßen krümmt. Stühle dünn, grünlich, schleimig, oder wässerig.
Schlimmer nach dem Essen oder Trinken.

Ipecacuanha.—Im früheren Stadium, und wo Uebelkeit und
Erbrechen hervorragende Symptome sind. * Erbrechen großer
Quantitäten grünen, gallertartigen Schleimes, oder schwarzer, pech=
artiger Substanzen [Ars., Verat. alb.]. Packende, zwickende Schmer=
zen im Unterleib, wie von einem Druck der Hand; in Folge von Be=
wegung. * Grasgrüne, schleimige Stühle; sehen aus wie gegohren.
Krämpfe in den Fingern, Zehen und Waden.

Phosphoric ac.—Zu Anfang, ehe das Erbrechen sich einstellt.
Durchfall mit weißlichen, wässerigen, schleimigen, schmerzlosen Stüh=
len. Zäher, klebriger Schleim im Mund. * Ist gleichgiltig
und zum Sprechen nicht aufgelegt. Stilles Delirium und Betäu=
bung.

Secale cor.—Gesicht blaß, Augen eingesunken. Trockner, dicker, gelblichweißer Zungenbeleg. Nicht zu löschender Durst [**Verat. alb.**]. Hitze und Brennen im Bauch. Wässeriger, schleimiger Durchfall, oder unwillkührlicher. Schwindel, Angst, Wadenkrämpfe und Poltern im Bauch gehen den Ausleerungen voran. * Große Abneigung gegen Hitze und Bettwärme.

Veratrum alb.—Todtenähnlicher Ausdruck des blassen Gesichtes. Zunge trocken, schwärzlich und gesprungen. * Nicht zu löschender Durst nach kalten Getränken. Erbrechen und Purgiren gleichzeitig. * Schwarzes Erbrechen [**Ars.**]. * Große Schwäche nach dem Erbrechen. Heftig schneidende Schmerzen im Bauch. Heftiger Durchfall mit grünlichen, wässerigen, flockigen Stühlen, denen rasche Kräfteabnahme folgt. Wadenkrämpfe. Kleiner, kaum wahrnehmbarer Puls. Heisere, schwache Stimme; kalter Athem. * Kalter Schweiß über den ganzen Körper.

Anweisung.—Löse 3 Tropfen oder 12 Kügelchen in 10 Theelöffel Wasser auf; davon gib in dringenden Fällen alle zehn oder fünfzehn Minuten 1 Theelöffel voll, bis Besserung eintritt. Schweißausbruch ist ein Zeichen beginnender Besserung.

Diät.—Die Nahrung bestehe aus Hammelfleisch- oder Hühnerbrühe, nur mit ein wenig Salz gewürzt. Rindfleischsuppe ist gestattet, aber keine Austernsuppe. Große Vorsicht ist während der Genesung geboten.

Cholerine.

Darunter versteht man eine Art Durchfall, welche der epedemischen Cholera vorangeht und ihr zuweilen nachfolgt, ohne von deren bedenklichen Symptomen begleitet zu sein. Man erkennt sie an schmerzlosen, heftigen Stühlen, begleitet von Rumpeln und Blähungen. Da sie mit Cholera im Zusammenhange steht, so sollte sie mit geeigneten Mitteln behandelt werden.

Behandlung.—Hauptanzeichen.

China.—Stühle gelblich, wässerig, weißlich oder schwärzlich. Schmerzlose, unverdaute, widrige Stühle, mit Aufspannung des Bauches. * Große Schwäche und Neigung zum Schwitzen. Massenhaftes Entweichen übelriechender Winde. Häufige Entleerungen blassen, wässerigen Urins. Ueberreichliche Nachtschweiße.

Podophyllum.—Reichlicher, wässeriger Stuhl, mit mehlähnlichem Niederschlag; auch gelbliche Schleimstühle, die wie Aas riechen. Vor dem Stuhl lautes Gurgeln in den Gedärmen, wie von Wasser. Krampf in den Füßen, Waden und Hüften. * Stets schlimmer des Morgens, des Nachts und bei heißem Wetter.

12

Sulphur.—* Neigung zum Durchfall während der Epidemie. Stühle sehr veränderlich, gelb, braun, grün, unverdaut. * Früh am Morgen schmerzloser Durchfall; der Patient muß eiligst aus dem Bett. * Oeftere, schwache Krämpfe.

Andere Mittel unter **Diarrhöe.**

Anweisung.—Wenn die Stühle reichlich und häufig sind, wiederhole man die Arznei alle zwei bis drei Stunden; in milderen Fällen ein oder zwei Mal des Tages. 3 Tropfen oder 12 Kügelchen in einem bis zu einem Drittel gefüllten Glase Wasser; davon je 2 Theelöffel voll, oder 8 Kügelchen trocken auf die Zunge.

Diät und Verhaltung.—Wenn die Cholera grassirt, so kann man, bei der geringsten Neigung zum Durchfall, in Bezug auf die Lebensweise, nicht vorsichtig genug sein. Die Diät bestehe aus Rind- oder Hammelfleisch; reifen, frischen und wohl gekochten Gemüsen; guten, reifen Früchten u. s. w., mäßig genossen; Mais, Kohl, Gurken, Zwiebeln u. s. w. lasse man weg. Reines, kaltes Wasser oder frische Milch, sind die besten Getränke. Spirituosen lasse man ganz bei Seite; man sei regelmäßig in seiner ganzen Lebensweise.

Wurmkrankheit.

(INVERMINATION.)

Bezüglich der Entstehung und Entwickelung der Eingeweide-Würmer herrschen viele verkehrte Ansichten, wie denn auch von Aerzten gewöhnlichen Schlages bei Behandlung der Wurmkrankheit und deren vermeintlichen Entstehungsursachen arge Mißgriffe gemacht worden sind. Ihr Vorhandensein in den Darmcanälen ist in den meisten Fällen auf einen krankhaften Zustand der Darmschleimhäute zurückzuführen. Ihr Vorhandensein wird oft als die Ursache der Krankheit angesehen, während sie doch nur das Produkt der Krankheit ist, von welcher ihr Dasein abhängt. Unzählige Kinder sind den Wurmpulvern u. dgl. zum Opfer gefallen, während schon der gesunde Menschenverstand uns sagt, daß eine Medizin, stark genug, die Schmarotzer zu zerstören und auszutreiben, in den zarten Theilen, durch welche sie ihren Weg nimmt, Entzündung verursachen und so das Leben des Kindes gefährden muß. Sodann, die Austreibung der Würmer schließt ihr baldiges Wiederkommen nicht aus; auch wird die Bedingung ihres Daseins, die Krankheit, nicht entfernt. Im Menschen finden sich drei Arten Würmer: Madenwürmer, Spulwürmer, Bandwürmer.

Madenwürmer (ascarides). — Kleine, weiße, fadenähnliche Würmer, etwa einen halben Zoll lang; kommen massenhaft vor. Sie wohnen in den großen Eingeweiden, namentlich im Mastdarm. Sie kriechen bis in die Harnröhre und die Mutterscheide, heftiges Jucken und Schleimabsonderungen verursachend. Sie sind für Kinder und für Erwachsene eine wahre Plage.

Spulwürmer (lumbricoides).—Runde, 4 bis 12 Zoll lange Würmer, von der Dicke eines Federkiels, an beiden Enden spitz auslaufend, von weißlichgelber Farbe. Sie wohnen in den kleinen Gedärmen, steigen zuweilen bis in den Magen, ja bis in den Hals hinauf und werden dann durch den Mund entfernt. Sie finden sich weniger bei Erwachsenen als bei Kindern, die sie oft in größeren Massen, zuweilen in Klumpen geballt, von sich geben.

Symptome. — Bleifarbene Blässe des Gesichts, das zuweilen fieberroth ist; bläuliche Streifen unter den Augen; Pupillen erweitert oder zusammengezogen; Jucken in den Nüstern; Picken in der Nase, widriger Athem; unruhiger Schlaf; fährt wie erschrocken auf; Knirschen mit den Zähnen; Neigung auf dem Leibe zu schlafen; unregelmäßiger Appetit; Bauch geschwollen und hart; Verstopfung oder Durchfall; Schmerz in den Gedärmen u. s. w.

Bandwurm (tænia).—Ein langer, bandähnlicher Wurm, aus abgegliederten Theilen bestehend, die durch einen häutigen Saum zusammengehalten werden; jedes Glied hat selbstständiges Leben und kann, losgelöst, ein selbstständiger Wurm werden. Ihre Länge beträgt 10 bis 150 Fuß und darüber (500 Fuß).

Die Entstehung der Eingeweidewürmer ist eine offene Frage. Sie finden sich in fast allen Körpertheilen: in den Zellengeweben, der Leber, der Gallenblase, der Lunge, der Luftröhre, dem Gehirn, in den Augen, dem Herzen, den Nieren, ja im Foetus. Zuweilen, selbst wenn in großer Anzahl vorhanden, verursachen sie keine wesentliche Störung.

Behandlung.—Hauptanzeichen.

Aconit.—Fieberische Störung. Die Nabelgegend ist hart, der ganze Bauch angespannt. Häufiger, erfolgloser Stuhldrang; mitunter geht etwas Schleim ab. Jucken im After, schlimmer bei Nacht; Ruhelosigkeit [Merc.]. * Große Angst; das Kind fürchtet sich, zu Bett zu gehen.

Belladonna. — Gesicht und Augen geröthet. * Fährt im Schlafe wild auf. Unwillkürliche Koth- und Harnentleerungen. Zähneknirschen, Stöhnen, unruhiger Schlaf.

Calcarea c.—Kopfschmerz; dunkle Ringe um die Augen. Gesicht blaß und aufgedunsen; Anspannung des Bauches. Schmerz in der Nabelgegend [Cina]. Jucken im After, namentlich des Abends. Scrophulöse Personen.

China.—Bei starkem Durchfall oder nach Abführungsmitteln. Häufiger Abgang von Würmern; das Kind reibt die Nase; der Bauch ist angespannt [Cina]. Schmerzlose Stühle unverdauter Speise. Schmerz im Unterleib, schlimmer bei Nacht und nach dem Essen.

Cina.—* Bohrt fortwährend in der Nase. Häufiges Schlingen. Unruhiger Schlaf; die Augen rollen. Kurzer, abgebrochner Husten, namentlich des Nachts. Bauch hart und angespannt; häufige Schmerzen in der Nabelgegend. * Der Urin wird nach kurzem Stehen milchicht.

Lycopodium.—Erdfarbiges, gelbes Gesicht; blaue Ringe um die Augen. Magen und Bauch sind aufgebläht. Gefühl, als krabbelte etwas im Bauch. Madenwürmer verursachen Jucken am After. * Rother, sandiger Niederschlag im Urin. Hartleibigkeit.

Mercurius.—Madenwürmer; lästiges Jucken am After; sie kriechen heraus und können am Mittelfleisch gesehen werden. Anhaltende Freßsucht; läßt nicht im Geringsten nach. Widriger Athem.

Sulphur.—Würmer aller Art gehen ab. Krabbeln und Beißen im Mastdarm. * Wird gegen 11 Uhr Vormittags sehr hungrig. * Während des Tages leichte Krämpfe. Rohheit und Wundheit des Afters. Bläschen auf der Haut.

Anweisung.—Gib des Morgens und Abends 6 bis 8 Kügelchen trocken auf die Zunge; in fieberischen Zuständen wiederhole man die Arznei alle drei bis vier Stunden. Wird man von Madenwürmern geplagt, so werden einige Klystiere—Salzwasser—Ruhe verschaffen.

Diät und Verhaltung.—Die Nahrung sollte gesund und nahrhaft sein. Gar gekochtes Rind= und Hammelfleisch; Geflügel; gutes Brot mit Butter; reife Früchte, einfache Puddinge u. s. w. Man vermeide alle Arten Pasteten, Kuchen, Süßigkeiten, rohe Gemüse und dergleichen.

Verstopfung—Hartleibigkeit.

(COSTIVENESS.)

Unter Verstopfung (Hartleibigkeit) verstehen wir einen Zustand der Gedärme, welcher die regelmäßigen Entleerungen erschwert. Im gesunden Zustande verrichten die Gedärme ihre Arbeit ein Mal alle 24 Stunden. Innerhalb dieser Frist sollte der ganze Verdauungsprozeß, die Weiterbeförderung des Mageninhaltes, die Trennung der nährenden Säfte von den kothigen Theilen u. s. w. vollzogen sein. Streng genommen, mag man jede Abweichung von dieser Regel als ein Krankheitssymptom betrachten; immerhin kommt es vor, daß, in Folge von constitutionellen Eigenthümlichkeiten, die Gedärme nur ein Mal die Woche ihre Schuldigkeit thun, während man sich augenscheinlich guter Gesundheit erfreut.

Verstopfung ist nur das Symptom irgend einer Störung des Organismus; darum sollte man sie nicht einseitig behandeln, sondern als einen Theil des Ganzen. Der Ursachen sind viele, und gerade die Mittel, deren man sich bedient hat, um sie zu beseitigen, haben sie nur noch tiefer in das System hineingetrieben. Abführungsmittel werden niemals eine gründliche Heilung bewerkstelligen; im Gegentheil, sie werden das Uebel nur verschlimmern, um den Grund zu einer unheilbaren, schmerzlichen Krankheit zu legen.

Ursachen.—Dahin gehören: Sitzende Lebensweise; angestrengte Gedankenarbeit; Kummer, Sorge, Heimweh; Magen= und Leberstörungen; der Gebrauch von Reinigungsmitteln; Opium, Chinin u. s. w.

Behandlung.—Hauptanzeichen.

Antimonium.—Harte, schwer abgehende Stühle. Bei ältlichen Leuten wechseln Durchfall und Verstopfung [Bry., * Phos.]. * Ein Gefühl, als ob ein reichlicher Stuhl zu erwarten wäre, während nur Winde abgehen; schließlich erfolgt ein sehr harter Stuhl.

Apis mel. — Schmerzen in den Augäpfeln und der Stirne. Kann seine Gedanken nicht auf einen bestimmten Gegenstand richten. Empfindlichkeit des Bauches gegen Berührung [Bry., Nux v.] * Gefühl im Unterleib, als ob etwas nach großen Anstrengungen brechen wollte.

Belladonna. — Hartleibigkeit, mit Blutandrang nach dem Kopf. Beim Bücken strömt das Blut nach dem Kopf, Schwindel verursachend. * Heftig klopfende, stechende Schmerzen, namentlich in der Stirne. Vollblütige Personen.

Bryonia.—Lippen trocken und gesprungen; starkes Verlangen nach Wasser. Häufiges Aufstoßen, besonders nach dem Essen. Sofortiges Erbrechen nach dem Essen. Kopfschmerzen wie zum Zerspringen; schlimmer nach Bewegung [Bell.]. Harte, trockne, wie verbrannte Stühle. Unregelmäßiges Leben.

Calcarea c. — Stühle reichlich, hart, theilweise unverdaut [Hepar]. Nach dem Stuhl ein unbestimmtes Gefühl von Wärme im Kopf. * Füße feucht und kalt. Frauen, die an überreichlicher und zu häufiger Regel leiden.

Causticum.—Oefterer, erfolgloser Stuhldrang, mit Schmerzen, Angst und Röthe des Gesichts. * Stühle zäh, leicht gefärbt, weißlich; sehen aus wie Schmalz. Weicher, kleiner Stuhl, von dem Umfang eines Gänsekieles [bei harten, kleinen Stühlen, * Phos.]. Wundheitsgefühl im After und Mastdarm beim Gehen.

Graphites.—* Stühle hart und knotig; die Klumpen sind durch schleimige Fäden mit einander verbunden. Zuweilen geht mit dem Stuhl eine ganze Menge Schleim ab. Ungesunde Haut [Calc. c., Sil.]. * Juckende Bläschen auf der Haut, die eine zähe Flüssigkeit absondern.

Ignatia.—Unthätigkeit des Mastdarmes; dabei heftiger Stuhldrang. Verstopfung in Folge von Erkältung. * Nach dem Stuhl ein schmerzender Stich, vom After aufwärts bis in den Mastdarm. * Sorgenvoll; Schwäche und Leerheitsgefühl im Magen. Inhalts= lose Hämorrhoiden; Hervortreten des Darmes nach jedem Stuhl [Rhus, Sep.].

Lycopodium.—Vergeblicher Drang, namentlich des Abends. Stühle sehr hart, spärlich; gehen sehr schwer von Statten. Gefühl nach jedem Stuhl, als ob viel zurückgeblieben wäre. Schärfe und Herzbrennen; dabei Schläfrigkeit nach jeder Mahlzeit [Phos.]. Gäh= rung im Unterleib. * Lautes Poltern und Rasseln in den Gedärmen. * Rother Sand im Urin [Phos., Sil.].

Nitric ac.—Schmerzlose Verstopfung. Stühle trocken, hart und spärlich. Beschwerlicher, unregelmäßiger Stuhl. Schmerzen im Kopfe; Gefühl, als ob er eingeschnürt wäre [Merc., Sulph.]. Saurer oder bitterer Geschmack nach dem Essen; saures Aufstoßen. Blähungen. * Scharfriechender Urin, wie von Pferden.

Nux vomica.—Lange, harte, nur mit Beschwerden abgehende Stühle. Häufiger Stuhldrang [Bry., Lyc.]. Gefühl, als ob der After geschlossen oder zu eng wäre. Oefteres Aufstoßen saurer, bitterer Flüssigkeiten. Vollheitsgefühl im Magen nach jeder Mahl= zeit. * Gefühl, als ob ein Stein oder ein Bleiklumpen im Magen wäre. Personen von sitzender Lebensweise; schwangere Frauen [Bry., Lyc., Sep.]. Lebemänner und Opfer von Droguen.

Opium.—Unthätigkeit der Eingeweide, nach chronischem Durch= fall oder dem Mißbrauch von Abführungsmitteln [Nux v.]. Wo= chenlange Thätigkeit, mit Appetitverlust. * Die Stühle bestehen aus kleinen, harten, schwarzen Ballen. * Verstopfung nach Schreck oder Furcht. Lähmung der Eingeweide.

Phosphorus.—Personen mit Anlage zur Schwindsucht, schmäch= tig und dünn. * Stühle lang, eng, hart, wie von einem Hunde; gehen sehr schwer ab [vgl. Caust.]. Bei alten Leuten wechselt Durchfall mit Verstopfung. * Aufstoßen nach dem Essen. Sehr schläfrig nach dem Essen, namentlich nach Dinner.

Pulsatilla.—Verstopfung nach dem Genuß reichhaltiger, fetter Speisen. Durchfall wechselt mit Verstopfung [Ant. c., Bry., * Phos.]. Passend für Frauen, oder weinerliche Personen.

Sepia.—Harte, knotige Stühle, zuweilen mit Schleim vermischt; dabei stechende Schmerzen im Mastdarm. * Gefühl, als wäre ein Klumpen am After; nicht besser nach dem Stuhlgang. * Be= sonders passend für schwangere, oder mit Urinbeschwerden behaftete Frauen.

Silicea.—Verstopfung mit beschwerlichen Stühlen, als ob der Mastdarm nicht die Kraft hätte sie zu entfernen. * Nach großer Anstrengung wird ein kleiner Theil entfernt, während die größere

Masse zurückgeht. Verstopfung bei Frauen, namentlich vor und während der Regel; auch bei kleinen, namentlich scrophulösen Kindern.

Sulphur.—Stühle hart und klumpig, mit Schleim vermischt; gefolgt von Brennschmerz im After und Mastdarm [Sep.]. Harte, knotige Stühle, spärlich, mit Hämorrhoiden. Die erste Anstrengung ist so schmerzlich, daß der Patient von weitern Versuchen abstehen muß. Fliegende Hitze und klopfender Kopfschmerz. * Anhaltende Hitze oben auf dem Kopfe [Kälte, **Verat. alb.**]. Häufige, schwache Krämpfe.

Veratrum alb.—Chronische Verstopfung, namentlich bei Kindern. Große und sehr harte Stühle. Trägheit des Mastdarmes; ist wie gelähmt. * Große Anstrengungen, mit kaltem Schweiß auf der Stirne. * Erschöpfung und Anwandlung von Ohnmacht nach dem Stuhl.

Hülfsmaßregeln.—Personen, die an Hartleibigkeit leiden, sollten zu einer bestimmten Stunde auf den Stuhl gehen; die beste Zeit ist gleich nach dem Frühstück. Am Hervortreten des Mastdarmes leidende Personen thuen wohl, wenn sie ihre Gedärme vor dem Schlafengehen erleichtern.

In hartnäckigen Fällen sind mechanische Mittel unter Umständen von Nutzen. Klystiere von warmem Wasser, mit einer Zuthat von Schweineschmalz, ist sehr förderlich. Der Patient sollte auf der rechten Seite liegen, die Hüfte nach oben gezogen, und in dieser Lage verharre er möglichst lang.

In langwierigen Fällen, wo der Koth im Mastdarm sich anhäuft, muß jener mit einem Instrument, etwa einem großen Löffelstiel, entfernt werden. Man öle ihn vorher ein und beseitige dann vorsichtig den Koth.

Anweisung.—In den meisten Fällen wird eine ein= bis zweimalige Gabe des Tages genügen; auch wohl eine Gabe in zwei oder drei Tagen. Man löse 1 Tropfen oder 8 Kügelchen in etwas Wasser auf und trinke dies.

Diät und Verhaltung.—Brot aus ungebeuteltem Mehl, Früchte, namentlich getrocknete, Gemüse und etwas Fleisch. Man trinke nur Wasser, namentlich vor dem Schlafengehen.

Hämorrhoiden—Goldene Ader.

(PILES.)

Diese bestehen aus einer Erweiterung der dem Mastdarm entlang laufenden Blutadern. Diese erweiterten Adern bilden Geschwüre, die an der Schleimhaut der Schließmuskel—an der Innen= und Außenseite—festsitzen. Einige sind so groß wie eine Erbse, während andere den Umfang einer Wallnuß haben. Zuweilen sind sie sehr schmerzhaft anzurühren. Wenn sie innerhalb des Mastdarmes sitzen, heißen sie innere Hämorrhoiden, und wenn sie außerhalb sind, äußere Hämorrhoiden. Wenn die Geschwüre bluten, nennt man sie flüssige Hämorrhoiden; wenn sie nicht bluten, sondern nur geschwollen sind und schmerzen, trockne Hämorrhoiden; wenn Schleim, anstatt Blutes abgeht, schleimige Hämorrhoiden. Die Blutadern sind nicht immer geschwollen. In Zwischenräumen fällt die Anschwellung, die Geschwüre verschwinden, und der Patient fühlt Erleichterung. Während eines „Anfalls" sind die Geschwüre gewöhnlich purpurroth, entzündet und von ziehenden, brennenden, stechenden Schmerzen begleitet, die sich beim Stuhlgang zu fast unerträglichen Schmerzen steigern. Die Blutungen verschaffen dem Patienten Linderung; wenn sie unterdrückt werden, z. B. durch äußerliche Mittel, so kann dies schlimme Folgen nach sich ziehen.

Ursachen.—Eine der Hauptursachen sind die Magenreinigungsmittel. Sie richten mehr Unheil an, als alle andern Ursachen zusammen. Dauernde Hartleibigkeit, sitzende Lebensweise, unmäßiger Genuß von Spirituosen, Schwangerschaft, Niederkunft u. s. w. gehören ebenso zu den anregenden Ursachen.

Behandlung.—Hauptanzeichen.

Aconit. — Blutende Hämorrhoiden [Bell., Nit. ac.]. Stechen und Drücken im After. Allgemeine Trockenheit der Haut. Beständige Unruhe. Vollblütige Personen.

Apis mel.—Hämorrhoiden, mit Stechen, Brennen und quälenden Schmerzen; Linderung durch kaltes Wasser. * Verstopfung, mit einem Gefühl, als ob ein fester Körper den Stuhlgang hemmte. * Erweiterung des Eierstocks; Schmerzen in der linken Brust mit Husten.

Arsenicum.—Trockne Hämorrhoiden, die wie Feuer brennen; namentlich bei Nacht. Während des Tages stechende Schmerzen, besonders beim Gehen. * Große Angst, Unruhe und Todesfurcht. Heftiger Durst; trinkt oft und wenig. Schlimmer bei Nacht, namentlich nach Mitternacht.

Belladonna.—Blutende Hämorrhoiden, mit großer Empfindlichkeit bei der leisesten Berührung. * Ein Gefühl, als wollte der Rücken brechen, die freie Bewegung hindernd. * Schmerzen kommen so schnell, wie sie verschwinden. Blutandrang nach dem Kopf; Klopfen in den Schläfen. * Schläfrig, aber kein Schlaf.

Calcarea c.—Die Beulen sind geschwollen, hervorstehend und bluten stark. Brennen und Jucken im Mastdarm, so daß der Patient nicht ruhig liegen kann. Ziehende, schneidende Schmerzen im Mastdarm, namentlich nach dem Stuhl. * Zu häufige und zu reichliche Entleerung. * Kalte, feuchte Füße. Schwindel beim Treppensteigen [Carbo v.]. Geschwollene, hervorstehende Beulen, die reines Blut abgeben. * Scharfe, ätzende, aus dem Mastdarm fließende Materie, die einen stinkenden Geruch hinterläßt [vgl. Sep.]. Kitzeln, Jucken und Brennen der Beulen. Faule, blutige Schleimstühle. * Aufrülpsen saurer, ranziger Speise; dabei viel Wind aus den Eingeweiden.

Causticum.—Große, schmerzhafte Beulen, die der Entleerung hinderlich sind. * Brennen und Stechen der Geschwüre beim Berühren, mehr noch beim Gehen. Schwache, scrophulöse Personen, mit gelber Gesichtsfarbe. Druck und Vollheitsgefühl im Magen, als wollte er bersten; schlimmer nach dem Essen.

Graphites.—Hämorrhoiden, mit Hervortreten des Mastdarmes. Schmerzhafte, brennende Risse zwischen den Beulen. Brennen, Jucken und Stechen im Mastdarm. * Hervortreten des Mastdarmes, ohne Anstrengung, als ob die Sließmuskel gelähmt wäre. Chronische Verstopfung, mit harten, beschwerlichen, knotigen Stühlen. Ungesunde Haut; Ausschläge, die eine klebrige Flüssigkeit absondern [wässerige, Dule.].

Ignatia.—Hämorrhoiden, mit heftigen, schießenden Schmerzen, hoch oben im Mastdarm. * Die Geschwüre treten bei jedem Stuhl hervor und müssen eingezwängt werden [**Rhus, Sep., Sulph.**]. Wundheitsgefühl, als ob die Theile geschunden wären. * Blutung und Schmerz schlimmer bei losem Stuhl. Schmerzen in der Gegend des Beckens. * Unterdrückter Gram; Leerheitsgefühl des Magens.

Nitric ac.—Blutende Beulen, die nach jedem Stuhl hervortreten. * Scharfe, schneidende Schmerzen im Mastdarm, die nach der Entleerung Stunden lang anhalten; schlimmer nach jedem losen Stuhl. * Alte Blutbeulen, die viel Schleim absondern und nach jedem Stuhl reichlich bluten. Risse im After [**Ars.**].

Nux vomica.—Trockne, oder blutende Beulen [* **Sulph.**]. Brennende, prickelnde Schmerzen in den Beulen. Entleerungen hellen Blutes nach dem Stuhl. Furchtbare, reißende, drückende Schmerzen im Kreuz und den untern Gedärmen. * Häufiger, erfolgloser Stuhldrang. * Anhaltende Verstopfung, mit häufigem Stuhldrang. Ist sehr reizbar und wünscht allein zu sein. Personen von sitzender und ausschweifender Lebensweise; sowie Opfer von Quacksalbereien.

Pulsatilla.—Meistens trockne Beulen, mit heftigem Druck auf dieselben. Stechende, zuckende Schmerzen im Mastdarm und Wundheitsgefühl des Afters. * Hartnäckige Verstopfung, mit üblem Geschmack am Morgen. * Neigt zu Frösteln selbst im warmen Zimmer. Weinerliche Stimmung [**Ign., Sep.**]. Schwindel beim Sicherheben aus einer ruhenden Lage. Alle Symptome schlimmer gegen Abend.

Rhus tox.—Wunde, trockne Beulen, nach jedem Stuhl hervortretend. Ziehende Rückenschmerzen von oben nach unten. Spannen und Drücken im Mastdarm. * Schmerz im Kreuz, als wäre es zerschlagen; besser bei Bewegung. Schlimmer nach dem Naßwerden oder nach schwerem Heben. Rheumatische Anlagen.

Sepia.—Meistens blutende Beulen, mit Hervorstehen des Mastdarmes und der Beulen beim Stuhl. Anhaltende, anziehende Schmerzen im Mastdarm, mit Hitze, Brennen und Anschwellen des Afters. Gelindes Bluten aus dem Mastdarm [wenn ätzend und stinkend, Carbo v.]. * Gefühl von einem Gewicht oder Ball im After; keine Linderung nach dem Stuhl.

Silicea.—Entzündung und Eiterung der Geschwüre [vgl. **Hepar**].

Sulphur.—Trockne, oder blutende Beulen. Anhaltender Stuhldrang, der nach einer dünnen, blutigen Entleerung fortdauert. * Stechen, Brennen und Wundheitsgefühl in und um den After. Hervortreten des Mastdarmes, namentlich während eines harten Stuhles. Heftige, stechende Schmerzen im Rücken. Während des Harnlassens heftige Schmerzen in der Harnröhre. * Schwache Anfälle, namentlich beim Gehen oder Stehen. * Anhaltende Hitze auf dem Kopfe. Schlimmer am Morgen.

Hülfsmaßregeln.—Bei trocknen, heftig entzündeten und schmerzhaften Beulen werden warme Sitzbäder, oder ein mit heißem Wasser befeuchteter Schwamm gute Dienste thun. 10 Tropfen der **Tinctura Arnica**, in einer mit warmem Wasser halbgefüllten Tasse aufgelöst, und vermittelst leinener Lappen gehörig angebracht, haben auch einen guten Erfolg. Sollten die Geschwüre in Eiterung überzugehen drohen, so gebrauche Milch- und Brot- oder Leinsamenaufschläge.

Bei Verstopfung und schmerzhaften Entleerungen, gebe man Klystiere von Ulmbaumrinde oder Leinsamen.

Anweisung.—Wenn die Schmerzen sehr heftig sind, löse man 3 Tropfen oder 12 Kügelchen in einem bis zu einem Drittel gefüllten Glase Wasser auf; davon 2 Theelöffel voll alle drei Stunden. In chronischen Fällen, wo die Schmerzen minder groß sind, gib 8 Kügelchen trocken auf die Zunge, ein oder zwei Mal des Tages.

Diät und Verhaltung.—Vergleiche Dyspepsie.

Hervortreten des Afters—Vorfall des Mastdarmes.

(PROLAPSUS ANI.)

Darunter versteht man ein Umstülpen des untern Theiles des Mastdarmes und dessen Heraustreten durch den After. Dieser Zustand findet sich meistens bei Kindern und alten Leuten. Er mag durch eine natürliche Schlaffheit und Zartheit des Organs bedingt sein, oder er mag durch heftiges Drücken bei Verstopfung, Ruhr oder Hämorrhoiden verursacht sein.

Behandlung.—Man sollte die vorgefallenen Theile sorgfältig waschen und mit der Hand zurückbringen. Zuweilen tritt ein großer Theil des Mastdarmes hervor, schwillt an und wird beim Zusammenziehen der Schließmuskel sehr empfindlich. In diesem Falle lege man in Eiswasser getauchte Lappen rings um die Theile, dann erst bringe man diese zurück. Ist dies geschehen, so suche man durch Bandagen einen weitern Vorfall zu verhindern. Der Patient verhalte sich mehrere Tage ruhig. Zur Bewirkung einer gründlichen Heilung bediene man sich der hier angegebenen Mittel.

Calcarea c. — Mastdarmvorfall bei scrophulösen Personen. Kinder mit dicken Köpfen, wo die Oeffnungen nicht schließen wollen. * Harter, angespannter Bauch, mit Abmagerung und gutem Appetit. Durchfall, mit lehmartigen Stühlen. * Kribeln und Jucken im After [vgl. Ign.].

Ignatia. — Beschwerliche Stühle, mit Mastdarmvorfall [vgl. Podo.]. Trockne Beulen; Vorfall der Geschwüre bei jedem Stuhl. * Der Patient ist von unterdrücktem Kummer gebeugt; seufzt oft.

Mercurius. — Hervortreten während des Durchfalles oder der Ruhr, bei starkem Drücken. Hartleibigkeit und Anschwellen des Unterleibs [vgl. Calc. c.].

Nux vomica. — Anhaltende Verstopfung; große, harte, beschwerliche Stühle. * Personen von unmäßiger oder sitzender Lebensweise. Schmerzhafte Blutgeschwüre. An Unverdaulichkeit leidende Personen, sowie Opfer von Quacksalbereien. Symptome schlimmer am Morgen.

Podophyllum. — Schmerzlose, unverdaute Stühle. Während des Stuhles und darnach Vorfall. Passend für Kinder, die an Sommerdurchfall leiden.

Sulphur. — Vorfall während des Stuhles [vgl. Merc., Podo.]. Jucken, Brennen und Stechen am After und im Mastdarm. * Geeignet für scrophulöse Leute, sowie für Solche mit harter, schuppiger, trockner, ungesunder Haut.

Anweisung. — Meistens wird eine einmalige Gabe in zwei bis drei Tagen genügen. Man gebe 6 Kügelchen, in ein wenig Wasser aufgelöst, als Dosis.

Bruch—Hernia.

Darunter versteht man das Heraustreten eines Bauchorganes aus der Bauchhöhlung, wodurch ein äußeres Geschwür entsteht. Es ist dies eine in jedem Alter häufig vorkommende Erscheinung. Auf alle Fälle sollte man einen erfahrenen Arzt zu Rathe ziehen. Immerhin mögen einige Andeutungen von Nutzen sein, namentlich für Solche, die nicht im Stande sind, sich sofortiger ärztlicher Hülfe zu bedienen. Die Krankheit tritt in verschiedenen Formen auf. Namentlich unterscheidet man: Nabelbruch, Leistenbruch, Lendenbruch, Hodenbruch.

Nabelbruch. — Hervortreten eines Bauchorganes in der Nabelgegend, namentlich bei neugebornen Kindern; nicht selten bei Frauen, die viele Kinder geboren haben.

Leistenbruch.—Tritt am Schambug hervor, geht durch eine oder beide Bauchringe und schlägt dann denselben Weg ein, den die Hode nimmt, wenn sie sich vom Unterleib nach dem Hodensack senkt.

Lendenbruch.—Hervortreten eines Organs aus dem Kanal.

Hodenbruch.—Das Bauchorgan nimmt mit der Hode seinen Weg abwärts und stellt sich im Hodensack ein. Je nach der Beschaffenheit der Brüche theilt man dieselben ein in reducirbare, nichtreducirbare und eingeklemmte Brüche.

Reducirbare Brüche.—Der hervortretende Theil kann leicht an die ihm gehörige Stelle zurückgebracht werden.

Nichtreducirbare Brüche.—Können in Folge von Klebrigkeit oder Dichtigkeit nicht an die ihnen gehörige Stelle gebracht werden.

Eingeklemmte Brüche.—Die Oeffnung, durch welche das hervorgetretene Organ zurückgebracht werden könnte, ist zusammengeschnürt und versperrt nicht nur dem Inhalt des Organs, sondern auch der Blutcirculation den Weg. Der Patient klagt über kolikartige Schmerzen, über Enge um den Leib und hat bei starkem Stuhldrang keine Oeffnung. Diesen Symptomen folgt Erbrechen aus dem Magen, ja, zuweilen aus den Eingeweiden. Der untersuchende Arzt findet einen Bruch, der, steif und unnachgibig, nicht zurückgebracht werden kann. Hält dieser Zustand lang an, so werden die Theile entzündet und wird gegen Berührung sehr empfindlich; dabei hartnäckige Verstopfung u. s. w.

Behandlung.—Vor allen Dingen versuche man den Bruch zurückzubringen. Der Patient lege sich auf den Rücken, die Hüften emporgezogen, so daß die Bruchstelle höher liegt, als der übrige Leib; beide Schenkel biege man aufwärts nach dem Bauche hin, schließe sie fest an einander, um die Erweiterung der Bauchmuskeln zu erleichtern. Nun fasse man den Bruch mit der linken Hand, drücke die Finger der rechten Hand oben darauf, reibe ihn gelind, drücke allmälig stärker nach und fahre damit etwa eine halbe Stunde fort. Sollten aber alle Bemühungen vergeblich sein und die Theile entzündet und gegen Berührung empfindlich werden; sollten sich Brennschmerzen im Bauche, Uebelkeit und galliges Erbrechen einstellen, so gebe man alle zwei oder drei Stunden etwas **Aconite**, und sende sofort nach einem Arzt.

Wenn der Bruch zurückgebracht ist, so versuche man ihn durch Binden in seiner ihm zukommende Lage zu halten, etwa durch ein Bruchband. Die Auswahl und das Anlegen eines solchen überlasse man einem Arzte, oder einem geschickten Bruchbandverfertiger, da ein schlechtes oder ungeschickt angebrachtes Bruchband mehr schadet als nützt.

Elftes Kapitel.

Krankheiten der Harnorgane.

Bright'sche Nierenkrankheit.

Dies ist eine Krankheit der Nieren, wobei namentlich die Rinden=substanz angegriffen zu sein scheint. Die Krankheit beginnt mit Frösteln, gefolgt von Fieber, Durst, Trockenheit im Munde und Hals. Schmerz und Empfindlichkeit in der Lebergegend, die sich zu=weilen bis zum Schambug und den Hoden erstrecken; Gereiztheit des Blasenhalses, was öfteren Stuhldrang veranlaßt; spärlicher, rother, oder dunkelgefärbter, zuweilen blutiger Urin; Appetitverlust; dum=pfer Kopfschmerz und Schwindel, namentlich beim Niederlegen. Diesen Symptomen folgt Aufgedunsenheit der Augenlider und des Gesichts und wassersuchtartiges Anschwellen des Bauches und der Glieder. Wenn man den Urin untersucht, so findet man Eiweißstoff; ein Vergrößerungsglas zeigt uns geronnenen Sauerstoff, Blutkügel=chen und faserige Ausscheidungen aus den entzündeten Urinkanälen.

Wenn die Krankheit im ersten Stadium richtig behandelt wird, so kommt sie rasch zu ihrem Ende; aber in Folge falscher Behandlung wird sie leicht chronisch und dann ist die Heilung sehr schwer. Sie schreitet nur langsam vorwärts; es nimmt bis zur vollen Entwicke=lung, je nach Umständen, Monate und Jahre.

Ursachen.—Einflüsse von Kälte und Nässe; der Mißbrauch scharfer Medizinen, wie Canthariden, Cubeben, Terpentin und Spirituosen. Langwierige Eiterungen und Knochenfraß sollen ebenfalls zu den Ur=sachen gehören.

Behandlung.—Hauptanzeichen.

Aconit. — Frösteln mit Fieber; trockne, heiße Haut; Durst und nervöse Unruhe. Dunkler, spärlicher Urin, mit Stechen in den Nieren. Wenn von Einwirkungen der Kälte, trockner Winde [vgl. Hepar].

Apis mel.—Anschwellen des Gesichts und der Extremitäten. Beim Zwängen oder Bücken Schmerz und Wundheitsgefühl in der Nierengegend. Oefterer, schmerzhafter Urindrang, mit karger Ent=leerung rothen Urines. Wenn die Krankheit auf Scharlachfieber folgt, so ist das Mittel besonders wirksam [vgl. **Ars.**, **Bell.**].

Cantharides.—Brennschmerz in den Nieren; sie laufen von den

Harnröhren bis zur Blase. * Anhaltender Urindrang; dabei nur spärliche, zuweilen mit Blut untermischte Entleerung. Spärlicher, dunkler Urin; Brennen in der Blase. Im Niederschlag des Urin finden sich länglich runde Körper (Cellen).

Hepar s. — * Gefühl von Klopfen in der Nierengegend. Schwerheitsgefühl in den Lenden. Urin dunkel oder blutig.

Lycopodium. — Heftige, drückende Schmerzen, die sich, von den Nieren der Harnröhre entlang laufend, bis zur Blase erstrecken. * Rother, sandiger Niederschlag des Urins [vgl. **Phos., Sep.**]. Jedem Harnlaß gehen heftige Rückenschmerzen voran, die beim Beginn der Entleerung sofort nachlassen.

Phosphorus. — Wenn die Krankheit mit Lungenentzündung, bronchialem Catarrh, Knochengeschwüren u. s. w. verwandt ist. Geeignet für hagere Personen, mit heller Haut und blondem oder rothem Haar.

Rhus tox. — Reißende Schmerzen in der Nierengegend. * Urin mit schneeweißem Niederschlag. Wassersuchtartige Anfälle sind vorüber. Mit Rheumatismus und Gicht behaftete Personen; auch wenn die Krankheit eine Folge von Nässe ist.

Anweisung. — In hitzigen Fällen wiederhole man die Medizin alle drei bis vier Stunden, in chronischen Fällen nur jeden Abend und Morgen. Löse 3 Tropfen oder 12 Kügelchen in einem bis zu einem Drittel angefüllten Glase Wasser auf, davon je 2 Theelöffel als Dosis.

Diät und Verhaltung. — Im Stadium der Entzündung sollte die Diät einfach sein. In der chronischen Form gebe man reichhaltigere Nahrung, als: gar gekochtes Rindfleisch, Hammelrippchen, Geflügel, wohl zubereitete frische Gemüse, Puddinge, Brot, Milch u. s. w. Spirituosen sind zu vermeiden.

Tägliche Waschungen und Bewegung in der freien Luft sind sehr zu empfehlen; dabei vermeide man Ausschreitungen jeglicher Art.

Uebermäßige Harnabsonderung.

(DIABETES.)

Ueber den Sitz und die Natur der Krankheit sind viele Theorien aufgestellt worden; aber bis dahin ist ihr Ursprung noch dunkel. Die Krankheit zeigt sich an durch überreichliche, Zucker enthaltende, Harnabsonderung. Die Quantität schwankt zwischen 30 bis 50 Pint (Nößel), wobei jedes Pint 2 oder 3 Unzen Zucker enthält, und 8 bis 10 Pint in derselben Periode. Die Farbe des Urins ist strohgelb; der Geruch ist unangenehm süß. Dabei heftiger Durst, namentlich des Nachts; Heißhunger; unbehagliches Gefühl nach dem Essen; Verstopfung, mit harten, spärlichen Stühlen; heiße, trockne Haut; Abfallen vom Fleisch; Niedergeschlagenheit; Verlust des Gedächtnisses; Schwäche; Kälte der Extremitäten; Athmungsbeschwerden; Anschwellen der Glieder und allgemeine Schlaffheit.

Die Prognosis der Krankheit ist nicht sehr günstig. Sie mag Jahre lang andauern, bevor sie ihren tödtlichen Verlauf nimmt.

Behandlung.—Hauptanzeichen.

Arsenicum.—Unwillkürliche Entleerungen brennenden Urines. Abmagerung; Abnahme der Kräfte. * Trinkt bei starkem Durst je nur wenig. * Ruhelosigkeit, Todesfurcht.

Digitalis.—Reichliche Entleerung wasserhellen Harns. Nervenschwäche. * Heftiges, hörbares Herzklopfen.

Mercurius.—Die Quantität des entleerten Urins übersteigt die der zu sich genommenen Flüssigkeiten. Brennender Durst bei Nacht und Tag. * Symptome schlimmer des Nachts und bei kaltem, regnerischem Wetter.

Phosphoric ac.—* Oeftere wässerige Harnentleerungen, die alsbald eine weiße Wolke bilden. Harndrang; dabei blasses Gesicht, Hitze und Durst. Schmerz im Rücken und in der Nierengegend. Auffallende Abmagerung und Niedergeschlagenheit. * Der Patient ist äußerst gleichgiltig.

Weiteres im „Zweiten Theil" unter **Materia Medica.**

Anweisung.—Ein Tropfen oder 8 Kügelchen in etwas Wasser aufgelöst; drei Mal des Tages.

Diät.—Sie muß nahrhaft und leicht verdaulich sein. Reichhaltige Nahrung in kleinen Quantitäten. Rind- und Hammelfleisch, Wildpret und Geflügel, gar gekocht. Brot aus ungebeuteltem Hafer- oder Roggenmehl; aber keine Kartoffeln, kein Obst, keine Spirituosen irgend einer Art.

Nierenentzündung.

(NEPHRITIS.)

Die Krankheit beginnt gewöhnlich mit Frösteln, gefolgt von Fieber, acuten Schmerzen, Brennhitze und einem Gefühl der Schwere in den Nieren. Schmerzhafter Urindrang, mit nur geringem Erfolg; der Harn ist dunkel, dick und oft mit Blut vermischt; vollständige Harnunterdrückung, wenn beide Nieren angegriffen sind. Unfähigkeit, auf der kranken Seite zu liegen; heftige Schmerzen beim Aufstehen und Aufrechtstehen. Die Schmerzen erstrecken sich zuweilen der Harnröhre entlang bis nach der Blase; auch folgen sie dem Samenstrang bis in die Hoden. Gewöhnlich ist die linke Seite angegriffen; selten beide Seiten zu derselben Zeit. Die Krankheit verläuft in sechs bis neun Tagen; aber sie nimmt mitunter eine chronische Form an und währt dann Monate, ja Jahre lang.

Die häufigsten Ursachen sind: Erkältung; Naßwerden; der Genuß von Spirituosen; der Mißbrauch von harnabtreibenden Mitteln; Fallen, Schlägen, Rückenverrenkungen bei schwerem Heben; heftige Anstrengungen u. s. w.

Behandlung.—Hauptanzeichen.

Aconit.—Im ersten Stadium bei hochgradigem Fieber, das sich durch heiße, trockne Haut, raschen Puls und heftigen Durst kundgibt. * Unfähigkeit zu uriniren; dabei Stechen in den Nieren. * Angst und nervöse Erregtheit. * Kann vor Schwindel im Bett nicht aufsitzen.

Belladonna.—Schmerzen, die von den Nieren bis in die Blase ausstrahlen. * Die Schmerzen kommen und gehen rasch. * Gefühl, als ob ein Wurm in der Blase arbeitete [wie von einem Ball in der Blase, **Lach.**]. Spärlicher Urin von rother oder gelber Farbe, mit weißlichem Niederschlag. Hitze und Anschwellen in der Nierengegend. * Gefühl im Rücken, als wollte er brechen, so daß die Bewegung verhindert wird.

Cantharides.—Brennhitze; Durst und Angst. Schießende, schneidende, reißende Schmerzen in den Lenden und der Nierengegend. Beständiger Harndrang, wobei nur einige Tropfen abgehen, zuweilen mit Blut vermischt [**Colch.**, **Dig.**, **Merc.**]. Brennende, schneidende Schmerzen in der Blase, mit erfolglosem Harndrang. * Erbrechen, Würgen, heftige Kolik.

Hepar s.—Wenn Eiterung eingetreten ist [**Lyc.**, * **Merc.**, **Sil.**]. * Klopfen in der Nierengegend. Schwerheitsgefühl in den Lenden. Abwechselnd Frösteln und Hitze, worauf reichlicher Schweiß.

Lycopodium.—* Nierenkolik; der Schmerz läuft den Harnröhren entlang bis in die Blase; namentlich auf der rechten Seite. * Rother, sandiger Niederschlag des Urins [**Phos.**, **Sep.**]. Stechende, quer über die untern Gedärme laufende Schmerzen, von der rechten nach der linken Seite. * Vor jeder Harnentleerung furchtbare Schmerzen im Rücken; Linderung nach der Entleerung.

Mercurius. — Wenn die Symptome denen unter **Hepar** beschriebenen ähnlich sind und wenn dieses Mittel sich nicht bewähren sollte. Spärlicher, rother, starkriechender Harn. * Reichlicher Schweiß gewährt keine Linderung.

Nux vomica.—Bei Personen von sitzender Lebensweise, oder wenn die Krankheit die Folge von Unterdrückung (Zurücktreiben) der Hämorrhoiden ist. Schmerzen im Kreuz, die der Bewegung hinderlich sind. * Schmerzhafter Urindrang; spärliche, tropfenweise Entleerung, mit Brennschmerzen. Röthlicher Urin, mit einem Niederschlag, der wie Backsteinmehl aussieht [**Acon.**, **Nux v.**, **Puls.**]. * Hartleibigkeit; mühsame Stühle.

Pulsatilla.—Weinerliche Personen, oder Frauen mit spärlicher oder unterdrückter Regel. Kreuzschmerzen. * Häufiger, meist erfolgloser Urindrang, mit Brennschmerz. Heller, wässeriger Urin, mit gallertartigem Niederschlag [**Phos. ac.**]. Frösteln im warmen

Zimmer. Kopfschmerz; besser nach Druck. * Schnappt nach frischer Luft; schlimmer im warmen Zimmer. Fauler Geschmack am Morgen. * Schwindel beim Aufsitzen.

Sepia.—Gelbliche Gesichtsfarbe, namentlich über dem Nasensteg; sieht aus wie ein Sattel. Leerheitsgefühl im Magen. Schneidende, brennende Schmerzen beim Harnlassen. * Stinkender Urin; lehmfarbiger Niederschlag, der sich am Geschirr festsetzt. * Ein Gefühl wie von Schwere im After; nicht besser nach dem Stuhlgang.

Sulphur.—In chronischen Fällen, wo andere Mittel nur theilweise Erleichterung verschafft haben. * Brennende, ziehende Kreuzschmerzen. Klopfende Stiche in der Lenden- und Nierengegend. Schmerzhafter Urindrang, mit spärlicher Entleerung blutigen Urins. * Uebelriechender Urin [Merc., Sep.]. Häufige Anfälle. * Beständige Hitze auf dem Kopf.

Wenn von spanischem Fliegenpflaster herrührend, gebrauche man **Camphor** (in Tropfen).

Anweisung.—Im acuten Stadium, wo die Symptome bedenklich sind, nehme man die Arznei alle zwei bis drei Stunden; im Falle der Besserung, alle drei bis vier Stunden. Löse 3 Tropfen oder 12 Kügelchen in einem bis zu einem Drittel gefüllten Glase Wasser auf; davon je 2 Theelöffel voll.

Diät.—Im ersten Stadium hat der Patient keinen Appetit; er kann nur etwas Brotwasser, Gerstenschleim u. s. w. zu sich nehmen; sobald Besserung eintritt, sind einfache Puddinge aus Reis, Farina, Stärkemehl u. s. w. erlaubt. Man vermeide alle Spirituosen und halte sich an reines Wasser.

Blasenstein—Nephralgia.

(RENAL COLIC.)

Diese schmerzhafte Krankheit entsteht dadurch, daß Gries (eine kalkartige Substanz) aus den Nieren hervortritt, um seinen Weg durch die Blase bis zu den Nieren zu nehmen, von wo er mit dem Harn abgeht. Diese Absonderungen bilden sich in den Nieren und sind hinsichtlich ihrer Größe verschieden. Bei ihrem Weg durch die Harnröhre verursachen sie oft große Schmerzen; diese sind drückender, krampfhafter Art; sie erstrecken sich der Harnröhre entlang bis nach der Blase, bei Männern bis nach den Hoden, die sich nach oben ziehen. Dabei Brechen, kalter Schweiß, kalte Extremitäten, häufiger Urindrang; spärlicher, dunkler, zuweilen blutiger Urin. Sobald der Stein in die Blase tritt, läßt der Schmerz etwas nach, wobei indeß, so lang der Stein in der Blase sitzt, ein Gefühl der Unbehaglichkeit zurückbleibt. Häufiger Harndrang, mit plötzlicher Hemmung des Flusses, da der Gries vor der Harnröhre sich auf und ab bewegt, wobei die Verstopfung der Abzugsröhre Schmerzen ver-

13

ursacht.   Wenn diesem Zustand nicht durch eine Operation ein Ende gemacht wird, so kann er Jahre lang dauern.

Fast in allen Theilen des Körpers läßt sich das Vorhandensein Grieses nachweisen, so im Gehirn, der Lunge, der Blase, der Leber, der Gallenblase, dem Mutterleib, den Gelenken, u. s. w.—Die Urinorgane sind indeß der Hauptsitz dieser Krankheitsgebilde.

Behandlung.—Hauptanzeichen.

Belladonna.—Krampfartige Schmerzen, die sich bis zur Blase erstrecken.   Tropfenweise Harnentleerung.

Calcarea c.—Blasensteinbeschwerden bei scrophulösen Personen. Harndrang ist schlimmer bei Nacht; der Harn ist dunkel, stinkend; hinterläßt einen weißen Niederschlag.   Abmagerung und Schwäche.

Cantharides.—Drückende Schmerzen in den Nieren, von den Harnröhren bis zur Blase.   Schmerzen, die sich den Harnröhren entlang bis nach der Blase ziehen, wobei nur einige blutige Tropfen abgehen.

Lycopodium.—Nierenkolik, an der rechten Seite [**Bell.**].   Häufiger Stuhldrang; rother Sand im Urin.   * Rückenschmerzen vor dem Harnlassen.

Nux vomica.—Schmerz, namentlich in der rechten Niere; strahlt aus von den Geschlechtstheilen und dem rechten Bein.   * Krampfartiges Zusammenziehen der Hodenstränge; die Geschlechtstheile ziehen sich nach oben.   Uebelkeit, Erbrechen.   * Erfolgloser Harnund Stuhldrang.

Opium.—Drückende, quetschende Schmerzen, als ob ein Gegenstand sich durchdrängen wollte.   Fliegende Schmerzen in der Blase und den Hoden.   Erbrechen von Schleim und Galle.   Angst und Unruhe.   * Langsamer Puls.

Phosphorus.—Wenn das ganze System gestört ist; auch bei alten hinfälligen Leuten.   Verliert die Controlle über die Harnorgane.   Unfreiwilliger Harnlaß und Kothentleerung zur selben Zeit. Die Harnentleerung hört plötzlich auf.   Ein dem Ziegelstaub ähnlicher Niederschlag; Urin riecht wie Salmiak.

Hülfsmittel.—Bähungen sind von vorzüglicher Wirkung, ebenso warme Bäder und Klystiere von Ulmenrinde oder Leinsamen.

Anweisung.—In heftigen Anfällen wiederhole man die Arznei jede halbe Stunde.   Löse 3 Tropfen oder 12 Kügelchen in einem bis zu einem Drittel gefüllten Glas Wasser auf; davon je 2 Theelöffel voll.

Diät.—Vergleiche Seite 23.   Man trinke reines, weiches Wasser; Spirituosen sind zu vermeiden.

Blasenentzündung.

(CYSTITIS.)

Diese Krankheit kündigt sich an durch Schmerz in der Blasenge=
gend; er wird durch Druck und Bewegung verschlimmert; starker,
den Schmerz vermehrender Urindrang; Angst und Unwohlsein. Bei
ihrem Höhegrad werden die Schmerzen heftiger und strahlen von den
Harnröhren aufwärts bis nach den Nieren; der Unterleib schwillt
an; heftiger Brennschmerz in der Blase; schwieriger Stuhlgang in
Folge des Druckes auf die Muskeln. Der Harn ist hochroth, heiß,
zuweilen mit zähem Schleim vermengt; geht nur spärlich und mit
Mühe ab. Bei zunehmender Entzündung stellt sich hochgradiges
Fieber ein, sowie Erbrechen, Erschlaffung, Kälte der Extremitäten,
Irrereden u. s. w.

Ursachen.—Einwirkungen von Kälte oder Nässe; äußerliche Ver=
letzungen; scharfe Droguen, wie Terpentin, Canthariden, Cubeben
u. s. w.; auch Gries in der Blase; Anhalten des Harns; Einspritzun=
gen in die Harnröhre; Folgen des Kindbetts; Ausstrahlungen einer
Entzündung von den angrenzenden Theilen.

Behandlung.—Hauptanzeichen.

Aconit.—Trockne, heiße Haut; heftiger Durst; Unruhe. Star=
ker Urindrang, mit Brennen in der Blase [**Ars.**]. * Verhalten des
Urins, mit Stichen in den Nieren. Schmerzen in der Blasengegend.
* Angst; nervöse Aufregung.

Arnica.—Wenn die Entzündung von mechanischen Verletzungen
herrührt. Verhalten des Urins, mit Schmerzen an dem Hals der
Blase. Brauner Urin, mit röthlichem Niederschlag.
* Kreuzschmerz.

Belladonna.—Die Blasengegend ist gegen Berührung sehr em=
pfindlich. * Der Harn ist heiß und roth, zuweilen mit Blut ver=
mischt; geht nur tropfenweise ab. * Heftige, rasch kommende und
gehende Schmerzen. Gefühl im Rücken, als wollte er brechen.
Klopfendes Kopfweh, mit Irrereden.

Camphor.—Wenn nach dem Gebrauch von Cantharides oder
andern scharfen Droguen. Man nehme die Dosen in Tropfen, alle
zwei bis drei Stunden.

Cantharides.—Anschwellen und Empfindlichkeit der Blase; da=
bei spannender, brennender Schmerz in den Lenden. Heftige
Brennschmerzen in der Blase. * Häufiges Harnlassen, mit
schneidenden, brennenden Schmerzen, so daß der Patient laut auf=
schreit. Anhaltender Harndrang, mit spärlicher Entleerung dun=
keln oder blutigen Urins.

Digitalis.—Entzündung des Blasenhalses. Harndrang; Entleerung nur weniger Tropfen. * Häufige, scharfe, schneidende Schmerzen im Blasenhals, als ob Stroh sich hin- und herbewegte. Dunkelbrauner, heißer Urin. Kann in liegender Lage den Urin halten.

Lachesis.—Dumpfer Schmerz in der Blase; stechende Schmerzen in der Nierengegend [Acon.]. Häufiger Harnlaß; der Harn ist schaumig und dunkel. Gelber, schwefel- oder saffranfarbiger Urin. Gefühl, als ob ein Ball in der Blase wäre [wie von einem Wurm, Bell.]. * Sehr verstimmt nach dem Schlafe.

Nux vomica. — Brennende, reizende Schmerzen im Blasenhals und in der Harnröhre [Dig.]. Schmerzhafter Urindrang, mit Entleerung von einigen Tropfen blutigen, brennenden Urins [Canth.]. Schmerzhaftes Zusammenziehen der Harnröhre ohne Entleerung. * Verstopfung, mit großen, harten, schwierigen Stühlen. Sitzende Lebensweise; Trunkenbolde.

Phosphorus.—Zusammenschnürende Schmerzen in der Blase, oder Stiche im Blasenhals. Urin weiß, wie geronnene Milch, wird bald trübe, mit einem Niederschlag wie von Ziegelstaub. Auch brauner Harn, mit einem rothen Niederschlag wie von Sand [* Lyc.]. Stechende, juckende Schmerzen in der Harnröhre. * Verstopfung; Stühle lang, eng, hart und schwierig.

Phosphoric ac.—Starker Harndrang; das Gesicht ist blaß; dabei Hitze und Durst. * Häufiges Harnlassen; der milchweißer Urin ist mit gallertartigen, blutigen Substanzen vermischt; Schmerz in den Nieren [vgl. Phos.]. * Sehr schwach und gleichgiltig.

Pulsatilla.—Brennende, schneidende Schmerzen in der Blasengegend. * Verhalten des Urins, mit Röthe, Hitze und äußerlicher Entzündung der Blasengegend. * Unwillkührliches Harnlassen beim Sitzen, Husten, Gehen [Caust.]. * Nach dem Harnlassen Krampfschmerzen in der Blase, die sich bis zum Becken und den Lenden erstrecken. Spärlicher, rother, brauner Urin, mit röthlichem, blutigem oder leimigem Niederschlag. Für weinerliche Personen.

Sulphur. — Hartnäckige, chronische Fälle; der Urin ist mit Schleim oder Blut vermischt und übelriechend [Phos. ac.]. * Schmerz in der Harnröhre beim Harnlassen. Unvermögen den Harn zu halten, namentlich des Nachts. * Anhaltende Hitze oben auf dem Kopf. * Schmächtige, schlanke, gebückt gehende Leute.

Hülfsmittel.—Warme, wohl ausgerungene Tücher, über der Blasengegend angebracht, sind von großem Nutzen; bei Verstopfung, gebe man ein Klystier von Ulmenrinde oder Leinsamen.

Anweisung.—In dringlichen Fällen, gebe man das Mittel jede Stunde oder alle zwei Stunden; nach Anzeichen der Besserung, alle drei bis vier Stunden. Löse 3 Tropfen oder 12 Kügelchen in einem bis zu einem Drittel mit Wasser gefüllten Glase auf; davon je 2 Theelöffel voll.

Diät.—Sie sei so einfach wie möglich: Haferschleim u. dgl.; sobald die Symptome verschwinden, ist kräftigere Nahrung gestattet.

Reizbarkeit der Blase.

Dieser Zustand findet sich meistens bei ältern Personen. Er rührt her von einer Entzündung des Blasenhalses, so daß eine kleine Quantität Urin in der Blase beständigen Harndrang veranlaßt, wobei der Harn nur tropfenweise abgeht. Anfangs ist der Urin normal, dann wird er schleimig, eiterig und hinterläßt sandigen Niederschlag. Wenn die Krankheit lang anhält, so wird die Gesundheit durch den fortwährenden Reiz untergraben, der Appetit nimmt ab u. s. w.

Behandlung.—Hauptanzeichen.

Aconit.—Beschwerliche, spärliche Urinentleerungen, mit häufigem Drang; zuweilen kneipende Schmerzen in der Blase. Patient ist fieberisch, nervös und ruhelos.

Apis mel.—Stechende Schmerzen in der Harnröhre während des Urinirens; der Urin ist dunkel und spärlich [braun, schwarz, * Colch.]. * Unvermögen den Harn zu halten, dabei große Reizbarkeit der Theile; schlimmer bei Nacht und beim Husten. * Gefühl als wollte etwas im Bauche brechen.

Arnica.—Verhalten des Harns, mit schmerzhaftem Drang. Der Urin geht tropfenweise unwillkürlich ab. Brauner Urin; ziegelfarbiger Niederschlag [* Phos., Puls.]. * Schmerz im Kreuz, als wäre es zerschlagen. Nach Verletzungen.

Belladonna.—Beschwerlicher Harnlaß, mit heftigem Drang; Entleerung tropfenweise; Urin goldgelb und trübe; zuweilen röthlicher Niederschlag. * Beständiges Tröpfeln, ganz unwillkürlich. Bettnässen, mit starkem Schweiß. Gefühl, als ob ein Wurm in der Blase wäre [ein Ball, Lach.]. * Die Schmerzen kommen und gehen plötzlich. Gefühl im Rücken, als wollte er brechen.

Cantharides.—Heftige Schmerzen und brennende Hitze in der Blase. * Oeftere Urinentleerung, dabei brennende, schneidende Schmerzen; der Patient schreit öfters laut auf. * Der Harn ist dick und blutig; geht tropfenweise ab. [Wenn die Krankheit durch den Mißbrauch von Canthariden, durch Blasenpflaster u. s. w. verursacht ist, gib Camphor in Tropfen.]

Colchicum.—Personen, die zu Gicht und Rheumatismus geneigt sind. Beständiger Urindrang, mit spärlicher Entleerung eines dunkelrothen Urins; weißlicher Niederschlag. Brauner, schwarzer Urin [milchweißer, Phos. ac.]. Rheumatische Gliederschmerzen, namentlich bei warmem Wetter.

Conium.—* Der Harn hört plötzlich auf zu fließen; nach kurzen

Zwischenräumen fließt er wieder. Während des Harnens heftige Schmerzen in der Harnröhre. Urin dick, weiß, trübe. * Schwindel, namentlich beim Niederliegen. Alte Leute und Solche, die an den Folgen geschlechtlicher Ausschweifung leiden [Phos. ac.].

Lycopodium.—Schmerz im Kreuz; Druck in der Nierengegend. Stiche in der Blase und im Mastdarm. Schmerz im Rücken vor dem Harnlaß; sobald der Urin fließt, Linderung. * Rother Niederschlag wie von Sand [Phos., Sep.]. Beständiges Vollheitsgefühl im Magen. Stechender Schmerz im Unterleib, von rechts nach links. * Fürchtet sich allein zu sein.

Mercurius. — Stechende Kreuzschmerzen, mit Schwächegefühl. Beständiger Harndrang; der spärlich abgehende dunkelrothe Urin wird bald trübe und stinkend. Er sieht aus, als wäre er mit Blut vermengt, mit weißen Flocken, oder als enthielte er Eiter. * Schlimmer des Nachts und bei feuchtem Wetter [vgl. **Rhus**].

Rhus tox.—Unwillkürliche Entleerungen bei Nacht oder wenn ruhend. Schwieriges Harnlassen; Tropfen blutigen Urins [* **Canth.**]. * Schneeweißer Niederschlag. Rheumatische Leute; schlimmer vor einem Sturm und bei feuchtem Wetter [Merc.].

Nux vomica.—Brennende, reißende Schmerzen im Blasenhals und der Harnröhre [vgl. **Dig.**]. Quälender, erfolgloser Harndrang, mit Entleerung weniger Tropfen rothen, blutigen Urins [vgl. * **Canth.**]. Hartleibigkeit; lange, harte, beschwerliche Stühle. Namentlich für Leute von sitzender Lebensweise und für Gewohnheitstrinker.

Anweisung.—Wenn die Schmerzen heftig sind, wiederhole man das Mittel alle drei Stunden; in gewöhnlichen Fällen, Abends und Morgens. Man gebe je 1 Tropfen oder 8 Kügelchen in etwas Wasser.

Diät.—Man halte sich genau an die homöopathischen Vorschriften.

Blutiger Harn.

(HÆMATURIA.)

Der Sitz der Blutung ist oft nur schwer aufzufinden. Das Blut kann kommen aus den Nieren, den Harnleitern, der Blase, der Samendrüse, der Harnröhre. Kommt es aus den Nieren, so wird man den Schmerz in dieser Gegend fühlen, das Blut wird sich in Menge und zwar mit dem Urin vermischt vorfinden. Wenn aus der Blase, so findet sich weniger Blut vor; es ist mit dem Urin nicht gleichförmig vermischt. Wenn aus der Harnröhre, so enthält es keinen Urin, aber zuweilen Schleim.

Das Uebel wird oft durch einen Schlag, Fall oder andere Verletzungen herbeigeführt; auch durch Reizung von Gries; durch Congestionen nach Scharlachfieber; durch andere Störungen, wie die Bright'sche Nierenkrankheit, Typhus und Scharlach.

Behandlung.—Hauptanzeichen.

Camphor.—Wenn verursacht durch Droguen, wie Canthariden, Copaivabalsam, Terpentin u. s. w.

Cantharides. — Heftig schneidende, drängende, krampfhafte Schmerzen in der Blase, die sich bis zu den Harnleitern und den Nieren erstrecken. * Beständiger Harndrang; tropfenweise Entleerung von Blut. Schlimmer vom Wassertrinken.

Ipecacuanha.—Schneidende Schmerzen im Bauch und in der Harnröhre. * Starke Blutung; todtenblaßes Gesicht; v e r d o r b = n e r M a g e n.

Mercurius.—Der Harn sieht aus, als wäre er mit Blut, oder mit weißen Flocken vermischt, oder als enthielte er Eiter. * Blutung aus der Harnröhre.

Nitric ac.—A c t i v e Blutung. Der Urin hat einen unerträglichen Geruch, oder riecht wie Pferdeharn. Namentlich nach dem M i ß b r a u c h von Mercur.

Nux vomica. — Nach dem Mißbrauch von S p i r i t u o s e n, Droguen; nach unterdrückten Hämorrhoiden und nach der Reinigung.

Phosphorus.—Wo es von allgemeiner Blutzersetzung herrührt [auch Sec. cor.]. * Für Personen, b e i d e n e n k l e i n e W u n d e n s t a r k b l u t e n.

Secal cor.—P a s s i v e Blutung. * Das Blut ist dünn, da die Blutkörperchen in Folge der Zersetzung nur spärlich vorhanden sind. Schmerzlose Blutentleerung in Folge einer Nierenkrankheit. Ein Gefühl von Kälte und g r o ß e r S c h w ä c h e.

Anweisung.—In gewöhnlichen Fällen wiederhole man das Mittel zwei bis drei Mal des Tages. Je 1 Tropfen oder 8 Kügelchen.

Diät.—In allen derartigen Fällen sollte sie einfach sein; man genieße Brot aus ungebeuteltem Mehl, gekochten Reis, leichte Puddinge, zartes gebratenes Rindfleisch u. s. w. Man trinke nur kalte, schleimige Getränke, von Ulmenrinde, Gummi-Arabicum, oder kaltes Wasser.

Schwieriges Harnen.

(STRANGURY.)

Das Uebel entsteht aus verschiedenen Ursachen. Es gibt sich durch häufigen, nur nach Schwierigkeiten erfolgreichen, Urindrang zu erkennen; der Urin geht tropfenweise ab; jeder Harnlaß ist mit brennenden, schneidenden Schmerzen am Blasenhals verbunden, wo denn die Krankheit gewöhnlich ihren Sitz hat. Das Uebel kann aus einer

Entzündung des Blasenhalses, oder der Harnröhre entstehen, als eine Folge von scharfen Einspritzungen; einer Krankheit der Samendrüse; dem Mißbrauch von Canthariden, ob innerlich oder äußerlich angewandt; dem Anschwellen der Hämorrhoiden u. s. w.

Behandlung.—Hauptanzeichen.

Aconit.—Schmerzhafte, spärliche Entleerung weniger tiefrother, trüber Tropfen. Blasenschmerz; die Theile scheinen geschwollen zu sein; die Schmerzen sind beim Harnen schlimmer.

Apis mel.—Zusammenschnüren und Brennschmerzen der Harnröhre, als wäre sie verbrüht. Der Urin ist spärlich und stark gefärbt [auch **Acon.**].

Belladonna.—Nur mühsam werden wenige Tropfen blutigen Urins entleert. * Gefühl, wie von einem Wurm in der Blase [wie von einem Ball, * **Lach.**]. * Schmerz im Rücken, als wollte er brechen. Hitze und klopfendes Kopfweh.

Cantharides.—* Beständiger Urindrang, wobei je nur wenige Tropfen abgehen [auch **Dig.**]. Krampfartige Schmerzen in der Blase, mit Verhaltung des Urins. Während des Harnlassens brennende oder schneidende Schmerzen in der Harnröhre.

Conium.—* Große Schwierigkeiten beim Harnlassen; der Ausfluß hört momentan auf. * Für alte Leute und Solche, die an den Folgen geschlechtlicher Ausschweifung leiden.

Digitalis.—Häufige, scharfe, schneidende Schmerzen im Blasenhals, als ob Stroh hin- und hergestoßen würde.

Nux vomica.—Schmerzhafter, erfolgloser Harndrang. * Muß des Nachts öfters aufstehen, um zu uriniren, wobei nur wenige Tropfen rothen, auch blutigen, brennenden Urins abgehen. Passend für Personen von unmäßiger Lebensweise und Opfer von Quacksalbereien.

Hülfsmittel.—Bähungen in der Blasengegend, sowie warme Sitzbäder, werden gute Dienste thun; bei etwaiger Verstopfung gebrauche man warme Klystiere von Ulmenrinde oder Leinsamen.

Anweisung.—Löse 3 Tropfen oder 12 Kügelchen in einem bis zu einem Drittel gefüllten Glase Wasser auf; davon in dringenden Fällen alle zwei bis drei Stunden 2 Theelöffel voll. In langwierigen, chronischen Fällen genügen 6 bis 8 Kügelchen, trocken auf die Zunge, Abends und Morgens.

Unvermögen, den Urin zu halten.

(ENURESIS.)

Diesen Zustand trifft man namentlich bei Kindern und ältlichen Leuten. Das Unvermögen ist entweder ein vollständiges, oder ein theilweises. Im ersteren Falle, wo der Patient seine Gewalt über die betreffenden Muskeln verloren hat, geht der Urin so schnell ab, als wie er ausgesondert wird. Im zweiten Falle, wo die Controlle nur theilweise verloren ist, kann der Patient den Urin halten bis zur Anhäufung eines gewissen Quantums; alsdann muß er die Blase ihres Inhaltes entleeren. Dieser bei Kindern oft vorkommende Schwächezustand ist namentlich bei Nacht während des Schlafes sehr lästig. Einige Eltern nehmen zu Strafmitteln ihre Zuflucht; dies ist roh und gemein und bekundet die große Unwissenheit der Zuchtmeister. Ebenso weise wäre es, bei Masern, Keuchhusten u. s. w., ein gleiches Verfahren anzuwenden.

Ursachen.—Das Uebel kann aus einem Reiz an dem Blasenhalse entstehen, welcher durch scharfen Urin, Gries, durch das Vorhandensein von Würmern im Mastdarm, den Mißbrauch von harntreibenden Mitteln, Lähmung der Blasenschließmuskel u. s. w. verursacht wird.

Behandlung.—Hauptanzeichen.

Belladonna.—Der Urin tropft beständig; eine Folge von Lähmung der Blasenschließmuskel.

Cina.—Unwillkürliche Urinentleerung, namentlich des Nachts. Sehr geeignet, wenn Würmer in den Eingeweiden sind.

Conium.—Oefterer Harnausfluß des Nachts; der Harn läßt sich nicht zurückhalten. Bettnässen. * Besonders für alte Leute.

Nux vomica.—Wenn vom Mißbrauch von Spirituosen oder von ausschweifender Lebensweise herrührend.

Phosphoric ac. — Wenn heimliche Sünden der Ursache des Uebels zu Grunde liegen. * Bei Kindern und jungen Leuten, die zu rasch wachsen.

Pulsatilla.—Der Harn geht beim Gehen oder Sitzen in Tropfen ab. * Unwillkürliche Entleerungen beim Husten und während des Schlafes [auch **Rhus**]. Für weinerliche Personen [auch **Sep.**].

Rhus tox.—Unwillkürliche Harnentleerungen bei Nacht, beim Sitzen oder Ruhen. Für rheumatische, gichtische Personen.

Sepia.—Unwillkürliche Harnausflüsse bei Nacht, namentlich im ersten Schlaf. * Der Urin ist widrig von Geruch; der am Geschirr festsitzende Niederschlag ist lehmfarbig.

Sulphur.—Bettnässen bei Nacht. Für scrophulöse Leute und Solche, die an Hautausschlägen leiden.

Anweisung.—8 Kügelchen sollten täglich zwei Mal gegeben werden, bis Besserung eintritt; sollten die Symptome wechseln, so wähle man ein anderes Mittel.

Diät und Verhaltung.—Die Diät muß mit den homöopathischen Regeln genau übereinstimmen. Saure Früchte, Melonen, stimulirende Getränke aller Art, sind unerlaubt.

Bettpisser sollten in der zweiten Hälfte des Tages nur wenig trinken und vor dem Schlafengehen das Pissen nicht vergessen. Oefteres Baden und gehörige Benutzung des Fleischkammes leisten gute Dienste.

Samenerguß—Heimliche Sünden—Selbstbefleckung.

Personen, die an Samenerguß leiden, werden von dieser Krank=
heit in einen so elenden Zustand versetzt, wie kaum die Opfer von
einer andern.   Immerhin sind mitunter junge Leute damit behaftet,
ohne daß die nächtlichen Ergüsse, die ohne wahrnehmbare Ursache er=
folgen, einen nachtheiligen Einfluß auf die Gesundheit ausübten.
Wir haben uns mit Zuständen dieser Art vorerst nicht eingehender
zu beschäftigen, wohl aber mit denjenigen, welche von Selbstbefleckung
(Onanie) herrühren.   Wenn wir in diesem Werke den Gegenstand
flüchtig berühren, so liegt dabei die Absicht zu Grunde, den Eltern,
Vormündern u. s. w. einige warnende Winke zu geben, daß sie die
ihrer Obhut anvertrauten Kinder vor einer entwürdigenden, höchst=
verderblichen Gewohnheit bewahren und von sicherm Verfalle retten
mögen.   In unserm Lande ist das Laster unter der Jugend viel all=
gemeiner, als man annimmt, und wird demselben von beiden Ge=
schlechtern gefröhnt, hauptsächlich vom männlichen.   Kein Laster
wirkt so entnervend auf den innern und äußern Menschen; keines ist
eine ergiebigere Quelle von Jämmerlichkeit und Elend, als diese
scheußliche Gewohnheit.   Sie schwächt die Verstandes= und Gedächt=
nißkraft, erniedrigt den Geist, ruinirt das Nervensystem, verzehrt das
Mark des Lebens und vernichtet Körper, Geist und Seele.

Die Gewohnheit entsteht gewöhnlich um die Zeit des Mannbar=
werdens.   Die jüngeren, unschuldigen Kinder werden von den größern
schuldigen in die gräßlichen Geheimnisse eingeweiht.   Die jungen
Leute kennen nicht die schlimmen Folgen des Lasters; darum müssen
sie überwacht und dazu angehalten werden, das Laster zu meiden.
Eltern müssen sich oft selbst anklagen, wenn ihre Kinder auf den Weg
dieses Lasters gerathen, da bei rechtzeitiger Belehrung und geeigneter
Behandlung dem Uebel vorgebeugt oder dasselbe im Entstehen unter=
drückt werden könnte, wogegen, wenn es sich einmal festgesetzt hat,
es sehr schwer fällt, dasselbe auszurotten, ja, Heilung unmöglich wird.
Wenige kennen die weitgehenden Folgen; wenn dem so wäre, so würde
es die Eltern und die mehr unglücklichen als schuldigen Opfer höch=
lichst beunruhigen.   Wie wichtig ist es somit, daß Eltern und Lehrer
das Wesen und die Folgen des Lasters kennen, damit sie die Kinder
in ihrer frühen Jugend bewachen und ihnen im gereisten Alter geeig=
nete Winke geben können!   Das Laster wird bei kleinen Mädchen oft
durch Unreinlichkeit oder Ausschläge an den Theilen geweckt, indem
der so entstehende Lustreiz zu unnatürlicher Befriedigung verlockt.
Aber die ergiebigste Quelle ist im Zusammenleben der Kinder in den
öffentlichen Schulen (mehr noch in den Pensionaten und Collegien)

zu suchen, wo die Kinder von Kindern in der Ausübung des Lasters unterrichtet werden. Ein einziger Knabe, ein einziges Mädchen, kann in kurzer Zeit eine ganze Schule verderben, trotz der größten Wachsamkeit der Eltern und Lehrer. Es liegt nicht im Plane dieses Werkes, näher auf den Gegenstand einzugehen. Mögen Eltern und Lehrer diese Winke wohl beachten, mögen sie stets auf ihrer Hut sein, um die Kinder vor einem der schrecklichsten Uebel zu bewahren!

Behandlung.—Die Hauptsache bei Behandlung von unfreiwilligen, durch Selbstbefleckung verursachten, Samenergüssen ist, daß man die Ursache entfernt, d. h., daß man der übeln Gewohnheit entsagt. Der Patient muß alle schlüpfrigen Gedanken fahren lassen, muß alle Bücher, deren obscöner Inhalt seine Phantasie erhitzen könnte, unberührt liegen lassen. Er nehme öftere Waschungen vor; bewege sich regelmäßig in freier Luft; schlafe auf hartem Lager in wohl gelüftetem Zimmer und stehe früh auf. Diesen Regeln gemäß lebe er beharrlich, dann wird, mit Hülfe der unten angegebenen Mittel, die heilsame Wirkung nicht ausbleiben.

Calcarea c. — Der Patient ist in gedrückter, weinerlicher Stimmung [vgl. **Staph.**]. * Ahnt ein Unglück. Häufige nächtliche Samenergüsse. * Kalte Füße, als hätte er feuchte Socken an.

China.—* Ist nicht im Stande, irgend welche Arbeit zu verrichten. Nächtliche Ergüsse nach Onanie, sehr schwächend [auch **Phos. ac.**]. Schwache Verdauung; Appetitlosigkeit. Erschöpfende Nachtschweiße.

Nux vomica.—Neigung zum Zorn; ist boshaft. * Sehr reizbar, wünscht allein zu sein [auch **Chin.**]. Anhaltende Hartleibigkeit; Stühle zu groß und zu hart. Für Leute von unmäßiger Lebensweise und für Opfer von Quacksalbern.

Phosphoric ac.—* Vollständige Gleichgültigkeit; will nicht sprechen, selbst nicht antworten. * Oeftere unfreiwillige, sehr schwächende Entleerungen. Die Nerven sind namentlich angegriffen. * Reichlicher Morgenschweiß.

Staphysagria. — Große Niedergeschlagenheit; üble Laune; grämt sich ab über seinen krankhaften Zustand und möchte weinen. Entzündung der Augenliderränder. Gedächtnißschwäche. Nächtliche Ergüsse, mit schlüpfrigen Träumen.

Anweisung.—Eine Woche lang nehme man jeden Abend 8 Kügelchen trocken auf die Zunge; dann setze man einige Tage aus; wenn besser, nehme man keine Medizin mehr; wenn nicht, wähle man eine andere Medizin.

Diät und Verhaltung.—Die Diät sei einfach, aber nahrhaft. Animalische Nahrung vermeide man, ebenso Gewürze. Das Abendbrot sollte einfach sein und niemals spät genommen werden. Stimulirende Getränke jeglicher Art, selbst Thee, Kaffee, sind unstatthaft; ebenso Tabak.

Zwölftes Kapitel.

Hautkrankheiten.

Masern.

Dies ist eine unter Kindern häufig vorkommende Krankheit; jedoch bleiben auch Erwachsene nicht verschont, welche dann meistens viel aushalten müssen. Sie tritt gewöhnlich als Epidemie auf, und zwar im letzten Theile des Winters. Durch Ansteckung wird sie vom Einen auf den Andern übertragen. Die zwischen der Einführung des Giftes in das System und dem Ausbruch der Krankheit liegende Periode schwankt von sieben bis zu vierzehn Tagen. Eine Wieder= holung des Anfalles ist selten.

Die Krankheit beginnt wie eine gewöhnliche Erkältung, mit wässe= rigem Ausfluß aus Augen und Nase; kurzer, trockner, beschwerlicher Husten; die Augen haben ein eigenthümlich wässeriges Aussehen und sind gegen Licht empfindlich; ziemlich heftiges Fieber und Schmerzen in den Gliedern. Bei fortschreitender Krankheit wird der Husten heftiger; Heiserkeit und Wundheitsgefühl im Halse; hochgradiges Fieber; Athmungsbeschwerden und zuweilen Erbre= chen und Durchfall.

Ungefähr am vierten oder fünften Tage nach ihrem Auftreten zeigt sich der Ausschlag—erst an der Stirn und im Gesicht, dann am Hals, der Brust, dem Bauch; zuletzt an den Extremitäten. Er be= steht aus kleinen, unregelmäßig geformten rothen Flecken, ähnlich den Flöhstichen; sie erheben sich nur wenig über die Hautfläche. Nach 48 Stunden von ihrem Auftreten an erreicht sie ihren Höhepunkt und stirbt ab, gradweise, wie sie gekommen ist. Wenn der Ausschlag fällt, so gehen die Hauttheilchen schuppen= oder kleienförmig ab, wo= mit ein lästiges Jucken der Haut verbunden ist. In diesem Stadium ist der Patient der Gefahr einer Erkältung ausgesetzt, was zu Lungenentzündung, und bei scrophulösen Personen zu Auszehrung führen könnte. Auch folgt der Krankheit Anschwellen und Entzün= dung der Halsdrüsen; Schwäche der Augen und Fließen der Ohren. Abgesehen von einer sorgsamen Pflege verlangt die Behandlung der Krankheit keine besondere Aufmerksamkeit; aber wenn der Patient in einem heißen, schlecht gelüfteten Zimmer eingeschlossen ist und mit widrigen Theeaufgüssen gefüttert wird, so mag die Krankheit einen

gefährlichen Charakter annehmen. Diese unvernünftige Behandlung — auch ein Produkt der allopathischen Schule — sollte von
allen verständigen Eltern, denen Leben und Gesundheit ihrer Kinder
etwas gilt, unbedingt verworfen werden.

Behandlung.—Hauptanzeichen.

Aconit.—Zu Beginn, wenn die Haut trocken und heiß,
der Puls voll und rasch ist; dabei viel Durst. * Augen
roth, wässerig und gegen Licht empfindlich [Bell.]. Catarrhalischer
Reiz; trockner, gebrochner, heiserer, croupartiger Husten. * Angst
und Ruhelosigkeit. Kopfweh und Schwindel beim Aufstehen [Uebel-
keit und Ohnmacht, * Bry.].

Apis mel.—Der Ausschlag zieht sich zusammen; die Haut ist
aufgedunsen. * Husten und Wundheitsgefühl in der Brust, als
wäre sie zerschlagen. Beklemmung der Brust; kann nicht im warmen Zimmer bleiben [Puls.]. Spärlicher Urin von heller Farbe.
* Durchfall am Morgen; grünlichgelbe Stühle.

Arsenicum.—In ernsthaften Fällen, typhusartige Symptome.
* Brennen und große Trockenheit; Hautjucken. Der Ausschlag
verschwindet zu rasch [Ipe.]. * Aufgedunsenheit des Gesichtes;
trockne, gesprungene Lippen. * Große Angst, Ruhelosigkeit und
Todesfurcht. * Schnappt beständig nach frischer Luft; trinkt oft und
dann nur wenig. Rasche Kräfteabnahme. Schlimmer um
Mitternacht.

Belladonna.—Hellrothes Aussehen des Halses und der Zunge;
Schwierigkeit beim Schlingen. * Rothes, heißes Gesicht; klopfendes
Kopfweh. Gefühl im Rücken, als wollte er brechen [wie gebrochen,
Phos.]. Trockner, krampfartiger Husten. Anhaltende Schläfrigkeit
und Stöhnen im Schlaf. * Fährt im Schlaf auf, mit fliegender
Hitze im Gesicht und rothen Augen. Wenn in Verbindung mit
Scharlachfieber.

Bryonia.—Der Ausschlag will nicht herauskommen. * Congestionen der Brust, mit schießenden, stechenden Schmerzen, verschlimmert durch tiefes Athmen [**Phos.**]. * Beschwerliches, rasches
Athmen. Trockner, schmerzhafter Husten; der Kehlkopf ist rauh und
trocken. * Aufsitzen im Bett verursacht Uebelkeit und Ohnmacht.
Verlangen nach viel Wasser.

Coffea.—Masernflecken auf der Haut; des Nachts trockne Hitze.
* Große Empfindsamkeit und allgemeine Erregbarkeit. * Außer-
ordentliche Schwäche. Trocknes Hüsteln, mit beständigem Kitzel im
Kehlkopf.

Ipecacuanha.—Der Ausschlag kommt nur langsam hervor,
mit Brustbeklemmung [Puls.]. * Anhaltender kitzelnder Husten bei
jedem Athemzug; Schleimrasseln in der Brust. * Uebelkeit und

Erbrechen. **Unterdrückter Ausschlag.** Fortwährendes Gefühl von Uebelkeit.

Mercurius.—Anschwellen der Halsdrüsen; Schwierigkeit beim Schlingen [vgl. Bell.]. * Böser Hals und Schwärung der Drüsen. Reichlicher Speichelfluß; fauler Athem. * Empfindlichkeit der Magengrube. Viel Schweiß ohne Linderung. Durchfall, mit grünen, schleimigen, oder blutigen Stühlen; sehr schmerzhafter Stuhldrang.

Phosphorus.—Wenn die Krankheit mit Lungenentzündung in Verbindung steht, oder typhusartige Symptome vorhanden sind. * Spannung über der Brust, mit heftigem, erschöpfendem Husten und rothfarbenem Speichel. Stechende Schmerzen in der Brust, verschlimmert durch Husten und Athmen [Bry.]. * Heiserkeit, mit Verlust der Stimme.

Pulsatilla.—Gewöhnlich zu Anfang, wenn die catarrhalischen Symptome erscheinen. Augen roth, wässerig und lichtscheu [Acon., Bell.]. Dicker, gelber Ausfluß aus der Nase. * Trockenheit des Mundes, ohne Durst. Der Ausschlag tritt nur langsam hervor. Nächtlicher Durchfall. Schnappt nach frischer Luft; schlimmer im warmen Zimmer.

Anweisung.—In milden Fällen wird e i n e Wiederholung in vier Stunden genügen; in ernsteren Fällen wiederhole man die Arznei alle zwei bis drei Stunden. Von einer Lösung von 12 Kügelchen oder 3 Tropfen in einem bis zu einem Drittel gefüllten Glase Wasser, gib je 2 Theelöffel voll.

Diät und Verhaltung.—Die Diät bestehe aus einfachen, leichten Puddingen, aus Stärke, weißem Sago u. s. w. Im abnehmenden Stadium gebe man kräftigere Kost. Wenn der Husten lästig wird, so gebe man öfters etwas Ulmenrindenthee u. s. w Frisches Wasser nach Belieben.

Die Temperatur muß gemäßigt und das Zimmer wohl gelüftet sein. Zugluft und Temperaturwechsel ist zu vermeiden.

Scharlachfieber.

(SCARLET FEVER.)

Scharlachfieber in einfacher Form ist ungefährlich; es verläuft wie ein einfaches, ununterbrochnes Fieber, so daß nach einigen Tagen Genesung erfolgt. Es ist gewöhnlich epidemisch und befällt meistens Kinder. Die Krankheit ist ansteckend und selten wird eine Person zum zweiten Mal von ihr ergriffen.

Man unterscheidet zwischen dem einfachen und dem bösartigen Scharlachfieber. Die e i n f a c h e Form gibt sich zu erkennen durch Fieber, das an Heftigkeit verschieden ist; zuweilen ist es nur leicht, ein anderes Mal ist die Haut sehr heiß, der Puls voll und rasch; Kopfweh; böser Hals; Empfindlichkeit über der Magengegend;

Uebelkeit und Erbrechen. Am zweiten oder dritten Tage erscheint auf der Haut ein heller, scharlachrother Ausschlag in Form von einander getrennten Flecken; aber diese gerinnen bald zusammen und verleihen so der Haut ein weiches, glänzendes, gedunsenes Aussehen. Nach einem Fingerdruck kommt ein momentan weißer Fleck zum Vorschein, der aber sofort wieder roth wird. Untersucht man den Hals, so findet man ihn roth und geschwollen, die Zunge weiß belegt, aber roth an den Rändern. Die Haut ist brennend heiß, trocken und juckt heftig. Hände und Füße sind sehr roth, geschwollen, steif und schmerzhaft. Der Ausschlag bleibt vier bis fünf Tage auf der Haut stehen; dann schält sich die Oberhaut in größern Flocken ab; Fieber und Entzündung im Hals schwinden allmälig, und nach zwei bis drei Wochen, vom ersten Anfall an gerechnet, ist der Patient völlig hergestellt. Dies ist der gewöhnliche Verlauf der einfachen Krankheitsform.

Beim bösartigen Scharlachfieber sind alle Symptome von vornherein ungünstiger. Der Hals ist theilweise angegriffen; Halsdrüsen und Zunge sind geschwollen, entzündet und mit weißen Geschwüren bedeckt; zuweilen haben diese Theile ein dunkles Aussehen; Schorf breitet sich aus; der Athem ist widrig; das Schlingen ist beschwerlich; der Athem ist unterdrückt; scharfe Jauche fließt aus der Nase; heftiges Fieber; das Gehirn ist angegriffen; Betäubung und Irrereden. Der Ausschlag in dieser Form entwickelt sich sehr unregelmäßig; gewöhnlich kommt er nicht so früh zum Vorschein wie bei der einfachen Form, und dann nur in Flecken wie von Himbeerensaft. Solche Fälle nehmen oft nach einigen Tagen einen tödtlichen Verlauf.

Im Gefolge der Krankheit sind sehr häufig andere Leiden, deren Behandlung große Umsicht erheischt; dahin gehören: Wassersucht, örtliche und allgemeine; Drüsenanschwellung; Taubheit; Ohrenfließen; Wundheit der Augen u. s. w.

Ursachen.—Die Krankheit kann nur von einem besonderen contagiösen Giftstoff herrühren, dessen Wesen uns gänzlich unbekannt ist.

Behandlung.—Hauptanzeichen.

Aconit.—Zu Anfang, ehe der Ausschlag zum Vorschein gekommen ist. Trockne, heiße Haut, dabei voller, häufiger Puls, große Ruhelosigkeit, heftiger Durst, beschleunigter Athem. * Furcht und Angst; nervöse Erregung. Schmerz im Magen, mit Uebelkeit und Erbrechen.

Apis mel.—Typhusartiges Fieber. Die tiefrothe Zunge ist mit Bläschen bedeckt. * Aus der Nase fließt dicker, weißer, stinkender, blutiger Schleim [dünne, eiterige Materie, **Nit. ac.**]. Geschworner Hals. Bauch schmerzlich zu berühren. Wassersuchtartige Symptome während der Schälung. Das Kind liegt in Be= täubung.

Arsenicum.—Der Ausschlag bleibt aus oder wird plötzlich weiß, mit rascher Kräfteabnahme. Eiteriger, böser Hals. * Große Angst, außerordentliche Ruhelosigkeit und Todesfurcht. * Heftiger Durst, trinkt oft, aber je nur wenig. Innere Hitze, mit kalten Extre= mitäten. Stinkender Durchfall.

Belladonna.—* Der Ausschlag ist ganz glatt und scharlachroth [purpurfarbig, **Rhus**]. Haut so heiß, daß die Hitze der Hand mit= getheilt wird. Zunge weiß, mit rothen Rändern; erhabene Bläs= chen. Schlund und Drüsen entzündet, von dunkelrother Farbe, mit brennenden, stechenden Schmerzen [**Acon., Apis**]. * Con= gestionen nach dem Gehirn, mit Delirium und Klopfen der Schlag= adern. * Auffahren im Schlaf. Springt plötzlich im Bett auf, um davon zu laufen. Gebraucht als Vorbeugungsmittel.

Bryonia.—Der Ausschlag tritt nicht völlig heraus, oder er ver= schwindet plötzlich [**Ipe.**]. Congestionen nach der Brust, mit beschwer= lichem, ängstlichem Athem. Ein Gefühl der Schwere auf der Brust, mit lästigem Husten. Kopf schmerzt, als wollte er zerspringen, ver= schlimmert durch Bewegung. Lippen verbrannt, trocken und gesprun= gen. * Der Patient will ganz ruhig liegen.

Calcarea c.—Verschleppte Fälle, wobei die Halsdrüsen geschwol= len und hart sind. Der Hals ist heftig entzündet; rothe Pusteln (Mundschwamm) an den Drüsen und dem Gaumen. Keine Besse= rung nach dem regelmäßigen Zurücktreten des Ausschlages. Gesicht blaß und aufgedunsen, ohne Spuren von Hautausschlag. * Scro= phulöse Kinder, mit großen Köpfen und offenen Drüsengeschwüren.

Ipecacuanha.—Leichtes Fieber am Tage, nimmt am Abend zu. * Andauernde Uebelkeit und Erbrechen einer grünen, galligen, oder schleimigen Materie. Unbehagliches Gefühl im Magen und in der Gegend über dem Magen. Heftiges Jucken der Haut. Schlaflosig= keit, Traurigkeit und Verzweiflung.

Lachesis. — Bösartiges Scharlachfieber, mit äußerlicher An= schwellung des Halses und der Drüsen. Diphtherische Entzündung des Halses; große Schwierigkeit beim Schlingen. * Der Hals ist sehr empfindlich gegen äußere Berührung. Geschwüre auf der Zunge. * Verschlimmerung nach dem Schlaf [**Apis**].

Lycopodium.—Entzündung des Halses, von bräunlicher Farbe; Stiche beim Schlingen. * Schwärung der Drüsen, von der rechten nach der linken Seite hin sich erstreckend [wenn von der linken, **Lach.**]. Verstopfung der Nase. Rasseln im Hals; Auswerfen eines blutigen Schleimes. Mund und Zunge sind trocken, aber kein Durst. * Rother, sandiger Niederschlag des Urins.

Mercurius.—Geschwüre aus dem Mund, dem Hals und auf den Mandeldrüsen, mit aschgrauem Schorf bedeckt. Schlingen sehr beschwerlich und von stechenden Schmerzen begleitet. Flüssigkeiten entweichen durch den Mund und die Nase bei jedem Versuch zu schlucken [Bell., Lach.]. Athem höchst widrig. * Reichlicher Speichelfluß. Jauche fließt aus der Nase.

Nitric ac.—Fauler, wunder Hals; die Wundheit erstreckt sich hinauf bis zur Nase. Reichlicher Ausfluß einer dünnen, eiterigen Materie aus den Nüstern. Faulriechender Athem; Mund voll von übelriechenden Geschwüren. Anschwellen der Ohren- und Halsdrüsen [Merc.]. Schwärung der Mundwinkel und Lippen. Nach Mißbrauch von Mercur.

Opium. — * Ungewöhnliche Müdigkeit; schnarchender Athmen und Erbrechen. Irrereden, mit weit geöffneten Augen; Gesicht roth und aufgedunsen [vgl. Bell.]. * Gehirnlähmung bevorstehend.

Rhus tox.—Der Hautausschlag ist dunkel von Farbe und juckt heftig [Haut scharlachroth, Acon., Bell.]. Zunge roth und glatt, dabei Schläfrigkeit und Irrereden. Fieber und Ruhelosigkeit, namentlich nach Mitternacht. * Schmerz in den Gliedern und Gelenken. Blutwässeriger, oder gelber, dicker Ausfluß aus der Nase. * Wechselt beständig seine Lage.

Verhütung und Linderung.—Wenn Scharlachfieber graffirt, so wird eine Dosis **Belladonna**, gelegentlich verabfolgt, einem Anfall vorbeugen, oder doch die Krankheit so abschwächen, daß sie fast harmlos erscheint. Löse 12 Kügelchen oder 3 Tropfen in einem halbgefüllten Glase Wasser auf, davon gib eine Woche lang zwei Mal des Tages 1 Theelöffel voll; darnach wird 1 Dosis alle zwei Tage genügen.

Gegen das lästige Jucken hilft Einreiben mit Cocusnußöl oder einer Speckschwarte.

Der zähe, im Hals angehäufte Schleim wird durch eine Dosis Glycerin, 1 Theelöffel voll, in Wasser aufgelöst, leicht entfernt.

Der Patient sollte zwei bis drei Mal des Tages mit lauem Wasser mit einem Schwamm gewaschen werden; sein Bett und Leinzeug wechsle man öfter. Die Temperatur des Zimmers behaupte sich bis zu 70 Grad Fahrenheit, und muß beständig frische Luft zugeführt werden.

Anweisung.—In schlimmen Fällen wiederhole man das Mittel alle zwei bis drei Stunden; sind aber die Symptome günstiger, so genügt eine Dosis alle drei oder vier Stunden. Löse 12 Kügelchen oder 3 Tropfen in einem bis zu einem Drittel gefüllten Glase Wasser auf; davon gib je 1 Theelöffel voll.

Diät und Verhaltung.—Etwas Milch oder dünner Schleim ist Alles, was dem Patienten während des Anfalls gestattet ist. Selbst wenn das Fieber nachläßt und Verlangen nach Nahrung sich einstellt, ist die größte Vorsicht nothwendig. Milch kann man in jedem Stadium geben. Wenn die Verdauung hergestellt ist, gebe man etwas Hammelfleisch- oder Hühnerbrühe, in Milch geweichtes, geröstetes Brot, leichte Puddinge u. s. w. Frisches Wasser und Stückchen Eis gebe man dem Patienten so viel er will.

14

Scharlachfriesel.

(SCARLET-RASH.)

Dies ist dem Scharlachfieber sehr ähnlich: es wird als eine Abart derselben betrachtet. Es beginnt gewöhnlich mit leichtem Fieber, bösem Hals, Kopfweh und Schlaffheitsgefühl. Der Ausschlag besteht aus kleinen, dunkelrothen Knötchen oder Flecken, die sich etwas über die Hautfläche erheben; dabei findet heftiges Jucken statt. Ein Druck mit dem Finger läßt kein weißes Mal zurück, wie bei dem Scharlachfieber; wenn man mit der Hand über die Haut streicht, so fühlt man kleine Körnchen darunter. Die Krankheit nimmt keinen regelmäßigen Verlauf, wie verwandte Hautkrankheiten. Sie ist ansteckend, und wer sie einmal gehabt, ist darum vor weitern Anfällen nicht sicher.

Behandlung.—Hauptanzeichen.

Aconit. — Fieberische Erregung; große Ruhelosigkeit, namentlich des Nachts. Passend, wenn außer Verbindung mit andern Krankheiten.

Belladonna.—Wunder Hals; Kopfschmerz; Röthe der Augen; aufgedunsene Haut; kranker Magen. Wenn in Verbindung mit Scharlachfieber.

Bryonia. — Wenn der Ausschlag nur langsam hervor= oder plötzlich zurücktritt [vgl. **Ipe.**]. * Verstopfung, mit harten, trocknen Stühlen.

Coffea.—Schlaflosigkeit, Ruhelosigkeit, Hin= und Herbewegen. Schmerz im Kopf, dem Rücken und den Extremitäten.

Ipecacuanha.—Wenn der Ausschlag plötzlich zurücktritt. * Uebelkeit, Erbrechen, Brustbeklemmung.

Pulsatilla.—Wenn untermischt mit Masern. * Durchfall, namentlich des Nachts; Stuhl wässerig oder grün, wie Galle. Schlimmer des Abends. Weiches Gemüth.

Anweisung.—Alle drei bis vier Stunden gib 8 Kügelchen oder 1 Tropfen in 1 Eßlöffel Wasser.

Friesel—Windblattern.

(CHICKEN-POX.)

Diese Krankheit gleicht in mancher Hinsicht einer milden Form der Blattern; darum ist es wichtig, beide von einander unterscheiden zu lernen.

Die Krankheit beschränkt sich auf das Kindesalter, verläuft rasch und ist gefahrlos. Das Fieber ist meistens unbedeutend; der Ausschlag, der aus kleinen, mit einer milchichten Flüssigkeit gefüllten Bläschen besteht, tritt unregelmäßig heraus; während einige reif sind, kommen andere erst zum Vorschein. Nach drei oder vier Tagen vertrocknen die Bläschen, fallen ab und lassen nur eine kleine Narbe zurück. Die Krankheit währt sieben bis zehn Tage; sie ist epidemisch, ansteckend und greift selten dasselbe Individuum zum zweiten Male an.

Behandlung.—Sorgsame Pflege und Vorsicht in der Diät. Sollte sich Fieber einstellen, so gebe man einige Dosen **Aconit**. Bei Congestionen nach dem Kopf, bösem Hals, Auffahren aus dem Schlafe, gebe man **Belladonna**. Wenn Catarrh unerwartet hinzutreten sollte, mit wässerigen Augen, dabei langsames Heraustreten der Pocken, Durchfall, namentlich des Nachts, so thut's **Pulsatilla**.

Menschenblattern—Variola.

(SMALL-POX.)

Dies ist eine der schrecklichsten Krankheiten, denen die Menschen unterworfen sind. Sie ist sehr ansteckend; der Ansteckungsstoff kann von den Personen in ihren Kleidern oder in sonst einem in ihrem Dunstkreise befindlichen Gegenstande weitergeschleppt werden. Wenn eine Person im Bereich des Contagiums war, so sollte sie sofort geimpft werden, um die Krankheit zu schwächen oder sie ganz fern zu halten.

Man unterscheidet zwei Formen der Krankheit: getrennte und zusammenfließende Blattern. Die erstere ist die mildere Form; die in geringer Anzahl vorhandenen Blattern hängen nicht zusammen; während die Blattern der andern Form zahlreicher sind, zusammenfließen und eine fortlaufende, aufgedunsene Kruste bilden.

Die Krankheit beginnt mit einem Gefühl von Frösteln, gefolgt von Fieber, Kopfschmerz, Wundheitsgefühl im Hals, Uebelkeit und furchtbarem Kopfweh. Am Abend des dritten Tages kommt der Ausschlag zum Vorschein in Gestalt von kleinen, rothen Flecken oder Bläschen, die sich innerhalb achtundvierzig Stunden mit einer weißlichen Flüssigkeit zu füllen beginnen, und sich nach ihrem Mittelpunkt hin vertiefen. Wenn sie reif werden, so erweitern sich die Pusteln und füllen sich mit einer gelben Materie; am achten Tage erscheinen die Eiterköpfe. Am zehnten oder elften Tage bersten sie; die ausfließende Materie bildet einen dunklen Grind, der in vier oder fünf Tagen abfällt, um eine rothbraune, zuweilen mit Grübchen bedeckte Haut zurückzulassen. Dies ist der gewöhnliche Verlauf der Krankheit, der bei günstigem Ausgang ungefähr fünfzehn Tage beansprucht, aber die Verschiedenheit der Ursachen läßt die Zeitdauer des Verlaufs immerhin unbestimmt.

Eine besondere Form der Blattern, Varioliden genannt, verläuft in Folge der Impfung leicht und rasch. Der Eiterungsprozeß geht leicht von Statten, ohne Narben zurückzulassen. Wenn die Krankheit übertragen wird, so nimmt sie, wenn durch Impfung nicht vorgebeugt ist, den Charakter der wirklichen Blattern an. Dieselbe Behandlung, wie bei den andern Formen der Krankheit.

Behandlung.—Hauptanzeichen.

Aconit.—Zu Anfang, während des Fieberstadiums, namentlich bei Congestionen nach der Lunge und dem Kopf. Kopfweh, Nasenbluten, eingefallene Augen. Vollheitsgefühl in der Brust; erhöhte Herzthätigkeit. Schmerzen in den Gliedern und dem Rücken.

Apis mel.—Röthe wie von Rothlauf und Anschwellung; stechende, brennende Schmerzen. * Stechende und brennende Schmerzen im Hals [Acon.]. * Gefühl im Bauch, als wollte etwas Festes brechen.

Arsenicum.—Dunkler Ausschlag; die Haut wird blau oder graublau. Sinken der Kräfte; kleiner, rascher Puls und Ruhelosigkeit [Camph.]. * Heftiger Durst; trinkt wenig und oft. * Große Angst und Todesfurcht.

Belladonna.—Congestionen nach dem Kopf, mit klopfenden oder stechenden Schmerzen in der Stirne. Hochgradiges Fieber und böser Hals. * Fährt im Schlafe auf. Wirft sich unruhig umher; kann nicht schlafen. * Schmerzen im Rücken, als wollte er brechen.

Mercurius.—Während der Eiterungsperiode. Geschworner Hals; reichlicher Speichelausfluß. Durchfall; grüne oder blutige Stühle, mit beschwerlichem Stuhldrang. * Schmerz, ohne Linderung.

Opium.—Beklemmung des Gehirns; Müdigkeit; schnarchendes Athmen. * Vollständige Bewußtlosigkeit. Erweiterte Pupillen.

Rhus tox.—Die Krankheit nimmt einen typhusartigen Charakter an. Zunge trocken und geborsten; Mundwinkel wund. Schmutz auf den Lippen und Zähnen; der Geist wandert. Große Schwäche und Ruhelosigkeit. * Schlimmer nach Mitternacht.

Sulphur.—Im ersten und im Abtrocknungsstadium; auch wenn andere Mittel nicht anschlagen.

Tartar em.—Dieses Mittel hat sich trefflich bewährt Es reduzirt das Fieber; die Pusteln entwickeln sich normal, ohne ein Mal zu hinterlassen. Namentlich, wenn die Athmungsorgane angegriffen sind.

Anweisung.—In dringenden Fällen, gebe man die Arznei alle zwei bis drei Stunden. In mildern Fällen, wiederhole man die Dosis alle drei bis vier Stunden. Löse 12 Kügelchen oder 3 Tropfen in einem bis zu einem Drittel gefüllten Glase Wasser auf; davon gib je 2 Theelöffel als Dosis.

Diät und Verhaltung.—Man genieße nur leichte Puddinge, Haferschleim, Milch, gedämpftes oder gekochtes Obst und kühlende Getränke. In den meisten Fällen wird Milch genügen, bis Besserung eintritt.

Man halte das Zimmer durchaus rein und wohl gelüftet; die Temperatur sei niedrig; dem Licht gestatte man nur selten Zutritt.

Nesselsucht.

(BOLD HIVES.)

Die Krankheit hat ihren Namen von einem Ausschlag, der wie von Stichen der Brennessel verursacht zu sein scheint. Man erkennt sie an plötzlich erscheinenden und rasch verschwindenden Hervorragungen der Haut. Diese sind an den Spitzen weißlich und mit einem röthlichen Rand umgeben. Sie erscheinen gruppenweise an verschiedenen Körpertheilen, wandern umher und bedecken zuweilen die ganze Hautfläche. Der Ausschlag ist von unausstehlichem Jucken begleitet, sowie von Magenbeschwerden. Die Krankheit verläuft meistens sehr rasch; immerhin kommen Fälle vor, in welchen sie einige Tage währt und wohl auch chronisch wird.

Die Krankheit, der vorzugsweise Kinder unterworfen sind, ist nicht ansteckend. Sie entsteht oft aus einer fehlerhaften Diät, z. B. dem Genuß von Schalthieren, Schwämmen, Honig, Salat, Obstkörnern, sowie bittern Mandeln u. s. w. Plötzliche Abkühlung des Körpers nach Bewegung, plötzliche Unterdrückung der Ausdünstung; Leberstörungen gehören gleichfalls zu den anregenden Ursachen.

Behandlung.—Hauptanzeichen.

Aconit.—Fieber; Haut heiß und trocken; Zunge pelzicht; Durst; schwacher, rascher Puls; Ruhelosigkeit und Angst.

Apis mel.—* Der Ausschlag ist roth, glänzend; Stechen und Brennen. Croupartiger Husten mit Heiserkeit [auch Acon.]. Spärlicher, dunkler Urin.

Pulsatilla.—* Wenn nach dem Genusse von Schweinefleisch oder andern ungesunden Speisen. Verspätete oder spärliche Reinigung. Grüne, kolikartige Stühle, namentlich bei Nacht. Weinerliche Personen.

Dulcamara.—Wenn von Einwirkungen der Kälte oder Feuchtigkeit. Nach jedem Umschlag der Witterung in Kälte sind die Symptome schlimmer. Jucken der Haut; Brennschmerz nach dem Kratzen.

Rhus tox.—Empfindliches Jucken und Brennen der Haut; diese ist roth und geschwollen. Wenn in Folge von Naßwerden; schlimmer in kalter Luft.

Sulphur. — Bestimmte Anzeichen von Scrophulosität; dabei Schwäche. Das blaßgelbe Gesicht deutet auf Kränklichkeit; die Ränder der Augenlider sind roth; Halsdrüsen geschwollen. Heftiges Jucken des Ausschlags, namentlich bei Nacht, in Folge der Bettwärme, auch wohl von Einwirkungen von kalter Luft.

Anweisung. — Man gebe die Arznei trocken, oder aufgelöst, alle drei Stunden, je nach der Dringlichkeit des Falls.

Bestäuben der Theile mit pulverisirter Stärke oder Roggenmehl, ebenso warme Badungen, lindern das lästige Jucken.

Rose—Gesichtsrose.

(ERYSIPELAS.)

Diese sehr häufig vorkommende Krankheit erscheint in so mannigfachen Formen, daß es sich kaum lohnen würde, dieselben einzeln zu beschreiben. Eine allgemeine Beschreibung ihres Charakters wird für unsere Zwecke genügen.

Die Haut und das Zellengewebe sind der Sitz der Krankheit. Frösteln, Fieber, Kopfweh und andere konstitutionelle Störungen gehen dem Anfall voran. Die örtlichen Symptome sind: umkreisende Röthe einer Hautstelle, verbunden mit Anschwellung, Empfindlichkeit bei Berührung, Jucken und Brennen. Die erkrankte Stelle erscheint roth, glänzend, glatt; sie erstreckt sich mehr oder weniger über die Hautfläche und bildet Flecken mit unregelmäßigen Rändern. Nach einem Fingerdruck verschwindet die Röthe, um sofort wiederzukehren, sobald man den Finger zurückzieht. Zuweilen bedeckt sich die aufgedunsene Haut mit Bläschen, die mit einer eiterigen Flüssigkeit angefüllt sind, welche, nachdem sie geborsten, einen zusammenhängenden Schorf bilden.

Die Krankheit befällt gewöhnlich das Gesicht, welches von der Anschwellung oft bis zur Unkenntlichkeit entstellt wird. In solchen Fällen wandert die Rose oft auf das Gehirn und nimmt alsdann einen äußerst gefährlichen Charakter an.

Bezüglich der Entstehungsursachen gehen die Ansichten der Aerzte weit auseinander. Thatsache ist, daß bei einigen Personen die Krankheit öfters wiederkehrt, was auf eine Voranlage schließen ließe. Störungen der Verdauungsorgane, Kälteeinwirkungen, Unmäßigkeit im Essen und Trinken gehören zu den anregenden Ursachen.

Behandlung. — Hauptanzeichen.

Aconit. — Hochgradiges Fieber; Haut trocken, heiß; Puls voll und rasch. Röthe, Jucken und Brennen des Gesichts [Bell.].

Schüttelfrost, mit innerlicher Hitze. Schwindel beim Aufsitzen im Bett. * Große Gemüthsunruhe, mit nervöser Aufregung. * Schmerz unerträglich; ebenso Berührung oder Bloßliegen.

Apis mel. — Gesichtsrose, mit Wassergeschwulst. Brennende, stechende Schmerzen in den angegriffenen Theilen. Drückender Schmerz in der Stirne und den Schläfen; verschlimmert im warmen Zimmer, oder beim Aufsitzen. * Schüttelfrost nach der kleinsten Bewegung; Hände und Gesicht roth. * Hals trocken; kein Durst [Puls.]. Urin dunkelroth und spärlich.

Arsenicum. — Wenn die Theile eine schwärzliche Farbe annehmen, so daß man kalten Brand befürchten muß [Carbo v.]. * Brennschmerzen; die Theile brennen wie Feuer [Acon.]. * Rasche Abnahme der Kräfte. * Angst, Ruhelosigkeit, Todesfurcht. * Starker Durst; trinkt je nur wenig. Schlimmer bei Nacht, besonders nach Mitternacht.

Belladonna. — Namentlich bei Gesichtsrose. * Haut weich, roth, glänzend, nicht sehr angeschwollen [Acon.]. * Die Röthe erscheint zuerst in kleinen Flecken; dann strahlt sie von deren Mittelpunkt nach allen Seiten hin aus. Blutandrang nach dem Kopf; Irrereden und Klopfen der Pulsadern. Klopfendes Kopfweh; schlimmer nach Bewegung. Licht und Geräusch unerträglich. Verschlimmerung gegen 3 Uhr Nachmittags.

Bryonia. — Wenn die Krankheit die Gelenke angreift [Puls.]. Die angegriffenen Theile werden heiß und roth; sie lassen sich nicht bewegen. * Stechende Brennschmerzen; schlimmer nach der geringsten Bewegung oder Berührung. * Will ruhig liegen. * Kann in Folge von Uebelkeit und Schwäche nicht aufrecht sitzen. Lippen vertrocknet, zersprungen. Kopfschmerz wie zum Zerspringen. Sehr reizbar und ungeduldig. Trockne, harte Stühle wie verbrannt.

Graphites. — Ungesunde Haut; die geringste Verletzung verursacht Eiterung [Hepar]. * Blutgeschwürartige Kopf- und Gesichtsrose; brennende, juckende Schmerzen [Bell.]. * Bläschenartige Ausschläge, die eine klebrige, zähe Flüssigkeit ausscheiden. Personen, die zum Fettwerden Anlage haben.

Hepar s. — Die Krankheit will in Eiterung übergehen [vgl. Graph.]. Der Ausschlag ist gegen Berührung sehr empfindlich, namentlich nach dem Mißbrauch von Mercur. Leerheitsgefühl im Magen.

Opium. — Wenn in Verbindung mit Lungenentzündung, Typhus oder sonstigen Fiebern. * Anhaltende Schlafsucht; schnarchender Athem. Augen müde und wässerig; erweiterte Pupillen. Gesicht dunkelroth und aufgelaufen. Die Stühle bestehen aus harten, schwarzen Klumpen. Träger Puls.

Pulsatilla.—Wanderrose. Harte, blaurothe Anschwellung; brennende, stechende Schmerzen, namentlich bei Berührung oder Bewegung des Theiles. * Schwindel, Schüttelfrost, wenn man sich von einer sitzenden Lage erhebt. Dickbelegte Zunge; übler Geschmack am Morgen. Weinerliche Personen, mit blauen Augen und blonden Haaren.

Rhus tox.—* Blatterrose [Canth., Graph.]. Brennende Röthe der Hautfläche, welche bald anschwillt und sich mit wässerigen Bläschen bedeckt. Unerträgliches Brennen, Jucken und Prickeln der Theile. Anschwellung und Röthe des Gesichts; dabei theilweises oder gänzliches Schließen der Augenlider. Gefühl, als ob der Rücken und die Glieder zermalmt wären.

Sulphur.—Wenn schließlich Eiterung sich einstellt, oder wenn die Krankheit chronisch zu werden scheint. Die Theile brennen und jucken, wenn man sich dem Feuer nähert, oder wenn man sich erhitzt. * Häufige, schwache Krämpfe. Mit Eiter gefüllte Bläschen [Erguß einer jauchichten Materie, Graph.]. * Beständige Hitze oben auf dem Kopf. Durchfall früh am Morgen. Haut trocken und schalig. Scrophulöse Personen.

Anweisung.—Von einer Lösung von 12 Kügelchen in einem bis zu einem Drittel gefüllten Glase Wasser, gib in dringenden Fällen alle zwei oder drei Stunden 2 Theelöffel voll; nach Besserung, in längeren Zwischenräumen.

Diät und Verhaltung.—Die Diät sei einfach: dünner Schleim aus Reis, Pfeilwurz, Farina, Stärkemehl u. s. w. Stimulirende Speisen und Getränke lasse man bei Seite.

Einreibungen und Waschungen vermeide man; dafür bestäube man die Theile mit pulverisirter Stärke oder Maismehl, wodurch dem Jucken und Brennen Einhalt geboten wird.

Krätze.

(SCABIES—PSORA.)

Ein bläschenartiger Ausschlag. Er erscheint gewöhnlich zuerst zwischen den Fingern, an den Handwurzeln, den Gliedergelenken und erstreckt sich zuweilen, das Gesicht ausgenommen, über den ganzen Körper. Der Ausschlag besteht aus kleinen, zugespitzten Bläschen, die, sich nur ein wenig über die Hautfläche erhebend, oben durchsichtig und mit einer wasserhellen Flüssigkeit gefüllt sind; dabei beständiges Jucken, besonders bei Bettwärme, oder in Folge des beständigen Kratzens. Höchst ansteckend, „wird nie besser von sich selbst," kann Jahre lang dauern.

Die Krankheit wird verursacht durch kleine Thierchen (Krätzmilben —acarus scabies), die sich in die Haut eingraben und durch ihr beständiges Hin= und Herkriechen heftiges Jucken anregen. Nur vermittels eines starken Glases sind die Thiere dem Auge wahrnehmbar.

Behandlung.—Man nehme täglich, mit Anwendung guter Seife, ein lauwarmes Vollbad. Nach dem Bad reibe man sich trocken; sodann reibe man die mit Ausschlag behafteten Stellen mit Harzseife ein, woselbst diese längere Zeit belassen werden mag. Zugleich nehme man Schwefel, je 8 Kügelchen des Abends und Morgens trocken auf die Zunge. Dieses Verfahren wird sich in den hartnäckig= sten Fällen bewähren.

Nur hüte man sich vor den angepriesenen äußerlichen Mitteln, da dieselben, wenn nicht von einem Arzt verordnet, gefährlich werden möchten.

Mercurius. — Sehr zu empfehlen, wenn der Ausschlag mit Blutung verbunden ist. * Die Pusteln bilden fließende Geschwüre; dabei Jucken und Brennen, namentlich des Nachts. Die Theile haben ein rauhes Aussehen.

Flechte.

(HERPES—TETTER.)

Sie erscheint in verschiedenen Formen, je nach ihren Ursachen, ihrer Dauer und Oertlichkeit. Sie ist erkennbar an kleinen Bläschen, die in Gruppen auf einer Grundfläche einer sonst gesunden Haut er= scheinen. Mit zunehmendem Umfang der Bläschen, trocknet die die= selben anfüllende Flüssigkeit ein, wodurch jene schuppenförmig zusam= menschrumpfen und sich abschälen. Der Ausschlag ist von einem brennenden, kribelnden, schmerzhaften Gefühl begleitet. Die Krank= heit ist nicht mit Fieberanfällen verbunden, auch ist die Krankheit nicht ansteckend. Häufig tritt die Krankheit in anderer Form zu Tage: in Placken auf dem Gesicht oder dem Hals, an den Händen, Handgelenken und andern Gelenkverbindungen. Die Placken sind rauh; bersten leicht; Jauche fließt von der Fläche derselben, welche auftrocknet und dann in kleicartigen Schuppen abfällt. Die Krank= heit mag Monate, ja Jahre lang dauern.

Andere, von Heilkundigen beschriebene Formen dieser Krankheit sind nur Modificationen derselben, die von der Oertlichkeit oder der eigenartigen Bildung der angegriffenen Theile abhängen. Es würde sich, was die Auswahl der geeigneten Mittel betrifft, nicht lohnen, die Krankheit in ihren verschiedenen Formen zu beschreiben.

Die Krankheit wird oft verursacht durch Diätfehler: fette, reich= haltige, unverdauliche Speisen; auch durch krankhafte Hautabsonde= rung. Bei scrophulösen Personen ist eine Voranlage vorhanden.

Behandlung.—Hauptanzeichen.

Antimonium.—Namentlich, wenn die Krankheit auf dem Ge=

ficht oder in den Gelenken der Extremitäten auftritt. * Der Ausbruch ift trocken, hart, und hat ein hornartiges Ausfehen. Die Haut wird leicht trocken und hart.

Arsenicum.—Ausfchlag kleiner Bläschen; dabei heftiges Bren= nen der Theile namentlich des Nachts; oder, die Theile find trocken und rauh, wie mit Fifchfchuppen bedeckt. Haut trocken; fühlt fich wie Pergament an.

Calcarea c.—Scrophulöfe Perfonen [auch **Sulph.**]. Ausfchläge feucht [auch **Graph., Rhus, Sep.**]. Ungefunde Haut; wird rafch eiterig; felbft kleine, wunde Stellen eitern, ohne zu heilen [auch **Hepar**].

Graphites.—Feuchte Flechten, namentlich an den Gelenkverbin= dungen, den Schamleiften, dem Hals und hinter dem Ohr. Aus den Ausfchlägen fließt eine klebrige Materie [wäfferige, **Dulc.**].

Lycopodium.—Feuchte, eiternde Flechten, voll tiefer Riffe und mit dicker Krufte belegt. Anzuwenden nach Gebrauch von Calc. c.

Rhus tox.—Der Ausfchlag ähnelt dem von **giftigem Epheu** verurfachten. Die Haut verhärtet und verdickt fich [auch **Ant. c.**]. Stechen und Prickeln in den Theilen; Brennen nach dem Jucken.

Sepia.—Trockne Flechte; Jucken und Brennen [auch **Calc c., Sulph.**]. * Ringwurm (herpes circinatus). Paffend für Per= fonen mit zarter Haut, namentlich weiblichen Gefchlechts.

Sulphur.—Trockne, räudige, fchäbige Flechte; zerplatzt nach dem Wafchen. Ungefunde Haut; die Nägel blättern fich ab. Paffend für fcrophulöfe und an Drüfenanfchwellung leidende Per= fonen u. f. w.

Anweifung.—In acuten Fällen, gebe man 8 Kügelchen oder 1 Tropfen in 1 Eßlöffel Waffer; drei Mal des Tages. In chronifchen Fällen, gebe man nur eine Dofis—des Abends.

Gürtelflechte—Gürtelrofe.

(HERPES ZOSTER.)

Dies ift eine Krankheit, die zwifchen der Rofe und der Flechte die Mitte hält. Sie befteht äußerlich in einem fchmalen Gürtel von Bläschen, die fich auf einem ungefähr handbreiten Stamm (Bafis) ent= wickeln; fie erftrecken fich rings um den Körper oder über die Schul= tern. Der Ausfchlag brennt, juckt und fticht, ift mehr oder weniger mit Fieber und andern Störungen verbunden. Die ungefährliche Krankheit erheifcht nur wenig Aufmerkfamkeit. Die Bläschen ver= trocknen zu kleinen Krüftchen und fallen dann ab. Nicht felten ftellen fich nach dem Verfchwinden des Ausfchlags neuralgifche Schmerzen ein, namentlich in der Bruftgegend.

Die Krankheit entspringt Diätfehlern, oder Störungen der Verdauungsorgane.

Behandlung.—Hauptanzeichen.

Aconit.—Fieberhafte Erregung. Schlaf- und Ruhelosigkeit. Die Haut ist roth und trocken; Brennschmerz.

Mercurius.—Der Ausschlag erstreckt sich vom Rücken aus bis rings um den Unterleib, wie ein Gürtel. Die Bläschen sind feucht, bilden einen dunkeln Grind und schmerzen bei Berührung.

Pulsatilla.—Magenstörungen; namentlich nach dem Genuß von Schweinefleisch. Der Ausschlag verursacht heftiges Jucken bei Nacht. Weinerliche Personen.

Rhus tox.—Der Ausschlag gleicht dem der Gesichtsrose: bläschenhaft, fleckenartig, brennt und schmerzt heftig. Oeftere scharfe Schmerzen in den Theilen, wie von Nadelstichen. Wenn in Folge von Nässe.

Sulphur.—Die Bläschen sind mit Eiter angefüllt, jucken heftig und bilden eine gelbbraune, mit Borken bedeckte Kruste. Scrophulöse, mit alten Geschwüren und chronischen Hautkrankheiten behaftete Personen.

Anweisung.—Die Arznei mag, je nach der Dringlichkeit des Falles, alle zwei bis drei Stunden wiederholt werden. Man nehme je 8 Kügelchen, oder 1 Tropfen in 1 Theelöffel Wasser.

Ringflechte.

(RINGWORM.)

Eine bei Kindern häufig vorkommende Krankheit. Sie ist erkennbar an einem Bläschenkreis, welcher ein anfänglich freies Centrum umschließt; dieses wird schließlich rauh, röthlich und schält sich bei verschwindendem Ausschlag. Gewöhnlich verschwindet sie nach acht bis zehn Tagen, aber zuweilen verbreitet sie sich, um um den äußern Ring neue Bläschen zu bilden; alsdann ist sie sehr schmerzhaft und schwer zu heilen.

Behandlung.—Hauptanzeichen.

Causticum.—Wenn sie am Genick erscheint. Der Ausbruch ist feucht und juckend, namentlich des Abends. Passend in chronischen Fällen und für Personen von gelber Gesichtsfarbe.

Mercurius.—Ringflechte, namentlich an den Armen. * Der Ausbruch droht in Eiterung überzugehen und bildet Geschwüre, die bei Berührung brennen. Die krankhaften Theile fühlen sich rauh an, besonders des Nachts.

Rhus tox.—Ausschlag kleiner, wässeriger Bläschen, wie von

giftigem Ephen. * Brennen und Jucken der Theile. Der Aus=
schlag wechselt zuweilen mit Schmerzen in der Brust und ruhrartigen
Stühlen.

Sepia.—Man gebrauche dieses Mittel, wenn der Ausschlag
von brauner Farbe, feucht, mit Brennschmerzen und Jucken
verbunden ist. Passend für Frauen und Personen von zarter
Haut.

Staphysagria.—Der Ausschlag ist trocken und borkig, juckt
heftig am Abend und brennt nach dem Kratzen.

Anweisung.—Man gebe je des Abends und Morgens eine Dosis. In chro=
nischen Fällen wiederhole man dieselbe nicht öfter als in ein bis zwei Tagen. 8
Kügelchen trocken auf die Zunge, oder 1 Tropfen in 1 Theelöffel Wasser.

Milchschorf.

(MILK-SCAB.)

Eine bei Kindern, namentlich beim ersten Zahnen, häufig vor=
kommende Krankheit. Sie ist erkennbar an einem Ausschlag von
zahlreichen, kleinen, weißen Pusteln (Bläschen), die in Büscheln auf
einer rothen Hautfläche zu Tage treten. Der Ausschlag erscheint
gewöhnlich zuerst am Gesicht, den Wangen, der Stirne und ist von
heftigem Jucken begleitet. Die mit einer ätzenden Flüssigkeit ange=
füllten Bläschen brechen in Folge von Reibung und trocknen in Ge=
stalt von dünnen, gelblichen Schuppen auf. Bei zunehmender Ent=
zündung schwillt der Schorf in Folge der von unten erfolgenden
Ausscheidung an. Die bis dahin vereinzelten Flecken fließen zusam=
men; der Ausschlag verbreitet sich nach und nach über das ganze
Gesicht und zuweilen über den ganzen Körper. Die Haut, welche
die krankhaften Theile umschließt, ist heiß und hoch geröthet; das
meistens ruhelose und angsterfüllte Kind reibt beständig die ange=
griffenen Theile.

Behandlung.—Hauptanzeichen.

Arsenicum.—Eine scharfe Flüssigkeit ergießt sich aus dem
Ausschlag; heftiges Jucken; schlimmer des Nachts und in kalter
Luft. Besser in Folge äußerer Wärmeeinwirkungen.

Calcarea c.—Scrophulöse Kinder [auch Sulph.]. Der
Ausschlag ist mit dicken, eiterunterlaufenen Schuppen bedeckt.
* Weiße, kalkartige Stühle; die Füße sind kaltfeucht.

Dulcamara.—Dicke, braune, flechtenartige Schuppen auf dem
Gesicht, der Stirn, den Schläfen und dem Kinn; die Ränder sind
roth und bluten beim Kratzen.

Graphites.—* Absonderung einer klebrigen Flüssigkeit; na=

mentlich am Kinn und hinter den Ohren. Ungesunde Haut; die leiseste Verletzung verursacht Eiterung.

Lycopodium. — Der Ausschlag geht in Eiterung über und riecht übel. Es bildet sich ein dicker Schorf; tiefe Risse unter der Haut.

Rhus tox. — Wässerige Bläschen, mit rothen Rändern. Der Ausschlag verursacht heftiges Jucken, namentlich des Nachts. Die Halsdrüsen sind angeschwollen.

Sepia. — Feuchter Ausschlag, aus dem sich fortwährend eine eiterartige Flüssigkeit ergießt. Zuweilen erscheint der Ausschlag in Form einer Ringflechte [auch Calc. c.]. Das Kind wirft den Kopf hin und her.

Sulphur. — Wunde Aufschärfung der Hautfalten. Der mit heftigem Jucken verbundene Ausschlag verbreitet sich mehr oder weniger über den ganzen Körper. Bluten nach dem Jucken. Durchfall früh am Morgen. Scrophulöse Personen [auch Calc. c.].

Alle äußerlichen Mittel, Waschungen, Einreibungen u. dgl. sollten vermieden werden. Man halte die krankhaften Stellen möglichst trocken. Gelegentlich mag man zur Linderung des Juckens etwas kalte Sahne auflegen.

Anweisung. — Ein oder zwei Mal 6 Kügelchen trocken auf die Zunge.

Kopfgrind.

(DANDRUFF.)

Diese Krankheit beschränkt sich meistens auf die behaarte Kopfhaut. Die in Placken erscheinenden Schuppen lassen sich mit Hülfe eines Kammes oder einer Bürste leicht entfernen; aber sie erscheinen bald wieder. Sie bilden sich Borken oder Aufschärfungen. Die Krankheit ist nicht ansteckend.

Man beobachte Reinlichkeit; gebrauche warmes Wasser und Seife; halte den Kopf rein und sei vorsichtig in der Diät. Vor dem Schlafengehen bediene man sich eines der folgenden Mittel: **Calc. c., Graph., Lyc., Sep., Sulph.**

Kahlköpfigkeit.

(SCALD-HEAD.)

Die Krankheit befällt gewöhnlich Kinder von einem bis zu zwölf Jahren. Sie ist in einem gewissen Sinne ansteckend; sie mag durch Einimpfung übertragen werden, auch durch Anwendung einer Haarbürste, oder eines Kammes, die man bei einem damit behafteten Kinde gebraucht hat.

Der Ausschlag erscheint auf der Kopfhaut, worauf er sich meistens beschränkt. Er ist erkenntlich an ringförmigen, rothen Placken, die mit zahlreichen kleinen, gelben Pünktchen bedeckt sind, die sich etwas über der Hautfläche erheben. Die Pusteln bersten bald; ihr Inhalt verwandelt sich in dünne Schuppen. Die Placken gerinnen häufig mit anliegenden Placken zusammen, nehmen eine unregelmäßige Form an und verbreiten sich zuweilen über den ganzen Kopf. Diese Be= krustungen häufen sich an und werden dick und hart; wenn man sie entfernt, so erscheint die Hautfläche roth und glänzend, wie mit Fin= nen bedeckt. Die Lymphdrüsen des Halses und Kopfes sind mehr oder weniger geschwollen. Der Ausschlag sondert eine zähe Flüssig= keit ab, die sich oft in höchst widriger Weise bemerkbar macht. Hält die Krankheit lang an, so wird der Haarwuchs vollständig verschwin= den. Die Krankheit wird erzeugt durch Unreinlichkeit, Ungeziefer, zu warme Kopfbedeckung u. s. w., namentlich, wenn eine Voranlage vorhanden ist.

Behandlung.—Das Haar sollte stets kurz geschnitten sein; wenn der Schorf weit ausgebreitet, dick, hart und trocken ist, so sollte er mit Anwendung von etwas Baumöl erweicht und so entfernt werden; dann wasche man die Theile mit lauwarmem Wasser und weicher Seife, und benutze behufs gehöriger Abtrocknung ein weiches Hand= tuch.

Calcarea c.—Passend für scrophulöse Personen [auch **Sulph.**]. Auf dem Kopf bildet sich eine dicke Kruste, die trocken und zuweilen ein schmerzhaftes Jucken verursacht. * Die Haut ist trocken und welk, das Haar sieht wergartig aus und fällt leicht aus.

Hepar s.—Die ungesunde Haut droht auch bei der leisesten Ver= letzung zu eitern [auch **Graph.**]. Der Ausschlag ist feucht und fühlt sich bei Berührung wund an. Wenn die Krankheit sich bis auf die Stirne, das Gesicht und den Hals erstreckt, oder wenn die Augen sich entzünden.

Graphites.—* Der Ausschlag ist feucht und sondert eine zähe Flüssigkeit ab. Die Krankheit erstreckt sich den beiden Seiten des Kopfes entlang bis hinter die Ohren [auch **Sep.**]. Widriger Geruch des Ausbruchs [auch **Rhus**].

Rhus tox.—Feuchter, eiternder Ausschlag, der schwere Krusten bildet und den Haarwuchs vertilgt; widriger Geruch; Jucken, schlim= mer des Nachts. Passend beim Beginn der Krankheit, wenn der Ausschlag aus wässerigen Bläschen besteht und heftig juckt.

Sulphur.—Passend für scrophulöse Personen. Trockner, schuppiger Ausschlag; blutet leicht, riecht widrig. Wundheit in den Hautfalten. Würmer im After verursachen heftiges Jucken.

Anweisung.—Zu Anfang nehme man die Arznei zwei Mal täglich. Tritt Besserung ein, nur ein Mal. 1 Tropfen oder 6 Kügelchen in 1 Theelöffel Wasser.

Diät und Verhaltung.— Man befolge genau die homöopathischen Vorschriften (vgl. 1. Cap.). Das Haar muß stets kurz geschnitten sein; der Kopf muß täglich gebadet und die größte Reinlichkeit beobachtet werden.

Hautjucken.

(ITCHING OF THE SKIN.)

Dieses lästige Uebel ist gemeiniglich nur das Symptom einer andern Krankheit. Die Krankheit ist mehr durch den Tast-, als den Gesichtssinn wahrnehmbar, da der oft kaum sichtbare Ausschlag in sehr kleinen, unter der Haut befindlichen Knötchen besteht. Das Jucken beschränkt sich zuweilen auf gewisse Theile, die untern Extremitäten, den Rücken, die Arme u. s. w.; wiederum verbreitet es sich über den ganzen Körper. Es entsteht zuweilen aus dem Genuß fetter Speisen; auch läßt es sich öfter auf Kälte- und Wärmeeinwirkungen, oder mangelhafte Hautpflege zurückführen.

Behandlung.—Abreibungen des ganzen Körpers mittels der Reibbürste, sowie warme Bäder, mit Benutzung von Seife, erweisen sich sehr wohlthätig; ebenso Einreibungen der Theile mit verdünntem Alcohol. Am wirksamsten erweisen sich folgende innerliche Mittel:

Arsenicum.—Die Haut ist trocken, wie Pergament; Brennen und Jucken.

Ignatia.—Schlimmer nach dem Zubettgehen; wie von Flöhstichen verursachtes Jucken; wälzt sich nach dem Kratzen hin und her.

Mercurius.—Das Jucken wird bei Nacht empfindlicher, namentlich in Folge von Bettwärme [auch Puls.]. * Trockner, finnenartiger Ausschlag, der nach dem Kratzen leicht blutet.

Nux vomica.—Das Jucken beginnt bei dem Sichauskleiden; es erstreckt sich über den ganzen Körper.

Pulsatilla.—Es beißt und juckt hier und da, als ob Ameisen über den ganzen Körper kröchen. Nach Bettwärme.

Rhus tox.—Jucken und Brennen [auch Ars.]. Es erstreckt sich über den ganzen Körper, namentlich über die behaarten Theile desselben.

Sulphur.—Jucken und Prickeln, mit Brennschmerz oder Wundheitsgefühl nach dem Kratzen. Brennen und Jucken an verschiedenen Theilen; verschlimmert durch Bettwärme.

Anweisung.—Man nehme 1 Tropfen oder 8 Kügelchen in 1 Theelöffel Wasser, ein bis zwei Mal des Tages.

Einfache Hautentzündung.

(RASH.)

Darunter versteht man eine ringförmige, zuweilen fleckenartige, Röthung der Haut; sie erscheint an verschiedenen Körpertheilen, aber stets ohne fieberische Symptome. Gewöhnlich entsteht sie aus Diät=fehlern; dem Genuß fetter und unverdaulicher Speisen; Hitze; Er=kältung, in Folge von Nässe; dem Genuß von Eiswasser nach Er=hitzung u. s. w. Die Krankheit bedarf kaum einer Behandlung. Man halte sich einfach an die gegebenen Gesundheitsregeln—Rein=lichkeit, Bewegung, angemessene Nahrung und Kleidung u. s. w. —Immerhin werden sich folgende Mittel als nützlich erweisen:

Aconit.—Namentlich bei Kindern; auch nach Einwirkungen kalter Westwinde.

Bryonia.—Wöchnerinnen; wenn von Erhitzung.

Chamomilla.—Wangen sind geröthet, oder die Stirn. * Pas=send beim Zahnen saugender Kinder.

Dulcamara.—Rothe Flecken, wie von Flohstichen. Schlimmer bei eintretendem kaltem Wetter.

Ipecacuanha. — Wöchnerinnen [vgl. **Bry.**]. * Hautjucken; Uebelkeit. * Der Ausschlag ist nicht scharf begrenzt, oder er tritt zurück; Uebelkeit und Erbrechen.

Pulsatilla.—Ausschläge nach dem Genuß von Schweinefleisch und sonstigen fetten Speisen. Der namentlich in Folge von Bett=wärme juckende Ausschlag ähnelt Masern.

Sulphur.—Rother Ausschlag über den ganzen Körper; Stechen und Jucken. * Bläschenartiger, mit Eiter angefüllter Ausschlag. Trockne, ungesunde, schorfartige Haut.

Anweisung.—Man nehme zwei Mal täglich 6 bis 8 Kügelchen trocken auf die Zunge. Sollte der Ausschlag plötzlich nach innen schlagen, so wiederhole man die Gabe jede Stunde, bis er wieder erscheint.

Furunkel—Schwär.

Ein hartes, rundes, entzündetes und schmerzliches, schließlich in Eiterung übergehendes Geschwür. Die anfänglich mit Blut unter=mischte ausfließende Materie besteht im spätern Verlauf aus Eiter. Beim Ausbruch erscheint eine granliche, faserige Materie, der soge=nannte Eiterstock. Erst nach dessen Ausscheidung kann die Heilung stattfinden.

Zuweilen ist das Geschwür schmerzlos und kommt nicht zum Auf=

bruch). Manche Personen haben eine Voranlage zu diesen Geschwüren und leiden oft Monate lang daran, wenn sie nicht angemessen behandelt werden. Die Entstehungsursache ist unbekannt.

Behandlung.—Hauptanzeichen.

Aconit.—Hochgradige Entzündung; dabei Fieber und Ruhelosigkeit. * Die Theile brennen wie von heißen Kohlen.

Arnica.—Passend bei Blutschwär. Das Geschwür ist dunkelroth; dabei ein dumpfes, wie von einem Schlage herrührendes Gefühl.

Belladonna.—Das Geschwür sieht feurigroth aus, wie bei Gesichtsrose. * Heißes, trocknes Gefühl in den Theilen; dabei klopfende Schmerzen [auch **Hepar**]. Anschwellung der Arm= und Schambugdrüsen.

Hepar s.—* Die Eiterung ist unvermeidlich [auch **Merc.**, **Sil.**]. Schüttelfröste, gefolgt von klopfenden Schmerzen. Passend für scrophulöse Personen; auch nach Mißbrauch von Mercur.

Mercurius.—Das Geschwür ist entzündet, hart und schmerzhaft. Es reift nur langsam [auch **Hepar**]. * Reichlicher, keine Linderung gewährender Schweiß.

Sulphur.—Bei stark ausgeprägter Voranlage und bei Neigung zu Rückfällen. Für scrophulöse Personen; auch für Solche, deren Haut trocken, schuppig und ungesund ist.

Anweisung.—In acuten Fällen und wenn die Geschwüre sehr schmerzhaft sind, löse man 12 Kügelchen oder 3 Tropfen in einem bis zu einem Drittel gefüllten Glase Wasser auf; davon gebe alle drei Stunden 2 Theelöffel voll. Wenn **Sulphur** angezeigt ist, so gebe man davon jeden Morgen 2 Theelöffel voll.

Sind die Theile sehr empfindlich und schmerzhaft, so werden einfache Aufschläge aus Brot und Milch Linderung verschaffen und die Eiterung befördern.

Karbunkel.

Eine bösartige Spezies des Furunkel; er kennzeichnet sich als ein tiefsitzendes, hartes, umkreistes, entzündetes Geschwür, von heftigen Brennschmerzen begleitet. Wenn es einige Tage lang an Umfang allmählig gewonnen hat, so wird es schwarzblau, weich und schwammig. Ungleich dem Furunkel, der eine centrale Oeffnung hat, bietet der Karbunkel eine abgeplattete Oberfläche, auf der mehrere siebförmige Oeffnungen erscheinen, aus denen eine scharfe, dem Haferschleim ähnliche Flüssigkeit sickert. Die Oeffnungen erweitern sich und gerinnen zusammen; die Theile werden schwarz, brandig und abgestoßen; dann entsteht eine neue Granulation; nach einiger Zeit heilt die Wunde, eine häßliche Narbenbildung zurücklassend. Die

15

Geschwüre erreichen oft die Größe eines Hühnereies; sie erscheinen meistens auf dem Rücken, den Lenden, zwischen den Schultern und der Nackenkrümmung. Anderweitige Störungen sind damit verbunden, wie Fieber, Kopfschmerz, Appetitlosigkeit, Abnahme der Kräfte u. s. w. Die Karbunkel erscheinen meistens bei ältern Leuten und deuten auf einen verderbten Zustand des Systems; sie sind besonders gefährlich, wenn sie ihren Sitz am Kopf oder im Gesicht haben.

Behandlung.—Hauptanzeichen.

Apis mel.—Die Entzündung verbreitet sich weithin; stechende Brennschmerzen. Schlimmer im warmen Zimmer; läßt nach kalten Umschlägen nach.

Arsenicum.—* Heftiges Brennen in den Theilen, wie von heißen Kohlen. Große Unruhe; ungemeine Schwäche; heftiger Durst. * Das Geschwür droht brandig zu werden [auch **Carbo v.**]. Besser im warmen Zimmer und nach äußerlichen warmen Mitteln.

Belladonna. — Helle Röthe der Theile, klopfender Schmerz, starkes Kopfweh. * Schläfrig, aber schlaflos. Schlimmer um 3 Uhr Nachmittags.

Carbo veg.—Das Geschwür hat ein dunkles, schwärzliches Aussehen; es sondert eine übelriechende Flüssigkeit aus. * Kräfteabnahme; kalter Schweiß auf den Extremitäten; will gefächelt werden.

Lachesis.—Bläulicher, purpurfarbener Karbunkel; droht brandig zu werden [siehe **Ars.**]. * Symptome schlimmer nach dem Schlafen. * Halsbinden und dergleichen sind unerträglich.

Silicea.—Bei bevorstehender Eiterung, oder wenn die ausfließende Materie stinkend, dünn und wässerig wird. Stechender Schmerz. * Passend während des Schwärungsprozesses. Befördert eine gesunde Fleischwärzchenbildung.

Aeußerliche Behandlung.—In den ersten Stadien werden heiße Bähungen, oder Aufschläge von Milch und Brot oder Leinsamenmehl, Linderung verschaffen.

Anweisung.—Bei heftigen Schmerzen wiederhole man das Mittel alle zwei bis drei Stunden; nach eingetretener Besserung seltener. 3 Tropfen oder 12 Kügelchen in Wasser aufgelöst als eine Dosis; oder 8 Kügelchen trocken auf die Zunge.

Wurm am Finger.

(FELON—RUN-AROUND.)

Dies ist ein in den Fingerspitzen oder in den Zehen befindliches Geschwür. Es beginnt mit einem prickelnden Schmerz in dem Finger, als ob ein Splitter darin wäre, den der Patient mit irgend einem spitzigen Instrument zu entfernen sucht. Bald indessen be=

ginnt der Theil anzuschwellen, wird hart, roth und äußerst schmerz-haft. Der Patient kann bei Tag und Nacht keine Ruhe finden; wandert beständig umher. Zunehmende Hitze und Anschwellung deuten auf Eiterbildung, namentlich wenn der vorher acute Schmerz nunmehr dumpf und klopfend wird. Schwappen (fluctuation), Hin- und Herbewegen der Eitermasse, ist kaum wahrnehmbar, da die Materie unter festen Theilen des kranken Gliedes ihren Sitz hat und sich zuweilen selbst unter dem Knochen einbettet, und so Brand und gänzliche Zerstörung des Gliedes verursacht. Eine Form der Krank-heit ist mehr äußerlich; sie dehnt sich rings um den Fingernagel und dessen Wurzel aus, Ringwurm genannt.

Bei einmal damit behafteten Personen ist eine Rückkehr stets zu befürchten. Aeußerliche Verletzungen mögen anregende Ursachen sein; die Grundursachen sind völlig unbekannt.

Behandlung.—Hauptanzeichen.

Apis mel.—* Brennende, stechende Schmerzen. Umschläge von kaltem Wasser verschaffen Linderung. Passend nach Mißbrauch von Schwefel.

Arsenicum.—* Brennschmerz, wie von Feuer. Das Geschwür wird schwarz und sieht aus, als wäre es brandig [auch **Lach.**]. Un-ruhe, Angst und gänzliche Erschlaffung. Schlimmer um Mitternacht.

Belladonna.—Die Theile sind sehr roth; die Entzündung er-streckt sich über die Hand hinauf bis nach dem Arm. Klopfender Kopfschmerz. Starkbeleibte Personen.

Graphites. — Ringförmige Entzündung (run-around). Sie erstreckt sich nur auf die Außentheile, rings um die Nagelwurzel, und verursacht heftige Schmerzen. Aus dem nur langsam heilenden Geschwür wächst wildes Fleisch [auch **Sil.**].

Hepar s.—Bevorstehende Eiterung [auch **Merc., Sil.**]. * Klo-pfender, zusammenziehender Schmerz. Beschleunigt Eiterung [auch **Lach., Sil.**].

Mercurius.—Die Entzündung erstreckt sich bis zu den Scheide-wandungen der Gelenke. * Knochenfraß [auch **Sil.**].

Lachesis.—Der entzündete Theil wird purpurfarbig und bran-dig [auch **Ars.**]. Reißende, prickelnde, klopfende Schmerzen.

Silicea.—Spannender Schmerz; die Entzündung läßt nicht nach. * Drohende Eiterung; die ausfließende Materie ist stinkend, dünn, wässerig. Es entstehen fistelartige Oeffnungen, die nur sehr schwer zuheilen.

Aeußerliche Mittel.—Im ersten Stadium, vor der Eiterbildung, tauche man die kranken Theile in erträglich heiße Lauge, etwa eine Stunde lang, zwei Mal des Tages. Warme Aufschläge, aus Brot und Milch, oder Leinsamen-mehl, erweichen die Haut und lindern den Schmerz.

Sollten die angegebenen Mittel fehlschlagen, so mache man einen Einschnitt in die mit Eiter angefüllten Theile.

Anweisung.—Löse 3 Tropfen oder 12 Kügelchen in einem bis zu einem Drit= tel gefüllten Glase Wasser auf; davon gebe 2 Theelöffel voll alle zwei oder drei Stunden, bis der Schmerz nachläßt.

Eiterbeulen.

(GATHERINGS—ABSCESSES.)

Darunter versteht man eine Anhäufung von eiteriger Materie an irgend einem Körpertheil: das Ergebniß einer Entzündungskrank= heit. Man unterscheidet acute und chronische Eiterbeulen.

Die acute Form beginnt mit allen Anzeichen einer einfachen Ent= zündung, wie Hitze, Röthe, Anschwellung, klopfendem Schmerz, wor= auf sich bald Eiterung einstellt. Die Erscheinung ist oft auf Un= reinheit des Blutes zurückzuführen. Fieber ist häufig im Gefolge.

Der chronischen Form gehen selten Symptome voran, welche die Bildung eines acuten Abscesses anzeigen. Gewöhnlich ist sie das Ergebniß eines langsam sich entwickelnden Entzündungsprozesses oder scrophulöser Anlage. Ob äußerlich oder innerlich: sie erheischt dieselbe Behandlung.

Behandlung.—Besondere Anzeichen.

Aconit.—Das Geschwür ist roth, geschwollen und glänzend. Heftige, schneidende Schmerzen; die Theile brennen wie von heißen Kohlen [**Ars.**]. Heftige Erregung der Nerven und Blutgefäße. * Geräth in Folge des Schmerzes in Verzweiflung und glaubt, daß etwas geschehen müsse. * Furcht und Angst. Schlimmer des Abends und während der Nacht.

Arsenicum.—Der Absceß droht brandig zu werden; dabei große Schwäche. * Heftige Brennschmerzen, wie von Feuer [**Acon.**]. Wirft sich unruhig umher. * Großer Durst; trinkt aber nur wenig. Schlimmer während der Ruhe; besser bei Bewegung [**Rhus**].

Belladonna.—Das Geschwür ist stark geschwollen, roth und hart, wie bei Gesichtsrose. Drückende, brennende, stechende, auch klopfende Schmerzen [auch **Hepar**]. * Die Schmerzen kommen so rasch, wie sie verschwinden. * Die Theile sind heiß, trocken und klopfen; schlimmer gegen 3 Uhr des Morgens. Brustgeschwüre [**Bry.**].

Bryonia.—Besonders zu Anfang, wenn die Beule hart und ge= schwollen ist und sich schwer anfühlt [auch **Bell.**]. Die Farbe wechselt; das Geschwür ist bald roth, bald blaß. * Stechende Schmerzen, die nach der geringsten Bewegung schlimmer werden. * Harte, trockne Stühle, wie verbrannt.

Hepar s.—Eiterung ist unvermeidlich [Lach., Merc., Sil.]. Klopfende Schmerzen, denen öfters Schüttelfröste vorangehen. Scrophulöse Leute; auch nach dem Mißbrauch von Mercur. Passend in chronischen Fällen [auch Merc., Phos., Sil., Sulph.].

Lachesis.—Wenn sich Eiter angesammelt hat, so wird der Durchbruch nach Außen befördert. Wenn die entzündete Stelle purpurfarbig und brandig wird [Ars.]. Wenn irgend eine giftige Materie ihren Weg in das System gefunden hat.

Mercurius.—Beim sofortigen Gebrauch nach dem Ausbruch mag Eiterung verhütet werden. Drüsenartige Eiterungen; namentlich, wenn keine Entzündung damit verbunden ist; oder auch bei glänzender Röthung, Klopfen und Stechen [Bell.] Die Krankheit erstreckt sich bis auf die Umhäutung der Sehnen und Gliederbänder.

Phosphorus.—Im ersten Stadium, um der Eiterbildung vorzubeugen, besonders bei Brustgeschwüren [Bell., * Bry., * Phyto.]. Er beschleunigt den Eiterungsprozeß, so daß eine häßliche Narbenbildung nicht leicht stattfindet.

Phytolacca.—Entzündung, Anschwellung und Eiterung der Brüste (Milchdrüsen, mammæ); namentlich, wenn in Folge falscher Behandlung fistelartige Geschwüre erscheinen [auch Phos.].

Pulsatilla. — Das Geschwür blutet leicht; dabei stechende, schneidende Schmerzen [Apis]. Heftiges Jucken, Brennen und Stechen in den das Geschwür umkreisenden Theilen. Eiter reichlich und gelb. Nach längerer, heftiger Entzündung. * Weinerliche Personen; weinen bei jeglicher Veranlassung.

Rhus tox.—Bildung von Eiterbeulen in den Achsel- und Speicheldrüsen. Stechende, nagende Schmerzen im Geschwür. Entleerung einer blutwässerigen Materie. * Bei Wurm, wenn der Schmerz heftig ist und die Geschwulst nicht nachläßt.

Sulphur.—Verhärtete Fälle; reichliche Eiterentleerung; Abmagerung; zehrendes (hectisches) Fieber u. s. w. Ein Rückfall ist stets zu befürchten [Hepar]. Mit Blutschwären behaftete scrophulöse Personen. * Krätzartige Hautentzündung. * Schmächtige, gebückt gehende Personen.

Hülfsmittel. — Breiumschläge lindern die Schmerzen, verleihen der Haut Spannkraft, beschleunigen die Eiterbildung und treiben die Krankheit von innen nach außen. Sind die Geschwüre sehr reizbar, so gebrauche man warme Wasserumschläge.

Anweisung.—In acuten, von heftigen Schmerzen begleiteten—auch chronischen—Störungen, wiederhole man die Arznei alle drei bis vier Stunden; in sehr langwierigen Fällen beschränke man sich auf ein oder zwei Dosen täglich.

Diät.—Man halte sich genau an die in der Einleitung angegebenen homöopathischen Regeln.

Geschwüre.

(ULCERS.)

Unter einem Geschwür versteht man die Auflösung zusammen= gehörender weicher Theile, welche, verbunden mit Eiterentleerung, in Folge einer örtlichen, zuweilen andauernder Krankeit längere Zeit offen bleiben. Man theilt sie, je nach ihrer Erscheinung, ihrem Fortschritt und ihren Einwirkungen, in verschiedene Klassen ein.

Das einfache Geschwür ist nur das Ergebniß einer äußerlichen Verletzung, einer Quetschung, Verbrennung, einer Schwärung u. s. w. Derartige Geschwüre heilen leicht und rasch, vorausgesetzt, daß das Blut rein ist.

Das reizbare Geschwür ist heiß, empfindlich; dabei nagende Schmerzen. Die Ränder sind zottig und gezahnt; die umgebenden Theile sind roth und entzündet. Am Boden des Geschwüres befin= den sich unregelmäßige Aushöhlungen, die eine dünne, grünliche oder rothe Materie enthalten, welche ätzend ist und die anliegenden Haut= theile anfrißt. In dieser Form erscheint das Geschwür meistens an den untern Gliedern, namentlich bei Personen, die gut essen und trinken.

Das schmerzlose Geschwür ist die am häufigsten vorkommende Form der Krankheit und ist sehr schwer zu heilen. Die Hautfläche ist glatt, glänzend, mit einer weißlichen oder dunkelgrauen Kruste be= deckt und ist äußerst spröde. Die Ränder sind erhoben, dick, weiß und gefühllos; die Entleerung ist dünn und spärlich. Derartige Geschwüre sind oft langlebig. In den meisten Fällen sind unrein= liche, unmäßige Leute damit behaftet.

Behandlung.—Besondere Anzeichen.

Arsenicum.—Wenn das Geschwür reichlich blutet und sehr schmerzhaft ist. * Die Theile brennen wie von Feuer. Die Ränder des Geschwüres sind hart, unregelmäßig und aufgestülpt. Die Ent= leerung ist spärlich und dünn, blutig, schwärzlich und äußerst widrig. * Auch alte Geschwüre mit Blutwasser und wilder Fleisch= bildung. * Brandige Geschwüre [auch **Carbo v.**].

Belladonna.—Scrophulöse, und in Folge von Mercur entstandene Geschwüre [auch **Hepar, Sil., Sulph.**]. Wundheits= gefühl rings um das Geschwür; brennt bei Berührung. Schwarze, blutige Krustenbildung auf dem Geschwür.

Carbo veg.—Die Geschwüre bluten leicht, riechen widrig; dabei Brennschmerz [auch * **Ars.**].

Graphites.—Ungesunde Haut; die geringste Verletzung dersel= ben verursacht Eiterung [auch **Hepar**]. Geschwüre mit widrigem

Eiter; wilder Fleischwuchs; juckender, stechender Schmerz [auch * Ars]. * Die ausfließende Materie ist zäh und klebrig.

Hepar s.—Juckende, nagende Schmerzen. Brennen und Klopfen bei Nacht. * Das Geschwür blutet bei der leisesten Berührung. Die ausfließende Materie riecht sauer, wie fauler Käse. Knochenfraß [auch Nit. ac., Sil.].

Lachesis.—Häßliche, platte Geschwüre, verschieden an Umfang; sie sind über den ganzen Körper verbreitet. * Die Geschwüre sind gegen Berührung sehr empfindlich; sie haben eine unebene Grundfläche und sondern eine blutwässerige, übelriechende Materie aus. Namentlich bei alten, an den untern Gliedern erscheinenden Geschwüren. Rings um das Geschwür erscheinen auf purpurfarbiger Hautfläche finnenartige Bläschen.

Lycopodium.—* Fistelartige Geschwüre, mit harten, röthlichen, umgestülpten Rändern. Mercurialische Geschwüre [auch Hepar, Nit. ac., Sil.].

Mercurius.—Tiefsitzende Geschwüre, die sich leicht ausbreiten, leicht bluten und gegen den leisesten Druck sehr empfindlich sind. * Das Geschwür sieht röthlich aus, etwa wie rohes Rindfleisch; die Ränder sind roth und gezahnt. * Syphilitische Geschwüre [auch Lach., Nit. ac.].

Nitric ac. — Blutende Geschwüre; dabei stechende, wie von Splittern herrührende Schmerzen. Blutwässerige Entleerungen. * Brandige Geschwüre [auch Merc., Sil.].

Silicea.—Alte, unreine Geschwüre, entweder eine Folge von Mercur oder Völlerei [auch Lach.]. * Geschwüre mit rauhen, schwielenartigen Rändern; die jene umkreisenden Theile sind bläulichroth. Die ausfließende Materie ist dick und verfärbt; auch dünn, blutig und von widrigem Geruch.

Sulphur.—Trockne, schuppige, ungesunde Haut; namentlich passend bei scrophulösen Geschwüren, die nur langsam heilen, und Bildung von wildem Fleisch in Aussicht steht. Empfindliche, leicht blutende Geschwüre, mit erhobenen, geschwollenen und empfindlichen Rändern; Absonderung einer dünnen, stinkenden, blutwässerigen Materie. Prickelnde, pulsirende Schmerzen, oder überhaupt keine.

Anweisung.—Man nehme 6 oder 8 Kügelchen trocken auf die Zunge, ein oder zwei Mal des Tages, je nach den Umständen.

Aeußerliche Behandlung.—Man reibe die Geschwüre mit einfacher Wachssalbe oder Hammelfett ein und umhülle dann die krankhaften Theile mit Leinwand. In manchen Fällen sind auch Umschläge von Brot und Milch oder Leinsamenmehl von Vortheil.

Diät.—Man beobachte sorgfältig die homöopathischen Anweisungen.

Warzen.

Diese lästigen Auswüchse sind zu bekannt, als daß eine eingehendere Beschreibung derselben nöthig wäre. Sie zeigen sich namentlich an den Händen und Fingern, zuweilen im Gesicht und andern Körpertheilen.

Behandlung.—Behufs ihrer Entfernung bediene man sich eines scharfen Messers und bestreiche die Theile drei bis vier Mal des Tages mit scharfem Essig, oder **Tincture of Thuja.**

Als innerliche Heilmittel sind zu empfehlen:

Antimonium.—Wenn sie flach, hart und spröde sind.

Calcarea c.—Wenn an den Seiten der Finger.

Causticum.—Fleischige, fadenscheinige Warzen; namentlich bei ältern Personen.

Dulcamara.—Wenn oben auf den Fingern; zarte Haut.

Hühneraugen.

(CORNS.)

Diese hornartigen Hautverhärtungen haben einen in ihrem Mittelpunkt befindlichen Kern; sie sind namentlich in ihrer Wurzel sehr empfindlich. Sie entstehen gewöhnlich durch den Druck zu engen, nicht passenden Schuhzeuges. Zuweilen ist auch eine Voranlage vorhanden.

Behandlung.—Man bade die Theile in warmem Wasser; dann schneide man die Hühneraugen mit einem feinen Messer ab und wasche die Stellen mit einer Lösung von **Tinctura Arnica.** Hilft dies nicht, so umwickle man vor dem Schlafengehen die Theile mit in Terpentingeist gesättigter Baumwolle. Sollte aber das Uebel in irgend einem constitutionellen Fehler seine Entstehungsursache haben, so gebrauche man folgende Mittel: **Ant. c., Lyc., Phos., Sep., Sil., Sulph.** Näheres unter „Characteristische Symptome" im 2. Theil.

Man nehme eine Woche lang täglich eine Dosis; dann setze man eine Woche lang aus; tritt keine Besserung ein, so wähle man ein anderes Mittel.

Einwachsen der Zehennägel.

Ein schmerzhaftes, besonders an der großen Zehe erscheinendes Uebel. Es entsteht nicht sowohl aus einer Wiederbildung des Nagels, als vielmehr durch Anschwellung und Entzündung der anliegenden weichen Theile, in Folge des Druckes auf den Nagelrand von engem Schuhzeug. Hält dies länger an, so stellt sich Eiterung ein; es entsteht ein Geschwür, woraus wildes Fleisch wächst, dessen bloße Berührung äußerst schmerzhaft ist. Der Patient ist oft nicht im Stande, Schuhe zu tragen, oder auch nur zu gehen.

Behandlung.—Wenn die Zehe sehr entzündet ist, so bade man sie in warmem Wasser, bis die Entzündung etwas nachgelassen hat; dann bringe man vermittels eines stumpfen Federmessers unter dem Rande des Nagels ein leinenes Polster an, um jenen aus dem Fleisch herauszuzwängen. Zugleich mache man mit einem scharfen Messer der Länge nach einen Riß mitten durch den Nagel, von der Wurzel bis zur Spitze. Damit fahre man Tag für Tag fort, bis man fast das gesunde Fleisch erreicht hat. Auf diese Weise läßt sich der Nagel leicht ausbiegen und die Charpie leicht unter den Rand einfügen. Man sollte den Nagel an seinem obern Ende abschneiden, so daß er sich leichter seitwärts ausdehnen kann. Wenn wildes Fleisch auswächst, so bringe man etwas pulverisirtes Perchloride of Iron zwischen den freien Nagelrändern und dem Geschwür an. Dieses Verfahren mag nach vierundzwanzig bis sechsunddreißig Stunden wiederholt werden.

Folgende Mittel mögen innerlich angewandt werden:

Arsenicum.—Wenn der Schmerz brennender Art ist; die Theile sehen schwärzlich aus und verbreiten einen übeln Geruch [auch **Carbo v.**].

Phosphorus.—Die Theile sind trocken und hart; schmerzen, als ob sie erfroren wären.

Silicea. — Entzündungsschmerzen in der Zehe; Stechen. * Schweißfüße.

Sulphur.—Dicke, glänzende Anschwellung der Zehe. * Eiterung und Bildung von wildem Fleisch; schmerzhafte Berührung.

Morgens und Abends einige Kügelchen.

Dreizehntes Kapitel.

Frauenkrankheiten.

Monatliche Reinigung.

Sobald eine gesunde weibliche Person in das Stadium der Mannbarkeit eintritt, wird jeden Monat eine blutige Flüssigkeit, genannt menses, ausgeschieden. Von da an beginnt die Periode der Mannbarkeit. Dieses Ereigniß findet gewöhnlich zwischen dem dreizehnten und fünfzehnten Jahre statt. Eigenthümliche Beschaffenheiten, Lebensweise, Gewohnheiten und dergleichen mögen den Eintritt der Mannbarkeit beschleunigen, oder auch verzögern. Eine gewisse Zurückhaltung, eine mehr aufrechte Haltung, Aenderung der Stimme, Erweiterung der Brust und Anschwellung der Brustdrüsen (Milchdrüsen) sind sichere Anzeichen der Uebergangsperiode. In normalem Zustande stellt sich die Reinigung alle achtundzwanzig Tage ein. Die Dauer schwankt zwischen zwei und sieben Tagen. Die allmälig sich absondernde Flüssigkeit übersteigt nicht vier bis fünf Unzen; sie ist blutaderig, von dunkelrother Farbe, dünn, gerinnt nicht, zersetzt sich nicht. Bei jüngern Frauenspersonen oder bei vorzeitigem Eintritt der Menstruation, ist der Betrag geringer, aber oft mit blutigem Schleim untermengt.

Mit fünfundvierzig bis fünfzig Jahren hört die Menstruation auf. Frauen nennen diese Uebergangsperiode "time," oder "turn of life," d. h. Verlieren der Regel.

Verspätung der Regel.

(RETENTION OF THE MENSES.)

Hierunter versteht man das Ausbleiben oder die Verzögerung der ersten Regel. Wenn in diesem Fall der Gesundheitszustand befriedigend ist, so ist nichts zu befürchten. Aber wenn alle Anzeichen der beginnenden Mannbarkeit vorhanden sind, wenn die dieser Uebergangsperiode eigenthümliche Veränderung in Absicht auf Gefühle u. s. w. stattgefunden hat; wenn die Regel dann nicht erscheint, namentlich bei regelmäßig wiederkehrenden Schmerzen in den Hüften, den Lenden und dem Rücken; wenn damit ein Schwer= und Vollheitsgefühl im Unterleib verbunden ist; wenn der Oberkörper sich nach vornen neigt, dann sollte man der Natur unverzüglich zu Hülfe kommen. Nur enthalte man sich aller Quacksalbereien.

Zu den das Ausbleiben der Regel bewirkenden Ursachen gehören: sitzende Lebensweise; anhaltendes Studiren; Zartfühligkeit; Krankheit der Eierstöcke u. s. w.

Behandlung.—Hauptanzeichen.

Aconit.—Junge, sanguinische Mädchen, die eine sitzende Lebensweise führen. * Neigung zu Blutandrang nach dem Kopf [auch Bell.]. Schwindel und Mattigkeit beim Sicherheben.

Arsenicum.—* Das Gesicht ist am Morgen beim Aufstehen blaß und geschwollen; Anschwellung der Füße. Gefühl wie von Hitze im Blutumlauf; allgemeine Erschlaffung.

Belladonna.—* Häufiges Nasenbluten [auch Bry.]. Röthe der Augen; Scheu vor Licht und Lärm. * Niederdrückender Schmerz in den Geschlechtstheilen [auch Sep.]. Entzündung des rechten Eierstocks.

Bryonia.—* Häufiges Nasenbluten zur Zeit, wenn die Regel sich einstellen sollte [auch Bell., Puls.]. Verstopfung; harte, trockne Stühle. Sehr reizbar; sehnt sich nach Ruhe.

Cocculus.—Wenn in Folge nervöser Erregungen. Zusammenziehende, kneipende Schmerzen in den untern Bauchgegenden. Beklemmter Athem und Stöhnen. * Kopfweh, mit Uebelkeit vom Fahren in einem Wagen.

Phosphorus.—Mädchen von zartem Körperbau, heller Gesichtsfarbe und lebhaftem Wesen. * Schwacher Bau der Brust; Voranlage zur Schwindsucht. Blutiger, spärlicher Auswurf.

Pulsatilla.—Gesichtsblässe; gelegentlich fliegende Hitze. Neigung zu Schüttelfrost, selbst im warmen Zimmer. Schmerz im Unterleib und den Rücken entlang. Hysterische Symptome: Lachen und Weinen wechseln. Niedergeschlagenheit [auch Sep.]. Weinerliche Personen [auch Sep.]. Besser nach Bewegung in freier Luft; schlimmer gegen Abend.

Sepia.—Schwächlicher Körperbau; zarte Haut. * Gelbe Streifen quer über die Nase und über die Wangen, einem Sattel nicht unähnlich. Kalte Hände und Füße; fliegende Hitze im Gesicht und Kopf. Große Traurigkeit; weint häufig [auch Puls.].

Sulphur.—* Anhaltende Hitze oben auf dem Kopf. Appetitlosigkeit; fühlt übel nach jeder Mahlzeit. Fester, todtähnlicher Schlaf die ganze Nacht hindurch. Ungesunde Haut, die selbst bei der geringsten Verletzung eitert. Passend für scrophulöse Personen.

Anweisung.—Man gebe die Arznei ein Mal täglich eine Woche lang; dann halte man vier bis fünf Tage auf und wiederhole die Arznei nicht, so lang die Besserung anhält. Wenn die Symptome ungünstiger werden und die Regel sich nicht einstellt, wähle man ein anderes Mittel und gebrauche es, wie oben angegeben. Dosis: 8 Kügelchen oder 1 Tropfen in einem Theelöffel Wasser.

Diät und Verhaltung.—Die Nahrung sei einfach und kräftig: leicht verdauliche Speisen aus dem Thier= und Pflanzenreich. Gewürzte Speisen vermeide man; ebenso Kaffee oder Thee. Die Patientin bewege sich in freier Luft; reite oder fahre aus in offener Kutsche u. s. w. Auch sind warme Fußbäder von großem Nutzen.

Bleichsucht.

(CHLOROSIS—GREEN SICKNESS.)

Eine Krankheit junger Frauenspersonen, die sich bei eintretender Mannbarkeit einstellt. Sie ist das Ergebniß einer unterdrückten oder in ihrem Verlauf gestörten Regel. Magen und andere Verdauungsorgane thun nicht ihre Schuldigkeit; die Zunge ist blaß und aufgedunsen; fauler Athem; Appetitlosigkeit, starkes Verlangen nach gewissen unverdaulichen Dingen, wie Kreide, Schiefer, Kohle, Lehm, Papier u. s. w. Die Eingeweide sind unthätig; die Stühle sind unvollkommen verdaut und haben eine unnatürliche Farbe. Die Haut ist sehr blaß, zuweilen glänzend, auch gelblich, grünlich, wachsfarbig. Selbst die Lippen und Schleimhäute des Mundes sind blaß. Dunkle Ringe um die Augen. Zuweilen sind Gesicht und die Augenlider angeschwollen, namentlich nach dem Schlaf. Das Nervensystem ist gestört durch Schwindelanfälle, Kopfweh, Ohrensausen, anderweitigen Schmerzen, Herzklopfen und allgemeine Schwäche. Wenn die Regel nicht gänzlich unterdrückt ist, so ist sie spärlich, blaß und wässerig.

Die Entstehungsursachen sind noch in Dunkel gehüllt. Die pathologische Anatomie hat es bis dahin noch nicht vermocht, diese Krankheit auf eigenartige Zerrüttungen zurückzuführen.

Behandlung.—Hauptanzeichen.

Antimonium.—Dicker, milchweißer Beleg der Zunge [auch Nux v., Sep.]. Magenstörungen und Appetitmangel; Ausrülpsen einer Flüssigkeit, die genau den Geschmack der zuletzt genossenen Speise hat.

Arsenicum.—Todtenblaßes Gesicht; geschwollene Augenlider. Heftiger Durst; trinkt oft, aber je nur wenig [auch Chin.]. Zittern; Anfälle von Ohnmacht und Schwäche. Will im warmen Zimmer sein.

Calcarea c.—Ist niedergeschlagen; Neigung zum Weinen [auch Puls., Sulph.]. Das Gesicht ist blaß und fahl; dunkle Ränder um die Augen. Schwindel, namentlich beim Treppensteigen. Wider-

wille gegen Speisen aller Art; verlangt nach sauern, ja unverdau=
lichen Dingen, Kreide, Schiefer u. s. w. Nach jeder Mahlzeit An=
schwellen des Magens mit Herzklopfen. Kurzathmigkeit, Erschlaffung
der Muskeln. * Sehr empfindlich gegen kalte Luft. Passend für
scrophulöse Personen.

China.—* Unfähig zur Verrichtung irgend einer Arbeit; saures
Aufstoßen; aufgedunsener Leib. Schmerzloser, schwächender Durch=
fall; unverdaute Stühle [auch Ars., Ferr.]. Namentlich nach Blut=
verlust, oder wenn das Uebel nach längerm, sich hinschleppendem
Unwohlsein erscheint.

Ferrum.—Aschfarbene oder grünliche Blässe des Gesichts, wel=
ches bei der geringsten Anstrengung feurigroth wird. Herzklopfen
und Schwerathmigkeit. * Will immer liegen oder sitzen. Sehr
schwach und bald erschöpft. Blutspeien, verbunden mit Schmerzen
zwischen den Schulterblättern. Die Regel bleibt entweder ganz aus,
oder sie ist blaß und wässerig. * Stets besser nach gemächlichem
Umhergehen.

Nux vomica.—Besonders wenn Magen und Leber nicht gehörig
arbeiten. Bitteres, saures Aufstoßen. * Sehr reizbar;
wünscht allein zu sein. Kümmert sich viel um Kleinigkeiten. Blasse,
gelbliche Gesichtsfarbe. * Kann nach 3 Uhr des Morgens nicht
schlafen. Ist ganz voll von allerhand Gedanken. Anhaltende Ver=
stopfung; große, beschwerliche Stühle.

Pulsatilla.—* Verzögerung der ersten Regel, oder, wenn sie sich
überhaupt einstellt, baldige Hemmung [auch Sulph.]. Ziehende,
drückende Schmerzen in der Unterleibsgegend. Häufiges Herz=
klopfen; Ausbleiben des Athmens nach der geringsten Anstrengung
[auch Ferr.]. Kalte Hände und Füße; Schüttelfrost, selbst im war=
men Zimmer. Weißbelegte Zunge, mit bitterem Geschmack am
Morgen. * Widerwille gegen fette Speisen irgend welcher Art.
Starkes Verlangen nach Spirituosen oder gewürzten,
stimulirenden Speisen. Passend für weinerliche Personen;
auch nach dem Mißbrauch von Eisen.

Sepia.—Unterdrückte Regel; weißer Fluß [auch Puls.]. Gelbe
Streifen quer über die Nase und die Wangen, ähnlich einem Sattel
[gelbe Flecken im Gesicht, Ferr.]. Uebelkeit, selbst in Folge von
Küchengerüchen. * Stinkender Harn, mit röthlichem, lehmfarbenen
Niederschlag, der sich auf dem Boden des Gefäßes festsetzt.

Sulphur.—Passend für scrophulöse Mädchen, namentlich zu An=
fang. Schläfrig bei Tage und schlaflos des Nachts. Die erste Regel
ist verspätet und schwierig [auch * Puls.]. Trockne, hülsige
Haut. Schwierige Verdauung; Druck und Vollheitsgefühl im
Magen. Brennhitze oben auf dem Kopfe. Nervöse Schwäche, Ohn=
macht; verlangt nach frischer Luft. Abneigung gegen Waschung.

Anweisung.—Bei Auswahl der Mittel sei man sehr vorsichtig. Man verabfolge die Arznei eine Woche lang, Abends und Morgens; dann höre man damit auf; tritt keine Besserung ein, so gebrauche man ein anderes Mittel in der angegebenen Weise. Dosis: 3 Kügelchen oder 1 Tropfen in 1 Theelöffel Wasser.

Diät und Verhaltung.—Hierüber vergleiche man die im vorangehenden Artikel gegebenen Anweisungen.

Unterdrückung (Ausbleiben) der Regel.

(AMENORRHŒA.)

Hierunter versteht man das zeitweilige Ausbleiben der Regel, nachdem sie sich einmal eingestellt hat. Die Folgen dieser Störung sind krampfartige Schmerzen im Unterleib und dem Magen, verbunden mit Würgen, Kopfweh, Blutandrang nach dem Gesicht, Irrereden, Krämpfen, Mutterbeschwerden, Herzklopfen u. s. w. Ist die Unterbrechung nicht anhaltend, oder wenn sie von inzwischen wirkenden Ursachen herrührt, so stellen sich die üblen Folgen nicht sofort ein, aber das Endresultat wird immer dasselbe sein. Die Patientin wird matt und schwach; sie verliert ihren Appetit und ihre Thatkraft; sieht unpäßlich und niedergeschlagen aus; Füße und Knöchel schwellen an; nervöse Symptome stellen sich ein; Herzklopfen und Kurzathmigkeit. Ist eine Voranlage zur Schwindsucht vorhanden, so wird dieselbe nicht ausbleiben.

Ursachen.—Dahin gehören: Erkältung; heftige, plötzliche Gemüthserregungen; Kummer u. s. w. Auch mögen Krankheiten der Brust, der Leber und anderer sympathischer Theile zu den anregenden Ursachen gehören.

Behandlung.—Hauptanzeichen.

Aconit.—Wenn das Ausbleiben eine unverkennbare Folge von Erkältung ist. Blutandrang nach dem Kopf oder der Brust; geröthetes Gesicht. Schießende, oder klopfende Schmerzen im Kopf; dabei Irrereden, oder Betäubung. * Schwindel und Anfälle von Ohnmacht beim Sicherheben aus einer sitzenden Lage. Zur Zeit des Mannbarwerdens [* Puls.]. Passend für beleibte Personen.

Arsenicum.—Blaues, wachsfarbenes Gesicht. Erschlaffung nach der geringsten Anstrengung. Appetitlosigkeit; Schwermuth und Traurigkeit. Todesfurcht; fürchtet sich, allein zu sein. Heftiger Schüttelfrost; wünscht wärmere Bekleidung und will am Feuer sitzen. * Heftiger Durst; trinkt nur wenig. * Schlimmer nach Mitternacht.

Belladonna.—Klopfender Kopfschmerz beim Annahen der Periode. Röthung des Gesichts, welche sich beim Bücken auf die Kopftheile beschränkt. * Niederdrückender Schmerz im Unterleib, als ob die Regel sich einstellen wollte [siehe **Cham.**]. * Licht und Lärm unerträglich.

Bryonia.—Schwimmen im Kopf; schmerzhafter Druck in den Schläfen. Nasenbluten beim Erscheinen der Regel [**Bell., Puls.**]. Ziehende Schmerzen in der tieferen Unterleibsgegend. * Harte, trockne, wie verbrannte Stühle. * Symptome durchweg schlimmer bei der geringsten Bewegung.

Chamomilla.—Druck nach den Geschlechtsorganen hin, wie von Geburtswehen. Schneidende Kolik; die Schmerzen erstrecken sich vor eintretender Periode bis zu den Lenden. * Ist sehr reizbar und unhöflich. * Die eine Wange ist roth, die andere weiß [**Acon., Nux v.**]. Reichliche Entleerung farblosen Urins.

Colocynth.—In Folge von Aerger und verhaltenem Kummer. * Heftige, kolikartige Schmerzen, unter denen sich die Patientin krümmen muß. Große Angst und Unruhe.

Crocus.—Ein Gefühl, als ob die Regel sich einstellen wollte; dabei kolikartige, bis nach den untern Theilen sich erstreckende Schmerzen [siehe **Bell.**]. * Ein Gefühl, als ob sich etwas im Unterleib bewegte. Entleerung von dickem, schwarzem, faserigem Blut aus der Nase [vgl. **Bry.**].

Dulcamara.—In Folge von Kälte oder Nässe. * Bei jeder Periode erscheint ein Ausschlag auf der Haut; ebenso nach jeder Erkältung.

Graphites.—Ausbleiben der Regel; dabei Schwerheitsgefühl in den Armen und untern Extremitäten. Wenn die Regel sich gelegentlich zeigt, so ist die Entleerung nur blaß und spärlich. Füße kalt und angeschwollen. Hautgeschwüre, die eine klebrige Flüssigkeit ausscheiden.

Pulsatilla.—Die Regel bleibt aus in Folge vom Naßwerden der Füße. Quälende Schmerzen an der Stirne und Druck auf dem Scheitel. Schwindel und Ohrensausen. Stechende Zahnschmerzen, die sich von einer nach der andern Seite ziehen. Herzklopfen. Magenschmerzen, mit Uebelkeit und Erbrechen. * Anhaltender Schüttelfrost; auch im warmen Zimmer. * Weinerliche Personen, die sich traurigen Gedanken hingeben [**Ign., Sep.**]. Symptome schlimmer des Abends.

Sepia.—Oeftere Paroxysmen, in Folge von hysterischem oder nervösem Kopfweh. Kopfschmerz, mit bedeutender Empfindlichkeit der Zahnnerven. * Gelbe Gesichtsfarbe oder braunrothe Flecken auf der Hautfläche. Schmerzhaftes Leerheitsgefühl in der Magengrube [**Ign.**].

Sulphur.—Empfindliche, spannende Schmerzen, namentlich an den hintern Halstheilen. Blutandrang nach dem Kopf und Sausen. * Anhaltende Hitze oben auf dem Kopf [**Graph.**—Erkältung, **Verat. alb.**]. Blasse, ungesunde Gesichtsfarbe; blaue Ränder um die Augen.

Am Tage häufige, schwache Krampfanfälle. Wird gegen 11 Uhr Morgens sehr hungrig; kann das Dinner nicht erwarten.

Veratrum alb.—Nervöser, mit hysterischen Symptomen verbundener Kopfschmerz bei jeder Regel. Blasses, bleifarbiges Gesicht; kalter Schweiß auf der Stirn. Kälte oben auf dem Kopf [Sep.—Hitze, * Sulph.]. Hände, Füße und Nase sind kalt. * Schwäche, mit häufigen ermattenden Krämpfen.

Anweisung.—Bei plötzlich unterdrückter Regel und wenn die Symptome bedenklich sind, löse man 12 Kügelchen oder 3 Tropfen in 10 Theelöffel Wasser auf; davon gebe man alle zwei oder drei Stunden 2 Theelöffel voll, bis Besserung eintritt. In mildern Fällen gebe man ein oder zwei Mal des Tages 8 Kügelchen trocken auf die Zunge.

Wenn das Leiden von Erkältung herrührt, so sind warme Sitzbäder sehr erfolgreich; ebenso werden warme Fußbäder — das Wasser sei so heiß, wie man es nur ertragen kann—gute Dienste thun.

Diät.—Vergleiche die in der Einleitung gegebenen Regeln.

Schmerzhafte Regel.

(MENSTRUAL COLIC—DYSMENORRHŒA.)

Eine häufig vorkommende Form der Krankheit. Deutliche Anzeichen sind heftige Schmerzen im Rücken, den Lenden und in der Gegend der Eierstöcke. Der Anfall kommt oft mehrere Tage vor dem Erscheinen der Regel, hält zwei oder drei Tage an, bisweilen auch die ganze Periode hindurch. Oft gesellen sich Krämpfe und andere Leiden hinzu. Die Beschaffenheit der ausgeschiedenen Materie ist oft sehr verschieden. Gewöhnlich ist sie spärlich, von unnatürlich blasser Farbe, mit Klümpchen vermischt, und enthält mitunter abgelöste Hauttheilchen. Die Entstehungsursache ist Erkältung; auch Verengung des Mutterleibes; Krankheit der Eierstöcke; Zusammenziehung der die Absonderung besorgenden Gefäße der Gebärmutter u. s. w.

Behandlung.—Hauptanzeichen.

Belladonna.—Schmerzen vor dem Blutfluß, mit Blutandrang nach dem Kopf und gestörtem Sehvermögen. Schreckliche Gesichte und Schreien. * Neigung zum Beißen und Zerreißen. Das Gesicht ist roth und aufgedunsen. * Druckgefühl nach unten, als wollte sich der Mutterleib gänzlich entleeren [* Sep.]. Rasches Kommen und Gehen der Schmerzen. Der Blutfluß ist reichlich und von hellrother Farbe; zuweilen klumpig und widrig.

Calcarea c.—Der Blutmenstruation gehen Anschwellung und Empfindlichkeit der Brüste voran, sowie Kopfschmerz, Kolik, Schüttelfrost und weißer Fluß. Während des Flusses: Schneiden im

Bauch, Zahnweh, Schwerheitsgefühl im Unterleib und Erweiterung der Blutadern. * Füße kalt, wie von feuchten Strümpfen. Scrophulöse Anlage.

Chamomilla.—Druck im Mutterleib, wie von Kindeswehen. * Menstruation dunkelfarbig, geronnen, mit reißenden Schmerzen in den Lenden [Cimi.]. Oesterer Harndrang. Aufgedunsenes, rothes Gesicht, oder die eine Wange ist roth und die andere blaß. Der Kopf ist mit heißem Schweiß bedeckt. * Sehr ungeduldig und unhöflich in ihren Antworten.

Cimicifuga. — Spärlicher oder reichlicher Fluß geronnenen Blutes. * Heftige Schmerzen im Rücken, die sich abwärts, durch die Hüften laufend, bis nach den Lenden erstrecken. Wehenartige Schmerzen [vgl. **Cham.**]. Hysterische Krampfanfälle und Reizbarkeit in den untern Bauchgegenden. Ist sehr niedergeschlagen und empfindlich.

Conium.—Blutung spärlich und von brauner Farbe. Harte, schmerzliche Anschwellung der Brüste vor Einstellung der Regel [Calc. c.]. Nach den untern Bauchtheilen sich erstreckendes Druckgefühl und Reißen in den Beinen. * Beschwerde beim Harnlassen; erfolgloser, sich oft wiederholender Harndrang. * Empfindliche Schmerzen in der Herzgegend; Schwindel beim Niederliegen oder beim Sichumwenden im Bett.

Nux vomica.—Vorzeitige Wiederkehr der Regel; dicker, klumpiger Ausfluß. Krümmt sich vor Schmerzen im Unterleib; Uebelkeit, oder Schmerzen im Rücken und in den Lenden, als wären diese ausgerenkt. * Wundheitsgefühl über den Schamtheilen, als wären sie zerquetscht. Häufiger Harndrang. Verstopfung und Stuhlzwang; harte, beschwerliche Stühle. Nach dem Gebrauch von „Wunderarzneien."

Pulsatilla.—Verspätete Regel; das Blut ist dick und schwarz, fließt tropfenweise. Schwerheitsgefühl, als ob ein Stein in der Beckenhöhlung wäre. * Die Schmerzen sind so heftig, daß sie sich nach allen Seiten umherwirft und laut aufschreit [Cimi.]. Ein dumpfer Schmerz zieht sich hinunter bis nach den Lenden. * Schwindel und Schüttelfrost beim Aufstehen. * Weinerliche Personen. Schlimmer im warmen Zimmer.

Sepia.—Vorzeitige und spärliche Regel. Kolikartige Schmerzen; muß sich, die Arme gekreuzt, nach unten krümmen [vgl. * **Bell.**]. Vor der Regel weißer Fluß; schärft die Theile auf. Schmerzhaftes Leerheitsgefühl im Magen. Verdorbner Magen, namentlich am Morgen. Weint und jammert [Ign., * Puls.]. Harte, knotige, beschwerliche Stühle; Schwerheitsgefühl im After.

Sulphur.—Der Ausfluß ist dick, hart, ätzend. Heftiges Bauch-

16

kneipen, mit großer Hitze, Schüttelfrost und epileptischen Anfällen.
* Anhaltende Kopfhitze [Kälte, **Verat. alb.**].   * Fliegende Gesichts=
röthe; Ohnmachtsanfälle. Chronische Hautausschläge. Schmäch=
tige, gebückt gehende Personen.

Anweisung.—Löse 12 Kügelchen oder 3 Tropfen in 8 Theelöffel Wasser auf;
davon jede halbe Stunde 1 Theelöffel voll.

Warme Sitzbäder, auch Bähungen des Unterleibs, sind sehr wirksam.

Entkräftende Reinigung.

(MENORRHAGIA.)

Hierunter versteht man eine zu reichliche Menstrualblutung.   Sie
kann sich zu rechter Zeit einstellen, auch früher oder später.   Gewöhn=
lich ist sie verbunden mit Erschlaffung, Druck im Kopf, wandernden
Schmerzen im Rücken, den Lenden und den untern Extremitäten;
Schüttelfrost; Kälte der Füße und Verminderung des Appetits.

Die Ursachen sind verschiedenartig.   Sie kann entstehen aus Er=
krankungen oder Lageveränderungen der Gebärmutter; Reizung oder
Zusammenziehung der den Fluß bewirkenden Gefäße des Mutter=
leibs; Maßlosigkeit im Essen und Trinken; geschlechtlicher Erregung;
Selbstbefleckung u. s. w.

Behandlung.—Hauptanzeichen.

Aconit.—Passend für vollblütige Frauen und junge Mädchen.
Reichliche Menstruation, dabei Gemüthsunruhe.   * Schwindel beim
Sicherheben aus ruhender Lage.   Hat sich kalten, trocknen Winden
ausgesetzt.

Belladonna.—Zu früh und zu reichlich [* **Calc. c., Cimi., Phos.**].
Hellrothe Menstruation; dabei erhöhte Wärme.   * Krümmt
sich zusammen; fühlt, als wollte sich Alles durch die Geschlechtstheile
entleeren [**Nit. ac.**, * **Sep.**].   Klopfender Kopfschmerz; ebenso im
Kreuz und dem Rücken.   Packende Schmerzen im Mutterleib, mit
Neigung zum Beißen und Zerreißen.

Calcarea c.—Reinigung zu früh, zu reichlich und zu lang dau=
ernd [**Croc., Phos.**].   Anschwellung und Empfindlichkeit der Brüste,
Kopfweh, Kolik und Schüttelfröste gehen dem Menstruationsfluß
voran.   Leibschneiden, Zahnweh und niedergebeugte Haltung wäh=
rend des Blutflusses.   * Schwindel beim Bücken, schlimmer beim
Sicherheben oder Treppensteigen.   * Gefühl an den Füßen, als wä=
ren sie mit feuchtkalten Stümpfen bekleidet.   Sehr empfindlich gegen
kalte Luft.

Chamomilla.—Reichlicher Erguß schwarzen, geronnenen Blu=
tes; fließt nur in Zwischenzeiten.   Heftige Schmerzen im Mutter=

leib, wie von Wehen; Reißen in den Blutadern der Beine. Sehr ungeduldig; kann nicht wohl höflich antworten. Häufiger, reich= licher Erguß blassen Urins.

Cimicifuga.—Zu früh und zu reichlich. Der Blutfluß ist schwarz und geronnen [Cham., Croc.]. * Heftige Schmerzen im Rücken und an den Lenden hinunter. Schmerz quer über die Hüf= ten; zwängt sich hinunter bis in den Mutterleib. Große Nerven= erregtheit und hysterische Krämpfe. Heftige Schmerzen im Kopf und in den Augäpfeln; schlimmer nach der geringsten Bewegung.

Crocus.—Das Monatliche ist regelmäßig, aber zu reichlich und zu lange anhaltend. * Schwarzer, klumpiger, auch faseriger Aus= fluß. * Die geringste Bewegung vermehrt die Blutung. (Gelbliche, erdige Gesichtsfarbe [Sep.]. Ein Gefühl, als ob sich etwas im Bauche bewegte [Sabi.]. Große Mattigkeit und Herzklopfen beim Treppensteigen.

Nux vomica.—Regel zu früh und zu reichlich; ist von dunkler Farbe. * Der einige Tage anhaltende Blutfluß hört plötzlich auf, um bald wieder zu erscheinen [Sulph.]. Von der Lendengegend bis in das Becken herabdrängender Schmerz. * Krampfartige Schmer= zen im Unterleib, die nach dem Dickbein (Lenden) ausstrahlen. * Wird ohne die geringste Veranlassung heftig und ärgerlich [Cham.]. Anhaltende Verstopfung, mit Stuhldrang.

Phosphorus.—Regel zu früh und zu reichlich und zu lange an= haltend; dabei Schmerzen im Kreuz und dem Unterleib. Große Schwäche; Hände und Füße kalt. * Schwäche= und Leerheitsgefühl im Unterleib. * Aufstoßen nach jeder Mahlzeit. Ist, namentlich nach dem Diner, sehr schläfrig. * Lange, schleimige, harte, schwie= rige Stühle. Hochaufgeschossene, hagere Personen, mit heller Haut= farbe [vgl. Ign.].

Sabina.—Sehr reichliche und schwächende Blutung. * Der Abfluß ist theils blaßroth und theils klumpig. Wehenartige Schmer= zen, die sich abwärts bis nach den Schamleisten ziehen. * Ziehende, reißende Schmerzen, die sich dem Rücken entlang bis hinunter nach den Schamtheilen erstrecken. Sehr nervös und hysterisch [Ign.]. Eine Fehlgeburt stets zu befürchten.

Secale cor.—Blutfluß zu reichlich und zu langwierig. Der durch Bewegung beschleunigte Blutabfluß ist dunkel und flüssig [Croc.]. * Alle gewöhnlichen Uebelstände sind schlimmer vor dem Eintritt der Regel. Passend für schmächtige Frauen.

Sepia.—Verfrühte und zu reichliche Regel. Kolik geht der Regel voran. * Schmerzhaftes Leerheitsgefühl oben auf der Magengrube. Uebelriechender Urin; Niederschlag wie verbrannter Thon. Gelbe Flecken auf dem Gesicht, namentlich quer über der Nase. * Vor=

fall der Mutter.   * Ein Gefühl, als wollte sich Alles durch die Scheide entleeren [* Bell.].

Sulphur.—Regel zu lang anhaltend. * Scheint vorüber zu sein, aber sie kommt zu wiederholten Malen wieder.   Der Ausfluß ist scharf, schärft die Schenkel auf und riecht sauer [widrig, Bell.]. Fliegende Hitze, gefolgt von schwachen Krampfanfällen.   * Anhaltende Hitze oben auf dem Kopf.   Blutende Hämorrhoiden (Goldader).

Anweisung.—Bei reichlicher Entleerung wiederhole man die Arznei alle zwan= zig bis dreißig Minuten.   In mildern Fällen genügt eine Gabe in je drei bis vier Stunden.   Löse 3 Tropfen oder 12 Kügelchen in 8 Theelöffel Wasser auf; davon gebe man je 1 Theelöffel voll.

Diät und Verhaltung. Nur leicht verdauliche Speisen, wie dünner Hafer= schleim u. dgl. sind statthaft.   Keinerlei Reizmittel sind erlaubt.   Die Patientin verharre in ruhender Lage und vermeide alle Aufregung.   Das Zimmer muß kühl und wohl durchlüftet sein.

Aufhören der Regel.

(CHANGE OF LIFE.)

Diese kritische Periode stellt sich gewöhnlich zwischen dem vierzigsten und fünfzigsten Jahre ein.   Der allgemein verbreitete Glaube, daß das Leben der Frauen in dieser Periode besonders gefährdet sei, hat sich neuern Untersuchungen zufolge als irrig erwiesen.   Es sterben um diese Zeit eben so viel Männer als Frauen.   Bei herannahendem Aufhören der Regel wird dieselbe mehr oder weniger unregelmäßig. Zuweilen ist sie sehr reichlich, zuweilen spärlich.   Zuweilen kommt der Ausfluß ganz unerwartet, hält eine kurze Zeit an, hört plötzlich auf: Erscheinungen, wie bei gewöhnlichem Unterbleiben der Regel. Mitunter geht die Veränderung stufenweise vor sich, so daß die Frau erst nach gänzlichem Aufhören sich ihres Zustandes bewußt wird. Andere sind weniger glücklich, insofern Schwindel, Kopfweh, fliegende Hitze, nervöse Erregung, Schwäche und Jucken an den Schamtheilen, damit verbunden sind.

Behandlung.—Hauptanzeichen.

Bryonia.—Blutandrang und Kopfschmerz, als wollte die Stirne bersten; Nasenbluten. * Schlimmer nach Bewegung.   * Ver= stopfung; harte, trockne Stühle.   Sehr reizbar.

Cocculus.—Weißer Fluß anstatt der Regel; ist sehr schwach; kann kaum sprechen.   Schwindel, vermehrt beim Aufsitzen im Bett [auch Bry.].   * Große Reizbarkeit des Nervensystems.

Ignatia.—* Voll von unterdrücktem Gram [auch Puls.].   Fühlt, als wäre ein Nagel durch den Kopf hindurchgetrieben.   Regel spär= lich, schwarz, klumpig und widrig.

Lachesis.—Passend für Frauen in der kritischen Periode

[auch Puls.]. Oeftere Blutungen aus der Gebärmutter; fliegende Hitze. * Schwere im Kopf. Brennen und Klopfen oben auf. * Sehr empfindlich gegen auch nur den leisesten Druck in der Gegend des Mutterleibes. Der Eierstock auf der linken Seite ist geschwollen; dabei drückende, stechende Schmerzen. * Schüttelfröste bei Nacht und fliegende Hitze bei Tag. Symptome durchweg schlimmer nach dem Schlaf.

Pulsatilla.—Für weinerliche Personen. * Nervöse Schwäche; öfters Schüttelfröste, selbst im warmen Zimmer. Einseitiges Kopfweh; Schwindel beim Aufschauen; Druck im Magen und Schmerz in der Mutter. * Fauler Geschmack im Mund, mit Neigung zum Erbrechen, namentlich am Morgen. Brennender, dünner, ätzender Weißfluß. Symptome schlimmer gegen Abend.

Sepia.—Sehr traurig; weint oft [auch Puls.]. Heftiges, klopfendes Kopfweh am Abend, namentlich in den Schläfen [auch Puls.]. * Gelber Streifen quer über der Nase und den Wangen. Vorfall der Mutter und Kreuzschmerzen. Gelblicher oder wässeriger Weißfluß; Jucken in der Scheide.

Sulphur. — * Anhaltende Hitze oben auf dem Kopf [Kälte, Sep.]. Brenngefühl in den Augen. * Widriger Geschmack am Morgen [auch Puls.]. Schmerzgefühl im Unterleib, als ob die innern Theile rauh und wund wären. * Brennender, schmerzhafter, ätzender Weißfluß. Oeftere schwache Krampfanfälle am Tag.

Anweisung.—Je nach der Dringlichkeit des Falls, wiederhole man das Mittel alle drei bis vier Stunden. In den meisten Fällen wird eine ein= oder zwei= malige Gabe genügen, 6 oder 8 Kügelchen trocken auf die Zunge.

Diät und Verhaltung.—Leichtverdauliche Kost; man enthalte sich aller Reiz= mittel; Bewegung im Freien; Badungen, mit Benutzung des Fleischkammes. Lüftung des Schlafzimmers. Eine Matratze ist einem Federbett vorzuziehen.

Entzündung der Eierstöcke.

(OVARITIS.)

Die Krankheit zeigt sich an durch ein dumpfes Schmerzgefühl; der Schmerz ist mehr oder weniger heftig, zuweilen brennend und ist öfters in der Schambuggegend sehr empfindlich; zuweilen erstreckt er sich bis nach dem Schenkelbein hin, welches alsdann wie erstarrt ist. Die Geschwulst des Eierstocks ist durch die Bauchwandungen hindurch zu fühlen. Mehr oder weniger fieberische Erregung, verbunden mit mannigfachen nervösen und hysterischen Symptomen, wie Uebelkeit, Erbrechen, Irrereden, auch Krämpfen. Erkältung mag der Krank= heit zu Grunde liegen; oft auch Naßwerden der Füße während der Regel; geschlechtlicher Verkehr während der Regel; Selbstbefleckung;

äußere Verletzungen und secundäre Entzündung der angrenzenden Theile.

Behandlung.—Hauptanzeichen.

Aconit.—Wenn in Folge von Einwirkungen trockner, kalter Winde [von feuchtem Wetter, Dulc., Rhus]. Schüttelfrost während der Regel und Ausbleiben derselben. Wenn in Folge von Schreck.

Apis mel.—Entzündung der rechten Seite [* Bell.—Linke Seite, Graph., * Lach.]. * Stechende Schmerzen im Eierstock, der geschwollen und gegen Berührung empfindlich ist. Erstarrung der rechten Bauchseite; erstreckt bis nach der Lende [siehe Ars.]. * Husten; Wundheitsgefühl in der linken Brust.

Arsenicum.—Brennende, ziehende oder stechende Schmerzen im Eierstock; große Ruhelosigkeit.

Belladonna.—Stechende, klopfende Schmerzen im rechten Eierstock; dieser ist hart und geschwollen. Der Unterleib ist heiß und sehr empfindlich; * kann auch nicht das geringste Geräusch vertragen. * Beständige gebückte Haltung, als wollte sich Alles durch die Scheide entleeren. Funkeln der Augen; rothes Gesicht; Irrereden.

Bryonia.—Stiche in den Eierstöcken beim Einathmen [Canth.]. * Unterdrückte Regel; Nasenbluten.

Cantharides.—Stechende Schmerzen, die das Athmen erschweren [siehe Bry.]. Heftiges Brennen in den Theilen. Anhaltender Harndrang; aber nur wenige, zuweilen mit Blut vermischte Tropfen gehen ab. Druckgefühl nach den Schamtheilen [auch Bell.].

Conium.—Verhärtung und Anschwellung des Eierstocks, mit Uebelkeit und Erbrechen. Schneidende Schmerzen in den Theilen. Einfallen der Brüste. * Schwindel beim Umwenden im Bett.

Hepar s.—* Es hat sich Eiter gebildet, oder die Bildung einer Eiterbeule steht zu befürchten [Lach., Merc.]. Klopfende Schmerzen und Schüttelfrost.

Lachesis.—Entzündung auf der linken Seite [der rechten, Apis, Bell.]. Schwellung des Eierstocks; ziehende, drückende Schmerzen. Wenn sich Eiter gebildet hat [Hepar, Merc.]. Kann nicht auf der rechten Seite liegen.

Pulsatilla.—Unterdrückung der Regel in Folge von Naßwerden der Füße [Dulc.]. Wirft sich vor Schmerzen nach allen Seiten; weint und schreit. Anhaltende Schüttelfröste.

Anweisung.—Löse 8 Tropfen oder 3 Kügelchen in einem bis zu einem Drittel gefüllten Glase Wasser auf; davon gebe man alle drei bis vier Stunden 2 Theelöffel voll.

Weißfluß.
(LEUCORRHŒA.)

Die Krankheit besteht äußerlich in einer aus der Scheide, dem Mutterleib und den der dazu gehörigen Theilen ausfließenden Materie. Sie kommt namentlich bei beginnender Mannbarkeit und bei ausbleibender Regel vor; aber auch kleine Mädchen, und selbst Frauen, die die Periode hinter sich haben, bleiben nicht verschont.

Die ausfließende Materie ist anfänglich weißlich; die davon nur leicht beschmutzte Leibwäsche wird steif, wie von Stärke. Wenn vernachlässigt, so wird der Ausfluß reichlicher und nimmt eine gelbliche, grünliche, auch dunkelbraune Farbe an; dabei heftige Schmerzen und Aufschärfung der Theile. Die ausfließende Materie schwankt bedeutend hinsichtlich der Quantität; zuweilen ist sie nur schweißartig, mitunter ist sie so reichlich, daß die Patientin die Theile unterbinden muß; vor und nach der Regel, sowie während der Schwangerschaft ist die Entleerung sehr beträchtlich. Wenn kein Einhalt geboten wird, so müssen alle Körpertheile mitleiden: das Gesicht wird blaß und aufgedunsen; der Lebensmuth sinkt; kein Appetit; Schmerzen im Rücken und in den Lenden; Erschlaffung der Muskeln und allgemeine Schwäche.

Ursachen.—Zu den unmittelbaren Ursachen gehören unthätiges und üppiges Leben; harte Arbeit; unregelmäßige Regel; geschlechtliche Ausschweifung; Einschnüren; unmäßiger Genuß von Kaffee, Thee oder Gewürzen; Mangel an Reinlichkeit u. s. w.

Behandlung.—Hauptanzeichen.

Arsenicum.—Scharfer, ätzender Weißfluß [Con., Puls.]. * Ausfluß einer dicken, gelben, tropfenförmigen Materie während die Patientin steht, oder wenn Winde abgehen. Angst und Ruhelosigkeit bei Nacht. Schwächliche Frauen.

Calcarea c.—Milchichter Ausfluß beim Harnlassen. Zeitweiliger Fluß. Regel zu früh und zu reichlich. Im Allgemeinen sehr schwach und müde. * Empfindlich gegen kalte Luft. * Füße kalt und feucht. Scrophulöse Personen.

China.—Schwächliche Personen, die viel Blut verloren haben. * Weißfluß vor der Regel, mit schmerzhaftem Druck nach dem Schambug und dem After. * Blutiger Weißfluß, wobei gelegentlich schwarze, eiterige Klumpen abgehen. Lästiges Jucken und krampfartiges Zusammenziehen der innern Theile.

Cocculus. — Spärliche, unregelmäßige Regel; Weißfluß zwischen den Perioden [darnach, Puls.]. * Milchwasserartiger Ausfluß; ist eiterig und blutwässerig. * Beim Niederbeugen oder Niedersitzen

strömt die Materie fort. Schmerzhafte Regel, gefolgt von Blutge=
schwüren. Der Unterleib ist ausgespannt.

Conium.—Schwäche und Lähmung im Kreuz. * Schmerzender,
die Theile anfressender, Weißfluß. Ausfluß ist weißlich oder milchicht
und schmerzhaft. Verhärtung, oder Schwärung des Mut=
termundes. * Schwindel während der Regel, namentlich beim
Niederliegen. Schmerzhafte Regel; Schmerzen in der linken Brust=
seite.

Lachesis.—Weißfluß vor der Regel [darnach, **Puls.**]. * Aus=
fluß reichlich, schmerzhaft, schleimig; macht die Leibwäsche steif und
hinterläßt grüne Flecken [gelbe, **Nux v.**]. Das Monatliche ist regel=
mäßig, aber zu kurz und zu schwach. * Einschnürung der Taille (des
Leibes) ist unerträglich. Bei der Uebergangsperiode [**Sep.**].

Nux vomica.—Riechender, die Leibwäsche gelb färbender Weiß=
fluß; Schmerzen in der Mutter, als wäre sie geborsten. * Unregel=
mäßige Regel. Anhaltende Verstopfung, mit heftigem Stuhldrang.
Eine Folge üppiger oder sitzender Lebensweise.

Pulsatilla.—Weißfluß ist brennend, dünn, ätzend. * Milchichter
Weißfluß; die Schamritze ist angeschwollen, namentlich nach der
Regel. Auch ist der Fluß vor und nach der Regel dick und schleimig.
* Schwindel beim Sicherheben aus einer sitzenden Haltung; Schüt=
telfrost. Weinerliche Frauen.

Sepia.—Uebergangsperiode, oder während der Schwangerschaft
oder des Mannbarwerdens [siehe **Lach.**]. Weißfluß; Stiche im
Mutterhals und Jucken in der Scheide. Der Fluß ist gelblich, wäs=
serigmilchicht, oder schleimig. * Schmutziggelbe Flecken im Gesicht.
Stinkender, einen erdartigen Niederschlag zurücklassender Urin.

Sulphur.—Brennender, schmerzhafter Weißfluß; die Schamritze
ist wund. Der Fluß ist dünn und gelblich; vorangehende, zwickende
Schmerzen in der Mutterleibsgegend. * Brennen in der Scheide.
* Am Tage wiederholte, schwache Krampfanfälle. * Anhaltende
Hitze oben auf dem Kopf. Brennen der Fußsohlen; streckt die Füße
aus dem Bett.

Anweisung.—Eine Woche lang nehme man Abends und Morgens je 8 Kügel=
chen trocken auf die Zunge; dann setze man einige Tage aus, und nehme darnach
nöthigenfalls eine andere Arznei.

Diät.—Man halte sich gewissenhaft an die in der Einleitung gegebenen homöo=
pathischen Vorschriften.

Gebärmuttervorfall.

(PROLAPSUS UTERI—FALLING OF THE WOMB.)

Die Ursachen dieser Krankheit sind Erweiterung und Lageverände=
rung der Gebärmutter. Dieses schon an und für sich bewegliche

Organ, welches vermittelst breiter, an den Seiten befindlicher Bänder in seiner natürlichen Lage gehalten wird, verschiebt sich leicht nach allen Seiten hin. Heilkundige beschreiben die Krankheit unter verschiedenen Namen, wie anteversion, retroversion u. s. w. Aber da die Krankheit in ihren mannigfachen Formverschiedenheiten nur nach gründlicher anatomischer Untersuchung des Beckens und der angrenzenden Harnorgane verstanden werden kann, so gehen wir auf die Einzelnheiten nicht näher ein, und rathen der Patientin, wenn nöthig, sich von einem gebildeten Arzt untersuchen zu lassen. Die bedeutsamsten Anzeichen einer Lageveränderung der Mutter sind: Druckgefühl nach unten im Becken, als wollte etwas aus der Scheide heraustreten; Schmerz im Rücken und quer über die Hüften; schlimmer bei aufrechter, besser bei liegender Haltung; Druck auf die Blase, mit häufigem Harn- und Stuhldrang; weißflußartige Materie; allgemeine Schwäche.

Ursachen.—Der Vorfall entsteht durch Erschlaffung der Bänder, welche das Organ in seiner natürlichen Lage halten. Unmittelbare Ursachen sind: zu frühes Aufstehen nach der Niederkunft; mechanische Verletzungen; Springen; Heben schwerer Lasten; große Anstrengung; chronischer Weißfluß; längeres Stehen oder Gehen; Einschnüren; Trägheit und üppiges Leben; Mißbrauch von Reinigungspillen, u. s. w.

Behandlung.—Hauptanzeichen.

Belladonna.—Druckgefühl nach den untern Theilen hin, als wollten sich große Massen durch die Geschlechtstheile entleeren [auch * Sep.]. Ein Gefühl von Hitze und Trockenheit in der Scheide [auch Lyc.]. * Schmerzen im Rücken, als wollte er brechen; Bewegung erschwert. Schmerzen in der Beckengegend; kommen und gehen plötzlich.

Calcarea c. — Anhaltende Schmerzen in der Scheide. * Zu reichliche und zu häufige Regel [auch **Bell.**]. Schmerzliches Schwerheitsgefühl in den Gliedern; Müdigkeit beim Gehen. Füße feuchtkalt. * Schwindel beim Treppensteigen; oft kurzathmig. Sehr empfindlich gegen kalte Luft.

Conium.—* Vorfall, mit Verhärtung, Schwärung und Weißfluß. Schwindel, namentlich beim Liegen oder Umwenden im Bett. * Verhärtung der Brüste, namentlich vor der Regel.

Lachesis.—Schmerz in der Muttergegend; sie ist wie geschwollen. * Kann nicht den leisesten Druck auf die Theile vertragen. Lageveränderung während oder nach der Uebergangsperiode (change of life). Schmerzhaftes Anschwellen des rechten Schambuges oder Eierstockgegend. * Symptome schlimmer nach dem Schlafen [auch Calc. c.].

Nux vomica.—Vorfall nach Heben, Anstrengung oder Fehlgeburt [auch **Rhus**]. * Das Monatliche kommt nie zur rechten Zeit
[auch **Sep.**]. Beständiger Stuhl= und Harndrang. Drückende
Kreuzschmerzen; schlimmer beim Umwenden im Bett. * Kann nach
drei Uhr Morgens nicht schlafen; macht sich allerhand Gedanken
[auch **Calc. c., Sep.**]. Nach Quackmedizinen.

Sepia.—Druckgefühl in der Mutter; beklemmter Athem. * Gefühl, als wollte Alles aus der Scheide herauskommen; kreuzt die
Beine, um dies zu verhindern [siehe **Bell.**]. Hervortreten der Mutter sammt der Scheide, mit Brennschmerzen im Kreuz. Leerheitsgefühl in der Magengrube. Lehmartiger, am Boden des Geschirres
klebender Urinsatz. * Die Haut ist gelb; sattelförmiger Streifen
quer über die Nase.

Sulphur.—Schwächegefühl in den Geschlechtstheilen. * Brennen in der Scheide; kann nicht wohl ruhig liegen. Oeftere
schwache Krämpfe. Brennen der Fußsohlen. Anhaltende
Hitze oben auf dem Kopf. Passend für scrophulöse, schmächtige, gebückt gehende Personen. Aeußerer Mittel, wie Gebär-
mutterträger u. dgl., bediene man sich nicht; sie gewähren wohl zeitweilige Erleichterung, aber schließlich verschlimmern sie das Leiden
und erschweren die Heilung. Die Kranke verharre so lange wie möglich in wagerechter (horizontaler) Rückenlage, vermeide alle Anstrengungen, wie die Treppen Auf= und Abgehen, schweres Heben u. s. w.

Anweisung.—Eine Woche lang gebe man Abends und Morgens 8 Kügelchen
oder 3 Tropfen in etwas Wasser aufgelöst; wenn anhaltende Besserung eintreten sollte, so lasse man die Arznei bei Seite; andernfalls wähle man ein
anderes Mittel und verfahre damit wie angegeben.

Schwangerschaft.

(PREGNANCY.)

Die geschlechtlichen Verrichtungen haben die Fortpflanzung des
Menschengeschlechts zu ihrem Endzweck und sind mit den höchsten
Ordnungen des Lebens eng verknüpft. Das im Zustande der
Schwangerschaft sich befindliche Weib hat heilige Verpflichtungen
und große Verantwortlichkeiten. Ganz unberechenbar ist der Einfluß,
den sie auf den künftigen physischen, moralischen und geistigen Zustand ihres Kindes in dieser Periode ausübt. Jede Störung ihres
Zustandes hat Einfluß auf das Kind. Ist ihr Blut rein, so wird
auch das Kind in Gesundheit erblühen. Hat sie eine Fülle von
Lebenskraft, so trinkt ihr Kind aus reicher Quelle. Darum sollte
das Weib namentlich in dieser Periode die Gesundheitsregeln gewissenhaft befolgen. Will die Mutter auf ihr Kind eine gesunde Con-

stitution übertragen, so beobachte sie größte Einfachheit in der Diät; sie vermeide alle Reizmittel, Quackmedizinen, selbst reichlichen Genuß von Kaffee oder Thee. Die Nahrung sei einfach und kräftig: stärkehaltige Speisen, reife Früchte aller Art, Gemüse. Fleischspeisen sollten nur mäßig genossen werden; als Getränk diene reines, frisches Wasser oder Milch. Geistige und gegohrne Getränke irgend welcher Art sind unstatthaft. Tägliche Waschungen und Bewegung in frischer Luft sind unerläßliche Bedingungen der Gesundheit während der Schwangerschaft. Ruhe, namentlich die der Schlaf gewährende Ruhe, ist gleich nothwendig. Leib und Seele bedürfen einer Erneuerung und Wiederbelebung ihrer Kräfte. Geistige Anstrengungen, spätes Aufbleiben u. dgl. müssen somit vermieden werden.

Die Kleidung sollte derartig sein, daß kein Körpertheil in seinen Bewegungen gehindert wird. Man bediene sich keiner Schnürleibchen, Riemen u. dgl.; hierdurch würde nur der Blutumlauf gehemmt und die Ausdehnung des Unterleibs eingeschränkt, was für Mutter und Kind bedenkliche Folgen haben könnte, als: Fehlgeburten, Lageveränderungen, Herzkrankheit, schiefe Lage und Mißbildung der Leibesfrucht (fœtus). Darum sollte jede schwangere Frau gewissenhaft nach den Gesundheitsregeln leben; sie schuldet dies ihrem Kind, ihrem Gatten, der Nachkommenschaft und—sich selbst.

Dauer der Schwangerschaft.

In den meisten Fällen dauert die Schwangerschaft 40 Wochen, von der letzten Reinigung an gerechnet. Diese Rechnung ist annähernd richtig. Immerhin kommt es vor, daß ein Kind nach 6 Monaten lebensfähig geboren wird; aber 7 Monate bezeichnen gewöhnlich den Beginn der Lebensfähigkeit.

Um den Tag der Empfängniß annähernd genau zu bestimmen, so beachte man folgende Ereignisse: 1) die Zeit der letzten Periode; 2) den Beginn der üblich sich einstellenden Morgen-Unpäßlichkeit— 6 Wochen nach der Empfängniß; 3) Kindesbewegungen, die gewöhnlich zur zweiten Hälfte der Schwangerschaft von der Mutter empfunden werden. Sodann drei oder vier Wochen, ehe die Wehen sich einstellen, senkt sich die Mutter nach unten; die Frau wird um die Taille (den Leib) enger. Diese Anzeichen sind fast untrüglich.

Morgen-Unpäßlichkeit.

Die Reizbarkeit des Magens, gleich nach der Empfängniß, beweist, daß zwischen dem Mutterleib und jenem ein sympathisches Verhältniß stattfindet. Die Frauen leiden an Uebelkeit und Erbrechen, gleich nach dem Aufstehen; daher der Name: Morgen-Unpäßlichkeit. Diese Reizbarkeit beginnt zuweilen sofort nach der Empfängniß; aber meistens stellt sie sich erst 6 Wochen darnach ein und währt bis zu Ende des dritten Monats. Mitunter bleibt sie darnach aus. In andern Fällen kehrt das Leiden bis zu Ende der Schwangerschaft wiederholt wieder. Uebelkeit und Erbrechen stellen sich gewöhnlich sofort nach dem Aufstehen ein und belästigen die Patientin noch zwei bis drei Stunden darnach. Nach heftiger Anstrengung und Würgen wird etwas saurer Schleim zu Tage gefördert. Ausspeien und Sodbrennen.

Behandlung.—Hauptanzeichen.

Antimonium.—Aufstoßen, mit einem Nachgeschmack der genossenen Speisen. Uebelkeit und Schwindel. * Gräßliches, anhaltendes Erbrechen; Krämpfe. Nach Ueberladung des Magens.

Arsenicum.—Starkes Erbrechen, namentlich nach dem Essen oder Trinken. * Heftiger Durst; trinkt je nur wenig. * Eingenommene Flüssigkeiten werden sofort wieder ausgebrochen [wenn sie im Magen warm geworden, **Phos.**]. Außerordentliche Schwäche.

Bryonia.—Unpäßlichkeit sofort beim Erwachen am Morgen. Lippen trocken und gesprungen. Mund und Zunge trocken; heftiger Durst. Genossene Speisen werden sofort ausgebrochen. Kopfschmerz wie zum Bersten. * Fühlt besser, wenn ganz ruhig. * Trockne, harte, wie verbrannte Stühle.

Calcarea c. — Sodbrennen und Erbrechen. Wundheitsgefühl an den Seiten und der Spitze der Zunge, so daß sie kaum essen oder sprechen kann. * Beim Treppensteigen verliert sie den Athem und wird schwindelig. * Füße sind immer kalt und feucht. Enge Bekleidung des Leibes (Taille) ist unerträglich. * Kann nicht schlafen nach 3 Uhr Morgens [auch * **Nux v., Sep.**].

Ipecacuanha.—Unpäßlichkeit und Erbrechen. * Dieser Zustand ist andauernd [auch **Tart. em., Verat. alb.**]. Reichliches Erbrechen von Schleim. Gallichtes Erbrechen und Erschlaffung der Eingeweide.

Natrum m.—In hartnäckigen, mit Eß- und Geschmackverlust verbundenen Fällen. Sodbrennen; Auswurf von wasserhellem Schleim; Versäuerung des Magens. * Erwacht stets am Morgen mit Kopfweh; Sodbrennen nach dem Essen. * Gefühl wie von Hunger, als ob der Magen leer wäre, aber kein Appetit.

Nux vomica.—Uebelkeit und Erbrechen, namentlich des Morgens nach dem Essen, oder unmittelbar nach dem Essen oder Trinken.

Scharfes, bitteres Aufstoßen. * Fühlt, als ob sie sich nach etwaigem Erbrechen wohler befinden würde. * Der Geruch von Tabak ist ihr unausstehlich.   Frauen von sitzender und üppiger Lebensweise. * Große, beschwerliche Stühle; Stuhlzwang.

Phosphorus.—Uebelkeit; Hunger früh am Morgen. Schwäche= gefühl im Unterleib, und Hitze auf dem Rücken. Saures Aufstoßen. * Lange, enge, harte Stühle. * Sehr schläfrig nach dem Essen; be= sonders nach dem Diner.

Pulsatilla.—Oefteres, nach den genossenen Speisen schmeckendes Aufstoßen.   Erbrechen nach jeder Mahlzeit. * Erbrechen von Schleim. * Uebler Geschmack im Munde am Morgen beim Er= wachen. Keine Speise schmeckt. Wahrnehmbares Klopfen im Ma= gen [auch Sep., Tart. em.].   Durchfall, meistens des Nachts. Wei= nerliche Frauen.

Sepia.—Uebelkeit am Morgen, als ob die Eingeweide umgestülpt wären. * Leerheitsgefühl im Magen. Schon der Gedanke an Essen macht sie krank. Das Gesicht ist gelb, namentlich über der Nase. Peinlicher Hunger.

Tartar em.—Anhaltende, mit Aengstlichkeit verbundene Uebel= keit [auch * Ipe., Verat. alb.]. * Massenhafter Schleimauswurf [Ipe.].

Veratrum alb.—Anhaltende Uebelkeit und Speichelfluß. Er= brechen von Galle, Schleim und schließlich—Blut. * Kalter Stirn= schweiß. Verlangt nach kalten Getränken.

Anweisung.—In gewöhnlichen Fällen genügen 8 Kügelchen, Abends und Mor= gens, trocken auf die Zunge. In ernsteren Fällen, wenn das Erbrechen lange andauert, löse man 12 Kügelchen oder 3 Tropfen in einem bis zu einem Drittel gefüllten Glase Wasser auf, und nehme davon alle zwei bis drei Stunden 1 Thee= löffel voll.

Diät.—Man halte sich genau an die in der Einleitung gegebenen Vorschriften.

Schwindel und Kopfweh.

(VERTIGO AND HEADACHE.)

Während der Schwangerschaft, namentlich in der ersten Periode, leidet die Frau oft an Schwindel, Schwere und Schmerzen im Kopf. Beim Bücken ist sie wie erblindet, und es funkelt vor ihren Augen; dabei ist es ihr, als müsse sie nach vornen hinsinken; Kopfschmerz und Druck oben auf dem Kopf; Herzklopfen und nervöse Erregung. Zuweilen ist der Magen sehr launenhaft; der Geruch gerade zube= reiteter Speisen erregt Uebelkeit, und Speisen, die sonst wohl an= nehmlich waren, sind ihr jetzt zuwider. Dieses „Mögen und Nicht= vermögen" dauert während der ganzen Schwangerschaft.

Behandlung.—Hauptanzeichen.

Aconit.—Schwindel beim Aufstehen, Bücken oder Aufsehen [auch **Puls.**]. * Ohnmachtsanfall beim Sicherheben vom Rückwärtsliegen; Dunkelheit vor den Augen. Voll- und Schwerheitsgefühl in der Stirn [auch **Bell.**]. Passend für starkbeleibte Frauen, mit blühenden Wangen und nervösem Temperament.

Belladonna.—* Schwindel; Verdunkelung des Gesichts und Betäubung. Klopfender Kopfschmerz, mit Blutandrang nach dem Kopf. Augen eingefallen; Zucken der Augenlider; Röthe des Gesichts. Funken vor den Augen; Doppelsehen. Symptome schlimmer am Morgen. Liebt keine Veränderung ihrer Haltung.

Nux vomica.—Verdunkelung des Augenlichts und Ohrensausen. Reißende, ziehende Kopfschmerzen; saurer Magen. Anhaltende Hartleibigkeit; Stühle groß und mühsam; erfolgloser Stuhlzwang. Passend für Frauen von sitzender Lebensweise, und welche, die an den Genuß von starkem Kaffee oder an Arzneien gewöhnt sind. Schlimmer des Morgens.

Opium.—Schwindel beim Sicherheben vom Rückwärtsliegen; muß sich niederlegen. Beklemmungsgefühl des Kopfes. * Schwere im Kopf.

Pulsatilla.—Schwindel beim Bücken; beim Aufblicken; nach dem Essen. * Kopfschmerz, namentlich auf einer Seite. Klopfende und schießende Kopfschmerzen. * Magenstörungen, namentlich nach dem Genuß von Schweinefleisch oder andern fetten Speisen. Passend für weinerliche Personen. [auch **Sep.**]. Stets schlimmer gegen Abend.

Sepia.—Schwindel, nur bei Bewegung in frischer Luft. * Heftiger, klopfender Kopfschmerz am Abend, namentlich in den Schläfen [auch **Puls.**]. Leerheitsgefühl im Magen. Verstopfung; Schwerheitsgefühl im After.

Anweisung.—In milden Fällen genügen 8 Kügelchen, Morgens und Abends, auf die Zunge genommen. In ernstern Fällen löse man 3 Tropfen oder 12 Kügelchen in 10 Theelöffel Wasser auf; davon gebe man alle drei Stunden 1 Theelöffel voll.

Zahnschmerzen während der Schwangerschaft.

Diese stellen sich zuweilen gleich nach der Empfängniß ein; mitunter auch später. * Sie sind häufig nervöser oder congestiver Natur. Man sollte sich nie Zähne ausziehen lassen, ohne vorher einen Arzt consultirt zu haben.

Behandlung.—Die geeignetsten Mittel sind: **Acon., Bell., Calc. c., Cham., Merc., Nux v., Puls., Sep., Staph.**

Näheres unter einem vorangehenden Artikel „Zahnschmerz und Nervenleiden."

Sodbrennen.

(HEARTBURN.)

Die Patientin klagt über Brennen und Hitze im Magen, die sich aufwärts bis in den Hals erstreckt; dabei saures Aufstoßen. Nicht selten krampfartiger Magenschmerz; Aufstoßen einer geschmacklosen oder bittern Flüssigkeit, die zuweilen heiß und so ätzend ist, daß sie den Hals und den Mund aufschärft.

Behandlung.—Hauptanzeichen.

Nux vomica.—Sodbrennen, mit sauerm Aufstoßen [auch **Phos.**]. Auswerfung einer bittersauren Flüssigkeit [auch **Puls.**]. Wiederausstoßen der Speise während des Essens, mit Schlucken. * Anhaltende Hartleibigkeit; Stühle groß und beschwerlich.

Phosphorus.—Saures Wiederausstoßen der Speisen [auch **Nux v.**]. Sodbrennen nach dem Essen; Aufstoßen; Uebelkeit; Wasser fließt aus dem Mund. Sodbrennen nach dem Genuß von scharfen, sauern Speisen.

Pulsatilla.—* Oefteres Aufstoßen; schmeckt nach den genossenen Speisen. Fauler Geschmack, besonders des Morgens beim Aufstehen [auch **Nux v.**]. Auswerfung einer bittern Flüssigkeit [auch **Nux v.** und **Phos.**]. * Uebelkeit während des Essens; die genossene Speise wird zurückgestoßen.

Sepia.—Sodbrennen des Nachmittags; kommt nach dem Essen. Erbrechen milchichten Wassers oder Schleimes. Die aufgestoßene Materie schmeckt nach faulen Eiern [auch **Arn.**]. * Gelbe Streifen quer über der Nase.

Sulphur.—Fauler Geschmack am Morgen [siehe **Puls.**]. Reichlicher Speichelfluß, dessen Geschmack Uebelkeit und Erbrechen erregt. Fliegende Hitze. * Beständige Hitze oben auf dem Kopf. Oeftere schwache Krampfanfälle.

Anweisung.—Eine halbe Stunde vor jeder Mahlzeit nehme man 1 Tropfen oder 8 Kügelchen in 1 Theelöffel Wasser, bis Besserung oder Aenderung eintritt.

Diät.—Man halte sich genau an die in der Einleitung gegebenen Regeln; auch siehe unter „Unverdaulichkeit."

Schmerzen in der Seite.

Diese stellen sich selten vor Ablauf des fünften Monats ein und dauern bis zum achten Monat. Die Schmerzen werden namentlich auf der rechten Seite gefühlt, unter dem Rande der Rippen. Die Patientin kann nicht lang in einer Lage verharren. Namentlich bei der ersten Schwangerschaft.

Behandlung.—Hauptanzeichen.

Arnica.—Schmerzliches Wundheitsgefühl, wie von einer Verletzung [auch Acon.].

Belladonna. — * Wenn die Schmerzen plötzlich kommen oder plötzlich nachlassen. Schlimmer des Nachmittags und nach Bewegung.

Bryonia.—Stechende Schmerzen. * Schlimmer nach der geringsten Bewegung.

Nux vomica.—Passend für Frauen, die eine sitzende Lebensweise führen und starken Kaffee trinken. * Stuhlverstopfung; große, beschwerliche Stühle.

Pulsatilla.—Kann nicht lang ruhig sitzen; muß, um Erleichterung zu finden, umhergehen. Passend für weinerliche Frauen.

Anweisung.—Man gebe, je nach der Dringlichkeit des Falles, zwei oder drei Mal des Tages, 8 Kügelchen trocken auf die Zunge.

Stuhlverstopfung.

Der Druck des beschwerten Mutterleibes auf die untern Eingeweide stört deren gewöhnliche Verrichtung und bewirkt somit diese lästige Verstopfung. Gewöhnlich eine Folge sitzender Lebensweise.

Behandlung.—Man findet die nöthigen Anweisungen unter dem Artikel „Verstopfung".

Durchfall während der Schwangerschaft.

Dieses während der Schwangerschaft grade nicht häufig vorkommende Leiden ist oft auf Verdorbenheit des Blutes zurückzuführen. Wenn nicht zeitig Einhalt geboten wird, so kann es gefährlich werden. Wenn die Grundursache entfernt ist, so wird sofort Besserung eintreten.

Behandlung.—Hauptanzeichen.

Antimonium.—Stühle wässerig und reichlich; der Magen ist außer Ordnung. * Milchichter Beleg der Zunge. Erbrechen einer bittern, galligen, schleimigen Materie.

Arsenicum.—Schwächender Durchfall; er enthält unverdaute Speisetheile. * Große Schwäche, Ohnmacht, plötzliche Erschöpfung [auch **Verat. alb.**]. Erbrechen nach dem Essen oder Trinken.

Bryonia.—Durchfall bei heißer Witterung, oder nach dem Ge=
nuß kalter Getränke, wenn sie erhitzt war. Schlimmer des Morgens
und nach Bewegung.

Chamomilla.—* Heiße, durchfallartige Stühle, die wie faule
Eier riechen. Stühle grün, wässerig, ätzend, wie von Kolik. * Sehr
ungeduldig; kann nicht höflich antworten. Die eine Wange ist
roth, die andere blaß [auch **Acon.**]. Schlimmer bei Nacht.

China. — Durchfall gelber, wässeriger, unverdauter Stühle;
Windsucht. * Schwäche und Neigung zum Schwitzen. Durchfall
nach dem Genuß von Früchten [auch **Bry.**, * **Puls.**].

Dulcamara.—Stühle grünlich, gelblich, wässerig, oder weiß=
lich. Kolik vor dem Stuhl und während desselben. * Stets
schlimmer bei eintretendem kaltem Wetter.

Lycopodium. — Durchfall, mit einem Gährungsgefühl im
Bauche, als ob ein Gefäß mit H e f e darin wäre.

Mercurius.—Der Durchfall ist schleimig und hefartig; Zwang
während des Stuhlgangs und darnach. Schlimmer des Nachts und
bei heißem Wetter. Starke Neigung zum S c h w i t z e n.

Podophyllum.—Schmerzloser Durchfall. * Reichliche, wässe=
rige Stühle. Auch gelbe, schleimige Stühle, die wie Aas
r i e c h e n. Lautes Rumpeln im Leib vor dem Stuhlgang, wie von
Wasser. S t e t s s c h l i m m e r des Morgens, des Nachts und bei
heißem Wetter.

Anweisung.—In dringenden Fällen wiederhole man die Arznei alle zwei, drei
oder vier Stunden, bis Besserung eintritt, oder eine Veränderung der Symp=
tome die Wahl einer andern Arznei erheischen sollte. Man gebe 8 Kügelchen
trocken auf die Zunge, oder 1 Tropfen in etwas Wasser aufgelöst.

Diät und Verhaltung.—Vergleiche „D u r c h f a l l.“

Jucken der Schamtheile.
(PRURITUS.)

Gewöhnlich stellt sich dieses Uebel in den ersten Monaten ein,
aber mitunter auch später. Meistens ist eine scharfe, unreine Aus=
schwitzung aus den Wandungen der Scheide damit verbunden. Zu=
weilen sind die inneren Oberflächen des Muttermundes und auch die
angrenzenden Theile mit einer weißlichen Materie bedeckt, nicht un=
ähnlich der Nesselsucht bei Kindern. In andern Fällen zeigt sich ein
bläschenartiger Ausschlag auf den leidenden Theilen, verbunden mit
heftigem Jucken. Dieser krankhafte Zustand beschränkt sich nicht auf
die Schwangerschaft: eine Frauensperson ist zu irgend einer Zeit
diesem Leiden ausgesetzt.

Behandlung.—Hauptanzeichen.

17

Bryonia.—Wenn die Theile sehr trocken und heiß sind [auch Lyc.].

Carbo veg.—Die Theile sind mit einer weißlichen, käseartigen Materie bedeckt; dabei heftiges Jucken.

Lycopodium.—* Jucken, Brennen und Nagen in der Scheide. Milchartiger, wässeriger Ausfluß aus den Theilen.

Mercurius. — Die innere Fläche der Scheide ist geschwollen und entzündet. * Kleine, rothe Finnen am Muttermund; jucken heftig.

Pulsatilla.—Brennen, Stechen in der Scheide, dem Mutter=mund; namentlich passend, wenn das Ausbleiben der Regel bevor=steht.

Sepia.—Feuchter, juckender Ausschlag auf der innern Oberfläche des Muttermundes. * Wundheit und Röthung der Theile. * Hef=tiges Jucken der Schamtheile.

Sulphur.—**Lästiges Jucken der mit Finnen bedeckten Theile.** * Brennen in der Scheide [auch **Lyc.**] Schmerzender Weißfluß, wie von Salz.

Anweisung.—Morgens und Abends gebe man 1 Tropfen oder 8 Kügelchen in etwas Wasser; nach anscheinender Besserung nur e i n M a l des Tages.

Aeußerliche Mittel.—Eine Lösung von B o r a x in etwas Wasser, zwei oder drei Mal des Tages, äußerlich angebracht, wird das Jucken vermindern. Sollte dieses Mittel fehlschlagen, so wird eine schwache Lösung von **Sulphate of Zinc,** oder **Nitrate of Silver** (Zink=Vitriol oder salpetersaures Silber) gute Dienste leisten.

Krampfadern.

(VARICOSE VEINS.)

Wenn die Blutadern, namentlich an den untern Extremitäten, sich erweitern und krümmen, so nennt man sie K r a m p f a d e r n. Nicht nur schwangere Frauen, sondern auch weibliche Personen überhaupt, ja selbst Personen männlichen Geschlechts, sind diesem Leiden unter=worfen. Besonders werden Frauen während der Schwangerschaft davon betroffen, und zwar in Folge des Druckes des beschwerten Mutterleibes, wodurch die Circulation des Blutes gehemmt und die Rückströmung des Blutes von den Extremitäten nach dem Herzen gehemmt wird.

Gewöhnlich zeigen sie sich zuerst an einem der Knöchel, ohne bis über die Kniegegend hinauszugehen, aber zuweilen erstrecken sie sich weiter aufwärts und erscheinen an beiden Gliedern. Die erweiterten Adern erscheinen meistens oben unter der Hautfläche; sie nehmen an Umfang zu, wenn man die Füße hängen läßt oder längere Zeit auf dieselben steht. In Folge zu großer Ausdehnung werden sie oft sehr

schmerzhaft, bersten mitunter, wodurch gefährliche Blutungen ent=
stehen. Nach der Entbindung pflegen sie mit Zurücklassung nur
leichter Spuren zu verschwinden.

Behandlung.—Wenn die Adern bedeutend erweitert sind und die
Frau öfters stehen muß, so sollten die Theile vermittelst Binden oder
elastischer Strümpfe eingepreßt werden. Dies geschieht am besten
des Morgens, ehe die Adern zu schwellen anfangen. Beim Anlegen
der Binden oder Anziehen der Strümpfe fange man bei den Zehen
an und bringe jene alsdann unter sanftem und gleichmäßigem Drücken
an den obern Theilen an.

In schmerzlichen Fällen ist Ruhe und erhöhte Haltung geboten.
Zugleich bediene man sich folgende Mittel: **Arnica, Belladonna,
Nux vomica, Pulsatilla**; davon je 1 Gabe, des Abends und
Morgens.

Krämpfe.

(CRAMPS.)

Schwangere Frauen werden oft von Krämpfen in den Waden,
den Bauchmuskeln und andern Körpertheilen heimgesucht. Dies ist
namentlich der Fall im vierten oder fünften Monat der Schwanger=
schaft, sowie gegen das Ende derselben. Dieses Uebel ist keineswegs
schwangern Frauen eigenartig: es erstreckt sich auf Alle, ein Symp=
tom nervöser und anderer Krankheiten.

Behandlung.—Hauptanzeichen.

Belladonna.—Wadenkrampf beim Biegen des Beines im Bett;
auch in der Fußsohle [auch Nux v.] Passend für starkbeleibte Per=
sonen, mit rothem Gesicht.

Chamomilla.—* Krampf in den Waden. Sehr empfind=
lich gegen die Schmerzen und sehr reizbar.

Colocynth.—* Zusammenziehender, krampfhafter Bauchschmerz,
als ob die Eingeweiden zwischen Steinen zerrieben wür=
den. Krampf in den Muskeln der Lenden und zwar der ganzen
Länge nach.

Hyoscyamus. — Krämpfe in den vordern Lendentheilen.
Krampf in den Bauchmuskeln [auch Bell., Nux v.]

Nux vomica.—Beim Biegen der Beine, Krämpfe in den
Waden und den Fußsohlen [siehe Bell.]

Veratrum alb.—Diese Arznei wird die Voranlage des Leidens
entfernen. Abends zu nehmen.

Anweisung.—Ein Tropfen oder 8 Kügelchen in ein Theelöffel voll Wasser,
Abends und Morgens zu nehmen.

Unvermögen der Schwangeren den Harn zu halten.

Das theilweise oder gänzliche Unvermögen den Harn zu lassen ist gerade nicht mit Schmerzen verbunden, aber es ist immerhin eine Quelle großer Unannehmlichkeiten. Zuweilen geht der Harn in Tropfen ab, wiederum erfolgt eine unwillkürliche beträchtliche Entleerung. Bei schwangeren Frauen wird der Uebelstand durch einen Druck der erweiterten Mutter auf die Blase verursacht. Das Leiden mag sich zu irgend einer Zeit der Schwangerschaft einstellen; meistens ist dies der Fall in den ersten Perioden.

Behandlung.—Hauptanzeichen.

Aconit.—Beschwerliche und spärliche Entleerungen; Kneipen in der Nabelgegend. * Urindrang, mit Furcht und Niedergeschlagenheit.

Belladonna.—Unbedeutende, oft nur in Tropfen vor sich gehende Entleerungen verursachen großen Schmerz. * Der Harn geht tropfenweise und unwillkürlich ab. * Kann den Harn nicht halten.

Causticum.—Häufiger Urindrang, wobei nur wenig und zwar unwillkürlich abgeht. * Unwillkürliche Entleerungen des Nachts.

Pulsatilla.—* Unwillkürliche Harnentleerung beim Sitzen oder Gehen. * Häufiger Harndrang, mit Ziehen im Bauch. Weinerliche Frauen.

Stramonium.—Schwache, tropfenweise Entleerung.

Sulphur. — * Oefteres Harnlassen, Bettnässen [auch **Sep.**] Beschwerliches Harnlassen während der Schwangerschaft.

Anweisung.—Man gebe eine Woche lang Abends und Morgens ein Tropfen oder 8 Kügelchen in 1 Eßlöffel Wasser. Wenn nicht besser, wähle man ein anderes Mittel.

Fehlgeburt.

(MISCARRIAGE.)

Dieser Fall kann zu irgend einer Zeit der Schwangerschaft eintreten; gewöhnlich nach dem dritten Monat der Empfängniß; zuweilen auch früher oder später. In der Zeit, wenn die Regel sich einzustellen pflegt, ist dieses Ereigniß am meisten zu befürchten. Wenn eine Fehlgeburt ein Mal stattgefunden hat, so sind weitere Fehlgeburten zu erwarten. Wenn sie nach dem sechsten Monat eintritt, so nennt man sie Frühgeburt.

Die Symptome einer zu befürchtenden Frühgeburt sind: Schüttelfrost, mit schmerzhaftem Druckgefühl nach unten; Schleim- und Blutentleerungen. Wenn der Fall ernstlich zu werden droht, so nehmen die Schmerzen zu und halten an, bis die Leibesfrucht entfernt ist.

Die zur Pflege befohlenen Personen sollten alle aus der Scheide kommenden Bestandtheile ängstlich untersuchen, um sich zu vergewissern, ob die Frucht abgegangen ist, da die Patientin vor dem Abgang derselben, sammt der Nachgeburt, keine ruhige Stunde hat.

Zu den gewöhnlichsten Ursachen gehören: heftige Anstrengungen, Reiten oder Fahren auf rauhem Weg; Tragen enger Kleider; unmäßiger Geschlechtsgenuß; geistige Erregungen; Gebrauch von Quackmedizinen.

Behandlung.—Bei den ersten Anzeichen einer drohenden Mißgeburt sollte die Patientin in wagerechter Haltung verharren, sich ruhig verhalten und alle Aufregungen vermeiden. In solchen ernsthaften Fällen sollten nur durchaus befähigte Aerzte zu Rathe gezogen werden; sollten solche nicht gerade zu haben sein, so bediene man sich folgender, alle 3 bis 6 Stunden — je nach der Dringlichkeit des Falles — zu verabreichenden Mittel.

Aconit.—Fehlgeburt steht zu befürchten, als einer Folge von Schreck. * Blutung; Todesangst. Gemüthsunruhe und nervöse Erregtheit. Schwindel beim Aufrichten aus ruhender Haltung. Fieberhafte Erregung.

Arnica.—Nach einem Fall, Schlag oder Erschütterung, namentlich wenn sich Wehen einstellen sollten; wässerige Blut- und Eiterentleerung. * Wundheitsgefühl in allen Körpertheilen. Das Lager, auf dem sie ruht, dünkt ihr zu hart.

Belladonna.—Geröthetes Gesicht; rothe Augen; Klopfen der Schlagadern; Hitze im Kopf. Schmerz im Rücken, als wollte er brechen. * Heftiges Druckgefühl nach unten, als wollte sich Alles nach unten entleeren [Sep.]. Reichlicher Ausfluß hellrothen Blutes. Schmerzen verschwinden so rasch, wie sie kommen. Schwindel beim Bücken, oder beim Aufrichten aus gebückter Haltung. Sehr empfindlich gegen Licht und Geräusch [Acon.]

Calcarea c.—Scrophulöse Personen. Litt bis dahin an zu häufiger und zu reichlicher Regel. Im Allgemeinen sehr schwach, große Müdigkeit beim Gehen; beim Treppensteigen geht der Athem aus. Beim Stehen ein Druckgefühl nach unten, als wollte sich Alles nach unten entleeren [* Bell.]. * Füße feucht und kalt. * Schwindel beim Nachobengehen.

Cantharides.—Schwärung oder Congestionen des Mutterhalses lassen eine Fehlgeburt befürchten.

Chamomilla.—Von Zeit zu Zeit wiederkehrende Schmerzen, wie von Wehen; Ausfluß dunkeln, oder geronnenen Blutes. * Heftige Schmerzen im Bauch, die sich nach den Seiten hin erstrecken; öfteres Harnlassen. Wird vor Schmerzen fast rasend. * Sehr ungeduldig, schnippisch und grob. Heißer Kopfschweiß.

China.—Schwäche in Folge des Verlustes von Lebenssäften entkräfteter Personen. Nach erfolgter Fehlgeburt; Blutung bis zur Ohnmacht; Schwindel; Schläfrigkeit; Bewußtlosigkeit. * Schwerheitsgefühl im Kopf; Ohrensausen; die Extremitäten sind kalt.

Crocus.—Namentlich, wenn der Ausfluß fadenartig und dunkel ist; schlimmer nach der geringsten Bewegung. * Gefühl, als ob Alles im Leibe lebendig wäre [Sabi.]. Nach einer Fehlgeburt.

Ignatia. — Verhaltener Schmerz scheint die Ursache zu sein. * Traurigkeit, Seufzen und Leerheitsgefühl im Magen. Krämpfe im Unterleib, mit schneidenden Schmerzen. * Häufige Stühle, die einen Vorfall des Afters zur Folge haben.

Ipecacuanha.—* Reichliche und anhaltende Entleerung hellrothen Blutes, mit Druckgefühl nach unten [Bell.]. Schneidende Schmerzen in der Nabelgegend. * Anhaltendes Gefühl von Uebelkeit. Neigung zu Ohnmacht.

Nux vomica.—* Bei jedem Schmerz stellt sich Stuhl- oder Urindrang ein. Krümmende Schmerzen im Bauch, begleitet von Schmerzen im Rücken, und in den Lenden, als wären diese verrenkt. * Sehr reizbar; sehnt sich nach Einsamkeit. Hartleibigkeit; große, beschwerliche Stühle. Ueppige, sitzende Lebensweise.

Pulsatilla.—Wehenartige, mit Blutungen verbundene Schmerzen. * Die Entleerungen lassen eine Weile nach, um mit verdoppelter Heftigkeit wiederzukehren. Erstickende Krämpfe; sie schnappt nach Luft; schlimmer im geschlossenen, warmen Zimmer. * Neigung zu Schüttelfrost, selbst im warmen Zimmer. Ausbleiben der Nachgeburt [* Sec. cor.]. Weinerliche Personen.

Sabina.—Heftige, anstürmende Schmerzen, die sich durch den Rücken hindurch bis nach den Schamtheilen hin erstrecken. * Reichlicher Ausfluß einer hellrothen, theils flüssigen, theils klumpigen Materie. Niederbeugendes Schwächegefühl im Unterleib. Für Frauen, die gewöhnlich im dritten Monat eine Fehlgeburt zu erwarten haben.

Secale cor.—Nach einer Fehlgeburt. * Reichlicher Ausfluß schwarzen, flüssigen Blutes; schlimmer nach der geringsten Bewegung [siehe Croc.]. * Passive Blutungen bei dünnen, kritteligen, bösartigen Frauen. Mangel an Thätigkeit der Gebärmutter [Puls.]. Große Schwäche; schwacher, kaum wahrnehmbarer Puls, und Todesfurcht. Wenig Schmerz, wenn überhaupt.

Bezüglich der Beibehaltung des Mutterkuchens (placenta, äußere Haut des menschlichen Eies) vergleiche man „Geburtswehen" (labor). Bezüglich gefährlicher Blutungen siehe „Gebärmutterblutsturz" (metrorrhagia).

Diät und Verhaltung.—Die Diät sei einfach; nicht stimulirend. Alle Speisen und Getränke genieße man kalt. Die Kranke liege, nur leicht bedeckt, auf einer Matratze. Das Zimmer halte man kühl und wohl gelüftet.

Brüste.

Bei fortschreitender Schwangerschaft sind die Brüste mannigfachen Veränderungen unterworfen; sie erweitern sich und die Warzenringe werden schwarz; die Zitzen nehmen an Umfang zu, womit mehr oder weniger Schmerzen verbunden sind. Wenn zu rechter Zeit richtig behandelt, so kann größerem Leiden vorgebeugt werden, andernfalls sich nach dem Kindbett allerlei Uebelstände einstellen könnten, wie: Wundheit der Warzen, Geschwüre, Verhärtungen u. s. w.

Die Frau sollte öftere Waschungen vornehmen, und, namentlich in den letzten Wochen der Schwangerschaft, die Brüste jeden Morgen in kaltem Wasser baden und sie darnach mit einem groben Tuch sanft abreiben. Sollten sich immerhin Schärfungen oder Weichheit der Brüste einstellen, so bade man die Brüste zwei Mal des Tages in Wasser mit einigen Tropfen von **Tinctura Arnica,** oder **Calendula.** Das letztere Mittel ist vorzuziehen.

Bei Entzündung der Warzenringe, mit schießenden Schmerzen in der Brust, gebe man täglich zwei oder drei Dosen **Chamomilla.** Sollten kleine Eiterbeulen erscheinen, so gebe man ein oder zwei Mal des Tages **Graphites** oder **Sulphur.**

Falsche Schmerzen.

Viele Frauen werden, namentlich in der letzten Periode der Schwangerschaft, von „falschen Schmerzen" geplagt. Sie sind erkenntlich an der Unregelmäßigkeit ihrer Wiederkehr; sie machen sich bald hier, bald da fühlbar; sie nehmen an Heftigkeit nicht zu, wie dies bei wirklichen Mutterwehen der Fall ist. .

Behandlung.—Hauptanzeichen.

Aconit.—Für junge, wohlbeleibte Frauen, mit geröthetem Gesicht und Blutandrang nach dem Kopf. * Schmerzen schlimmer des Nachts und beim Liegen auf der linken Seite.

Belladonna.—* Schmerzhaftes Druckgefühl nach unten; geröthetes Gesicht. Schmerzen im Rücken, als wollte er brechen. Die Schmerzen kommen und gehen plötzlich.

Chamomilla.—Falsche Schmerzen bei empfindsamen Personen. * Ist sehr ungeduldig, grob und schnippisch. Schlimmer bei Nacht.

Coffea.—Heftige Schmerzen; die Patientin ist sehr erregbar, und schlaflos bei Nacht. * Weint und klagt jämmerlich.

Nux vomica.—* Nach jedem Schmerz stellt sich Stuhl= oder Urindrang ein. Anhaltende Verstopfung, mit häufigem Stuhl= drang. Reizbares Temperament.

Pulsatilla.—Schmerzen im Bauch und in den Lenden, wie von anhaltendem Bücken herrührend. Weinerliche Personen.

Anweisung.—Man gebe eine Dosis, alle zwei, drei oder vier Stunden, je nach Umständen.

Wie man bei den Wehen zu verfahren hat.

Eine eingehendere Beschreibung des vor sich gehenden Prozesses und des dabei zu beobachtenden Verfahrens ist hier nicht am Orte. Immerhin mögen einige wohlgemeinte Rathschläge für die Wärterin am Platze sein. Das Weitere überlasse man einem geschickten Arzte.

Die Frau, welche Mutterfreuden zu erwarten hat, sorge dafür, daß alles Nothwendige bei der Hand sei, um ja alle Störungen zu ver= meiden. Das Zimmer der angehenden Wöchnerin muß in Bereit= schaft sein: geräumig, luftig, sonnig und—wenn möglich—abgelegen. Während der Wehen halte man die Temperatur nicht über 65 Grad; nach denselben nicht über 70.

Sobald Anzeichen von Wehen sich einstellen, sollte das Bett in Bereitschaft sein. Zu dem Behufe lege man ein Stück Oeltuch über die Matratze, wo die Hüften der Patientin zu liegen kommen; darüber breite man ein Leintuch aus, und über dieses lege man zwei oder drei zusammengeschlagene Leintücher, worauf die Patientin zu liegen hat. Nach überstandenen Wehen entferne man die zusammengeschlagenen Leintücher, aber nicht das Oeltuch. Im Falle längerer Verstopfung gebe man ein Klystier.

Wenn die Schmerzen heftig werden und die Stunde kommt, so be= gebe sich die Patientin zu Bett. Die geeignetste Lage ist die auf der linken Seite; man bringe die Hüfte an die Kante des Bettes und ziehe die Beine nach dem Bauch hin. Das Nachthemd muß hinauf= gezogen werden bis über die Hüften; man lege ein Kissen zwischen die Kniee; sie mag ein an einen Bettpfosten befestigtes Tuch erfassen, oder, noch besser, die Hand der Wärterin. Es ist gerade nicht nöthig, in diesem Zustande zu verharren, wenn der Kopf des Kindes tief unten ist und die erweichten Theile sich zu erweitern anfangen; aber im Allgemeinen ist es besser, keine wesentliche Lageveränderung vorzunehmen.

Geburt.

(LABOR—CHILDBIRTH.)

Wie oben angegeben, findet die Geburt ungefähr am Ende des neunten Monats statt, vom Tage der Empfängniß an gerechnet. Nervöses Zittern, Niedergeschlagenheit, Erschlaffung der Eingeweide, öfterer Harndrang und geringer Ausfluß eines röthlichen Schleimes aus der Scheide sind Vorboten des nahenden Ereignisses. Die Schmerzen beginnen gewöhnlich in den untern Bauchtheilen; sie werden zuerst im Rücken empfunden, von wo sie sich allmälig nach vornenhin ausbreiten. Sie kehren in bestimmten Zwischenräumen wieder und zwar werden sie immer heftiger. In der ersten Zeit sind sie „schneidender, zermalmender" Art, so daß die Kranke aufschreit. Im weitern Verlauf findet mehr ein schmerzhafter Druck nach unten hin statt, wodurch das Athmen erschwert und das Schreien unterdrückt wird. Von dieser Zeit an werden die Schmerzen immer häufiger; sie kommen in rascher Aufeinanderfolge. Mit der Zeit werden die Schmerzen so heftig, daß sie den Kopf verliert. Darnach kommt eine kurze Zeit der Ruhe, nämlich wenn die Natur dazu getrieben wird, den Körper des Kindes auszustoßen.

Ist dies geschehen, so tritt Erleichterung ein und damit unaussprechliche Freude der Mutter. Nach ungefähr einer halben Stunde folgt die Nachgeburt, und die Verbindung mit dem Uterus ist gelöst.

Dies ist der gewöhnliche Verlauf, aber in vielen Fällen erfolgt die Geburt nach der gewöhnlichen Zeit. Folgende Mittel werden sich wirksam erweisen.

Chamomilla.—Zu große Aufregung und außerordentliche Empfindlichkeit gegen den Schmerz [auch **Coff.**]. Angst und Muthlosigkeit; wirft sich umher. * Krampfartige, beängstigende Schmerzen. * Ist sehr ungeduldig; unhöflich in ihren Antworten.

Coffea.—Aeußerst heftige Schmerzen, mit geistiger und allgemeiner nervöser Erregung. * Sie weint und jammert schrecklich. * Große Empfindlichkeit der Geschlechtstheile; die bloße Berührung derselben ist unerträglich. Entbehrt bei Nacht alles Schlafes.

Ignatia.—Hysterische, launische, bekümmerte Frauen. * Schwäche und Leerheitsgefühl im Magen, selbst nach dem Essen. Krämpfe im Mutterleib und schneidende Schmerzen. Krampfartiges Zerren in einzelnen Gliedertheilen. Scheint mit Kummer überladen zu sein; seufzt häufig.

Nux vomica.—Schmerzen unregelmäßig; es zeigt sich keine fortschreitende Entwickelung. Ziehen im Rücken, mit Druckgefühl nach unten [auch **Cham.**]. * Jeder Schmerz ist mit Stuhl- und

Harndrang verbunden. Anhaltende Verstopfung und Harndrang. Reizbares Temperament.

Pulsatilla.—Schwache, getrennte Schmerzen; sie werden immer schwächer, wie von Unthätigkeit des Mutterleibes. Die Schmerzen verursachen Herzklopfen, oder Erstickungsgefühl, oder Krämpfe mit Ohnmacht. * Schnappt nach frischer, kalter Luft; schlimmer im warmen Zimmer [Sec. cor.]. Weinerliche Frauen, mit blauen Augen und hellem Haar. •

Anweisung.—3 Tropfen oder 12 Kügelchen löse man in 8 Theelöffel Wasser auf; davon einen Theelöffel voll jede Stunde.

Krampfwehen.

(PUERPERAL CONVULSIONS.)

Während des Kreißens werden Frauen oft von Convulsionen befallen, namentlich fallsüchtige und nervöse Frauen. Der Anfall kommt ohne vorangehende Anzeichen; die Patientin wird plötzlich bewußtlos; die Muskeln des Gesichts und der übrigen Körpertheile sind in Folge krampfhafter Zusammenziehungen verzerrt; schreckliches Rollen der Augen; beißt auf die heraushängende Zunge, in Folge dessen blutiger Schaum aus dem Munde quillt; wirft die Glieder nach allen Seiten umher, so daß sie kaum gebändigt werden kann. Die Anfälle dauern fünf bis zwanzig Minuten; dann lassen sie nach und das Bewußtsein kehrt allmälig zurück. In ungünstigen Fällen verharrt sie in einem Zustand gänzlicher Bewußtlosigkeit. Die Anfälle kehren mit zeitweiliger Unterbrechung wieder, halten zuweilen mehrere Stunden an, um nach erfolgter Entbindung gänzlich aufzuhören. Diese gefährliche Krankheit verläuft zuweilen tödtlich.

Behandlung.—Hauptanzeichen.

Aconit.—Zu Anfang, wenn ein Anfall zu befürchten ist. Nach Schreck [auch Ign., * Opi.]. Gesicht geröthet; Haut heiß und trocken; Durst und Ruhelosigkeit. * Große Angst und Gemüthsunruhe; Todesangst, selbst wenn der Verlauf günstig ist. * Wird ängstlich, wenn man sich viel mit ihr zu schaffen macht. Schwindel beim Sicherheben aus ruhender Lage.

Belladonna. — Rothes, aufgedunsenes Gesicht; Augen verdreht; Pupillen erweitert [auch Opi.]. * Scheint bei halbem Bewußtsein zu sein; ist geneigt, nach ihrer Umgebung zu schlagen und zu beißen. Krampfhafte Verzerrungen der Gesichts- und Gliedermuskeln. Aus dem Munde kommt Schaum; unwillkürliche Koth- und Harnentleerungen [auch Hyos.]. Auch jeder Schmerz ist mit Krämpfen verbunden; Umherwerfen während der Wehen. * Gefühl, als wollte sie durch das Bett hindurchfallen. Zähneknirschen [auch **Stram.**].

Hyoscyamus.—Die Krämpfe beginnen mit Kneipen in den Gesichtsmuskeln und krampfartigen Zuckungen der Augenlider [siehe **Stram.**] * Zwicken in den Muskeln aller Körpertheile. * Preßt die Daumen in die Handfläche. Völlige Bewußtlosigkeit; will davonlaufen. Brustbeklemmung; riechender Athem. Unfreiwillige Koth= und Harnentleerung [auch **Bell.**].

Ignatia.—Plötzliches Auffahren aus dem Schlaf, mit Schreien; Gliederzittern [auch **Stram.**]. Zucken der Gesichtsmuskeln und der Mundwinkel. Krampfartiges Zucken einzelner Muskeln oder einzelner Körpertheile. Schweres Seufzen, mit eigenthümlichem Druckgefühl auf das Gehirn.

Opium.—Namentlich nach Schreck [auch **Acon.**]. Krampfartiges Zittern des ganzen Körpers, mit Muskelverdrehung. * Riechender Athem und Betäubung nach dem Anfall. * Betäubung der Sinne und gänzliche Bewußtlosigkeit. Gesicht bläulich, aufgedunsen; Lippen geschwollen. Pupillen erweitert und unempfänglich für Lichteinwirkung. Verworrenes Sprechen.

Stramonium.—Sie erwacht mit ängstlichem Blick wie erschreckt von dem zuerst wahrgenommenen Gegenstand. Die Anfälle beginnen mit zuckenden Bewegungen der Extremitäten, namentlich der obern. Zähneknirschen [auch **Bell.**]. * Schwatzt verworrenes Zeug; Stottern. Macht lächerliche Geberden; lacht, singt und seufzt. * Die Lichtausstrahlung glänzender Gegenstände, sowie deren Berührung verursacht neue Krämpfe.

Anweisung.—Man nehme 8 Kügelchen trocken auf die Zunge und wiederhole die Arznei bis Besserung eintritt, oder die Wahl eines andern Mittels geboten ist.

Behandlung nach der Entbindung.

Sofort nach Ausstoßung der Nachgeburt sollten wiederholte warme Aufschläge an den äußern Geschlechtstheilen angebracht werden. Sind die Theile geschwollen und schmerzhaft, so bade man sie mit einer Lösung von 20 Tropfen der **Tinctura Arnica**, in einer mit Wasser halbgefüllten Theetasse Wasser.

Nach Verlauf von ein oder zwei Stunden mag sich die Patientin im Bette aufsetzen; zugleich breite man trockne Tücher unter ihr aus. Alle Anstrengungen sind ängstlich zu vermeiden, andernfalls Blutverlust erfolgen würde. Das veraltete Verfahren, der Wöchnerin gleich nach der Geburt um die Hüften und den Bauch Binden anzulegen, ist von den bessern Aerzten aller Schulen als unstatthaft auf=

gegeben worden, da Erfahrung gezeigt hat, daß so behandelte Frauen den Gefahren innerlicher Schwäche, oder Mutter= vorfällen ausgesetzt sind. Diese Bemerkung diene als kräftiger Riegel gegen jenes Verfahren.

Zwei oder drei Tage nach der Entbindung verhalte sich die Patien= tin völlig ruhig, nehme keinen Besuch an, beschränke sich auf einfache Diät, wie Haferschleim, Brotsuppe u. s. w., bis der Milchbildungs= prozeß vorüber ist; darnach mag sie zur gewohnten Diät zurück= kehren.

Nach dem vierten Tage, wenn der Verlauf ein günstiger ist, mag sie das Bett verlassen, bis dasselbe gemacht ist, aber dabei sollte sie wenigstens eine Woche lang eine wagerechte Lage einnehmen und in keinem Fall vor der dritten Woche die Treppen auf= und abgehen. Das Zimmer sollte wohl gelüftet sein, so daß die reine, frische Luft stets Zutritt hat; alle widerlichen Dinge müssen sofort entfernt wer= den. Reizmittel sind selbstverständlich unstatthaft. Als Getränk diene reines, frisches Wasser.

Blutfluß nach der Entbindung.

Beim naturgemäßen Verlauf der Geburt bewahrt die Nachgeburt noch eine Verbindung mit dem Mutterleib. In diesem Zustande stellt sich nur selten Blutung ein. Aber bei den ersten mit dem Ausstoßen des Mutterkuchens verbundenen Schmerzen findet eine mehr oder weniger gefährliche Blutung statt, bis die Mutter die Mündungen der blutenden Gefäße gewaltsam zusammenzieht.

Behandlung.—Hauptanzeichen.

Belladonna.—* Bluten, verbunden mit heftigem Druckgefühl abwärts nach den innern Organen, als würden diese nach außen gedrängt. Heißer Blutansfluß. Gefühl im Rücken, als wollte er brechen.

Chamomilla.—Der Ausfluß ist schwarz und geronnen, mit reißenden Schmerzen in den Beinen. * Sehr reizbar und schnippisch.

China.—In verzweifelten Fällen. Das Blut geht ab in schwar= zen Klumpen. Die Haut ist kalt und blau. * Schwerheitsgefühl im Kopf, Ohrensausen, Verlust der Sehkraft und Ohnmacht. Na= mentlich gegen Schwäche nach Blutverlust.

Ipecacuanha.—Fortwährender Fluß hellrothen Blutes, mit schneidenden Schmerzen in der Nabelgegend. Uebelkeit; Schwinden der Kräfte; will immer gefächelt werden.

Pulsatilla.—* Der Mutterleib arbeitet nicht gehörig [* Sec. cor.].

Die Schmerzen sind schwach. Keine wechselweise geord=
nete Blutung. Herzklopfen; Erstickungsgefühl, bis zur Ohnmacht
schwächende Krämpfe und Neigung zum Weinen.

Anweisung.—Löse 3 Tropfen oder 12 Kügelchen in 8 Theelöffel Wasser auf;
davon, je nach der Dringlichkeit des Falles, 1 Theelöffel voll alle zehn, fünfzehn
oder zwanzig Minuten.

Hülfsmittel.—In dringenden Fällen, wenn man die Wirkung der innern
Mittel nicht abwarten kann, erfasse man die Mutter mit der Hand und bringe
an den Geschlechtstheilen kalte Aufschläge an, oder befördere jene bis in die
Scheide hinein. Um den Kreislauf des Blutes etwas zu hemmen, verbinde man
die obern Schenkel= und Armtheile mit einem Taschentuch. Die Hüftengegend
sollte hoch liegen; Kopf und Schultern halte man niedrig. Die Kranke ver=
halte sich ruhig und vermeide alle Aufregung.

Nachwehen.

Diese kommen gewöhnlich gleich nach der Entbindung und dauern
zwei, drei Tage, zuweilen eine Woche lang. Selten stellen sie sich
bei den ersten Geburtsfällen ein, zuweilen gar nicht.

Behandlung.—Hauptanzeichen.

Arnica.—Wundheitsgefühl über den ganzen Körper,
wie von einer Verletzung herrührend. Die Schmerzen sind
nicht sehr heftig; aber dennoch ist ein Wundheitsgefühl vorhanden,
mit Druck auf die Blase und Harnverhaltung.

Belladonna.—* Schmerzhaftes Druckgefühl nach unten, als
wollte Alles herauskommen [Nit. ac., * Sep.]. Die Schmerzen kom=
men und gehen plötzlich. Vollheitsgefühl und große Reizbarkeit des
Unterleibes. Schläfrigkeit; kann aber nicht schlafen.

Chamomilla.—Große nervöse Erregung; rastloses Umherwer=
fen. Die Schmerzen sind beängstigend; wird fast rasend.
* Sehr ungeduldig; kann nicht höflich antworten. Dunkle lochiale
(zur Kindbettreinigung gehörige) Entleerung.

Nux vomica.—Die Schmerzen sind empfindlich und kolikartig.
Heftige zusammenziehende Schmerzen im Mutterleib [Sec. cor.].
* Jeder Schmerz verursacht Stuhldrang. Schmerz im Kreuz;
schlimmer beim Umwenden im Bett.

Pulsatilla. — Empfindliche, bis nach dem Rücken hin sich er=
streckende Schmerzen. Schlimmer gegen Abend. Fauler Geschmack
im Munde, mit Neigung zum Erbrechen. * Weinerliche Frauen.
Durstlosigkeit.

Secale cor. — Heftige, lang anhaltende Zusammenziehung des
Mutterleibes. * Bei schmächtigen, kritteligen Frauen, oder nach
öfterm Gebären. Dünner, lochialer [vgl. unter **Cham.**] Ausfluß.

Anweisung.—Man gebe die Arznei alle zwei oder drei Stunden, auch öfter,
je nach den Symptomen. 1 Tropfen oder 8 Kügelchen in etwas Wasser.

Harnverhaltung nach der Geburt.

Ein häufig vorkommendes Ereigniß, namentlich, wenn die Wehen lange anhaltend und schmerzlich waren, oder wenn die Blase beim Durchgang des Kindes verletzt worden ist. Ist dies der Fall, so gebe man alle zwei Stunden eins der folgenden Mittel, bis Besserung eintritt.

Arnica. — Harnverhaltung nach schwerer Geburt, oder wenn Verletzungen die Ursachen sind. * Schmerzen im Kreuz, als wäre es zerschlagen.

Belladonna. — * Harnverhaltung; dabei Harndrang. Der Urin geht nur in kleinen Quantitäten ab. Wundheitsgefühl in der Blase [auch Acon.]. Gefühl im Rücken, als wollte er brechen.

Nux vomica. — * Schmerzhafter, erfolgloser Harndrang. Krampfhaftes Zusammenziehen der Harnröhre, mit Urinverhaltung. Anhaltende Verstopfung.

Pulsatilla. — * Harnverhaltung; Röthe, Hitze und Wundheit der Bläschengegend. Unwillkürlicher Harnausfluß beim Husten oder Gehen, wie von Lähmung der Schließmuskel. * Für weinerliche Frauen.

Sollte es geboten sein, den Harn vermittelst einer Harnsonde (catheter) abzuleiten, so muß dieses Geschäft von einem Arzte besorgt werden. Bähungen in der Blasengegend oder längeres Sitzen auf einem mit warmem Wasser gefüllten Gefäß sind öfters sehr wirksam.

Milchfieber.

Zuweilen findet die Milchabsonderung in den Brüsten vor der Geburt statt; aber in den meisten Fällen geschieht dies erst nach drei oder vier Tagen nach der Geburt. Fieberartige Erregung, Kopfweh, Schmerz und Zartheit der Brüste, Anlage zu nervöser Erregung sind damit verbunden. Reibung der Brüste oder die Anwendung von Instrumenten, um den Abfluß der Milch zu bewerkstelligen, muß man ängstlich vermeiden.

Behandlung. — Hauptanzeichen.

Aconit. — * Trockne, heiße Haut; gestörter Schlaf; Kopfhitze und großer Durst. Die Kranke ist ruhelos und entmuthigt. Die Brüste sind hart, knollig und gegen Druck empfindlich. Einige Gaben, wenn sofort verabfolgt, werden genügen.

Belladonna. — * Die Brüste sind voll, hart und roth [auch Bry.]. Geröthetes Gesicht, Augen eingefallen; klopfendes Kopfweh. Sehr empfindlich gegen Geräusch und Licht.

Calcarea c.—Unzulängliche Milchabsonderung, oder Vollheitsge=
fühl in den Brüsten, mit sich verzögernder Milchbildung. * Ist sehr
empfindlich gegen kalte Luft; die Lebensthätigkeit scheint abzunehmen.

Pulsatilla.—Unterbrochene oder gänzlich ausbleibende Milchab=
sonderung. Bedenkliche Symptome, wie von Kindbettfieber. * Sie
ist fieberisch und reizbar, aber nicht durstig. Weinerliche Per=
sonen.

Anweisung.—1 Tropfen oder 8 Kügelchen in 1 Theelöffel voll Wasser, alle
drei oder sechs Stunden.

Milchgeschwulst an den Beinen.

Dies ist eine Entzündungskrankheit der Blutadern an den Theilen;
sie ist erkennbar an der weißen, zarten und heißen Anschwellung eines
der Theile oder auch beider. Gewöhnlich stellt sie sich in zwei oder drei
Tagen nach der Geburt ein; mitunter erst nach acht oder zehn Tagen.
Die schmerzhafte Anschwellung beginnt gewöhnlich am Schambug,
oder den Hüften und den obern Lendentheilen, von wo aus sie sich
abwärts nach dem Unterbein hinzieht. Das stark anschwellende
Glied nimmt eine weiße Farbe an und schmerzt heftig. Der Schmerz
ist spannend, reißend und nimmt in gewissen Zeiten zu, wobei die
Theile steif und unlenksam werden. Hat sich die Anschwellung ein=
mal über das ganze Glied erstreckt, so läßt der Schmerz nach. An=
fänglich ist die Anschwellung prallkräftig; aber in der Folge läßt jeder
Druck Grübchen zurück. Diese schmerzhafte Anschwellung nimmt ge=
wöhnlich nach sechs bis acht Tagen ab, aber zuweilen erst nach einigen
Monaten, und dann, selbst im günstigsten Falle, bleibt das Glied
schwach, empfindlich und schmerzt bei jeder Bewegung.

Behandlung.—Hauptanzeichen.

Aconit.—Die Krankheit ist hitziger Art; Entzündungsgefühl über
den ganzen Körper; heftige Schmerzen. Gemüthsunruhe; nervöse
Erregtheit.

Arnica.—Im ersten Stadium, nach schwerer, hartnäckiger Ent=
bindung, oder nach Anwendung mechanischer Mittel. * Fühlt,
als wäre der ganze Körper zerschlagen.

Belladonna.—Verminderte Milchabsonderung. Zerfleischende
Gliederschmerzen. * Schwere und Druck in den Lenden; dabei
schneidende Schmerzen; kann das geringste Geräusch nicht vertragen,
oder Berührung. Die Schmerzen kommen und gehen plötzlich.

Bryonia.—Ziehende, stechende Schmerzen von der Hüfte bis zum
Fuß; die geschwollenen Theile sind blaßroth. * Will ganz ruhig
liegen; schlimmer nach der geringsten Bewegung. * Die Reinigung

(lochia) ist unterdrückt; Schmerzen im Kopf, als wollte er bersten [auch Bell.].

Rhus tox.—Von vornherein Unfähigkeit, das Glied frei zu be=wegen; kann es nicht einmal nach oben hinziehen. Rothe Strei=fen laufen den Adern der Beine entlang. * Kurze Erleichterung nach Lageveränderung; will zugedeckt sein.

Anweisung.—Alle zwei bis drei Stunden eine Gabe.

Kindbettfieber.

Diese Krankheit ist eine der gefährlichsten, denen Frauen nach der Gebärzeit ausgesetzt sind. Gewöhnlich befällt sie die Patientin drei oder vier Tage nach der Entbindung und zeigt sich durch hochgradi=ges Fieber an. Sie beginnt mit Schüttelfrost; sofort folgt Hitze, Kopfschmerz, Durst, rascher und voller Puls. Der Unterleib ist gegen Berührung sehr empfindlich und ist oft ausgespannt; dabei Appetitlosigkeit, Uebelkeit, auch Erbrechen. Die Milchabsonderung ist zuweilen gänzlich unterdrückt; die Kindbettreinigung (lochia) hört öfters ganz auf, während sie bei Andern fast zu reichlich und sehr übeln Geruches ist.

Der Verlauf ist ein sehr rascher; zuweilen erfolgt der Tod nach einigen Stunden; in andern Fällen währt sie länger. Bei dieser höchst gefährlichen Krankheit bediene man sich der Hülfe eines durch=aus befähigten Arztes.

Behandlung.—Hauptanzeichen.

Aconit.—Nach heftigem Schüttelfrost; trockne, heiße Haut; voller, klopfender Puls; heftiger Durst. Schneidende, stechende, brennende, reißende Schmerzen in der Mutter; Angst und Furcht. Unterdrückung der Kindbettreinigung, oder ungenügende Entlee=rung [Bell.]. * Sehr empfindlich gegen die leiseste Berührung. * Harnverhaltung; Stechen in den Nieren. * Todesfurcht; be=stimmt den Tag.

Arnica.—Wenn in Folge äußerlicher Verletzung oder gefährlicher Manipulationen während der Geburt. * Wundheitsgefühl über den ganzen Körper [Rhus]. * Das Bett, worauf sie liegt, däucht ihr zu hart, so daß sie beständig ihre Lage wechselt. Faules Aufstoßen [Merc., Nux v.].

Arsenicum. — Im weitern Verlauf. Brennende, stechende Schmerzen; die Theile brennen wie Feuer. * Große Angst, Ruhelosigkeit und Todesfurcht [Acon.]. Gänzliche Erschlaf=fung und Schwinden der Lebenskräfte. * Starkes Verlangen nach kühlen Getränken; trinkt je nur wenig. Will warm zugedeckt sein [Rhus]. Schlimmer des Nachts, namentlich nach Mitternacht.

Belladonna.—Große Empfindlichkeit des Unterleibes; schlimmer nach Bewegung oder Lärm [Bry.]. Heftige, packende, krallende Schmerzen. * Die Schmerzen kommen und verschwinden plötzlich. Große Hitze im Unterleib. * Ununterbrochenes Stöhnen und Auffahren im Schlaf. Schmerzhaftes Druckgefühl nach unten bis in das Becken. Unterdrückung der Kindbettreinigung oder der Regel, oder diese ist spärlich und stinkend. Blutandrang nach dem Kopf; Röthe des Gesichts und der Augen. Klopfender Kopfschmerz und Irrereden. * Sehr empfindlich gegen Licht und Geräusch [Acon.].

Bryonia.—Stechende, brennende Schmerzen im Bauch, der gegen Berührung sehr empfindlich ist. * Kindbettreinigung unterdrückt; Kopfschmerz, wie zum Zerspringen [Bell.]. Die Lippen sind verdorrt, trocken und gesprungen. Trockenheit im Munde; dabei nur wenig Durst, oder trinkt in großen Zügen. * Kann vor Uebelkeit und Schwäche nicht aufsitzen. * Verlangt nach Ruhe; schlimmer nach der geringsten Bewegung.

Nux vomica.—Schwerheitsgefühl und Brennen in den Geschlechtsorganen und im Unterleib. Unterdrückung der Kindbettreinigung, oder zu reichliche Entleerung; heftige Kreuzschmerzen. Wundheitsschmerz im Mutterhals. * Verstopfung, mit öfterem erfolglosem Stuhlgang. Kreuzschmerzen; verschlimmert beim Versuch sich im Bett umzudrehen. Schlimmer am Morgen.

Rhus tox.—Gebärmutterentzündung nach dem Kindbett. * Kann nicht ruhig liegen; sucht durch Veränderung der Lage Ruhe zu finden. Die untern Glieder sind kraftlos und lassen sich kaum nach oben ziehen. Die Zunge ist trocken; die Spitze geröthet. Typhusartige Symptome. Verschlimmerung während der Nachtruhe, namentlich nach Mitternacht [auch Ars.].

Secale cor.—Neigung zur Fäulniß. Hitziges Fieber, wechselt mit Schüttelfrost. Die aus der Mutterscheide abfließende Materie ist dünn, schwarz, blutig und äußerst widrig. Erbrechen einer zersetzten Materie. Schmerzloser, schwächender Durchfall. Entweder liegt sie in stillem Delirium, oder sie wird wild erregt und will davon laufen. * Schmächtige, krittelige Frauen. * Will nicht zugedeckt sein.

Anweisung.—Löse 3 Tropfen oder 12 Kügelchen in 10 Theelöffel voll Wasser auf; davon gib alle zwei oder drei Stunden 1 Theelöffel voll, je nach Umständen.
Diät und Verhaltung.—Man genieße nur Haferschleim, Reis u. dgl. Frisches Wasser, Ulmenrindenthee und Gummiwasser (gum Arabic) sind die geeignetsten Getränke. Umschläge von feuchtwarmen, wohl ausgerungenen Tüchern um den Unterleib werden sich sehr wohlthätig erweisen. Die Kranke verhalte sich ganz ruhig und nehme keine Besuche an. Das Zimmer muß wohl gelüftet und kühl sein.

18

Verstopfung nach der Entbindung.

Nach der Entbindung verharren die Eingeweide einige Tage lang in einem Zustande völliger Unthätigkeit. Dank dieser weisen Einrichtung darf die Kranke sich der ersehnten Ruhe erfreuen, und die durch den Durchgang des Kopfes stark angegriffenen Eingeweide gesunden und erstarken allmälig. Die Aerzte der alten Schule pflegen der Wöchnerin abführende Mittel zu verordnen; aber dies ist im höchsten Grade gefährlich. Jede verständige Mutter, der an ihrer und ihres Kindes Gesundheit etwas gelegen ist, möge dies wohl bedenken.

Eine einzige Gabe Ricinusöl (Castor-oil), verabfolgt gleich nach der Entbindung, hat schon manche Mutter an den Rand des Grabes gebracht. Hierzu kommt, daß, nach dem Urtheil der ersten Autoritäten, der Gebrauch derartiger Mittel eine ergiebige Quelle verschiedener Leiden ist, als: Entzündung der Gebärmutter, Kindbettfieber, Blutknoten und Gebärmuttervorfall.

Die Eingeweide wollen vier oder fünf Tage lang ihre Ruhe haben. Sollten sich Eingeweideschmerzen, Kopfweh, oder andere auf Verstopfung deutende Schmerzen einstellen, so gebe man des Abends 8 Kügelchen **Bryonia**; ebenso des Morgens. Sollte bis zum nächsten Abend keine Besserung erfolgen, so gebe man am Abend eine Gabe **Nux vomica** in Wasser, und am folgenden Morgen eine Gabe **Sulphur**.

Sollten diese Mittel erfolglos bleiben, so gebe man ein Klystier von warmem Wasser, oder einem Aufguß von Ulmenrinde (slippery-elm).

Diät.—Während des Wochenbetts sollte die Diät eine sehr gewählte sein. Muß von Hafer- oder ungebeuteltem Mehl größtentheils sein. Reife Früchte aller Art nach Belieben. Frisches Wasser und Milch, wenn letztere sich mit dem Zustand der Patientin verträgt.

Wochenreinigung.

(LOCHIAL DISCHARGE.)

Die der Entbindung folgende Reinigung des Mutterleibes heißt Lochia. Sie beginnt bald nach Ausstoßung der Nachgeburt. Die anfangs aus flüssigem Blut bestehende Absonderung genügt, um in den ersten 24 Stunden 10 bis 12 Taschentücher damit zu besudeln. Bald darnach ähnelt der Lochialausfluß dem der Menstruation. Ungefähr am zehnten Tage wird er gelblich, mit weißlichem Schleimausfluß wechselnd. Sobald die Patientin anfängt umherzugehen, stellt sich der Ausfluß wieder ein, um dann zu verschwinden.

Zuweilen ist der Ausfluß zu reichlich; wird unterdrückt oder hält zu lang an, in welchen Fällen man sich eines der folgenden Mittel bedienen mag:

Aconit.—Der Ausfluß währt zu lang, oder ist zu reichlich und von rother Farbe. Für junge, starkbeleibte Frauen. * Furcht und Gemüthsangst.

Bryonia.—* Unterdrückte Lochia; Kopfschmerz wie zum Zerspringen. Voll- und Schwerheitsgefühl im Kopf; Druckgefühl in der Stirne und den Schläfen. Schlimmer bei Bewegung.

Calcarea c. — Die Lochia währt zu lange, namentlich bei Frauen, welche die Regel zu oft und zu reichlich haben [auch Bell.]. Passend für blasse, schmächtige Frauen.

Pulsatilla. — Plötzliche Unterdrückung der Lochia in Folge irgend eines Ereignisses; fiebrische Erregung, aber kein Durst. * Plötzliches Versiegen der Milch. Für weinerliche Frauen. * Schlimmer gegen Abend.

Rhus tox.—Der Ausfluß währt zu lange, ist schwarz, wässerig und widrig. * Scharfe Schmerzen durch den Kopf; fühlt, als wäre er zu groß. Besser beim Liegen, schlimmer nach dem Aufstehen.

Secale cor.—Dünne, widrige Lochia; entweder ist sie schmerzlos, oder sie ist mit längerem, schmerzhaftem Druckgefühl nach unten verbunden. * Passend für schmächtige, krittelige Frauen.

Anweisung.—8 Kügelchen trocken auf die Zunge, zwei oder drei Mal des Tages. Wenn nicht besser, wähle man ein anderes Mittel.

Entzündung der Brustwarzen.

Junge Frauen sind besonders diesem Leiden unterworfen. Die Warzen springen auf, bluten und schwären, was heftigen Schmerz verursacht. Die Heilung wird sehr erschwert durch den fortwährenden Reiz, welcher durch das Stillen des Kindes verursacht wird.

Oft liegt dem Leiden eine scrophulöse Anlage zu Grunde, auch das Vorhandensein eines verborgenen Ausschlages, Flechten, Rose u. s. w.

Behandlung.—In vielen Fällen ist öfteres Baden der Warzen mit einem Waschmittel, bestehend aus 10 Tropfen **Tinctura Calendula** in 8 Theelöffel voll Wasser, sehr wirksam. Auch **Tinctura Arnica.** Um die Haut zu härten und einer Erweichung der Theile vorzubeugen, brauche man eine schwache Lösung von **Alum** oder **Borax.** Nach Anwendung eines dieser Mittel, wasche man die Theile tüchtig mit Wasser ab.

Sollten die angegebenen Mittel fehlschlagen, so gebe man eine der hier folgenden Arzneien:

Calcarea c.—Ungesunde Haut; auch die kleinste Wunde droht zu eitern [auch **Graph., Sil.**]. Wunde, geborstene Warzen.

Graphites.—Die geborstenen Warzen brennen und schmerzen, und sind gegen Berührung sehr empfindlich. * Die Hautausschläge sondern eine klebrige Flüssigkeit ab.

Hepar s.—Tiefe, in Eiterung übergehende Risse in der Haut. * Brennen und Stechen in den leicht blutenden Geschwüren.

Sulphur.—Wunde, geborstene Warzen, mit tiefen Rissen im Warzenhofe; sie bluten und brennen wie Feuer. * Trockne, schuppige Haut. Scrophulöse Frauen.

Anweisung.—8 Kügelchen oder 1 Tropfen in etwas Wasser; Abends und Morgens.

Entzündete Brüste.

(GATHERED BREASTS.)

Frauen sind während der Säugeperiode jeder Zeit einer Entzündung und Eiterung der Brüste ausgesetzt, besonders während der ersten zwei oder drei Wochen nach der Entbindung. Manche Frauen leiden an wiederholten Anfällen nach jeder Geburt.

Die Entzündung beginnt gewöhnlich mit einer leichten Anschwellung an irgend einem Theile der Drüse, mit klopfendem Schmerz, worauf Schüttelfrost folgt und Fieber. Wenn man die Brust untersucht, so wird man irgendwo ein hartes Geschwür finden, welches schmerzt und gegen Berührung empfindlich ist. Bei Anwendung geeigneter Mittel in dieser Periode läßt sich die Geschwulst vertheilen, aber wenn vernachlässigt, werden Anschwellung und Entzündung zunehmen und schließlich in Eiterung übergehen.

Ursachen. — Das Geschwür ist oft die Folge von Erkältung, Quetschung, Aerger, Schreck oder einer andern Störung des Systems, wodurch die Milchabsonderung in dem Milchgang gehemmt wird.

Behandlung.—Der Milchfluß muß im Gang gehalten werden; wenn das Kind dies nicht thun kann, so muß die Amme oder eine andere Person dieses besorgen. Erweichende Umschläge sind nicht zu empfehlen. Man bade die Theile in heißem Schweineschmalz und lege ein damit getränktes Tuch über die Brust. Um des Erfolges ganz sicher zu sein, gebe man eines der hier folgenden Mittel:

Aconit.—Dieses Mittel, beim Beginn der Schüttelfröste sofort angewendet, wird der weitern Entwickelung der Krankheit vorbeugen. * Namentlich, wenn die mittelbare Ursache in Einwirkungen kalter, trockner Westwinde zu suchen ist.

Arnica.—* Wenn von friſcher Verletzung herrührend. Em=
pfindliches Wundheitsgefühl der Brüſte. Alles, worauf ſie liegt,
däucht ihr zu hart.

Belladonna.—Bruſt heftig geſchwollen, hart und fühlt ſchwer
[auch **Bry.**]. Zuweilen ähnelt die Entzündung der Roſe; rothe
Streifen laufen ſtrahlenartig von einem Mittelpunkt aus;
dabei brennende Schmerzen. * Geröthetes Geſicht und klo=
pfender Kopfſchmerz.

Bryonia.—* Die Bruſt iſt geſchwollen, hart und fühlt ſchwer;
dabei ſchießende Schmerzen, Haut trocken und andere fieberartige
Symptome. Namentlich zu Anfang.

Hepar s.—* Wenn die Eiterung ſchon begonnen hat, was man
aus den klopfenden Schmerzen und Schüttelfröſten erſchließen kann.

Phosphorus.—Wenn die Eiterung mit reichlichem Ausfluß ſich
eingeſtellt hat [auch **Merc.**].

Silicea.—Wenn der Ausfluß übelriechend, dünn und wäſſerig
wird und ſich aus mehreren Oeffnungen ergießt.

Anweiſung.—Löſe 3 Tropfen oder 12 Kügelchen in 10 Theelöffel voll Waſſer
auf. Alle zwei bis drei Stunden 1 Theelöffel, in dringenden Fällen. In mil=
dern Fällen genügen 8 Kügelchen alle vier bis ſechs Stunden.

Abſonderung der Milch.

Wie ſchon bemerkt, ſtellt ſich die Milchabſonderung in den Brüſten
zwei oder drei Tage nach der Entbindung ein; mitunter iſt dies auch
ſchon vor der Geburt der Fall. Kaum eine andere Abſonderung
im ganzen Syſtem wird mehr von den allgemeinen Geſundheits= und
Ernährungsbedingungen beeinflußt, als dieſe. Die Menge der ab=
geſonderten Milch ſchwankt bedeutend; einige Frauen haben Milch
genug, um mehrere Kinder zugleich zu ſtillen, während andere kaum
genug haben für ein Kind. In einigen Fällen wird gar keine Milch
abgeſondert.

Milchmangel entſteht aus verſchiedenen Urſachen, wie:
Gemüthsangſt, Kummer, Sorge, mangelhafte Ernährung u. ſ. w.
Von dem Genuß gegohrner, oder berauſchender Getränke über=
haupt. Beförderung der Milchbildung zu erwarten iſt thöricht.
Man ſei verſichert, daß alle ſtimulirenden Mittel, alle Quackmedi=
zinen, alle Unreinigkeiten der Luft und der Nahrung und an der
Wöchnerin, Kind und Milch krank machen. Manches Kind iſt be=
ſtändig trunken von dem Milchpunſch, den es mit der Muttermilch
einſaugt; und wenn das Kind mit dem Leben davonkommt, ſo wächſt
es mit ſtetigem Verlangen nach Spirituoſen auf, um ſchließlich ein
Trunkenbold zu werden.

Milchüberfluß ist bei sonst gesunden Frauen zuweilen in einem solchen Grade vorhanden, daß die Brüste sich ausdehnen und unwillkürliche Milchentleerungen stattfinden, wobei die Betttücher genäßt werden, und somit Erkältung zu befürchten ist. Zuweilen stellen sich nervöse Störungen, Unverdaulichkeit, Abmagerung und allgemeine Schwäche ein.

Behandlung.—Hauptanzeichen.

Aconit.—Fieberische Erregung des ganzen Systems. * Große Ruhelosigkeit und Gemüthsangst. Für wohlbeleibte Frauen.

Calcarea c. — * Zu reichliche Milchabsonderung [auch **Bell.**, * **Phos.**]. Die Brüste sind äußerst angespannt; die Milch fließt beständig. * Für blasse Frauen von schmächtiger Körperbeschaffenheit.

China.—Unwillkürlicher Milchfluß in Folge von schwächendem Blutverlust.

Pulsatilla.—* Unterdrückte oder nur spärliche Milchabsonderung [auch **Caust.**]. Einseitiger Kopfschmerz, Schwindel beim Bücken oder Sicherheben aus einer liegenden Haltung, mit Neigung zu Schüttelfrost. * Weinerliche Frauen, mit blauen Augen und heller Gesichtsfarbe.

Rhus tox.—Ausdehnung der Brüste, mit Milchüberfluß [siehe **Calc. c.**]. Rheumatische Beschaffenheit des Systems; Steifheit der Gelenke. * Muß beständig die Lage wechseln, um etwas Ruhe zu finden.

Silicea.—Die Milch ist von schlechter Beschaffenheit. Das Kind will die Brust nicht nehmen und bricht nach dem Stillen beständig aus. In diesem Falle, namentlich wenn die Milch dünn und bläulich ist, gebe man **Lach.**

Anweisung.—Abends und Morgens 8 Kügelchen trocken auf die Zunge. Wenn die Symptome sich ändern, wähle man ein anderes Mittel.

Diät und Verhaltung. – Wenn die Milch unzureichend oder schlecht sein sollte, so genieße man kräftige, leicht verdauliche Speisen: zartes, halbgares Rindfleisch, Hammelrippen, Suppen, gutes Brot nebst Butter, frische Gemüse und reife Früchte. Die Patientin trinke reines frisches Wasser, Cacao, schwarzen Thee und fette Milch. Bei Milchüberfluß muß die Nahrung sehr einfach sein.

Säugamme.

Wenn Mütter in Folge von schwacher Gesundheit, zarter Körperbeschaffenheit, Milchmangel und aus andern Ursachen ihre Kinder selbst zu säugen nicht im Stande sein sollten, so empfiehlt es sich, eine Säugamme dieses Geschäft besorgen zu lassen, was dem Aufbringen mit der Flasche vorzuziehen ist.

Bei Wahl einer Säugamme sehe man vor Allem auf Gesundheit.

Sie sollte mit der Mutter ungefähr in gleichem Alter sein und die Niederkunft zur selben Zeit stattgefunden haben. Sie sollte von allen Hautausschlägen, Geschwüren, Drüsenanschwellungen, scrophulösen Anlagen gänzlich frei sein. Sie muß einen Vorrath von guter Milch haben, gutartig und reinlich sein, und Liebe zu Kindern haben. Wenn man eine solche Amme gefunden hat, so schärfe man ihr die Nothwendigkeit einer geordneten Lebensweise und strengen Diät ein. Vergleiche „Absonderung der Milch."

Vierzehntes Kapitel.

Pflege des neugeborenen Kindes.

Das Kind.

Empfangnahme bei der Geburt.

Es ereignet sich häufig, daß das Kind vor Ankunft des Arztes geboren wird. In solchen Fällen mögen folgende Belehrungen dienen. Wenn der Kopf des Kindes hervorgetreten ist, so entsteht eine Pause, ehe der Schmerz den Körper austreibt; in diesem Stadium muß der Kopf des Kindes von der Hand der Pflegerin gestützt werden, und wenn die Nabelschnur um den Hals geschlungen sein sollte, so zwänge man sie zurück, um Erstickung zu verhüten. Sobald das Kind geboren ist, lege man es etwas abseits von der ausgestoßenen Materie und wende sein Gesicht der frischen Luft zu; sind Mund und Nasenlöcher verstopft, so entferne man den Schleim vermittels eines weichen Tuches. Ein gesundes Kind wird bald herzhaft schreien; die anfänglich bläuliche Hautfarbe wird bald blaßroth.

Scheintod.

(ASPHYXIA.)

Bei harten Entbindungen kommt es vor, daß das Kind nicht athmet, oder daß das Blut nicht circulirt, wie dies der Fall sein sollte: es liegt scheintodt da. In solchen Fällen umhülle man den Körper—

nicht den Kopf—mit warmem Flanell und benetze Gesicht und Brust
mit kaltem Wasser; sollte dies vergeblich sein, so schließe man die
Nasenlöcher mit dem Daumen und dem Zeigefinger, lege deinen
Mund über den Mund des Kindes und blase hinein, um die Lungen
aufzublasen; dann drücke mit der Hand die Brust, um die Luft aus=
zutreiben; dieses Verfahren mag nach minutenlangen Pausen fort=
gesetzt werden, und wenn dann das Herz zu schlagen anfängt, so ist
alle Gefahr vorüber.

Sobald die Athmungsfähigkeit des Kindes gesichert ist, und das
Klopfen in der Nabelschnur aufhört, so muß das Kind von
der Mutter losgelöst werden. Zu diesem Ende nehme man ein Stück=
chen dünnen, doppelt gedrehten Zwirns, umwickle ein Mal die Schnur,
ungefähr 1½ Zoll von dem Unterleib, und schlinge dann einen festen
Knoten; schneide die darunter hangenden Theile ab und schlinge
¾ Zoll darüber einen andern Knoten; hierauf durchschneide man
zwischen beiden Unbindungsstellen die Nabelschnur mit einer Scheere.
Dann hülle man das Kind in warme Tücher ein.

Waschung und Reinigung des Kindes.

Sofort nach der Geburt sollte das Kind gehörig gewaschen und
gereinigt werden. Zu diesem Ende reibe man dasselbe über den
ganzen Körper, namentlich an den Achselgruben, dem Schambug
und andern eng an einander schließenden Gliedertheilen mit Schweine=
schmalz oder Baumöl ein; dann reibe man die Theile mit Flanell
sorgfältig ab. Nachdem auf diese Weise die klebrige Materie, welche
die Haut des Kindes bedeckt, entfernt worden ist, wasche man die
ölige Substanz mit warmem Wasser und guter Seife ab. Nament=
lich muß die erste Reinigung mit der größten Umsicht vorgenommen
werden. Ausschläge und Aufschärfungen der Haut sind alsdann
weniger zu befürchten.

Die Temperatur des Zimmers sollte mäßig warm sein. Das
Kind sollte wenigstens ein Mal des Tages gebadet werden. Die
Temperatur des Wassers sei anfänglich lauwarm; dann niedriger,
und nach einigen Wochen gebrauche man nur kaltes Wasser. Nie=
mals bade man das Kind in einem kalten Zimmer.

Behandlung des Nabels.

Man bediene sich eines drei bis vier Mal zusammengefalteten Stückes
alter Leinwand, ungefähr sechs Zoll lang und drei Zoll breit. In der
Mitte schneide man ein Loch, durch welches die Nabelschnur zu laufen

hat, und lege das gefaltete Leintuch der Länge des Körpers nach über den Leib; dann winde man einen andern Streifen Leinwand um die Schnur, wie um einen wunden Finger; nun lege man die Schnur nach oben, nach der Brust hin, und bedecke jene mit dem untern Theil des gefalteten Leintuches; darnach umhülle man das Ganze mit warmem Flanell, aber nicht zu fest.

Die Nabelschnur trocknet auf und fällt nach fünf bis sechs Tagen ab; darnach bedecke man die Theile mit einem angesengten, mit Wachssalbe bestrichenen Leintuch, um etwaige Aufschärfung zu verhüten.

Kinderpech.

(MECONIUM.)

Die erste Entleerung aus den Eingeweiden des Kindes heißt meconium. Sie ist dunkelgrün, oder tiefschwarz und sehr zäh. Wahrscheinlich besteht sie aus schleimigen Absonderungen der Gedärme, vermischt mit Galle. Die Entleerung findet gewöhnlich gleich nach der Geburt statt, zuweilen verzögert sie sich mehrere Stunden; sie bewirkt Ruhelosigkeit, Kolik u. s. w.

Da schon beim erstmaligen Einsaugen der Muttermilch das Uebel zu verschwinden pflegt, so lege man das Kind so bald wie möglich an die Brust. Sollte keine Besserung eintreten, so gebe man **Nux v.** [3 Kügelchen in einigen Tropfen Wasser] am Abend und am folgenden Morgen. Sollte auch dieses Mittel fehlschlagen, so verabfolge man eine Klystier von lauwarmem Wasser oder Ulmenrindenthee.

Pflege und Diät der Kinder.

Obschon die Mutter gewöhnlich erst am zweiten oder dritten Tage Milch in der Brust hat, so sollte man das Kind dennoch an die Brust legen, theils um das Kind anzugewöhnen, theils um die Milchabsonderung zu befördern.

Vor oder bei der Geburt des Kindes läuft in der Brust, Dank einer gütigen Vorsehung, eine sehr gehaltreiche Flüssigkeit zusammen, welche das neugeborne Kind reichlich ernährt. Sie ist ein wirksames Nahrungs- und Abführungsmittel. So lange diese Absonderung (Biestmilch—colustrum) das Kind genügend ernährt, wenn es danach schläft, sollten keinerlei künstliche Ernährungsmittel angewendet werden. Manche gute Leute stopfen das Kind mit versüßtem Wasser, Schleim u. s. w. Diese Stoffe verderben nur den Magen, erzeugen Kolik, wogegen man wiederum Baldrianthee, Syrupe und andere

Quackmittel anwendet, bis das Leben gefährdet wird—ein abscheu=
liches Verfahren.

Wenn die Mutter gesund ist, so ist während der ersten Monate
ihre Milch die geeignetste Nahrung, bis die ersten Zähne kommen.
Ist aber die Mutter nicht im Stande, ihr Kind mit gesunder Milch
zu versorgen, so muß man zu einem Ersatzmittel greifen.

Kuhmilch.—Wenn keine geeignete Säugeamme gefunden werden
kann, so ist dies die beste Nahrung. Dabei ist Folgendes zu beachten:
Man nehme nur die Milch von einer Kuh; die Kuh sollte frisch=
melkend sein, oder wenigstens ernährend; die zuerst abgezo=
gene Milch sollte genommen werden, da sie dünner ist und mehr
dem colustrum entspricht; sollte die Milch zu reichhaltig sein, so ist
eine Zuthat von warmem, mit Milchzucker versüßtem Wasser zu em=
pfehlen. Später, wenn das Kind heranwächst, so genieße es die
Milch ohne Beimischung von Wasser. Die Milch darf nicht gekocht,
sondern nur mäßig erwärmt sein, oder sie muß frisch von der Kuh
verabfolgt werden. Die Kuhmilch ist leicht alkalisch (laugensalzig),
aber die Milch einer mehrere Monate lang milchenden Kuh ist sal=
petersäurig und ungeeignet. Um sicher zu gehen, tauche man das
Ende eines Stückes Lackmuspapieres in die Milch; wird es bald
roth, so ist die Milch salpetersäurig. Gute Milch wird Lackmus=
papier blau färben.

Schleim.—Ein dünner Schleim aus Hafer, Gerste, Pfeilwurz
oder Reismehl mag in Wechsel gegeben werden.

Weizenmehl. — Man koche etwas eingesacktes Mehl einige
Stunden lang, bis es hart wird; wenn es trocken ist, reibe man es
fein und gieße etwas Milch hinzu.

Molken.—Wenn die Verdauung unvollständig ist, so werden sich
süße Molken trefflich bewähren.

Fleischbrühe.—Lege 1 Pfund frisches, mageres Rindfleisch in
2 Quart Wasser und koche dies bis auf 1 Pint ab; einem Theelöffel
davon füge man einen Theelöffel Milch und einen Theelöffel Wasser
hinzu. Namentlich, wenn die Kinder sehr entkräftet sind.

Kleienthee.—Koche eine Tasse voll Weizenklei mehrere Minuten
lang in 1 Quart Wasser; gieße etwas Milch hinzu. Wenn das
Kind an Verstopfung leidet. Das Kind sollte stets in regelmäßigen
Zwischenräumen genährt werden, etwa alle zwei bis drei Stunden;
Brust oder Flasche sollten nicht sofort gereicht werden, wenn das Kind
schreit; Ueberladung des Magens verursacht allerhand Magenstörun=
gen. Der Kindermagen will seine Ruhe haben. Nicht genug, daß
das Kind von Ueberernährung an Schlaflosigkeit, Unruhe u. s. w.
leidet—es führt zu weitern Uebelständen: man nimmt, da das Kind
nicht schlafen kann und an Kolik leidet, seine Zuflucht zu lindernden

Syrupen (soothing syrups) und andern Quackmedizinen, welche das Kind an den Rand des Grabes bringen. Ich will hier eines Falles erwähnen. Vor einigen Monaten wurde ich an das Kranken= bett eines etwa drei Jahre alten Kindes gerufen. Von der Mutter er= fuhr ich Folgendes: Bald nach der Geburt gab die Amme dem Kinde versüßtes Wasser und Milch, um es zu beruhigen; bald darnach wurde das Kind unruhig, schrie auf vor Kolikschmerzen, wogegen man Baldrianthee gab. Den andern Tag gab es Linderungsmittel; das half für kurze Zeit, aber bald schwanden die Kräfte, und nun wurde "Mrs. Winslow's Soothing Syrup" verabfolgt, mit derselben Ergebnissen: die Kolik wollte nicht nachlassen und der Syrup wollte seine Schuldigkeit nicht thun. Dr. —— wurde nun consultirt; er verschrieb Laudanum in Tropfen. Die Gaben wurden vermehrt, bis schließlich 30 Tropfen Abends und Morgens ver= ordnet wurden. Dann wurde ich gerufen. Das Kind war in er= bärmlichem Zustand: es war abgemagert zu einem Skelet; die großen, schwarzen Augen rollten in ihren Höhlen; die Händchen sahen wie Vogelskrallen aus und streckten sich nach allem Erreichbaren aus; bei dem geringsten Geräusch fuhr es vor Schreck auf und stöhnte jammervoll. Die Mutter sagte, sie hätte seinen Tod seit zwei Wochen erwartet. Der „Doktor" sagte, es leide an unheilbarer Gehirnwassersucht; er gebe Laudanum nur, um die Schmerzen zu lindern. Ich sah sofort, daß das Kind nicht an Gehirnwassersucht, sondern an Vergiftung durch Quackmedizinen litt, und daß eine so= fortige Veränderung in der Behandlung geboten sei. Nach einigen Tagen homöopatischer Behandlung war das Kind vollkommen her= gestellt. Dies ist nicht ein vereinzelter Fall. Es ist keine Ueber= treibung, sondern ein wahrheitsgetreues Bild von 1000 andern Fällen. Kaum fängt das Kind zu athmen an, so wird es mit "Soothing Syrup" vollgestopft, um, wenn es überhaupt mit dem Leben davon kommen sollte, ein elendes Dasein dahinzuschleppen. Jedes fühlende Mutterherz sollte eine solch abscheuliche Behandlung verdammen.

Augenentzündung.

(OPHTHALMIA.)

Kleine Kinder leiden oft an Augenentzündung, zuweilen schon gleich nach der Geburt, zuweilen erst nach einigen Wochen. Sie be= ginnt gewöhnlich an den Augenlidern und verbreitet sich, wenn ver= nachlässigt, über den ganzen Augapfel aus. Zuerst sind die Lider am Morgen zusammen geklebt, mit Anschwellung und äußerlicher Röthe. Zieht man das Lid nach oben und untersucht die innere

Augentheile, so zeigt sich eine gleichartige Röthe der Theile, wobei die Schließmuskeln derselben angeschwollen und mit eiterigem, zähem Schleim bedeckt sind.   Sie sind gegen Licht sehr empfindlich; das Kind schließt sie krampfhaft und öffnet sie nur im Dunkeln.   Bei fortschreitender Krankheit muß die ganze Constitution leiden; das Kind wird ruhelos, schreit öfters, verliert Appetit und Schlaf und fällt vom Fleisch.   Die Krankheit mag ein, zwei, drei oder vier Wochen dauern, ja sie kann chronisch werden.

Man sollte die Augen niemals starken Lichteinwirkungen aussetzen; man bewahre das Kind vor Luftzug, da Licht und Kälte die häufig= sten Ursachen der Krankheit sind.

Behandlung.—Hauptanzeichen.

Aconit.—Die Krankheit ist eine Folge von Einwirkungen kalter, trockner Luft, oder hellen Lichtes.   Das ganze Auge ist roth und sondert viel Wasser ab.   Allgemeines Fieber; Ruhelosigkeit und Mangel an Schlaf.

Belladonna.—* Hitzige Entzündung; das Auge sieht sehr roth aus; kann das Licht nicht vertragen [auch * **Acon., Merc.**]. Die Augen sind trocken, während die Lider bluten.

Calcarea c. — Scrophulöse Augenentzündung [auch * **Merc., Sulph.**]   * Anschwellung und Röthe der Lider, die Nachts zusammenkleben.   Starke Schleimabsonderung aus den Augen. Namentlich für blasse, schmächtige Kinder.

Chamomilla.—Wenn von kalter, feuchter Luft herrührend. Schlimmer bei jedem kalten Wechsel der Witterung [auch **Dulc.**]. Die Augen sind geschwollen, bluten und sind am Morgen geschlossen. * Das sehr reizbare Kind muß immer umhergetragen werden.

Mercurius. — Die stark angeschwollenen Lider sind an der innern Fläche mit Eiter bedeckt.   Namentlich bei scrophulöser oder auf Tripper weisender Entzündung.   Pusteln und Schorf um die Augen und Lider.

Sulphur.—Scrophulöse Ophthalmie.   Juckendes Gefühl in den Augen; Pusteln sind über den ganzen Körper verbreitet.   * Die Augenwinkel sehen wund aus.   Für Kinder, deren Eltern an chronischer Hautkrankheit gelitten haben.

Anweisung.—Löse 1 Tropfen oder 8 Kügelchen in 10 Theelöffel voll Wasser auf; davon drei oder vier Mal täglich 1 Theelöffel voll.   Tritt nach zwei oder drei Tagen keine Besserung ein, so wähle man ein anderes Mittel.

Aeußerliches Verfahren.—Man wasche die Theile häufig mit warmer Milch und warmem Wasser.   Alle Waschmittel, die Bleizucker, salpetersaures Silber u. dgl. enthalten, sind streng zu vermeiden.

Verstopfung der Nase.

(SNUFFELS.)

Dieses häufig vorkommende Leiden verhindert die Kinder am Athmen, besonders beim Säugen. Es quält die Kinder auch im Schlaf und verursacht ein eigenthümliches Geräusch, genannt "snuffles". Unter andern Symptomen eines epidemischen Catarrhs ist namentlich reichlicher Schleimausfluß aus der Nase bemerkens= werth.

Behandlung.—Hauptanzeichen.

Chamomilla.—Wässeriger oder schleimiger Ausfluß aus der Nase. Schlimmer nach jedem kalten Witterungswechsel [auch Dule.]. * Das reizbare Kind muß immer umhergetragen werden.

Dulcamara. — Die Nase scheint sehr trocken zu sein. * Schlimmer nach jedem kalten Witterungswechsel, oder nach Ein= wirkungen kalter Luft.

Nux vomica.—Schlimmer des Nachts, oder des Morgens. * Des Nachts ist die Nase sehr trocken. Verstopfung der Gedärme.

Tartar em.—Verstopfung der Nase und Rasseln in der Luft= röhre.

Wenn die Nase sehr trocken ist, so reibe man die innere Fläche mit Baumöl oder frischer Butter ein.

Anweisung.—Alle drei oder vier Stunden 3 Kügelchen trocken auf die Zunge oder in etwas Wasser aufgelöst.

Gelbsucht der Kinder.

(JAUNDICE OF INFANTS.)

Drei oder vier Tage nach der Geburt nimmt die Haut des Kindes oft eine gelbliche Farbe an. Diese, zuweilen nur einige Tage an= haltende Erscheinung ist nicht immer mit bedenklichen Symptomen verbunden. Aber, wenn dabei das Weiße der Augen, das Thränen= wasser, der Urin und die Stühle eine gelbliche Farbe annehmen; wenn der Bauch anschwillt; wenn das Kind reizbar wird und die gewöhnlichen Symptome der Gelbsucht vorhanden sind: dann ist um= sichtige Behandlung geboten. Häufig ist die Krankheit auf die An= wendung abführender Mittel zurückzuführen, welche mit Rhabarber stark versetzt sind. Nur Vorurtheil und Unwissenheit kann viele Leute zu der Annahme verleiten, daß solche höllische Mittel den Abgang des Kinderpechs beschleunigen.

Behandlung.—Hauptanzeichen.

Aconit.—Das Kind ist heiß, ruhe= und schlaflos.

Chamomilla.—Erkältung scheint die Ursache des Leidens zu sein. Das Gesicht und das Weiße des Auges sind gelb [auch **Chin., Nux v.**]. Leichtgefärbte, widrige Stühle. * Das Kind ist reiz= bar und muß umhergetragen werden.

China.—Die ganze Haut ist gelblich. Der Bauch ist aus= gedehnt. Die Lebergegend ist gegen Druck sehr empfindlich. Weiße, unverdaute, schmerzlose Stühle.

Mercurius.—* Ausgebildete Gelbsucht. Gräulichweiße, anstrengende Stühle. Reichlicher, starkriechender Harnfluß.

Nux vomica.—Anschwellung und Verhärtung der Lebergegend [auch **Chin., Merc.**]. * Verstopfung, mit öfterem Stuhlzwang. Das Kind leidet an Kolik und ist sehr ärgerlich.

Anweisung.—In dringenden Fällen gebe man alle drei bis vier Stunden 3 in etwas Wasser aufgelöste Kügelchen; weniger in mildern Fällen.

Wunder Mund.

(SORE MOUTH.)

Dieses bei Kindern häufig vorkommende Uebel pflegt sich in der zweiten oder dritten Woche nach der Geburt einzustellen. Etliche Tage vor dem Ausbruch wird das Kind ärgerlich und unruhig. Eine Untersuchung des Mundes zu dieser Zeit zeigt, daß die innere Fläche geröthet ist. Kleine, rothe, traubenförmige Pusteln zeigen sich an den Lippen, den Wangen, dem Zahnfleisch und andern Mundtheilen. Diese Flecken bedecken sich bald mit einer weißen, käseartigen Materie, nach deren Entfernung die Außenfläche glatt und roth erscheint. Zuweilen laufen die Flecken zusammen, um sich über die ganze Schleimhaut des Mundes auszudehnen, und in bedenklichen Fällen erstrecken sie sich tief bis in den Hals hinunter, oft bis in den Darm= kanal. Die an und für sich nicht gefährliche Krankheit ist oft sehr schmerzhaft und hindert das Kind beim Trinken. Die Krankheit überträgt sich wohl auch auf die Mutter, deren Brustwarzen davon leicht wund werden.

Viele Aerzte neigen sich der Annahme zu, daß die Krankheit in Familien erblich sei, da in einigen Familien alle Kinder davon er= griffen werden, während in andern die Kinder verschont bleiben. Ungeeignete Ernährung ist jedenfalls eine der gewöhnlichsten Ur= sachen. Mit der Flasche aufgebrachte Kinder sind der Krankheit mehr unterworfen, als solche, die die Muttermilch nehmen.

Behandlung.—Hauptanzeichen.

Aconit.—Trockne, heiße Haut; dabei Hitze in der Kopfgegend. Beständige Unruhe; schreit viel; beißt in die Faust; grünlicher, wässeriger Durchfall. * Aeußerst empfindlich gegen Berührung.

Arsenicum.—Der Mund ist bläulichroth und entzündet. Uebler Geruch aus dem Mund. Ruhelosigkeit. Grüner, wässeriger Durchfall und große Schwäche.

Calcarea c. — Für scrophulöse Kinder, namentlich während des Zahnens. * Große, offene, fließende Geschwüre [Merc., *Sil., Sulph.]. Heftiger Kopf= und Gesichtsschweiß [Sil.]. Harte, unverdaute Stühle von heller Farbe. * Füße kalt und feucht.

Chamomilla.—Das Kind fährt im Schlafe auf. Will Alles haben; wenn es das Gewünschte erhält, so wirft es dasselbe von sich [auch Bry., Staph.]. * Sehr unruhig; muß immer unhergetragen werden.

Mercurius.—Zunge entzündet, geschwollen, am Rande schwärig. Das Zahnfleisch blutet und droht in der Zahngegend zu schwären. * Uebelriechender Athem. * Reichlichen Speichelfluß. Ruhrartiger Durchfall, mit Bauchkneipen und Stuhlzwang.

Nitric ac.—Der Mund ist mit übelriechenden Geschwüren bedeckt; riechender Athem [Merc.]. Aetzender Speichelfluß, der den Ausbruch frischer Geschwüre an den Lippen, dem Kinn und den Wangen verursacht. Bluten des Zahnfleisches [Ars., Staph.]. Namentlich, wenn auf Syphilis zurückzuführen.

Sulphur.—Dicker, weißlicher oder bräunlicher, fauliger Zungenbeleg. Bläschen und Mundfäule; Brennschmerz. Ausfluß von blutigem Speichel. Scharfer, schleimiger, oder blutiger Durchfall, welcher die Theile wund macht [Cham., * Merc.]. * Das Kind macht nicht sein gewöhnliches langes Schläfchen; wacht auf.

Anweisung.—3 oder 4 Kügelchen mit etwas Wasser; drei Mal des Tages.

Aeußerliche Mittel.—Man nehme etwas Borax und feingestoßenen Hutzucker zu gleichen Theilen; mit dieser Mischung bestreiche man den Mund des Kindes drei bis vier Mal des Tages. Auch ist reiner, mit einer Feder eingepinselter Molasses ein gutes Mittel.

Aufschärfungen der Haut.

(CHAFING.)

Kinder, besonders fleischige, leiden häufig daran, namentlich bei warmem Wetter. Die dem Leiden am meisten ausgesetzten Theile sind die Hautfaltungen des Halses; die Theile hinter den Ohren, unter den Armen und in dem Schambug.

Von vornherein ist die größte Reinlichkeit geboten; wenn dessen ungeachtet die Haut sich aufschärft, so wasche man die Theile täglich öfters mit lauwarmem Wasser (ohne Seife) und trockne sie, ohne zu reiben, mit einem weichen Leintuch ab. 10 Tropfen der **Tinctura Calendula** in einer Tasse Wasser ist ein gutes Waschmittel. Nach Abtrocknung der Haut bestäube man sie mit Stärke= oder Roggen= mehl.

Wenn die Krankheit von einer ungesunden Beschaffenheit der Haut herrührt, so gebrauche man folgende Mittel:

Calcarea c.—* Für blasse Kinder von schmächtigem Körperbau, die eine Anlage zum Fettwerden haben. Ungesunde Haut.

Carbo veg. — Eine allgemeine Voranlage zur Hautschärfung scheint vorhanden zu sein, die sich namentlich bei warmem Wetter äußert. Die Theile sind sehr rauh.

Chamomilla.—Rother, die wunden Stellen umkränzender trau= benartiger Ausschlag. * Das Kind ist sehr ärgerlich und will im= mer umhergetragen werden.

Graphites.—Namentlich gegen Geschwüre hinter den Oh= ren. * Eine klebrige, durchsichtige Flüssigkeit fließt aus den Theilen.

Lycopodium.—Die Abschärfung ist widriger Art und blutet leicht. Verstopfung; Stühle hart, spärlich und schwierig. * Rother, sandiger Niederschlag des Urins.

Sulphur.—Haut trocken, hülsig, ungesund. * Kleine eiterige Bläschen über den Körper. Heftiges Jucken der Haut, besonders an den wunden Theilen.

Anweisung. — Zwei bis drei Mal des Tages 3 Kügelchen trocken auf die Zunge.

Harnverhaltung.

Bei Kindern, die das sie quälende Leiden nicht bestimmen können, wie dies bei Erwachsenen der Fall ist, kann man auf das Vorhanden= sein des Uebels nur aus gewissen Symptomen schließen. Die Blase ist erweitert und ist gegen Druck in dieser Gegend sehr empfindlich. Zuweilen ist hochgradiges Fieber ein Anzeichen, sowie Schlaflosigkeit, jämmerliches Stöhnen und Schreien, Hinaufziehen der Glieder und Verdrehungen des Körpers.

Behandlung.—Ein wohl ausgerungenes, feuchtwarmes, zusam= mengefaltetes Tuch, über der Blasengegend angebracht, wird gute Dienste thun. Sollte dies nicht der Fall sein, so löse 1 Tropfen oder 6 Kügelchen **Aconit** in 10 Theelöffel Wasser auf. Davon alle zwei Stunden 1 Theelöffel voll. Wenn nach zwei oder drei Gaben keine Besserung eintritt, so gib in der angegebenen Weise **Nux vomica** oder **Pulsatilla**.

Verstopfung bei Kindern.

Einige Kinder leiden darunter von Geburt an, indem die Voran=
lage von der an dem Uebel leidenden Mutter auf das Kind über=
tragen wird. Oft ist fehlerhafte Ernährung die Ursache; so erklärt
es sich, daß mit der Flasche aufgebrachte Kinder dem Leiden häufiger
unterworfen sind, als solche, die die Brust nehmen. Zuweilen lie=
gen organische Störungen zu Grunde, z. B. wenn Kinder an der
Gelbsucht leiden, in welchem Falle die Stühle hart, trocken und lehm=
farbig sind, was auf mangelhafte Gallenabsonderung schließen läßt.

Wenn ungeeignete Ernährung zu Grunde liegt, der Mutter oder
des Kindes, so sollte sofort eine zweckmäßigere Diät an die Stelle
jener treten. Man gebe dem Kinde niemals abführende Mittel;
dies ist ein dunklen Zeiten angehörender, abscheulicher Brauch.

Behandlung. — Hauptanzeichen.

Bryonia. — Die Lippen sind trocken und gesprungen. * Die
Nahrung wird, unverdaut, sofort ausgestoßen. * Harte, dunkle,
trockne Stühle, wie verbrannt.

Calcarea c. — * Harte, unverdaute Stühle von heller Farbe.
Für Kinder mit bleicher, schlotteriger Haut.

Lycopodium. — Stühle sehr hart, spärlich und be=
schwerlich. * Lautes Rumpeln im Leib. * Rother, sandiger
Niederschlag des Urins.

Nux vomica. — Stühle groß, hart und sehr schwierig.
* Häufiger Stuhldrang [auch **Bry.**, **Lyc.**]. Das Kind leidet an
Kolik, ist schlaf= und ruhelos. Passend, wenn die Nährmutter viel
Kaffee oder starkgewürzte Speisen zu sich nimmt.

Opium. — Verstopfung nach Durchfall, oder nach dem Gebrauch
von Abführungsmitteln [auch **Nux v.**]. * Die Stühle bestehen aus
kleinen, harten, schwarzen Klumpen.

Anweisung. — Drei Tage hindurch gebe man Abends und Morgens 3 in etwas
Wasser aufgelöste Kügelchen; dann halte man zwei Tage lang ein; wenn keine
Besserung eingetreten ist, wähle man ein anderes Mittel. Leidet die Mutter an
Verstopfung, so nehme sie die Arznei; in diesem Falle vergleiche man „Ver=
stopfung."

In hartnäckigen Fällen ist ein Klystier zu empfehlen.

Durchfall bei Kindern.

Dieses bei Kindern häufig vorkommende Uebel stellt sich zuweilen
plötzlich ein, zuweilen allmälig, ohne Schmerzen. Nicht in jedem
derartigen Fall sollte man Arznei verabfolgen, da der Durchfall oft
nur die Wirkung eines wohlthätigen Naturzweckes ist, nämlich, die

19

Eingeweide von reizenden Substanzen zu befreien, deren Verbleiben im System schädlich werden könnte.

Ein gesundes Kind hat innerhalb 24 Stunden drei bis sechs Entleerungen. Wenn die Entleerungen öfter kommen und ein unnatürliches Aussehen haben, wenn sie grün, schwarz, wässerig, weißlich oder dunkel sind, so ist keine Zeit zu verlieren.

Ursachen.—Die gewöhnlichen Ursachen des Durchfalls hat man in unzweckmäßiger Nahrung zu suchen; daraus folgt von selbst, daß mit der Flasche aufgebrachte Kinder dem Uebel besonders ausgesetzt sind. Muttermilch, die besonders durch Gemüthsbewegung oder fehlerhafte Diät verdorben ist, verursacht häufig Durchfall. Kälte- oder Wärmeeinwirkungen, sowie das Zahnen der Kinder gehören ebenfalls zu den anregenden Ursachen.

Behandlung.—Hauptanzeichen.

Aconit.—Trockne, heiße Haut; Kind sehr erregbar. * Wässerige und weißliche Stühle; Urin roth.

Belladonna.—* Das Kind ist sehr schläfrig aber dabei unruhig; stöhnt und fährt oft im Schlafe auf. Kleine, grünliche Stühle. Gesicht sehr roth, oder sehr blaß.

Bryonia.—Durchfall nach heißem Wetter.

Calcarea c.—Stühle weißlich, oder wässerig [auch Acon., * Phos. ac.]. * Reichlicher Kopfschweiß beim Schlafen [auch Merc.] Die Haut des Kindes ist blaß, zart und schlotterig.

Chamomilla.—Stühle sind grün, wässerig und ätzend; dabei Kolik. * Heiße, durchfallartige Stühle; riechen wie faule Eier. * Das Kind ist sehr grämlich; will immer umhergetragen werden. * Namentlich zur Zeit des Zahnens. Schlimmer des Nachts.

Dulcamara.—Stühle gelblich, grünlich, wässerig, oder weißlich. * Von Erkältung oder kaltem Witterungswechsel herrührender Durchfall.

Ipecacuanha.—Stühle gegohren; mitunter grasgrün und schleimig. * Uebelkeit und Erbrechen; dabei Kolik. Besonders zur Zeit des Abgewöhnens, wo das Kind die Nahrung nicht vertragen kann.

Magnesia c.—Sauerriechender Durchfall. * Stühle grün, schleimig und wässerig, ähnlich dem grünen Mantel eines Froschteiches. Saures Erbrechen.

Mercurius.—Stühle schwarzgrün, schleimig, schaumig, oder blutig. * Heftige Anstrengung während des Stuhles und darnach. Schlimmer bei Nacht und heißem Wetter. Wunder Mund, mit weißlichen Flecken auf den Wangen und am Zahnfleisch, jene sehen wie geronnene Milch aus.

Podophyllum.—Schmerzloser Durchfall [auch **Chin.**, * **Ferr.**,

Phos. ac.]. Reichliche wässerige Stühle, oder gelbe, schleimige Stühle, die wie Aas riechen. Auch kreideartige, kothige, unverdaute Stühle; sie sind zuweilen mit gelben Schleimtheilchen bedeckt. Vor dem Stuhl lautes Gurgeln in den Eingeweiden, wie von Wasser. * Während des Stuhles Vorfall des Mastdarmes. Schlimmer des Morgens, des Nachts und bei heißem Wetter.

Sulphur.—Stühle sehr veränderlich: gelb, grün, braun, unverdaut. * Durchfall früh am Morgen; ist schmerzlos. Die ätzenden Stühle verursachen Wundheit der Theile [auch **Cham., Merc.**].

Anweisung.—In dringenden Fällen gebe man die Arznei alle zwei bis drei Stunden; in mildern Fällen genügen 2—3 Dosen des Tages. Löse 1 Tropfen oder 8 Kügelchen in 8 Theelöffel voll Wasser auf; davon gebe man 1 kleinen Theelöffel voll als Gabe oder 8 Kügelchen trocken auf die Zunge.

Die Nährmutter sollte streng nach den homöopathischen Diätsregeln leben; ebenso ist bei künstlicher Ernährung des Kindes die größte Vorsicht nöthig. Vergleiche „Ernährung und Diät der Kinder."

Kinder-Kolik.

Diese sehr gewöhnliche Krankheit entsteht meistens aus schlechter Beschaffenheit der Muttermilch; aus zu reichlicher oder ungeeigneter Ernährung; Kälteeinwirkungen und Würmer sind gleichfalls oft die Ursache.—Der Anfall erfolgt oft plötzlich; das Kind windet sich hin und her; zieht die Beine nach oben und schlägt mit den Füßen. Der Unterleib ist angespannt; es rumpelt in den Eingeweiden, und das Kind ist sehr leidend. Das Schreien ist zuweilen so heftig, daß das Gesicht purpurroth wird, während der ganze Körper zittert. Zuweilen verschafft das Abgehen von Winden aus den Eingeweiden kurze Erleichterung.

Eine besondere Art der Kolik ist der sogenannte „Dreimonatliche Leibschmerz" ("three months' bellyache"); er kommt nur periodisch; der sehr schmerzhafte Anfall kommt gegen 5 oder 6 Uhr Nachmittags. Die Kolik scheint keinen nachtheiligen Einfluß auf die Gesundheit oder Entwicklung des Kindes zu haben und verschwindet nach etwa drei Monaten.

Man sollte den Ursachen des schmerzhaften Leidens nachspüren und sie zu entfernen suchen, aber gebe dem Kinde ja keinen Kräuterthee, keine stärkenden oder lindernden Mittel und—keinen "Soothing Syrup". Vergleiche „Ernährung und Diät der Kinder."

Behandlung.—Hauptanzeichen.

Aconit.—Wenn Gemüthserregung, wie plötzliche Freude, oder Schreck Magenstörungen verursacht haben. Sollte das Mittel nicht helfen, so gieb **Opi.**

Chamomilla. — Windkolik; Bauch hart und angespannt.

Schreit laut auf; windet und krümmt sich; zieht die Beine nach oben; Füße kalt. * Will immer umhergetragen werden. Erschlaffung der Gedärme, mit gelblichen, grünen und wässerigen Stühlen.

China.—* Die Kolik stellt sich jeden Nachmittag zu einer bestimmten Stunde ein [am Abend, **Puls.**]. Das Kind schreit, um sofort darauf zu lachen [auch **Bell.**].

Colocynth.—Schreit fortwährend, krümmt sich und zieht die Beine nach oben. * Das Kind krümmt Ober= und Unterkörper zusammen und ist gegen Zurückbiegen der Theile in ihre normale Lage sehr empfindlich.

Ipecacuanha.—Das Kind schreit wie vor schneidenden Schmerzen laut auf. Grüne, gegohrne Stühle von fauligem Geruch. * Große Uebelkeit.

Nux vomica.—Windkolik, eine Folge unzweckmäßiger Ernährung. Schreit, zieht die Füße nach oben und wirft sie dann wieder nach unten. * Verstopfung, strengt sich an, die Gedärme zu bewegen. Passend für Kinder, die künstlich ernährt werden, oder wenn die Mütter zu stark gewürzte oder stimulirende Nahrung zu sich nehmen.

Pulsatilla.—Windkolik, namentlich, wenn sie sich des Abends oder einen um den andern Tag einstellt [auch **Chin.**]. Kollern von Wind in den Gedärmen; dabei Empfindlichkeit des Unterleibes.

Aeußerliche Mittel.—Warme Bähungen des Unterleibs sind sehr heilsam; ebenso quer über den Bauch gelegte, mit heißem Salz gefüllte Säckchen. Man hülle die Füße in warmen Flanell ein. Bei Verstopfung sollten die Gedärme durch warme Klystiere zu neuer Thätigkeit angeregt werden.

Anweisung.—Löse 8 Kügelchen in 10 Theelöffel Wasser auf; davon gib alle fünfzehn bis zwanzig Minuten 1 Theelöffel voll; oder man gebe 3 Kügelchen trocken auf die Zunge.

Anschwellen der Brüste.

Die Brüste neugeborner Kinder sind zuweilen geschwollen und hart. Die landläufige Ansicht, daß diese Anschwellung von einem Vorhandensein von Milch in den Brüsten herrühre und daß durch Ausdrücken oder Ausreiben der Theile Linderung beschafft werden könne, ist grundfalsch. Entzündung und Eiterung der so behandelten Theile sind die Folgen dieses thörichten Verfahrens.

Behandlung.—Sind die Brüste hart und geschwollen, so bade man sie mit warmem Schweineschmalz und lege ein damit getränktes Tuch über die Theile. Sollte die Geschwulst nicht fallen, sollten ferner die Theile sich entzünden, so gebe man zwei oder drei Tage eine Gabe **Belladonna**. Sollte demungeachtet Eiterung eintreten, so mache man warme Aufschläge von Leinsamen und gebe, anstatt **Belladonna, Hepar s.**

Ruhelosigkeit der Kinder.

Ruhe= und Schlaflosigkeit der Kinder kommt von unzweckmäßiger Ernährung derselben (auch Ueberladung des Magens), auch ist sie oft eine Folge des Genusses von Kaffee, Thee, Wein und andern reizenden Getränken, welche die Nährmutter in der Säugeperiode genießt. Anstatt zu Syrupen, Mixturen und dgl. seine Zuflucht zu nehmen, suche man das Grundübel auf und entferne dasselbe.

Behandlung.—Hauptanzeichen.

Belladonna.— * Das Kind ist schläfrig, aber es kann nicht schlafen; es fährt plötzlich auf und schreit laut. Der Kopf ist heiß; das Kind scheint nervös zu sein.

Chamomilla.— Wenn die Schlaflosigkeit mit Windsucht und Gliederzucken verbunden ist. Fieberische Hitze; die eine Wange ist roth [auch Acon.]. Das Kind ist sehr ärgerlich; will immer umhergetragen sein.

Coffea.— Zunehmende Hitze des Körpers und nervöse Erregung. * Das Kind ist immer schlaflos; es härmt und quält sich jämmerlich ab. Sollte das Mittel nicht helfen und das Gesicht roth werden, so gib **Opi.**

Schreien der Kinder.

Das Kind hat nur eine Sprache, um seine Schmerzen und Be= dürfnisse zu äußern: das Schreien. Mütter oder deren Stellver= treterinnen sollten diese Sprache der Empfindungen wohl verstehen.

Wenn ein Kind schreit, so ist dies nicht immer ein Anzeichen von Schmerzen: es mag hungrig sein, oder es begehrt Lageveränderung. Man sollte es nie längere Zeit in einer Lage verharren lassen, son= dern man wende es dann und wann um, um den Liegetheilen Ruhe zu gönnen. Schreien, mit Ruhelosigkeit, deutet auf Unbehagen; Schreien, mit Aufziehen der Beine, auf Kolik; plötzliches, scharfes Aufschreien, mit Ausstrecken der Hände nach dem Kopf, auf Ohren= schmerz; wenn es beim Schreien die Finger in den Mund zwängt, so deutet dies auf Zahnschmerzen; Schreien beim Husten deutet auf Wundheitsgefühl im Halse oder Schmerzen in der Brust. Wenn das Kind plötzlich, ohne wahrnehmbare Ursache schreit, so untersuche man die Kleider des Kindes, ob nicht etwa eine Stecknadel einen Körpertheil verletzt hat.

Ist der Schmerz auf keine der erwähnten Ursachen zurückzuführen, so wende man eines der hier folgenden Mittel an:

Aconit.—Die Haut ist heiß und trocken; das Kind ist ruhelos, kann nicht schlafen und ist in beständiger Aufregung.

Belladonna. — Krampfartiges, anhaltendes Aufschreien; ist schläfrig, aber kann nicht schlafen; fährt plötzlich aus dem Schlafe auf und schreit erbärmlich.

Chamomilla.—* Das Kind schreit und ist sehr unruhig; will immer umhergetragen werden. Fieberhaftigkeit; Röthe der einen Wange [auch Acon.]. Namentlich während des Zahnens.

Coffea.—Das Kind schreit und lacht abwechselnd. Ist sehr schlaflos; scheint kein Bedürfniß zum Schlaf zu haben.

Nux vomica.—Das Kind leidet an Verstopfung und Windkolik; ist sehr unruhig. Ist schlaf- und ruhelos; wird gegen 3 oder 4 Uhr des Morgens wach; muß umhergetragen werden. Passend für Kinder, deren Mütter an zu reichhaltige und stimulirende Kost gewöhnt sind.

Anweisung.—Löse 8 Kügelchen in 10 Theelöffel Wasser auf; davon gib alle zwei Stunden 1 Theelöffel voll.

Schluchzen—Schlucken.

(HICCOUGH—SINGULTUS.)

Das durch den wohlbekannten glucksenden Ton sich ankündigende Uebel entsteht durch Zusammenziehung des Zwerchfelles und der Stimmritze, wodurch die Luft in der Luftröhre zurückgehalten wird. Es ist ein Symptom verschiedener Krankheitszustände; kommt oft von Ueberladung des Magens, unverdaulichen Speisen, stimulirenden Latwergen u. s. w. Das Symptom ist sehr bedenklich, wenn es im Gefolge von Typhus, größern Eiterbeulen und andern erschöpfenden Krankheiten erscheint.

Bei Behandlung dieses krankhaften Symptoms sollte man der Grundursache nachspüren und dieselbe zu entfernen suchen. Wenn es von irgend einer constitutionellen Störung herrührt, so sollte man diesen Zustand durch geeignete Mittel rasch beseitigen.

Belladonna.—Das Kind schreit beim Schluchzen, als ob es Schmerzen verursachte. * Gesicht geröthet; Stöhnen.

Hyoscyamus.—Oefteres Schluchzen, mit Rumpeln im Bauch und Gliederreißen.

Ignatia.—Schluchzen, namentlich nach dem Essen oder Trinken. * Oefters Seufzen.

Nux vomica.—Schluchzen von Ueberladung oder sonstigen

Störungen des Magens. * Verstopfung, mit häufiger Kolik. * Oefteres Auswerfen der Speisen [auch **Puls.**].

Anweisung.—Löse 8 Kügelchen in 10 Theelöffel Wasser auf; davon gib alle zwanzig Minuten 1 Theelöffel voll, oder 3 Kügelchen trocken auf die Zunge.

Kopfgrind.

(SCURF ON THE HEAD.)

Kinder leiden oft an einem krustigen Ueberzug auf den behaarten Kopftheilen; er erscheint zuerst oben auf dem Kopf, von wo er sich weiter verbreitet. Er bildet sich aus einer bläschenartigen Aus= schwitzung, die auf der Hautfläche ausgesondert wird; diese verdickt sich zu einer trocknen, schuppigen Kruste, welche die Kopfhaut theil= weise bedeckt. Wird ein Theil dieser Kruste entfernt, so erscheint die darunter befindliche Haut roth, entzündet.

Unreinlichkeit und zu warme Kopfbedeckung sind die gewöhnlichsten Ursachen des Uebels. Kinder, deren Kopf jeden Tag regelmäßig gewaschen und mit einer weichen Bürste gereinigt wird, sind nur selten mit dem Uebel behaftet. Innere Behandlung ist nur selten geboten. Sollte immerhin eine Anlage zu weiterer Grindbildung vorhanden sein, so gebe man Abends und Morgens eine Dosis **Sul-phur.**

Man erweiche die Theile Abends und Morgens mit Baumöl oder frischer Butter, hülle den Kopf während der Nacht wohl ein, wasche ihn am Morgen mit etwas Boraxseife und Wasser: dann lassen sich die Borken mittels eines Kammes oder einer Bürste leicht entfernen. Unter Umständen muß dieses Verfahren öfters wiederholt werden. Um die Borken zu entfernen, wende man niemals Gewalt an; dies möchte das Uebel nur verschlimmern.

Krämpfe.

(CONVULSIONS—SPASMS.)

Das Nervensystem der Kinder ist, namentlich in den vier ersten Le= bensjahren so erregbar, daß man immer auf Krampfanfälle gefaßt sein muß.

Zuweilen sind Ruhelosigkeit, Aufschreien, Zittern des Unterkiefers, plötzliches Auffahren im Schlaf u. s. w. Vorboten. Aber gewöhn= lich stellen die Krämpfe sich ein ohne Voranzeichen; die Kiefer schließen sich krampfhaft; der Mund schäumt; die Gesichtsmuskeln sind ver= zerrt; der Blick ist starr; die Augen sind düster und wässerig; die

Pupillen sind erweitert; Schnarchen; rasselnder Athem und zuweilen unwillkürliche Koth= und Harnentleerungen. Der Anfall kehrt alle fünfzehn bis zwanzig Minuten wieder; aber auch in diesen Zwischen=räumen bleiben die Muskeln starr; Finger und Zehen sind krampf=haft gekrümmt.

Im Allgemeinen sind Krampfanfälle bei kleinen Kindern nicht be=denklicher Art, es sei denn, daß sie bei vorgerücktem Alter derselben in Verbindung mit Kindern eigenartigen Krankheiten sich einstellen; in diesen Fällen sind sie schlimme Vorzeichen.

Ursachen.—Dahin gehören: Nervenreiz beim Zahnen; zurückge=triebene Ausschläge; Würmer; Diätfehler; Fallen auf den Kopf und geistige Aufregung.

Behandlung.—Wenn ein Kind von Krämpfen befallen wird, so setze man die untern Theile bis an die Kniee zehn oder fünfzehn Minuten lang in heißes Wasser; dann reibe man die Theile tüchtig ab und hülle sie in warmen Flanell ein, während man zugleich den ganzen Kopf in kalte Tücher einhülle; man wiederhole dies öfters.

Wenn die Krämpfe vom Genuß unverdaulicher Speise oder Ver=stopfung herrühren, so gebe man ein warmes Klystier von Ulmen=rinde (slippery-elm) oder Leinsamen. Sobald es rathsam erscheint, lege eine Dosis der folgenden Arzneien auf die Zunge.

Aconit.—Hochgradiges Fieber; Haut trocken und heiß; Unruhe und Angst. Während des Zahnens. Wenn von Spulwürmern herrührend [Cina]. Zähneknirschen und krampfartiges Schluchzen.

Arnica.—Wenn von Verletzungen herrührend, wie Gehirner=schütterung, Fall oder Sturz.

Belladonna.—Hitze im Kopf; Gesicht und Augen geröthet; er=weiterte Pupillen [Opi.]. Auffahren im Schlaf. Schläfrigkeit, dabei Schlaflosigkeit. Krampfhaftes Zucken des Mundes, der Ge=sichtsmuskeln und der Augen. Schäumen des Mundes und Zähne=knirschen. * Schläfrigkeit nach den Krämpfen. Vorzeitig geborne Kinder.

Chamomilla.—Ausrecken der Glieder, mit Zuckungen der Ex=tremitäten, der Augen, der Augenlider und der Zunge. Ruckweise Zusammenziehung der Muskeln im Schlaf [Bell.]. * Röthe des Gesichts, oder eine Wange ist roth und die andere blaß. * Das Kind ist in gereizter Stimmung und will immer umhergetragen sein. Heißer Schweiß auf der Stirn und den behaarten Kopftheilen. Stöhnt in einem fort und begehrt zu trinken.

Cina.—Brustkrämpfe, gefolgt von Erstarrung der Glieder oder des ganzen Körpers. Passend für Kinder, die von Würmern geplagt werden. * Pickt und bohrt beständig in der Nase [Phos. ac.]. Häufiges Schlingen, als ob etwas im Halse steckte. Trockner, kurzer Husten. Der Harn wird nach dem Stehen milchicht.

Hyoscyamus.—Ruckweise Zucken und Zusammenziehen der Muskeln, namentlich der des Halses und der Augen. * Krampfartiges Zittern; Schaum auf dem Munde. Nach plötzlichem Schreck [Opi.] * Husten schlimmer beim Liegen, besser beim Aufsitzen [Puls.].

Ignatia.—Fährt nach leichtem Schlummer plötzlich mit lautem Schrei auf und zittert am ganzen Körper. * Einzelne Theile oder Muskeln scheinen hier und da krampfhaft zu zucken. * Die Krämpfe kehren jeden, oder einen um den andern Tag zur selben Stunde wieder.

Opium.—Zittern über den ganzen Körper; Hin- und Herwerfen der Glieder. * Lautes Aufschreien vor und während der Anfälle. Das Kind liegt bewußtlos und betäubt da; athmet schwer und mühsam. * Krämpfe in Folge von Schreck [Acon., Gel.].

Stramonium.—Krämpfe in Folge von Schreck; Hin- und herwerfen der Glieder; unwillkürliche Stuhl- und Harnentleerungen [vgl. Opi.]. * Erwacht mit ängstlichstarrem Blick, wie erschreckt von dem zuerst wahrgenommenen Gegenstand. Wenn von unterdrückten oder langanstehenden Hautausschlägen herrührend.

Anweisung.—Während der Anfälle lege man alle zehn oder fünfzehn Minuten 3—4 Kügelchen trocken auf die Zunge, bis Besserung eintritt; alsdann gebe man bis zum gänzlichen Verschwinden der Symptome alle zwei bis drei Stunden 1 Dose.

Zahnen.
(DENTITION—TEETHING.)

Dies ist an und für sich keine Krankheit, sondern nur ein natürlicher Vorgang; aber öfters stellen sich sympathetische, schmerzhafte Zustände ein, die das Leben des Kindes ernstlich bedrohen.

Der Durchbruch der Zähne erfolgt gewöhnlich im sechsten Monat, wo die zwei mittleren unteren Schneidezähne kommen. Ein Monat darnach erscheinen die zwei oberen mittleren Schneidezähne. Im neunten Monat brechen die zwei seitigen unteren Schneidezähne durch; bald darauf die zwei oberen. Im zwölften Monat erscheinen in der oberen und unteren Zahnreihe je zwei Backenzähne. Zwischen dem vierzehnten und zwanzigsten Monat brechen die Eck- und Augenzähne durch. Mit dem zweiten Jahre erscheinen die zwei hinteren Backenzähne, was die erste Zahnbildung vervollständigt. Dies ist der gewöhnliche Prozeß; aber zuweilen erfolgt der Durchbruch nach drei Monaten, ja oft erst nach zehn und zwölf Monaten nach der Geburt. Diese Abweichungen von der Regel sind nicht bedenklich.

Die zweite Zahnbildung beginnt ungefähr im sechsten Lebensjahr und ist im dreizehnten soweit beendet. Mit dem Erscheinen der erst später

kommenden Weisheitszähne ist die Zahnbildung vervollständigt. Be=
schwerliches Zahnen ist von verschiedenen örtlichen Erscheinungen be=
gleitet: das Zahnfleisch erweitert sich, wird winkelig und zeigt die
Gestaltung der kommenden Zähne; die Theile sind roth, geschwollen
und empfindlich; das Kind beißt gern auf etwas Hartes oder zwängt
die Faust in den Mund; dieser ist heiß, immer mit Speichel be=
schmiert; das Kind ist ärgerlich und fieberisch; Kopf heiß, Füße
kalt; Schlaf unruhig; zuweilen, namentlich des Nachts, lästiger
Husten. Diese Symptome, mit andern dem Kindesalter eigenen
Störungen, deuten auf beschwerliches Zahnen.

Aufschneiden des Zahnfleisches.—Dieses, namentlich von
Allopathen angewandte Verfahren, schadet in den meisten Fällen weit
mehr, als es nützt. Verletzung der Zähne und deren Fäulniß sind
häufige Folgen. Zudem heilt der aufgeschnittene Theil gewöhnlich
rascher zu, ehe der Zahn durchbricht, und die entstandene Narbe macht
das Zahnfleisch härter und hemmt den Prozeß. Sollte aber das
Zahnfleisch stark angeschwollen und entzündet sein und kleine Ge=
schwüre entstehen, so steht dem Verfahren nichts im Wege. Auf alle
Fälle consultire man einen Arzt.

Behandlung.—Hauptanzeichen.

Aconit.—* Anhaltende Unruhe; Wechsel der Lage gewährt keine
Erleichterung. Das Kind schreit, jammert und härmt sich ab;
läßt sich nicht beruhigen. * Trockne, heiße Haut; gestörter Schlaf;
heftige Kopfhitze und großer Durst. Grüner, wässeriger
Durchfall, oder Verstopfung.

Apis mel.—Oefteres Erwachen in der Nacht oder im Schlaf;
schreit auf [* Bell., Cham.]. Hier und da rothe Flecken über den
ganzen Körper. Harn spärlich, oder reichlich. Grüngelber, wässe=
riger Durchfall; schlimmer des Morgens. * Gähnen und Unbe=
haglichkeit.

Belladonna.—Das Kind stöhnt häufig; erwacht erschrocken und
stieren Blickes auf. * Auffahren im Schlafe [Hyos.]. Gesicht und
Augen geröthet; Pupillen erweitert; Kopf heiß. * Krämpfe, ge=
folgt von gesundem Schlaf. Zahnfleisch geschwollen und entzündet,
mit **zahlreichen kleinen Blutgefäßen auf der Haut=
fläche.**

Bryonia.—Mund und Lippen trocken. Das Kind will immer
ruhig gehalten sein; fühlt, wenn aufgerichtet im Bett, schwach und
unwohl. * Gibt genossene Speise sofort wieder von sich [Nux v.].
Starkes Verlangen nach Wasser. * Harte, trockne Stühle, oder
Durchfall am Morgen. * Wirft die von ihm begehrten Gegenstände
weg. Sehr reizbar.

Calcarea c.—Großer Kopf, mit offenen Geschwüren—scrophu=

löser Art [Merc., * Sil., Sulph.]. Starker Kopfschweiß während des Schlafes. * Kalte, feuchte Füße. * Weiße, kreideartige Stühle, oder dünne, weißliche. Saures Erbrechen oder Ausstoßen der Speisen. Bauch geschwollen; Abmagerung und guter Appetit.

Chamomilla. — Das Nervensystem ist äußerst empfindlich. Plötzliches Aufschreien und Hin- und Herwerfen im Schlaf [Bell.]. * Ist sehr ärgerlich und will immer umhergetragen sein. * Eine Wange ist roth, die andere blaß [Acon.]. Krampfhafte Zusammenziehung der Extremitäten. Durchfall grüner, gelblicher, oder weißlicher, schleimiger Stühle, die wie faule Eier riechen.

Coffea. — * Das Kind ist sehr erregbar und schlaflos. Es härmt sich jämmerlich ab; jetzt lacht es, dann weint es. Das Kind ist sehr fieberisch und in Folge ungenügenden Schlafes äußerst erschöpft.

Graphites. — Ungesunde Haut. Die Haut an den Gliederkrümmungen, dem Halse und hinter den Ohren ist rauh [* Hepar]. Ausschläge über den Kopf und das Gesicht, welche eine klebrige Flüssigkeit aussondern. Verstopfung; große, harte Stühle.

Hyoscyamus. — Das Kind steckt seine Finger in den Mund und preßt die Zahnfleischballen auf einander. Augen roth und funkelnd. * Convulsionen, die mit Zusammenziehung der Gesichtsmuskeln beginnen, namentlich in der Augengegend. * Tiefer Schlaf, Murmeln und Bettzupfen [Opi.]. Gelbe, wässerige, unfreiwillige Stühle.

Ignatia. — Oefteres Rothwerden des Kopfes und Schweißausbrüche. Das Kind erwacht mit durchdringendem Schrei und zittert am ganzen Körper [* Apis]. Convulsives Jucken einzelner Theile. * Das Kind ist sehr niedergeschlagen, seufzt und schreit. Stühle blutigen Schleimes, oft mit Stuhlzwang und Vorfall des Mastdarmes.

Ipecacuanha. — Gesicht blaß; blaue Kränze um die Augen. * Beständige Uebelkeit und Erbrechen [Phos., * Verat. alb.]. Durchfall; Stühle grasgrün, oder gegohren und buntfarbig. Catarrh, mit erstickendem Husten. Rasseln von Schleim in der Luftröhre.

Magnesia c. — Grüner, sauerriechender, langwieriger Durchfall. * Stühle grün, wässerig, ähnlich dem stehenden Schaum auf einem Froschteich [wenn geschlagenen Eiern und zerhacktem Spinat ähnlich, * Cham.]. Häufiges Erbrechen sauerriechender Materie.

Mercurius. — * Reichlicher Speichelfluß; Röthe des Zahnfleisches; zuweilen kleine Geschwüre auf der Zunge und am Mund. Durchfall; Stühle grünlich und schleimig, oder blutig; anstrengend [Bell.]. Gelblicher, scharfriechender Harn. Schlimmer bei Nacht.

Nux vomica.—Das Kind ist sehr reizbar. Mangel an Eß=
lust; vermehrter Durst. * Verstopfung; Stühle groß und be=
schwerlich, oder klein, häufig, klumpig, oder braune, schleimige
Stühle [Lyc.]. Namentlich für Kinder, die mit Kuhmilch aufge=
bracht werden, oder deren Mütter stark gewürzte Speisen, Weine,
u. s. w. lieben. Schlimmer am Morgen.

Podophyllum.—Unruhiger Schlaf; die Augen sind halb ge=
schlossen; Stöhnen und Zähneknirschen. Wirft den Kopf von der
einen Seite nach der andern [Lyc.]. Grüne, wässerige, oder weiß=
liche, kalkartige Stühle; dabei öfteres vergebliches Würgen.
* Durchfall am Morgen; Vorfall des Afters bei jedem Stuhl
[Sulph.]. Schlimmer bei heißem Wetter und nach dem Essen und
Trinken.

Silicea.—* Großer Kopf; offene, fließende Wunden; scrophu=
lös. Reichlicher, sauerriechender Kopfschweiß [Calc. c., Merc.].
Bauch hart, heiß und angespannt. Das hervorragende Zahnfleisch
ist mit Bläschen bedeckt und sehr empfindlich. * Verstopfung; die
Stühle, wenn theilweise entfernt, gehen zurück.

Sulphur.—Gesicht blaß oder gelb. Offene Wunden. Hef=
tig juckender Hautausschlag. Durchfall weißlicher, grünlicher, oder
blutiger, schleimiger Stühle, und Aufschärfung des Afters [Merc.].
* Durchfall früh am Morgen. Häufiges Erbrechen. * Oeftere
schwache Krampfanfälle.

Anweisung.—Löse 8 Kügelchen in 10 Theelöffel Wasser auf; davon gib zwei
oder drei Mal des Tages 1 Theelöffel voll; öfter in schwierigen Fällen.

Diät.—Muttermilch ist die geeignetste Nahrung. Vergleiche „Ernährung
und Diät der Kinder."

Kinder-Cholera.

(SUMMER COMPLAINT.)

Die Krankheit befällt gewöhnlich Kinder unter zwei Jahren und
hält bei schwülem, warmem Wetter den ganzen Sommer an. Sie
beginnt gewöhnlich mit leichtem Durchfall, wie beim Zahnen und
wird darum oft nicht gehörig beachtet. In andern Fällen beginnt sie
mit Erbrechen von Speise und Schleim, oder Würgen. Die Stühle
sind verschiedenartig: zuweilen aschgrau, weißlich, grünlich oder
gelblich und wässerig, oder schleimig und blutig. Nicht selten geht
die Speise unverdaut ab. Das Erbrechen hört zeitweilig auf, um
stets wiederzukehren. Fieber; heiße, trockne Haut; heftiger Durst,
gibt aber alle Getränke sofort von sich. Kopf und Bauch sind heiß,
während die Extremitäten kalt sind. Das Kind verliert den Appetit,
wird schwach und fällt vom Fleisch; der Bauch ist eingezogen; die

Augen gesunken; die Nase spitz und die Haut an den Extremitäten
ist schlaff. Schließlich Bildung von Aphthen (weiße, gelbliche Flecke
im Munde, namentlich an der Zungenspitze) mühsames Athmen;
leichte Convulsionen; unregelmäßiger Puls und—Tod.

Ursachen.—Dahin gehören vor allen Dingen unzweckmäßige Diät
der Mutter oder des Kindes; unreine Luft in bevölkerten Städten;
Wechsel der Witterung; Entzündung während des Zahnens und
Mangel an Reinlichkeit.

Namentlich während des „zweiten Sommers," wo Kinder für die
Krankheit besonders empfänglich sind, sollte die Diät, die Kleidung,
die Bewegung und Reinlichkeit geeignete Berücksichtigung finden.
Starkgewürzte Speisen oder stimulirende Getränke, Säuren, un=
reise Früchte, ungekochte Gemüse, wie Zwiebeln, Radieschen, Kohl
u. s. w. müssen von Mutter oder Amme ängstlich vermieden werden.
Die Schlaf= und Wohnzimmer sollten kühl und wohl gelüftet sein;
das Kind sollte öfters in die freie Luft gebracht werden. Kinder,
welche in dicht bevölkerten Städten wohnen, sollten hinaus auf's freie
Land gesandt werden. Sodann ist Reinlichkeit eine Hauptsache.
Man bade das Kind wenigstens ein Mal des Tages in lauwarmem
Wasser; dann umhülle man den ganzen Körper mit einem trocknen
Tuch und reibe ihn damit wohl ab. Da auf diese Weise die äußere
Luft keinen Zutritt erhält, ist keine Erkältung zu befürchten.

Behandlung.—Hauptanzeichen.

Aconit. — Beim Beginn der Krankheit, wenn die
Haut heiß, der Puls rasch und das Kind schlaflos ist.
Stühle grün, wässerig; oder weiß und schleimig. Vor dem Stuhl
und während desselben schneidender Schmerz und Stuhlzwang.
Uebelkeit und Erbrechen genossener flüssiger Nahrung. * Ruhelosig=
keit; das Kind wirft sich von einer Seite nach der andern.

Apis mel.—Zunge trocken und glänzend. Kein Durst. Stühle
grünlich, gelblich, oder schleimig. Während des Stuhls Bauch=
grimmen und Stuhlzwang. Der Bauch ist gegen Druck empfindlich.
* Schlimmer des Morgens.

Arsenicum.—Blasses, tooähnliches Gesicht. Haut trocken und
runzelig. Stühle dick, dunkelgrün und schleimig; oder
dunkel, wässerig und widrig. Schneidender Schmerz und
Stuhlzwang während des Stuhles. * Erbrechen sofort nach dem
Trinken [**Verat. alb.**]. *Außerordentliche Ruhelosigkeit und Er=
schlaffung, sowie heftiger Durst erheischen die Anwendung
dieses Mittels. Schlimmer nach Mitternacht.

Belladonna.—Gesicht blaß, oder geröthet. Mund und Lippen
sind sehr trocken. Die Zunge ist in der Mitte weiß belegt, während
die Ränder roth sind. Die dünnen Stühle sind schleimig, entweder

grün, oder blutig. Irrereden, besonders während des Schlafes und darnach; will aus dem Bett. * Schläfrig, aber kann nicht schlafen. * Das Kind schreit plötzlich auf und hält damit plötzlich ein. * Jähes Auffahren im Schlaf.

Bryonia. — Trockne, verdorrte Lippen. Heftiger Durst nach Wasser nach langen Zwischenräumen [umgekehrt, * **Ars., Chin.**]. Die genossenen Speisen werden sofort unverdaut ausgebrochen. Stühle braun, dünn, hesig, oder unverdaut. Vor dem Stuhl schreit das Kind vor Schmerz auf und kann keine Lageveränderung ertragen. * Wird beim Aufsitzen schwach und matt. Nach dem Genuß von kalten Getränken, Früchten, und nach Ueberhitzung.

Calcarea c. — Scrophulöse Kinder, mit großen Köpfen und offenen Geschwüren [**Sulph.**]. Bauch geschwollen und angespannt; Abmagerung bei gutem Appetit. Haut trocken und runzelig. Stühle weißlich und wässerig, oder kreideartig; unverdaut [**Podo.**]. Erbrechen saurer Materie, namentlich Milch. * Reichlicher Kopfschweiß beim Schlafen [**Sil.**]. Kalte, feuchte Füße.

Carbo veg. — Große Blässe, oder graugelbes Gesicht. Stühle leicht gefärbt; unwillkürlich; strömen einen leichenhaften Geruch aus [**Sil.**]. Namentlich im letzten Stadium, wenn die Lebenskräfte fast erschöpft sind. Ruhelosigkeit und Angst, schlimmer gegen Abend. * Reichliche Entleerung von geruchlosen, oder faulen Winden.

Chamomilla. — Röthe und Hitze des Kopfes; zuweilen ist die eine Wange roth und die andere blaß [**Acon.**]. Die Zunge ist dick belegt (weiß oder gelb). Saures Erbrechen von Speisen oder schleimiger Materie. Grüne, weiße, ätzende Stühle mit Kolik; auch mit weißem und gelbem Schleim vermischt, geschlagenen Eiern ähnlich. Kolik vor dem Stuhl und darnach. * Das Kind ist sehr reizbar, will immer umhergetragen sein [* **Cina**].

Ipecacuanha. — Gesicht blaß; blaue Kränze um die Augen [**Phos.**]. Gelb- oder weißbelegte Zunge. * Anhaltende Uebelkeit nebst Erbrechen. Stühle grasgrünen Schleimes, oder weiß, gegohren [wie Hefe, **Arn.**]. Kolik und Uebelkeit vor dem Stuhl und darnach. * Nach dem Erbrechen Neigung zum Schlafen.

Magnesia c. — Gesicht schmutzig, dunkelgelb. Kein Appetit; heftiger Durst; Neigung zum Erbrechen. * Stühle grün und schleimig, wie der Schaum auf dem Froschteich; riechen sauer. Bauchweh vor dem Stuhl. Schlimmer bei heißem Wetter und während des Zahnens [siehe **Cham.**].

Mercurius. — Trockne Lippen, wunde Mundwinkel. Zungenbeleg ist weiß und pelzicht. Stühle schwefelgelb, zuweilen grün, schleimig, oder blutig. Kolik vor dem Stuhl und heftiger Stuhlzwang während desselben und darnach). * Große Empfindlichkeit über der Magengrube und dem Bauch. Kalte, klebrige Schweiße, namentlich des Nachts.

Phosphoric ac. — Blaue Kränze um die Augen; peinlicher Durst; Verlust des Appetits; reichliche Nachtschweiße. Stühle weißlich, wässerig, hellgelb, schmerzlos. * Abnahme der Kräfte nur gering, auch wenn die Krankheit lange anhält [umge= kehrt, * Ars., * Verat. alb.].

Podophyllum. — Stöhnt im Schlaf; die Augen sind halb offen; wälzt den Kopf hin und her. Erfolgloses Würgen. Stühle wässerig; mehlartiger Satz; dunkelgelber Schleim, riecht wie Aas. * Reichliche wässerige, schmerzlose, aber schwächende Stühle. * Vorfall des Mastdarmes während des Stuhles [Merc.]. Schlim= mer des Morgens und nach dem Essen oder Trinken.

Pulsatilla. — Die Zunge ist mit zähem Schleim belegt. * Stühle sind sehr verschiedenartig, nicht zwei sind gleich; schlimmer des Nachts [Sulph.]. Rumpeln im Bauch vor dem Stuhl; Schüttelfrost während desselben [Ars., * Merc., Sulph.].

Secale cor. — Gesicht blaß; die tiefliegenden Augen sind von blauen Kränzen umgeben [Ipe., Phos.]. Die Zunge ist mit einem dicken, trocknen, gelblichen Filz belegt. Schmerzloses, aber entkräf- tendes Erbrechen. Unwillkürliche, wässerige, schleimige Stühle [Bell., Carbo v.]. Kollern im Bauch vor dem Stuhlgang; Er- schöpfung vor und nach dem Stuhl. * Wärme und Zugedecktsein unerträglich. * Schmächtige Kinder, mit runzeliger Haut.

Sulphur. — Das Kind ist am Tage sehr schläfrig und schlaflos bei Nacht. Stühle sehr veränderlich und schmerzhaft, oder — ganz schmerzlos; schlimmer früh des Morgens. Scharfe Stühle [* Ars., Cham., * Merc.]. Bei wiederholten Rückfällen, oder bei längerer Dauer des Zustandes.

Veratrum alb. — Kalter Stirnschweiß. Lippen trocken und von dunkler Farbe. * Erbrechen nach dem Trinken [Ars., Nux v.]. Die geringste Bewegung reizt zum Erbrechen. Stühle grün, wässerig, flockig. Vor dem Stuhl heftige Kolik; während desselben kalter Stirnschweiß [warmer, Merc.]. Starkes Verlangen nach kaltem Wasser. Puls kaum fühlbar.

Anweisung. — Löse 8 Kügelchen oder 12 Tropfen in 10 Theelöffel Wasser auf; davon gebe man alle zwei oder drei Stunden 1 Theelöffel voll; nach eingetre- tener Besserung in größern Zwischenräumen.

Diät. — Wenn das Kind von der Mutter gestillt wird, so lasse man es dabei bewenden; andernfalls vergleiche „Ernährung und Diät" in einem obigen Artikel.

Abzehrung.

(MARASMUS.)

Eine häufige und oft tödtliche Kinderkrankheit. Sie besteht in einem krankhaften Zustand der Gekrösdrüsen, wobei der Körper all= mälig vom Fleisch fällt; der Bauch ist angespannt und hart; Haut blaß und krankhaft; Augen eingefallen; Appetit veränderlich; zu= weilen Heißhunger; unregelmäßige Verrichtung der Eingeweide; die Entleerung ist wie Seifenlauge und höchst widrig. Hält die Krank= heit lange an, so stellt sich oft Zehrfieber (hectic fever) ein, mit nächtlichen Fieberanfällen, heftigem Durst, Unruhe, Schlaflosigkeit u. s. w.

Der Krankheit liegt eine konstitutionelle Voranlage zu Grunde. Sie entwickelt sich völlig beim Zahnen oder in Folge unzweckmäßiger Ernährung, sowie in dicht bevölkerten Gegenden, wo die Luft unrein ist und Mangel an Reinlichkeit herrscht.

Behandlung.—Hauptanzeichen.

Arsenicum.—Allgemeine Abzehrung; trockne, pergamentartige Haut. Gesicht blaß und wasserschwülstig. Augen gesunken und blau umkränzt. * Fieberhitze; trinkt oft, aber nur wenig. Ruhe= losigkeit und Umherwerfen, besonders des Nachts. Stühle schmerz= haft, widrig und unverdaut. Erschlaffung und Kälte der Extre= mitäten.

Belladonna.—Schmerzliche, oder eiternde Drüsenanschwellung. Augenlider entzündet; Geschwüre an den Augenwinkeln. Das Kind ist schläfrig, aber kann nicht schlafen. * Plötzliches Auffahren im Schlaf. Vorzeitige Kinder.

Bryonia.—Das Kind wirft die genossene Speise sofort wieder aus [Ars.]. Mund und Lippen sind sehr trocken; starkes Verlangen nach Wasser. * Das Kind ist sehr reizbar und verlangt nach Ruhe. * Trockne, harte Stühle.

Calcarea c. — Großer Kopf, mit offenen Geschwüren [Merc., * Sil., Sulph.]. Haut trocken und welk. Bauch erweitert und hart. * Allgemeine Abmagerung; dabei guter Appetit. Schwäche= gefühl nach der geringsten Anstrengung. Durchfall lehmfarbener Stühle. * Kalte, feuchte Füße. * Starker Kopfschweiß [Merc., Sil.]. Husten; Schleimrasseln in der Luftröhre.

China.—Das Gesicht sieht blaß und kränklich aus. Erweiterung der Leber und Milz. Reichliche Schweiße, namentlich bei Nacht; große Schwäche und Erschlaffung. * Schmerzlose, unverdaute, wi= drige Stühle. * Bauch aufgeschwollen; Windsucht.

Mercurius.—Gesicht erdfahl. Kopf groß; offene Geschwüre

[Calc. c.] Anschwellung und Eiterung der Drüsen. * Schleimige, oder blutende, anstrengende Stühle. * Reichliche Nachtschweiße. Fühlt bei nassem Wetter nicht wohl.

Nux vomica. — Leber hart und angeschwollen. Hartnäckige Verstopfung, oder Wechsel von Verstopfung und Durchfall. Hunger; dabei Widerwille vor Speise. Öfteres Erbrechen. Will immer niederliegen. Kann nach 3 Uhr des Morgens nicht schlafen.

Phosphorus. — Blasses und aufgedunsenes Gesicht. Blaue Kränze um die tiefliegenden Augen [Ars.]. Trockner, hackender Husten. Durchfall weißer, wässeriger, unverdauter Stühle. Große Schwäche nach der geringsten Anstrengung. * Kinder von schlankem Wuchs.

Pulsatilla. — Der Zustand ist sehr veränderlich; scheint eine Zeit lang besser zu sein, um dann, ohne wahrnehmbare Ursache, schlimmer zu werden. * Durchfall, namentlich bei Nacht; nicht zwei Stühle sind gleich [Sulph.]. Schlimmer gegen Abend; besser in freier Luft.

Staphysagria. — Augen hohl und düster. Anschwellung der untern Kinnbacken- und Halsdrüsen. * Hundshunger, selbst wenn der Magen überladen ist.

Sulphur. — Das Kind erwacht öfters aus dem Schlaf mit lautem Schrei. Ist sehr hungrig und will Alles, was es sieht, in den Mund stecken. * Durchfall, der den After aufschärft [Ars., * Merc.]. Reichliche Morgenschweiße nach dem Erwachen.

Anweisung. — Eine Woche lang gebe man Abends und Morgens 6—8 Kügelchen trocken auf die Zunge; dann halte man einige Tage ein und wähle dann, wenn keine Besserung eingetreten sein sollte, ein anderes Mittel.

Diät. — Muttermilch ist die geeignetste Nahrung; in Ermangelung desselben wähle man ein Ersatzmittel.

Kuhmilch. — Frische Milch zu einem Drittel Wasser mit etwas Zucker mag in manchen Fällen gute Dienste leisten.

Ungebeuteltes Mehl. — Man lasse eine Handvoll ungebeuteltes Weizenmehl 45 Minuten lang in 1 Quart Wasser kochen; schlage es durch und setze etwas Salz und Zucker hinzu. Eine Zugabe von etwas Rahm macht die Mischung nahrhafter. Ist Abzehrung zu befürchten, so füge man etwas pulverisirten Eidotter hinzu.

Das Kind sollte öfters in lauwarmem Wasser gebadet werden; das Schlafzimmer muß gehörig gelüftet sein. Stadtkinder sollten in der heißen Jahreszeit auf das Land oder nach der Seeküste gebracht werden.

Wundheit hinter den Ohren.

Dies ist eine Art Aufschärfung der Haut bei Kindern, die fett sind, oder deren Haut ungesund ist. Zuweilen ist sie eine Folge von Vernachlässigung beim ersten Waschen nach der Geburt. Man

20

halte die Geschwüre möglichst rein; man wasche die Theile ein Mal mit lauem Wasser, ohne Seife; trockne sie dann wohl ab und bestäube sie mit Weizenstärke. Eine Gabe von **Calcarea, Graphites** oder **Sulphur,** einige Tage lang Abends und Morgens verabreicht, hat oft guten Erfolg.

Vergleiche überhaupt „Aufschärfungen der Haut".

Bruch bei Kindern.

(HERNIA.)

Diese, besonders bei Kindern von zarter Beschaffenheit häufig vorkommende Krankheit zeigt sich gewöhnlich in der Nabel= und Schamleistengegend. Im erstern Falle nennt man ihn Nabelbruch, im letztern Hodenbruch. Er ist leicht erkennbar an einer unter der Haut befindlichen Geschwulst, welche durch Hervortreten der Eingeweide entsteht.

Der Nabelbruch läßt sich dadurch zurückbringen, daß man das Kind auf den Rücken legt und den hervorragenden Theil sanft zurückdrückt. Sodann lege man ein Bruchband an. Zu diesem Zwecke bediene man sich eines Halbbruchbandes aus Holz, Kork oder Elfenbein, lege die convexe (rund erhabene) Fläche auf die Bruch=pforte, überziehe jenes mit anklebendem Pflaster und umbinde den Theil. Auf diese Weise läßt sich eine gründliche Heilung bewerk=stelligen.

Hodenbruch ist schwer zu behandeln. Wenn möglich, so wende man sich sofort an einen befähigten Arzt oder Wundarzt. Vergleiche „Hernia" in einem vorangehenden Kapitel.

Hitzpocken.

(PRICKLY HEAT.)

Während der heißen Sommertage leiden Kinder oft an einem brennenden, juckenden Ausschlag. Gewöhnlich erscheint er im Ge=sicht und auf dem Hals, von wo er sich zuweilen über den ganzen Körper verbreitet. Er besteht aus kleinen, rothen Bläschen von der Größe eines Stecknadelkopfs; jene sind mit einer wässerigen, nie gerinnenden Flüssigkeit angefüllt. Fieber oder sonstige Leiden sind damit nicht verbunden.

Gewöhnlich sind solche Kinder damit behaftet, deren Verdauungs=werkzeuge schwach sind, oder welche für Einflüsse der wechselnden Witterung sehr empfänglich sind. Auch der Aufenthalt in zu warmen

Zimmern und zu warme Bekleidung gehören zu den anregenden Ursachen.

Zweckmäßiger Diät, öfterem Baden, geeigneter Kleidung und frischer Luft wird die Krankheit bald weichen. Nöthigenfalls wähle man eines der folgenden Mittel.

Aconit.—Das Kind ist fieberisch, ruhe= und schlaflos.

Chamomilla.—Das Kind wurde zu warm gehalten, ist verdrießlich und will immer umhergetragen sein.

Dulcamara.—Der Ausschlag erscheint, so oft das Kind feuchter, kalter Luft ausgesetzt wird.

Rhus tox.—* Die Bläschen werden wässerig. Reiben der Theile befördert den Ausschlag.

Sulphur.—Das Kind scheint an Unterdrückung des Ausschlags zu leiden.

Weißfluß bei Kindern.

(LEUCORRHŒA OF CHILDREN.)

Kleine Kinder leiden oft an einem weißen Fluß aus der Scheide, ähnlich dem Weißfluß bei Erwachsenen. Mangel an Reinlichkeit, Würmer, oder allgemeine Schwäche des Systems, liegen der Erscheinung zu Grunde.

Behandlung.—Häufige Waschungen mit lauem Wasser, zweckmäßige Diät und Lüftung des Schlafzimmers sind unerläßliche Vorbedingungen einer gründlichen Heilung.

Calcarea c.—Schleimartiger Ausfluß. Scrophulöse Kinder. Der Körper sieht bleich und welk aus. * Füße kalt und feucht.

Graphites.—Starker Ausfluß. * Die Haut ist ungesund; die Buggelenke, die Hautfalten und die Haut hinter den Ohren werden leicht wund.

Nux vomica.—Der Ausfluß ist übelriechend; färbt die Leinwand gelb. * Anhaltende Verstopfung.

Pulsatilla.—Milchweißer Ausfluß; Anschwellen der äußern Theile.

Sulphur.—Haut trocken, schuppig, ungesund. * Scharfer, ätzender Ausfluß.

Anweisung.—Abends und Morgens, 3—4 Kügelchen trocken auf die Zunge. Nach einigen Tagen wähle man, wenn keine Besserung eintreten sollte, ein anderes Mittel.

Entwöhnen der Kinder.

Man sollte das Kind nicht entwöhnen, bevor sechs bis acht Zähne durchgebrochen sind, und das Kind an andere Nahrung gewöhnt ist. Das Erscheinen der Zähne ist ein Anzeichen, daß das Kind nunmehr auf festere Nahrung angewiesen ist. Sollte aber das Kind am Zahnen oder einer anderen Krankheit leiden, so entziehe man dem Kind die Mutterbrust nicht, wenn der Zustand der Nährmutter dies erlaubt. Ueberhaupt sollte das Kind nicht vor dem zwölften Monat entwöhnt werden. Wenn Mutter und Kind gesund sind, so ist der Durch= bruch der Zähne maßgebend. Um die Verdauungsorgane für einen Nahrungswechsel vorzubereiten, gewöhne man dieselben vor der gänzlichen Entwöhnung allmälig an andere Nahrung.

Hat man sich zu dem entscheidenden Schritt entschlossen, so halte man das Kind wie bis dahin, nur daß man ihm die Brust entzieht. Man lasse sich durch das Schreien des Kindes nach seiner Lieblings= nahrung nicht beirren: nach einigen Tagen ist alles vorüber. Die Diät bestehe aus Milch, Haferschleim, weißem Sago, zerstampften Kartoffeln und guten, reifen Früchten. Thee, Kaffee und andere stimulirende Getränke sind zu vermeiden. Nicht nur, daß das Ner= vensystem erschüttert und die Verdauungsorgane geschwächt werden: ihre Verabfolgung möchte die unmittelbare Ursache einer gefährlichen Krankheit werden.

Auch die Mutter sollte bis zur völligen Entwöhnung in der Diät sehr vorsichtig sein. Sie sollte stimulirende Getränke und Speisen ängstlich vermeiden und nur reines Wasser in kleinen Quantitäten genießen. Wenn die Brüste an Milchanschwellung leiden, so suche man die Milch durch sanftes Reiben mit Schmalz und roher Baum= wolle zu entfernen. Bei großer Anschwellung, Verhärtung, schießen= den Schmerzen und Röthe der Theile gebe man etwas **Belladonna.** Wenn die Milchabsonderung sehr reichlich und die Mutter zu Schüt= telfrösten und Weinen geneigt ist, gib **Pulsatilla**; ergießt sich die Milch, Brennschmerzen verursachend, über den Leib, so gib **Rhus tox.** Droht eine etwaige Entzündung der Brüste in Eiterung über= zugehen, so vergleiche „Entzündete Brüste."

Kuhpocken-Impfung.

(VACCINATION.)

Seit allgemeiner Anwendung der Impfung ist die Seuche mit ge= ringerer Heftigkeit aufgetreten. Das von „Jenner" erfundene Schutz=

mittel hat mehr Menschenleben gerettet, als alle anderen Heilmittel zusammengenommen. Wie wichtig ist es somit, daß alle Eltern ihre Kinder durch Anwendung dieses einfachen, wirksamen Mittels vor den Folgen der schrecklichen Krankheit bewahren!

Das Kind sollte im dritten oder vierten Monat geimpft werden. Sollte aber die Krankheit einen epidemischen Charakter angenommen haben, so lasse man das Kind impfen, wie alt es auch sei. Nach der Impfung wird die durch diese erzeugte Krankheit in drei bis vier Tagen verschwinden, und alle Gefahr ist vorüber. Die landläufige Annahme, daß die Impfung je nach sieben Jahren ihre Kraft verliert, hat ihre Berechtigung, aber nur bis zu einem gewissen Grade, da viele geimpfte Personen lebenslang von einer Wiederkehr der Krank= heit bewahrt geblieben sind. Aber immerhin kommen Fälle vor, wo, bei für die Krankheit leicht empfängliche Personen, eine Wieder= holung der Impfung alle sieben bis acht Jahre geboten ist.

Die Anwendung eines durchaus reinen Impfstoffes ist von der größten Wichtigkeit. Die Lymphe ist einem Kinde zu entnehmen, dessen Eltern reines, gesundes Blut in ihren Adern haben. Kein verständiger Arzt würde den Impfstoff einem ungesunden Kinde ent= nehmen. Aber ungeachtet aller Vorsicht mag es vorkommen, daß nach der Impfung Hautausschläge sich einstellen. Damit ist nicht gesagt, daß dies immer eine Folge unreinen Impfstoffes sei; oft liegt eine verborgene Verdorbenheit des Blutes zu Grunde, welche erst nach der durch die Impfung entstandene Krankheit zum Vorschein kommt.

Eltern sollten dies wohl bedenken, um den Arzt nicht einer Fahr= lässigkeit zu beschuldigen. Wenn das Impfverfahren seinen regel= rechten Verlauf nimmt, so macht sich am dritten Tage ein kleines Knötchen bemerkbar; am fünften Tage erscheint darauf ein weißliches Bläschen; dieses ist am achten Tage ausgebildet und hat in der Mitte eine Delle, so daß ein förmlicher Wall entsteht; am neunten Tage ist das Bläschen von einem rothen Hof umgeben; die Haut ist ange= spannt und empfindlich; dabei Fieber und Anschwellung der Achsel= drüsen; am elften Tage verliert die Entzündungsblase an Umfang und vertrocknet. Dann entsteht ein von einem dunkelbraunen Hofe umgebener Schorf, der nach ungefähr drei Wochen abfällt. Dies ist der Verlauf der eingeimpften Krankheit. Die Krankheit ist so harmlos, daß innerliche Mittel meistens unnöthig sind; sollte aber deren Anwendung geboten sein, so gebe man, um einem drohenden Hautausschlag vorzubeugen, Abends einige Kügelchen **Sulphur.**

Fünfzehntes Kapitel.

Allgemeine Krankheiten.

Säuferwahnsinn.

(DELIRIUM TREMENS—MANIA A POTUA.)

Zittern, Schlaflosigkeit und Delirium sind die diese Krankheit be=
gleitenden Erscheinungen. Anhaltende Unmäßigkeit im Genuß von
Spirituosen ist die gewöhnliche Ursache; mitunter ist sie die unmittel=
bare Folge einer einzigen Zecherei. Die secundäre Ursache ist der
Widerwille gegen die gewohnten Reizmittel. Der Magen kann nichts
bei sich behalten; der Patient wird nervös und unruhig; er fährt auf
bei jedem Geräusch, oder wenn unerwarteter Besuch kommt; Hände
und Zunge zittern; klagt über Schlaflosigkeit und wenn er kurze Zeit
geschlummert hat, so erwacht er mit schrecklichen Traumgesichten;
die Haut ist kalt; der Puls ist träge und die Zunge feucht. Bald
stellt sich Delirium ein; er schwatzt und stöhnt; wähnt häßliche Thiere
zu sehen; Verfolgungswahnsinn. Für gewöhnlich ist er nicht ge=
fährlich; aber beim Bestreben, einem vermeintlichen Feinde zu ent=
fliehen, mag er einen mörderischen Angriff machen oder Hand an sich
selbst legen. Das Delirium hält an, bis er zu Tode erschöpft ist,
oder in einem wohlthätigen Schlaf verfällt, aus dem er verhältniß=
mäßig gesund erwacht.

Behandlung.—Hauptanzeichen.

Belladonna.—Vollsaftige Personen. Gesicht und Augen
geröthet; erweiterte Pupillen. * Heftiges Delirium; will davon
laufen. Schreckliche Gesichte vor den Augen [Opi., * Stram.].
* Plötzliches Auffahren aus dem Schlafe.

Camphor.—Das Gesicht ist verzerrt; Augen gesunken; Gesicht,
Hände und Füße eiskalt. Verworrene Ideen und Raserei; Krämpfe;
Schäumen des Mundes und Gefühllosigkeit. * Harnverhalten, mit
beständigem Druck auf die Blase.

Coffea.—Kopfschmerz, als ob ein Nagel durch das Gehirn ge=
trieben wäre. * Aeußerst reizbar und schlaflos. Spricht im Schlaf
und erwacht verstört.

Hyoscyamus.—Krampfhafte Zusammenziehung der Muskeln,
namentlich der der Augen und des Gesichtes. Rasendes Deli=

rium, mit wildem, stierem Blick; die Pupillen sind erweitert; Klopfen der Schlagadern [* Bell.]. Krampfhafte Zuckungen, namentlich der Sehnen. * Stöhnt und greift nach imaginären Dingen.

Lachesis.—* Beschwerde beim Schlingen [Bell.] * Irgendwelche Bekleidung des Halses ist unerträglich. Schwatzt viel verworrenes Zeug. * Anfälle schlimmer am Nachmittag und nach dem Schlaf.

Nux vomica.—Zittern der Glieder und krampfhaftes Zucken der Muskeln [Hyos.]. Kann nicht folgerecht denken und verspricht sich oft. Delirium; schreckliche Gesichte; will auf und davon. * Sehr reizbar; wünscht allein zu sein [umgekehrt, * Ars.]. * Verstopfung; große, mühsame Stühle. Todesahnung.

Opium. — Ist schlafsüchtig; Augen halb offen. Lautes, schnarchendes Athmen. Gänzliche Bewußtlosigkeit. * Irrereden, die Augen weit offen. Pupillen erweitert, oder zusammengezogen. Puls voll und sich anstrengend, oder langsam und schwach.

Stramonium. — Will immer schwatzen. Singt und betet inbrünstig. Erwacht mit zurückschauderndem Blick. * Verworrenes Irrereden; will entfliehen. Erweiterung der Pupillen. Stierer Blick [Opi.]. Zähneknirschen und Verzerren des Mundes.

Die besten Mittel gegen Neigung zum Trinken und dessen Folgen sind **Ars.**, **Nux v.**, **Sulph.**

Anweisung.—Löse 3 Tropfen oder 12 Kügelchen in 10 Theelöffel Wasser auf; davon gib in dringenden Fällen alle zwei bis drei Stunden 2 Theelöffel voll; in milderen Fällen genügt eine zwei- bis dreimalige Dosis des Tages.

Wasserfucht.

(DROPSY.)

Darunter versteht man eine Ansammlung von Flüssigkeit in den blutwässerigen Höhlungen des Körpers oder in dem Zellengewebe unter der Haut. Die Krankheit mag allgemein oder örtlich sein.

Allgemeine Wassersucht. — Wenn die Ansammlung der Flüssigkeit in dem Zellengewebe unter der Haut sich mehr oder weniger über den ganzen Körper erstreckt, so nennt man die Krankheit „Allgemeine Wassersucht" (general dropsy). Sie beginnt gewöhnlich in den untern Extremitäten, den Füßen, von wo aus sie sich nach oben hin ausbreitet, bis sie in das ganze Zellen-System eingedrungen ist. Die geschwollenen Theile sind weich und nicht prallkräftig. Die Haut ist weiß, glänzend und kalt anzufühlen. Die durch einen Fingerdruck verursachte Delle ist längere Zeit wahrnehmbar. Der Appetit läßt nach und der Durst nimmt zu; der Harn ist spärlich und von heller Farbe; Haut trocken und rauh.

Entstehungsursachen.—Der Krankheit liegt die Entzündung irgend eines Organes zu Grunde; zurückgetretene Ausschläge; fortgesetzter Gebrauch von Arsenik in Fieberanfällen; Blutverlust und unmäßiger Genuß geistiger Getränke. Oft ist sie im Gefolge von Scharlachfieber, Masern und andern Hautkrankheiten.

Bauchwassersucht.—Dies ist eine Art örtlicher Wassersucht. Die Ansammlung von Wasser findet anfänglich in der untern Bauchgegend statt, von wo aus die Anschwellung sich allmälig nach oben hin über den ganzen Bauch ausdehnt. Wenn man eine Hand auf eine Bauchseite legt und mit der andern Hand leicht auf die andere Bauchseite schlägt, so läßt sich die Bewegung der Flüssigkeitswelle leicht fühlen. Der Patient klagt über Schwerheitsgefühl in der untern Bauchgegend, und bei höher steigender Flüssigkeit tritt Athmungsbeschwerde ein. Vergleiche „Allgemeine Wassersucht."

Entstehungsursachen.—Gewöhnlich liegt eine organische Krankheit der Leber oder Nieren zu Grunde; oder auch der überreichliche Genuß von Spirituosen; chronische Entzündung der Darmhaut; allgemeine Schwäche.

Behandlung.—Hauptanzeichen.

Apis mel.—Ansammlung von Wasser; wachsbleiche Haut [Ars.]. *Wassersucht des rechten Eierstocks [Bell.]. Wundheitsgefühl der Bauchwände. Stechende Brennschmerzen an verschiedenen Körpertheilen. Muß, um etwas Ruhe zu finden, aufrecht sitzen [Ars.]. *Urin spärlich, dunkel, wie Kaffeesatz [Lach.]. Wenn Scharlachfieber und Eierstockentzündungen die Entstehungsursachen sind.

Arsenicum.—Die Haut ist bleifarbig, blaß, oder grünlich. Anschwellung des Bauches und der Extremitäten. *Große Schwäche und Erschlaffung. Ohnmachtsanfälle bei der geringsten Bewegung. Erstickende Krämpfe, namentlich des Nachts. *Heftiger Durst; trinkt je nur wenig [Chin.]. Angst, Unruhe und Todesfurcht. Nach Scharlachfieber und Herzkrankheit.

Bryonia.—Die untern Augenlider sind wasserschwülstig. Lippen blau, trocken und gesprungen. Stechende Schmerzen in der Herzgegend. Will ganz ruhig liegen [Bell.]. Großer Durst; spärlicher Urin. Sehr reizbar.

China.—Gesicht bleichgelb, eingesunken und krankhaft. Allgemeine Schwäche. Organische Fehler der Leber und Milz [Ars., Ferr.]. Großer Durst; trinkt oft, aber je nur wenig [Ars.]. Bei alten Leuten und nach dem Verlust von Lebenssäften.

Colchicum.—Geſicht blaß und waſſerſchwülſtig. Anſchwellung der Füße und Hände [Ars., Bry.]. Haut trocken und kalt, oder bei Nacht mit Hitze wechſelnd. Sichtbare Bewegungen des Herzens [Ars., Dig.]. Puls voll und hart, oder raſch und ſchwach. Spär= licher, dunkler Urin. Nach Scharlachfieber und Maſern.

Digitalis.—Teigichte Anſchwellung, die einem Fingerdruck leicht nachgiebt. Geſicht blaß; Lippen blau; Augenlieder angeſchwollen. Bruſtwaſſerſucht, der ein organiſcher Herzfehler zu Grunde liegt. Heftiges, ſichtbares Herzklopfen; unregelmäßiger Puls [Ars.]. Knie= und Hodenſackwaſſerſucht.

Lachesis.—Waſſerſucht, die mit Leber=, Herz= und Milzkrank= heiten in enger Verbindung ſteht [Chin.]. * Der linke Eierſtock iſt geſchwollen; drückende, ſtechende Schmerzen [vgl. Apis]. Druck auf die Blaſengegend unerträglich. Urin ſchwarz und ſpärlich. Stets ſchlimmer nach dem Schlaf [Apis].

Lycopodium.—Der obere Theil des Körpers iſt abgemagert, während die unteren Theile aufgeſchwollen ſind. * Der eine Fuß iſt kalt, der andere heiß. Abſonderung von Waſſer aus den wunden Füßen. * Urin ſpärlich; rother, ſandartiger Niederſchlag [Phos., Sep.]. Maßloſer Genuß von Spirituoſen [Nux v.].

Sulphur.—Waſſerſüchtige, brennende Anſchwellung der Extremi= täten. Bläuliche Flecken auf der Haut; dieſe iſt trocken und ſchup= pig. * Iſt ſehr erſchöpft, ohne wahrnehmbare Urſache. Nach ver= ſchmierten Hautkrankheiten, wie Krätze u. ſ. w.

Anweiſung.—In gewöhnlichen Fällen gib zwei bis drei Mal des Tages 8 Kügelchen trocken auf die Zunge; in vorgeſchrittenen Fällen ernſthafter Art, namentlich bei Erſchlaffung und Entkräftung, wiederhole man die Doſis alle zwei bis drei Stunden.

Diät.—Der Patient genieße nur leichte, nahrhafte Speiſen, als: wohl zube= reitetes Rind= und Hammelfleiſch, Brot aus ungebeuteltem Mehl und reifes Obſt. Alle ſtimulirenden Getränke ſind zu vermeiden; nur Waſſer in je gerin= ger Quantität iſt erlaubt.

Gicht — Podagra.

(ARTHRITIS.)

Dies iſt eine ſchmerzhafte Krankheit in den kleinen Gliedern, namentlich den Fußgelenken. Gewöhnlich wird die große Zehe zuerſt davon ergriffen, von da aus verbreitet ſie ſich über andere kleine Glieder. Dem Anfall geht meiſtens irgend eine Störung des Magens voran: verminderter Appetit; belegte Zunge; bitterer Geſchmack; ſaures Aufſtoßen; Erweiterung des Magens und krank= hafte Urinabſonderung. Dann wird der Patient plötzlich, nament=

lich) in der Nacht, von heftigen, zerrenden, reißenden und brennenden Schmerzen in einer der großen Zehen befallen. In Folge von Berührung oder Bewegung der Zehe nimmt der Schmerz zu. Die Zehe schwillt an, wird heiß und roth, mit allen fieberischen Symptomen. Gegen Morgen lassen die Schmerzen nach, und der Patient fühlt während des Tages verhältnißmäßig wohl; gegen Abend erfolgt ein neuer Anfall. So geht es eine Woche lang fort; dann läßt der Schmerz nach, die Entzündung fällt, aber der Fuß bleibt geschwollen und schwach.

Wenn die Anfälle häufig wiederkehren, so verursachen sie oft eine Verdickung der Haut und eine kreideartige Ablagerung um die Gelenke, was eine chronische Form der Krankheit vorbildet. Verdauungsstörungen deuten auf anomale Gicht.

Ursachen.—Dahin gehören: üppige Lebensweise; Mangel an körperlicher Bewegung; unmäßiges Trinken, besonders von Wein, auch Essig. Oft ist die Krankheit erblich.

Behandlung.—Hauptanzeichen.

Aconit.—Hitziges Fieber. Die ergriffenen Theile sind angeschwollen, roth und glänzend. Reißende oder stechende Schmerzen; lassen nach bei Bewegung der Glieder [Rhus]. * Die Schmerzen sind des Nachts unerträglich und machen den Kranken fast rasend.

Arnica.—Die Gelenke, namentlich an den Knieen, sind roth und hart angeschwollen. Heftige Schmerzen, wie von Verrenkung oder Zerschlagung; dabei ein Gefühl, als ob ein harter Körper auf dem Glied läge. * Fürchtet sich vor jeder Berührung. Schlimmer bei Bewegung der Theile [* Bry.].

Arsenicum.—Anschwellen der Füße; sie sind heiß, glänzend; brennende, rothe Flecken. * Brennschmerzen. Will im warmen Zimmer sein. Angst, Ruhelosigkeit und Todesfurcht [Acon.] Heftiger Durst; trinkt nur wenig. Schlimmer bei Nacht, besonders nach Mitternacht.

Belladonna.—Röthe und Anschwellung der Theile, wie bei der Rose. * Stechende, klopfende Brennschmerzen, die plötzlich kommen und schwinden. Klopfender Kopfschmerz. * Schläfrig, aber kann nicht schlafen [Lach.] Schlimmer um 3 Uhr Morgens.

Bryonia.—Anschwellung roth, oder blaß, namentlich an den Gelenken. * Stechende, reißende Schmerzen; schlimmer nach Bewegung, besser nach Ruhe [umgekehrt, Rhus]. * Will ruhig liegen. Ist sehr reizbar; Alles macht ihn ärgerlich. * Trockne, harte, wie verbrannte Stühle.

Colchicum.—Geringe, oder gar keine Anschwellung der Theile; die Haut ist rosenfarbig und läßt beim Fingerdruck eine weiße Delle zurück. * Anfälle von reißenden, stechenden, zerrenden Schmerzen, besonders in den Fingergelenken. * Harn spärlich und dunkel, mit weißlichem Satz. Schmerzen des Nachts unerträglich.

Nux vomica.—Schmerzen spannend, ruckend, oder ziehend; schlimmer des Morgens; nach geistiger Anstrengung, Bewegung und leichter Berührung. Starker Druck verschafft Linderung. * Personen von unmäßiger, oder sitzender Lebensweise. Gicht= knoten [Bry., Phos.]. Verstopfung, oder Durchfall am Morgen.

Phosphorus.—Gicht an den Hand= und Fingergelenken [Knie= gelenke, Ars.]. Schmerzen, wie von Zerreißen oder Verrenkung der Glieder; schlimmer des Morgens und Abends. * Lange, dünne, harte und beschwerliche Stühle. * Schwäche= und Leerheitsgefühl im Unterleib. Hagere Personen [Nux v.].

Pulsatilla.—Rothe, heiße Anschwellung der Theile, namentlich der Knie= und Fußgelenke. Reißende, stechende Brennschmerzen. * Die Schmerzen wandern rasch von einem Glied zum andern. Schlimmer gegen Abend, oder des Nachts * Schnappt nach frischer Luft; schlimmer im warmen Zimmer [besser, Ars.]. Weinerliche Personen.

Rhus tox.—Rheumatische Gicht; die Gelenke sind roth, glän= zend und geschwollen. Die Theile sind lahm und steif. Die Schmerzen sind reißend und brennend, oder wie von Verrenkung herrührend [Arn.]. * Schlimmer bei der ersten Bewegung des Gliedes nach ruhigem Verhalten; besser nach Bewegung.

Anweisung.—Löse 3 Tropfen oder 12 Kügelchen in 10 Theelöffel Wasser auf; davon nehme man alle zwei bis drei Stunden 2 Theelöffel voll; wenn besser, alle sechs bis acht Stunden.

Diät.—Der Patient sollte sich aller Reizmittel enthalten und nur Hafer= schleim, geröstetes Brot, Reis und Fleischbrühe genießen.

Acuter Rheumatismus.

Die Krankheit ergreift gewöhnlich die größern Gelenke der Ex= tremitäten, aber sie beschränkt sich nicht darauf. Ihre Merkmale sind: allgemeines Fieber, Schmerz, Hitze, Röthe und Anschwellung der Theile, welche Symptome oft ihren Ort wechseln. Sie beginnt gewöhnlich mit Schüttelfrost, Fieber und allgemeinem Unbehagen. Zuweilen, wenn der Patient sich ganz ruhig verhält, sind die Schmerzen nur gering; aber sie werden in Folge der geringsten Bewegung äußerst peinlich. Mitunter ist das Fieber sehr hoch= gradig: 90—100 Pulsschläge die Minute. Die Haut ist heiß und oft mit heftigem, sauerriechendem Schweiß bedeckt. Spärlicher, hellfarbiger Urin, mit reichlichem Bodensatz. In einigen Fällen verschwindet die Krankheit nach zehn bis zwölf Tagen, in andern erst nach fünf bis sechs Wochen; wird die Krankheit chronisch, so ist sie von unbestimmbarer Dauer.

Unmittelbare Lebensgefahr ist nicht vorhanden, es sei denn, daß das Herz in Mitleidenschaft gezogen wird.

Urſachen.—Die Grundurſachen ſind ſo gut wie unbekannt. Eine Voranlage mag angeerbt ſein; andere Perſonen wiederum, die Wind und Wetter ausgeſetzt ſind, leiden niemals daran. Witterungseinflüſſe, das Schlafen in dumpfen Zimmern, plötzliche Unterbrechung des Schweißes, gehören zu den anregenden Urſachen. Oft iſt ſie im Gefolge von Scharlachfieber, Maſern und Ruhr.

Behandlung.—Hauptanzeichen.

Aconit.—Hochgradiges Fieber, mit verſtärkter Herzthätigkeit. Rothe Anſchwellung der Theile, die gegen Berührung und Bewegung ſehr empfindlich ſind. Stechende Schmerzen in der Bruſt, die das Athmen erſchweren [auch **Bry.**]. * Große Angſt; nervöſe Erregbarkeit. Verhalten des Harns; Stechen in den Nieren.

Arnica.—Harte, rothe, glänzende Hautanſchwellung. * Schmerzen, wie von Verrenkung oder Quetſchung; Gefühl von Lahmheit in den Gliedern [auch **Rhus**]. * Gefühl, als ob der kranke Theil auf einem harten Gegenſtande ruhte. * Fürchtet, von jeder ſich ihm nahenden Perſon geſchlagen zu werden.

Arsenicum.—Stechende, reißende Brennſchmerzen; die Anſchwellung hat ein blaſſes Ausſehen [auch **Rhus**]. Reichlicher Schweiß; darnach Erleichterung, aber Schwächegefühl. Häufige Schüttelfröſte wechſeln mit Hitze. Beſtändiges Bewegen der angegriffenen Theile. * Heftiger Durſt; trinkt oft, aber je nur wenig.

Belladonna.—Rothe, glänzende Anſchwellung der Glieder; zermalmende, ſchneidende, reißende Schmerzen bis in das Mark hinein. * Häufige von dem Gelenk aus dem Glied entlang ſchießende Schmerzen [wie elektriſche Schläge, **Verat. alb.**]. Die Schmerzen kommen und verſchwinden plötzlich. Fieber; Haut trocken und heiß; Durſt und klopfender Kopfſchmerz. Sichtbares Klopfen der Schlagadern. Fährt im Schlafe auf. Schlimmer um 3 Uhr des Morgens, ſowie nach der leiſeſten Berührung.

Bryonia.—Das entzündete Glied iſt angeſchwollen und blaß geröthet [auch **Colch.**]. * Stechende, reißende Schmerzen, ſchlimmer nach der geringſten Bewegung. * Der Kranke ſehnt ſich nach Ruhe. Trockne, heiße Haut, oder ſcharfer Schweiß. Bitterer Geſchmack; trockner Mund; heftiger Durſt. * Harte, trockne, wie verbrannte Stühle. Sehr reizbar. Die Krankheit ergreift das Herz [auch * **Acon., Colch.**].

Chamomilla.—Ziehende, reißende, mit einem Gefühl von Betäubung oder Lahmheit verbundene Schmerzen [Nux v.]. Die Schmerzen sind anhaltend und nehmen des Nachts zu; wirft sich umher. * Wird vor Schmerzen fast rasend. * Große Reizbarkeit. Heißer Schweiß. * Eine Wange ist roth, die andere weiß [auch Acon., Nux v.].

Colchicum.—Mäßige Anschwellung der leicht gerötheten Theile [auch Bry.]. Schmerzen brennend, reißend, ruckend und wandernd [auch Bell., Puls.]. * Frösteln selbst in der Nähe des warmen Ofens; dabei zeitweiliger Anflug von Hitze. Uebertragung auf das Herz; dabei Stechen in der Brust und der Herzgegend. Heftiges Herz=klopfen. Uebereicher, sauerriechender Schweiß. * Urin dun=kel und spärlich; weißlicher Niederschlag.

Dulcamara.—Wenn von Kälte oder Feuchtigkeit [Merc.]. Ge=fühl, als wären die Theile zerquetscht [auch Arnica.]. Die Schmer=zen sitzen meistens im Rücken, in den Arm= und Beingelenken. Die Krankheit ist eine unmittelbare Folge von Hautausschlägen. * Schlimmer nach jedem Umschlag der Witterung in Kälte.

Lachesis.—Anschwellung des Zeigefingers und des Handgelen=kes. Stechende, reißende Knieschmerzen, mit einem Gefühl von An=schwellung. Gewöhnlich ist die linke Seite angegriffen. Nicht besser nach reichlichem Schweiß [auch Merc.]. * Schlimmer nach dem Schlafen.

Lycopodium.—Ziehende, reißende Schmerzen, schlimmer bei Nacht und beim Ruhen. Schmerzhafte Steifheit der Muskeln und Gelenke, mit einem Gefühl von Betäubung des Theiles. Die Krankheit sitzt auf der rechten Seite, mit oder ohne Anschwellung. Chronische Form, namentlich bei alten Leuten. * Harn dunkel und trüb, oder rother, sandartiger Niederschlag. * Gefühl von Uebersättigung; kann nichts essen. Verstopfung und saures Auf=stoßen.

Mercurius.—Reißende, ziehende, oder brennende Schmerzen; schlimmer des Nachts, von Bettwärme oder Einwirkungen feucht=kalter Luft [vgl. Dulc.]. Geblähte Anschwellung der Theile, von weißer oder blaßrother Farbe. Grüner, schleimiger Durchfall; Bauchgrimmen und Stuhlzwang. * Heftiger Schweiß, ohne Er=leichterung [Lach.].

Nux vomica.—Namentlich in dem Rücken, den Lenden, der Brust, oder der Gelenken, mit blasser, spannender Anschwellung [Bry.]. Spannende, ruckende, oder ziehende Schmerzen, schlimmer durch Berührung oder Bewegung. Betäubung oder Lahmheit der Theile; krampfhaftes Zusammenziehen der Muskeln. Empfindlich gegen Kälte und freien Luftzutritt. Hitze wechselt mit Schauerfrost, namentlich bei Bewegung. * Besser nach Schweiß [umgekehrt, Lach.,

* Merc.]. Dyspeptische Symptome. * Andauernde Verstopfung. Personen von ausschweifender Lebensweise. Reizbare Stimmung.

Phosphorus.—Reißende, ziehende, spannende Schmerzen bei eintretender kalter Witterung. Gefühl von Lahmheit und Schwäche in den untern Gliedern [Nux v., Puls.]. Schwäche und Leerheits= gefühl im Bauch. Aufstoßen von Wind nach dem Essen [auch Bry., Nux v., Puls.]. * Lange, dünne, harte, beschwerliche Stühle.

Pulsatilla.—Unbedeutende Röthe oder Anschwellung der Theile. * Schmerzen wandern rasch von einem Theil auf den andern [Bell.]. Schwerheitsgefühlen in den zerrütteten Theilen. * Frösteln im warmen Zimmer. * Schnappt nach frischer, kalter Luft; schlimmer bei warmer Temperatur. * Weinerliche Personen. * Am Morgen übler Geschmack im Munde.

Rhus tox.—Anschwellung und Röthe des Theiles. Schmerzen ziehend, reißend, brennend, wie von Verrenkung; ein Gefühl von Erlahmung wandelt die Theile an. * Schmerzen schlimmer beim Ruhen und bei der ersten Bewegung [Ars., Sulph.]. * Besser nach fortgesetzter Bewegung und warmen Umschlägen [Ars.].

Sulphur.—Bei chronischen oder sekundären Erscheinungen eines acuten Rheumatismus. Reißende, stechende, oder dumpfe Schmer= zen. * Beständige Hitze oben auf dem Kopf [Kälte, Verat. alb.]. Häufige schwache Krampfanfälle.

Anweisung.—Löse 12 Kügelchen oder 3 Tropfen in einem bis zwei Drittel gefüllten Glase Wasser auf; davon gib in schlimmen Fällen alle zwei oder drei Stunden 2 Theelöffel voll; nach Besserung, alle vier oder sechs Stunden. Auch kann man 8 Kügelchen trocken auf die Zunge geben.

Diät und Verhaltung.—Man enthalte sich der Fleischspeisen gänzlich. Man genieße nur leichte Reis=, Sago= und Stärkepuddinge, geröstetes Brot und reife Früchte; trinke nur reines Wasser und vermeide alle stimulirenden Ge= tränke.

Chronischer Rheumatismus.

Diese Krankheit läßt sich eher fühlen, als beschreiben. Sie unterscheidet sich vom acuten Rheumatismus dadurch, daß kein Fieber damit verbunden ist; sodann durch Verharren der Schmer= zen auf den Theilen, welche nicht merklich angeschwollen oder ge= röthet, aber gegen den Einfluß der Witterung äußerst empfindlich sind. Die Theile sind ungelenkig, namentlich bei Bewegung nach längerer Ruhe, wobei die Kranken schreckliche Qualen zu erdulden haben. Knie, Hüften, Schulter und Rücken sind ihr am meisten ausgesetzt.

Acuter und chronischer Rheumatismus haben gemeinsame Grund= ursachen.

Behandlung.—Personen, die eine Voranlage zu dieser Krankheit haben, sollten seidenes oder wollenes Unterzeug tragen. Kälte, Nässe und körperliche Anstrengungen sollten ängstlich vermieden werden, ebenso Spirituosen und allzureichliche animalische Nahrung. Dagegen sind Bewegung in der freien Luft und öfteres Baden sehr zu empfehlen, und ganz besonders rationelle Anwendung der elektro=magnetische Batterie, welches letztere Verfahren sich vortrefflich bewährt, wenn Erlahmung oder Gliedersteifheit zu be= fürchten ist.   Die wirksamsten inneren Mittel sind:

Calcarea c.—Gelenke geschwollen; schlimmer nach jedem Witterungswechsel. * Die Füße sind immer kalt und feucht. Scrophulöse Personen [Caust.].

Causticum.—Steifheit und Anschwellen der Glieder; reißende Schmerzen. * Schwäche und Erlahmung der untern Glieder [auch Phos.]. Schmerzen schlimmer gegen Abend und nach Kältein= wirkungen.

Dulcamara.—Schmerzen meistens im Rücken und den Arm= und Beingelenken. Schlimmer nach jedem Umschlag der Witterung in Kälte.

Phytolacca.—Dumpfer, tief eindringender Schmerz, beson= ders bei feuchtem Wetter [auch Merc.]. Dunkelrother Harn, der im Gefäß einen rothen Flecken zurückläßt.

Rhus tox.—Ziehende, reißende Schmerzen in den faserigen Zellengeweben und Gefühl von Erlahmung. * Schlimmer beim Ruhen und beim ersten Versuch, sich zu bewegen [besser beim Ruhen, Bry.].

Sabina.—Kann es im warmen Zimmer nicht aushalten. * Fühlt wohler in der kalten Luft [auch Puls.].

Sulphur.—Secundäre Wirkungen des acuten Rheumatismus. Reißende, stechende oder dumpfe, tiefliegende Schmerzen. * An= haltende Hitze oben auf dem Kopf [Kälte, Verat. alb.]. Häufige schwache Krämpfe.

Anweisung.—Eine Woche lang gebe man Abends und Morgens 8 Kügelchen trocken auf die Zunge; tritt nach einigen Tagen keine Besserung ein, so wähle ein anderes Mittel.

Rheumatismus der Lendenmuskeln—Hexenschuß.

(LUMBAGO.)

Die Krankheit sitzt im Kreuz (dem Rücken und den Lenden). Der Anfall kommt unerwartet, namentlich beim Bücken oder nach Empor= richten aus einer gebückten Haltung, was mit heftigen Schmerzen verbunden ist, so daß der Patient gebückt gehen, oder sich ganz ruhig verhalten muß. Anschwellung, Fieber oder Röthe der Theile sind höchst selten. Der Zustand währt acht bis zehn Tage, zuweilen einige Wochen.

Behandlung.—Hauptanzeichen.

Belladonna.—Heftige Krampfschmerzen im Kreuz. * Gefühl, als wollte der Rücken brechen, so daß jede Bewegung unmöglich wird. Gesicht heiß und geröthet [Bry.].

Bryonia. — * Heftige, schießende, oder tiefliegende Schmerzen im Rücken, so daß der Patient eine gebückte Haltung annehmen muß; schlimmer nach der geringsten Bewegung. Sehr reizbar; Verstopfung [Nux v.].

Mercurius. — Symptome schlimmer bei Nacht und bei feuchtem, regnerischem Wetter [Rhus]. * Heftiger Schweiß; gewährt keine Linderung.

Nux vomica.—Kreuzschmerzen, wie von Quetschung; schlimmer beim Umdrehen im Bett [Rhus]. Hämorrhoiden (Goldene Ader) und Verstopfung. Personen von ausschweifender Lebensweise.

Rhus tox. — Kreuzschmerzen, wie von Quetschung. Die Schmerzen lassen nach beim Liegen auf hartem Lager oder bei Bewegung der Theile. * Schlimmer bei Nacht, besonders nach Mitternacht, bei stürmischem und feuchtem Wetter.

Anweisung.—Löse 12 Kügelchen oder 3 Tropfen in einem bis zu einem Drittel gefüllten Glase Wasser auf; davon 1 Theelöffel voll alle drei Stunden; wenn besser, je nach sechs bis acht Stunden.

Lendenschmerz.

(SCIATICA.)

Diese Form des Rheumatismus hat ihren Sitz in den Empfindungsfasern der Kreuznerven, von wo aus die Schmerzen den Hüftnerven und der hinteren Fläche des Oberschenkels entlang bis nach dem Fuße hin ausstrahlen. Die Schmerzen sind, mit Unterbrechung, äußerst heftig. Oft sind Magenstörungen damit verbunden.

Behandlung.—Hauptanzeichen.

Aconit.—Der Patient wird vor Schmerzen fast rasend [Cham.]. * Schwindel beim Sichemporrichten; große Angst. Schlimmer bei Nacht; Ruhelosigkeit.

Arsenicum.—Zeitweilige Anfälle. * Stechende Brennschmerzen, wie von glühenden Nadeln. Schmerzen, namentlich des Nachts, unerträglich [Acon., Cham.].

Belladonna.—Schießende oder reißende Schmerzen, die plötz=
lich kommen und plötzlich verschwinden. Lichtscheu. Schlimmer des
Nachmittags.

Chamomilla. — Kopfschweiß und Aufschreien in Folge der
Schmerzen. * Sehr ungeduldig; kann kaum höflich antworten.
Sehr empfindlich gegen Schmerz; wird fast rasend [Acon.].

Colocynth.—Schmerz, namentlich auf der linken Seite. Hef=
tige, zerreißende, oder schießende Schmerzen, schlimmer nach Be=
wegung oder Berührung. Reißende, zerrende Schmer=
zen; dabei Ruhelosigkeit und Angst.

Nux vomica. — Reißende Schmerzen; Betäubungsgefühl der
Theile. * Ist sehr reizbar und wünscht allein zu sein. Für Per=
sonen, die gut leben und im Trinken unmäßig sind.

Rhus tox.—* Schmerzen schlimmer nach Ruhe; wirft sich, um
etwas Erleichterung zu finden, hin und her. Schlimmer des Nachts,
namentlich nach Mitternacht und bei feuchtem, kaltem Wetter.

Anweisung.—Alle zwei bis drei Stunden eine Gabe.

Seitenstechen.

Seitenstechen rührt oft von einer Störung des Magens, der Leber,
der Nieren, oder der Galle her, oder ist im Gefolge der Schwanger=
schaft. Mitunter läßt sich die Erscheinung auf Rheumatismus,
Krämpfe, oder Entzündung zurückführen. Wie dem auch sein mag:
die Grundursache muß durch geeignete Mittel entfernt werden. Zu
diesem Behufe vergleiche man die Artikel über jene Krankheiten.

Steifer Hals.

(CRICK IN THE NECK.)

Dieses Uebel rührt meistens von direkten Kälteeinwirkungen oder
Nässe her. Es beschränkt sich meistens auf eine Halsseite, die wund
und schmerzhaft zu berühren ist. Kann den Kopf nicht umdrehen.
Zur Beseitigung des Uebels wähle man eines der hier angegebenen,
drei Mal des Tages zu verabreichenden Mittel.

Aconit.—Wenn von Kälte, trocknen Winden, oder unterdrücktem
Schweiß herrührend.

Belladonna.—Hals steif und gegen Berührung empfindlich.
* Wundheitsgefühl und Anschwellung der Halsdrüsen.

Bryonia. — Schmerzhafte Steifheit des Halses; schlimmer
nach der geringsten Bewegung.

21

Rhus tox. — Wenn in Folge gründlicher Durchnässung vom Regen. * Schmerz und Wundheitsgefühl lassen nach durch beständige Bewegung der Theile.

Gliederkrampf.

Darunter versteht man eine plötzliche, sehr schmerzhafte Zusammenziehung der Muskeln, namentlich in den Waden und Fußsohlen. Es ist ein gewisse Krankheiten begleitendes Symptom, wie Maler=kolik, Cholera Morbus; auch bei Schwangerschaft. Oft liegt eine nicht näher zu bestimmende Ursache zu Grunde.

Behandlung. — Reiben und Kneten der Theile bewirkt oft Linde=rung. Sodann gebe man eines der hier angegebenen Mittel:

Calcarea c. — Heftiger Wadenkrampf bei Nacht, namentlich beim Ausstrecken des Gliedes. * Die Füße werden leicht feucht und kalt. Scrophulöse Personen.

Carbo veg. — Krampf in den Fußsohlen des Abends beim Nie=derliegen. * Reichlicher Fußschweiß.

Nux vomica. — Wadenkrampf. Schmerzhafte, krampfartige Zusammenziehung der Fußsohlen beim Biegen der Beine. Per=sonen von lockerem Lebenswandel.

Sepia. — * Heftiger Wadenkrampf des Nachts im Bett, besonders während der Schwangerschaft.

Veratrum alb. — Zur Beseitigung der Voranlage. Des Abends zu nehmen.

Anweisung. — 8 Kügelchen trocken auf die Zunge, ein bis zwei Mal des Tages.

Lähmung.

(PARALYSIS.)

Vollständiger oder theilweiser Verlust der freiwilligen Bewegung und des Gefühles. Der Anfall kommt immer plötzlich; zuweilen geht Betäubung, Gefühl von Kälte, Kopfweh oder Reißen in den Theilen voran. Oertliche Lähmung befällt einen Körpertheil, wie den Arm, das Bein, oder die Gesichtsmuskeln. Wenn eine Seite ergriffen wird, so ist sie halbseitig (hemiplegia); wird der untere Körpertheil davon ergriffen, so ist sie doppelseitig (paraplegia) und ist gewöhnlich auf eine Gehirn= oder Rückenmarkskrankheit zurückzu=führen. Wenn sie sich nur auf Unvermögen der willkürlichen Bewe=gung beschränkt, so wird das kranke Glied weich und zehrt in Folge von Mangel an Bewegung ab.

Bei einer Form der Krankheit sind die Muskeln in einem beständigen Zustande der Zusammenziehung und Abspannung, so daß die Theile immer in zitternder Bewegung sind (shaking palsy). In allen diesen Fällen wende man sich, behufs schleuniger Abhülfe, an einen Arzt.

Behandlung.—Hauptanzeichen.

Belladonna.—Blutandrang nach dem Kopf. Lähmung auf der einen und Krämpfe auf der andern Körperseite [Stram.]. Gesichtslähmung.

Causticum.—Lähmung des Gesichtes, oder der Zunge, oder einer Körperseite, mit Schwindel, Gesichtsschwäche und weinerlicher Stimmung. Nach unterdrückten Hautausschlägen, wie Krätze.

Cocculus.—Lähmung des Gesichtes, oder der Zunge [auch Caust.]. * Schwache und nervöse Personen, die zu Schwindelanfällen und Herzklopfen geneigt sind [Ign.]. Kälte der Extremitäten und Anschwellung der Füße.

Dulcamara.—Nach Erkältung und unterdrückten Ausschlägen. Lähmung der Extremitäten und der Zunge. Der gelähmte Arm ist eiskalt.

Gelseminum.—Verlust der Bewegung, aber nicht des Gefühles. Lähmung des Halses; nach Diphtherie. * Lähmung der Augenlider [auch Opi., Verat. alb.].

Ignatia.—Nach starker geistiger Anstrengung und Nachtwachen im Krankenzimmer. * Unterdrückter Schmerz.

Nux vomica.—Theilweise Lähmung des Gesichtes und der Extremitäten, mit Schwindel. Schwäche des Gedächtnisses; Dunkelheit vor den Augen und Sausen in den Ohren. * Anhaltende Verstopfung. Für Leute, die an starkgewürzte Kost und Spirituosen gewohnt sind [auch Opi.].

Opium.—Lähmung und Gefühllosigkeit nach einem Schlaganfall. * Stuhl- und Harnverhalten. Langsamer Puls. Für alte Leute und Trinker.

Anweisung.—Löse 12 Kügelchen oder 3 Tropfen in 10 Theelöffel Wasser auf; davon alle drei bis vier Stunden 2 Theelöffel voll. In chronischer Form gebe man 8 Kügelchen ein Mal des Tages, etwa eine Woche lang; tritt keine Besserung ein, so wähle man ein anderes Mittel.

Ohnmacht.

(FAINTING.)

Ohnmacht ist nur dann bedenklich, wenn sie eine Folgeerscheinung einer andern Krankheit ist, wie Herzkrankheit, oder geschwächter Gehirnthätigkeit. Personen von delicater Beschaffenheit, namentlich nervöse Frauen neigen leicht dazu, schon beim Anblick von Blut oder nach geistiger Aufregung.

Behandlung.—Man bringe den Patienten in wagerechte Lage, den Kopf dabei etwas erhöht, besprenge das Gesicht mit kaltem Wasser und lasse ihn an **Ammonia** oder **Camphor** riechen. Wenn die Ursachen bekannt sind, so wende man eines der folgenden Mittel an:

Acon., Colo., Opi., wenn von Kälteeinwirkungen.

Arn., wenn von einem Fall oder Schlag.

China, wenn nach Blutverlust oder andern schwächenden Ursachen.

Ign. oder **Cham.,** wenn nach plötzlichen geistigen Erregungen.

Acon., Cocc. oder **Cham.,** wenn durch heftige Schmerzen verursacht.

Verat. alb., wenn der Schmerz den Patienten fast zur Raserei getrieben hat.

Hepar, wenn der geringste Schmerz Ohnmacht verursacht.

Cham. oder **Hepar** nach vorangehendem Schwindel.

Fallsucht.

(EPILEPSY—FITS.)

Plötzlicher, zeitweiliger Verlust des Bewußtseins und damit verbundene Convulsionen sind die eigenartigen Symptome der Krankheit. Dem Anfall vorangehende Erscheinungen sind: Kopfweh, Schwindel, Ohrensausen, Schwere des Kopfes, Gesichtsblässe und Einschlagen der Daumen nach den Handflächen hin. Aber diese Vorzeichen sind verhältnißmäßig selten. Die oben angegebenen Symptome sind von folgenden Erscheinungen begleitet: Verdrehung der Augen; Schäumen des Mundes; Athmungsbeschwerden und zuweilen unwillkürlichen Stuhl= und Harnentleerungen.

Gewöhnlich dauern die Anfälle fünf bis zwanzig Minuten, häufig auch viel länger. Wenn der Anfall vorüber ist, so erfreut sich der Patient oft eines stärkenden Schlafes, aus dem er meistens gesund erwacht, aber nicht selten leidet der Patient noch einige Tage an Schwäche, Erschlaffung und Kopfweh. Die Krankheit ist nicht absolut tödtlich, aber öftere Wiederholungsfälle schwächen die geistigen Kräfte.

Ursachen.—Fallsucht ist oft erblich. Anregende Ursachen sind: Gemüthsbewegungen, wie: Schreck, Furcht, Aerger, angestrengte geistige Arbeit, unmäßiger Geschlechtsgenuß, Selbstbefleckung, unterdrückte Ausschläge, Mißbrauch narkotischer Mittel und geistiger Getränke.

Behandlung.—Während eines Anfalles lege man ein Stück Kork zwischen die Zähne, um das Beißen auf die Zunge zu verhüten. Wenn Gesicht und Augen geröthet sind und der Kranke seinen Kopf krampfhaft bewegt und rückwärts biegt, so gebe man **Belladonna;** kann er nicht schlingen, so halte man ein mit einigen Tropfen der Flüssigkeit getränktes Tellertuch unter die Nase; ist er im Zustande der Betäubung, die Augen weit offen und schnarchend, gib **Opium.**

Da die Behandlung äußerst schwierig ist, so ist es geboten, sofort einen geschickten Arzt zu Rathe zu ziehen.

Veitstanz.

(CHOREA—ST. VITUS'S DANCE.)

Diese nur zwischen dem sechsten und zwanzigsten Jahre vorkommende Krankheit der Bewegungsnerven befällt häufiger das weibliche, als das männliche Geschlecht.

Vorboten der sich allmälig entwickelnden Krankheit sind: Störungen der Verdauungsorgane (Mangel an Eßlust, Blähung, Verstopfung); Mattigkeit, Geistesabwesenheit u. s. w. Nach einiger Zeit stellen sich unregelmäßige, krampfartige Muskelzuckungen in den Gliedern und dem Gesichte ein. Die komischen Bewegungen denten auf Unsicherheit derselben. Die Krankheit ist nicht lebensgefährlich, aber bei längerer Dauer des Uebels wird der Geist mitleiden müssen.

Ursachen.—Die Grundursache ist unbekannt. Anregende Ursachen sind: Gemüthsbewegungen, wie Schreck, Furcht, getäuschte Liebe und religiöse Schwärmerei; sodann Unterdrückung von Hautausschlägen und Selbstbefleckung.

Belladonna.—Das Gesicht ist verzerrt; der Patient stottert und hat Kopfweh. * Zittert so heftig an den Gliedern, daß er kaum gehen kann. Für Mädchen.

Calcarea c.—Willenlose Bewegungen, namentlich auf der einen Seite. * Passend in der Zahnperiode und für Scrophulöse. Kalte, feuchte Füße.

Causticum.—Verzerrung, Verdrehung und Zucken der Glieder; kann Nachts nicht schlafen.

Cina.—Wurmreiz. * Juckt beständig an der Nase. Der Harn wird nach längerem Stehen milchicht.

Cocculus.—* Unwillkürliche Bewegungen des rechten Armes und Beines. Gesicht aufgedunsen und bläulich; Hände wie erfroren. * Schlimmer nach dem Fahren.

Hyoscyamus. — * Umherschlenkern der Arme. Verliert die Controlle über seine Handbewegungen und läßt alles, was er erfaßt hat, fallen. Schleudert beim Gehen seine Füße hin und her; ist sehr gesprächig.

Ignatia.—Wenn von Schreck oder sonstiger Gemüthsbewegung. Schlimmer nach dem Essen; besser beim Liegen auf dem Rücken.

Pulsatilla.—* Für junge weinerliche Mädchen. Auch, wenn in Folge von verspäteter und beschwerlicher erster Reinigung.

Stramonium.—Die krampfhaften Zuckungen laufen kreuzweise oder sind allenthalben wahrnehmbar. * Hochgradige Nervösität. Der Kranke bewegt sich sehr rasch. Gedächtnißschwäche.

Elektrizität.—Geschickte Anwendung derselben ist von heilsamer Wirkung.

Anweisung.—Für eine Woche gebe man jeden Abend 1 Tropfen oder 8 Kügelchen in 1 Theelöffel Wasser; wenn dann nach einigen Tagen keine Besserung eintritt, so wähle man ein anderes Mittel.

Alpdrücken.

(NIGHTMARE—INCUBUS.)

Darunter versteht man ein beunruhigendes Gefühl während des Schlafes, wobei man sich nicht bewegen oder sprechen kann, und zu ersticken befürchtet. Nach vergeblichen Versuchen, laut zu schreien, erwacht man voller Angst.

Behandlung.—Vor Allem spüre man der Grundursache nach und suche dieselbe zu entfernen. Wenn Magenstörungen zu Grunde liegen, so vergleiche „Dyspepsie." Wenn durch Gemüthsstörungen herbeigeführt, vergleiche 1. Theil, Kap. 1. Alle mit dem Leiden behaftete Personen sollten genau nach den Gesundheitsregeln leben. Fleißiges Baden, Bewegung in freier Luft und Vermeidung aller Spirituosen u. s. w. sind höchst nothwendig.

Schlaflosigkeit.

Dies ist ein irgend eine constitutionelle Störung begleitendes Symptom. Bei längerem Anstehen des Uebels kann das ganze System in Mitleidenschaft gezogen werden. Der Appetit nimmt ab; die Verdauung wird gestört; die geistige Stimmung ist gedrückt; Kopfweh; nervöse Reizbarkeit und aufschreckende Träume. Hervorragende Ursachen sind: geistige Anstrengung, sitzende Lebensweise und zur Gewohnheit gewordener Genuß von Thee und Kaffee.

Behandlung.—Hauptanzeichen.

Aconit.—Wenn der Patient durch aufregende, Fieber und Angst bewirkende Ursachen am Schlafen verhindert wird.

Belladonna.—* Der Patient ist sehr schläfrig, aber kann nicht schlafen [auch Opi.]. Fährt beim Einschlafen wie erschreckt auf. Schlimmer gegen Morgen.

Chamomilla.—Schlaflosigkeit in Folge des Genusses von Kaffee [auch Nux v.]. * Ist sehr erregbar und ungeduldig.

Coffea.—* Außerordentliche Schwäche und Reizbarkeit. Sehr wirksam, wenn die Schlaflosigkeit von maßloser Freude oder dem Genuß von Thee herrührt.

Nux vomica.—Nach geistiger Anstrengung oder Schwäche der Verdauungsorgane. * Wenn von Kaffee, starkgewürzten Speisen oder Spirituosen.

Opium.—* Eine Folge von Schreck, Furcht oder niederdrücken= den Gemüthsbewegungen. * Allerlei Gebilde und Gesichte vor den Augen lassen den Patienten nicht schlafen. Nach starker geisti= ger Anstrengung und längerem Nachtwachen.

Anweisung.—Vor dem Schlafengehen nehme man 1 Tropfen oder 8 Kügelchen in ein Eßlöffel Wasser; sollte dies nicht helfen, so wiederhole man die Arznei alle drei bis vier Stunden.

Diät und Verhalten.—Die Diät sollte sehr einfach sein; das Abendbrot sollte nicht spät genommen werden. Ein kaltes Bad vor dem Schlafengehen ist oft sehr heilsam. Man halte das Schlafzimmer wohl gelüftet, und schlafe in einem Bett mit harter Unterlage und leichter Bedeckung.

Einfaches Wechselfieber.

(FEVER AND AGUE—CHILLS AND FEVER.)

Die Fieberanfälle stellen sich in regelmäßigen Zwischenräumen ein. Je nach dem Wiederkehren der Anfälle unterscheidet man drei Formen: Quotidiane, oder vierundzwanzigstündige Form; Ter= tiäre, oder achtundvierzigstündige Form; Quartane, oder zwei= undsiebenzigstündige Form.

Wiederum unterscheidet man zwischen einem kalten, heißen und schwitzenden Stadium.

Vorboten des kalten Stadiums sind: Gefühl von Erschlaf= fung; Unbehaglichkeit; Schmerzen im Kopf, dem Rücken, den Len= den; und Neigung zum Gähnen und Niederlegen. Das Kältegefühl beginnt gewöhnlich in den Extremitäten oder dem Rücken, von wo aus es sich über den ganzen Körper verbreitet und allgemeines Zittern und Zähneklappern verursacht. Zuweilen ist nur ein Gefühl von Kälte vorhanden, oder der Schüttelfrost bleibt gänzlich aus. Dieser Zustand mag einige Minuten bis zu zwei oder drei Stunden anhalten.

Das heiße Stadium stellt sich ein, sobald der Schüttelfrost

nachläßt. Das Gesicht ist geröthet; die Haut ist heiß; der Puls voll und rasch; Mund und Zunge sind trocken; brennender Durst; Kopfschmerz und gewöhnlich Ruhelosigkeit. Dieser Zustand währt zwei, sechs bis acht Stunden, zuweilen länger.

Das schwitzende Stadium bezeichnet das Ende der Anfälle, und wie der Schweiß sich reichlich einstellt, lassen die fieberischen Symptome sammt den Kopf= und Rückenschmerzen nach, und der Patient fühlt sich wohl, bis ein neuer Anfall kommt.

Das Vorangehende ist eine allgemeine Beschreibung eines Fieber= anfalles. Es kommen aber Fälle vor, wo die Folge der Stadien umgekehrt ist, oder wo das eine oder das andere Stadium ganz aus= bleiben möchte, oder, wenn es eintritt, nur einige der angegebenen Symptome aufzuweisen hätte.

Ursachen.—Die häufigste, wenn nicht die einzige Entstehungs= ursache, ist eine Blutvergiftung, die in sumpfigen Niederungen, namentlich in der Nähe der Flüsse oder Kanäle häufig vorkommt. Das wahre Wesen des „Sumpffiebers" ist unerklärt.

Personen, die in Gegenden leben, wo die Krankheit herrscht, soll= ten sich der Morgen= und Abendluft nicht aussetzen, wohl aber dem die Atmosphäre reinigenden Sonnenlichte freien Zutritt gestatten.

Behandlung.—Hauptanzeichen.

Aconit.—In frischen Fällen bei jungen vollkräftigen Personen. Heftiger Schüttelfrost; Hitze, namentlich im Kopf und dem Gesicht. **Husten während des Fiebers.** * Große Furcht und Ge= müthsunruhe; nervöse Erregbarkeit. Herzklopfen und Seitenstechen in der Brust.

Antimonium—Verdauungsstörungen [Ipe., Nux v.]. Weiß= belegte Zunge. * Traurigkeit und jämmerliches Stöhnen. Schüt= telfrost. Ist sehr schläfrig; ermangelt des Durstes [Puls.].

Apis mel.—Schüttelfrost gegen 4 Uhr Nachmittags [* Lyc.]; schlimmer im warmen Zimmer. Erneuerter Schüttelfrost nach der geringsten Bewegung; Gesicht und Hände roth. Schweiß, wech= selnd mit Trockenheit der Haut. Beim Nachlassen des Fiebers, Schmerz unter den kleinen Rippen, namentlich auf der linken Seite. Gefühl, als ob etwas im Bauch bersten wollte, wenn man den Stuhl unterdrückt.

Arsenicum.—Der Fieberanfall kommt nicht zur vollen Entwicke= lung. Schwindel, Kopfweh, Gähnen und allgemeines Unbehagen gehen dem Schüttelfrost voran. Der Schüttelfrost ist häufig mit Fieberhitze untermischt; öfters sind innere Schüttelfröste mit äußerer Hitze verbunden [Calc. c.]. * Während des Fiebers große Angst, Unruhe und Todesfurcht. Wenn der Anfall vorüber, große Nie= dergeschlagenheit. * Brennender Durst; trinkt oft, aber je nur wenig [Chin.].

Belladonna.—Leichter Schüttelfrost, mit heftigem Fieber, oder umgekehrt. Einige Theile sind kalt, andere warm [Rhus]. Heftiger klopfender Kopfschmerz; Betäubung. * Heißes, rothes Gesicht; Klopfen der Schlagadern. Erstickungsgefühl im Halse; Mund trocken.

Bryonia.—Schüttelfrost vorherrschend. Heftiger Durst in allen Stadien. * Heftiger, trockner, peinigender Husten; dabei stechende Schmerzen in der Brustseite [Rhus]. Stechende Schmerzen in der Leber- und Bauchgegend. * Harte, trockne Stühle, wie verbrannt. Aeußerst reizbar.

Calcarea c.—Scrophulöse Personen. Durst während des Schüttelfrostes. Schüttelfrost wechselt mit Hitze, oder äußere Hitze und innere Kälte [Ars.]. Schwerhörigkeit. * Kältegefühl an den Füßen wie von feuchten Strümpfen. Allgemeine Schwäche. Schwindel und Kurzathmigkeit beim Treppensteigen. Durchfall; weißliche unverdaute Stühle.

Carbo veg.—Die Anfälle sind unregelmäßig; zuweilen beginnen sie mit Fieber, gefolgt von Schweiß. Zahn- und Gliederschmerzen gehen voran. Durst nur im Schüttelfrost-Stadium [Ign.]. Schwindel, Röthe des Gesichts; Uebelkeit des Magens im heißen Stadium. * Beim Essen oder Trinken ist ein Gefühl, als wollte der Magen bersten.

Chamomilla.—Leichte Schüttelfröste. Hitze und Schweiß vorherrschend. Großer Durst im heißen Stadium [wenn nur im kalten Stadium, Carbo v., Ign.]. * Gesicht roth, oder die eine Wange ist geröthet und die andere blaß. * Ist sehr ungeduldig und kann kaum höflich antworten. Heißer Kopf- und Gesichtsschweiß. * Bauchschmerzen, dabei öftere Entleerungen eines blassen Urins.

China.—Uebelkeit, Kopfschmerz, Hunger und Herzklopfen gehen dem Anfall voran. * Durst vor dem Anfall und während des Stadiums des Schweißes. Schüttelfrost und Hitze wechseln; Haut kalt und blau [Nux v.]; Ohrensausen; Schwindel; Gefühl, als wäre der Kopf erweitert. * Schmerz in der Leber- und Milzgegend, namentlich beim Bücken. Blaßgelbes Gesicht. Für Leute, die in sumpfigen Gegenden wohnen.

Cina.—Erbrechen, Hunger vor und nach dem Anfall und während desselben. Durst nur während der Fieberhitze. Das Gesicht ist blaß, so lang der Anfall dauert. Jucken in der Nase [Phos. ac.]. Ruhelos bei Nacht. * Erweiterte Pupillen; Zunge ganz rein.

Ferrum.—Schüttelfrost, mit Kopfweh, Durst und Anschwellung der Hautadern. Anschwellung des Gesichts, namentlich, um die Augen [* Ars.]. Ausbrechen unverdauter Speise. * Das Gesicht wird nach der geringsten Bewegung roth. Rasche Abnahme der

Muskelthätigkeit. Nach langwierigen, mit Chinin behandelten Fällen [mit Mercur, **Hepar**].

Gelseminum.—Schüttelfrost, namentlich des Abends; fängt an den Händen und Füßen an. Hitze, mit nervöser Unruhe. Schwindel, wie von Trunkenheit. Empfindlich gegen Licht und Geräusch [**Bell.**]. Als Vorbeugungsmittel anzuwenden.

Ignatia.—Durst nur während des Schüttelfrostes. Aeußere Hitze, mit innerem Fieberschauer. * Der Schüttelfrost läßt bei äußerer Hitze nach [**Ars.**]. Während des Fiebers Nesselsucht über den ganzen Körper [**Hepar, Rhus**]. Geringer Schweiß. Kopfweh und Schmerz in der Magengrube.

Ipecacuanha.—Heftige Fieberschauer, mit wenig Hitze; oder umgekehrt. Die Anfälle kommen mit Gähnen, Ausrecken der Glieder und Ansammlung von Speichel. Schlimmer bei äußerer Hitze [wenn besser, * **Ign.**]. Kein Durst im kalten Stadium; viel im warmen. * **Uebelkeit und Erbrechen.** Mehr oder weniger Verdauungsbeschwerden beim Nachlassen des Fiebers.

Lachesis.—Die Anfälle kommen gewöhnlich am Nachmittag. Vorherrschender Schüttelfrost. * Zähneknirschen; heftiges Kopfweh und Wundheitsgefühl in der Brust. * Der Patient will wegen der Heftigkeit des Fieberfrostes gehalten sein [**Gel.**]. Nach übermäßigem Gebrauch von Chinin [**Ferr.**]. * Irgend welche Bekleidung des Halses ist unerträglich. * Der Anfall kommt gegen 4 Uhr Nachmittags und dauert bis gegen 8 Uhr. * Anhaltendes Vollheitsgefühl im Bauch und dem Magen. Hartnäckige Verstopfung. * Rother, sandartiger Niederschlag des Urins. * Fürchtet sich, allein zu sein [umgekehrt, **Chin.**, * **Nux v.**].

Natrum mur.—Der Fieberfrost stellt sich um 10 Uhr Morgens ein; trinkt oft, aber je nur wenig. Heftiger Kopfschmerz während der Hitze. Zunge trocken; geschworne Mundwinkel.

Nux vomica.—Die Anfälle kommen des Nachts oder früh am Morgen. * Lang anhaltender Schüttelfrost; Gesicht bläulich und kalt; Fingernägel blau. * Große Hitze; demungeachtet will der Patient warm zugebettet sein. Hitze und Kälte stehen in Verbindung mit Störungen des Magens und der Galle [**Ant. c., Ipe.**]. Schmerz im heiligen Bein während des Fieberfrostes. Während des Fiebers: Kopfweh, Schwindel, geröthetes Gesicht, Brustschmerzen und Erbrechen.

Pulsatilla.—Die Anfälle kommen des Abends oder des Morgens. Hitze wechselt mit Kälte [**Ars.**]. Kein Durst während des Anfalls, oder nur im heißen Stadium. Bitteres oder saures Erbrechen von Schleim aus der Galle. * Dickbelegte Zunge und am Morgen übler Geschmack im Munde. Die geringste Magenstörung

hat einen Rückfall zur Folge. * Verdauungsbeschwerden. Weiner=
liche Personen.

Rhus tox.—Die Anfälle kommen gegen Abend. Ausstrecken
der Glieder und Gähnen gehen den Anfällen voran. Einige Theile
sind warm, die andern kalt [Bell.]. Schweiß nach Mitternacht und
gegen Morgen. * Nesselsucht im Stadium der Hitze. * Unruhe;
beständige Lageveränderung. * Trockner, reizender Husten vor und
nach dem Anfall [während des Fiebers, Acon.].

Sepia.—Allgemeines Kältegefühl, mit Druck auf die Schläfe und
die Augen. * Hände sind kalt; Finger wie abgestorben.
Während der Hitze Schwindel, selbst Bewußtlosigkeit. Schweiß
über den ganzen Körper; Unruhe; Trockenheit des Halses.
* Gänzliche Abwesenheit des Durstes [Puls.].

Sulphur.—Die Anfälle kommen des Morgens oder Abends;
Durst und Abspannung gehen voran. Schüttelfrost im Rücken, der
Brust, den Armen; Hände, Füße und Nase sind kalt. Während
der Hitze: Durst; Brennen der Hände und Füße; Ermüdung und
Wundheitsgefühl der Glieder. * Brennschmerz oben auf dem Kopf.
* Häufige, schwache Krämpfe während des Tages. Durchfall früh
des Morgens.

Anweisung.—Die Arznei sollte sofort nach dem Anfall gegeben werden.
Löse 3 Tropfen oder 12 Kügelchen in einem bis zu einem Drittel gefüllten
Glase Wasser auf; davon gebe man in den Zwischenräumen alle drei bis vier
Stunden 2 Theelöffel voll. Bei hochgradigem Fieber gebe man gelegentlich
etwas Aconit.

Diät und Verhaltung.—Die Diät sei einfach, nahrhaft und leicht verdaulich.
Man vermeide alle fetten Speisen und genieße gut gekochtes Rind= oder Ham=
melfleisch und Gemüse, sowie wohlgereifte Früchte aller Art. Die Haupt=
getränke seien Wasser und Milch. Spirituosen sind zu vermeiden.

Magencatarrh.

Dies ist ein krankhafter Zustand des Magens und der Galle.
Der Kranke leidet anfänglich an leichtem Schüttelfrost oder Kälte=
gefühl, das sich bald hinauf bis an den Rücken erstreckt; dann folgen
fieberische Erregung und fliegende Hitze; dumpfer Stirnschmerz; bit=
terer Geschmack im Munde; die Zunge ist weiß, dann gelb belegt;
gänzlicher Verlust des Appetits; der Magen ist sehr reizbar und
gibt alles Genossene von sich; in einigen Fällen Uebelkeit und Er=
brechen von Anfang an; der Auswurf besteht aus einer gelben oder
grünen Substanz von bitterem Geschmack. Die Eingeweide sind
gewöhnlich verstopft; zuweilen auch Durchfall grüner, gelber oder
brauner Stühle; das Gesicht ist erdfahl; spärlicher, heller Urin;
zuweilen ist die Lebergegend mit angegriffen.

Die Krankheit hat keinen bestimmten Verlauf, auch sind die
Fiebererscheinungen unregelmäßig. Wenn vorzugsweise die Ver=
dauungsorgane gestört sind, so mag der Patient nach einigen Tagen
genesen; aber wenn gallenartige Symptome vorherrschen, so mag
die Krankheit Wochen lang währen und in Typhus ausarten.

Ursachen. — Zu den gewöhnlichsten Ursachen gehört Unmaß
im Essen und Trinken; der Genuß unverdaulicher Speise; sitzende
Lebensweise. Die Krankheit ist in westlichen und südlichen Staaten
vorherrschend, namentlich wo Miasmen ihren Einfluß geltend
machen.

Behandlung.—Hauptanzeichen.

Aconit. — Schüttelfrost, gefolgt von hochgradigem Fieber;
trockne, heiße Haut; heftiger Durst; rothes Gesicht; Kurzathmig=
keit; nervöse Erregbarkeit. *Alles schmeckt bitter, Wasser ausge=
nommen [Bry.]. Bitteres, galliges Erbrechen [auch Cham.]. Ma=
genschmerzen nach dem Essen und Trinken. *Druck in der Leber=
gegend. Stechender, klopfender Kopfschmerz; schlimmer nach
Bewegung.

Bryonia.—Schwindel, Uebelkeit und Ohnmacht beim Erheben
[Acon., Puls.]. *Vollheitsgefühl des Kopfes, als wollte er sich des
ganzen Inhaltes entleeren. Lippen gesprungen und trocken. Weiß=
oder gelbbelegte Zunge. *Alles schmeckt bitter. Durst; trinkt in
langen Zügen. Sofortiges Erbrechen nach dem Essen.
*Stiche oder Brennen in der Lebergegend. *Verstopfung harter,
trockner Stühle. Sehr reizbar.

Chamomilla. — Patient sehr reizbar [Bry.]. Warmer
Kopfschweiß. *Bitteres, galliges Erbrechen. Stühle grün,
wässerig und schleimig, oder wie zerschlagene Eier und Spinat.
Gelbes Aussehen der Haut.

Mercurius.—Blasses, gelbes, erdfahles Gesicht [Puls.]. Zunge
ist schmutziggelb belegt. *Uebelriechender Athem; Geschwüre auf
den Lippen, dem Zahnfleisch und den Wangen. Bitterer, saurer,
widriger, oder süßlicher Geschmack im Munde. *Die Magen=
gegend ist gegen Berührung empfindlich. Stechende Schmerzen
und Wundheitsgefühl in der Lebergegend. Durchfall grüner,
dunkler, schäumender Stühle. Dunkelrother Urin, wie
blutig.

Nux vomica.—*Der Patient ist sehr reizbar und wünscht
allein zu sein. Kopfschmerzen zum Zerspringen [*Bry., Bell.].
Bitterer, saurer Geschmack. *Bitterer, saurer Auswurf
[auch Bry., Puls.]. *Erbrechen des Genossenen oder sauerriechen=
den Schleimes. Zusammenziehende, krampfartige Magenschmerzen.
*Anhaltende Verstopfung großer, mühsamer Stühle. Kann
nach 3 Uhr des Nachts nicht schlafen. Schlimmer gegen Morgen.

Pulsatilla.—Schwermüthig und weinerlich. Ist mit nichts zufrieden. Schwindel beim Emporrichten aus sitzender Haltung. Klopfender Kopfschmerz; schlimmer des Abends, nach dem Bücken, nach geistiger Erregung, oder im warmen Zimmer. Zunge weiß oder gelb belegt [auch Merc.]. * Widriger Geschmack im Munde; dabei Neigung zum Erbrechen [Merc., Nux v.]. * Schleim-Erbrechen. Nachts Durchfall wässeriger oder galleriger Stühle. Passend, wenn die Krankheit durch den Genuß fetter Nahrungsmittel herbeigeführt ist.

Sulphur.—Niedergeschlagenheit; Neigung zum Weinen [siehe Puls.]. Schwindel beim Aufrechtsitzen. * Anhaltende Hitze oben auf dem Kopf. Fauler Geschmack; Mangel an Eßlust. Saures Aufrülpsen [Nux v.]. Schmerzloser Morgendurchfall. * Passend für gebückt gehende Personen.

Anweisung.—Löse 12 Kügelchen oder 3 Tropfen in einem halb gefüllten Glase Wasser auf; davon gebe man in dringenden Fällen alle zwei bis drei Stunden 2 Theelöffel voll. Bei eintretender Besserung wiederhole man die Dosis alle vier bis sechs Stunden. Der Patient trinke nur reines, frisches Wasser.

Typhus oder Typhoidisches Fieber.
(TYPHOID OR TYPHUS FEVER.)

Typhus und typhoidisches Fieber sind nach den Ergebnissen der neuesten Forschung nur Modifikationen einer und derselben Krankheit. Was das Wesen und den Sitz der Krankheit betrifft, so gehen die Ansichten weit auseinander. Einige suchen ihren Sitz im Blut; Andere im Gehirn und dem Nervensystem, und wiederum Andere in den Schleimhäuten der Eingeweide. Der Ursprung der Krankheit und deren eigentliches Wesen sind somit in Dunkel gehüllt: sie ist nur an ihren Wirkungen erkennbar.

Die Krankheit beginnt gewöhnlich mit Schüttelfrost, gefolgt von Fieber, raschem Puls und andern fieberischen Symptomen. Oft nähert sie sich tückisch und nimmt nur langsam zu. Der Patient klagt über Schmerzen im Kopf, dem Rücken und den Lenden; fühlt müde; der Hals ist steif; unruhiger Schlaf; mehr oder weniger Verdauungsbeschwerden und allgemeines Unbehagen. Diese Symptome mögen acht bis zehn Tage anhalten, und der Patient mag zu seinen Berufsgeschäften zurückkehren; aber schließlich muß er in Folge von Schwäche das Bett hüten. Die Krankheit mag einen ruhigen Verlauf nehmen, aber meistens wird sie äußerst gefährlich.

Wie oben bemerkt, beginnt die Krankheit gewöhnlich mit Schüttelfrost mit Fieber im Gefolge; dabei 90—100 Pulsschläge in der

Minute. Große Schwäche; heftiger Kopfschmerz; Schwindel; Funkeln vor den Augen; Ohrensausen; unruhiger Schlaf; spricht im Schlaf. Bei fortschreitender Krankheit wird der Patient schläfrig und betäubt; ist harthörig; phantasiert, wirft die Decken ab und will aufspringen. Das Gesicht ist geröthet; Augen sind dunkelroth; Lippen trocken und gesprungen; Zähne und Zahnfleisch sind mit einem dunkeln Schleim überzogen; Zunge braun, trocken und geborsten. Der Bauch ist aufgedunsen und gegen Druck empfindlich; die im ersten Stadium verstopften Eingeweide entleeren sich rasch; die Stühle sind grün oder dunkel; widrig und oft unwillkürlich. Große Mattigkeit; Pflockenzupfen; stilles Delirium und Bluten der Eingeweide. Dann Kälte und klebriger Schweiß, schwacher, zitternder Puls; Beschwerde beim Schlingen; Kälte der Extremitäten und endlich Tod.

Die Dauer der Krankheit ist verschieden: zuweilen verläuft sie rasch, d. h. sie endet mit Tod, oder Genesung nach der zweiten Woche; aber meistens verläuft sie oft nach fünf bis sechs Wochen: durchschnittlich nach dem einundzwanzigsten Tag. Vollständige Erschöpfung der Lebenskräfte, Congestionen des Gehirnes und der Lunge und Blutungen der Eingeweide führen den Tod herbei.

Ursachen.—Die Krankheit ist miasmatischer Art und wird durch Absonderung der Kranken leicht weiter verbreitet. Alle Absonderungen sollten sofort entfernt und begraben werden, um Ansteckungen zu vermeiden.

Typhus entwickelt sich miasmiatisch in engen, schmutzigen, unreinen Räumlichkeiten: in Schiffen, Gefängnissen, Hospitälern, Feldlagern und Tenementhäusern. Die Krankheit ist oft auf mangelhafte Reinigungs= und Abzugskanäle zurückzuführen.

Behandlung.—Wenn irgendwie thunlich, ziehe man einen homöopathischen Arzt zu Rathe. Immerhin mögen die folgenden Mittel von einigem Nutzen sein.

Aconit.—Schüttelfrost und hochgradiges Fieber; voller, verhaltener Puls; Hitze; Haut trocken und heftiger Durst. * Gemüthsangst; sehr erregbar. * Kopfweh, als wollte der Schädel bersten. Schwindel beim Emporrichten. Meistens im ersten Stadium.

Apis mel.—Der Patient liegt im stillen Delirium; kann nicht sprechen oder seine Zunge ausstrecken; diese ist gesprungen, wund und mit Bläschen bedeckt [Nux v., Puls.]. Mund und Hals sind trocken; Beschwerde beim Schlingen. * Wundheitsgefühl in der Magengegend. * Verstopfung, oder häufige, blutige, schleimige, unwillkürliche Stühle. Weißer frieselartiger Hautausschlag der Brust und des Bauches. * Große Schwäche.

Arnica.—Betäubung und Empfindungslosigkeit [**Phos. ac.**]. Zunge trocken, mit einem braunen Streifen auf der Mitte. Gedankenverwirrung; kann keinen sprachlichen Ausdruck finden [bricht mitten im Satz ab [* **Bapt.**]. * Wundheitsgefühl über den ganzen Körper, so daß der Patient beständig seine Lage wechseln muß. * Klagt, wenn bei Bewußtsein, über zu harte Lage [auch **Bapt.**]. Unwillkürliche Stuhl= und Harnentleerungen.

Arsenicum.—Gesicht blaß, hohl, eingeschrumpft, leichenhaft, gelblich, bläulich, bleifarben. Kalter Stirnschweiß. Leckt immer an den Lippen; diese sind dunkel, trocken, gesprungen; Zähne schmutzig. Zunge trocken, eingeschrumpft, bläulich oder schwarz, kann sie nicht herausstrecken. * Heftiger Durst; trinkt oft, aber je nur wenig. Schlafsucht, oder stilles Delirium und Gliederzittern. * Große Schwäche, oder gänzliche Erschlaffung. Angst, Ruhelosigkeit und Todesfurcht.

Baptisia.—Gesicht dunkelroth, mit geistlosem Ausdruck. Dumpfer, betäubender Kopfschmerz und Verwirrung der Gedanken. * Gefühl im Kopf, als wäre er zerstückt; wirft sich im Bett umher, als wollte er die Stücke zusammensuchen. Zunge braun belegt, trocken, namentlich in der Mitte [rein, verdorrt, trocken, **Hyos.**, **Rhus**]. Zähne schmutzig; widriger Athem. Uebelriechender, erschöpfender Durchfall. * Schweiß, Harn und Stuhl sind äußerst widrig.

Belladonna.—Gesicht roth und aufgedunsen; Augen funkelnd; erweiterte Pupillen. Klopfender Kopfschmerz; heftiges Pulsiren der Schlagadern. Empfindlich gegen Geräusch und Licht [**Acon.**]. Delirium; wilder Blick; will schlagen, beißen und zanken. * Fährt plötzlich aus dem Schlafe empor und will davon laufen. * Schläfrig, aber kann nicht schlafen [* **Lach.**, **Opi.**]. Zunge roth, trocken, geborsten, roth an den Rändern und braun in der Mitte [**Bapt.**]. Empfindlichkeit des Unterleibes; der kleinste Stuhl ist schmerzhaft.

Bryonia.—Das Gesicht ist roth, geschwollen und brennt. * Lippen trocken, bräunlich und gesprungen. Dicker, weißer, oder gelber Zungenbeleg; braun und trocken [trocken, roth und gesprungen, **Rhus**]. Drückender, betäubender Kopfschmerz, oder Schmerzen im Kopf, als wollte er zerspringen; schlimmer nach der geringsten Bewegung. * Delirium Tag und Nacht; Gaukelbilder; will auf und davon [**Bell.**]. Neigung zum Schlaf; fährt aus seltsamen Träumen plötzlich auf, oder Schlaflosigkeit; wirft sich hin und her. * Trockenheit des Mundes, mit oder ohne Durst; trinkt je in großen Zügen. * Kann in Folge von Uebelkeit und Schwäche nicht aufrecht sitzen. Wundheitsgefühl im Magen. Verstopfung; trockne, harte Stühle.

Calcarea c.—Passend für scrophulöse Personen. Herzklopfen; zitternder Puls; Angst und Ruhelosigkeit [**Ars.**]. Verzweiflung; Todesfurcht; quält seine Umgebung. * Sobald er im Schlaf verfällt, kehren diese Symptome wieder. Jucken unter dem Brustbein, was einen kurzen, hackenden Husten verursacht [**Rhus**]. Nach Gemüthsunruhe.

Carbo veg.—In den letzten Stadien des Unterleib= und Faulfiebers. Gesicht blaß, eingefallen, hippokratisch, kalt [**Ars.**]. Tiefliegende Augen; dumpfer, glanzloser Blick; Licht unerträglich. Zunge trocken, schwarz und zitternd, oder feucht und klebrig. Schlafsucht, oder Schlaflosigkeit; Irrereden. * Vollständige Erlahmung aller Lebenskräfte. Schwächender bräunlicher, graulicher, blutiger Durchfall von leichenartigem Geruch [**Ars.**]. * Erschlaffung; begehrt frische Luft und Kühlung. Die Extremitäten sind kalt und mit weißem, kaltem Schweiß bedeckt.

Hyoscyamus.—Braunrothes, geschwollenes Gesicht. Zunge roth, braun, trocken und gesprungen. Die Lippen sehen aus wie versengtes Leder. Rasendes Delirium; hält an im wachen Zustand. * Verlust der Sprache und des Bewußtseins [**Bell., Stram.**]. * Murmeln und Bettzupfen [**Opi.**]. Große Unruhe; springt auf und will davon laufen [**Bell., Bry.**]. Augen roth und funkelnd; starr; rollend. * Zwicken und Reißen in den Gliedern. Krampfartiges Jucken der Glieder [**Phos. ac.**]. * Lähmung der Schließmuskel und der Harnblase.

Lachesis.—Zunge trocken; roth oder schwarz; oben gesprungen und blutend; zittert beim Hervorstrecken. Lippen trocken, gesprungen und blutend. Betäubung und Murmeln im Delirium. Erschlaffung des Unterkiefers [**Lyc., Opi.**]. * Beengende Bekleidung des Halses ist unerträglich. * Alle Symptome sind schlimmer nach dem Schlafen [**Apis, Opi.**]. Wähnt, todt zu sein.

Lycopodium.—Erdfahle Hautfarbe. Zunge schwarz, trocken, gesprungen, oder mit zähem Schleim belegt. Betäubung, Delirium, langsames Athmen, den Mund offen [**Opi.**]. Niedergeschlagenheit und Erschlaffung des Unterkiefers. * Rothe Umkränzung der Wangen. Spricht in unziemlicher Weise. Fächerartige Bewegung der Nasenflügel. * Erweiterung der Eingeweide; dabei Rumpeln, namentlich in den linken Weichen. * Beständiges, bis zum Halse hin sich erstreckendes Vollheitsgefühl des Magens. * Fürchtet sich, allein zu sein. Rother, sandartiger Niederschlag des Urins. Will nicht auf der linken Seite liegen. Aeußerst reizbar nach dem Erwachen. Schlimmer von vier bis sechs Uhr des Morgens.

Mercurius.—Im frühen Stadium. Der Patient ist, ohne den genauen Sitz der Krankheit bestimmen zu können, so hinfällig, daß er zu Bett gehen muß. Die Zunge ist schmutziggelb, oder ganz rein; dabei bitterer, fauler Geschmack. Zahnfleisch geschwollen und entzündet; widriger Athem. Kopfweh; namentlich in der Stirne und dem Scheitel. * Schmerz und Empfindlichkeit in der Magen= und Lebergegend [Bell., Bry.]. Trockne, heiße Haut, oder reichlicher Schweiß. Grünliche Stühle und Stuhlzwang. Dunkler Harn. * Symptome schlimmer des Nachts und bei feuchtem Wetter.

Nitric ac.—In vorgeschrittenen Stadien der Krankheit. Die Eingeweide neigen zur Erschlaffung; grüne, schleimige, ätzende Stühle. * Blutung der Eingeweide; Unterleib sehr empfindlich. Harn äußerst widrig. Unregelmäßiger Puls und Schwinden der Kräfte.

Opium.—Gesicht geschwollen und purpurroth. * Schläfrigkeit; stinkender Athem, Irrereden im Fieber; Augen weit offen [Augen geschlossen, **Hyos.**]. Puls voll und mühsam, oder langsam und schwach. Gehirnlähmung zu befürchten. Unwillkürliche Stühle und Harnverhaltung [auch **Bell., Hyos.**].

Phosphorus. — Typhusartige Lungen=Entzündung. * Betäubung; trockne, schwarze Lippen und Zunge; Mund offen. Abnahme der Geisteskräfte; stilles Delirium und Bettzupfen. Starkes Verlangen nach kalten Getränken. * Ausbrechen des Genossenen, sobald es im Magen warm geworden ist. Schmerzloser Durchfall wässerigen, grünlichen oder dunkelen zersetzten Blutes [auch **Chin.**]. Schwäche= und Leerheitsgefühl im Magen.

Phosphoric ac.—* Gänzliche Fühllosigkeit und Gleichgültigkeit. Will nicht sprechen und antwortet sehr langsam [will sprechen, **Stram.**]. Zunge trocken und gesprungen. Zähne mit Schleim belegt [auch **Ars., Bapt.**]. Stierer, glasichter Blick. Anhaltendes Irrereden, oder dumpfes Murmeln. * Rumpeln in den Gedärmen; schmerzloser, wässeriger Durchfall [auch **Hyos., Opi., Stram.**]. Kalter Schweiß an den Händen, Füßen und auf der Magengrube. Puls schwach, häufig und unregelmäßig.

Pulsatilla.—Im ersten Stadium, wo gastrische Störungen vorherrschen. Fieberhitze, untermischt mit Schüttelfrost. * Dickbelegte Zunge; übler Geschmack am Morgen. Geschmack wie von faulem Fleisch; Neigung zum Erbrechen. Wechselnde Symptome; fühlt eine Stunde wohl und in der folgenden erbärmlich. * Schnappt nach frischer, kalter Luft; schlimmer im warmen Zimmer. Weinerliche Personen. Symptome schlimmer gegen Abend.

Rhus tox.—Niedergeschlagen und stumpf. Gesicht roth, geschwollen; blaue Kranzringe um die Augen. Lippen trocken; bräunlich, oder schwarz. Zunge trocken, roth und glatt, oder Röthe

22

auf der Spitze in Form eines Dreieckes. Murmelndes Delirium, oder spricht bei sich selbst. Verstopfung der Ohren und Schwerhörigkeit. Trockner, lästiger Husten; **Beklemmung der Brust.** * Heftige Gliederschmerzen; schlimmer beim Ruhen. Durchfall reichlicher, wässeriger, blutiger, gallertartiger Stühle. * Unwillkürliche Stühle; große Erschöpfung [auch Hyos.]. Schlimmer des Nachts, namentlich nach Mitternacht.

Stramonium.—Verlust des Bewußtseins und unwillkürliche Bewegung der Glieder. Eifriges, anhaltendes Sprechen [nicht aufgelegt zum Sprechen, **Bell., Nit. ac., Phos. ac.**]. **Anhaltendes, wiederholtes Aufwerfen des Kopfes vom Kissen.** Zunge braungelb und trocken in der Mitte [**Bapt.**]. Lippen wund und gesprungen; Zähne schmutzig belegt. * Schwärzlicher, wie Aas riechender Durchfall [**Ars., Carbo v.**] Verlust des Gesichtes, des Gehöres und der Sprache. Reichliche, unwillkürliche Stuhlentleerung.

Sulphur.—Bei Personen von ungesunder Hautfarbe und wo sonst bewährende Mittel erfolglos sind. Brennhitze auf dem Kopfe; Extremitäten kalt. Trockne, bräunliche Zunge; heftiger Durst. Schläfrig bei Tag und schlaflos bei Nacht. Kann seine Gedanken nicht sammeln. * Durchfall früh am Morgen; Erschlaffung nach jedem Stuhl. * Häufige schwache Krampfanfälle. **Spricht im Schlafe; fährt plötzlich auf.**

Hülfsmittel.—Wasser sollte innerlich und äußerlich fleißig benutzt werden. Der Patient trinke in kurzen Zügen; spüle den Mund und Hals aus; schlage nasse Tücher um seinen brennenden Kopf und lege solche auf den empfindlichen, gedunsenen Unterleib. Sehr wohlthätig ist auch öfteres Waschen des ganzen Körpers, um das Blut zu kühlen.

In hartnäckigen Fällen befördern Klystiere warmen Wassers die Thätigkeit der Eingeweide; und wenn Durchfall einsetzt, so verabfolge man ein Klystier warmen Stärkewassers, etwa 2 Unzen nach jedem Stuhl.

Anweisung.—In dringenden Fällen wiederhole man das Mittel alle zwei bis drei Stunden; in milderen, ein Mal in sechs bis acht Stunden. Löse 3 Tropfen oder 12 Kügelchen in 10 Theelöffel Wasser auf; davon 2 Theelöffel als Dosis; oder 8 Kügelchen trocken auf die Zunge.

Diät und Verhaltung.—Frische, süße Milch, mäßig genossen, ist in jedem Stadium erlaubt; ebenso frische Buttermilch. In späteren Stadien ist starke Fleischbrühe von Rind- oder Hammelfleisch ein treffliches Nähr- und Stärkemittel. Feste Nahrung sollte vor Erstarkung der empfindlichen Unterleibstheile nicht genossen werden.

Der Genuß von Spirituosen ist in keinem Falle gestattet, da sie die Lebenskräfte nur schwächen. Das Krankenzimmer sei geräumig, wohl gelüftet und rein. Gerüche aller Art, einerlei, ob von Essig, Kampfer oder dergleichen, sind gefährlich. Der Patient verhalte sich ruhig. Man vermeide alles Schwatzen und Flüstern.

Gelbes Fieber.

Diese Krankheit tritt in warmen Gegenden, namentlich bei warmer Witterung auf. Selten erscheint sie nördlich vom 40. Breitegrad; sie beschränkt sich meistens auf Städte, größere Ortschaften und Schiffe; mitunter erstreckt sie sich auch auf ländliche Distrikte. Beim Eintreten der kalten Witterung pflegt sie zu verschwinden. Länger als sechszig Tage dauert sie überhaupt nicht.

Die Krankheit befällt ihr Opfer oft plötzlich mit furchtbarer Heftigkeit, oder sie nähert sich heimtückisch, wie Gallenfieber, womit sie große Aehnlichkeit hat. In den meisten Fällen gehen Schwindel, Glieder- und Rückenschmerzen voraus, sowie leichte Schüttelfröste, Uebelkeit, Kopfschmerz und Schwächeanfälle. Später kommt ein Fieberanfall; die Hitze wird hochgradig, die Haut trocken, der Puls voll, häufig und träge. Das Fieber währt einige Stunden bis zwei oder drei Tage lang, und der Patient fühlt sich alsdann ganz wohl, bis nach einigen Stunden die früheren Symptome mit verdoppelter Heftigkeit wiederkehren. Brennschmerzen im Magen, der gegen Druck sehr empfindlich ist. Heftiges, unaufhörliches Erbrechen dunkelfarbiger Flüssigkeit; zuweilen Durchfall, zuweilen Verstopfung; die Haut ist gelb: daher der Name der Krankheit. Die Urinabsonderung ist spärlich, oder gänzlich unterdrückt. Der Geist ist gestört und wandert.

Die Dauer dieses Stadiums schwankt zwischen zwölf bis zu achtundvierzig Stunden, mit kurzen Unterbrechungen; aber in ernsthafteren Fällen stehen noch härtere Kämpfe bevor. Die Krankheit nimmt einen typhusartigen Charakter an; die Zunge wird trocken, schwarz, runzelig; quälender Durst; alles Genossene wird ausgebrochen; dann Erbrechen einer braunschwarzen Flüssigkeit oder zersetzten Blutes ("black vomit"); diesen Falls ist kaum eine Hoffnung auf Genesung vorhanden. Die Haut wird kalt und klebrig; der Puls ist schwach; Athem unregelmäßig; Augen gesunken; dann und wann Schluchzen; Bewußtlosigkeit und endlich Tod.

Ursachen.—Die wahren Ursachen sind noch in Dunkel gehüllt. Nach den Ergebnissen der neuesten Forschungen wird sie durch winzige Spaltpilze erzeugt. Die Frage ist noch nicht entschieden, aber so viel ist gewiß, daß sie eine ansteckende Krankheit ist, schon übertragbar durch Berührung der Kleider einer damit behafteten Person, und daß sie durch Schiffe und Waaren leicht verschleppt wird.

Behandlung.—Wenn irgend wie möglich, so ziehe man einen homöopathischen Arzt zu Rathe; ist ein solcher nicht zu haben, so vertraue man sich lieber einem Freunde an, der im Besitz eines homöopathischen Werkes und der einschlägigen Mittel ist, als daß man sich an einen Arzt der alten Schule wendet.

Die folgenden Mittel haben sich trefflich bewährt:

Aconit.—Im ersten Stadium, wenn der Kopf brennt und die Haut trocken ist; Puls voll, träge und rasch. Wirft sich unruhig umher; heftiger Durst; rothes Gesicht, Kurzathmigkeit und große nervöse Erregung. Delirium des Nachts. * Kopfschmerz, als wollte sich der ganze Inhalt entleeren; dabei Schwindel beim Emporrichten. Augen eingesunken und gegen Licht empfindlich. Erbrechen von Schleim und Galle.

Arsenicum.—Gesicht gelb oder fahl; Gesichtszüge verzerrt, wie die eines Todten. Nase spitz; Augen eingesunken und von dunkeln Kränzen umgeben. Dumpfe, klopfende, oder betäubende Kopfschmerzen. Brennende, oder scharfe, schießende Schmerzen in der Lebergegend. Glieder steif, ungelenkig. Häufige Stühle, mit Stuhlzwang; oder schmerzlos und unwillkürlich. * Heftiges Erbrechen sofort nach dem Essen oder Trinken. * Erbrechen einer braunen, schwarzen Materie [auch * **Verat. alb.**]. * Brennen im Magen; heftiger Durst; trinkt oft und wenig. Rasche Abnahme der Kräfte. * Ruhelosigkeit und Todesfurcht.

Belladonna.—Im ersten Stadium. Glühende Röthe des Gesichtes; Augen roth, funkelnd und stier. Klopfender Kopfschmerz; sichtbares Pulsiren der Schlagadern. * Rasendes Delirium; will schlagen und beißen, oder zanken. Zunge weiß belegt, oder gelblich, oder braun. Schmerzhaftes Schweregefühl und krampfartige Schmerzen im Rücken, den Lenden und Beinen. Krampfartige, zusammenziehende Magenschmerzen. Schwindel und Schwinden der Sehkraft; Betäubung und Schwäche. Schlimmer nach drei Uhr Nachmittags.

Bryonia.—Im zweiten Stadium. Der Kopf schmerzt, als wollte er zerspringen; schlimmer durch Bewegung, Oeffnen der Augen oder Bücken [auch **Bell.**]. Augen roth, oder trübe und glasicht; oder funkelnd und thränenschwer. Zunge weiß oder gelb belegt; Lippen trocken, verbrannt, gesprungen. * Emporrichten aus dem Bett verursacht Uebelkeit und Schwindel. Sofortiges Erbrechen des Genossenen. * Will ganz ruhig liegen. Sehr reizbar. Alles schmeckt bitter. Stühle hart, trocken, wie verbrannt.

Camphor.—Heftiger, langwieriger Schüttelfrost zu Anfang. * Kälte der Haut, will aber nicht zugedeckt sein [auch **Verat. alb.**]. Erschlaffung.

Cantharides.—Gänzliche Gefühllosigkeit; Krämpfe in den Bauchmuskeln und Beinen; Verhaltung des Urins. Blutungen aus dem Magen und den Eingeweiden. Kalter Schweiß an Händen und Füßen. * Beständiger Harndrang.

Carbo veg. — Letztes Stadium. Blutungen und auffallende Gesichtsblässe; heftiger Kopfschmerz; Schwerheitsgefühl in den Gliedern und Zittern des ganzen Körpers. * Der Patient will mehr Luft. * Alle Absonderungen sind äußerst widrig.

Ipecacuanha. — Erstes Stadium. Schwindel; Schüttelfrost; Glieder- und Rückenschmerzen; unbehagliches Gefühl in der Magengegend. * Andauernde Uebelkeit; Erbrechen eiweißartigen Schleimes [siehe **Tart. em.**].

Mercurius. Haut gelb, roth, eingefallen; Augen empfindlich gegen Licht. Lähmung eines oder mehrerer Glieder. Schläfrigkeit in Folge nervöser Erregung. Schwindel, oder heftiger Kopfschmerz. * Heftiges Erbrechen schleimiger, galliger Materie [**Ipe., Nux v.**]. * Starker Schweiß, ohne Erleichterung. Brennender Schmerz und Empfindlichkeit des Magens. Durchfall schleimiger, galliger, oder blutiger Stühle; Stuhlzwang. Gedächtnißschwäche. Schlimmer des Nachts und bei feuchtem Wetter.

Nux vomica. — Gelbe Haut; blasses oder gelbes Gesicht, namentlich in der Mund und Nasengegend. Augen eingefallen, gelb, wässerig und dunkel umkränzt. Zunge schleimig, oder trocken; zerrissen und roth an den Rändern. Brennschmerzen im Magen; Druckgefühl oder krampfartige Schmerzen im Magen. Erbrechen scharfer, schleimiger Materie. Brennschmerzen im Blasenhals; beschwerliches Harnlassen [**Canth.**]. Kälte, Lähmung und Krämpfe in den Beinen. * Sehr reizbar; wünscht allein zu sein. Personen von a u s s c h w e i f e n d e r L e b e n s w e i s e. Schlimmer des Morgens.

Rhus tox. — Schmutziggelbe Hautfarbe; Augen glasicht und gesunken. Zunge und Lippen trocken und bräunlich. Lautes Delirium, oder Schlafsucht; widriger Athem. Stöhnt beständig und wirft sich umher. Quälende Brennschmerzen in dem Magen. * Große Schwäche der untern Extremitäten; kann sie kaum nach oben ziehen. Schmerzhaftes Schlingen. * Schlimmer des Nachts, besonders nach Mitternacht.

Sulphur. — Gesicht blaß oder gelblich. Zunge trocken, rauh, röthlich; weißer oder gelblicher, blutiger oder purpurfarbiger Speichel. Zucken und Brennen in den Augen. Erbrechen gallig, sauer, blutig, oder schwärzlich [auch **Ars., Verat. alb.**]. Brennen oben auf dem Kopf. * Häufige schwache Krampfanfälle.

Tarter em. — Uebelkeit, Erbrechen; Gefühl, als wollte der Magen niedersinken; Todesfurcht. Allgemeine Erschlaffung des ganzen Systems. Kalter Schweiß, rascher, schwacher Puls [**Verat. alb.**]. Schläfrigkeit; Stuhldrang.

Veratrum alb. — Gelbliches oder bläuliches Gesicht; ist mit kaltem Schweiß bedeckt. Lippen und Zunge trocken, braun, gesprungen. Krampfartiges Zittern der Füße, Beine und Hände. * Starkes Erbrechen grüner oder schwarzer Galle, gefolgt von Schwächegefühl. Durchfall dünner, schwärzlicher oder gelber Stühle. Starkes Verlangen nach kalten Getränken. Außerordentliche Schwäche. Kaum wahrnehmbarer Puls. * Gliederkrampf; kalter Schweiß.

Anweisung.—In dringenden Fällen wiederhole man das Mittel jede halbe oder ganze Stunde; für gewöhnlich genügt eine Gabe alle zwei bis drei Stunden. Löse 3 Tropfen oder 12 Kügelchen in einem bis zu einem Drittel gefüllten Glase Wasser auf; davon gib als Dose je 2 Theelöffel voll, oder je 8 Kügelchen trocken auf die Zunge.

Diät und Verhaltung.—Die Diät sei ganz einfach: dünne Schleimsuppen aus Reis, Weizenmehl. Als Getränk diene frisches Wasser, Brotwasser, auch etwas dünner, schwarzer Thee. Spirituosen sind zu vermeiden. Beim Schwinden der Krankheit verabreiche man eine kräftigere Nahrung, aber nur mit Vorsicht.

Das Krankenzimmer muß wohl gelüftet und dem Sonnenlicht Zutritt gestattet sein. Man beobachte die größte Reinlichkeit und wasche den Kranken häufig mit lauem Wasser.

Ohnmacht.

(FAINTING.)

Darunter versteht man den Verlust des Bewußtseins, der Bewegung und des Gefühles. Das Athmen und der Kreislauf des Blutes sind kaum wahrnehmbar; das Gesicht ist leichenblaß; die Lippen farblos und die Augen stier. Sie wird durch verschiedene Ursachen herbeigeführt, als: Blutverlust, auch wohl durch bloßen Anblick von Blut; heftige Schmerzen; Schreck; Aufregung und Einathmen unreiner Luft. Auch ist sie ein Symptom der Herzkrankheit.

Behandlung.—Man bringe den Kranken an die frische Luft und lockere die Bekleidung, namentlich in der Hals- und Brustgegend. Man gebe dem Körper eine horizontale Lage, den Kopf nicht zu hoch; besprenge das Gesicht, den Hals und die Brust mit kaltem Wasser; nöthigenfalls halte man ihm Kampfer unter die Nase, wobei man jedoch mit großer Vorsicht zu verfahren hat. Gib eines der folgenden Mittel:

Aconit. oder **Opium**, wenn von Schreck.

Aconit. oder **Cham.**, wenn von heftigen Schmerzen.

China, wenn von Blutverlust oder entkräftendem Unwohlsein.

Nux vomica, wenn von Spirituosen.

Scheintod.

(ASPHYXIA.)

Es kommt öfters vor, daß Personen anscheinend plötzlich dahin= sterben, während in der That die Lebensverrichtungen nur zeitweilig eingestellt sind. Wenn nur der geringste Zweifel vorhanden ist, so erheischt der Vorfall die peinlichste Vorsicht. Man vermeide Alles, was den wirklichen Tod herbeiführen könnte, und lasse den Todten nicht vor untrüglichen Zeichen eingetretener Verwesung be= erdigen: nur diese Erscheinung gibt völlige Gewißheit.

Scheintod von schädlichen Gasen.

Wenn eine Person das Bewußtsein verloren hat durch Einathmen von Kohlensäure (Carbonic acid), Wasserstoffgas (Car- bonic oxide), von brennenden Kohlen, Chlor, so bringe man sie sofort an die frische Luft. Wasche das Gesicht und Brust mit Weinessig und lasse sie denselben einathmen. Lasse sie starken Kaffee trinken, netze den Kopf mit kaltem Wasser und halte die Füße warm. Wenn nöthig, wende man Dr. Hall's Methode der Wieder= belebung an; vergleiche dessen Schrift über "Apparent Death from Drowning" („Wiederbelebungsversuche Ertrun= kener").

Bei Blutandrang nach dem Kopf, Bewußtlosigkeit; wenn die Schlagadern klopfen und das Gesicht roth und aufgedunsen ist, gib **Belladonna.** Ist das Gesicht purpurroth und geschwollen, der Athem übelriechend, stellt sich Erbrechen ein, gib **Opium.** Ist der Patient aufgeregt, schwatzt viel und schnell und klagt über schießende Schmerzen, oder wenn es ihm ist, als flöge er, und wenn er beim Niederliegen schwindelig fühlt, gib **Coffea.**

Scheintod vom Einathmen von Aether u. s. w.

Wenn das Leben nach Einathmen von Aether, Chloroform, oxidirtem Stickgas und andern betäubenden Gasen erloschen zu sein scheint, so bringe man den Körper in eine horizontale Lage, den Kopf nach oben; öffne die Fenster; lockere die Kleidung; begieße das Gesicht mit kaltem Wasser; schüttele die Brust und halte **Am- monia** unter die Nase. Sollte dies nicht helfen, so bediene man sich einer galvanischen Batterie, oder versuche künstliches Athmen zu bewerkstelligen. Vergleiche Dr. Hall's „Scheintod Ertrun= kener."

Sobald der Athem wiederkehrt, und wenn der Patient an Schüttelfrost, Betäubung, Uebelkeit und Erbrechen leidet, gib **Nux vomica;** * **Opium,** wenn der Puls träge ist; umgekehrt, **Nux vomica.**

Scheintod in Folge von Kälte.

Eine anscheinend erfrorne Person bringe man nie in ein warmes Zimmer; im Gegentheil, man lege ihn in ein kaltes, bedecke ihn mit Schnee, oder wasche ihn mit kaltem Wasser, bis die Glieder weich und biegsam werden; darauf lege man ihn in ein trocknes Bett und reibe ihn mit Flanell und wende Dr. Hall's Methode der Wiederbelebung an. Vergleiche dessen Werk "Asphyxia from Drowning." Wenn das Leben wiedergekehrt und der Patient schlingen kann, gib ihm etwas Kaffee zu trinken.

Scheintod Ertrunkener.

Sobald der Ertrunkene aus dem Wasser gezogen ist, entferne man die Bekleidung, lege den Körper quer über die Kniee, das Gesicht nach unten; öffne den Mund, damit das Wasser aus der Lunge und dem Hals abfließen kann, wozu eine halbe Minute genügt. „Dann bringe man den Körper in eine horizontale Lage, das Gesicht nach unten, so daß das eine Handgelenk unter die Stirn zu liegen kommt. Nun, die eine Hand auf dem Rücken und die andere auf dem Bauch, knete diese Theile etwa zwei Minuten lang vorsichtig; dann bringe den Körper in eine Seitenlage, um ihn nach einigen Sekunden wieder mit dem Gesicht nach unten zu legen und die Theile nochmals zu kneten. Auf diese Weise, durch Druck auf den Unterleib, wechselnd mit Umdrehung des Körpers mag eine Wiederbelebung herbeigeführt werden. Diese Lageveränderungen sollten regelmäßig 16 Mal die Minute wiederholt werden, nicht öfter." Inzwischen lasse man von behülflichen Leuten die Glieder von unten nach oben gehörig reiben und die nassen Kleider durch warme ersetzen. Eine Gabe **Lachesis,** trocken auf die Zunge gegeben, wird die äußerliche Behandlung kräftig unterstützen.

Es ist selbstverständlich, daß dieses Verfahren längere Zeit angewendet werden muß. Personen, die eine halbe Stunde und länger unter dem Wasser gelegen haben, sind zum Leben zurückgekehrt.

Scheintod Erhängter.

In solchen Fällen entferne man die beengende Kleidung und versuche durch das unter „Scheintod Ertrunkener" beschriebene Verfahren eine künstliche Athmung herbeizuführen. Innerlich gebe man **Opium** oder **Tart. em.** trocken auf die Zunge.

Scheintod vom Blitz Getroffener.

Man begieße den ganzen Körper mit kaltem Wasser. Sollte dies nicht bald helfen, so lege man den Körper in halbsitzender Lage in eine frisch gegrabene Grube, das Gesicht der Sonne zugewendet, und bedecke ihn, das Gesicht ausgenommen, mit frischer Erde. Bei Anzeichen wiederkehrenden Lebens gib **Nux vomica.** Bei etwa sich einstellender Erblindung gib **Phosphorus.**

Scheintod in Folge eines Falles oder Schlages.

In diesen Fällen lege man den Kranken auf ein Bett, den Kopf erhöht. Löse 1 Tropfen oder 8 Kügelchen **Arnica** in 1 Theelöffel Wasser auf und gebe es ihm auf die Zunge. Man lasse sofort einen Arzt rufen, um festzustellen, ob ein Knochenbruch vorliegt.

Scheintod Verhungerter.

Von Hunger entkräfteten Personen verabfolge man die Nahrungsmittel mit großer Gewissenhaftigkeit. Anfänglich spritze man öfters warme Milch ein, später Hühnerbrühe oder starke Fleischbrühe. Wenn der Patient auflebt, gib ihm alle zwei bis drei Minuten einige Tropfen warmer Milch, nach und nach mehr. Später nehme der Patient etwas Brühe, dünnen Schleim oder Reiswasser.

Starrkrampf.

(LOCKJAW—TETANUS.)

Der Starrkrampf ist entweder traumatisch oder idiopathisch.

Der traumatische Krampf (Wundstarrkrampf) ist eine gefährliche Krankheit, welche durch Verletzung einzelner Nervengruppen ent=

steht, oder durch Zutritt der freien Luft zu offenen Wunden, oder durch den Reiz fremder Körper, wie zersplitterte Knochen u. s. w.

Idiopathischer Krampf hat stets constitutionelle Ursachen zur Grundlage und ist weniger gefährlich. Die gewöhnlichsten Ursachen sind: allgemeine Schwäche des Nervensystems; unterdrückte Regel, oder anhaltende Entleerungen; Ueberanstrengung und Gehirn=Affectionen.

Die Krankheit beginnt mit Steifheit und Schmerzen im Hals und dem Rachen, wie von Erkältung; die Stimme ist heiser; kann nur mit Mühe die Zunge ausstrecken und zusammenhängend sprechen. Erstarrung der Kiefermuskeln; Beschwerde beim Schlingen. Diesen Symptomen folgen Schmerzen in der Magengrube, die sich bis nach dem Rücken hinziehen; dabei Athmungsbeschwerden. Bei fortschreitender Krankheit vermehren sich die Krampfanfälle, die sich bis in die Rumpf= und Gliedermuskeln erstrecken, und so heftigen Schmerz verursachen. Droht die Krankheit einen tödtlichen Ausgang zu nehmen, so werden die Anfälle häufiger; die Kinnbacken sind krampfhaft geschlossen; der Athem ist gepreßt und schließlich stirbt der Patient an Erschöpfung oder Erstickung.

Behandlung.—Die durch Nägel und andere scharfe Instrumente, namentlich an der Fußsohle und der Handfläche, verursachten Wunden sollten nicht zu rasch zuheilen. Derartige Wunden reinige man mit einer Lösung von **Tinctura Calendula** (20 Tropfen in einer halb mit Wasser gefüllten Theetasse); damit getränkte Compressen schlage man um die Theile. Sind Anzeichen von fremden Körpern, wie Schmutz, oder Knochensplitter vorhanden, so schneide man die Theile auf und entferne jene.

Innere Mittel:

Aconit.—Puls hart, voll, häufig. * Furcht und nervöse Erregung. Gesicht bald roth, bald blaß.

Arnica.—Wenn von äußerlichen Verletzungen herrührend, wie Quetschung, und wenn Anzeichen von Kinnbackenkrampf vorhanden sind. Wundheitsgefühl über den ganzen Körper [auch **Rhus**].

Belladonna.—Namentlich in Fällen, denen eine constitutionelle Ursache zu Grunde liegt. * Gefühl von Zusammenschnürung des Halses, krampfhaftes Zusammenpressen der Kiefern, Schäumen und Verzerrung des Mundes. Die Anfälle sind besonders heftig nach dem Versuch zu trinken [siehe **Hyos.**]. Schmerzhafte Steifheit des Rückens.

Hyoscyamus.—Der Körper ist nach hinten gekrümmt [auch **Nux v.**]. * Wilder Blick; Schäumen des Mundes. * Zusammenschnüren des Halses; ist unfähig zu schlingen [auch **Stram.**]. Ausstrecken und Stampfen der Füße. Schlimmer des Abends; nach dem Essen und Trinken.

Ignatia.—Schmerz und Steifheit im Hals und Rücken. Ausstrecken der Glieder [siehe **Hyos.**]. Krampfartiger Schmerz in den Verbindungsgelenken der Kinnbacken. * Reigung zum Gähnen, aber kann den Mund nicht öffnen. Gefühl, als wäre ein Klumpen im Hals. * Verhaltener Schmerz; schlimmer bei Berührung.

Nux vomica.—Die Krämpfe werden heftiger, so daß der ganze Körper nach hinten gekrümmt wird. Beschwerde beim Schlingen; der Hals ist wie zusammengeschnürt. * Zusammenziehende, krampfartige Magenschmerzen. Anhaltende Hartleibigkeit; der Kranke ist sehr reizbar. Für Personen von ausschweifender Lebensweise.

Anweisung.—Löse 3 Tropfen oder 12 Kügelchen in 10 Theelöffel Wasser auf; davon gib jede Stunde 1 Theelöffel voll.

Scropheln.

(KING'S EVIL.)

Darunter versteht man eine schmerzlose Krankheit der Drüsen, die im Hals, unter dem Kinnbacken, in der Achselgrube und dem Schambug ihren Sitz hat, die Eiterung ist langsam, unvollständig und schwer zu heilen. Die Geschwulst wird eiterig und läßt nach ihrem Verschwinden häßliche Narben zurück.

Vorzeichen der Krankheit sind: frühzeitig entwickelte Geistesanlagen; zarte Haut; Anschwellen der Nase und Oberlippe; blaue Augen und erweiterte Pupillen; dicker Grindkopf; plumpe Finger mit eingebogenen Nägeln; aufgetriebener Bauch; weiches, schlaffes Fleisch.

Ursachen.—Die Krankheit ist oft ererbt, oft auch erworben. Sie mag von einer scrophulösen oder syphilitischen Säugamme auf das Kind übertragen werden. Zu den anregenden Ursachen gehören auch den Aufenthalt in kalten, feuchten Räumlichkeiten; unzweckmäßige Ernährung; der Genuß von Spirituosen, und sitzende Lebensweise.

Behandlung.—Vor allen Dingen gestatte man dem Sonnenlicht und der frischen Luft freien Zutritt; der Patient mache sich Bewegung und unterhalte sich in angenehmer Weise, nehme Seebäder u. s. w. Die wirksamsten Mittel sind:

Belladonna.—Wohlbeleibte Personen und frühzeitige Kinder mit blauen Augen und hellem Haar. Eiternde Drüsenanschwellung. * Augenlider entzündet; geschworne Augenwinkel [auch **Merc.**]. Anschwellen der Lippe, der Nase, Zunge und der Halsdrüsen. * Wundheitsgefühl des Halses und Schlingungsbeschwerden.

Calcarea c.—Namentlich für scrophulöse Kinder mit dickem Kopf, und wenn die Oeffnungen sich nur langsam schließen [siehe Sulph.]. Krümmung des Rückgrades und schwacher Knochenbau. Eiternde Drüsen; rothe Anschwellung der Nase; Gefräßig= keit; trockne, schlaffe Haut; Anschwellung der Oberlippe.

Dulcamara.—Feuchter, eiternder Schorf; kleieartige Schorfen= bildung. Schwellung der Halsdrüsen, der Kiefern und des Scham= buges. Scrophulöse Entzündung der Augenlider. * Symptome schlimmer beim Umschlag der Witterung in Kälte.

Hepar s.—Scrophulöse Augenentzündung; wässerige, schleimige Entleerung der Augenlider. * Lendenlahmheit bei Eite= rung.

Mercurius.—Wenn die Knochen, die Gelenke und die Augen angegriffen sind und der Körper mit Geschwüren bedeckt ist; vgl. „Charakteristische Symptome" im 2. Theil.

Silicea.—* Dicker Kopf; offene Fontanellen [auch Calc. c., Merc., Sulph.]. Erweiterung und Eiterung der Drüsen. Knochenfraß. * Verstopfung harter, schwieriger Stühle, die, wenn theilweise ent= fernt, zurückweichen.

Sulphur.—In allen Fällen anwendbar, namentlich bei Ausschlä= gen. Verhärtungen und Eiterung der Drüsen. * Empfänglich für Erkältung [auch Calc. c., Merc.]. Ungesunde Ernährung. Körperliche und geistige Schwäche; lernt nur mit Mühe gehen. Fistelartige Geschwüre.

Anweisung.—Abends und Morgens gebe man 1 Tropfen oder 8 Kügelchen in ein Eßlöffel Wasser; sollte nach Unterbrechung von fünf bis sechs Tagen keine Besserung eintreten, so wähle man ein anderes Mittel.

Diät und Verhalten.—Scrophulösen Kindern gebe man nur Brot, Milch und mäßige Portionen Fleisch. Erwachsene mögen Fleisch und Gemüße genießen, aber Schweinefleisch steht nicht auf der Speisekarte; wohl gereifte Früchte, nach Belieben. Frisches Wasser und gute Milch sind die besten Getränke; keine Spirituosen.

Weiße Geschwulst.

(WHITE SWELLING.)

Sie tritt anfänglich nur in den Kniegelenken auf, aber von da aus verbreitet sie sich öfters auf andere Glieder, die Knöchel, die Hüfte und den Ellbogen.

Die Krankheit beginnt mit leichten, fliegenden, auf mehrere Theile sich erstreckenden Schmerzen, aber bald beschränkt sie sich auf ein Glied. Die Theile schwellen an und werden hart, ohne sich zu ent= zünden; die Haut behält ihre natürliche Farbe, oder wird weiß; daher der Name der Krankheit. Wie die Krankheit fortschreitet,

nimmt die Geschwulst zu, und wenn kein Einhalt geboten wird, so
bildet sich leicht ein Eitergeschwür, dessen Inhalt sich häufig aus
offenen Wunden ergießt. In günstigen Fällen mag der Patient mit
einer Lähmung oder Steifheit des Gliedes davonkommen; in un=
günstigen Fällen treten die Gelenke aus ihrem Gefüge. Die Glieder
oberhalb und unterhalb des Gelenkes werden schwach; der Patient
wird blaß und fällt vom Fleisch; Fieber; Nachtschweiße und endlich
Tod in Folge von Entkräftung. Die Krankheit kommt bei scrophu=
lösen Personen häufig vor, namentlich bei Kindern.

Behandlung.—Hauptmittel sind: Ars., Bell., Calc. c., China., Lach.,
Merc., Phos., Rhus, Sil., Sulph. Vergleiche den folgenden Artikel.

Entzündung der Hüftgelenke.

(HIP DISEASE.)

Diese unter dem Namen „freiwilliges Hinken" bekannte
Krankheit ist eine scrophulöse Entzündung des Hüftgelenkes und
kommt unter allen Altersklassen, namentlich bei Kindern vor.
Aeußerliche Verletzungen und Kälteeinwirkungen mögen anregende
Ursachen sein: die Grundursache ist bis dahin unnachweisbar. Die
Krankheit beginnt mit leichten Schmerzen im Knie; dabei ein Gefühl
von Erlahmung; mit dem Fortschritt der Krankheit werden die
Schmerzen heftiger. Wenn man das Hüftegelenk bewegt, so fühlt
man heftige Schmerzen in der Hüfte und im Knie Empfindlichkeit
des Schambuges, mit Anschwellung der angrenzenden Theile; der
Steiß fällt ein und wird schlaff. Das Hauptanzeichen ist Verlänge=
rung des kranken Schenkels. In manchen Fällen wird das Glied
kürzer in Folge Zerstörung des Gelenkes durch Knochenfraß oder
durch Knochenverrenkung. In den meisten Fällen sammelt sich im
Gelenk Eiter an, der seinen Weg nach außen sucht und häufig im
Schambug, in der hintern Hüftengegend oder in benachbarten Thei=
len ausbricht. Abmagerung, Schwäche, Nachtschweiß und andere
fiebrische Symptome sind im Gefolge der massenhaften Eiterent=
leerungen. Die Krankheit mag drei Monate, ja Jahre lang an=
halten.

Behandlung.—Hauptanzeichen.

Arsenicum.—Leichenblasse Gesichtsfarbe. Das Kind
ist abgemagert, erschöpft, ruhelos. * Durchfall schlimmer in der
Nacht und nach dem Essen oder Trinken. * Trinkt oft, aber je nur
wenig [auch **Chin.**]. In späteren Stadien.

Belladonna.—Für frühreife Kinder, namentlich Mädchen mit
blauen Augen, blondem Haar, zarter Haut und rosigen Wangen.

Brennende, stechende Schmerzen, schlimmer des Nachts. Schläfrig, aber kann nicht schlafen.

Calcarea c.—Der Patient ist scrophulös durch und durch. Anschwellung der Halsdrüsen. * Abmagerung; aufgetriebener Bauch und guter Appetit. * Schwitzt während des Schlafes am Kopf [Sil.]. Empfindlich gegen kalte Luft und für Erkältung sehr empfänglich [Sil., Sulph.]. Füße kaltfeucht. * Verstopfung harter, unverdauter Stühle.

China.—* Große Schwäche nach reichlicher Eiterung. Schweiß, oder Durchfall.

Mercurius.—Lahmen; scharfe, brennende Schmerzen, schlimmer bei Nacht und bei jeder Bewegung. Nachtschweiß. * Eiterung steht bevor, oder hat schon stattgefunden [Hepar, Sil.]. Eiterung der Drüsen. Symptome schlimmer bei Nacht und bei feuchtem, regnerischem Wetter.

Phosphorus. — Hectisches Fieber, mit trocknem, hackendem Husten. Erguß eines dünnen, wässerigen Eiters aus dem kranken Glied. Starkes Verlangen nach kalten Getränken. Chronischer, schmerzloser Durchfall. Für hagere Personen.

Rhus tox.—Krankheit der Hüfte, mit Schmerzen im Gelenk, als wäre es gequetscht. * Schmerzen im Knie vorherrschend; besser nach Bewegung. Anschwellen der Halsdrüsen [auch Bell., Merc.]. Krustiger Ausschlag im Gesicht und auf dem Kopf. Symptome schlimmer bei feuchtem, kaltem Wetter [siehe Merc.].

Silicea.—* Bei eingetretener Eiterung; massenhafte Eiterentleerung aus den offenen Wunden in der Nachbarschaft des Gelenkes. Knochenfraß, wobei Knochensplitter abgehen. Reichlicher Kopfschweiß des Abends [siehe Calc. c.]. Hectisches Fieber, namentlich nach längerer Eiterung. * Verstopfung; die Stühle, wenn theilweise entfernt, gehen zurück.

Sulphur.—Geschwüre an verschiedenen Körpertheilen. Feuchter Ausschlag auf dem Kopf und hinter den Ohren. Anschwellung und zuweilen Eiterung der Drüsen. Weiße Knieanschwellung. Plötzliches Reißen im Hüftgelenk, äußerst schmerzlich beim Bewegen. * Durchfall früh am Morgen. Kopf heiß; die Extremitäten kalt. * Oeftere schwache Krampfanfälle.

Anweisung.—In früheren, oder acuten Stadien, wiederhole man das Mittel alle vier bis sechs Stunden; im chronischen Stadium, ein bis zwei Mal des Tages. Gib je 1 Tropfen oder 8 Kügelchen in 1 Theelöffel Wasser.
Diät und Verhaltung.—Die Diät sei nahrhaft: Rindfleisch; Hammelsrippchen; Kartoffeln; Brot aus ungebeuteltem Mehl u. s. w.
Man bewege sich fleißig in freier Luft und halte sich durchaus rein. Waschungen, frische Luft im Schlafzimmer u. dgl.

Sechszehntes Kapitel.

Aeußerliche Verletzungen.

***

Brandschorf—Verbrennung der Haut.

Dieser Schaden kann gefährlich werden, je nach seiner Tiefe und
Ausdehnung; auch ist die Oertlichkeit von Bedeutung. Kinder sind
in Folge größerer Nerventhätigkeit und Empfänglichkeit ungleich
schwerer zu heilen, als Erwachsene. Kleine Kinder fallen oft in
Krämpfe und sterben in Folge von Gehirn-Congestionen. Alte Leute
genesen wohl leichter, aber nachträglich werden sie gewöhnlich von
einem bösartigen Rothlauf (Rose) heimgesucht. Brandwunden auf
dem Kopf oder Bauch sind immer gefährlich. Die Annahme, daß,
wenn ein Siebentheil der Haut verbrannt ist, der Patient sterben
müsse, ist nicht stichhaltig.

Behandlung.—Vor allen Dingen schütze man die verbrannten
Theile vor dem Zutritt der freien Luft. Die folgenden Mittel haben
sich stets wirksam erwiesen:

Alcohol.—Aeußerlich, wenn die Bläschenbildung noch nicht
stattgefunden hat.

Cantharides.—Wenn unter der Haut liegende Theile nicht angegriffen sind. Löse 20 Tropfen der Tinktur in ein Viertelpint
Wasser auf. Dann lege man Leinlappen auf und halte dieselben
durch Betupfen mit dieser Lösung fortwährend feucht. Sobald die
hitzigen Symptome verschwunden sind, so bestreiche man die Theile
mit Waschsalbe (zwei Theile Schweineschmalz mit einem Theil Wachs
verschmolzen).

Castile Soap.—Mische die Seife mit warmem Wasser; damit
bestrichene Leinwand lege man auf die Theile.

Mehl und Oel.—Sofort nach dem Unfall reibe man die Theile
mit Baum- oder Leinsamenöl ein und bestäube sie dann mit Mehl,
bis sie mit einer dicken Kruste überzogen sind.

Glycerine.—Bei Verbrennungen im Mund, Hals und Magen.
Man nehme Glycerin und Wasser zu gleichen Theilen je löffelweise
ein, und spüle damit den Mund aus. Auch **Urtica-Tinctur** innerlich genommen [1—2 Tropfen in 1 Theelöffel Wasser] ist sehr
empfehlenswerth.

Urtica urens.—Ist in allen Fällen wirkſam.   Zu gebrauchen wie **Cantharides.**

Wenn die Brandwunden durch Säuren, etwa wie Schwefelſäure, entſtanden ſind, ſo waſche man die Theile mit einer ſchwachen Soda= löſung aus; wenn durch Laugenſalz (akali) verurſacht, waſche man dieſelben mit in Waſſer aufgelöſtem Eſſig.   Bei **Phosphor= Verbrennungen** iſt Baumöl das geeignetſte Mittel.

Innere Mittel:

Aconit.—Schüttelfroſt; hochgradiges Fieber; trockne, heiße Haut und heftiger Durſt.   Furcht und nervöſe Erregung.

Arsenicum.—Dunkler, wäſſeriger, widriger Durchfall [ſiehe **Chin.**].   Raſche Abnahme der Kräfte.   * Heftiger Durſt, aber trinkt je nur wenig.   *Große Angſt, Ruheloſigkeit und Todesfurcht.

Chamomilla.—Bei durch heftige Brandwunden verurſachte Krämpfe.   Wird vor Schmerz faſt raſend.   * Sehr ungeduldig; kann kaum höflich antworten.   Warmer Schweiß in der Kopfgegend.

China.—Starke Eiterung; Schwäche.   Schmerzloſer Durchfall dunkler, wäſſeriger Stühle, namentlich des Nachts.

Silicea.—Wenn das Geſchwür nur langſam heilt oder wildes Fleiſch auswächſt.

Sulphur.—Keine Anzeichen von Granulationsbildung; wildes Fleiſch droht emporzuwuchern.   Heftiges Jucken und Brennen der entzündeten Theile.

Froſtbeule.

(CHILBLAIN.)

Darunter verſteht man ein durch Froſt verurſachtes Geſchwür oder Entzündung.   Gewöhnlich werden Hände, Füße, Ohren und Naſe angegriffen.   Die Theile ſind von purpurrother Farbe, öfters ge= ſchwollen und jucken empfindlich, namentlich beim Witterungswechſel. Zuweilen ſammelt ſich unter der Haut eine wäſſerige Flüſſigkeit an, die ſich bald entleert, mit Zurücklaſſung einer bösartigen Beule.

Behandlung.—In milden Fällen ſind Einreibungen mit kaltem Waſſer oder Schnee genügend.   Auch ſind kalte Waſſerumſchläge bei Nacht ſehr wirkſam.   Bei heftigem Brennen und Jucken und wenn Bläschen entſtehen, löſe 20 Tropfen der **Tincture of Cantharides** in ein mit Waſſer halbgefüllten Theetaſſe auf; damit bade man die Theile fleißig.   Auch eine Löſung der **Tincture of Arnica** iſt oft von Erfolg.

Man bediene ſich folgender innerlicher Mittel, je nach den Symptomen:

Arsenicum.—* Heiße, glänzende, rothe Flecken; dabei Brenn=schmerzen. Geschwürartige, sich ausbreitende Blasen an den Zehen.

Phosphorus.—Frostbeulen an den Fingern und Zehen. * Die Theile sind bläulich, brennen und jucken heftig.

Pulsatilla.—Die Theile sind von tiefrother, bläulicher oder fahler Farbe; dabei heftiges Brennen und Jucken.

Sulphur.—Eiterbläschen an den Zehen.

Anweisung.—Abends und Morgens gib 1 Tropfen oder 8 Kügelchen in etwas Wasser.

Erfrorene Glieder.

(FROST-BITE—FROZEN LIMBS.)

Das erfrorene Glied ist wachsbleich, unempfindlich und bewegungs=los. Nach erfolgter Wiederbelebung wird es schwarzblau, ist ent=zündet, angeschwollen und schmerzt. Oft ist der Patient sich gar nicht dessen bewußt, was ihn betroffen hat, bis irgend Jemand ihn darauf aufmerksam macht; dies ist namentlich der Fall, wenn Nase und Ohren erfroren sind.

Behandlung.—Man bringe den Patienten in ein kaltes Zim=mer und reibe die Theile mit Schnee oder eiskaltem Wasser ein. Man reibe die Theile vorsichtig, um ja nicht die Haut zu verletzen. Der Patient muß eine Zeit lang in kühler Temperatur verweilen.

Sollten sich nach erfolgter Wiederbelebung der Theile Schmerzen einstellen, so gib alle zwei Stunden 8 Kügelchen **Carbo veg.**; sollte dies nach Verlauf von sechs Stunden nicht helfen, gib **Arse-nicum.**

Aufliegen.

(BED-SORES.)

Wenn der Patient lang an das Krankenlager gefesselt war, so wird die Haut, welche gewisse hervorstehende knochige Theile, wie Rücken, Hüft= und Beckenknochen, leicht entzündet und neigt zu Schorfbildung, namentlich bei mangelhafter Reinlichkeit, wie Be=fleckung durch Harn. Dem Kranken däucht es anfänglich, als ob Krummen oder Salz im Bett wären. Untersucht man die Theile, so erscheinen dieselben roth und rauh. Bald werden sie schorfig.

Behandlung.—Bei den ersten Anzeichen der Wundheit bade man die Theile mit einer **Arnica**=Lösung (20 Tropfen in 4 Theelöffel Wasser). Bricht die Haut auf und bilden sich Geschwüre, so ge=

23

brauche man eine Lösung von **Tincture of Calendula**. Man bette den Patienten, d. h. die angegriffenen Theile, auf große mit Waſſer halb angefüllte Blaſen, oder Waſſerkiſſen von vulkaniſirtem Kautſchuk.

Wunden.
(WOUNDS.)

Darunter verſteht man die Auflöſung oder das Auseinandergehen der Weichtheile. Man unterſcheidet Schnitt=, Quetſch=, Riß=, Stich= und Schußwunden. Eine von einem ſcharfen, reinen Inſtrument gemachte Schnittwunde heilt gewöhnlich raſch; ſie wird nur gefährlich in Folge ſtarker Blutung.

Eine Quetſchwunde wird durch den Schlag eines ſtumpfen Inſtrumentes herbeigeführt, wodurch nur die unter der Haut liegen= den Theile verletzt werden.

Die Rißwunde entſteht durch gewaltſames Zerreißen der Weich= theile; ſie hinterläßt einen zerriſſenen, ſcharfen Rand; blutet nur wenig, aber iſt ſchwer zu heilen.

Die Stichwunde rührt von einem ſcharfen, ſpitzen Inſtrument her, wie Nadel, Dorn, Nagel u. ſ. w. Wenn eine ſolche Wunde tief ſitzt, ſo heilt ſie nur langſam und zwar mit mehr oder weniger Eiterung.

Eine Schußwunde wird durch irgend einen Gegenſtand verur= ſacht, der durch eine Exploſion in den Körper hineingetrieben wird.

Behandlung.—In allen ernſthaften Fällen wende man ſich ſofort an einen tüchtigen Arzt. Vor Allem ſuche man die Blutung zu ſtil= len. Dies läßt ſich am beſten bewerkſtelligen durch Druck, erhöhte Lage und kalte Aufſchläge. Kommt die Blutung aus kleinen Blut= gefäßen, oder aus Wunden in der Mundhöhlung, ſo lege man mit Persulphate of Iron getränktes Charpie auf. Iſt aber eine Arterie verletzt — in welchem Falle das Blut hellroth iſt und bei jedem Pulsſchlag emporſpritzt — ſo muß das Blutgefäß zuſammen= gedrückt werden. Man drücke mit dem Daumen auf die Arterie (zwiſchen die Wunde und dem Herzen). Iſt die Wunde am Arm oder Bein, ſo nehme man ein Schnupftuch und rolle es zuſam= men; ſchlinge in die Mitte deſſelben einen Knoten und bringe den Knoten auf der Arterie an und binde die beiden Enden loſe um das Glied; dann ſtecke ein Stückchen Holz durch die Schlinge und drehe jenes um, bis die Blutung aufhört. Damit fahre man fort, bis der Arzt kommt, um das Weitere zu beſorgen.

Sodann entferne man alle fremden Körper aus der Wunde, wie

Schmutz, Splitter, Blutklumpen u. s. w. Man reinige die Theile durch Einspritzen von Wasser und Auswaschung.

Ist die Wunde gründlich gereinigt, so lege man die Ränder eng an einander und halte sie vermittelst Querstreifen eines zusammen= ziehenden Pflasters zusammen. Die Streifen müssen lang und schmal sein und nicht zu nahe bei einander aufgelegt werden, um einem etwaigen Ausbruch von Materie kein Hinderniß in den Weg zu legen. Hierauf umbinde man die verwundeten Theile.

Größere Wunden müssen zusammengenäht werden; auch die in den Augenbrauen und Ohren. Nach Bildung von Eiterkanälen (drei bis fünf Tage) muß man die Nadeln entfernen.

Tincture of Arnica.—Bei Quetschwundungen und Verrenkun= gen. Vergleiche **Calendula** unter Quetschungen. Sollten die äußerlichen Verletzungen innerliche Störungen zum Gefolge haben, so gebrauche:

Tincture of Calendula.—Löse 1 Theil der concentrirten Tinktur in 16 Theilen Wasser auf und mit einem damit getränkten Umschlag umhülle man die Wunde.

Aconit.—Vorherrschende f i e b e r i s c h e Symptome. * Furcht und Gemüthsangst; nervöse Erregung. Für starkbeleibte Personen [auch **Arn.**].

Arnica.—Hauptmittel bei constitutionellen Störungen. * Tief= liegende Schmerzen, wie von Verletzung [auch **Rhus**]. Jede Un= t e r l a g e d ü n k t i h m z u h a r t [auch **Bapt.**].

Chamomilla.—Reichliche Eiterung und heftige Schmerzen; die Wunde will nicht heilen. * Sehr ungeduldig und unhöflich in sei= nen Antworten.

China.—* Große Erschöpfung in Folge von Blutverlust [auch **Phos. ac.**]. Ohnmacht und Krämpfe; Todtenblässe des Gesichtes. K l o p f e n d e r K o p f s c h m e r z nach Blutverlust.

Hepar s.—Die geringste Hautverletzung neigt zur Eiterung. Für s c r o p h u l ö s e P e r s o n e n.

Anweisung.—In dringenden Fällen, wo **Acon.**, **Arn.** oder **Chin.** indizirt sind, gib jede halbe Stunde 1 Tropfen oder 8 Kügelchen in 1 Löffel Wasser.

Verstauchung.

(SPRAIN—SUBLUXATION.)

Dies ist eine gewaltsame Ausstreckung oder Verflechtung der die Gelenke umgebenden Weichtheile. Je nach dem Grad der Ver= stauchung sind die faserigen Theile nur ausgestreckt, oder zerrissen. Fuß=, Hand= und Kniegelenke werden namentlich davon betroffen.

Die unmittelbaren Folgen sind: heftige Schmerzen, Ohnmacht, Anschwellung, Entfärbung, Schwäche und Steifheit.

Behandlung.—Man gebe dem entzündeten Glied eine erhöhte Lage und versetze es in einen Zustand vollkommener Ruhe. Sodann löse 3 Theelöffel **Tincture of Arnica** in einem halben Quart kaltem Wasser auf und schlage damit getränkte Tücher um das Glied. Ist das Glied entzündet, so lege man die Tücher so warm wie möglich auf. Zugleich gebe man **Arnica** innerlich: Löse 12 Kügelchen in 10 Theelöffel Wasser auf; davon gib je alle drei bis vier Stunden 2 Theelöffel voll. Nach dem Verschwinden der acuten Symptome gebe man eines der folgenden Mittel:

Bryonia.—Steifheit des Gelenkes und Schmerz beim Bewegen der Theile. * Verstopfung; Stühle h a r t und t r o c k e n; ist sehr reizbar.

Rhus tox.—* Die Schmerzen sind heftiger bei der Ruhe und des Nachts. * Steifheit der Theile vor einem Sturm. Namentlich für Rheumatische.

Anweisung.—Gib 8 Kügelchen oder 1 Tropfen in 1 Theelöffel Wasser, je zwei oder drei Mal des Tages.

Beulen—Quetschungen.

(BRUISES.)

Darunter versteht man mit einem stumpfen Instrument verursachte Wunden, wobei die äußeren Theile nicht verletzt sind. Wenn sie nur leicht sind, so stockt das Blut in den Haargefäßen der Haut, was Anschwellung und Verfärbung der Haut verursacht. Sind tiefer liegende Gewebe verletzt, so tritt oft Eiterung ein.

Behandlung. — Löse 1 Theelöffel Arnicatinktur (**Tincture of Arnica**) in 16 Theelöffel Wasser auf und schlage mit dieser Lösung getränkte Tücher um die Theile. Klagt der Kranke über Schmerzen, so gib **Arnica** innerlich: 8 Kügelchen alle zwei bis drei Stunden. Droht Eiterung, gib einige Dosen **Hepar s.** alle drei bis vier Stunden. Aufschläge von Brot und Milch, oder Flachssamenthee sind oft zweckdienlich.

Deuten die Symptome auf Brand, gib **Arsenicum** oder **China**; mache Umschläge von Hefe und pulverisirter Kohle, zu gleichen Theilen vermischt. In ernstlichen Fällen wende man sich an einen Arzt.

Wunden der Kopfhaut.

(WOUNDS OF THE SCALP.)

Auch die unbedeutendsten Kopfverletzungen sollten nicht vernach= lässigt werden. Sie sind sehr gefährlich, wenn sie eine Folge der Gesichtsrose oder anderer Entzündungen sind.

Behandlung.—Zuerst wasche man alle **fremden Körper** mit **reinem Wasser** und etwas Leinwand (Schwamm) weg. Dann schließe man die Wunde rasch vermittelst Heftpflasters oder Nadeln. Vorher schneide oder rasire man das die Wunde umgebende Haar ab, damit das Pflaster fest anschließen kann. Wenn möglich, ver= meide man das Zunähen der Wunde. Ist die Wunde geschlossen, so lege man Kompressen und einen Verband an, die man mit einer Lösung von **Tincture of Calendula** feucht halte (1 Theil der Tinktur auf 16 Theile Wasser).

Besteht die Verwundung nur in einer Beule, ohne äußere Ver= letzung, so gebrauche man **Tincture of Arnica** anstatt **Calen- dula**; ist das ganze System angegriffen, gib innerlich **Arnica**, namentlich bei Erbrechen und Schläfrigkeit.

Bei unerwarteten Fieberanfällen — Haut trocken und heiß, Ge= sicht roth und Unruhe — gib alle drei bis vier Stunden eine Gabe **Aconit.** Ist Eiterung zu befürchten—Schüttelfrost, trockne Zunge, klopfender Schmerz und Anschwellung der Theile — gib ein Mal in drei Stunden **Hepar s.** Den Eiter muß man entfernen.

Diät.—Einfache Kost; keine stimulirenden Mittel.

Gehirnerschütterung.

(CONCUSSION OF THE BRAIN.)

Darunter versteht man eine plötzliche Unterbrechung der Gehirn= thätigkeit in Folge eines Schlages, Falles, oder anderer mechanischer Einwirkungen. In milden Fällen stellt sich eine Störung der geisti= gen Verrichtungen ein: Schwindel, Blödigkeit der Augen; Kopf= weh; Gliederzittern; Uebelkeit und Schläfrigkeit. In Fällen ernsterer Art ist der Patient ganz gefühllos; Gesicht blaß und kalt; Aussehen geisterhaft; Puls schwach und unregelmäßig, oder nicht wahrnehmbar; Athem langsam, oder wie seufzend. In schweren Fällen tritt alsbald der Tod ein.

Behandlung.—Hauptanzeichen.

Arnica.—Dieses treffliche Heilmittel sollte unverzüglich ange= wendet werden. Gib 6—8 Kügelchen trocken auf die Zunge, oder löse zwei Mal so viel davon in 10 Theelöffel Wasser auf; gib alle zwanzig bis dreißig Minuten 1 Theelöffel voll. Bei äußeren Verletzungen vergleiche den vorangehenden Artikel.

Aconit.—* Hochgradiges Fieber, mit trockner, heißer Haut; heftiger Durst; Kurzathmigkeit und nervöse Erregung. Delirium, namentlich bei Nacht.

Belladonna.—Rothfunkelnde Augen; entsetzlicher Blick. Gesicht roth und geschwollen [auch **Acon.**]. K l o p f e n d e r K o p f - s c h m e r z. * Gegen Licht und Geräusch sehr empfindlich. S c h l ä f - r i g, aber kann nicht schlafen.

Opium.—Schnarchendes Athmen, die Augen halb geschlossen. * Irrereden, die Augen weit offen. Gesicht purpurroth und geschwollen. * Außerordentlich feines Gehör. S t ü h l e h a r t e r, r u n - d e r, s c h w a r z e r B a l l e n.

Anweisung.—Man gebe die Dosis alle zwei bis drei Stunden, bis Besserung eintritt.

Diät und Verhaltung.—Die Kost muß einfach sein. Stimulirende Mittel sind zu vermeiden. Man verpflege den Patienten in einem wohl gelüfteten Zimmer und gestatte nur wenigen Personen Zutritt.

Brüche.

(FRACTURES—BROKEN BONES.)

Der Knochenbruch ist eine Lösung (Trennung) zusammengehöriger Theile eines Knochens in Folge mechanischer Verletzung, oder muskularer Zusammenziehung. Je nach der Richtung der Brüche unterscheidet man zwischen q u e r l a u f e n d e n, s c h r ä g e n u n d d e r L ä n g e n a c h l a u f e n d e n Brüchen. Auch unterscheidet man zwischen einem e i n f a c h e n und einem komplizirten Bruch. Ein e i n f a c h e r Bruch ist nur die Theilung eines Knochens. Wenn in Folge des Bruches die Flechsen und Gliederbänder zerrissen und größere Gefäße verletzt sind, so ist der Bruch ein komplizirter.

Das Vorhandensein eines Bruches ist leicht erkennbar an der Verunstaltung des Gliedes, seiner verminderten Thätigkeit und den damit verbundenen Schmerzen. Das sicherste Anzeichen ist das Knirschen gebrochener Knochen, das man leicht fühlen und hören kann, wenn die Theile an einander gerieben werden.

Behandlung.—Die Behandlung überlasse man einem Arzt oder Wundarzt. Sollte ärztliche Hülfe nicht sofort beschafft werden können, so behandle man den Kranken inzwischen in der hier angegebenen Weise. Man gebe dem Glied eine natürliche, leichte Lage und umschlage es mit aufgelöster **Arnica Tincture** (1 Theil **Arnica** auf 16 Theile kaltes Wasser); damit fahre man bis zum Eintreffen des Arztes fort.

Verrenkungen.

(DISLOCATIONS—LUXATIONS.)

Dies ist eine Verschiebung zusammengefügter Gliedertheile (an den einander berührenden Flächen). Reißen der Gliederbänder und der anliegenden Muskeln ist stets damit verbunden.

Die sofortigen Wirkungen sind: Schmerz; Anschwellung; Verdrehung des Gliedes; Unfähigkeit, das Glied zu bewegen; Gestalt, Länge und Richtung desselben verändern sich.

Die Einrichtung des Gliedes ist Sache des Arztes oder Wundarztes. Unzweckmäßige Behandlung kann sehr schlimme Folgen haben.

Immerhin bediene man sich folgender Mittel: kaltes Wasser oder **Arnica Tincture** äußerlich und **Arnica** innerlich; vergleiche Brüche — Fractures.

Sollte Fieber hinzukommen, so gebrauche man äußerlich nur **Arnica,** und **Aconit** innerlich; alle drei bis vier Stunden eine Gabe.

Wenn die Flechsen und angrenzenden Weichtheile stark verletzt sind, gib **Rhus tox.**

Bienenstiche.

(STINGS OF BEES.)

Die Stiche von Bienen, Wespen u. s. w. sind nur selten gefährlich. Dies mag der Fall sein, wenn innere Mund- und Halstheile gestochen werden, was zuweilen geschieht beim Genuß von Früchten, in welchen die Insecten verborgen staken.

Behandlung.—Vor allen Dingen untersuche man die Theile mit einem Vergrößerungsglas; steckt der Stachel in der Wunde, so versuche man ihn mit einer Federzange (tweezers) oder einem scharfen Federmesser zu entfernen. Darnach gebrauche man äußerlich **Aqua Ammonia** (Hartshorn), starkes **Saleratus**-Wasser oder **Camphor.** Auch **Zwiebelsaft** ist oft heilsam.

Ist das Auge oder der Mund verwundet, so gebrauche **Honig, Arnica, Camphor** oder **Zwiebelsaft.** Wenn man **Arnica** äußerlich anwendet, so mag man es auch innerlich gebrauchen (1 Dosis alle zwei bis drei Stunden); inzwischen lasse man den Patienten an **Camphor** riechen. Halten die Schmerzen an, gib **Aconit.**; sollte auch dies nicht helfen, gib **Arnica** oder **Belladonna,** und wende äußerlich kaltes Wasser an.

Bei Flöh- und Mückenstichen gebrauche man **Citronensaft** oder **Arnica.**

Biſſe toller Hunde u. ſ. w.

(BITES OF MAD DOGS.)

Waſſerſcheu (hydrophobia) iſt eine fürchterliche Krankheit. Ob= ſchon verhältnißmäßig nur wenige der von wüthenden Hunden ge= biſſene Perſonen von der Krankheit ergriffen werden, ſo ſollte doch kein Fall vernachläſſigt werden. Wenn der Biß durch die Kleider geht, ſo iſt weniger Gefahr vorhanden, da das Gift an denſelben hängen bleibt und nicht ſo leicht in die Wunde eindringen kann; werden aber unbeſchützte Körpertheile verwundet, ſo iſt Gefahr vor= handen. Es bedarf eines Incubationsſtadiums von 18 Tagen bis 3 Monaten, ehe ſich die der Waſſerſcheu eigenen Erſcheinungen ent= wickeln. Immerhin kommen Fälle vor, in welchen Menſchen durch Uebertragung des Giftes erſt nach 18 Monaten, ja nach 2 Jahren erkranken.

Behandluug.—Die Wunde ſollte ſofort—ſpäteſtens in den erſten vierundzwanzig Stunden — ausgeſogen werden und zwar mittels eines trockenen Schröpfkopfes. Sodann ſchneide man die verletzten Theile ſorgfältig aus. Dieſe müſſen dann oberhalb der Wunde feſt unbunden werden, um die Circulation des Blutes zu hemmen. Darnach waſche man die Wunden, bevor ſie ſich geſchloſſen haben, mit warmem Waſſer aus. Als innerliches Mittel gebrauche man **Belladonna**, ein bis zwei Mal des Tages. Auf alle Fälle ziehe man einen Arzt zu Rathe.

Schlangenbiß.

(BITES OF SNAKES.)

Alle giftigen Schlangen haben in dem Oberkiefer zwei lange bewegliche Zähne, während die nicht giftigen je zwei Reihen Zähne im Ober= und Unterkiefer haben. Der Biß einer giftigen Schlange iſt von heftig ſchießenden und brennenden Schmerzen be= gleitet.

Behandlung.—Die Wunde muß ſofort ausgeſogen werden. Dies kann ohne Gefahr geſchehen, es ſei denn, daß die ausſaugende Per= ſon Wunden im Munde hat. Gib jede Stunde 1—4 Tropfen **Tincture Iodine**, bis die Gefahr beſeitigt iſt. Manche empfehlen Branntwein als Gegenmittel.

Siebenzehntes Kapitel.

Vergiftung.

Wenn giftige Substanzen in den Magen gelangt sind, so entferne man dieselben sofort dadurch, daß man den Patienten zum Erbrechen bringt. Sodann neutralisire man etwaige Wirkungen des Giftes durch geeignete Gegengifte (Gegenmittel). Um Erbrechen zu erregen, gebe man laues Wasser zu trinken und kitzle den Schlund mit einer Federfahne. Auch etwas Salz, Schnupftabak oder Senf auf die Zunge gelegt, ist oft wirksam. Sind Brechmittel nöthig, so gebe man Zink-Vitriol (Sulphate of Zinc), 24 Gran in etwas Wasser.

Acids. — Bei Vergiftungen durch mineralische Säure, wie Essig-, Zitronen-, Salpeter-, Schwefelsäure u. s. w., gebe man: 1) Warme Seifenlauge; 2) Magnesia in Wasser; 3) pulverisirte, in warmem Wasser aufgelöste Kreide; 4) Holzasche; Soda, Potasche, Schleim, Reiswasser. Kohlensäure läßt sich durch milchzuckersauren Kalk (Saccharate of Lime) leicht neutralisiren.

Aconit. — Bei Vergiftung durch dieses und verwandte Gifte, wie: Arnica, Colchicum, * Conium, Digitalis, Ergot, Gelseminum, Helleborus, Hyoscyamus, Veratrum alb. u. s. w., gib starken Kaffee, oder verdünnten Essig. Vollhaltige Klystiere aus Seifenwasser, oder Salzwasser mit Haferschleim sollten sofort verabfolgt werden, um die Eingeweide zu reinigen.

Alcohol. — Bei Alkohol-Vergiftungen versuche man sofort Erbrechen zu erregen. Zink-Vitriol ist ein wirksames Brechmittel; auch kann man die Magenpumpe anwenden. Man gebe Milch, schleimige Getränke und schwarzen Kaffee zu trinken, oder man löse einige Tropfen **Ammonia** in ein Glas Zuckerwasser auf, wovon man je 1 Theelöffel voll gebe. Die Nachwirkungen behandle man mit **Coffea, * Nux vomica, Opium.**

Alkalies. — Vergiftungsfälle durch Ammonia, Potassa, Soda, Ley of Wood-ashes (Aschenlauge) u. s. w., behandle man ohne Brechmittel. Gib 1) verdünnten Essig; 2) Limonade; 3) saure Milch; 4) schleimige Getränke; 5) Baumöl.

Antimony. — Bei Vergiftungen durch Brechweinstein,

Spießglanzbutter (Butter of Antimony) und andere Präpa= rate dieses Metalls, versuche Erbrechen zu erregen und gib dann Aufguß von Galläpfeln, von Eichenrinde, schwarzen Thee und Schleim zu trinken.

Arsenic.—Man wende sofort ein Brechmittel an, oder brauche die Magenpumpe. Sehr zu empfehlen ist das in allen Apotheken vorräthige Antidotum Arsenici, davon gib einem Erwachsenen 1 Löffel voll, und zwar viertel= bis halbstündlich. Sollte das Mittel grade nicht zur Hand sein, so gebe etwas in Zuckerwasser aufgelösten Eisenrost, Leinsamenthee, Eiweiß in Wasser, oder Magnesia usta, mit der zwanzigfachen Menge Wasser angerührt, alle zehn bis fünf= zehn Minuten. Wenn die beunruhigenden Symptome verschwunden sind, gib **Ipecacuanha.** Ist der Patient des Nachts sehr unruhig und reizbar, gib **China.** Schlimmer am Morgen, schleimiger Durchfall, oder Verstopfung, **Nux vomica.** Bei Uebelkeit und Erbrechen, mit Hitze, oder Schüttelfrost über den ganzen Körper: **Veratrum alb.**

Belladonna.—Man gebe Brechmittel oder brauche die Magen= pumpe. **Opium** ist das beste Gegengift; man gebe ein halb bis ein Drachme der Tinktur als Dosis. Alle zehn Minuten zu nehmen, bis Besserung eintritt.

Bismuth. — Bei Vergiftung durch salpetersauern Wis= muth, Pottasche u. s. w., gib Milch und versüßte schleimige Getränke.

Cantharides.—Gib Eiweiß und schleimige Getränke, wie Ha= ferschleim u. s. w.—Dann rieche man an Kampfer, oder nehme denselben innerlich.

Copper.—Bei Vergiftung durch Vitriol, Grünspan und andere Präparate des Metalles wende man energische Brechmittel an. Gib Eiweiß, Zuckerwasser, Milch und schleimige Getränke.

Corrosive sublimate.—Bei Vergiftung durch dasselbe oder damit angefertigte Präparate, wie Cyanide und Nitrate of Mercury, fressendes Quecksilbersublimat u. s. w. gib starke Brech= mittel. Nach erfolgtem Erbrechen gib in Wasser zerschlagenes Ei= weiß in großen Portionen; später Zuckerwasser, gekochte Stärke und Milch in großen Portionen.

Gases.—Wenn eine Person in Folge Einathmens von Kohlen= säure, Kohlenoxydgas, Kohlendampf, Chlor= oder Schwefelwasserstoff bewußtlos geworden ist, so bringe man den Patienten ohne Verzug an die frische Luft, wasche Gesicht und Brust mit Essig und gebe ihm starken Kaffee. Sobald er zu sich kommt, gebe man **Opium.** Sollte dies nicht wirksam sein, gib **Belladonna** oder **Nux vomica.** Nöthigenfalls wende man Dr. Hall's Methode künstlicher Athmung an. Vergleiche "Apparent Death from Drowning" (Schein= tod Ertrunkener).

Iodine.—Man entferne das Gift schleimigst durch eine schwache Lösung Soda. Gib in Wasser aufgelöste Stärke zu trinken, oder andere stärkehaltige, schleimige Nährmittel.

Lead.—Bei Vergiftung durch Bleizucker, Weißblei, Bleiglätte und andere derartige Präparate, wende man Brech=mittel an: 1) Bittersalz (Epsom Salts); 2) Glaubersalz; 3) das Weiße vom Ei; 4) Seifenwasser; 5) Milch.

Nitrate of Silver.—Bei Vergiftung durch Höllenstein gib: 1) einfaches in Wasser aufgelöstes Salz in großer Menge; 2) schlei=mige Getränke.

Opium.—Bei Vergiftung durch Opium und Präparate, wie Laudanum, Morphium u. s. w. reize man den Patienten durch Kitzeln mit einer Federfahne zum Erbrechen, oder gebe ihm warmes Wasser zu trinken; die Magenpumpe ist noch wirksamer. Das beste Gegenmittel ist starker Kaffee; in Ermangelung desselben gebe man verdünnten Essig. Der Patient muß durch Schlagen auf den Rücken und Umherführen im Zimmer in Bewegung gehalten werden. Wenn nöthig, wende man künstliche Athmung an. Vergleiche Apparent Death from Drowning (Scheintod Ertrunkener).

Phosphorus.—Man bringe den Patienten zum Erbrechen, dann gebe man 1) in Wasser aufgelöste Magnesia; 2) schleimige Getränke. Auch Chlorwasser und Magnesia—acht Theile des ersteren zu ein Theil Magnesia ist erprobt. 1 Löffel voll alle fünf bis zehn Minuten.

Prussic acid. — Behandlung. — Man lasse den Kranken an Hartshorn (Salmiakgeist) riechen und gebe ihm etwas davon inner=lich. Begieße den Rücken mit kaltem Wasser; gib starken Kaffee zu trinken und als Klystier.

Rhus radicans, Poison ivy, Poison vine.—Wenn diese Giftpflanzen mit dem Körper in enge Berührung kommen, so verur=sachen sie Entzündung, Anschwellung und Hautausschlag. Reiben und Kratzen der Theile, sowie starke Waschungen und Einreibungen können höchst gefährlich werden.

Man bade die Theile öfters in warmem Wasser und guter Seife, und gebe alle drei Stunden etwas **Bryonia.** Sind die Gesichts=theile angegriffen und hoch geröthet, gib alle zwei bis drei Stunden **Belladonna.** Bestäubung der Theile mit Mehl lindert das Jucken.

Stramonium — Thorn-Apple — Stechapfel. — Schleu=nigste Entfernung des Giftes aus dem Magen. Dann gib: 1) Kaffee; 2) Essig; 3) Limonade.

Strychnine.—Auch bei Strychnin=Vergiftung ist schleimige Entfernung des Giftes geboten. Man verabfolge reichliche Klystiere von Opium, oder spritze es unter der Hautoberfläche ein. Andere

Gegenmittel sind: Iodine (30 Tropfen in Wasser); Kampfer (5 Gran in Schleim). Durch Anwendung letzterer Mittel werden die Krampfanfälle unterbrochen, so daß man inzwischen von der Magenpumpe geeigneten Gebrauch machen kann.

Tobacco.—Hat Jemand Tabak hinuntergeschluckt, so entleere man den Magen durch Kitzeln mit einer Federfahne im Halse und gebe lauwarmes Wasser zu trinken. Sobald die Ursache entfernt ist, gib etwas Essig und Wasser zu trinken. Gegen die nachtheiligen Wirkungen des Tabakrauchens und Kauens gib 8 Kügelchen **Pulsatilla**; jede Stunde zu wiederholen. Auch **Nux vomica.**

Zweiter Theil.

Materia Medica.

Wirkungen und Gebrauchsanweisung der angegebenen Heilmittel.

ACONITUM NAPELLUS.

(Sturmhut.)

Geistessymptome.—* Furcht und Geistesangst; nervöse Aufregung [siehe Bell.]. * Todesfurcht; prophezeit seinen Todestag. Ist launisch und springt von einem Gegenstand auf den andern; singt, pfeift und lacht [Bell.]. Delirium, namentlich des Nachts.

Kopf.—Schwindel beim Emporrichten aus gebeugter Haltung, oder beim Emporsehen [Bry., Podo., * Puls.]. * Blutandrang nach dem Kopf, dabei Hitze und Röthe des Gesichtes [* Bell., * Bry.]. Vollheitsgefühl und Schwere im Kopf, als wollte das Gehirn aus den Augen dringen [* Bell., * Bry., Merc.].—Leerheitsgefühl im Kopf [Cocc., Ign., Opi.]. * Bohrender, klopfender Kopfschmerz; schlimmer nach Bewegung. Brennender Kopfschmerz, wie von siedendem Wasser im Gehirn.. * Gefühl, als stünden die Haare zu Berge.

Augen.—Acute Augenentzündung; Lichtscheu [* Bell., Con.—Namentlich Kerzenlicht, Gel.]. Harte, rothe Geschwulst der Augenlider [Geschwüren an den Rändern, Merc.].

Ohren.—* Ohrensausen [siehe Chin.]. Verschärftes Gehör; Geräusch unerträglich [auch Phos. ac., * Sil.].—Dumpfes Hören, Ars., Bell., * Calc. c., Phos., * Stram.].

Nase.—* Nasenbluten; namentlich bei vollblütigen Personen [auch Bry., * Bell.—Siehe Phos.]. Scharfer Geruch.

Gesicht.—Geschwollen, roth und heiß [dunkelroth, aufgedunsen, * Bell., * Hyos., Opi.]. Beim Emporrichten aus sitzender

(365)

Lage wird es blaß [nach der geringsten Bewegung wird es blutroth Ferr.].

Mund und Hals.—Lippen trocken und schwarz [auch * **Arn.**, **Bry.**, * **Merc.**]. Trockenheit der Zunge und des Mundes [auch * **Ars.**, **Bry.**, **Cham.** — Ohne Durst, **Bell.**, **Lyc.**]. Zunge weiß belegt. * Entzündung des Halses (Gaumen, Halsdrüsen, Schlund), mit hochgradigem Fieber; Theile dunkelroth und Brennschmerzen [auch **Apis**, **Bell.**, **Merc.**]. Stechen im Hals beim Schlingen. [Schmerz in den Schultern beim Schlingen, * **Rhus**].

Magen und Unterleib.—* Alles schmeckt bitter, Wasser ausgenommen; [alles Genossene schmeckt bitter, * **Bry.**, **Colo.**, **Chin.**, **Puls.**]. Unstillbarer Durst [trinkt oft und wenig, * **Ars.**, **Chin.**, **Hyos.**]. — Trinkt nach längeren Zwischenräumen in langen Zügen, **Bry.**]. * Bitteres, galliges Erbrechen, mit kaltem Schweiß [auf der Stirne, * **Verat. alb.**]. * Magenentzündung [* **Ars.**, **Canth.**, * **Phos.**, **Nux v.**]. Heftige Magenschmerzen nach dem Essen oder Trinken [* **Ars.**, **Ferr.**, * **Nux v.**, **Puls.**]. Acute Leberentzündung. * Druck in der Lebergegend. Darmentzündung, mit fliegenden, scharfen Schmerzen im ganzen Bauch, der äußerst empfindsam ist. * Galliges Erbrechen [**Nux v.**].

Stuhl.—Häufige, spärliche Stühle, mit Stuhlzwang [auch **Ars.**, **Bell.**, **Colch.**, * **Merc.**]. * Grüne, wässerige Stühle, wie gehackter Spinat [wie der Schaum auf einem Froschteich, * **Mag. c.**]. Weiße Stühle [**Calc. c.**, **Chin.**, **Hepar.**—Schwarze Stühle, **Camph.**, **Chin.**].

Harn.—Verhaltener Urin; Stechen in den Nieren; [Brennschmerzen in denselben, * **Canth.**]. Beschwerliche, spärliche Entleerungen hellrothen Harns [braunen, dunklen, **Colch.**, **Nat. m.**].

Geschlechtstheile.—Bohrende, kneipende Schmerzen in der Eichel beim Harnlassen [brennende, stechende Schmerzen in der Harnröhre beim Harnlassen, **Caust.**—Nach der Entleerung, * **Canth.**, **Nit. ac.**]. * Reinigung zu reichlich und zu lange während, namentlich bei jungen, vollblütigen Frauen [* **Bell.**, **Calc. c.**—Siehe **Puls.**]. * Durch Schreck unterdrückte Regel [**Lyc.**—Durch Erkältung, **Dulc.**, **Podo.**, * **Puls.**, **Sulph.**]. Ungenügende unterdrückte Wochenreinigung [Kopfschmerz, * **Bry.**]. Starre des Muttermundes [**Bell.**, **Con.**, * **Gel.**].

Athmungs-Organe.—Entzündung des Kehlkopfes und der Luftröhrenäste (Bronchien) [**Bell.**, **Phos.**]. * Erstes Stadium der häutigen Bräune, mit trocknem Husten und laut hörbarem Athmen. * Rauher, hackender Husten nach jedem Aushauch. Bei jedem Hustenanfall greift das Kind nach dem Hals. Kurzathmigkeit beim Schlafen oder Aufstehen. Erstickungsanfälle und Angst [**Ars.**, **Hepar**, **Lach.**]. Brustfell- und Lungenentzündung; dabei Hitze, Durst, trockner Husten und nervöse Aufregung [* Bry., Phos.]. Herzklopfen und große Angst [siehe Dig.].

Schlaf.—Schlaflosigkeit, unruhiges Hin= und Herwerfen [auch * Ars., Bell., Cham.—Schläfrig, aber kann nicht schlafen, * Bell., Ferr., * Opi.]. Träume und Hellsehen [auch Phos.].

Fieber.—Puls hart, voll, rasch [Bell., Bry., Hyos., Stram.— Langsamer, voller Puls, Dig., Merc., * Opi.—Schwacher, zusam= mengezogener, * Ars., Carbo v., Phos. ac., * Verat. alb.]. * Schüt= telfrost und Entzündungsfieber, Haut trocken und heiß, heftiger Durst, rothes Gesicht, kurzer Athem, nervöse Erregung [siehe Bell.]. Gefühl von Kälte in den Blutgefäßen [Verat. alb.—Wie von heißem Wasser durchströmt, * Ars., * Rhus]. Ausdünstung des ganzen Kör= pers.

Haut.—Haut roth, heiß, geschwollen und glänzend [Bell.]. Ma= sern. Hitzblattern. * Menschenblattern.

Charakteristische Anzeichen.—Für sanguinische, vollblütige Per= sonen [Arn., * Bell., Hepar, Merc.]. Blutandrang nach dem Kopf, dem Herzen und der Brust [Bell., Bry.]. Einwirkungen von Kälte und trocknen Westwinden. Empfindlich gegen die leiseste Berüh= rung [Bell., Bry.]. Schmerzanfälle, mit Durst und geröthetem Ge= sicht [Schüttelfrost, Ars., * Bell., Sep., * Puls.]. Stechende Schmerzen in den Theilen [* Apis]. * Schmerzen sind unerträg= lich, namentlich des Nachts [auch * Ars., * Cham., Coff., Lach.]. Schlimmer des Abends beim Liegen auf der linken Seite und im warmen Zimmer [besser im warmen Zimmer, * Ars., Hep.].

ANTIMONIUM CRUDUM.
(Spießglas.)

Gefühlssymptome.—Ekstase und Ueberfülle von Liebe. * Sen= timentale Stimmung. Beträgt sich wie verrückt [gestikulirt, tanzt, singt und lacht, Bell., * Stram.]. * Das Kind will nicht angerührt, oder angesehen werden [schreit wenn man zu ihm spricht, Sil.—Schreit bei Berührung, Tart. em.—Siehe Cham.].

Kopf.—Schwindel und Uebelkeit, oder Nasenbluten [mit Uebelkeit und Kopfschmerz, Apis]. Blutandrang nach dem Kopf, gefolgt von Nasenbluten. Betäubender Kopfschmerz und Uebelkeit; schlimmer des Abends nach dem Essen oder Trinken [siehe Puls.]. Kopfschmerz vom Baden [Calc. c., Puls.—Von Tabak, Acon., Ant. c., Ign.].

Nase.—* Kälte der Nase beim Einathmen. * Wunde, zerrissene, schorfige Nasenflügel und Mundwinkel. Nasenbluten nach dem Kopfweh.

Mund.—* Dicker, milchweißer Zungenbeleg [auch **Arn.**, * **Bry.**, **Nux v.**, **Sep.**—Pelzichter Zungenbeleg, * **Merc.**, **Puls.**]. Faule Zähne verursachen große Schmerzen, namentlich des Nachts und bei Berührung mit kaltem Wasser [besser darnach, * **Coff.**, **Puls.**]. Starkes Bluten des Zahnfleisches [auch **Ars.**, * **Merc.**, **Nit. ac.**, **Phos.**].

Magen.—Störung in Folge von Ueberladung [**Ipe.**, **Nux v.**, * **Puls.**—Nach Genuß fetten Fleisches, **Carbo v.** **Ipe.**, * **Puls.**]. * Flüssige Entleerungen, die nach dem Genossenen schmecken [**Calc. c.**, **Chin.**, **Con.**—Siehe * **Puls.**]. Uebelkeit. * Furchtbares Erbrechen, das nicht aufhören will [auch **Tart. em.**]. Erbrechen von Schleim und Galle [siehe **Ipe.**]. Heftiges Erbrechen und Durchfall [* **Ars.**, **Tart. em.**, * **Verat. alb.**]. Krampfartige Magenschmerzen in Folge von Unverdaulichkeit [**Chin.**, * **Nux v.**, **Puls.**].

Stuhl.—* Gefühl reichlicher Entleerung, aber es gehen nur Winde ab; schließlich geht ein harter Stuhl ab. * Durchfall in Wechsel mit Verstopfung, namentlich bei älteren Personen [**Bry.**, **Lach.**, * **Phos.**, **Rhus**]. Wässerige Stühle, dabei schneidende Bauchschmerzen [ohne Schmerzen, **Ars.**, **Ferr.**, * **Podo.**].

Fieber. — Puls sehr unregelmäßig [**Ars.**, **Dig.**, **Merc.**]. Schüttelfrost, selbst im warmen Zimmer [* **Puls.**]. * Wechselfieber, mit Niedergeschlagenheit; schläfrig; kein Durst. Hitze, namentlich des Nachts; Füße kalt. Schweiß beim Erwachen am Morgen.

Charakteristische Anzeichen. — Anlage zur Fettsucht [* **Calc. c.**, **Sulph.**—Neigt zur Abmagerung, **Ars.**, **Chin.**, **Phos.**]. Wenn die Symptome wiederkehren, so wandern sie umher [siehe **Puls.**].

APIS MELLIFICA.

(Bienengift.)

Gefühlssymptome.—Kann seine Gedanken nicht auf einen Gegenstand richten [Geistesverwirrung, kann seine Gedanken nicht sammeln, * **Gels.**—Angst; fürchtet außer Sinnen zu kommen, **Merc.**]. Delirium nach zurückgetretenem Scharlachfieber [**Bell.**, **Bry.**, **Opi.**].

Kopf.—Schwindel, Uebelkeit und Kopfweh [Uebelkeit und Nasenbluten, **Ant. c.**]. Drückender Schmerz in der Stirne und den Schläfen; schlimmer beim Aufstehen und im warmen Bett; besser nach Druck. Wasserkopf der Kinder.

Augen.—Entzündung der Augen; kann das Licht nicht vertragen;

zunehmende Absonderung [Ars., Bell., Merc.]. Wassergeschwulst der Augenlider [Ars.].

Mund und Hals.—Anschwellung der Lippen, besonders der Ober=lippe. * Zunge trocken, geschwollen und entzündet; kann nicht schlucken [Bell., Merc.]. Stechende Brennschmerzen im Hals [Acon.]. * Rothe und entzündete Halsdrüsen [Acon., * Bell.]. Diphtherie; die falsche Haut wird schmutziggrau. Wunder Hals; bei Scharlachfieber, wo der Ausschlag nicht hervortritt [Bell., Merc.]. * Berührung des Halses ist unerträglich [* Lach.].

Magen und Unterleib.—Erbrechen und Magenentzündung. Hef=tiger Schmerz und Empfindlichkeit. * Gefühl im Unter=leib, als wollte bei versuchter Stuhlentleerung etwas brechen. * Wundheitsgefühl des Bauches [Acon., * Bell., Merc., Nux v.].

Stuhl.—* Grünlicher, gelblicher Schleim; oder gelber, wässeri=ger Durchfall; schlimmer am Morgen. Unwillkürlich, als wäre der After offen [* Phos.]. * Hämorrhoiden, mit Brennschmerzen [auch Ars., Nit. ac., Sulph.].

Harn.—Harnzwang. * Urin dunkel und spärlich [Bell., Lyc., Nit. ac. — Schwarz, wie Kaffee, Colch., Nat. m.]. Unvermögen, den Harn zu halten; schlimmer des Nachts und beim Husten. Un=willkürliche Entleerungen beim Husten, Niesen u. s. w. [* Caust., Puls., Verat. alb.].

Geschlechtstheile. — Hodenanschwellung. * Entzündung, Verhärtung, Anschwellung des rechten Eierstocks; dabei schneidende, stechende Schmerzen [* Bell. — Linker Eierstock geschwollen, mit packenden, stechenden Schmerzen, Graph., * Lach.]. Fehlgeburt.

Brust.—Heiserkeit, namentlich am Morgen [* Caust., Phos., Sulph. —Am Abend, Calc. c., Kali b.]. Wundheitsgefühl in der Brust, wie von Quetschung [* Arn., Lyc., Phos.]. Rascher, beschwerlicher, krampfhafter Athem; schlimmer beim Niederliegen. Husten nach dem Schlaf [* Lach.].

Extremitäten.—Hände bläulich; werden leicht kalt. Beine kalt [Nux v., Sil. — Brennen in den Beinen, Lyc.]. Anschwellen der Füße, Knöchel und Beine [Bry., Calc. c., Merc., Puls.].

Fieber.—Puls voll und rasch—schwach und zitternd—stockend [siehe Dig.]. Schüttelfrost nach der geringsten Bewegung [* Nux v., Rhus, Podo.—Von Ofenwärme, Cina, Dulc., Merc.]. * Unter=brechungen; Schüttelfrost gegen 4 Uhr Nachmittags; schlimmer im warmen Zimmer oder in der Nähe des Ofens [Schüttelfrost läßt nach bei äußerlicher Wärme, Ars., * Ign.]. Fällt nach dem Fieber=anfall in tiefen Schlaf. Schweiß, wechselnd mit Trockenheit der Haut.

Haut.—* Rothe Flecken auf der Haut, mit Stechen und Brenn=

24

schmerzen [Dulc., **Rhus**, * **Urt. u.**]. Scharlachartiger Ausschlag [**Bell., Sulph.**]. * Haut weiß, durchscheinend, mit Eierstockwasser= sucht.

Charakteristische Anzeichen.—Stechende Schmerzen in den ange= griffenen Theilen, wie von Bienenstichen [brennende, stechende . Schmerzen, **Merc., Puls.**]. Empfindlich gegen Berührung [**Acon., Bell., Bry.**]. Schlimmer nach Ruhe [* **Lach., Opi., Stram., Verat. alb.**]. Auch des Morgens; von Hitze [besser darnach, * **Ars., Hepar, Kali b., Rhus.**—Besser im kalten Zimmer, **Croc., Sec. cor.**, * **Puls., Verat. alb.**].

ARNICA MONTANA.

(Wohlverleih.)

Gefühlssymptome. — Niedergeschlagenheit und Geistesabwesen= heit. Hypochondrie, Grämlichkeit [**Nux v.**, * **Puls.** — Munterkeit, **Croc., Lach.**]. Weigert sich zu antworten [**Dig.**, * **Phos. ac.** — Schwatzt fortwährend, **Stram.**].

Kopf.—Schwindel, Uebelkeit; besser beim Niederliegen [schlimmer beim Liegen oder Umherwälzen im Bett, **Con.**—Siehe **Kali b.**] Hitze im Kopf, während der Körper kalt ist [**Bry., Hyos.**—Glie= der kalt, Kopf heiß, **Bell.**]. * Stechen im Kopf, namentlich in der Stirn und den Schläfen. * Schlimme Nachwirkungen einer Gehirn= erschütterung.

Augen.—Zusammengezogene Pupillen [**Phos.**—Pupillen erwei= tert, * **Bell., Hyos., Opi.**, * **Stram.**]. Augen halb offen.

Nase.—* Häufiges Nasenbluten [**Acon.**, * **Bell., Bry.** — Siehe * **Phos.**]. Anschwellen der Nase.

Magen. — * Fauler, schleimiger Geschmack [* **Merc., Nux v.**, * **Puls.** — Siehe **Merc.**]. Abneigung gegen Fleisch und Brühe. * Das Aufgestoßene schmeckt wie faule Eier [**Sep., Sulph.**]. * Gefühl von Vollheit nach dem Essen. * Erbrechen geronnenen Blutes, das sich nach dem Essen oder Trinken wiederholt [siehe **Ipe.**]. Erbrechen nach dem Trinken, [**Ars., Verat. alb.**].

Stuhl. — Durchfall schleimiger, brauner, gegohrner Stühle. * Schleim=, Blut= und Eiterstühle; Stuhlzwang [**Acon., Merc., Nux v.**].

Harn.—Unwillkürliche Harnentleerungen bei Nacht, während des Schlafes und beim Husten [siehe **Caust.**]. Brauner Harn, mit ziegelfarbenem Niederschlag [mit weißem, **Calc. c., Sep.**]. Blutiger Harn [**Ipe., Nit. ac.**].

Geſchlechtstheile.—* Kann in Folge des Wundheitsgefühles im Mutterleib nicht aufrecht gehen. Lang währende, heftige Nach=wehen [Bell., Puls., * Sec.]. * Wundheitsgefühl der Theile nach Anſtrengung.

Athmungsorgane.—Huſten bei Kindern, in Folge von Schreien [Lachen, Sprechen, Singen u. ſ. w., **Chin., Phos.**]. * Keuchhuſten; Schreien geht jedem Anfall voran [**Tart. em.**—Schreit nach dem Huſten, **Bell.**—Nach dem Eſſen und Trinken, mit Erbrechen, * **Bry.**, **Tart. em.**]. Stiche in der linken Bruſt und kurzer Huſten; ſchlim=mer durch Bewegung [ſiehe **Bry.**]. Wundheitsgefühl zwiſchen den Rippen nach Anſtrengung.

Extremitäten.—Gefühl, als wären die Arm= und Handgelenke verſtaucht [verrenkt, **Bry., Merc.**]. * Gicht; dabei Furcht vor Berührung.

Fieber.—Schüttelfroſt innerlich, Hitze äußerlich [ſiehe **Ars.**]. Wechſelfieber; Schüttelfroſt am Morgen; vorher ziehende Schmerzen in den Knochen. Trockne Hitze über den ganzen Körper, oder nur im Geſicht und dem Rücken. * Typhusartiges Fie=ber; Gleichgültigkeit; widriger Athem; rothe, ſchwarze oder gelbe Flecken auf dem Leibe; * vergißt die Worte während des Sprechens [ſchläft mitten im Satz ein, * **Bapt.**—Nach richtiger Antwort kehrt das Delirium wieder, * **Hyos.**]. Beſtändige Lageveränderung; das Bett däucht ihm zu hart [**Bapt.**—Siehe **Rhus.**].

Charakteriſtiſche Anzeichen.—Paſſend für ſanguiniſche, vollblütige Perſonen [**Acon., Bell., Hepar.**—Siehe **Acon.**]. * Tief eindringen=des Wundheitsgefühl, wie von Quetſchungen [**Rhus**]. * Schlimme Folgen mechaniſcher Verletzungen. * Alles, worauf er liegt, däucht ihm zu hart [auch **Bapt.**]. Hitze in den obern Körpertheilen, wobei die unteren kalt ſind. Patient fühlt beſſer am Abend und des Nachts [ſchlimmer, * **Merc., Nit. ac.**, * **Phos., Puls.**—Schlim=mer des Morgens, **Croc., Ferr.**, * **Nux v., Rhus**, * **Sulph.**].

ARSENICUM ALBUM.

(Weißer Arſenik.)

Geiſtesſymptome. — * Große Angſt, Unruhe und Todesfurcht [* **Acon., Bry., Rhus.** — Vorherverkündigung des Todestages, * **Acon.**]. Fürchtet ſich allein zu ſein [auch **Lyc.**—Wünſcht allein zu ſein, * **Nux v.**]. Delirium; ſpringt aus dem Bett und verſteckt ſich [will entlaufen, * **Bell.**, * **Bry.**].

Kopf.—Periodiſches Kopfweh; beſſer nach Aufſchlägen kal=

ten Wassers [periodisches Nervenkopfweh, schlimmer durch Bett=
wärme; Neigung zum Erbrechen [**Bell., Sep.**]. * Schwachheitsge=
fühl, namentlich in der Stirne.

Augen. — Augen entzündet; dabei Brennschmerzen [stechende
Schmerzen, **Apis, Calc. c.**]. * Scrophulöses Augenübel
(scrofulous opthalmia) [**Hepar, * Merc., Sulph.**]. Flecken oder
Geschwüre an der Hornhaut [**Calc. c., * Merc., * Sil., Sulph.**].

Nase. — Nasenkrebs. * Schnupfen, mit Ausfluß brennenden,
jauchigen Wassers.

Gesicht.—Gesicht ist geschwollen, namentlich die Augengegend.
* Blasses, todtähnliches Gesicht; verzerrtes Gesicht [**Canth., Chin.**].
Lippen dunkel, trocken und gesprungen; leckt beständig
daran.

Mund und Hals. — Mund bläulich, entzündet, brennendheiß.
Zäher, widriger, blutiger Speichel [**Hyos., Nit. ac., Nux v., Rhus**].
Zunge bläulich, oder weiß; braun oder schwärzlich [siehe
Lyc.]. Brennen im Hals [* **Acon., * Bell., Lach., Nit. ac.**—Kälte=
gefühl im Hals, **Carbo v., * Verat. alb.**].

Magen und Bauch.—Die Speisen sind ohne Geschmack [schmecken
wie Stroh, * **Stram.**—Alle Speisen und Getränke schmecken bitter,
* **Bry., Colc., Puls.**]. * Heftiger Durst; trinkt oft, aber je
nur wenig [**Chin.**—Oft und je viel, **Acon., Bell., Nat. m.**]. * Er=
brechen, namentlich nach dem Essen oder Trinken [**Bry., Nux v.,
Puls., * Verat. alb.**—Siehe Ipe.—Wiederholtes Erbrechen bei der
geringsten Bewegung, * **Verat. alb.**]. * Erbrechen von schwarzer
Galle und Blut [**Ipe., Sec. cor., * Verat. alb.**]. Erbrechen,
Durchfall und Erschlaffung [**Tart. em., * Verat. alb.**]. * Hef=
tiges Brennen im Magen [**Canth., Nux v., * Phos., Sec. cor.**—Kälte=
gefühl des Magens, **Ars., Colch., Phos.**]. Druck im Magen wie von
einem Stein, namentlich nach dem Essen [* **Bry., Merc., * Nux v.,
Sep.**]. * Magen ist gegen Berührung sehr empfindlich
[**Bry., Lyc., Merc., * Nux v.**]. * Magenstörung nach dem Genuß von
Früchten, Gefrornem, Eiswasser [**Chin., * Puls., Nux v.**]. Krampf=
artige Kolik, als wären die Gedärme verflochten [verknotet, **Verat.
alb.**—Wie zerquetscht, * **Colo.**]. * Brennen im Bauch [**Lach.,
Phos., Sec. cor., Sep.**—Kälte, **Calc. c., Colch., Podo.**].

Stuhl. — Dunkelgrüne, schleimige Stühle [* **Merc.**—
Weiße, gallertartige, * **Colch.**]. Dunkle, wässerige, widrige
Stühle [**Kali b., * Verat. alb.**]. Aetzende, wässerige Stühle [* **Cham.,
Merc., Sulph.**]. Stechende Schmerzen in den Eingeweiden
und Stuhlzwang. Schmerzlose, wässerige Stühle. * Plötz=
liche Erschlaffung [**Acon., * Camph., * Verat. alb.**]. * Bren=
nen im After und Mastdarm, während des Stuhles und darnach.

Schlimmer des Nachts; nach dem Essen und Trinken [Ferr., Podo., * Verat. alb.].

Athmungsorgane.—Husten, wie von Schwefeldämpfen verursacht; Erstickungsgefühl [auch Chin., Ign. — Wie von Staub im Hals, Bell.]. * Trockner, hackender Husten; dabei Wundheitsgefühl in der Brust [siehe * Sil.]. Mühsamer, spärlicher Auswurf; ist zuweilen blutstreifig. * Kurzer, beklommener Athem, namentlich beim Emporsteigen und beim Niederliegen des Nachts. * Kann vor Furcht zu ersticken nicht liegen bleiben [Acon., Tart. em.]. Zusammenschnürung der Brust und Angst [Nux v., Phos., * Sulph.]. Kältegefühl in der Brust [Lach., Sulph.—Brenn=schmerzen darin, Calc. c., Merc., Spong., Sulph.]. * Herzklopfen, namentlich des Nachts und beim Liegen auf dem Rücken [Dig.].

Extremitäten.—Arme geschwollen und mit weißen, übelriechenden Bläschen bedeckt. Brennende Geschwüre an den Fingerspitzen. Gefühl von Schwere in den Beinen, daß man sie kaum aufheben kann [Bell., Calc. c., Nit. ac., Rhus. — Betäubung, Graph., Lyc., Nux v.]. * Geschwüre an den Beinen; dabei brennende, stechende Schmerzen [* Lach., * Lyc., Merc.]. Bläschen; brennen wie Feuer.

Schlaf. — * Schlaflosigkeit; wirft sich immer umher [* Acon., Bell., Cham.]. Plötzliches Bewegen der Glieder beim Einschlafen [Lyc., Opi., Puls., Sep.].

Fieber.—Puls schwach, häufig, unregelmäßig. * Allgemeines Kältegefühl, mit pergamentartiger Trockenheit der Haut, oder reich=licher, kalter, klebriger Schweiß. * Schüttelfrost, namentlich nach dem Trinken [Chin., * Nux v., Verat. alb.]. Schüttelfrost, läßt bei äußerer Wärme nach [auch * Ign.—Wenn vermehrt, Ipe.]. Schüt=telfröste wechselnd mit Hitze, oder äußerliche Kälte und innerliche Hitze [Arn., Calc. c. — Umgekehrt, Lach., Nux v., Phos., Verat. alb.]. Brennhitze, als strömte heißes Wasser durch die Adern [Bry., Rhus]. Wechselfieber; Schüttelfrost 3 Uhr Nachmittags [Apis, Chin., Nux v., Puls.]. * Durst nur im heißen Stadium; trinkt oft, aber je nur wenig [Chin.]. Während des Fiebers: große Ruhelosigkeit; Schmerzen in den Knochen, dem Kreuz und der Stirne. Schweiß beim Einschlafen; ist kalt, klebrig und riecht sauer. * Große Schwäche nach jedem Anfall.

Haut. — Trocken, pergamentartig. Schwarze Bläschen, sie brennen und schmerzen. * Rothe Eiterbläschen, die bald blutwäs=serig und schalig werden und sich zu Geschwüren erweitern. * Faule Geschwüre; übelriechendes Blutwasser und wildes Fleisch [Carbo v., * Sil., Sulph.]. * Geschwüre wie verbrannt [auch * Sec. cor.]. Ausfluß von dünnem, blutigem Eiter

[Bell., Con., Hepar]. Karbunkeln, die wie Feuer brennen [Caust., Merc., Rhus, Sil.].

Charakteristische Anzeichen.—* Rasche Abnahme der Kräfte [auch Acon., * Camph., * Verat. alb.]. Heftiger Durst; trinkt oft, aber je nur wenig [Chin.]. * Brennschmerzen [Carbo v., Phos., * Sec. cor.—Stechende Schmerzen, * Apis., Merc., Sulph.]. Will im warmen Zimmer liegen [auch Hepar, Kali b., Rhus.—Im kalten, * Puls., * Sec. cor., Verat. alb.]. Schlimmer des Nachts; nach Mitternacht [Bell., Calc. c., Rhus, Sulph. — Schlimmer vor Mitternacht, Phos.]. Besser in Folge von Wärme [schlimmer, * Sec. cor., Verat. alb.]. Warme Umschläge sind wohl= thätig.

BAPTISIA TINCTORIA.

(Wilder Indigo.)

Geistessymptome. — Verwirrung der Gedanken [Bell., * Gel., Rhus]. Erregung des Gehirns, namentlich des Nachts. Betäubung und Delirium; des Nachts schreckliche Träume. Mangel an Denkkraft.

Kopf.—Dumpfer, betäubender Kopfschmerz [Con., Dulc., Gels.—Schlagendes, pulsirendes Kopfweh, * Bell., Nat. m., * Puls.]. Kopf fühlt zu schwer [Calc. c., Phos. ac.,, Rhus, Sulph.—Kopf fühlt leicht, * Stram.]. * Kopf wie zerstückt; will die Theile zusammenfügen [siehe Stram.].

Gesicht.—Brennende Hitze des Gesichtes, der Wangen. * Gesicht dunkelroth, mit einfältigem Ausdruck.

Mund und Hals.—Zunge fühlt, als wäre sie geschabt [geschwn= den, Colo., Merc.]. Brauner, trockner Zungenbeleg, namentlich in der Mitte. Eiterige Schwärung der Mund= und Schleimhäute, mit Speichelfluß [Merc., Nit. ac., Nux v.]. Diphtherie; die Theile werden faulig, die Geschwüre schwarz und der Athem widrig [siehe Kali b.].

Stuhl.—Uebelriechende, ermattende, ätzende Durchfälle. Stühle schwarz, dünn, hefenartig. * Ruhr; Stühle aus reinem Blut oder blutigem Schleim bestehend. Heftige Schmerzen vor dem Stuhl; davor und darnach Stuhlzwang [siehe Merc.].

Brust.—Congestionen der Lunge, mit unterdrücktem Athem; Auf= sitzen im Bett gewährt keine Linderung; muß nach dem Fenster eilen, um frische Luft zu schöpfen [Sulph.—Will immer gefächelt sein, * Carbo v.]. Kann nicht in vollen Zügen athmen; die Athmungsorgane er=

mangeln der nöthigen Kraft. Zusammenziehen und Pressen der Brust.

Extremitäten.—Steifheit der Gelenke, als wären sie verstaucht [* Arn.—Verrenkt, Bry., Merc.]. Gefühl, als wären die Hände zu groß [zu schwer, Bry., Puls.]. Heftige, ziehende Schmerzen in den Waden. Die Glieder zittern und sind sehr schwach.

Fieber.—Typhus; stiller Wahnsinn. * Beim Beantworten einer Frage fällt er in tiefen Schlaf [nach richtig ertheilter Antwort verfällt er in Bewußtlosigkeit und Delirium, * Hyos.—Siehe Arn.]. * Gefühl, als wäre der Kopf zerstückt; will die Theile zusammenfügen. * Gesicht dunkelroth, mit einfältigem Ausdruck. * Wundheitsgefühl des Fleisches; die Bettunterlage däucht ihm zu hart [* Arn., Rhus]. Scharlachfieber; wunder Hals; fauler Athem; Zunge wund und trocken; Erbrechen.

Charakteristische Anzeichen.—Drückende, ziehende Schmerzen [Bell., * Nux v., Rhus]. * Alle Absonderungen der äußeren Schleimhäute haben einen übeln Geruch [Carbo v.]. Rechte Seite am meisten angegriffen [Bell., * Lyc.—Linke, * Lach.]. Schmerzen heftiger nach Bewegung, geringer nach Ruhe [Acon., * Bry., Merc.—Besser bei Bewegung, heftiger bei Ruhe, Con., Lyc., Rhus, Sep., Sulph.].

BELLADONNA.
(Tollkirsche.)

Geistessymptome. — Delirium und wildes Gebaren; zerreißt seine Kleider und will Hand an sich legen. * Will seine Umgebung schlagen, beißen und tödten [* Hyos., * Stram.]. * Delirium; hat schreckliche Gesichte [Opi., * Stram.]. * Ist schwatzhaft im Delirium und möchte entlaufen [Bry., Hyos., * Stram.]. Abwechselndes Lachen und Schreien [Hyos., Ign., Stram.]. * Singt und componirt. Große Reizbarkeit aller Sinne [Nux v., Stram.].

Kopf.—* Schwindel, Erlöschen des Augenlichts und Betäubung. Schwindel beim Bücken oder gebückter Haltung [Bry., * Puls.]. * Klopfender Kopfschmerz, mit Blutandrang nach dem Kopf; Klopfen der Schlagadern; ist gegen Licht und Geräusch sehr empfindlich [Acon., Opi.]. Drückender Kopfschmerz, als wäre die Stirne mit einem schweren Gewicht belastet [Puls., Sulph.—Kopf, * Acon., Phos., * Sep.]. Periodisches, nervöses Kopfweh; schlimmer gegen 3 Uhr Nachmittags, in Folge vom Liegen und Hitze.

* Bohrender Schmerz in der rechten Kopfseite (neuralgia), schlim=
mer durch Bewegung. Kopfweh mit Uebelkeit; Kopf wie
zum Bersten; schlimmer von Bewegung, Licht, Geräusch, oder
Luftzug. Hysterisches Kopfweh [gastrisches Kopfweh, Ipe.,
Nux v., * Puls.]. Vollheitsgefühl im Kopf [* Acon., Bry., Rhus.—
Leerheitsgefühl, Cocc., Ign., Sep.—Als wäre ein Klumpen darin,
Con.—Als wäre Alles darin lebendig, Sil.]. Aeußerliche Hitze und
Wundheitsgefühl des Kopfes. Gefühl von Schwappen im Kopf
[Hepar, * Hyos., Nux v.]. Bohrt den Kopf tief ins Kissen [Apis.—
Wühlen mit dem Kopf, Podo.—Fährt damit empor, * Stram.].
Schüttelt den Kopf hin und her [Hyos.].

Augen.—* Augen roth und funkelnd; Blick wild und unstät
[Hyos., Stram.]. Blutandrang nach den Augen, deren Adern ge=
röthet sind. * Lichtscheu [Acon., Graph., Sulph.—Umgekehrt, Stram.].
* Alles scheint umgekehrt zu sein [doppelt, Hyos., Stram.]. Er=
weiterte Pupillen [Acon., Hyos., * Opi., * Stram.—Zusam=
mengezogen, Ars., Phos.].

Ohren.—Entzündung des äußeren und inneren Ohres. Stiche
im Ohr und Schwerhörigkeit [Cham., Merc., Nat. m.]. Sausen und
Dröhnen in den Ohren [siehe Chin.]. Klingen darin.

Nase.—* Nasenbluten; Gesicht geröthet [* Acon.—Nasenbluten
beim Herannahen der Regel, * Bry., * Puls.—Siehe Phos.].

Gesicht.—* Glühende Röthe des Gesichtes, oder Blässe desselben
[Acon., Bry.—Gesicht dunkelroth, geschwollen [Bry., * Hyos., Opi.].
Gesichtsrose; Haut zart und durchsichtig; die Röthe läuft strah=
lenförmig von einem Mittelpunkt aus; Entzündung und Anschwel=
lung der Unterkiefer=Drüsen.

Mund.—Trockenheit des Mundes, ohne Durst [* Apis., Lyc.—
Mit Durst, Cham., * Nat. m., Nit. ac., * Rhus]. * Zunge roth,
heiß und trocken, mit rothen Rändern und weiß in der Mitte;
Zungenwarze hellroth, hervorstehend [trocken, schwarz, geborsten,
Ars., Merc., Verat. alb.—Rein, glatt, verbrannt, Kali b., Hyos.,
* Rhus.—Siehe Lyc.]. * Zittern und Stammeln der Zunge.
Speichelfluß [siehe Merc.]. * Zähneknirschen und Stöhnen.
Wundheit der inneren Wangentheile.

Hals.—Heftiges Brennen im Hals [Acon., Ars., Canth.,
Lach., Merc., Nit. ac.—Kälte, Carbo v. Verat. alb.]. Entzündung
der Halsdrüsen, die dunkelroth sind. Eiterung der Hals=
drüsen; die Theile sind mit einer zähen, häutigen Substanz bedeckt
[siehe Kali b.]. * Drüsen geschwollen und gehen rasch in Eiterung
über. Beschwerliches Schlingen; Flüssigkeiten kommen wieder aus
der Nase heraus [Lach., Merc.]. Zusammenschnüren des Halses
[Ars., * Hyos., * Nux v., Stram.].

Magen und Unterleib.—Fauler Geschmack im Munde [* **Arn.**, **Merc.**, **Nux v.**, * **Puls.**]. Erbrechen unverdauter Speise, oder Schleim oder Galle [siehe **Ipe.**]. Krampfartiger Schmerz im Magen [**Chin.**, * **Cocc.**, **Nux v.**]. Zusammenziehen des Bauches um die Nabelgegend. * Krallen im Unterleib; als wäre ein Theil von Klauen gepackt [Bauchgrimmen und Kneipen, wie von einer Hand, * **Ipe.**]. * Kolik, mit pfadförmigem Vorstoß des Quergrimmdarmes. Große Hitze und Empfindlichkeit des Bauches; kann nicht das geringste Geräusch vertragen.

Stuhl.—Dünne, grüne Schleimstühle, mit Kolik [* **Colo.**, * **Mag. c.**, **Nux v.**—Dicker, grüner Schleim * **Ars.**, **Ipe.**, **Merc.**]. Ruhr, blutige Schleimstühle, Bauchgrimmen; Stuhlzwang vor und nach dem Stuhl [**Bapt.**, * **Merc.**, **Nux v.**, **Sulph.**]. Packende Schmerzen in der unteren Bauchgegend; besser beim Athemhalten und Bücken. * Lähmung der Schließmuskel [**Acon.**, **Colo.**, * **Hyos.**, * **Phos.**].

Harn.—* Häufiger Harndrang; Urin normal, aber spärlich. Wird trüb wie Hefe; rother Bodensatz [**Con.**, **Sep.**—Urin dunkel, weißer Bodensatz, **Calc. c.**, **Sep.**]. * Unvermögen, den Urin zu halten. * Gefühl, als wäre ein Wurm in der Blase [ein Ball, * **Lach.**].

Geschlechtstheile.—Hodenentzündung. Härte der emporgezogenen Hoden [**Merc.**, * **Nux v.**]. Eierstocksentzündung ist rechtsseitig [auch * **Apis.**—Linksseitig, **Graph.**, * **Lach.**]. Regel zu früh und zu reichlich [* **Calc. c.**, **Cimi.**—Zu spät und zu spärlich, **Con.**, * **Dulc.**, * **Phos.**, **Sulph.**—Siehe Puls.]. * Druck nach den Geschlechtstheilen, als wollte Alles hervortreten [**Nat. m.**, * **Nit. ac.**, * **Sep.**]. Die Scheide ist heiß und trocken [**Lyc.**]. Die Gebärmuttermündung ist starr [auch * **Acon.**, **Con.**, * **Gel.**].

Athmungs=Organe.—Entzündung des Kehlkopfes und der Luftröhre: die Theile sind gegen Berührung sehr empfindlich [* **Acon.**, **Hep.**, **Lach.**, * **Spong.**]. * Bellender Husten, Schmerz im Kehlkopf, Kopfweh und Fieber [**Nit. ac.**, * **Spong.**]. Trockner, krampfhafter Husten, schlimmer des Nachts und bei Bewegung [* **Hyos.**, * **Ign.**]. Peinlicher, trockner Husten; verschlimmert durch Kitzeln im Kehlkopf [**Acon.**, **Ipe.**, **Phyto.**, **Phos.**—Kitzeln unter der Oberhälfte des Brustbeines, * **Cham.**]. Keuchhusten, vorher Aufschreien [* **Arn.**]. Athem beschwerlich, ungleich, rasch, Stöhnen. Stiche in der Brust beim Husten oder Athemholen [* **Acon.**, **Bry.**, * **Phos.**]. Herzklopfen, das bis in die Hals= und Kopfgegend reverberirt.

Rücken.—Schmerzhafte Steifheit zwischen den Schultern und im Genick [**Phos.**, **Sep.**]. * Rücken schmerzt, als wollte er brechen [wie gebrochen, **Graph.**, **Phos.**]. Anschwellung der Halsdrüsen.

Extremitäten.—Schwerheitsgefühl in beiden Armen [Nat. m., Puls., * Stram.]. * Lahmheit und reißende Schmerzen der Arme [Bry., Rhus]. Hüftgelenkentzündung; Brennschmerzen schlimmer des Nachts und bei Bewegung [Bry., Calc. c., Puls.].

Schlaf.—* Schläfrig, aber kann nicht schlafen [* Lach., Opi.— Schläfrig bei Tag, schlaflos des Nachts, Lyc., Merc., * Sulph.]. Schläfrigkeit; anhaltendes Stöhnen. * Fährt beim Einschlafen erschreckt auf [Ars., Hyos., Merc., Opi.]. Schreckt im Schlafe laut schreiend auf [auch * Cham., Stram.]. Stöhnen im Schlaf.

Fieber.—Puls rasch und voll, oder voll und träge [siehe Acon.]. Schüttelfrost am Abend, namentlich der Extremitäten; dabei Kopfhitze [sind dabei die übrigen Körpertheile kalt, Arn., Bry., Hyos.]. Friert am warmen Ofen [Phos., Nux v., Puls.]. Aeußerliche und innerliche Brennhitze, mit Ruhelosigkeit. Trockne, brennende Hitze, dabei Kopfschweiß. * Typhus, mit bedenklichen Symptomen (des Gehirns). * Scharlachfieber; Haut glatt und glänzend roth.

Haut.—Haut glatt, glänzend roth, dabei Aufgedunsenheit, Trockenheit, Brennhitze. Rothlauf; Haut glatt und glänzend roth, ein wenig angeschwollen [siehe Rhus.].

Charakteristische Eigenthümlichkeiten.—Die rechte Seite besonders angegriffen [auch Bapt., Canth.—Linke Seite, Lach.]. * Die Schmerzen kommen plötzlich und verschwinden alsbald. Schmerzen in den Gelenken, fliegen von einem Theil nach dem andern [Kali b., * Puls., Sulph.]. * Krämpfe kehren wieder bei Berührung, oder hellem Licht [auch * Stram.]. Schlimmer 3 Uhr des Nachmittags [4 Uhr, Hepar, Lyc.]. Schlimmer nach Bewegung, Geräusch oder hellem Licht [besser Stram.].

BRYONIA ALBA.

(Zaunrübe.)

Geistessymptome. — * Aeußerst reizbar; Alles macht ihn ärgerlich [* Cham., Hep., Lyc.]. Delirium bei Nacht; spricht von Geschäften. Will aus dem Bett und nach Hause. Begehrt Dinge, die er, wenn ihm geboten, zurückweist [siehe Cham.].

Kopf.—Schwindel, Uebelkeit und Ohnmacht beim Aufstehen [Acon., Puls.]. * Vollheitsgefühl in der Stirn, als müßte sich der ganze Inhalt entleeren [* Acon., * Bell., Merc., Rhus.— Leerheitsgefühl im Kopf, * Cocc., Ign., Opi.]. * Kopf schmerzt zum Zerspringen [* Bell., Merc., Puls.]. Kopfschmerz heftiger bei

Bewegung, Bücken oder Aufschlagen der Augen; besser durch Druck Bell., Nux v., Puls.]. Hitze im Kopf, mit dunkelrothem Gesicht, während die andern Gliedertheile kalt sind. * Kopfschmerz des Morgens beim Gehen [siehe Sulph.].

Nase.—* Häufiges Nasenbluten bei bevorstehender Regel [Bell., Puls.]. Stockschnupfen [flüssig am Tage; trocken bei Nacht, * Nux v.].

Gesicht.—Blaß, heiß, aufgedunsen, oder roth [dunkelroth, geschwollen, * Hyos., Opi.].

Mund.—* Lippen verbrannt, trocken und gesprungen [trocken, gesprungen und schwarz, Acon., * Ars., * Hyos., Merc.]. Mund, Zunge und Hals trocken [Acon., * Ars., * Bell.]. Zunge weiß oder gelb belegt. Zahnweh; schlimmer, wenn man etwas Warmes in den Mund nimmt [Calc. c., Merc., Puls.—Besser nach Genuß kalten Wassers, * Bry., Coff., Puls.]. Gefühl, als wären die Zähne verlängert.

Hals.—Wunder Hals, mit Schlingungsbeschwerden und Heiserkeit. Pflockgefühl beim Schlingen [wie von Splittern * Hepar, Nit. ac.]. Zusammenziehungsgefühl [Ars., * Bell., * Hyos., * Nux v.].

Magen.—Unnatürlicher Hunger. Verlust des Geschmackes [Hepar, Lyc., Nat. m.]. * Alles Genossene schmeckt bitter [auch Colo., Puls.—Schmeckt sauer, * Chin., Lyc., Nux v.]. Fauler Geschmack [auch Arn., Merc., Nux v.]. * Durst; trinkt viel nach langen Zwischenräumen [trinkt oft, aber je nur wenig, * Ars., Chin.]. * Erbrechen unmittelbar nach dem Essen [* Ars., Nux v., Puls.]. Erbrechen von Galle und Wasser [siehe Ipe.]. Druckgefühl im Magen nach dem Essen [* Ars., Merc., Nux v., Sep.]. Magen gegen Druck oder Berührung sehr empfindlich [Ars., * Merc., * Nux v.].

Leber.—* Spannende Brennschmerzen in der Lebergegend; die Leber ist geschwollen und wund. * Stiche in der Leber; schlimmer durch Druck, Husten, oder Athmen [* Merc., * Nux v.].

Stuhl.—Verstopfung; Stühle hart und trocken, wie verbrannt. Stühle zu umfangreich [Calc. c., * Nux v. — Kleine, harte, schwarze Ballen, * Opi.]. * Durchfall bei heißem Wetter, oder in Folge kalter Getränke bei Erhitzung [siehe Dulc.]. Stühle braun, dünn, kothig; oder dünn und blutig; schlimmer des Morgens und nach Bewegung. Schneidende Kolik vor dem Stuhl.

Harn.—Heiß, roth, braun und spärlich. Brennen in der Harnröhre [siehe Canth.]. Schneidendes Gefühl in den Theilen beim Harnlassen.

Geschlechtstheile.—Regel zu früh, zu reichlich und roth; schlimmer

nach Bewegung [Croc.]. * Reißende Gliederschmerzen während der
Regel [* Cham.]. Stechende Schmerzen in den Eierstöcken bei
tiefem Athmen; die Theile sind gegen Berührung sehr empfindlich
[siehe Apis]. * Unterdrückte Kindbettreinigung, mit zerspaltendem
Kopfschmerz [Vollheitsgefühl und Brennen im Mutterleib, Puls.].
* Steinartige Härte der Brüste; diese sind hart und schmer=
zen, aber sie sind nur leicht geröthet [* Phyto.]. Eiterung der
Milchdrüsen.

Athmungsorgane.—Heiserkeit, namentlich im Freien. * Husten;
schlimmer nach dem Essen oder Trinken, mit Erbrechen des Genos=
senen [umgekehrt, Spong. — Von einem Schluck kalten Wassers,
* Caust.—Husten, mit Erbrechen des Genossenen, * Dig., * Ferr.,
* Rhus]. * Husten des Nachts im Bett so heftig, daß man auf=
recht sitzen muß. * Husten, mit Stechen in der Brust und Aus=
wurf zähen, rostfarbigen Schleimes [* Phos., Rhus.—Blutiger Aus=
wurf, Bell., Merc.]. Rasches, beklommenes Athmen in
Folge der stechenden Brustschmerzen; schlimmer durch Be=
wegung [Acon., Bell.]. Typhusartige Lungenentzündung.

Rücken. — Schmerzhafte Steifheit des Genickes [siehe Bell.].
Brennen zwischen den Schultern. Stiche in der Lendengegend.

Extremitäten.—Glänzende, rothe, rheumatische Anschwellung der
Gelenke, mit Stechen und Reißen in den Oberarmen; schlimmer bei
der geringsten Bewegung [Acon., Bell.]. * Füße heiß, entzündet
und angeschwollen [Arn., Cocc., * Puls.].

Schlaf.—Ist am Tage sehr müde [Merc., Nux v., * Phos., Sep.].
* Auffahren beim Einschlafen [siehe Bell.]. Irrereden beim Er=
wachen.

Fieber.—Puls voll, hart und rasch. Schüttelfrost; Kopf schwer;
Wangen roth; Durst. Wechselfieber; Schüttelfrost vorherr=
schend; Durst im kalten und heißen Stadium; trockner Husten, mit
Stechen in der Brust [trockner, quälender Husten vor und nach dem
Schüttelfrost, Rhus]. * Der Fieberfrost beginnt an den Fingern,
Zehen und Lippen. Trockne, innerliche Brennhitze [siehe Ars.].
Typhus, mit heftiger Erschütterung des Nervensystems.

Haut.—Ist gelb (Gelbsucht). Hautausschlag bei Wöchnerinnen
und deren Kindern [Acon., Cham.]. Rothlauf, namentlich an
den Gelenken [auch Puls.].

Charakterische Eigenthümlichkeiten.—Für rheumatische und gich=
tische Personen. * Stechende, reißende Schmerzen; schlim=
mer nach Bewegung und besser nach Ruhe [schlimmer beim Ruhen
und bei der ersten Bewegung nach der Ruhe, Con., Lyc., * Rhus,
Sep., Sulph.]. Uebelkeit und Schwächeanfälle beim Aufsitzen. Die
entzündeten Theile sind leicht geröthet. Schlimmer am Mor=

gen; Durchfall bei heißem Wetter oder nach Bewegung. Besse=
rung bei völliger Ruhe, namentlich beim Ruhen auf dem
schmerzhaften Theil.

CALCAREA CARBONICA.
(Austerschaale.)

Geistessymptome. — Niedergeschlagenheit; weinerlich [Puls.,
Staph., Sulph.]. Fürchtet den Verstand zu verlieren. Abscheu vor
Arbeit [Con., Nit. ac., Phos.—Nicht aufgelegt zum Sprechen, Dig.,
* Phos. ac.].

Kopf.—* Schwindel beim Emporsteigen [Niedersteigen, Ferr.].
* Jeden Morgen klopfendes Kopfweh; schlimmer nach geistiger An=
strengung. Kopfweh, mit Uebelkeit und Schwindel; schlimmer nach
geistiger Anstrengung, Bücken oder Bewegung in der freien Luft.
Hitze auf dem Kopf [Graph., Nat. m., * Sulph. — Kälte, Sep.,
* Verat. alb.]. Gefühl, als läge ein Eisklumpen auf der rechten
Kopfseite [auf dem Scheitel, * Verat. alb.]. * Erweiterung des
Kopfes, mit offenen Wunden [* Sil., Sulph.]. * Der Schweiß,
tropft von dem Kopf des schlafenden Kindes [siehe Merc., Sil.].

Augen.—Augenentzündung bei Kindern und Scrophulösen. Rothe
Anschwellung der Augenlider, die des Nachts zusammenkleben.
Geschwüre auf der Hornhaut [Ars., * Merc., * Sil., Sulph.].
Sieht wie durch einen Schleier [Caust., Phos.]. Funken vor den
Augen.

Ohren.—Stechen, oder Klopfen in den Ohren [Nit. ac.—Schie=
ßende, reißende Schmerzen, Puls.]. Eiterentleerungen des Ohres
[Lyc., * Merc., Sulph.]. Schwerhörigkeit in Folge Mißbrauchs von
Chinin [nach Mercur, * Hepar, Nit. ac.]

Nase.—Trockenheit der Nase. Wunde, geschworne Nasenflügel
[mit gelber, stinkender Jauche, Nit. ac.]. Verstopfung, oft mit gel=
bem, widrigem Eiter [grünem, Merc., Puls., Sulph.]. Stinkender
Geruch aus der Nase [wie alter Käse oder Schwefel, Nux v.].
Schnupfen, mit Kopfweh.

Gesicht.—Gesicht ist gelb [gelber Streifen über der Nase, * Sep.].
Umkränzte Röthe der Wangen [Lyc., Phos.]. Milchschorf, mit hef=
tigem Jucken; Brennen nach dem Waschen. Schmerzhafte, harte
Anschwellung der Unterkieferdrüsen.

Mund.—Trockenheit bei Nacht und nach dem Erwachen. Er=
schwertes Zahnen (bei scrophulösen Kindern). Zahnweh; ziehende,
stechende Schmerzen; schlimmer durch Geräusch, kalte Getränke und
nach der Regel. Bei schwangeren Frauen. Bluten des Zahn=
fleisches.

Hals. — Stiche im Hals beim Schlingen. Anschwellung der Mandeln. Anschwellung und Entzündung des Gaumens; Zäpfchen dunkelroth und mit Bläschen bedeckt. Beim Schlingen heftige Halsschmerzen [Brennschmerzen, **Merc.**].

Magen und Bauch. — Kein Appetit. * Abneigung gegen Gekochtes [**Puls.**]. Widerwille vor Fleisch [auch **Merc., Puls.**]. Verlangen nach gesalzenen Speisen und Eiern [siehe **Hepar**]. Verträgt keine Milch [* **Puls., Sulph.**]. Oefteres Aufrülpsen; das Erbrochene schmeckt nach der Speise, oder sauer [bitter, **Bell., Chin., Hyos., Nux v.** — Geschmack- und geruchlos, * **Hepar, Merc.**]. Sodbrennen und Aufstoßen nach dem Essen. Saures Erbrechen, namentlich bei Kindern [**Hepar**]. * Anschwellung über der Magengrube, ähnlich einer umgestülpten Untertasse. Beim Bücken stechender Schmerz in der Leber. * Kann keine beengende Bekleidung der Taille ertragen [* **Lyc., Nux v.**]. Kältegefühl im Bauch [**Ars., Phos.** — Brennen darin, **Lach., Phos., Sec. cor., Sil.**]. Erweiterung des Bauches und des Dünndarmgekröses. Blähsucht [**Chin., Carbo v.**].

Stuhl. — Verstopfung harter, unverdauter, lehmfarbiger Stühle [**Hepar**]. Durchfall; Stühle weißlich, wässerig, sauerriechend (beim Zahnen). Unwillkürliche schaumige Stühle. Jucken im Mastdarm; Spulwürmer. Jucken im After. Krampfadern sind angeschwollen und brennen [auch **Caust., Nit. ac.**].

Harnorgane. — Harn dunkelbraun, stinkend, mit weißem Niederschlag [**Colch., Nit. ac.**] Blutiger Harn. * Unwillkürliche Harnentleerung beim Gehen [**Nat. m.** — Beim Husten, * **Caust., Puls., Verat. alb.** — Beim Stehen, **Bell.**].

Geschlechtstheile. — * Regel zu früh und zu reichlich [* **Bell., Croc., Phos.**]. * Wiederkehr der Regel bei der geringsten Bewegung. Schwindel während der Regel, sowie Blutandrang nach dem Kopf, Zahnweh und kalte, feuchte Füße. * Weißfluß wie Milch, mit Brennen und Jucken der Theile [**Graph., Puls.**]. Stechende Schmerzen im Gebärmuttermund. Jucken, oder Druckgefühl in der Scheide. * Anhaltendes Jucken in der Scheide. Vorfall der Mutter [**Merc.**].

Athmungs-Organe. — Schmerzlose Heiserkeit [schmerzhafte, **Bell., Phos.**]. Kitzelnder Husten, wie von Staub im Kehlkopf [auch **Bell.** — Wie von Dampf oder Schwefel, **Ars., China**]. Husten bei Nacht während des Schlafes; Auswerfen nur bei Tage [nur bei Nacht, **Staph., Tart. em.**]. Beengung der Brust, als wäre sie von Blut angefüllt; kein Raum zum Athmen übrig. Brennen in der Brust [Vollheitsgefühl, **Ars., Sulph.**]. Wundheitsgefühl darin beim Athemschöpfen. Kurzathmigkeit beim Nachobengehen [**Merc.**]. * Stiche in der Brust bei Bewegung oder Athemholen [**Bry., Lyc., Puls.**].

Herzklopfen des Nachts, oder nach dem Essen, dabei Angst [nach dem Trinken, Con.]. Milchabsonderung zu reichlich [Milchmangel, Caust., Puls.].

Rücken.—Schmerz im Kreuz, wie von Quetschung [Merc., Nux v.]. Druckgefühl zwischen den Schultern, welches das Athmen erschwert. Krümmung des Rückenwirbels [Puls., Sil., Sulph.]. Harte Anschwellung der Nackendrüsen [Bell., Merc., Sil.]. Schmerzhafte Anschwellung derselben.

Extremitäten.—Nachts Krampf in den Händen [Nat. m.]. Knotengeschwulst der Hand- und Fingergelenke [Graph.]. Gefühl von Erstarrung in den Fingern [Sep.]. „Freiwilliges Hinken," mit Stechen und Schneiden in den Gelenken. Kinder fangen spät an zu gehen. * Weiße Schenkelgeschwulst [Bell.]. Brennen der Fußsohlen [Cham., * Sulph.]. * Kalte Füße, wie von feuchten Strümpfen.

Schlaf.—Ist den ganzen Tag müde und schläfrig [schlaflos bei Nacht, Coff., Hyos., Sulph.]. Schlaflos in Folge von allerhand Gedanken [Chin., * Nux v.]. Schreckliche Gesichte beim Erwachen [beim Einschlafen, Bry.].

Fieber.—Puls voll, hart, ungestüm. Schüttelfrost, gewöhnlich des Abends; wechselt mit Hitze [Arn., * Ars.]. Fliegende Kopfhitze; Angst und Herzklopfen. Hitze und Durst; darauf Schüttelfrost. Schweiß nach der geringsten Anstrengung, selbst in kalter Luft. Schweiß im ersten Schlaf. Nachtschweiß, namentlich am Kopf, dem Hals und der Brust [siehe Merc.].

Haut.—Ungesunde, leicht schwärende Haut; selbst kleine Wunden schwären und wollen nicht heilen [Graph., Hepar, Sil.]. * Harte, weiße, erhabene Ausschläge. Brennende, juckende Flechten; sind rissig. Tiefe, fistelartige Geschwüre; die Ränder sind roth, hart und geschwollen [siehe Lach.].

Charakteristische Eigenthümlichkeiten.—* Sehr empfindlich gegen kalte Luft; empfänglich für Erkältung [Graph., Sil., Sulph.] * Junge Personen neigen zum Fettwerden [wachsen zu rasch, Phos. ac.]. Abmagerung, geschwollener Bauch und guter Appetit. * Pulsirende Schmerzen. Innerlicher Schüttelfrost [Hitze, Ars.]. Schlimmer des Morgens, Abends und nach Mitternacht; in kalter Luft, bei heißem Wetter und vom Waschen [Sil.]. Besser nach dem Frühstück, beim Aufstehen und trocknem Wetter. Beim Liegen auf der angegriffenen Seite [Bry., Puls.].

CANTHARIDES.

(Spanische Fliege.)

Geistessymptome.—Große Ruhelosigkeit. * Wilde Paroxysmen, mit Schreien, Bellen u. s. w.; erneuert bei Berührung des Kehl= kopfes, oder bei Wassertrinken [siehe Bell.]. Liebeswahnsinn [siehe Hyos.].

Kopf.—Stechen im Hinterkopf [Vorderkopf, Dig., Sil., Sulph.— Auf dem Kopf, Ipe.—In den Schläfen, Lyc., Sil.]. Brennen im Kopf. Brennen zu beiden Seiten des Kopfes, ausgehend vom Hals [Kälte auf der rechten Seite, Calc. c.]. Klopfen in den Schläfen [Acon., * Bell.].

Augen.—Krampfhafte Bewegung derselben, mit wildem, stierem Blick [siehe Bell.]. Brennen und Schmerzen der Augen.

Gesicht.—Blaß, todtenbleich [siehe Ars.]. Blutrothes Gesicht. Juckende Bläschen im Gesicht; brennen bei Berührung. Starr= krampf, mit Zähneknirschen [Hyos.].

Mund und Hals.—Brennen im Mund, Schlundkopf, der Speise= röhre und Magen [Ars., Nux v.—Kälte, Verat. alb.]. Entzündung des Mundes und Schlundkopfes [siehe Bell.]. Entzündung der Mandeln; Beschwerde beim Schlucken von Flüssigkeiten [* Bell., Hyos.]. Bläschen im Munde.

Magen.—Widerwille gegen Speise. Brennender Durst; dabei Abneigung gegen alle Getränke [siehe Ars.]. * Magencatarrh, mit heftigen Brennschmerzen im Magen [Ars., Nux v., Phos.]. Große Empfindlichkeit des Magens. Brechen und Würgen. * Leberentzündung.

Stuhl.—* Ruhr, mit weißem, oder blaßrothem Schleim; wie Schabsel der Eingeweide [Colch., * Colo.]. Grüner oder blutiger Stuhl mit Schleim; heftige Kolik vor dem Stuhl; Brennen im After während des Stuhles; nach dem Stuhl Stuhlzwang, Brennen und Stechen im After.

Harnorgane.—Nierenentzündung, mit brennenden, reißen= den, stechenden Nierenschmerzen. Klemmende Nierenschmerzen, den Harnleitern bis zur Blase entlang. Beständiger Harndrang, wobei je nur einige Tropfen abgehen; zuweilen mit Blut vermischt. Nach dem Harnlaß, Brennen und Schneiden in der Harnröhre [Nit. ac.].

Geschlechtstheile. — Schmerzhafte Ruthensteifheit [Tripper]. Starke geschlechtliche Neigung [siehe Phos.]. Regel zu früh und zu reichlich; dunkle Entleerung [Puls.].

Charakteristische Eigenthümlichkeiten. — Wirkt besonders auf Harn= und Geschlechtstheile. * Brennschmerzen, mit Wundheits=

gefühl in den Körperhöhlungen. Rechte Seite zumeist angegriffen [Bapt., * Bell.—Linke, Lach.]. Schlimmer nach dem Kaffeetrinken, besser beim Niederlegen.

CARBO VEGETABILIS.

(Holzkohle.)

Mund und Hals.—Verlust der Zähne; das Zahnfleisch löst sich los und blutet leicht [Merc.]. Trockenheit des Mundes, ohne Durst [Bell.]. * Reichlicher Ausfluß faserigen Speichels. Zunge weiß oder braun belegt. Der Hals ist wie zusammengeschnürt [Bell., * Hyos.]. Kältegefühl im Hals [Brennen, Ars., Canth.]. Rauher Hals.

Magen.—Hunger und Durst. Verlangt nach Kaffee [Widerwille davor, Nux v.]. Abneigung gegen Fleisch und fette Speisen [Verlangen darnach, Nit. ac., Nux v.]. Bitterer Geschmack. Alles schmeckt zu salzig [Sep.—Verlangen nach salzigen Speisen, Calc. c.]. * Schwächliche Verdauung; Alles widersteht. * Ausrülpsen saurer, ranziger Speise. Vollheitsgefühl nach dem Essen und Trinken [Chin., Lyc.]. Brennende, drückende Magenschmerzen. Stiche unter den Rippen, der Lebergegend [auf der linken Seite, Bell.]. Schmerzen in der Leber, als wäre sie zerquetscht [wie von einer Hand gepackt, Lyc.]. Irgend welche Bekleidung um die Taille und den Bauch ist unerträglich [* Lyc., Nux v.].

Stuhl.—Verstopfung. Stühle hart, zäh, spärlich [siehe Caust.]. Durchfall dünnen, hellen Schleimes. * Unwillkürliche, leichenartig riechende Stühle [letztes Stadium einer acuten Krankheit]. Stühle fauligen Blutes und Schleimes. Erweiterte, blaue, brennende Krampfadern.

Geschlechtstheile.—Unwillkürlicher Saamenerguß [ohne Steifheit, Canth., Gel.]. Regel zu früh, zu reichlich; Blut dick, ätzend und scharf riechend. Weißfluß am Morgen; sehr scharf und die Theile abschärfend [Ars., Con.]. * Geschwüre an der Bärmutter.

Athmungs=Organe.—* Langwierige Heiserkeit; schlimmer vom Sprechen und des Abends [schlimmer am Morgen, Caust., Phos.]. Verlust der Stimme [siehe Phos.]. Kurzer, krampfartiger Husten, mit Würgen [mit Erbrechen des Genossenen, * Dig., Ferr., Rhus]. * Grünlicher, stinkender Auswurf [Sil.]. Husten, mit Blutspeien und Brennschmerzen in der Brust [mit Kopfweh zum bersten und Schmerzen der Brust, Phos.]. Husten; Auswurf nur des Morgens [siehe Puls.—Nur des Nachts, Caust., Tart. em.]. Husten,

25

schlimmer nach dem Essen, Trinken, Sprechen [besser nach einem Schluck kalten Wassers, * Caust.]. Keuchen und Schleimrasseln in der Brust und den Bronchien [* Ipe., Tart. em.]. Rauheit und Wundheitsgefühl in der Brust. Schwächegefühl in der Brust. Heftiges Brennen darin [Lach., Merc.—Kältegefühl, * Ars., Sulph.].

Extremitäten.—Schmerz im Ellbogengelenk, wie von Quetschung [Verrenkung, Bry.]. Ziehender, reißender Schmerz im Vorderarm und den Handgelenken. Eiskalte Hände [Bläue, Verat. alb.] Lahmheit und Schweregefühl in den untern Extremitäten [Ars.]. Krämpfe in den Beinen und Fußsohlen [in den Zehen, Lyc.].

Fieber.—Puls häufig, sehr schwach; Pulslosigkeit [bei Cholera]. Schüttelfrost, meistens am Abend; zuweilen nur auf einer Seite [linke Seite, Caust.]. Wechselfieber; Durst nur während des Schüttelfrostes, gefolgt von Brennhitze; dann Schweiß. Nachtschweiße.

Haut.—Leicht blutende Geschwüre, mit Brennschmerzen; faule Geschwüre [schwarz aussehende Geschwüre, mit blutigem Eiter, * Ars.]. Blutwässerige Geschwüre; Brennschmerz. Ist trocken; Jucken wie von Hitzblattern.

Charakteristische Eigenthümlichkeiten. — * Brennschmerzen [die Theile brennen wie Feuer, Acon., * Ars.]. Große Schwäche nach der geringsten Anstrengung. * Will immer gefächelt sein und begehrt nach mehr Licht. * Alle Aussonderungen sind faul [Bapt.]. Nachtheilige Nachwirkungen von Säfteverlust [Chin., Phos. ac.].

CAUSTICUM.

(Aetzstoff.)

Kopf.—Schwindel, mit Schwächegefühl im Kopf [Schwinden der Sehkraft, Gehörverlust, Nux v.]. Stechen oben auf den Schläfen [Lyc.—In der Stirne, Arn., Dig., Sil.]. * Klopfen oben auf dem Kopf. Gefühl von Zusammenziehung des Kopfes und der Kopfhaut [Merc.].

Augen.—Gefühl, als wäre Sand darin [auch Sulph.—Brennende Schmerzen, wie von Salz, Nux v.]. Augenentzündung, mit Brennen und Jucken der Augen und Lider. * Kann die obern Augenlider nicht emporhalten [* Gel.]. Plötzlicher Verlust des Augenlichts, als wäre ein Häutchen vor den Augen. Punkte vor den Augen, wie von einem Insektenschwarm [schwarzen Sonnenstäubchen, Acon., Merc., Phos.].

Ohren.—Summen und Brausen in den Ohren und im Kopf.

Stiche in den Ohren [Chin., Nit. ac.—Klopfen darin, Rhus].
Schießende, reißende Schmerzen, Puls.].

Gesicht.—Gelbe Hautfarbe [blasses, aufgedunsenes Gesicht, Ars.,
Calc. c.]. Nervenschmerzen, meistens auf der rechten Seite, vom
Kinnbacken bis zu den Schläfen. Die Kiefern sind fest geschlossen;
kann kaum den Mund öffnen. Brennender, juckender Ausschlag im
Gesicht, mit scharfem Ausfluß und Schorfbildung.

Mund und Hals.—Beißende Schmerzen inwendig in der Wange
beim Kauen. Zungenlähmung; undeutliches Sprechen [Hyos.].
Schmerz beim Kauen, als wäre ein Geschwür im Hals. Geräusch
im Hals beim Schlingen [Ign.]. Gefühl, als wollte etwas kaltes
aus dem Halse emporsteigen [wie von heißen Dämpfen, Merc.].

Magen und Bauch.—Widerwille vor Süßigkeiten [Verlangen
darnach, Lyc.]. Fettiger Geschmack. * Gefühl wie von brennen=
dem Kalk im Magen. Kolik mit Kopfhitze; Schüttelfrost über den
ganzen Körper; besser beim Niederlegen [muß in Folge der heftigen
Kolikschmerzen auf= und abgehen, Rhus. — Muß sich krümmen,
Chin., * Colo.]. Geschwollener Unterleib bei Kindern. Stiche in
der Leber.

Stuhl.—Verstopfung harter, zäher Stühle; sie sind mit Schleim
überzogen und sehen fettig aus. Die Stühle sind klein [lang, dünn,
hart, wie von Hunden, * Phos.]. Blutige Stühle, mit Wundheits=
gefühl und Brennen im Mastdarm. Lange, schmerzende Krampf=
adern; brennen bei Berührung; schlimmer bei Bewegung.

Harnorgane.—Häufige, schmerzhafte Harnentleerungen. Unwill=
kürliches Harnlassen bei Tag und Nacht; beim Husten und Niesen
[auch Puls., Verat. alb.].

Geschlechtsorgane.—Regel zu früh, aber reichlich [zu früh und
reichlich, Bell., Calc. c.,]. Die abfließende Materie ist klumpig;
Kreuzschmerzen. Die erste Regel ist sehr erschwert [siehe Puls.].
* Weißfluß bei Nacht. Die Brustwarzen sind wund, gesprungen
und von Ringflechten umgeben. Mangel an Milch [Ueberfluß,
Calc. c.].

Athmungsorgane.—Heiserkeit und Rauheit des Halses am Mor=
gen [am Abend, Calc. c.]. Verlust der Stimme [Bell., Merc., Phos.].
Wundheit des Kehlkopfes. * Schnupfen, mit Husten und Rauhheit
des Halses. Kurzer, hohler Husten, mit Wundheitsgefühl in der
Brust, verursacht durch Kitzel und Schleim im Halse. Auswurf nur
des Nachts [nur des Morgens, Carbo v.]. Husten mit Schmerzen
in der Hüfte und unwillkürlicher Harnentleerung [siehe Puls., Verat.
alb.]. Husten schlimmer am Abend bis gegen Mitternacht; besser
nach einem Schluck kalten Wassers. Beim Einathmen tiefe
Stiche in der Brust. Herzklopfen; Stechen in der Herzgegend.

Rücken. — Schmerzhafte Steifheit zwischen den Schultern. Schmerz wie von Quetschung am Genick [wie von Verrenkung, **Con.**]. Kropfartige Anschwellung [mit Stechen und beengendem Schmerz, **Spong.**].

Extremitäten. — Reißen in Händen und Armen. Schwerheits= gefühl und Schwäche in den Armen. Reißen im rechten Handgelenk. Gefühl beim Gehen, als wäre das Hüftgelenk verrenkt. Anschwellen der Füße. Kalte Füße [* **Calc. c.**].

Fieber. — Puls beschleunigt gegen Abend [schnell des Morgens, träge des Abends, **Ars.**]. Oefters Kälte auf der linken Seite. Innerlicher Schüttelfrost, gefolgt von Schweiß ohne Hitze. Flie= gende Hitze, gefolgt von Schüttelfrost.

Charakteristische Eigenthümlichkeiten. — Passend für schwache, scrophulöse Personen, mit gelber Hautfarbe [siehe **Calc. c.**]. Drü= senverhärtung. * Mitgefühl für andere. Epileptische Krämpfe des Nachts [**Calc. c.**].

CHAMOMILLA.

(Feldkamille.)

Geistessymptome. — Ruhelosigkeit und Umherwerfen [**Ars.**]. Aeußerst reizbar; Alles macht ihn ärgerlich [**Bry., Hepar, Lyc.**]. * Sehr ungeduldig; kann kaum höflich antworten. * Das Kind ist reizbar und will immer umhergetragen werden. * Das Kind be= gehrt allerhand Dinge, die es, wenn erhalten, zurück= weist [* **Bry., Staph.** — Schreit, wenn man es anredet, **Sil.** — Schreit, wenn man es anrührt, **Tart. em.** — Will nicht angeschaut werden, **Ant. c.**].

Kopf. — Schwindel nach dem Niederlegen [beim Erheben aus einer sitzenden Lage, **Puls.** — Beim Umherblicken, oder Umherwälzen im Bett, **Con.**]. Klopfender Kopfschmerz, meistens einseitig [siehe **Puls.**]. Kopfschmerzen selbst im Schlafe fühlbar. Kopfschmerz nach Kaffeetrinken [**Nux v.**]. * Warmer Kopfschweiß [kalter Stirn= schweiß, **Verat. alb.**].

Augen. — Brennhitze in den Augen [wie von Salz, **Nux v.**]. Entzündung, namentlich der Ränder und untern Lider [Schwärung, **Merc.**]. Gelbheit des Augenweißes. Zucken der Lider. Bluten aus den Augen [**Carbo v.**].

Ohren. — * Ohrenschmerz, mit Stechen und reißenden Schmer= zen [**Merc., Nat. m.** — Schießende Schmerzen, * **Puls.**]. Anschwel= lung der Ohrendrüse.

Mund und Hals.—Fauler Geruch aus dem Munde. * Zahn-schmerz; Wangen heiß, roth, geschwollen; Schmerz vermehrt nach dem Genuß warmer Getränke (Kaffee); zeitweilige Besserung nach kaltem Wasser [* **Bry., Calc. c., Merc., Puls.**]. Mund und Zunge trocken; Durst [**Nit. ac., Rhus**]. Zunge roth, geborsten [**Bell., Rhus.**—Siehe **Lyc.**]. Entzündung der weichen Gaumentheile und der Mandeln [* **Acon.,** * **Bell.**]. Pflockgefühl im Hals [* **Hepar, Ign.,** * **Nux v.**].

Magen und Bauch.—Widerwille vor Speise. Verlangen nach kaltem Wasser. Am Morgen bitterer Geschmack im Munde [**Puls.**]. * Bitteres, galliges Erbrechen [grüner, gallertartiger Schleim, **Ipe.**—Erbrechen von Blut und schwarzer Galle, **Verat. alb.**—Siehe **Ipe.**]. Kolik nach Aerger [**Colo.**]. Druck im Magen, wie von einem Stein [**Ars.**—Namentlich nach dem Essen, **Nux v.**]. Magenbrennen [**Ars., Nux v.**—Kälte, **Colch., Sulph.**].

Stuhl.—Heiße Durchfälle; riechen wie faule Eier [gel-ber Schleim, riecht wie Aas, * **Podo.**]. * Stühle grün, wässerig und schleimig; oder wie gehackter Spinat und Eier [grün, schlei-mig, wie der Schaum auf einem Froschteich, * **Mag. c.**]. Grüne, wässerige, ätzende Stühle, mit Kolik [**Ars.,** * **Merc., Sulph.**]. Durchfall während des Zahnens [**Calc. c., Dulc., Merc., Podo., Sulph.**].

Geschlechtsorgane.—* Brennen in der Scheide, als wäre sie auf-geschärft; dabei gelber, schmerzhafter Weißfluß [**Sulph.**]. Schmerz-hafte Regel, mit kindbettartigen Schmerzen; die Regel ist dunkel und klumpig; dabei reißende Schmerzen in den Beinen [**Cimi.**]. Heftige, unerträgliche Nachwehen. Ausbleiben der Milch [**Puls.**—Zu reichlich, **Calc. c.**]. Verhärtung der Brüste.

Athmungsorgane.—Schnupfenartige Heiserkeit. Heiserkeit, mit Husten von Schleimrasseln in der Luftröhre [siehe **Ipe.**]. * Trock-ner, kitzelnder Husten bei Nacht (auch im Schlafe) bei Kindern. Brennen in der Brust [**Lach.**—Kälte, **Ars., Sulph.**]. Stechen in den Brustseiten. Schleimrasseln in der Brust [in der Luftröhre, **Ipe.** — Die Brust scheint voll von Schleim zu sein, der dem Husten nicht weichen will * **Ipe.,** * **Tart. em.**].

Extremitäten.—Jucken der Arme, mit Einschlagen der Daumen. Knacken des Kniees beim Bewegen [**Con., Ign.**]. Wadenkrampf.

Schlaf.—Fährt im Schlafe mit wildem Schrei auf [siehe **Bell.**]. Unruhe im Bett.

Fieber.—Puls schwach, gespannt und häufig. Schüttelfrost und Kälte einiger Theile, während andere heiß sind. Schüttelfrost über den ganzen Körper, mit brennend heißem Gesicht und heißem Athem. Hitze, gelegentlich Kälte; eine Wange roth, die andere blaß [Acon., Nux v.]. Gesicht und Kopf mit heißem Schweiß bedeckt.

Haut.—Hitzblattern der Kinder und Ammen [Acon.]. * Gelb=sucht. Ungesunde Haut; die geringste Verletzung verursacht Aus=schlag und wird schmerzhaft [Graph., Hepar].

Charakteristische Eigenthümlichkeiten. — * Passend für Kinder. Sehr empfindlich gegen Schmerz [Coff.]. Große Schwäche, sobald die Schmerzen anfangen. Schmerzen schlimmer bei Nacht, begleitet von Durst und Hitze.

CHINA.

(Chinarinde.)

Geistessymptome. — Entmuthigung. Gleichgültigkeit [Merc., * Phos. ac.]. Ist zur Arbeit nicht aufgelegt.

Kopf.—Schwindel beim Erheben des Kopfes [beim Erheben von einem Sitz, mit Schüttelfrost, * Puls.]. Schweregefühl und Taumeln [Kopf fühlt leicht, Stram.]. * Druck im Kopf von innen nach außen, als wollte er bersten [Acon., Bell., Bry.]. Wundheits=gefühl des Gehirnes, schlimmer bei Berührung oder geistiger An=strengung. * Klopfender Kopfschmerz nach gründlicher Entleerung. Schlimmer in Zugluft, bei der leisesten Berührung; besser nach hartem Druck.

Augen.—Röthe, mit Brennhitze. Druck in den Augen, wie von Sand [Caust.]. Das Weiße ist gelb [Cham.]. Beim Lesen er=scheinen die Buchstaben blaß und fließen zusammen.

Ohren.—Singeln in den Ohren [Calc. c., Graph., Nux v.—Rau=schen, Summen, Bell., Lyc., Nit. ac.—Verstopfung der Ohren, die sich zuweilen mit einem lauten Knall öffnen, Sil.]. Stiche in den Ohren [Nit. ac.—Klopfen in den Ohren, Calc. c., Phos., Rhus.—Schwirren, Phos., Rhus, Sulph.]. Harthörigkeit.

Nase.—Häufiges Nasenbluten [wenn die Regel kommen sollte, Bry.]. Nasser Schnupfen [Brennen und Aufschärfung der Nüstern, Ars.].

Gesicht.—Gesicht blaß, Nase spitz, Augen sind gesunken und ha=ben blaue Ränder [Ars., Verat. alb.]. * Neuralgie, meistens in den Kiefernerven; schlimmer durch die leiseste Berührung und bei ruhen=der Lage des Nachts.

Mund. — Lippen trocken, verbrannt und geborsten [* Bry.]. Schwärzliche Lippen. Klopfender Kopfschmerz, schlimmer von Berührung, besser nach hartem Druck. Speichelfluß, auch nach Mißbrauch von Mercur. Dicker, schmutziger Zungenbeleg.

Magen und Bauch.—Schwache Verdauung. Milch verursacht leichte Störungen [Sulph.—Fette Speise, Schweinefleisch u. s. w. * Puls.]. Bitteres Aufstoßen nach dem Essen [saures, Nux v.]. Erbrechen sauren Schleimes, Galle, Blut [siehe Ipe.]. Nach dem Essen ist der Magen wie vollgestopft und angespannt. Keine Erleichterung nach dem Aufstoßen. Verhaltene Windsucht [Carbo v.]. Kneipende Kolik; muß sich krümmen [siehe Colo.]. Leber geschwollen.

Stuhl.—Beschwerliche Entleerung auch des weichsten Darmkothes [Phos. ac.]. * Schmerzloser, schwächender Durchfall unverdauter Stühle [* Ars., Ferr., * Podo.]. Durchfall; Stühle wässerig, weiß, schwärzlich oder gelb; schlimmer des Nachts nach dem Essen. Durchfall nach dem Genuß von Früchten [siehe Puls.].

Harnorgane.—Harn dunkel, trüb, spärlich [braunschwarz, Colch., Nat. m.—Milchweiß, Phos. ac.—* Wird nach kurzer Zeit milchicht, Cina]. Stechen in der Harnröhre.

Geschlechtsorgane.—Nächtliche Samenergüsse, nach Selbstbefleckung; sehr schwächend [auch Gel., Phos., * Phos. ac.]. Schwerheitsgefühl in den Theilen beim Gehen [beim Stehen, Sulph.]. Regel reichlich, schwarz und klumpig [mit Schmerzen wie von Kindbettswehen Cimi., * Cham.]. * Weißfluß vor der Regel, mit Druckgefühl nach dem Schamleisten; blutiger Weißfluß.

Athmungsorgane.—Husten in Folge von Lachen, Sprechen, oder Trinken [* Phos.]. Husten, mit Auswurf hellen, durchsichtigen Schleimes. Lungenblutung. Beklemmung der Brust bei ruhender Lage (des Nachts). Tiefes Athemholen. Stiche in der Brust über dem Herzen.

Rücken.—Druck wie von einem Stein zwischen den Schultern [schmerzhaftes Ziehen zwischen den Schultern, Rhus]. Stiche im Rücken.

Extremitäten.—Die eine Hand ist kalt, die andere warm [Dig., Puls.]. Heiße Anschwellung des rechten Kniees, mit reißenden Schmerzen. Gichtanschwellung der Füße.

Fieber.—Puls klein und rasch; weniger rasch nach dem Essen. * Schüttelfrost über den ganzen Körper, schlimmer nach dem Trinken; Durst vor und nach dem Schüttelfrost [siehe Ars.]. In diesem Stadium: Schüttelfrost, Uebelkeit, Abwesenheit von Durst. Im heißen Stadium: Trockenheit des Mundes und der Lippen, mit Brennen; rothes Gesicht und Kopfweh. Nach der Hitze: Durst und reichlicher Schweiß. * Hitzige Fieber, mit starkem Schweiß. Typhus nach Blutverlust. Erschöpfende Nachtschweiße [Phos., Phos. ac., * Sil.].

Charakteristische Eigenthümlichkeiten.—* Schlimmer einen um den andern Tag. * Periodische Neuralgie, schlimmer von der leiseften Berührung [auch Colo.]. * Uebele Folgen von dem Verluſt von Lebensſäften [Calc. c., Phos. ac.]. Der geringſte Luftzug hat ſchlimme Folgen. Schmerzen ſchießend, reißend; ſchlimmer bei Nacht, nach dem Eſſen, oder von Berührung.

CIMICIFUGA.

(Schwarze Schlangenwurzel.)

Geiſtesſymptome. — Unaufhörliches Schwatzen [ſiehe **Stram.**]. Nervöſe, reizbare Stimmung. Niedergeſchlagenheit.

Kopf.—Schmerzen in allen Theilen, beſonders in den obern und hintern Kopftheilen; die Schmerzen erſtrecken ſich oft bis nach den Schultern und dem Rückgrad; ſie ſind drückender, klopfender Art; dabei Delirium. * Gefühl, als wollte die Hirnſchale abſpringen; als wäre das Gehirn zu groß für den Schädel und als möchte es hinaus und aufwärts dringen. Bei Trinkern und Studenten.

Augen.—Heftige, anhaltende Schmerzen in den Augäpfeln; Er= weiterung der Pupillen [ſiehe **Bell.**].

Magen und Bauch.—Uebelkeit und Erbrechen in Folge der nervöſen oder ſympathetiſchen Gehirnthätigkeit. Gefühl, als wollte der Magen niederſinken. Nervenſchmerzen in dem Bauch.

Geſchlechtsorgane. — Schmerzhafte Regel, namentlich bei rheumatiſchen Perſonen; dabei geiſtige und nervöſe Reizbarkeit. * Rheumatiſche und neuralgiſche Affectionen des Mutterleibes. Heftige Schmerzen im Rücken, an den Lenden hinun= ter und durch dieſelben laufend. Weißfluß bei hyſteriſchen und rheumatiſchen Frauen. Fehlgeburt zu befürchten.

Bruſt.—Trockner Huſten durch Reiz und Kitzeln in den untern Theilen des Kehlkopfes. * Huſten, namentlich des Nachts, verur= ſacht durch Kitzel im Hals.

CINA.

(Wurmſame.)

Geiſtesſymptome.—Das Kind iſt mürriſch und will immer umher= getragen ſein [* **Cham.**]. Weiſt Alles, was man ihm bietet, von ſich [ſiehe **Cham.**]. * Will nicht berührt werden [**Tart. em.**].

Augen.—* Erweiterung der Pupillen. Schielen [**Bell.**]. Wenn er einen Gegenſtand ſcharf im Auge behält, ſieht er ihn wie durch einen Schleier; besser nach dem Auswischen der Augen [**Phos.**, **Puls.**].

Nase.—* Pickt und reibt immer an der Nase [**Phos. ac.**]. Nasenbluten [**Acon.**, * **Bell.**].

Gesicht.—* Aufgedunsen und blaß; Mund bläulich. Blasses, kaltes Gesicht; Schweiß.

Mund.—Zähneknirschen, namentlich im Schlaf [**Ars.**, **Podo.**— Schaum auf dem Mund, **Bell.**]. Mund trocken. * Zunge leicht weiß belegt; die Zungenwarzen stehen aufrecht; die Ränder sind roth [siehe **Bell.**].

Magen.—Ekel vor Speise, oder Heißhunger. Hunger bei vollem Magen [**Merc.**, **Staph.**]. Das Kind will die Brust nicht nehmen. Erbrechen und Durchfall nach dem Trinken [Essen, **Ars.**]. Erbricht Würmer, Speise, Schleim und Galle [siehe **Ipe.**]. Kneisender Schmerz in der Nabelgegend, von Würmern. Bei Kindern ist der Magen aufgedunsen und hart.

Stuhl.—Durchfall unwillkürlicher weißer Stühle [**Chin.**, **Phos. ac.**, **Rhus**]. Würmer im Stuhl. Jucken im After.

Harnorgane.—Unwillkürliche Harnentleerungen des Nachts. Der Harn wird, wenn er eine kurze Zeit gestanden, milchartig.

Athmungsorgane.—Kurzer, hackender Husten. Trockner Krampfhusten; vorher Steifheit und Bewußtlosigkeit. Keuchhusten; heftige Anfälle des Morgens, ohne Auswurf; beschwerlicher Auswurf weißen, zuweilen blutigen Schleimes am Abend. Schlimmer am Abend und Morgen; besser des Nachts. Husten vom Trinken, Bewegung in freier Luft und durch Druck auf den Kehlkopf [siehe **Lach.**].

Fieber.—Schüttelfrost; das Gesicht ist kalt und blaß; Hände heiß. Schüttelfrost, meistens am Abend; nicht schwächer bei äußerlicher Hitze [schwächer bei äußerlicher Hitze, **Ign.**— Stärker, **Ipe.**]. Hitze, namentlich in der Kopfgegend. Schweiß, meistens kalt, auf der Stirn, um die Nase und an den Händen. Erbrechen und Hunger während des Anfalles. Durst nur während des Schüttelfrostes oder bei Hitze. Zitternde Herzbewegung.

Charakteristische Eigenthümlichkeiten. — Für Kinder, die an Wurmkrankheit leiden. Epileptische Anfälle, meistens bei Nacht, mit Schreien und Schlagen mit Händen und Füßen. Ist ruhelos und wirft sich im Schlaf hin und her.

COCCULUS.

(Kockelskörner.)

Kopf.—* Schwindel beim Aufsitzen im Bett, oder von passiver Bewegung in einem Fuhrwerk [* beim Umdrehen im Bett, Con.]. Betäubungsgefühl im Kopf wie von Trunkenheit [auch Gel., Nux v.]. Leerheitsgefühl im Kopf [Ign., Sep., Puls.]. * Kopfweh aus dem Magen vom Fahren in einem Wagen oder Boot u. s. w. [Bell.] Kopfschmerz; schlimmer beim Liegen auf dem Hinterkopf; muß auf der Seite liegen.

Magen und Bauch. — Widerwille vor Speise; dabei Hunger. Heftiger Durst beim Essen. Uebelkeit, mit Neigung zur Ohnmacht. * Uebelkeit und Erbrechen vom Fahren [Ars.—Besser davon, Nit. ac.]. Seekrankheit. * Während des Essens und darnach Magenkrampf, mit unterdrücktem Athem [siehe Nux v.] Leerheitsgefühl im Magen [* Ign., Sep.—Vollheitsgefühl, Chin., * Lyc.]. Bauch ist angespannt; bei jeder Bewegung ein Gefühl, als wäre er voll scharfer Steine [wie zwischen Steinen gequetscht, * Colo.].

Geschlechtsorgane. — Kolik während der Regel; Schmerzen krampfartig und unregelmäßig. Schmerzhafte Regel, stets gefolgt von Blutungen. * Weißfluß anstatt der Regel; ist sehr schwach; kann kaum sprechen. Blutiger Schleim während der Schwangerschaft.

Athmungsorgane.—Husten, wie von Rauch; dabei unterdrücktes Athmen [wie von Schwefeldämpfen, Ars., Chin.]. Beengung auf der rechten Brustseite. Brennen in der Brust, das sich bis zum Hals hin erstreckt [Kälte, Ars.]. Leerheitsgefühl der Brust [Vollheitsgefühl, Calc. c., Ferr.]. Herzklopfen.

Rücken und Extremitäten.—Schmerzhaftes Knacken des Halswirbels [beim Rückwärtsbiegen, Sulph.]. Schmerz in den Armen und der Schulter, wie von einem Stoß, Schlag u. s. w. Die Hände sind abwechselnd heiß und kalt [Hitze der einen und Kälte der andern Hand, Dig., Chin., Puls.—Der eine Fuß ist heiß, der andere kalt, Lyc.]. Knacken in den Kniegelenken.

Fieber.—Frost wechselt mit Hitze. Frost am Morgen und Abend, namentlich in den Knien und dem Rücken, nicht besser von Wärme [besser * Ign.]. Fliegende Hitze; Gesicht heiß und die Füße kalt. * Typhus; die Fassungskraft ist abgeschwächt; kann nicht die rechten Worte finden, um sich auszudrücken; kann sich an Nichts erinnern; stottert, murmelt u. s. w. [siehe Arn.].

Charakteristische Eigenthümlichkeiten. — Neigung zum Zittern [Ign.]. Schlimmer nach dem Essen, Trinken und Reden; vom Fahren [besser darnach, Nit. ac.].

COFFEA.
(Kaffee.)

Geistesſymptome.—* Empfindlichkeit und Erregbarkeit. Weinerliche Stimmung [auch **Puls.**]. Läßt ſich nicht beruhigen; zittert
über den ganzen Körper.

Kopf.—* Kopfſchmerz, als wäre ein Nagel durch das Gehirn ge-
trieben; ſchlimmer in freier Luft. * Kopfſchmerz, als wollte der
Kopf zerſpringen; verſchlimmert durch Geräuſch und Licht [ſiehe
Bell.]. Kopf fühlt zu klein [fühlt zu groß, **Nux v.**].

Zähne.—Zahnſchmerz; dabei Ruheloſigkeit und Angſt; weinerliche Stimmung, namentlich des Nachts und nach dem Eſſen. Linderung von kaltem Waſſer [ſiehe **Bry.**].

Magen und Bauch.—Schmerzhafte Kolik; der Patient iſt faſt
raſend. Kann keine beengende Bekleidung des Bauches vertragen
[ſiehe **Lyc.**]. Brennendes, ſaures Aufſtoßen.

Geſchlechtsorgane.—Die betreffenden Organe beider Geſchlechter
ſind höchſt erregt. Reichliche Regel, mit großer Empfindlichkeit und
wollüſtigem Jucken. Schleimiger, zuweilen blutiger Weißfluß. Die
Wehen ſind unerträglich; klagt und weint jämmerlich. * Die Geſchlechtstheile ſind äußerſt empfindſam.

Schlaf.—* Schlafloſigkeit, oft von geiſtiger oder körperlicher Aufregung. Schlafloſigkeit der Wöchnerinnen.

Charakteriſtiſche Eigenthümlichkeiten.—Die Schmerzen ſind unerträglich. Schlimme Nachwirkungen unerwarteter, angenehmer
Ueberraſchung. Abneigung gegen freie Luft.

COLCHICUM.
(Herbſtzeitloſe.)

Geiſtesſymptome.—Iſt durchweg unzufrieden [Widerwille gegen
Alles, **Puls.**]. Der Zuſtand ſcheint unerträglich zu ſein [**Cham.**,
Coff.]. Vergeßlichkeit.

Kopf.—Schwindel beim Niederſitzen, nach dem Gehen [beim
Emporrichten aus ſitzender Haltung, **Bry.**, **Puls.**]. Gefühl von Zu-
ſammenziehung über den Augen. Klopfen im Kopf [**Puls.**—Siehe
Bell.].

Magen.—Bitterer Geſchmack [Alles ſchmeckt bitter, **Bry.**, **Chin.**,
Puls.]. * Der Geruch von Fiſchen, Eiern, fetten Speiſen u. ſ. w.
verurſacht Uebelkeit bis zur Ohnmacht. Reichliche Speichelabſonde-
rung. Erbrechen von Schleim, Galle oder Speiſe; dabei Zittern

[siehe Ipec.]. Jede Bewegung reizt zum Erbrechen [ebenso Erkäl=
tung, Cocc.]. Kältegefühl im Magen [Phos.—Heftiges Brennen,
* Ars., Canth., Nux v., Sec.]. Stiche im Magen.

Stuhl.—Schmerzhafte, spärliche Stühle. Durchfall durchsich=
tiger, schleimartiger Stühle. * Herbstruhr; weiße Stühle,
mit Stuhlzwang. * Blutige Stühle, mit häutiger Materie ver=
mischt [röthliche Schleimstühle, wie Schabsel der Eingeweide,
* Canth., * Colo.]. Während des Stuhles ein Gefühl, als wollte
der After platzen. Vorfall des Afters [bei jedem Stuhl, Podo.].

Harnorgane.—Oefteres Harnlassen. * Urin ist braunschwarz;
weißlicher Niederschlag [Calc. c., Sep.—Harn wie Milch, mit bluti=
gen, gallertartigen Klumpen, * Phos. ac.]. Brennen in den Thei=
len, dabei nur spärlicher Harnlaß [siehe Canth.].

Charakterische Eigenthümlichkeiten.—Große Schwäche, mit Lahm=
heitsgefühl in den Gliedern. Rheumatismus bei warmem Wetter
[kaltem, nassem, Dulc.]. Kitzeln in verschiedenen Theilen, wie von
Frost. Schmerz nimmt gegen Abend zu [Puls.—Läßt nach, Lyc.].

COLOCYNTHIS.

(Wilde Gurke.)

Geistessymptome.—* Will nicht sprechen oder antworten [will nicht
angeredet sein, Gel., Sil.]. Wird leicht ärgerlich. Delirium; Augen
offen; will auf und davon [siehe Opi.—* Will aus dem Bett und
nach Hause gehen, Bry.].

Kopf.—Einseitiges Kopfweh, mit Uebelkeit und Erbrechen [Con.,
Puls.]. Drückender Schmerz auf der Stirne; schlimmer beim
Bücken oder Liegen auf dem Rücken.

Gesicht.—Ist dunkelroth. Neuralgie, mit reißenden, brennen=
den und stechenden Schmerzen an der linken Seite, die sich bis zum
Ohr und dem Kopf erstrecken. Krampfartige Schmerzen im
linken Kinnbacken bis zu dem Auge. Heftiger durch Bewegung oder
Berührung [leichte Berührung, Chin.].

Magen und Bauch.—Zunge wie geschunden [* Verat. alb.].
Alles Genossene schmeckt bitter [* Bry., Puls.]. Bitterer Ge=
schmack nach dem Essen [Nit. ac.—Sauerer, Nux v.]. Erbrechen
ohne Uebelkeit [Uebelkeit ohne Erbrechen, Ign.]. * Kolik und Durch=
fall nach der kleinsten Mahlzeit. Gefühl, als wären die Ein=
geweide zerquetscht. * Gefühl durch den ganzen Bauch, als
würden die Eingeweide zwischen Steinen zermalmt.
Fürchterliche kolikartige Schmerzen, muß sich krümmen; dabei

Ruhelosigkeit und Jammern. Linderung durch Krümmen, Druck von außen, und Kaffee [Kneipen im Bauch, gelindert durch Krümmen, Chin.—Krallende Schmerzen in den Eingeweiden, schlimmer von Druck von außen, * Bell.]. Schneiden, wie von Messerstichen [Con., * Verat. alb.].

Stuhl.—Durchfall nach Aerger, Kummer; Stühle grün [Durch= fall nach Schreck, * Gel., Opi.—Nach Trinken von Kaltwasser, Camph.]. * Ruhrartiger Durchfall, der nach Essen oder Trinken sofort wiederkehrt [* Ars., Ferr.]. * Ruhr; Stühle blutig, schlei= mig, wie Schabsel, mit Anstrengung; Linderung nach dem Stuhl [* Canth.]. Blutiger Durchfall, mit heftigen Schmerzen in den Eingeweiden bis zu den Lenden [siehe Merc.].

Harnorgane. — Spärliche Entleerung stinkenden, dicken, zähen Urines. Der Harn ist leicht fleischfarbig; hellbrauner Niederschlag.

Charakteristische Eigenthümlichkeiten.—* Die Beschwerden kom= men von Unwille oder Kummer [schlimmen Nachrichten, * Gel.— Schreck, Opi.]. Steifheit der Gelenke. Pulsiren durch den gan= zen Körper [Puls.—Im Kopf, Colch., Puls.—Siehe Nux v.]. Die Extremitäten sind zusammengezogen. Schmerzen heftiger beim Ruhen.

CONIUM MACULATUM.

(Gefleckter Schierling.)

Geistessymptome.—Gedrückte Stimmung [Lyc., Puls.—Froh und munter, * Croc., Lach.]. Kann sich nur mühsam auf etwas besin= nen. * Zur Arbeit nicht aufgelegt, Dig., Phos. ac.]. Will auf= springen [Phos.].

Kopf.—* Schwindel, namentlich beim Liegen oder beim Um= drehen im Bett [beim Aufsitzen im Bett oder Fahren, Cocc.—Beim Treppensteigen, Calc. c.]. Einseitiges Kopfweh, mit Uebelkeit. Reißende Schmerzen im Hinterkopf und Genick. Kopfschmerz, als wollte der Kopf bersten [Bell., Bry., Merc.]. Scharfe, schießende Stirnschmerzen. Ausfallen des Haares.

Augen.—Gefühl von Kälte in den Augen [Brennen, Jucken, Ars., Caust.]. Das Weiße ist gelb [Cham., Chin.]. Alles sieht roth aus [Bell.—Gelb, Canth.]. Erschwertes Sehen.

Ohren. — Stechen in beiden Ohren [auch Nit. ac.—Hammern Hepar, Phos., Rhus]. Brausen und Summen [siehe Chin.]. Schmerzliche Empfindungsfähigkeit des Gehöres [Acon., Bell., Phos. ac.—Harthörigkeit, * Calc. c., Hep., * Phos.].

Gesicht.—Nervenschmerzen bei Nacht; reißende Schmerzen in der rechten Seite des Gesichts [der linken, bis zum Ohr sich erstreckend, Colo.]. Lippenkrebs [mit brennenden Schmerzen, * Ars.]. Ziehender Schmerz in der untern Zahnreihe bis zum Kinnbacken. Zusammenziehung des Halses.

Magen und Bauch.—Saures Aufstoßen, mit Brennen im Magen. * Das Aufgestoßene schmeckt nach dem Essen [Ant. c., Calc. c., * Chin., * Puls.]. Verlangen nach Kaffee, Saurem, Salzfleisch [siehe Hepar]. Krampfartiger oder kneifender Magenschmerz [Colo., Nux v.]. Schneidender Schmerz im Bauch, wie von Messern [* Colo., Verat. alb.]. * Stiche vom Bauch aus bis nach der rechten Brustseite. Rumpeln im Bauch.

Stuhl.—Verstopfung, mit erfolglosem Stuhlzwang [Lyc., * Nux v.]. * Durchfall; Stuhl flüssig, stinkend; vermischt mit harten Klumpen [Lyc., * Nux v.]. Wässerige, unverdaute Stühle [Chin., * Ferr., * Podo.]. Während des Stuhles, Brennhitze im Mastdarm; nach dem Stuhl, Schwäche und Zittern.

Harnorgane. — Harn dick, weiß und trüb [siehe Phos. ac.]. * Schwieriges Harnlassen [oft gehen nur einige Tropfen ab, zuweilen mit Blut untermischt, * Canth., Nux v.] 'Schneidende Schmerzen in der Harnröhre. * Alte Leute, die an Folgen geschlechtlicher Ausschweifung leiden.

Geschlechtsorgane.—Verfrühte und spärliche Regel [verfrüht und zu reichlich, * Bell., * Calc. c.—Siehe Puls.]. * Während der Regel stechende Schmerzen im Unterleib und Schwindel beim Liegen. Schleimiger, brennender Weißfluß [Puls.]. * Vorfall der Mutter, mit Verhärtung, Schwärung und Weißfluß. Tiefliegender Brennschmerz in der Mutter. Verhärtung und Anschwellung des Eierstocks [Apis]. * Verhärtung der Milchdrüsen; schmerzen heftig vor der Regel.

Athmungsorgane. — Trockner, hackender Husten des Nachts; schlimmer beim Liegen [* Hyos., * Puls.]. Husten während der Schwangerschaft [Husten in Folge von Krabbeln und Kitzeln im Kehlkopf, namentlich während der Schwangerschaft, Sabi.—Fehlgeburt zu befürchten in Folge des Hustens oder jähen Schreckens, Acon.]. Kurzathmigkeit beim Gehen [beim Treppensteigen, Ars., * Calc. c.].

Extremitäten.—Knacken im Handgelenk. Knacken im Kniegelenk bei jeder Bewegung [auch Cocc.]. Füße kalt.

Fieber.—Puls unregelmäßig, meistens träge und voll. Kältegefühl am Morgen [Nachmittags und Abends, Lyc., * Puls.]. Schüttelfrost; liebt in der Sonne umherzugehen. Hitze, mit großer Nervenreizbarkeit. Schweiß, namentlich im Schlaf.

Haut.—Anschwellung und Verhärtung der Drüsen, schmerzen besonders bei Nacht. Schwärzliche Geschwüre, mit stinkender, blutwässeriger Entleerung [siehe Ars.—Zähe, klebende Materie, * Graph.]. Krebsartige Geschwüre [brandige, Ars.]. Feuchte Flechten [Calc. c., Dulc., Graph.].

Charakteristische Eigenthümlichkeiten. — Besonders bei alten, schwachen Leuten. * Schlimme Nachwirkungen von geschlechtlichen Ausschweifungen [Phos. ac.]. * Verhärtung der Milchdrüsen; hart wie ein Stein [Bry., Phyto.]. * Wundheitsgefühl der Brüste.

CROCUS SATIVUS.

(Safran.)

Geistessymptome. — Ist gegen alle Gewohnheit munter, witzig und gesprächig. Singt unwillkürlich und lacht. Veränderliche Gemüthsstimmung.

Kopf.—Taumelt, wie betrunken; besser in freier Luft. Klopfende Schmerzen in der linken Kopfseite bis zu dem Auge hin. Beim Bewegen des Kopfes ein Gefühl, als wäre das Gehirn losgelöst.

Magen und Bauch.—Uebelkeit; geht weg in frischer Luft. Sodbrennen nach dem Essen [auch Nux v.]. * Gefühl, als hüpfte etwas Lebendiges im Magen und Leib umher [siehe Sulph.].

Geschlechtsorgane.—Blutungen des Mutterleibes; das Blut ist dunkel, und faserig; besser nach Anstrengung. * Schmerzhafte Regel, mit dunkelm, faserigem Blut. Fehlgeburt, namentlich im dritten Monat.

DIGITALIS PURPUREA.

(Rother Fingerhut.)

Geistessymptome.—Verzweifelnd und furchtsam. Aengstlich um die Zukunft. Hat keine Lust zu sprechen [Phos. ac.—Will immer sprechen. * Stram.].

Kopf. — Schwindel, mit Zittern [* mit Schüttelfrost, Puls.]. Stechen in der Stirne und Schläfen [im Hinterkopf, Canth.]. Gefühl beim Bücken, als ob sich das Gehirn nach vornen neigte. Plötzliches Knacken im Kopf; fährt wie erschreckt auf.

Augen.—Klopfen in den Augenhöhlen. Gerstenkörner [* Puls., Rhus]. Die Augenlider sind am Morgen zusammengeklebt [Caust.].

Trübung des Augenlichts. Alles sieht grün oder gelb aus [roth, Bell.] Verschiedene Farben vor den Augen.

Magen.—Süßlicher Geschmack, mit beständigem Speichelfluß [siehe Merc.]. Auswerfen saurer, oder geschmackloser Flüssigkeit [bitterer, Ign.]. Uebelkeit, als wollte er sterben [Ipe.]. Keine Linderung nach Erbrechen. Erbrechen am Morgen [Nux v., Puls.]. Erbricht Speise. [* Erbricht Schleim, Ipe., Tart. em.—Bittere, saure Flüssigkeiten, Puls.]. Schwächegefühl im Magen. Druckgefühl auf den Magen [wie von einem Stein, Cham., Nux v.]. Brennen im Magen bis zum Hals hinauf. Magenkrampf [Ars., Nux v.].

Stuhl.—Wässeriger Durchfall. Weiße oder aschfarbige Stühle [kalkartige, * Calc. c., * Podo.]. Schüttelfrost vor dem Stuhl [während des Stuhles, Ars., * Merc., Verat. alb.—Nach dem Stuhl, Canth.]. Durchfall während der Gelbsucht [Nux v.].

Harnorgane.—Beständiger Harndrang, wobei nur wenige Tropfen abgehen. Urin dunkel, braun, heiß, brennend; mit scharfen, schneidenden Schmerzen auf dem Blasenhals. * Entzündung des Blasenhalses [* Canth.].

Athmungsorgane.—Husten, mit einem Auswurf, der wie gekochte Stärke aussieht; Wundheitsgefühl in der Brust. Schweratmigkeit beim Gehen und auf dem Rückenliegen. Die geringste Bewegung verursacht heftiges Herzklopfen. * Gefühl, als wollte das Herz bei jeder Bewegung zu schlagen aufhören. * Stiche im Herzen [Caust., Ign.—Häufige Herzschläge, Con., * Nux v.].

Extremitäten.—Die eine Hand ist kalt, die andere heiß [Chin., Ipe., Puls.—Der eine Fuß ist kalt, der andere heiß, Lyc.]. Lähmung des linken Armes [des rechten, Caust.—Beider Arme, Dulc., Nat. m.]. Schwäche der untern Extremitäten. *Kniewassersucht. Anschwellung der Füße bei Tag; läßt nach bei Nacht.

Fieber.—Puls träge und unregelmäßig. Beschleunigung des Pulses bei der geringsten Bewegung. Innerlicher Frost, äeußerliche Hitze [Calc. c.—Aeußerliche Kälte, und innerliche Hitze, oder umgekehrt, Ign.—Siehe Ars.]. * Fliegende Hitze, gefolgt von Schwäche.

Charakteristische Eigenthümlichkeiten. — Bei allen Krankheiten, wo das Herz mehr oder weniger leidet und der Puls unregelmäßig ist. Nervöse Schwäche. Wassersucht der äußern und innern Theile. Symptome schlimmer im warmen Zimmer [* Puls.—Siehe Verat. alb.—Besser, * Ars., Hepar, Rhus].

DULCAMARA.

(Bittersüß.)

Kopf.—* Schwindel des Morgens beim Erwachen und beim Aufstehen [beim Emporrichten aus sitzender Lage, mit Schüttelfrost, * Puls.]. Bohrender Schmerz in der Stirn und den Schläfen; schlimmer vor Mitternacht und beim Liegen; besser beim Sprechen. Wühlender Schmerz in der Stirn, mit einem Gefühl, als wäre der Kopf zu groß [Nux v.]. * Betäubender Schmerz im Hinterkopf, ausgehend vom Genick. Frost im Hinterkopf. Schwerheitsgefühl des Kopfes [fühlt leicht im Kopfe, * Stram.—Hohlheit, Ign., Opi.].

Mund und Hals.—Bitterer Geschmack. Zunge trocken und rauh. Zungenlähmung [* Hyos.]. Wunder Hals von Erkältung [Cham., * Merc.].

Magen und Bauch. — Erbrechen weißen, zähen Schleimes. * Vollheitsgefühl im Magen, Gefühl von Leere im Bauch. Kolik von Erkältung, als wollte sich Durchfall einstellen. Bauchwassersucht. Anschwellung der Leistendrüsen [* Merc.].

Stuhl.—Durchfall von Erkältung; Stühle schleimig, grün, wässerig, weißlich [Durchfall von Aerger, * Colo.—Von Schreck, * Gel., Opi.]. Durchfall, mit Kolik. Stühle wässerig, namentlich im Sommer und bei Umschlag der Witterung in Kälte [Durchfall von kalten Getränken bei heißem Wetter, * Bry.]. * Durchfall in Folge zurückgetretener Hautausschläge, Erkältung oder Zahnens.

Harnorgane.—Harn trüb und weiß [wird milchicht, Cina]. Niederschlag ist zuweilen roth, zuweilen weiß; übelriechender Harn [siehe Nit. ac.]. Harnstrenge.

Geschlechtsorgane.—Verspäteter Fluß; Blut wässerig, dünn [siehe Puls.]. Unterdrückung der Regel von Erkältung [Merc., * Podo. Sulph.—Von Erkältung oder nassen Füßen, * Puls.]. * Hautausschlag ist ein Vorbote der Regel [heftiges Jucken alter, flechtenartiger Ausschläge, Carbo v.—Vor und während der Regel, mit schwächendem Husten, Graph.]. * Wochenreinigung, unterdrückt durch Kälte oder Nässe [Schreck, Opi.]. Unterdrückte Milchabsonderung in Folge von Kälte [Puls.—Zu reichliche Absonderung, Calc. c., Rhus].

Charakteristische Eigenthümlichkeiten.—Namentlich bei catarrhalischen und rheumatischen Krankheiten bei feuchtkaltem Wetter [trockenem Westwind, Acon.]. * Symptome stets schlimmer bei jedem Umschlag der Witterung in Kälte. Zunehmende Absonderung der Schleimhäute und Drüsen; Unterdrückung von Hautausschlägen. Symptome günstiger von Bewegung in freier Luft [* Rhus.—Schlimmer von Bewegung, * Bry.].

26

FERRUM.

(Eisen.)

Kopf.—Schwindel beim Treppensteigen, oder beim Anblick fließenden Wassers [beim Ersteigen einer Anhöhe, Calc. c.]. Blutandrang nach dem Kopf, mit klopfendem Kopfschmerz [Acon., Bell.]. Beim Husten Schmerzen im Hinterkopf.

Gesicht.—Aschfarbenes Gesicht. Gesicht aufgedunsen und blaß, namentlich um die Augen. * Gesicht und Lippen blaß; Schwäche. Fliegende Röthe nach der geringsten Anstrengung. Gelbe Flecken im Gesicht [quer über die Nase, * Sep., Sulph.].

Magen.—Widerwille vor Fleisch, Bier, Saurem [Verlangen nach Saurem, Chin., Verat. alb.]. Kann nichts Heißes essen oder trinken. Alles schmeckt bitter [* Bry., Chin., Puls.]. Bitteres Aufstoßen nach dem Essen. Sofortiges Erbrechen nach dem Essen [siehe Bry.]. Alles schmeckt sauer. Druck im Magen nach mäßigem Genuß von Speisen [Vollheitsgefühl darnach], bis zum Hals hinan, * Lyc.—Der Bauch ist wie ausgestopft, * Chin.].

Stuhl. — Wässeriger Durchfall; Brennschmerzen im After. * Schmerzloser Durchfall; Stühle unverdauter Speise [Chin., Phos., Phos. ac., * Podo.]. Häufiger, schleimiger, mit Spulwürmern untermischter Durchfall [auch * Cina., * Sulph.].

Geschlechtsorgane.—Unfähigkeit bei Männern [nach Selbstbefleckung, Phos.]. Nächtlicher Samenerguß. Regel zu früh, zu reichlich und zu lange während. [* Bell., Calc. c., Ign.]. * Stechender Kopfschmerz, Ohrensausen und Absonderung langer schleimiger Stücke vor der Regel. Blutungen der Mutter bei schwachen Frauen, mit kindbettartigen Schmerzen; das Blut ist zuweilen flüssig, zuweilen klumpig [* Sabi.].

Athmungsorgane.—* Krampfhafter Husten, mit zähem, durchscheinendem Schleimauswurf [Chin., Sil.]. Husten am Morgen; besser nach dem Essen [nach dem Trinken, Caust., Spong.—Erregt vom Essen, oder vom Genuß kalter Getränke, Hepar]. Husten nach dem Essen, mit Erbrechen des Genossenen. * Lungenblutung, mit Schmerzen zwischen den Schultern. Vollheitsgefühl und Beklemmung der Brust [Calc. c., * Phos., Puls., * Staph.—Leerheitsgefühl, * Cocc., Graph.].

Extremitäten.—Paralytischer Schmerz im linken Schultergelenk; kann den Arm nicht bewegen. Stechen und Reißen in dem Gelenk. Des Nachts Reißen und Stechen vom Hüftgelenk bis hinauf zu der Hüfte; besser nach Bewegung. Krampfschmerzen in den Waden. Wassersüchtige Fußanschwellung.

Fieber.—Puls voll und hart. Kurzer Schüttelfrost. Schüttel= frost und Mangel an animalischer Wärme. Wechselfieber (nach Mißbrauch von Chinin), mit Blutandrang nach dem Kopf, Erweite= rung der Adern, Erbrechen und Anschwellung der Milz. Reichlicher, lang anhaltender Schweiß.

Charakteristische Eigenthümlichkeiten. — Schwächliche Personen mit feuerrothem Gesicht. * Die geringste Anstrengung verur= sacht Röthe des Gesichts. Allgemeine Neigung zu Blutungen. * Immer besser nach leichter Bewegung, selbst bei großer Schwäche.

GELSEMINUM.

(Gelber Jasmin.)

Geistessymptome.—Geistesverwirrung; kann seine Gedanken nicht sammeln [auch Bapt.]. Große Reizbarkeit; will nicht angeredet sein [will nicht sprechen, Dig.—Schwatzt fortwährend, * Stram.]. Leb= haftigkeit, gefolgt von Niedergeschlagenheit.

Kopf.—Taumelt, wie ein Betrunkener. Schwindel, wie von Trunkenheit [Croc., * Nux v.]. Vollheitsgefühl des Kopfes, mit Hitze im Gesicht und Schüttelfrost. Gefühl, als wäre der Kopf um= bunden [Merc. v., Sulph. Kopfschmerz läßt nach Druck nach, * Puls.]. Nach dem Frühstück dumpfer Schmerz im Hinterkopf, schlim= mer nach Bewegung und Bücken. Kopfschmerz, Schwindel, Ohn= macht, Schmerzen im Genick. Gefühl, als wäre das Gehirn zer= malmt.

Augen.—* Die Augenlider sind schwer und wollen zu= fallen [auch Rhus, Sep.]. Trübung des Augenlichtes (während der Schwangerschaft). Augen fühlen wund. Pupillen erweitert [auch Bell., Croc.—Zusammengezogen, Phos.]. Lichtscheu [siehe Bell.].

Mund und Hals.—Lippen trocken, heiß und belegt. Gelblicher Zungenbeleg, mit stinkendem Athem. Brennen im Mund; erstreckt bis in den Hals und den Magen [Canth.—Brennen im Magen, bis hinauf in den Hals, Dig.]. Gefühl, als wäre ein fremder Kör= per im Hals [siehe Hepar].

Magen.—Saures Aufstoßen [Nit. ac., Nux v.—Bitteres Auf= stoßen, Bell., Chin.—Geschmack= und geruchlos, Hepar]. Uebelkeit (mit Schwindel und Kopfweh). Leerheitsgefühl im Magen [Ign., Sep.].

Stuhl.—Beschwerlicher weicher Stuhl in Folge von Zusammen= ziehung der Schließmuskel. * Durchfall nach heftigen Er=

regungen, Schreck, Kummer [Opi.—Von Aerger, **Cham.**—
Unwillen, **Colo.**]. Stühle gelb, kothig; wie Milchrahm; gallig.
Lähmung der Schließmuskel.

Geschlechtsorgane.—Unwillkürliche Samenergüsse, mit oder ohne
Erektionen, gefolgt von Schwäche und Geistesschwäche [Selbstbe=
fleckung, * **Chin.**, * **Phos. ac.**]. Schwerheitsgefühl in der Mutter
[**Nux v.**—Vollheitsgefühl, **Chin.**]. Unterdrückte Regel, mit Kräm=
pfen [**Cocc.**]. * Starrheit des Muttermundes [* **Acon.**,
Bell., * **Con.**]. Während der Schwangerschaft heftige Schmerzen in
der Mutter; Kopfweh u. s. w.

Athmungsorgane.—Krampf in der Luströhrenspalte; Erstickung
zu befürchten. Hals ist rauh, wie geschworen. Gefühl von Zu=
sammenschnürung im untern Theil der Brust [**Puls.**, **Verat. alb.**].
Stechen in der Herzgegend [* **Caust.**, **Dig.**, **Ign.**]. Gefühl, als
wollte das Herz beim Gehen zu schlagen aufhören
[siehe **Dig.**].

Fieber.—Puls träge, beschleunigt durch Bewegung. Hände und
Füße kalt; unterdrückter Athem. Jeden Tag Schüttelfrost um die=
selbe Stunde, namentlich am Morgen. Schüttelfrost, gefolgt von
Hitze; dann Schweiß. Kälte der Füße, als steckten sie in kaltem
Wasser [wie von feuchten Strümpfen, **Calc. c.**]. * Fieber ohne
Durst [* **Puls.**].

Charakteristische Eigenthümlichkeiten.—Erschlaffung des ganzen
Muskelsystems [**Cimi.**—Nervensystems, **Phos.**, **Verat. alb.**]. Gefühl
von Leichtigkeit im Körper, von Rückendarre (Onanisten). * Nieder=
geschlagenheit und vermehrter Geschlechtstrieb bei Onanisten. Kopf=
schmerz, verschlimmert durch Rauchen. * Ueble Nachwirkungen
plötzlicher Erregungen, wie Freude, Kummer [**Ign.**, **Opi.**].

GRAPHITES.

(Reisblei.)

Geistessymptome.—* Gefühl im Kopf wie von Trunkenheit [**Bell.**,
* **Nux v.**, **Puls.**, **Rhus.**—Mit Durchfall, **Gel.**]. Leicht erregbar [ist
übel gelaunt, * **Bry.**].

Kopf.—Kopfschmerz des Morgens beim Erwachen, meist einseitig,
mit Neigung zum Erbrechen. Einseitige rheumatische Kopfschmerzen,
die sich bis zu den Zähnen und dem Hals erstrecken. Brennen
auf dem Kopf [**Nat. m.**, * **Sulph.**—Kälte, **Sep.**, * **Verat. alb.**].
Feuchter Ausschlag der Kopfhaut; juckend und übelriechend.

Augen.—Entzündung; kann das Licht nicht vertragen. Augen=
lider roth und geschwollen. Lider sind trocken.

Ohren.—Trockenheit des innern Ohres [Carbo v., Lach.]. Feuchter Ausschlag hinter den Ohren [Calc. c., Hepar]. Schwerhörigkeit [die Ohren sind wie verstopft, Calc. c., * Puls., Sulph.]. Beim Kauen Krachen in den Ohren. Ohrensausen [siehe Chin.]. Knallen in den Ohren [siehe Sil.].

Magen und Bauch.—Uebelkeit und Erbrechen nach jedem Mahl [nach Essen oder Trinken, Ars., Bry., Verat. alb.]. * Uebelkeit des Morgens während der Regel. Druckgefühl im Magen [wie von einem Stein, nach dem Essen, * Ars., Bry., Merc.]. Hunger erregendes Magenbrennen [Leerheitsgefühl im Magen, mit Hunger, * Sep.]. Störungen im Unterleib. Geräusch darin wie von quakenden Fröschen [als wäre etwas Lebendiges im Bauch, * Croc.].

Stuhl.—Verstopfung; große, beschwerliche, knotichte Stühle, die durch schleimige Fäden zusammengehalten werden [Stühle harter, schwarzer Ballen, * Opi.—Lange, dünne Stühle, * Phos.]. Durchfall; braune, flüssige, mit unverdauter Speise vermischte, übelriechende Stühle.

Geschlechtsorgane.—Wundheit der Scheide. Schmerzvolle Anschwellung des linken Eierstocks [Lach. — Des rechten, * Apis., * Bell.]. Verspätete Regel; blaß und spärlich [auch * Puls., Sulph.]. Reißende Schmerzen in der Magengrube während der Regel. Unterdrückte Regel, mit Schwerheitsgefühl in den Armen und untern Gliedern. * Reichlicher Weißfluß; Fluß ist weiß, dünn, aufschärfend; dabei Rückenschwäche.

Athmungsorgane.—Kratzen in der Luftröhre und im Hals. Beklemmung der Brust—Asthma. Heftiges Klopfen in der Herzgegend [siehe Bell., Con., Dig.]. Wundheit der Brustwarzen; sind gesprungen und blasig [stechende, brennende Schmerzen, * Sulph.].

Extremitäten.—Schmerz in den Fingergelenken, wie von Verrenkung. Gichtartige Knotung der Fingergelenke [Calc. c., Dig., Staph.]. Erstarrung der Lenden und Zehen [auch Nux v.]. Steifheit der Knice beim Krümmen derselben. Ausschlag an den Knieen und dem Schambug. * Geschwüre an den Beinen, mit klebrigem Ausfluß.

Haut. — Anschwellung und Verhärtung der Drüsen [Calc. c.]. * Rauhheitsgefühl im Bug der Glieder, des Schambuges, des Halses und hinter den Ohren, namentlich bei Kindern. Geschwüre, mit stinkendem Eiter [Ars., Carbo v., Sulph.]. * Hautausschlag, mit Absonderung einer klebrigen Flüssigkeit [wässeriger Flüssigkeit, Dulc.]. Feuchte Flechten [Calc. c., Merc.—Trockne Flechten, Phos., * Sulph.]. * Ungesunde Haut; die kleinste Wunde geht in Eiterung über [Calc. c., Hepar, Sil.].

Charakteristische Eigenthümlichkeiten.—Für Frauen, die zur Fett-

sucht neigen [junge fettleibige Personen, Calc. c.]. Empfäng=
lich für Erkältung; sehr empfindlich gegen Luftzug [Calc. c., Caust.,
Sil.]. * Verzögerung der Regel. Schlimmer des Nachts während
und nach der Regel.

HEPAR SULPHURIS CALCAREA.

(Kalkschwefelleber.)

Geistessymptome.—* Unruhe des Abends [ist munter und ver=
gnügt, Croc.]. Wird leicht erregt [sucht Veranlassung zu Zänkereien,
* Cham.]. Ist niedergeschlagen und weinerlich [Dig., Graph.].

Kopf. — Schwindel beim Fahren und Bewegung des Kopfes.
Bohrender Schmerz in der rechten Schläfe [Bell.—In der Stirne
und den Schläfen, Dulc., Merc., Puls.]. Jeden Morgen bohrender
Schmerz in der Nasenwurzel. Schwappendes Gefühl im Kopf
[Hyos., Nux v.]. Feuchter Grindkopf; Brennen und Jucken [trocken,
schabig, leicht blutend, Sulph.].

Augen.—Schmerz in den Augen, als wären sie in die Höhlen zu=
rückgedrängt. Bohrende Schmerzen in den Augenhöhlen. Roth=
laufartige Entzündung der Augen; schmerzen heftig in Folge von
Lichteinwirkungen. Alles sieht roth aus [Bell.—Blau, Stram.—
Gelb, Canth.]. * Die Dinge sehen zu groß aus [Hyos.—Zu klein,
Stram.].

Ohren.—Schuppen auf und hinter den Ohren [siehe Graph.].
Stinkender Eiterfluß aus den Ohren [Carbo v., Merc., Sulph.—Nach
Scharlachfieber, * Bell.—Blutiger Eiter, Rhus]. Summen und
Klopfen in den Ohren, mit Schwerhörigkeit [siehe Merc.].

Gesicht.—Blatterrose, mit Jucken [siehe * Rhus]. Schmerzen in
den Gesichtsknochen, namentlich bei Berührung [Chin., Colo.]. Ge=
schwüre an den Mundwinkeln [Calc. c., Graph., Sil.].

Mund und Hals.—Mund und Zahnfleisch sind gegen Berührung
empfindlich und bluten leicht. Zahnschmerz; schlimmer im warmen
Zimmer und beim Zusammenpressen der Zähne [siehe Puls.]. Pflock=
gefühl im Halse beim Schlingen [Bell., * Merc., Nux v., Phyt.].
Gefühl beim Schlingen, als wäre ein Splitter im Halse [Ars.].
* Bräune; Eiterung zu befürchten [Sil.]. Stiche im Halse, die sich
beim Schlingen bis zum Ohr hin erstrecken.

Magen und Bauch. — * Verlangen nach Saurem, Wein und
scharfen Speisen [Bry., Chin., Nux v.—Nach bittern Speisen,
Dig., Nat. m.—Kalk, Kreide u. s. w., * Nit. ac., Nux v.—Milch,
Merc., Nux v.—Gesalzenen Speisen, * Calc. c., Carbo v.—Süßem,

Ipe., Lyc.]. Widerwille vor fetten Speisen [* Puls.—Brot, Lyc.,
* Nux v.—Fleisch, Ign., Sep., Sulph.]. Oefteres geschmack=
und geruchloses Rülpsen [fauliges, wie von faulen Eiern, * Ars., * Merc.,
Sep., Sulph.]. Erweiterung des Magens; muß die Beklei=
dung erweitern [Chin., * Lyc., * Nux v.]. Brennen im Magen
[* Ars., * Nux v., Puls.]. Gefühl von Schwere und Druck im
Magen nach einer leichten Speise. Beim Gehen Druck in der Leber=
gegend; auch beim Husten, Athmen und bei Berührung [Bry., Merc.,
Nux v.].

Stuhl.—Schmerzloser Durchfall; Stühle gelblich, unverdaut,
weißlich; riechen sauer [Calc. c.]. Lehmartige Stühle [weiße,
Calc. c.].

Harnorgane.—Harn scharf, brennend, die Vorhaut anfressend.
Beim Harnlassen Brennen in der Harnröhre [siehe Canth.].
* Schwärung der Nieren. Harn dunkelroth und heiß; blutig [siehe
Con.]. Entzündung der Harnröhrenmündung, mit schleimiger Ent=
leerung.

Geschlechtsorgane.—Männer. Schankerartige Geschwüre an der
Vorhaut [mit käsigtem Bodensatz, Merc.]. Frauen. Verspätete
und zu spärliche Regel [hell und spärlich, Graph., Puls., Sulph.].
Abgang von Blut zwischen den Reinigungen.

Athmungsorgane.—Heiserkeit, mit Verlust der Stimme [siehe
Phos.]. Trockner, heiserer Husten [* Bell., Merc., Nux v.,
* Phos.]. * Husten, wenn irgend ein Körpertheil kalt wird oder
beim Essen kalter Speisen [besser nach dem Essen oder Trinken,
Spong.]. * Croup, mit losem, rasselndem Husten, schlimmer am
Morgen [trockner, pfeifender Husten, mit rasselndem Athmen,
* Spong.]. Rasselnder, krächzender Husten; erstickende Anfälle; muß
sich emporrichten und den Kopf rückwärts beugen. Beängstigen=
der, schnaufender Husten [* Spong.]. Herzklopfen.

Extremitäten.—* Im frühen Stadium des Wurmes am Fin=
ger [Merc., Sil.]. Die Hände sind rauh, trocken und kratzen.
Schwellung und Eiterung der Achselgrubendrüsen [Sil.]. Lenden=
weh, mit Neigung zur Eiterung [nach der Eiterung, Calc. c., Phos.,
Merc.]. Anschwellung der Knöchel und Füße.

Fieber.—Hitze mit Frost wechselnd. Schüttelfrost in freier Luft.
Wechselfieber; erster Anfall 8 Uhr des Abends, dann Durst;
nach einer Stunde Fieber, mit unterbrochenem Schlaf. * Juckende,
stechende Nesselsucht vor und nach dem Frost [juckende, stechende
Nesselsucht während des Fiebers, Ign.]. Kalter, klebriger, widriger
Schweiß.

Haut. — * Ungesunde Haut; die unbedeutendste Verwundung
eitert [auch Calc. c., * Graph., Sil.]. Aufgesprungene Haut; tiefe

Risse an Händen und Füßen. * Geschwüre blutend und eiternd; riechen wie Käse; sind gegen Berührung sehr empfindlich; sie brennen und stechen [siehe **Ars.**]. Gelbsucht; Urin ist blutroth.

Charakteristische Eigenthümlichkeiten.—Wo Eiterung unausbleiblich ist [* **Sil.**]. Schweiß bei Nacht und Tag, ohne Erleichterung [auch **Merc.**]. * Will warm eingehüllt sein [Haut kalt, aber will bloß liegen, * **Camph.**, Sec. cor.]. Schlimmer beim Liegen auf der erkrankten Seite [beim Liegen auf der linken oder gesunden Seite, **Puls.**]. Besser nach dem Essen (Magensymptome).

HYOSCYAMUS NIGER.

(Bilsenkraut.)

Geistessymptome.—* Geistesstörung, mit Murmeln. * Fürchtet, vergiftet zu werden. Schwatzhaft [siehe * **Stram.**]. Irrereden; kennt seine Familie nicht. * Murmeln und Bettzupfen [im Schlaf, **Opi.**]. Delirium; schlägt um sich; blickt wild und starr umher, oder die Augen sind geschlossen [stilles Delirium, die Augen offen, **Opi.**, **Stram.**]. Liebeswahnsinn [**Canth.**, **Verat. alb.**]. Unwillkürliches lautes Lachen, mit einfältigem Gebahren und Zittern [**Croc.**—Lacht und weint abwechselnd, **Bell.**]. Abneigung vor Licht und Gesellschaft. Verlust des Gedächtnisses. Stumpfsinnigkeit [**Opi.**].

Kopf.—Schwindel und Betäubung [siehe **Opi.**]. Blutandrang nach dem Kopf, mit Delirium, Bewußtlosigkeit, dabei richtige Antwort auf alle Fragen. * Blutandrang nach dem Kopf; Augen roth, funkelnd; Gesicht purpurroth. Gehirnentzündung, mit Klingen in den Ohren. Das Hirn ist wie losgelöst. Gehirnwassersucht, mit Stumpfheit und Schwappen im Kopf; Hände geschlossen; Daumen eingeschlagen.

Augen.—Roth, funkelnd, stier [**Bell.**]. Krampfhaftes Schließen der Augenlider; kann sie nicht offen halten [siehe **Gel.**]. Pupillen erweitert [* **Bell.**, **Opi.**—Zusammengezogen, **Phos.**]. * Alles sieht roth aus, zu groß und doppelt [zu klein, **Stram.**].

Mund und Hals. — Schäumen des Mundes [blutig, **Stram.**]. Lippen sehen wie gesengtes Leder aus [trocken, gesprungen, **Bry.**, **Stram.**]. Zunge rein, trocken, verdorrt [roth und gesprungen, **Bell.**, **Rhus.**—Braun, schwarz, gesprungen, **Ars.**, **Merc.**]. Hals ist wie zusammengeschnürt; kann nicht schlingen [**Bell.**, **Stram.**].

Magen.—* Will nicht trinken [auch **Bell.**, **Canth.**]. Großer Durst, aber trinkt nur wenig [siehe **Ars.**]. Essen verursacht Erbrechen [erbricht alles Genossene, **Ars.**, **Ipe.**, **Verat. alb.**]. Erbricht Blut und Schleim [**Ars.**, **Nux v.**]. Kolik läßt nach von Erbrechen [Essen, **Hepar**].

Stuhl.—Schmerzloser Durchfall; Stühle gelb, wässerig [**Chin.**, **Hepar**]. Unwillkürliche Stuhlentleerungen in's Bett [**Carbo v.**, **Rhus, Sec. cor.**]. * Durchfall während des Typhus und im Wochenbett.

Harn.—Unwillkürlicher Harnlaß, wie von Blasenlähmung [**Ars.**, **Bell.**, **Cina**, * **Puls.**].

Athmungsorgane. — Trockner, krampfartiger Husten [alte Leute], mit Kitzeln im Hals; schlimmer des Nachts, im Schlaf, in kalter Luft; nach dem Essen und Trinken [besser nach dem Essen oder Trinken, **Spong.**]. * Erleichterung bei sitzender Haltung [**Puls.**]. Heftiger, krampfartiger Husten; am Tage Auswerfen salzichten Schleimes, oder hellrothen, klumpigen Blutes. Athem langsam und rasselnd.

Schlaf.—Tiefer Schlaf, mit Nervenzucken. Fährt im Schlafe auf [beim Schließen der Augen, **Bell.**]. Schlaflos des Nachts.

Fieber.—Puls beschleunigt, hart und voll. Schüttelfrost über den ganzen Körper; dabei Gesicht roth und Hände kalt. Am Abend große Hitze über den ganzen Körper. * Typhus, mit leisem, murmelndem Delirium; Muskelzuckungen; Bettzupfen; unwillkürliche Koth= und Harnentleerung; will entlaufen [siehe **Bell.**]. * Beantwortet einige Fragen richtig, um alsbald wieder in Delirium zu fallen [siehe **Ars.**]. Schwächender Schweiß während des Schlafes [**Chin.**, **Merc.**].

Charakteristische Eigenthümlichkeiten.—Passend für hysterische Personen und Säufer [* **Nux v.**, **Stram.**]. * Krämpfe, mit Zwicken und Reißen in allen Muskeln, den Augen, Lidern und im Gesicht. Epileptische Anfälle, die in tiefem Schlaf enden. * Will unbedeckt liegen. Nachwirkungen von Eifersucht und unglücklicher Liebe. Schlimmer des Abends, sowie nach dem Essen und Trinken. Besser vom Bücken.

IGNATIA AMARA.

(Ignazbohne.)

Geistessymptome. — * Ist voll von unterdrücktem Schmerz. Gleichgültigkeit gegen Alles [* **Phos. ac.**]. Will nicht sprechen [**Con.**, **Bell.**, **Phos. ac.**—* Schwatzt fortwährend, **Stram.**]. Wechselnde Stimmung; Scherzen, Lachen und Weinen [singt und lacht, **Croc.**]. Empfindlich gegen Geräusch [**Bell.**].

Kopf.—Hohlheitsgefühl [siehe Opi.]. Schwerheitsgefühl [fühlt leicht, * Stram.]. Kopfschmerz, schlimmer vom Bücken [besser darnach, Hyos.]. Reißender Stirnschmerz; besser beim Liegen auf dem Rücken. Gefühl, als wäre ein Nagel durch eine Seite durch und durch getrieben; besser beim Liegen auf der Seite [siehe Nux v.]. Krampfartiger Schmerz über der Nasenwurzel. Klopfender Schmerz im Hinterkopf; schlimmer vom Rauchen oder Tabakriechen.

Augen.—Gefühl, als wäre Sand unter den obern Augenlidern [Carbo v., Caust.—Schmerzen, wie von Salz, Nux v.]. Kann das Licht nicht vertragen. Flimmern vor den Augen [Nat. m.].

Mund und Hals.—Bohrender Schmerz in den Vorderzähnen; schlimmer vom Kaffeetrinken oder Rauchen [siehe Nux v.]. Zahnschmerz, als wäre der Zahn zermalmt. Vermehrter Speichelfluß; Schaum vor dem Munde. Stechen im Hals bis zum Ohr [auch Hepar]. Gefühl wie von einem Klumpen im Hals, selbst beim Nichtschlucken [Cham., Nux v.—Beim Schlingen, Bell., Hepar, Merc.].

Magen.—Schaler Geschmack, wie Kreide. Alles schmeckt wie Stroh [* Stram.]. Widerwille vor warmen Speisen, Fleisch und Tabak [siehe Hepar]. Aufrülpsen bitterer Flüssigkeit [auch Bry., Nux v., Puls.—Saures Aufstoßen, Nit. ac., Phos.]. * Schwäche- und Leerheitsgefühl in der Magengrube; keine Erleichterung nach dem Essen [* Sep.]. Krampfschmerzen im Magen. Feine Stiche im Magen, wie von Nadeln [Rhus]. Bauchklopfen [Tart. em.].

Stuhl.—Beschwerlicher Stuhl, mit Aftervorfall [siehe Podo.]. Nach dem Stuhl Stechen vom After aus bis hinauf nach dem Mastdarm. Bluten während des Stuhles und darnach. * Hämorrhoiden; bei jedem Stuhl treten die Geschüre heraus; sie sind wund und wie geschunden; Schmerz und Blutung schlimmer bei offenem Leib.

Geschlechtsorgane. — * Regel spärlich, schwarz, faulig [Puls.]. Während der Regel Ermattung bis zur Ohnmacht. Krampfartige Schmerzen im Magen und Bauch [Cham., Cocc., Nux v.]. * Harnkrämpfe, mit stechenden Schmerzen [auch Cocc.].

Athmungsorgane.—Gefühl von Zusammenschnürung des Halses; dabei Husten wie von Schwefeldämpfen [auch Ars., Chin.—Als wäre Staub im Hals, Bell.]. Trockner Krampfhusten bei Tag und Nacht, mit feuchtem Schnupfen. Stechen in der linken Seite [auch Phos.—In der rechten, Bell.]. Brust- und Athmungsbeklemmungen. * Herzklopfen, mit Stechen im Herzen [siehe Dig.].

Extremitäten.—Schmerz im Schultergelenk, als wäre es verrenkt; beim Bewegen des Armes [Bry.]. Beim Aufstehen Steifheit der

Kniee und Fußwurzelgelenke. Knacken in den Knieen [auch Con.]. Schwerheitsgefühl in den Füßen.

Schlaf.—Unruhiger Schlaf; Alpdrücken [auch Puls., Sulph.]. Stöhnen. Gliederzucken beim Einschlafen.

Fieber.—Läßt nach bei äußerlicher Hitze [auch Ars.]. Aeußer= liche Kälte, mit innerlicher Hitze und umgekehrt. Wechselfieber. Heftiges Zucken während des Fiebers. Nesselsucht über den ganzen Körper. Einseitige Brennhitze des Gesichtes.

Charakteristische Eigenthümlichkeiten.—Für erregbare, hysterische Personen. * Krampfhafte Zuckungen, besonders nach Furcht oder Schreck [Gel., Opi.]. * Hysterische Krämpfe. Schmerzen durch Lageveränderung gelindert [* Rhus]. Schmerzen wie von Verren= kung [* Arn., Bry.].

IPECACUANHA.

(Brechwurzel.)

Kopf.—Schwindel beim Gehen und Umdrehen [* beim Umdrehen im Bett, Con.]. * Kopfschmerz, als würde das Gehirn durch alle Kopfknochen bis zur Zungenwurzel hindurch gequetscht; dabei Uebelkeit und Erbrechen.

Gesicht.—Blaß; blaue Kränze um die Augen [Ars., Chin.—Blaue Ringe um den Mund, Cina].

Mund und Hals.—Schaler Geschmack, mit weißer, dickbe= legter Zunge [auch Ant. c., Nux v.—Zunge schmutziggelb, oder schwarz [Chin., Merc.].

Magen.—Widerwille vor Speise. Verlangen nach Naschereien und Süßigkeiten [siehe Hepar]. Anhaltende Uebelkeit [Phos., * Tart. em., Verat. alb.]. Erbrechen [* Bry., * Nux v., Puls.]. Bit= teres, galliges Erbrechen [Cham., Merc., Phos., Verat. alb.—Saurer Schleim, * Nux v., Phos., Puls., Sulph.]. Erbrechen grünen, gal= lertartigen Schleimes [Merc., Verat. alb.—Blaßrothe, eiweißartige Flüssigkeit, Kali b.]. Bluterbrechen [Bry., Hyos., Nux v.] Erbrechen von schwarzer, pechartiger Materie [* Ars., Sec. cor., * Verat. alb.— Von Koth und Harn, * Opi.] Erbrechen beim Bücken [Rhus.— Von passiver Bewegung, Ars., * Cocc.—Nach dem Essen, * Ars., Bry., Nux v., Puls.—Nach Trinken, * Ars., * Bry., * Verat. alb.]. Gefühl von Leere und Erschlaffung des Magens [Ign., Sep.—Voll= heitsgefühl, * Chin., * Lyc., Nux v., Phos.] Fürchterliche Magen= schmerzen. Schneiden und Zwicken in der Nabelgegend; schlimmer von Bewegung [siehe Bell.].

Stuhl.—Durchfall; Stühle wie gegohren; dabei Uebelkeit und Kolik. Stühle grasgrün [dunkelgrüner Schleim, **Merc.**—Grün, schleimig, wie der Schaum auf dem Froschteich [* **Mag. c.**]. Ruhrartige Stühle, mit Stuhlzwang. Blutige Stühle, mit schneidenden Brennschmerzen im After [siehe **Merc.**].

Harn.—Blutiger Harn [auch **Nit. ac., Sec. cor.**]. Ist trübe, mit ziegelrothem Niederschlag [**Bell., Phos.**—Ist röthlich, mit ziegelrothem Niederschlag, **Nux v.**—Dunkler Harn, **Chin.**].

Geschlechtsorgane.—Regel zu früh und zu reichlich [**Bell., Calc. c., Sabi.**]. * Gebärmutterblutsturz; Blut hellroth, klumpig, mit erschwertem Athmen.

Athmungsorgane.—* Beim Athmen Rasseln in den Luftröhrenästen. * Die Brust scheint mit Schleim angefüllt zu sein; kein Auswurf durch Husten bewerkstelligt [* **Tart. em.**]. * Erstickender Husten, in Folge zusammenziehendes Kitzels im Halse. * Erstickung zu befürchten von Zusammenziehen des Halses und der Brust (asthma). Stickhusten; das Kind ist ganz steif und blau im Gesicht.

Fieber.—Schüttelfrost, aber kann durchaus keine Wärme vertragen [besser von äußerlicher Hitze, **Ars., Ign.**]. Plötzliche Hitze gegen 4 Uhr Nachmittags; kein Durst. * Wechselfieber, mit vorherrschenden Magensymptomen; Rückenschmerz, kurzer Schüttelfrost, langes Fieber; meistens Hitze, mit Durst; Kopfschmerz, Uebelkeit, Husten; zuletzt Schweiß. Aeußerliche Kälte und innerliche Hitze.

Charakteristische Eigenthümlichkeiten. — Große Schwäche und Widerwille vor Speise. * Uebelkeit und Erbrechen fast allen Inhaltes [**Tart. em., Verat. alb.**]. Blutung aus allen Körperöffnungen.

KALI BICHROMICUM.

(Bromsaures Kali.)

Kopf.—Plötzliche vorübergehende Schwindelanfälle [beim Emporrichten aus sitzender Haltung, Bücken und Emporsehen, **Podo., * Puls.**]. Klopfender Schmerz in den Stirnwinkeln, mit Trübung des Augenlichts [siehe **Bell.**]. Stirnkopfschmerz, meistens über dem linken Auge. * Der Schmerz ist dumpf, schwer und klopfend, namentlich in der Stirn; schlimmer nach dem Essen. Kopfschmerz nach unterdrücktem Schnupfen [**Chin., Nux v.**]. Druckgefühl oben auf dem Kopf, wie von einem Gewicht.

Augen.—Schwere in den Augenlidern beim Gehen [siehe **Gel.**]. Sie brennen und sind angeschwollen; Ausschlag der angränzenden Theile. Wässeriges Anschwellen der Augenlider.

Ohren.—Heftiges Stechen im linken Ohr; sie erstrecken sich bis zum Gaumenbogen [in's rechte Ohr, **Nit. ac.**]. Nach Scharlach= fieber Ausfluß dicken, weißen, stinkenden Eiters [**Bell.**—Nach Masern, **Puls.**].

Nase.—Ist sehr trocken [**Graph., Nit. ac.**—Nüstern schwärig, **Calc. c., Nit. ac., Sil.**]. Grüner, stinkender Fluß aus der Nase [**Graph.,** * **Merc.,** * **Puls., Rhus**]. * Auswurf harter, elastischer Pflocken [**Sep., Sil.**]. Knochenfraß in der Nase. Uebler Geruch aus der Nase [**Calc. c., Merc., Nit. ac.**].

Mund und Hals.—Zunge mit dicker, gelblichbrauner Haut über= zogen. Zunge trocken, glatt, roth und gesprungen [* **Bell.,** * **Rhus.** —Trocken, hart und schwarz belegt, **Merc.**]. Gaumen weich und ge= röthet; Zäpfchen schlaff. Pflockgefühl [**Hepar**]. * F a l s c h e Haut= bildung im Schlund, den Halsdrüsen, weichen Gaumentheilen und den schleimigen Hautflächen des Schlundkopfes und der Luftröhre; das Hautgewebe ist stark, perlenartig und faserig [dunkelfarbige falsche Hautbildung, * **Phyto.**—Grauliche Farbe, **Apis**]. Bren= nen im Schlundkopf; erstreckt sich bis in den Magen [siehe **Gel.**]. * Z ä h e r , f a s e r i g e r Ausfluß aus dem Mund und Hals.

Magen und Bauch.—Verlangen nach Bier und Saurem [siehe **Hepar**]. Erbrechen unverdauter Speise, Galle und blaßrother, eiweißartiger Flüssigkeit; Blut [siehe **Ipe.**]. * Nach dem Essen liegt die Speise steinschwer im Magen [* **Ars., Merc., Nux v.**]. An= schwellung des Bauches; kann keine enge Bekleidung vertragen [**Lyc., Nux v.**]. Dumpfer, schwerer Druckschmerz oder Stechen in der Lebergegend [**Bry.**]. Schneidende Bauchschmerzen nach dem Essen. * Chronische Schwärung der Eingeweide [**Merc.**].

Stuhl.—Verstopfung; Stuhl trocken; knotig; Brennschmerz im After [**Nat. m., Verat. alb.**]. Blutige, schieferfarbige Stühle. D u r c h f a l l a m M o r g e n ; erwacht mit heftigem Stuhldrang [**Nux v., Sulph.**]. Stühle wässerig; dann Stuhlzwang. B l u t i g e , g a l = l e r t a r t i g e S t ü h l e . Pflockgefühl im After [wie von einem Ge= wicht, **Sep.**].

Geschlechtsorgane.—Regel zu früh; dabei Schwindel, Uebel= keit und Kopfschmerz. * Gelber, zäher Weißfluß; dabei Jucken und Brennschmerz.

Athmungsorgane.—Heiserkeit am Abend [**Calc. c., Carbo v., Lach.** —Am M o r g e n , **Caust., Phos.**]. * Häutige Bräune. Kitzeln im Kehlkopf. Husten nach dem Einathmen. Husten am Morgen, mit klebrigem Auswurf und Stechen in der Brust [siehe **Bry.**]. * Hef=

tiger, raſſelnder Huſten, mit Auswerfen zähen, faſerigen Schleimes [**Phos.**, **Staph.**]. Huſten, mit Schmerz im Bruſtbein; erſtreckt ſich rückwärts bis zwiſchen die Schultern. Stechender Schmerz in der Herzgegend [**Dig.**].

Extremitäten.—Stiche in den untern Theilen des linken Schulterblattes. Rheumatiſche Schmerzen in den Gelenken, namentlich der Hand. Knacken in allen Gelenken nach der geringſten Bewegung. Schwerheitsgefühl in den Beinen [Betäubung, **Nux v.**, **Sil.**].

Fieber.—Gähnen und Ausſtrecken. Schüttelfroſt, mit Schwindel und Uebelkeit, gefolgt von Hitze mit Kälte und ſchießenden Schmerzen in den Schläfen; kein Durſt. Anfälle von Schüttelfroſt, aufwärts von den Füßen; will im warmen Zimmer ſein [* **Ars.**, **Hepar**, **Rhus**]. Hitze mit Schweiß wechſelnd. Fieber anfangs der Nacht.

Haut.—Heiß, trocken und roth [ſiehe **Bell.**]. Trockner Ausſchlag über den ganzen Körper [ſiehe **Puls.**]. * Blaſenartiger Ausſchlag, wie von Blattern. Eiteriger Ausſchlag [ſiehe **Graph.**].

Charakteriſtiſche Eigenthümlichkeiten. — Für fette, ſcrophulöſe Perſonen [**Merc.**]. * Fließen aus der Naſe, dem Mund, Hals, Magen, der Scheide u. ſ. w. Jeden Tag Kopfſchmerz zur ſelbigen Stunde. Die Schmerzen wandern von einem Theil zum andern [**Bell.**, * **Puls.**]. Die Symptome erſcheinen und verſchwinden plötzlich [* **Bell.**].

LACHESIS.

(Schlangengift.)

Geiſtesſymptome.—Neigung zur Traurigkeit [auch **Nit. ac.**, **Puls.**, **Sep.**]. Iſt froh und vergnügt. Geiſtesträgheit. Stöhnen und Klagen über Schmerzen. Kann nicht denken [auch **Gel.**].

Kopf.—Schwindel, mit Kopfſchmerz. Dumpfer Schmerz auf dem Scheitel. Schwerheitsgefühl im Kopf [**Bell.**, **Calc. c.**, **Nux v.**, **Puls.**, **Sulph.**—Erleichterung, **Stram.**—Leerheitsgefühl, **Cocc.**, **Puls.**]. * Klopfender Kopfſchmerz, namentlich empfindlich über den Augen. Kopfſchmerz, namentlich in der Stirn, mit Uebelkeit und Schüttelfroſt [**Puls.**].

Mund und Hals. — Brennen im Mund, wie von Pfeffer. Trockenheit und Wundheit. * Die vordere Zungenhälfte iſt roth, glatt und glänzend [**Rhus**]. * Kann die Zunge nur mühſam ausſtrecken; Zittern [**Ars.**, **Bell.**]. Riſſe und große runde Hautwärzchen auf der Zunge. Entzündung der Zunge [* **Bell.**, **Merc.**]. Entzün-

dung der Mandeln, mit Neigung zur Eiterung [siehe **Hepar**]. Ge=
schwüre im Hals und an den entzündeten Mandeln. * Halskrank=
heiten, von der linken Seite ausgehend [von der rechten Seite, **Gel.**,
* **Lyc.**, **Podo.**]. Bösartige Diphtherie [siehe **Kali b.**].
* Schmerzhaftes Schlingen; Flüssigkeiten strömen durch die Nase
zurück [auch * **Bell.**, **Merc.**]. * Berührung des Halses ist unerträg=
lich [**Apis**].

Magen und Bauch.—Bitterer Geschmack [Alles schmeckt bitter,
Bry., **Chin.**, **Colo.**, **Puls.**]. * Auswerfen der Speisen nach dem Essen
[auch **Puls.**]. Aufstoßen von saurem Wasser nach dem Essen [**Nux
v.**]. Erbricht das Genossene [siehe **Ipe.**]. Erbrechen mit Durchfall
[**Ars.**, **Verat. alb.**]. Nagende Schmerzen im Magen; besser nach
dem Essen. Brennen im Magen [**Ars.**, **Phos.**, **Sep.**].

Stuhl.—Chronische Verstopfung; Stühle hart wie Schaf=
mist [siehe **Graph.**]. Chronischer Durchfall, erschöpfend mei=
stens am Abend. Durchfall wechselt mit Verstopfung. Widrige
Blut= und Eiterentleerung aus dem After.

Harnorgane.—Stechen in der Nierengegend. Dumpfer Schmerz
in der Blase. Häufige Entleerungen schaumigen, dunkeln Harnes.
* Harn gelb wie Safran. Trüb und dunkel. Gefühl, als wäre
ein Ball in der Blase [ein Wurm, * **Bell.**].

Geschlechtsorgane.—* Beim Aufhören der Regel, mit häufigen
Blutungen der Mutter [**Puls.**, **Sep.**]. * Regel zur rechten Zeit, aber
zu kurz und zu schwach [Regel außer der Zeit, * **Nux v.**, * **Sep.**].
Schwindel und Kopfweh vor der Regel. Kann durchaus keinen
Druck auf die Theile vertragen. Der linke Eierstock ist ge=
schwollen; dabei drückende, stechende Schmerzen [siehe **Bell.**].

Athmungsorgane.—Heiserkeit, mit schwacher Stimme. Husten
von Halsgeschwüren. Kann keine Berührung des Halses vertragen
[auch **Apis**]. * Leiser Druck auf den Hals bewirkt heftigen, anhal=
tenden Husten. Vermehrter Husten nach dem Schlaf [**Apis**]. Blu=
tiger Auswurf, mit schaumigem Schleim. Druckgefühl der Brust
und Husten. * Stechen in der Brust (linke Seite), mit Athmungs=
beschwerden; vermehrt durch Husten oder Athemholen [siehe **Bry.**].
Brennen in der Brust [Kälte, **Ars.**]. Herzklopfen [siehe **Dig.**].
Unregelmäßiger Herzschlag.

Rücken.—Schmerzen im Rücken, mit Verstopfung, oder Herz=
klopfen und Schwerathmigkeit. * Hals sehr empfindlich und schmerz=
lich zu berühren.

Extremitäten.—Schmerz in den Handgelenken, als wären sie
verstaucht [* **Arn.**, **Gel.**]. Stechen in den Fingerspitzen. * Wurm
am Finger [**Merc.**, * **Sil.**—Siehe **Hepar**]. Stechen in den Knieen.
Das linke Knie ist wie verstaucht. Brandige Geschwüre an

den Beinen [alte Geschwüre an den Beinen, mit schneidenden
Brennschmerzen, * **Ars.**, **Lyc.**]. Knochenfraß am Bein.

Fieber. — Puls klein, schwach, beschleunigt; intermittirend.
Schüttelfrost, mit Zähneklappern. Heiße Füße und Hände, beson=
ders am Abend. * Schüttelfrost bei Nacht, fliegende Hitze am Tag.
Wechselfieber; kehrt jedes Frühjahr wieder; auch nach Unter=
drückung eines Anfalles durch Chinin. Typhus, mit Betäubung,
Stottern, eingefallenem Gesicht; der Unterkiefer ist schlotterig; die
Zunge ist trocken, roth oder schwarz, an der Spitze gesprungen und
zittert beim Herausstrecken. Schweiß gelb, kalt, blutig [auch **Lyc.**].

Haut. — Bläuliche, oder **gelbe** Hautfarbe. Geschwüre sind sehr
empfindlich; Brennschmerz bei Berührung; die abfließende Materie
ist blutwässerig und stinkend [**Ars.**, **Carbo v.** — Die Ränder an den
Geschwüren sind hart und brennen; wildes Fleisch; die Geschwüre
werden schwarz, der Eiter ist dünn, blutwässerig, * **Ars.**, **Graph.**].
Bösartige Carbunkeln.

Charakteristische Eigenthümlichkeiten. — * Gedrückte Stimmung
nach dem Schlaf. Kann keine beengende Bekleidung um den Leib
vertragen. * Linke Seite gewöhnlich angegriffen [Lähmung, Hals,
Eierstöcke]. Passend für Personen von ausschweifender Lebensweise
[auch **Nux v.**, **Opi.**]. Ueble Nachwirkungen von Mercur, China
[**Puls.**, **Sulph.**]. * Symptome schlimmer nach dem Schlaf [**Apis**,
Calc. c., **Opi.**, **Verat. alb.** — Besser darnach, **Phos.**, **Sil.**].

LYCOPODIUM.

(Bärlapp.)

Geistessymptome. — Schwermüthigkeit. Weinerliche Stim=
mung, bei Kindern [**Puls.**]. * Sie fürchtet sich allein zu sein [**Ars.** —
Wünscht allein zu sein, **Chin.**, **Nux v.**]. Ist sehr empfindsam [auch
Cham., **Coff.**]. Gleichgültigkeit [**Chin.**, * **Phos. ac.**].

Kopf. — Drückendes Kopfweh auf dem Scheitel; schlimmer von 4
bis 8 Uhr Abends; auch vom Bücken. * Schmerz in den Schläfen,
als wären sie eingeschraubt [auch **Merc.**]. Stechen in den Schläfen,
namentlich auf der rechten Seite. Reißende Schmerzen im Hin=
terkopf [auch **Con.** — * Betäubender Schmerz, vom Genick aus=
laufend, **Dulc.**]. Ausfallen des Haares.

Augen. — Stiche in den Augen [ohne Röthe, auch **Bry.**]. Die
Augen schmerzen [wie von Salz, **Nux v.**]. Brennen. Gerstenkör=
ner nahe bei den innern Augenwinkeln [siehe **Puls.**]. Augen weit
offen; unempfindlich gegen Licht [**Hyos.**].

Ohren.—Dumpfes Hören [Graph.—In Folge von Chinin un=
terdrückten Fiebers, Calc. c.—Von Mißbrauch Mercurs, Hepar,
Nit. ac.]. Dröhnen, Summen und Schwirren in den Ohren [siehe
Chin.].

Naſe. — Scharfer Geruchsſinn [Bell., Con., Hepar]. Nüſtern
ſchwärig [auch Calc. c., Graph., Nit. ac.]. Fließender Schnupfen,
[Ars., Lach., Merc.—Trockner Schnupfen, Nit. ac., Nux v., Sep.].
* Fächerartige Bewegung der Nüſtern bei Lungenkrankheiten.

Geſicht.—* Graugelbe Geſichtsfarbe, mit blauen Ringen um die
Augen [Ars., Chin.]. * Schlottern des Unterkiefers beim Typhus
[Lach., Opi.]. Juckender, ſchuppiger Ausſchlag im Geſicht
und den Mundwinkeln.

Mund und Hals.—Zähne ſchmerzhaft zu berühren; Zahnſchmerz,
mit Backenanſchwellung; Linderung nach warmen Aufſchlägen;
[ſchlimmer, Bry. — Kaltes Waſſer bewirkt Linderung, Puls.].
Trockenheit des Mundes und der Zunge, ohne Durſt [viel Durſt,
Nat. m., Nit. ac., Rhus]. Zunge trocken, ſchwarz und geſprungen
[ſiehe Bell.]. Halsentzündung, mit Stechen beim Schlingen [Hepar].
Anſchwellung und Eiterung der Mandeln [Hepar, Merc.]. Schwä=
rung der Mandeln, von der rechten Seite ausgehend [Bell., Podo.
—Von der linken, * Lach.].

Magen und Bauch.—* Iſt unerſättlich [Cina, Merc.]. Wider=
wille vor Brot u. ſ. w. Verlangen nach Süßigkeiten [Ipe., Lyc.—
Abneigung, Caust.—Siehe Hepar]. Alles ſchmeckt ſauer [Nux v.,
Puls.—Schmeckt bitter, * Bry., Cham., Chin.]. Saures Aufſtoßen
[auch Gel., Nit. ac., Nux v.—Bitteres Aufſtoßen, Bell., Chin.].
* Verdauungsſchwäche. Nach dem Eſſen Druckgefühl des Magens,
mit bitterem Geſchmack im Munde. * Nach einem kleinen Imbiß
wird der Bauch voll und aufgedunſen [Chin., Nux v., Phos.].
Beſtändiges Gährungsgefühl im Bauch [Chin., Phos.].
* Rumpeln, namentlich auf der linken Seite. Windſucht [Carbo
v., Chin.].

Stuhl.—Verſtopfung. Spärlicher Stuhl, mit einem Gefühl,
als ob noch etwas zurückgeblieben wäre [ſiehe Nux v.].

Geſchlechtsorgane. — Verminderte Geſchlechtsluſt; das
Glied iſt klein, kalt und ſchlaff [Hepar, Mag. c.—* Heftiger Drang,
* Canth., Nux v., Phos.]. Regel zu früh und zu reichlich [* Calc. c.,
Bell., Bry.]. Unterdrückte Regel [Acon., Opi.]. Chroniſche Trocken=
heit der Mutterſcheide [Bell.]. * Wind kommt aus der Scheide.
* Reichlicher Weißfluß, mit ſtechenden Schmerzen quer über die
rechte Seite nach der linken. Milchartiger Ausfluß, oder blutiger.
Blutrother Weißfluß [milchicht, Calc. c., Puls.].

Athmungsorgane.—Huſten trocken und feuchend. Huſten, mit
27

grauem, salzichtem Auswurf. Husten, mit blutigem Aus=
wurf [Merc.]. Lungenschwindsucht, mit Husten und reichlichem
Eiterauswurf. Stechen in der linken Brustseite, auch beim Atbem=
holen [siehe *Bry.]. Die kleinste Anstrengung verursacht Kurzath=
migkeit. *Unterdrücktes Athmen, mit fächerartiger Bewe=
gung der Nüstern. *Husten schlimmer von 4 bis 6 Uhr Abends.

Rücken.—Anschwellung der Nackendrüsen [Caust., Merc., Sil.].
Schmerzhafte Steifheit des Nackens. Ziehende Schmerzen im
Kreuz. Brennen zwischen den Schultern.

Extremitäten.—Röthe, Entzündung und Anschwellung der Fin=
gergelenke. Die Haut der Hände ist sehr trocken. Schmerzen wie
von Hüftverstauchung [wie von Verrenkung, Caust., Bry.—Klopfen=
der Schmerz im Hüftgelenk, ein Anzeichen bevorstehender Eiterung,
Hepar, Merc.]. *Entzündung der Knochen. Beständig kalte
Füße [wie von feuchten Strümpfen, *Calc. c.]. Der eine Fuß ist
kalt, der andere warm [eine Hand kalt, die andere warm, Dig.].
*Alte Geschwüre an den Beinen; schmerzen, jucken und brennen bei
Nacht.

Schlaf.—*Schläfrig bei Tag und schlaflos des Nachts [Merc.,
*Phos. ac., Sulph.—Schläfrig, aber kann nicht schlafen, *Bell.,
Opi.]. Auffahren beim Einschlafen. Herzklopfen; kann nicht
auf der linken Seite liegen.

Fieber.—Gefühl, als wollte das Blut nicht circuliren. Schüttel=
frost von 4—8 Uhr Abends, mit Erstarrungsgefühl in den Händen
und Füßen [Kälte der Hände und Finger, wie erstorben, *Sep.].
Einseitiger Frost, meistens auf der linken Seite. *Wechsel=
fieber; Anfälle von 4 bis 8 Uhr Abends. Schüttelfrost und
Kältegefühl; dann Schweiß und heftiger Durst. *Typhus.

Haut.—Jucken wie von Flöhstichen. Feuchte Flechten [Kali b.].
Tiefe, krustige Risse. Fistelartige Geschwüre, mit harten, umgestülp=
ten Rändern [Ant. c., Calc. c., Sil.]. Geschwüre; reißen, brennen und
schmerzen bei Berührung [siehe Lach.]. Beinfraß [Calc. c., Hepar].

Charakteristische Anzeichen. — Bei tiefliegenden, langsam fort=
schreitenden Krankheiten. *Abmagerung der obern Körpertheile,
während die untern Theile normal sind. *Fürchtet sich allein zu
sein. Beständiges Gefühl von Sättigung. *Stets schlimmer um
4 Uhr Nachmittags; besser des Abends [schlimmer des Abends,
Merc., Nit. ac., *Puls.]. Fühlt besser bei Kälte und beim Bloßliegen.

MAGNESIA CARBONICA.

(Kohlensaure Magnesia.)

Geistessymptome.—Traurig, zum Reden nicht aufgelegt [schwatzt immer, * Stram.]. Zittern, Angst, Furcht, als stünde etwas Schreckliches bevor.

Kopf.—Schwindel beim Knieen oder Stehen; Alles scheint sich umzudrehen. Kopfschmerz nach geistiger Anstrengung, oder wenn in einem Gewühl von Menschen. Klopfen in der Stirne [siehe Bell.]. * Kopfschmerz schlimmer vom Bücken; besser beim Niederliegen [Bry.]. Schmerz oben auf dem Kopf, als würde man am Haar gezupft [siehe Acon.].

Augen.—Stechende Brennschmerzen in den entzündeten Augen. * Zusammenkleben der Augenlider am Morgen [Calc. c., Merc., Sulph.]. Schwarze Stäubchen vor den Augen [Acon., Merc., Phos.—Sterne vor den Augen, Bell.].

Ohren.—Empfindlich gegen Schalleinwirkungen [Acon., * Bell.]. Ohrenklingen [Calc. c., * Chin., Lyc., Nux v.].

Nase.—Nasenbluten am Morgen [Nit. ac., Nux v.]. * Stockschnupfen.

Gesicht.—Erdfarbene, kränkliche Gesichtsfarbe [blaß, todtähnlich, Ars., Verat. alb.]. Röthe wechselt mit Blässe [Bell., Croc., Ign., Puls.]. Bohrender Schmerz im Backenknochen des Nachts, schlimmer nach Ruhe.

Mund und Hals.—Zahnschmerz beim Fahren, Kopfschmerz [Bell., * Cocc.]. Zahnschmerz während der Schwangerschaft [Sep.]. Brennende Bläschen am Gaumen, den Wangen, der Zunge, den Lippen und dem Zahnfleisch; bluten leicht. Blutiger Speichel [Ars., Merc., Nux v.]. Brennen im Hals, mit Trockenheit und Rauhheit, wie von Kratzen [Ars., Hepar, Nux v., Phos.]. Aushusten stinkender Tuberkeln [grünlichen Schleimes, Colch.—Blutigen, Lyc.].

Magen und Bauch.—Bitterer oder saurer Geschmack im Munde. Verlangen nach Früchten und Saurem [* Phos. ac., Verat. alb.]. Saures Aufstoßen. Das Aufgestoßene schmeckt nach dem Genossenen [Calc. c., Chin., * Puls.]. Bitteres, wässeriges, Erbrechen. * Zusammenziehende Magenschmerzen. Klemmende Schmerzen in der Gegend des Krummdarmes. Schweregefühl im Bauch.

Stühle.—* Grüne, wässerige, schäumige Stühle, ähnlich dem grünen Mantel auf einem Froschteich [grün, wässerig, wie gehackter Spinat, *Cham.]. Blutige Schleimstühle. Sauerriechender Durchfall bei Kindern. Schneiden und Bauchkneipen vor dem Stuhl. Stuhlzwang vor und nach dem Stuhl [Bell., Colch., * Merc.].

Geschlechtsorgane.—Druckgefühl nach dem Becken hin, als wollte die Regel eintreten. Regel zu früh, oder unterdrückt. * Die Regel ist dick und dunkel wie Pech [Nux v.]. Während der Regel: Schwäche, Schüttelfrost, Kopfschmerz, Blässe des Gesichtes und Kreuzschmerzen.

Athmungsorgane. — Krampfartiger Husten des Nachts; dabei Brustschmerzen. Beklemmung und Zusammenziehung der Brust [Acon., Nux v., * Phos., Puls.]. Quetschungsgefühl in der Brust bei Bewegung.

Rücken.—Steifheit des Nackens [Bell., Bry., Nit. ac., * Rhus]. Schmerz im Kreuz, als wäre es zermalmt.

Extremitäten.—Schmerz in der rechten Schulter wie von Verrenkung, namentlich beim Bewegen des Armes. Rheumatismus in der Schulter; dabei so heftige Schmerzen, daß man den Arm nicht bewegen kann. Bläschen an den Fingern. Schmerzhafte Anschwellung an den Kniekrümmungen. Gefühl von Schwere und Müdigkeit in den Füßen [* Bell., Lach., Nat. m.].

Schlaf.—* Schlaflos des Nachts in Folge von Druck auf den Unterleib.

Fieber.—Beschleunigter Puls, nur bei Nacht. Schüttelfrost, mit äußerlicher Kälte des Abends. Frost bis zum Rücken hinunter. Hitze nach abendlichem Frost; von Mitternacht bis Morgen Schweiß und Durst.

Haut.—Bläschen und Finnen, mit heftigem Jucken [Rhus]. Kleine rothe Hautflechten; schuppen sich ab.

Charakteristische Anzeichen.—Epileptische Anfälle; fällt bei vollem Bewußtsein plötzlich nieder. Schmerzen über den ganzen Körper. Fühlt müde, namentlich in den Füßen. Symptome meistens des Nachts und bei Ruhe. Besser nach Bewegung.

MERCURIUS VIVUS.

(Quecksilber.)

Geistessymptome.—Ruhelosigkeit; Angst; fürchtet den Verstand zu verlieren. Gleichgültigkeit [* Phos. ac.]. Stöhnen. Schwäche des Gedächtnisses. Uebereilte Sprache [spricht fortwährend, * Stram.].

Kopf.—Schwindel beim Liegen auf dem Rücken; Alles erscheint schwarz vor den Augen [Schwindel beim Niederliegen, oder

beim Umdrehen im Bett, * Con.]. Gefühl, als steckte der Kopf in
einem Schraubstock [Nat. m., Puls.]. Kopf so voll, als wollte er
bersten [Acon., * Bell., Bry., Sulph.]. * Stechen im Kopf. Offene
Geschwüre; sauerriechender Nachtschweiß [* Calc. c., * Sil., Sulph.].
* Stechende, brennende Ausflüsse der behaarten Kopfhaut [Graph.,
Hepar, Lyc.—Siehe Rhus].

Augen. — Scrophulöse Augenentzündung; Lider geschwollen;
Ränder schwärig [Bell., Calc. c., Phos.]. Schwärung der Augen=
lider [Nat. m., Sulph.]. Augenentzündung; das Augenweiß ist roth.
* Eiterbläschen an der Augenbindehaut. * Geschwüre an der Horn=
haut [Ars., Calc. c., * Sil., * Sulph.]. Schwarze Stäubchen vor den
Augen.

Ohren.—Stechende Ohrenschmerzen [schießende Schmerzen,
Puls. — Stechende, reißende Schmerzen, * Cham., Chin.—
Klopfen in den Ohren, Hepar, Phos., * Rhus, Sil.]. Ohrensausen
[Caust., Con., Croc.—Singeln, siehe * Chin.]. Eiterausfluß [Nit.
ac. * Puls., Sulph.].

Nase.—Grünliche, stinkende Materie fließt aus der Nase [Puls.,
Rhus.—Siehe Kali b.]. Anschwellung der Knochentheile. * Feuch=
ter Schnupfen, mit häufigem Niesen [jauchenartiger Fluß, Ars.,
Lyc.—Stockschnupfen, Dulc., Nit. ac., Nux v., Sep.—Trocken
des Nachts, feucht bei Tage, * Nux v.]. Nasenbluten.

Gesicht.—Blaß, gelb, erdfarben [Ars., Puls.]. Milchschorf
[mit dicken Krusten und Ausscheidung übelriechenden Blutwassers,
Rhus]. * Entzündung der Mundwinkel [Bell., Graph.].

Mund und Hals.—Lippen trocken, schwarz und schmerzen von
Berührung. * Das Zahnfleisch ist wund und löst sich von den
Zähnen leicht los. Uebelriechender Athem [* Nux v.].
* Grauliche Geschwüre an der innern Hautfläche der Lippen, Wan=
gen, des Zahnfleisches, der Zunge und des Gaumens. Dicker, gelb=
licher Zungenbeleg. * Zunge trocken, hart und blauschwarz [* Ars.,
Lach.—Siehe Lyc.]. Die Zunge ist wie verbrannt [Colo.].
* Speichelfluß; übelriechender, zäher Speichel [Bell., Lach.].
* Blutiger Speichelfluß [Ars., Hyos., * Nux v., Rhus].
Gänzlicher Verlust der Sprache [* Bell., Con.]. Kehlkopfcatarrh;
Stechen beim Schlingen [siehe Hepar]. Bei Schlingungsversuchen
laufen Flüssigkeiten durch die Nase zurück [* Bell., Lach.]. An=
schwellung der Halsdrüsen; dabei scharfe, stechende Schmer=
zen [* Bell., Lach., Nit. ac.—Faulige, dunkel aussehende Geschwüre
im Hals [* Ars., * Bapt.]. Brennen im Hals, wie von heißen
Dämpfen [Gefühl von Kälte, Caust.]. Bräune [siehe Bell.].

Magen und Bauch. — Hunger sofort nach dem Essen [Phos.,
* Staph.—Vollheitsgefühl nach dem Essen, * Chin., Lyc.]. Auf=

stoßen, oder scharfes, faules Ausrülpsen [siehe **Phos.**]. * Bitterer, saurer Geschmack im Munde, oder süßlich [bitterer Geschmack nach dem Genossenen, * **Bry., Colo., Puls.**—Bitterer Geschmack nach dem Essen, **Nit. ac.**—Saurer Geschmack, **Lyc., Nux v., Puls.**]. * Vollständiger Verlust des Appetits [**Chin.**, * **Rhus**]. Verdauungsschwäche; dabei beständiger Hunger. * Die Speise liegt steinschwer in dem Magen [* **Ars., Bry.**, * **Nux v.**]. * Die Magengegend ist gegen Berührung sehr empfindlich [auch **Bry., Lach., Nux v.**]. * Leberentzündung, mit stechenden Schmerzen und Wundheitsgefühl in der Lebergegend. * Leberverhärtung. * Stechende, kneifende Schmerzen im Unterleib, mit Schüttelfrost.

Stuhl.—Durchfall; Stühle grün, schaumig, oder schwefelgelb, mit vorherigem Schüttelfrost [siehe **Dig.**]. Stuhlzwang während des Stuhles und darnach. * Ruhr; blutige Schleimstühle [**Canth., Colo.**, * **Nux v.**]. Dunkelgrüner Schleim; blaßgrüner Schleim [weiße, schleimige Stühle, **Cham., Colch., Sulph.**]. * Die Stühle sind begleitet von Schüttelfrost, Uebelkeit, Kolik und quälendem Stuhlzwang. Schwarze, pechartige Stühle [* **Ars., Chin.**, * **Verat. alb.**—Weiße Stühle, **Calc. c., Dig.**, * **Phos. ac.**—Gallertartige Stühle; fast schmerzlos; schlimmer des Nachts und des Morgens * **Colch.**, * **Podo.**].

Harnorgane.—Harn dunkelroth; wird bald trüb und stinkend. Harn ist dunkelroth, wie mit Blut untermischt. Riecht sauer [wie Harn von Pferden, * **Nit. ac.**]. Brennschmerz in der Harnröhre [beim Harnlassen, **Caust.**—Darnach, * **Canth., Nit. ac.**]. * Tripper; Ausfluß grünlicher Materie.

Geschlechtsorgane.—Schmerzhafte Entzündung der Drüsen und der Vorhaut. * Schankergeschwüre an den Theilen. Unterdrückte Regel [siehe **Puls.**]. * Vorfall der Scheide, mit einem Gefühl von Rauhigkeit [* **Sep.**—Vorfall der Mutter, **Calc. c., Con.**, * **Nux v., Sep.**].

Athmungsorgane.—* Catarrh, mit Schüttelfrost und feuchtem Schnupfen; Heiserkeit; wunder Hals; Husten; Scheu vor frischer Luft. * Trockner, schwächender Husten; Schmerzen in der Brust und dem Kreuz [**Cham.**, * **Nux v., Phos.**—Loser Husten, mit Auswerfen, **Kali b.**, * **Puls.**]. * Keuchhusten. Kurzathmigkeit beim Gehen oder Treppensteigen [**Ars., Calc. c.**]. Lungenentzündung; Stechen in der rechten Brustseite, bis zum Achselblatt hindurch [in der linken Brust, **Lach., Lyc.**]. Brennen in der Brust, bis in den Hals.

Rücken.—Zermalmender Schmerz im Kreuz, namentlich bei sitzender Haltung [bei Berührung des Theiles, **Graph.**]. * Anschwellung der Halsdrüsen; schmerzhaftes Schließen der Kiefern [**Caust., Sil.**].

Extremitäten.—* Zerfleischender Schmerz in der Schulter und dem Handgelenk, namentlich des Nachts und beim Bewegen der Theile. * Grätzartiger Ausschlag an den Händen. * Kalter, klebriger Schweiß an den Hüften und Beinen [an den Füßen, Sulph.]. Lendenweh, mit Eiterbildung [* Hepar, * Sil., Staph.]. Wassersüchtige Anschwellung der Beine und Füße [Apis, Ars., Colch.].

Schlaf.—* Schläfrig bei Tag [namentlich nach dem Essen, Bry., Nux v., Phos.]. Schlaflos bis 3 Uhr des Morgens [kann nach 3 Uhr nicht mehr schlafen, Calc. c., * Nux v.]. Ist sehr unruhig.

Fieber.—Beschleunigter Puls, zuweilen träge und zitternd. Schüttelfrost, namentlich des Abends [Bell., * Puls.]. * Fieberanfälle des Nachts; dabei heftiger Durst. Typhus. Reichliche entkräftende Nachtschweiße [Chin., Phos., * Sil. — Morgenschweiße, nach einem Ausgang, Puls., Sulph.].

Haut.—Juckende Ausschläge; brennen nach Kratzen [Rhus, Staph. —Wund nach Kratzen, Sulph.]. * Krätze; der Ausschlag blutet leicht [siehe Sulph.]. * Geschwüre und Ausschläge von rauhem Aussehen [sehen wie rohes Fleisch aus, mit gezahnten Rändern, * Nit. ac.]. Syphilitische Hautausschläge [mercuriale Geschwüre und Knochenfraß, Nit. ac., Sulph.]. * Wässerige Bläschen; werden gelb und gehen leicht in Eiterung über.

Charakteristische Anzeichen.—* Besonders die Lymphdrüsen sind angegriffen [Hepar, Kali b.]. Die Theile sind angeschwollen und rauh anzufühlen. * Reichlicher Schweiß, der keine Erleichterung verschafft. Symptome bei Nacht durchweg schlimmer, auch bei feuchtem Wetter [Dulc., Rhus].

NATRUM MURIATICUM.
(Kochsalz.)

Geistessymptome. — Niedergeschlagenheit [heitere Stimmung, Croc., Lach.]. Wird leicht verdrießlich [* Bry., * Cham.]. * Auffahren im Schlaf.

Kopf.—Schwindel beim Aufstehen [siehe Kali b.]. Leerheitsgefühl im Kopf [Cocc., Sep.—Kopf so voll, als müßte er bersten, * Acon., * Bell., Sulph.]. Drückender Kopfschmerz von beiden Seiten, als wäre der Kopf in einem Schraubstock [* Merc., Puls.— Druckgefühl in beiden Schläfen von innen nach außen, Bry.]. Klopfen in der Stirn, mit Uebelkeit und Erbrechen; schlimmer des Morgens, besser beim Liegen [schlimmer 3 Uhr des Morgens und beim Liegen, * Bell.]. * Erwacht früh mit heftigem Kopfweh

[siehe **Sulph.**]. Brennen auf dem Scheitel [siehe **Sulph.**]. Periodi=
scher Kopfschmerz während der Regel.

Augen.—* Sind wund, roth; Lider widrig anzusehen. * Dün=
ner, wässeriger, scharfer Ausfluß aus den Augen in Folge Miß=
brauchs von salpetersaurem Silber. Alles hat einen feurigen
Schein [siehe **Ign.**]. Ein Schleier vor den Augen [**Caust., Phos.,
Sulph.**]. Verschwimmen der Buchstaben beim Lesen
[**Chin., Cocc.**].

Ohren.—Stechen und Schmerzen in den Ohren [**Cham., Chin.**].
Stechen und Singeln. Klingen, Sausen u. s. w. [siehe **Chin.**].

Nase.—Bohrende Schmerzen in den Knochentheilen. * Heftiger
feuchter Schnupfen. Hat weder Geschmack noch Geruch [siehe
Merc.]. Die Nase ist schorfig.

Mund und Hals.—* Lippen trocken und gesprungen; geschwol=
lene Oberlippe. * Schwerheitsgefühl der Zunge; erschwertes Spre=
chen [**Nux v.**]. Bläschen auf der Zunge. * Weißer Zungenbeleg.
Wunder Hals; Pflockgefühl [**Bell., Merc., Nux v.**—Als wäre ein
Splitter darin, **Calc. c., Caust., Hepar**].

Magen und Bauch.—Saurer Geschmack. Verlangen nach
bittern Speisen und Getränken [siehe **Hepar**]. * Saures Wieder=
ausstoßen des Genossenen [**Lach., Phos.**—Aufstoßen süßlichen Was=
sers, **Merc.**]. * Widerwille vor Brot [**Lyc., Nux v.**—Brot schmeckt
bitter, **Chin.**]. Verlangen nach Salz [**Calc. c.**—Alles schmeckt zu
salzig, **Carbo v., Sep.**]. Wundheitsgefühl in der Magengrube beim
geringsten Druck. * Nach dem Essen Sodbrennen (Frauen) [**Calc. c.,
Croc.**]. Erbrechen der Speisen, dann von Galle [umgekehrt, **Bry.**].
* Stiche in der Lebergegend [siehe **Bry.**]. Gährung im Bauch [wie
von Hefe, * **Lyc., Phos.**—Nach dem Genuß von Früchten, **Chin.**].

Stuhl.—Verstopfung; Stühle hart, trocken, zerbröckelt; hart=
näckiger Stuhlzwang [Stühle klebrig, fettartig, * **Caust.**]. Durch=
fall; dünner, wässeriger Stühle, mit Kolik. * Aufschärfender
Durchfall wässeriger Stühle, nur des Tages. Vor dem Stuhl
und während desselben Brennen im Mastdarm [**Ars., Canth.**].

Harnorgane.—Harn blaß, mit ziegelrothem Niederschlag [**Puls.**—
Dunkler Harn, mit weißem Niederschlag, **Calc. c., Sep.**—Milchweißer
Harn, **Con., Phos. ac.**—Wird nach kurzer Zeit weiß, * **Cina**]. Harn
braun, schwarz [* **Colch.**]. Rother Sand im Harn [siehe
* **Lyc.**]. * Schmerzen in der Harnröhre nach dem Harnlaß. Un=
willkürlicher Harnlaß beim Husten.

Geschlechtsorgane.—Verspätung der Regel [siehe **Puls.**]. * Ge=
drückte Stimmung während der Regel; Herzklopfen; Kopf=
schmerz des Morgens. Druckgefühl nach unten in den Thei=
len [* **Bell.**, * **Nit. ac.**—Sie muß die Glieder kreuzweise legen, um

einem Vorfall vorzubeugen, * Sep.]. Weißfluß, scharf, grünlich, namentlich beim Gehen.

Athmungsorgane.—* Husten nach dem Schlafengehen; Krämpfe und Erstickungsanfälle des Morgens. Spannende Schmerzen in den Muskeln an der rechten Brustseite. Stechen in der Brust bei tiefem Athemholen, oder beim Husten [Bry., Lyc., Puls.]. * Herzklopfen nach der geringsten Bewegung [Dig.]. Unregelmäßiger Herzschlag [Lach., Sep.].

Rücken.—Schmerz im Kreuz. Schmerzhafte Steifheit des Halses [Bell., Bry.]. Der Schmerz läßt nach beim Ruhen auf einer harten Unterlage [* Rhus.—Schmerz, als ob die Theile einem harten Gegenstand zur Unterlage hätten, * Arn.].

Extremitäten.—Erschlaffung und Schwerheitsgefühl der Arme [Caust.]. Gefühl von Erlahmung, als wären die Schultergelenke verrenkt [Nux v.]. Hüftenschmerz, wie von Verstauchung [wie von Verrenkung, Bry.]. * Schwerheitsgefühl in Beinen und Füßen. Anschwellen der Füße [* Ars., * Chin.].

Schlaf.—Schläfrig bei Tag; schlaflos bei Nacht [Merc., * Sulph.]. Träumt verrücktes Zeug. Spricht im Schlaf [Sep., * Sulph.].

Fieber.—Puls unregelmäßig, namentlich beim Liegen auf der linken Seite. Schüttelfrost und Mangel an animalischer Wärme. Wechselfieber. Schüttelfrost, mit Durst; darnach Fieber, mit Durst und Kopfschmerz; schließlich Schweiß. * Der Fieberschauer stellt sich gegen 10 Uhr des Morgens ein; fängt an den Füßen an. * Veraltete, oder falsch behandelte Fieberfälle, namentlich nach Mißbrauch von Chinin [Puls.].

Haut.—Ausschlag über den ganzen Körper; dabei Stiche unter der Haut. * Nesselsucht nach Ueberanstrengung [Erkältung, * Dulc. Nach Naßwerden, Rhus].

Charakteristische Anzeichen.—* Fallen vom Fleisch bei gutem Leben [auch * Calc. c.]. Pulsiren im ganzen Körper nach der geringsten Anstrengung. Ueble Folgen von Verlust von Lebenssäften Calc. c., Chin., Phos. ac.]. Empfänglich für Erkältung. Meistens schlimmer am Morgen gegen 10 Uhr; schlimmer beim Liegen, besser beim Aufsitzen; auch beim Liegen auf der rechten Seite.

NITRIC ACID.

(Salpetersäure.)

Geistessymptome.—Traurig [auch Nat. m., Puls., Rhus.—Heiter, Croc., Lach.]. Todesfurcht [Ars., Nux v.]. Ist sehr nervös

[Canth.]. Unfähig zur Arbeit [Con., **Phos.**—Will nicht spre=
chen, Dig., Phos. ac.].

Kopf.—Kopfschmerz am Morgen beim Gehen [Calc. c., Nat. m.,
* Sulph.]. Kopf schmerzt, als wäre er eingeschnürt [Merc.—Besser
nach Druck, Puls.]. Stiche in den Schläfen, namentlich auf der
rechten Seite. * Klopfender Schmerz in den Schläfen [* Acon.,
* Bell.].

Augen.—Stechen in den Augen [Bry., Lyc.]. Schmerzen in den
Augen [wie von Salz, Nux v.]. Lähmung der obern Lider [siehe
Gel.]. Schwarze Punkte vor den Augen [Carbo v., Merc.]. Dop=
peltsehen [Hyos.]. Kurzsichtigkeit [Fernsichtigkeit, Nat. m., Calc. c.].

Ohren.—Stechen im rechten Ohr. * Harthörigkeit, beson=
ders nach Mandelverhärtung; nach Mißbrauch von Mercur [Chinin,
Puls.]. Bohrende, klopfende Ohrenschmerzen [siehe Merc.].

Nase.—Brennen, Wundheit und Schorf. Uebelriechender, gelber
Ausfluß [Puls.—Grüne Materie, Graph., Kali b., * Merc., Puls.—
Siehe Kali b.]. Feuchter Schnupfen, mit Gliederschmerzen Ars.,
Merc.—Stockschnupfen, Dulc., * Nux v., Sep.]. * Uebler Ge=
ruch aus der Nase.

Gesicht. — Dunkelgelbe Farbe. * Schwarze Poren im Gesicht
[Dig.]. Kleine Finnen im Gesicht. Ziehender Schmerz in den
Backenknochen. Anschwellung der Unterkieferdrüsen.

Mund.—* Klopfender Kopfschmerz, besonders des Nachts im Bett
[Sep.]. Zahnfleisch weiß, geschwollen und blutend. Trockenheit
des Mundes, mit Durst [ohne Durst, Bell.]. * Mund voll von
übelriechenden Geschwüren; blutiger Speichel; fauler Athem,
[* Nux v.].

Magen und Bauch.—* Bitterer Geschmack, namentlich nach dem
Essen [Ars., Bry., Puls.]. Verlangen nach fetten Speisen, Häringen,
Kreide, Kalk [Nux v. — Siehe Hepar]. * Anhaltender, heftiger
Durst. Saures Aufstoßen [Bry., Calc. c., Phos.]. * Uebelkeit
und Magenbeschwerden, besser nach Bewegung [siehe Cocc.]. Stiche
in der Lebergegend. Schneidende Bauchschmerzen; des Morgens
namentlich und nach dem Aufstehen. Eiterung und Anschwellung
der Leistendrüsen [Merc.].

Stuhl und After.—* Harte, beschwerliche Stühle. Durchfall;
übelriechende Schleimstühle, oft unverdaut. Ruhr, mit blutigen
Stühlen und Stuhlzwang [siehe Merc.]. * Blutungen der Einge=
weide bei Typhus [* Entleerungen schwarzen, verbrannten Blutes,
Phos.—Unwillkürliche wie aasriechende Stühle, Ars.,
* Carbo v.]. * Alte Hämorrhoidengeschwüre; sind schleimig und
bluten nach dem Stuhl. Risse im After.

Harnorgane.—Harn dunkelbraun und übelriechend. * Hat einen scharfen Geruch, wie von Pferden. *Blutharnen; Drang nach dem Harnlaß, mit Erschütterung entlang des Rückgrades [siehe Canth.].

Geschlechtstheile.—*Secundäre Syphilis, nach Mißbrauch von Mercur. Brennende und juckende Geschwüre in der Scheide [schmerzlose, *Sulph.]. *Regel zu früh und zu reichlich [*Bell., *Calc. c., Cimi.—Zu spät, blaß und spärlich, Graph., *Puls., Sulph.—Siehe Puls.]. *Heftiges Druckgefühl, als wollte Alles aus der Mutter herausdringen; dabei Kreuzschmerzen bis unter die Hüften hindurch. *Weißfluß, kirschbrauner Farbe und stinkend [Chin.—Grün, beißend, Merc., Sep.—Milchweiß, Con., Phos., Puls.].

Athmungsorgane.—*Trockner, bellender Husten des Abends beim Niederliegen [siehe Hepar]. Heftiger, erschütternder, bellender Husten, mit blutigem, klumpigem Auswurf, oder von gelbem Eiter, bitteren oder salzichten Geschmackes. Kurzathmigkeit und Herzklopfen; Beklemmung beim Treppensteigen [Ars., *Calc. c., Merc.] Versiegen der Milchdrüsen.

Fieber.—Puls sehr unregelmäßig. Fieber und Schüttelfrost des Nachmittags. Hitze, mit Schweiß und Schwäche. Wechselfieber; Frost des Nachmittags; dann Hitze über den ganzen Körper; später Schweiß; keine Hitze in irgend einem Stadium [siehe Puls.]. Widriger, nach Harn riechender Schweiß [Colo.—Nach Schwefel, Phos.—Faul, Staph.—Sauer, Merc., Sil.].

Haut.—*Leicht blutende Geschwüre; sehen wie raubes Fleisch aus [Merc.]. Blutwässerige Geschwüre und Knochenfraß [siehe Lach.]. Schwarze Poren der Haut [Sulph.].

Charakteristische Anzeichen.—Wirkt namentlich auf die schleimigen Abzugskanäle, wie Mastdarm, After, Mutterscheide und Mund. *Bei Krankheiten, denen das Vorhandensein heftiger Giftstoffe zu Grunde liegt, wie syphilitische, mercuriale und scrophulöse Miasmen. Namentlich für Personen von dunkler Hautfarbe, schwarzen Augen und schwarzem Haar. Schwäche, mit Schwerheitsgefühl und Gliederzittern. Symptome schlimmer am Abend und des Nachts. Besser vom Fahren [umgekehrt, Cocc.].

NUX VOMICA.
(Brechnuß.)

Geistessymptome. — Hypochondrische Stimmung. *Lärm, Sprechen, starke Gerüche und helles Licht sind unerträglich

[siehe * Bell.]. Sehr reizbar; wünscht allein zu sein [Chin.—Fürch=
tet sich allein zu sein, * Ars., Lach.]. * Ist streitsüchtig [Bry.,
Cham., Lyc.]. Macht oft Sprachfehler und gibt verkehrte Antworten
[Gel.]. * Wahnsinnige Mordlust. * Geistesstörung bei Trunken=
bolden (delirium tremens). Stotterndes Dilirium [Hyos., Rhus].
* Erregtheit in Folge von Trunkenheit und nächtlichen Ausschwei=
fungen. Die Zeit verstreicht ihm zu langsam.

Kopf.—* Schwindel, mit Verdunklung des Gesichts und Ohren=
sausen. * Kopf fühlt zu groß [zu klein, Coff.]. Schmerzen im Kopf,
als wollte er bersten; dabei saures Erbrechen in Folge verdorbenen
Magens [Bry.]. Kopfschmerz vom Genuß des Weines, Kaffees;
von angestrengter Geistesarbeit und eingewurzelten Gewohnheiten.
* Drückender Schmerz oben auf dem Kopf [Ign.]. Symptome
schlimmer am Morgen; in kalter Luft; von geistigen Anstrengungen
und beim Liegen [siehe Bell.].

Augen. — Druckgefühl der oberen Augenlider, namentlich des
Morgens. * Schmerzlose Flecken in der Hornhaut, wie ausgetre=
tenes Blut. Blut sickert aus den Augen [Bell., Carbo v., Cham.].
Brennschmerzen, wie von Salz [wie von Sand, Caust., Puls.,
Sulph.]. Ist am Tage gegen Licht empfindlich [gegen
Kerzenlicht, Hepar, Phos.].

Ohren. — Ohrenschmerz; Reißen und Stechen [siehe Cham.].
Ohrensausen. * Ohrenklingen [siehe Chin.]. Dröhnen, früh des
Morgens] Bell., Lyc., Nit. ac.].

Nase.—Fließender Schnupfen am Tage; trockner bei Nacht [siehe
Merc.]. Erstes Stadium eines einfachen Schnupfens;
dabei betäubendes Druckgefühl im Kopf.

Gesicht.—Gelbe Hautfarbe [Merc.]. Röthe und Hitze der einen
Wange, Blässe der andern [Acon., * Cham.].

Mund und Hals.—Zerreißende Zahnschmerzen, vermehrt von
kalten Getränken, Erleichterung von Wärme [umgekehrt, * Bry.,
Coff., Puls.]. Zahnfleisch geschwollen, weiß und faulig; blutend
[Nit. ac.]. Blutiger Speichel [Ars., Hyos., Merc., Rhus].
* Mundfäule; stinkende Geschwüre im Mund und Rachen [Nit.
ac.]. Zunge schwarz und gesprungen, mit hellrothen Rändern [siehe
Lyc., Merc.]. Schwere Zunge [Colch., Nat. m.]. Wunder Hals;
Gefühl beim Schlingen, als wäre der Hals roh. Brennen bis zum
Mund hinauf. Pflockgefühl im Hals [Hepar, Ign.—Wie von Split=
tern, * Hepar, Nit. ac.]. Hals ist wie zusammengeschnürt [Nat. m.,
Hyos.]. Wunder Hals in Folge von Schnupfen.

Magen und Bauch. — Hunger; dabei Widerwille vor
Speise. Verlangen nach Branntwein und Kreide [siehe Hepar].
Fauler, bitterer Geschmack am Morgen [Merc., Puls.]. * Bitteres,

saures Aufstoßen [Nit. ac., Phos.]. * Ausrülpsen einer bitteren Flüssigkeit [Bry., Ign., Puls. — Süßlichen Wassers, Merc. — Geschmackloser Flüssigkeit, Dig.]. Uebelkeit nach dem Essen [Ars., * Bry., Puls. — Nach dem Trinken, Puls., Rhus]. Erbrechen von Speise; von saurem Schleim; von klumpigem Blut [siehe * Ipe.]. Erbrechen bei schwangeren Frauen [Con., Verat. alb.]. Die Magengegend ist gegen Berührung sehr empfindlich [Bry., * Merc., * Phos.]. Kann keine beengende Bekleidung des Leibes vertragen [Chin., Hepar, * Lyc.]. Vollheitsgefühl auch nach dem kleinsten Imbiß [* Chin., Lyc.]. Druck im Magen, wie von einem Stein; namentlich nach dem Essen [* Ars., Bry., Merc., * Puls.]. * Zusammenziehender, krampfartiger Magenschmerz [siehe Colo.]. Klopfen im Magen [* Puls., Rhus, Sep.]. * Brennen im Magen [siehe Ars.]. Klopfen in der Lebergegend [siehe Bry.]. * Schneidende, kneifende Schmerzen im Bauch, mit Neigung zum Erbrechen. Brucheinklemmung [Opi.]. Nabelbruch bei Kindern.

Stuhl. — * Anhaltende Verstopfung großer, schwieriger Stühle, mit erfolglosem Stuhldrang [Bry., Con., Lyc.]. Ruhr, mit Schneiden im Nabel und Druck auf den Mastdarm; kothige, blutige Schleimstühle [flüssige, mit Klumpen untermischte, Con., Lyc.]. Pechartige Stühle, mit Blut [schwarze, faule Stühle, Ars., Chin.]. Schmerzhafte Hämorrhoidengeschwüre.

Harnorgane. — Nierenkolik; die Schmerzen erstrecken sich bis zu den Geschlechtstheilen und dem Bein. Schmerzhafter, meist erfolgloser Harndrang, Puls.]. * Harndrang; nur einige Tropfen rothen, blutigen und brennenden Urins gehen ab [Canth.]. * Blutiger Urin [Ipe.].

Geschlechtsorgane. — Zusammenziehende Schmerzen in den Hoden. Regel zu früh und zu reichlich, mit dunklem Blutfluß [Bry., Cimi. — Verspätete Regel, blaß und spärlich, Graph., * Puls., Sulph. — Siehe Puls.]. * Stets unregelmäßige Regel [* Sep.]. Schmerzhafte Regel. Uebelriechender Weißfluß; färbt die Leinwand gelb; dabei Schmerzen in der Mutter [siehe Nit. ac.]. * Falsche und erfolglose Geburtswehen, mit häufigem Stuhl- und Harndrang. Vorfall der Mutter in Folge von Ueberanstrengung [Rhus].

Athmungsorgane. — Erstes Stadium des Bronchialcatarrhes; Stockschnupfen und trockner Husten. * Trockner Husten, mit Beengungsgefühl um den Leib. Husten schlimmer um Mitternacht und am Morgen; von Anstrengung; beim Liegen auf dem Rücken; vom Essen und Trinken [besser darnach, Spong. — Nach einem Trunk kalten Wassers, Caust. — Beim Aufsitzen im Bett, * Hyos., Puls.]. Schmerzhafte, klopfende Stöße nach dem Herzen hin. Herzklopfen, mit Brechneigung und Schwerheitsgefühl in der Brust [siehe **Dig.**]. Druck auf die äußern Brusttheile, wie von einem Gewicht.

Rücken. — Ziehende Schmerzen im Genick [**Chin., Puls.**]. Schmerz zwischen den Schulterblättern. Zermalmender Schmerz im Rücken, schlimmer nach Druck oder Berührung [**Merc., Phos.**].

Extremitäten. — Plötzliches Schwinden der Kräfte in den Armen (des Morgens). Lähmung des Armes, mit einer ungestümen Erschütterung, als wollte das Blut aus den Gefäßen hervordringen. Die Hände werden schläfrig und erstarren. * Betäubung und Lähmung der untern Glieder [**Lyc.**]. Betäubung und Erstarrung der untern Beintheile. Knacken in den Kniegelenken bei Bewegung [**Cocc., Con.**].

Schlaf. — Kann nach 3 Uhr Morgens nicht schlafen: so voll ist der Kopf von allerhand Gedanken [**Calc. c., Sep.** — Kann vor 3 Uhr nicht schlafen, **Merc.**]. Müdigkeit am Tage und nach dem Essen [**Bry.,** * **Phos.**].

Fieber. — Schüttelfrost; keine Erleichterung bei äußerlicher Hitze [**Bell., Phos.**]. Schüttelfrost am Abend und des Nachts; schlimmer von Bewegung und nach dem Trinken [siehe **Ars.**]. * Kälte über den ganzen Körper; Haut und Fingernägel sind blau. Kaltes Fieber, mit Magenstörungen [**Ipe., Puls.**]. Große Hitze, will aber doch zugedeckt sein [**Hepar.** — Will unbedeckt sein, **Hyos., Sec. cor.**]. Fieber des Nachmittags und am Abend. Schweiß nach Mitternacht.

Charakterische Anzeichen. — Passend für dünne, schlanke Personen [magere Personen von dunkler Gesichtsfarbe, mit schwarzen Haaren und Augen, **Nit. ac.**]. * Stoßen durch den ganzen Körper [Klopfen durch den ganzen Körper, **Puls.**]. Schwerheitsgefühl des Körpers [Leichtigkeitsgefühl, **Sep.** — Kleinheitsgefühl, **Stram.**]. * Üble Nachwirkungen von Kaffee, Tabak, Spirituosen, sitzender Lebensweise und Schlaflosigkeit. Schlimmer des Morgens nach dem Essen, auch nach Berührung; starkes Drücken verschafft Erleichterung.

OPIUM.

(Opium.)

Geistessymptome. — Furchtsamkeit und plötzliches Auffahren. Ist heiter [**Lach., Croc.** — Traurig und verzweifelnd **Lyc., Phos. ac.**] Ist gleichgültig und theilnahmlos. * Sie wähnt außer dem Hause zu sein. * Irrereden; Augen weit offen; Gesicht roth und aufgedunsen. Vollständige Bewußtlosigkeit [Bell.]. * Vollständiger Verlust des Gedächtnisses [ist äußerst vergeßlich, **Merc.**, **Nat. m.**, **Sulph.**]. * Delirium tremens, mit Abgestumpftheit, Betäubung, Schnarchen. * Schlagfluß, mit Bewußtlosigkeit; das Gesicht ist roth und aufgedunsen; Augen halb geschlossen; Pupillen erweitert; Schaum aus dem Munde; lautes Schnarchen.

Kopf.—Vollheitsgefühl und Betäubung, wie von Trunkenheit [schwankt gleich einem Betrunkenen, **Gel.**]. Schwindel beim Aufstehen; muß sich niederlegen. Beengungsgefühl des Kopfes. Klopfen der Kopfpulsadern [**Hyos.** — * Der Halsadern, **Bell.**]. * Schwerheitsgefühl des Kopfes [**Calc. c.**, **Phos. ac.**, **Sulph.**—Leichtigkeitsgefühl, **Stram.**].

Augen.—Die Augen sind halb offen und nach oben gerichtet [die Augenlider sind schwer und sinken, * **Gel.**, **Rhus**, **Sep.**]. * Pupillen erweitert und unempfindlich gegen Lichteinwirkungen.

Gesicht. — * Ist dunkelroth und aufgedunsen [**Bell.**, **Hyos.**]. Zuckende Bewegung der Gesichtsmuskeln. Die Blutadern sind erweitert. * Niederhangen des Unterkiefers [**Lach.**, **Lyc.**—Mundsperre; Zähne sind fest auf einander gepreßt, **Hyos.**].

Magen und Bauch. — Erbrechen, mit Kolik und Convulsionen. Blutbrechen [siehe **Ipe.**]. * Koth- und Harnerbrechen. Bleikolik [* **Nux v.**]. Brucheinklemmung [**Nux v.**].

Stuhl. — * Verstopfung; Stühle rund, hart, schwarz [Stühle lang, dünn und hart, **Caust.**, * **Phos.**]. * Unwillkürliche Stühle nach Schreck [siehe **Gel.**].

Athmungsorgane.—Schweres, intermittirendes Athmen, wie von Lungenlähmung [**Lyc.**, **Tart. em.**]. * Tiefes Schnarchen; Athmet mit offenem Mund.

Schlaf.—* Sehr schläfrig, aber kann nicht schlafen [auch * **Bell.**, **Ferr.**]. * Müdigkeit und Neigung zum Schlaf [**Camph.**, **Hepar**, * **Phos.**, **Sec. cor.**—Schlaflos, * **Coff.**, **Colo.**]. Betäubender Schlaf, mit halb offenen Augen und lautem Schnarchen [**Stram.** —Schreit im Schlaf laut auf, **Bell.**, **Cham.**, **Stram.**—Bettzupfen während des Schlafes, **Hyos.**].

Fieber.—* Puls voll und langsam, mit erschwertem Athmen und Schnarchen [Puls fadenartig, schwach, langsam, **Verat. alb.**]. Wechselfieber; Schüttelfrost; fällt im kalten Stadium in Schlaf; kein Durst; Durst und reichliches Schwitzen im heißen Stadium. Typhus, mit Betäubung; schnarcht mit offenem Munde, Gliederzucken und Schweiß auf dem heißen Körper.

Charakteristische Anzeichen.—Passend für Kinder und alte Leute.

* Allgemeines Unwohlsein, mit Betäubung. Summen durch den ganzen Körper. * Nach Schreck, mit Furcht; Convulsionen. Schreien vor und während der Krämpfe. * Nach Schreck; anhaltende Furcht in Folge des Schreckens. Schlimme Wirkungen vom Schreck [Hyos., Verat. alb.]. * Gefühl, als wäre das Bett zu heiß; kann nicht darin liegen [zu hart, * Arn., Bapt.]. Patient schlimmer beim Schwitzen, während des Schlafes und darnach.

PHOSPHORUS.
(Phosphor.)

Geistessymptome.—Große Niedergeschlagenheit. * Furcht= samkeit, als ob in jedem Winkel etwas umherkröche. [Furcht vor Gespenstern, Acon.]. * Neigung zum Auffahren. Zur Arbeit nicht aufgelegt [Con., Nit. ac., Nux v.—Nicht aufgelegt zum Sprechen, Dig., Phos. ac.]. Verlust des Gedächtnisses [* Opi.].

Kopf.—Schwindel des Morgens beim Aufstehen, oder nach dem Sitzen [siehe Kali b.]. Dumpfer, betäubender Kopfschmerz, schlim= mer des Morgens und beim Bücken; besser beim Liegen und in kal= ter Luft [umgekehrt, Bell., Nux v.]. Blutandrang nach dem Kopf, mit brennenden, stechenden, klopfenden Schmerzen. Brennen in der Stirn [siehe Sulph.]. Leerheitsgefühl im Kopf, mit Schwindel [Ign.]. Summen in dem Kopf.

Augen.—* Ophthalmia, mit Brennen, Jucken und Druck, wie von Sand in den Augen. Scrophulöse Augenentzündung [siehe Merc.]. Des Morgens kleben die Lider zusammen; am Tage Absonderung zähen Schleimes [Caust.]. * Häufige Anfälle plötz= licher Erblindung [* Caust., Merc., Sil.]. Schwarze Punkte vor den Augen [Carbo v., * Merc., * Nit. ac.].

Ohren.—Klopfen in den Ohren [Calc. c., Hepar, Nat. m.]. * Lau= tes Schwirren vor den Ohren [siehe Merc.]. Harthörigkeit, als wäre ein fremder Körper im Ohr [siehe Puls.].

Nase.—Häufiges Nasenbluten des Morgens [Bry.—Des Nachts; während des Stuhles oder von körperlicher Anstrengung, Rhus.—Nach unterdrückten Hämorrhoiden, Nux v.].

Gesicht. — * Blasse, kränkliche Hautfarbe. Todblasses Ge= sicht [* Ars., Carbo v., Verat. alb.]. * Reißende Schmerzen in den Knochentheilen, als wollten die Theile herausdringen. Kranz= förmige Gesichtsröthe [Calc. c., Sulph.].

Mund und Hals. — Zahnschmerz, mit geschwollenen Wangen [Arn., Cham., Sep.]. Zahnschmerz vom Waschen. * Trockne

Zunge; sie ist mit weißem Schaum belegt [Zunge trocken; wird schwarz und gesprungen, Ars., Lyc., Merc., Verat. alb.]. * Wunder Mund bei Säuglingen. Brennen der Speiseröhre [* Ars., Canth., Merc. — Kälte darin, Carbo v., Verat. alb.]. Trockenheit im Schlundkopf und Rachen bei Tag und Nacht. * Am Morgen Ausräuspern von Schleim [Lach., Nat. m.—Blutiger Schleim, Lyc.].

Magen und Bauch.—* Verlangen nach kalten Getränken. Hunger gleich nach dem Essen [Merc., Staph.]. Bitterer Geschmack nach dem Essen, Lyc., Puls.—Alles schmeckt bitter, * Bry., Colo.—Schmeckt sauer, Nux v., Puls.]. * Saures Aufstoßen nach jedem Mahl [Bry., Calc. c.]. * Aufstoßen von Wind nach dem Essen [Hepar]. Saures Wiederausstoßen der Speise [Nat. m., Nux v., Sulph.]. Erbrechen von Galle oder sauren Substanzen [* Ipe., Nux v.]. * Erbrechen aller Getränke, sobald sie im Magen warm geworden. Magengegend schmerzt bei Berührung, auch beim Gehen [Ars., Bry., Merc.]. Magenentzündung, mit Brennen vom Hals bis zu den Eingeweiden [Ars., Canth., Merc.]. Kältegefühl im Bauch [Ars., Sec. cor.]. Brennen im Magen [Canth., Lach., Sep., Sil.]. * Scharfe, schneidende Schmerzen in den Eingeweiden.

Stuhl.—* Stühle lang, dünn, hart wie von Hunden; gehen nur mühsam ab [Caust.]. Verstopfung wechselt mit Durchfall [Ant. c.]. Schmerzloser, schwächender Durchfall; schlimmer des Morgens [Apis, * Podo., Sulph.]. Grüne Schleimstühle; * weiße, wässerige, körnig wie weißer Sago [grün, schleimig, wie Schaum auf einem Froschteich, * Mag. c.]. Unverdaute Stühle [* Chin., Ferr., Phos. ac., Podo.]. Blutige Stühle [Colch., Colo., * Merc.]. * Unwillkürliche Stühle; der After bleibt offen [Apis].

Harn.—Harn braun, mit Niederschlag rothen Sandes [* Lyc.]. Blutharn. Ziegelrother Niederschlag [Chin., Nat. m., Puls.].

Geschlechtsorgane.—Männliche. * Unwiderstehliches Verlangen nach Beischlaf [Calc. c., Canth., Nux v.—* Vermindertes Verlangen, Hepar, Lyc., Mag. c.]. Stechen im Becken, von der Scheide bis zur Mutter. * Regel zu früh und zu spärlich [Con., Nat. m., Sil.—Zu spät und zu spärlich [Graph., Hepar, * Puls.— Verfrüht und zu reichlich, * Bell., * Calc. c., Nit. ac., Sabi.]. Reichlicher, schmerzender, ätzender Weißfluß [Con., Puls.].

Athmungsorgane.—Heiserkeit am Morgen [Carbo v., * Caust., Sulph.].—Am Abend, Calc. c., Kali b., Lach.]. Gänzlicher Verlust der Stimme [Bell., Bapt., Merc., Sulph.]. * Heftiger Schnupfen, mit Heiserkeit [Cham., Merc., Nux v.]. Kann vor Schmerzen im Kehlkopf nicht sprechen [Bell.]. Husten von Kitzeln im Hals; schlimmer von kalter Luft, lautem Lesen, Sprechen, Lachen u. s. w.

* Husten, mit blaßrothem, rostfarbenem, oder blutigem, schaumigem Auswurf [* Bry., Rhus.—* Grau, salzicht, Lyc.— Grün, Lyc., Phos., Puls.—Grün, mit bitterem Geschmack, Sulph. —Salzicht, stinkend, eiterig, Kali b., Nit. ac., Sep.—* Durchsichtig, zähe, Ferr., Kali b.—Gelb, Ign., Phos. ac., Puls.]. * Beengung der Brust, mit trocknem, festem Husten [Puls.]. * Lungenentzündung (linke Seite), mit scharfen Stichen in der Brust; rostfarbener Auswurf; unterdrücktes Athmen, rasch und ängstlich [siehe * Bell.]. Voll= und Schwerheitsgefühl in der Brust [Calc. c., Puls., * Sep.].

Rücken.—Schmerz im Rücken; ist wie zerbrochen [Graph., Mag. c.]. Brennen im Rücken [Ars.—Zwischen den Schultern, Lyc.].

Extremitäten.—Stiche im Ellbogen und den Schultergelenken. Krampf in den Händen. Gefühl von Schwere in den untern Gliedern. Erstarrung der Lenden und Zehen. * Brennen der Füße [Calc. c., Sulph.].

Schlaf.—Sehr schläfrig nach dem Essen, namentlich dem Mittagessen [Bry., Lyc., Nux v.] Große Müdigkeit [siehe Opi.].

Fieber.—Puls rasch und voll, oder klein und schwach. Frost, gewöhnlich des Abends; nicht besser von Ofenwärme [Bell., Nux v. —Besser von äußerlicher Wärme, Ars., * Ign.]. Kein Durst; will zugedeckt sein. Fieberische Hitze und Nachtschweiße. * Typhusartiges Fieber, mit Betäubung; Lippen und Zunge sind trocken und schwarz; der Mund steht offen [siehe Lyc.]. Hektisches Fieber. * Nachtschweiße.

Haut.—Brennendes Jucken über den ganzen Körper. Trockne Flechten [Calc. c., Sulph.].

Charakteristische Anzeichen.—Passend für lange, schlanke Personen, mit heller Haut und blondem, oder rothem Haar. * Schwäche in Folge von entzogenen Lebenssäften [* Chin., Calc. c., Phos. ac.]. Große nervöse Schwäche, Zittern [Cocc., Stram.]. Abmagerung [Ars., Lyc.]. * Starkes Bluten kleiner Wunden [Lach.]. Schlimmer des Abends von Lichteinwirkungen [besser davon, Stram.]. Besser im Dunkeln. Besser nach dem Schlaf [schlimmer darnach, Apis, Lach., Opi., Verat. alb.].

PHOSPHORIC ACID.

(Phosphorsäure.)

Geistessymptome. — * Vollständige Gleichgültigkeit [Chin, Lyc., Merc., Sep.]. * Ist zum Sprechen nicht aufgelegt [* Bell., Con.,

Ign., Nit. ac.]. Stille Traurigkeit [* Ign., Puls.]. Ist niederge=
schlagen und ängstlich um die Zukunft. Sinnestäuschung.
* Irrereden, Schläfrigkeit und Betäubung.

Kopf. — Gefühl wie von Trunkenheit, mit Summen im Kopf
[Nux v.—Siehe Gel.]. * Fürchterlicher Schmerz oben auf dem
Kopf, als wäre das Hirn zermalmt; nach langwierigem Kummer.
Schwere des Kopfes [Calc. c., Nat. m., Rhus, Sulph.]. Kopf=
schmerz; muß sich niederlegen; schlimmer von der leisesten
Bewegung oder Geräusch [Bell., Kali b.]. Summen im
Kopf.

Augen. — Entzündung; Gerstenkorn am obern Lid [Lyc., Puls.—
Am untern, Rhus]. Die Augen werden vom Sehen ins Helle
geblendet. Kälte der innern Hautflächen der Lider.

Ohren. — Klingen in den Ohren [siehe * Chin.]. Dröhnen,
Summen [Bell., Lyc., Nit. ac.]. Scheut Unterhaltung und Licht
[Acon., Ars.—Musik, Lyc., Phos., Sulph.].

Mund. — Bei Nacht brennender Schmerz in den Zähnen; schlim=
mer nach Kaltem oder Heißem. Das Zahnfleisch steht von
den Zähnen ab, ist wund und blutet leicht beim Rei=
ben. * Klebriger, zäher Schleim im Mund und auf der Zunge
[Merc., Puls.—* Zunge trocken und schwarz, Ars., Lach., Lyc., Merc.
—Siehe Lyc.]. Trockenheit der Zunge und des Halses,
ohne Durst [Bell.].

Magen und Bauch. — Uebelkeit, als ob im Gaumen. Verlangt
nach etwas Erfrischendem, Saftigem [Verat. alb.—Siehe Hepar].
* Brot schmeckt bitter [alle Speisen und Getränke schmecken bitter,
* Bry., Colo., Puls.]. Druck im Magen wie von einem Gewicht;
dabei Schläfrigkeit. * Schwappgefühl im Magen [als hänge er
schlaff nieder, * Staph.—Gefühl wie von einem Wurm im Magen,
Crocc., Lach.]. Gefühl von Schwere in der Lebergegend [siehe
Podo.]. Krampfschmerzen im Bauch [siehe Nux v.].

Stuhl. — * Durchfall, epidemischer Cholera vorangehend [auch
Phos., Sec. cor., Verat. alb.]. * Reichliche, wässerige Stühle;
schmerzlos [Phos., Podo.—Stühle schwarz, Camp., Chin., * Verat.
alb.]. Durchfall, nicht entkräftend.

Harnorgane. — * Milchartiger Urin, vermischt mit gallertartigen,
blutigen Stücken; dabei Schmerzen in den Nieren. * Bei Nacht
Entleerung beträchtlicher Massen farblosen Harns [* Cham.].
Harnruhr.

Geschlechtsorgane. — Jucken und Stechen in der Eichel. Nagen=
der Hodenschmerz. * Samenfluß, namentlich nach Onanie [Chin.,
Gel., Phos.]. * Verfrühte und zu lang dauernde Regel, mit
Schmerzen in der Leber. * Geschwüre an der Mutter; reich=

liche, faule, blutige Entleerung, mit Jucken und aufschärfenden Schmerzen [Hepar].

Athmungsorgane.—Heiserkeit und Rauhheit des Halses [auch **Phos.**]. Husten von Kitzel im Halse und in der Magengrube; Auswerfen nur am Morgen [* **Mag. c.**, **Nux v.**, **Puls.**, **Sep.**—Auswerfen nur des Nachts, * **Caust.**, **Staph.**, **Tart. em.**]. Husten, mit eiterigem, widrigem Auswurf [**Ars.**, **Calc. c.**, **Sulph.**].

Schlaf.—Schlaflosigkeit bei Tag; bei Nacht [**Lyc.**, **Merc.**, * **Sulph.** —* Schläfrig, aber kann nicht schlafen, **Bell.**, **Opi.**]. Beängstigende Träume.

Fieber.—Puls unregelmäßig, häufig intermittirend. Frost, mit Fieberschauder am Abend, gefolgt von erschöpfendem Schweiß. Typhus. Wechselfieber. Schüttelfröste über den ganzen Körper; Finger eiskalt, ohne Durst; dann Hitze, ohne Durst, oder heftige, das Bewußtsein raubende Hitze. * Reichlicher Morgenschweiß [**Chin.**—Schwächende Nachtschweiße, **Calc. c.**, * **Merc.**, **Sil.**].

Haut.—Scharlachartiger Ausschlag [**Bell.**]. Ausschlag über den ganzen Körper; mehr Brennen als Jucken. Juckende Geschwüre; namentlich, wenn diese alt und flach sind; dabei schmutziger Eiter [siehe **Merc.**].

Charakteristische Anzeichen.—Wirkt namentlich auf das Nervensystem [**Cocc.**]. * Kinder mit blassem, krankem Blick; große Schwäche; schmerzloser Durchfall; schlotternder Gang. Für Kinder und junge Leute, die zu schnell wachsen [die zu fett werden, * **Calc. c.**]. * Schwäche in Folge von entzogenen Lebenssäften [**Calc. c.**, * **Chin.**, * **Phos.**]. Uebele Nachwirkungen von Kummer, Sorge, unglücklicher Liebe [**Gel.**, **Ign.**]. * Schmerz in der Knochenhaut, als wäre sie geschabt [**Rhus**]. Schmerz schlimmer beim Ruhen, besser nach Bewegung.

PHYTOLACCA.

(Poke.)

Kopf.—Wundheitsgefühl tief im Gehirn. Kopf fühlt sehr leicht und hohl [siehe **Ign.**]. * Kopfschmerz, mit Uebelkeit; schlimmer beim Gehen, Niederblicken und Bücken. Dumpfer, stetiger, tief liegender Schmerz, namentlich in der Stirn.

Mund und Hals.—Zunge ist rauh; Bläschen zu beiden Seiten; rothe Spitze. Metallischer Geschmack [auch **Merc.**, **Nux v.**]. Rauhheitsgefühl in dem Schlundkopf, mit Trockenheit des Halses. Diphtherische Entzündung und Schwärung des Halses.

* Schlund, Mandeln und Luftröhre sind mit einer dunkeln, falschen Haut belegt. Widriger Athem. Gefühl, als steckte ein rothglühender Eisenklumpen in dem Schlund. Erweiterte Mandeln; sind dunkelroth. Beständiges Erstickungsgefühl; kann nur Flüssigkeiten schlucken.

Harn.—Dunkelrother Harn; hinterläßt einen tiefrothen Fleck im Gefäß [einen röthlichen lehmfarbenen, **Sep.**]. Eiweißartiger Harn. * Schmerz in der Blasengegend.

Geschlechtsorgane.—* Regel zu oft, zu reichlich; vermehrter Speichel und Harn. * Schmerzhafte Regel unfruchtbarer Frauen. * Entzündung, Anschwellung und Eiterung der Brüste.

Charakteristische Anzeichen.—Passend für rheumatische Personen. Chronischer Rheumatismus, wo die Knochenhaut in Mitleidenschaft gezogen ist; schlimmer bei feuchtem Wetter [siehe **Rhus**]. Die rechte Seite namentlich ist angegriffen. Vermehrte Schmerzen nach Druck und Bewegung.

PODOPHYLLUM.

(Entenfuß.)

Geistessymptome.—Niedergeschlagenheit. Glaubt sterben zu müssen [**Acon., Ars., Nux v., Sec. cor.**].

Kopf.—Kopfschmerz am Morgen; rothes Gesicht [siehe **Nux v., Sulph.**]. Kopfschmerz, wechselnd mit Durchfall. * Wälzt beim Zahnen den Kopf umher [gräbt den Kopf in die Kissen ein, **Apis,** * **Bell.**].

Mund und Hals. — Zunge weiß belegt, mit faulem Geschmack [**Ant. c., Nux v., Sep.**]. Trockenheit des Mundes und der Zunge am Morgen [**Mag. c., Puls., Spig.**]. Zähneknirschen des Nachts [* **Cina, Sec. cor., Stram.**]. * Wunder Hals [siehe * **Lach.**]. Schleimrasseln im Hals. Trockenheit des Halses.

Bauch und Magen.—Wiederherauswürgen der Speisen [siehe * **Phos.**]. * Saurer Magen. Heißes Aufstoßen. Erfolgloses Würgen. Vollheitsgefühl und Schmerz in der Lebergegend [**Acon.**—Anhaltender dumpfer Schmerz in der Gallenblase, **Bapt.,** * **Phyto.**—Brennschmerz in der Lebergegend, **Merc.**—Ziehender, brennender Schmerz, **Bry., Calc. c.**].

Stuhl und After.—Chronischer Durchfall, schlimmer des Morgens [**Kali b., Phos., Sulph.**—Schlimmer bei Nacht, * **Ars., Chin.,** * **Puls., Verat. alb.**]. * Grünliche, wässerige Stühle [**Dulc.,** * **Mag. c., Puls.** — Weiße, wässerige, **Phos.,** * **Phos. ac.**—

Schwarze, wässerige, **Ars., Kali b., Verat. alb.**—Gelbe, wäs=
serige, **Apis, Chin., Dulc., Hyos.**]. * Reichliche, hervorströmende
Stühle. Kreideartige Stühle, übelriechend, verbunden mit heftigem
Durst (bei Kindern) [siehe **Calc. c.**] * Dunkle, gelbe Stühle, riechen
wie Aas. Gallertartige Schleimstühle [* **Colch.**]. Stühle mit un=
verdauten Speiseresten [* **Ars.,** * **Chin.,** * **Ferr., Hyos., Phos.
ac.**—Schmerzloser Durchfall am Morgen,* **Sulph.**]. Weiße Schleim=
stühle. * Während des Stuhles und darnach: Vorfall des Afters.
Durchfall schlimmer nach dem Essen und Trinken.

Geschlechtsorgane.—* Unterdrückte Regel bei jungen Mädchen
[* siehe **Puls.**]. Weißfluß; dicker, durchsichtiger Schleimfluß,
mit Druckgefühl nach unten in den Genitalien und Verstopfung.
* Vorfall der Mutter [**Calc. c., Con., Nux v.,** * **Sep.**—Vorfall der
Scheide, mit einem Gefühl von Rohheit,* **Merc., Sep.**]. Schmerzen
im linken Eierstock [**Lach.**].

Charakteristische Anzeichen.—Des Morgens sind die Symptome
gewöhnlich schlimmer, besonders an den Bauchtheilen. * Schmerz=
lose Cholera-morbus. * Heftige Krämpfe in den Füßen, Waden
und Lenden (mit schmerzlosen wässerigen Stühlen). Plötzliche An=
fälle von reißenden Schmerzen.

PULSATILLA.

(Küchenschelle.)

Geistessymptome.—Melancholische Stimmung, Traurig=
keit [**Lyc., Phos.**—Ist munter und vergnügt, **Croc.,** * **Lach.**].
Weint, oder lacht [**Calc. c., Staph., Sulph.**]. * Herzensangst; will
sich umbringen. * Alles ist ihm zuwider [**Calc. c.**—Alles gleichgül=
tig, **Ign.,** * **Phos. ac.**].

Kopf.—Schwindel, wie von Trunkenheit [**Bry., Croc.,** * **Gel.**].
* Schwindel beim Erheben aus sitzender Lage, mit Schüttelfrost.
Schwindel beim Bücken, beim Emporrichten der Augen und
nach dem Essen. Verwirrung des Kopfes, mit Schmerz, wie
nach einem Rausch oder Wachen. Leerheitsgefühl im Kopf; dabei
Gleichgültigkeit [* **Cocc.**]. * Klopfender Kopfschmerz; schlimmer am
Abend, nach Bücken, geistiger Anstrengung, im warmen Zimmer.
* Einseitiger Kopfschmerz, als wollte der Kopf bersten.
* Der Schmerz wird durch Druck gelindert [**Apis**]. Kopfschmerz
von Magenüberladung, auch nach dem Genuß fetten Fleisches
[* **Ant. c., Ipe.,** * **Nux v.**—Kopfschmerz nach unmäßigem Kaffeetrinken,
Cham., Ign., * **Nux v.** Spirituosen, **Carbo v., Coff.,** * **Nux v., Puls.**

—Angestrengtem Studiren, Calc. c., **Nux v.**, Sulph.—Ge=
müthserregungen, Kummer u. s. w., *** Ign.**, **Phos. ac.**, Staph.].
* Kopfschmerz schlimmer am Abend, nach dem Schlafengehen; besser
in freier Luft und von Druck [**Apis**].

Augen.—* Otalgia, mit fliegenden, reißenden Schmerzen [siehe
* **Merc.**]. Ohrenstechen. Harthörigkeit [Calc. c., Caust., Sil.,
Sulph.]. Eiterfluß aus den Ohren, namentlich nach Masern,
Windblattern u. s. w. [siehe Chin.].

Nase. — Nasenbluten, mit trocknem Schnupfen [siehe **Bell.**
* **Phos.**]. Grüner Fluß aus der Nase [**Merc.**, **Rhus.**—Gelber,
Con., Graph., *** Nit. ac.**]. Erkältung, mit Verlust des Ge=
schmackes und Geruchs.

Gesicht.—Blaß. Gelbe Hautfarbe [Ars., Caust., Merc.]. Röthe
und Blässe wechseln [* **Bell.**, Croc., Ign.]. Hitze im Gesicht.

Mund und Hals.—Zahnschmerz von Erkältung, gewöhnlich mit
Ohrenweh und einseitigem Kopfschmerz verbunden. * Kommt jedes
Mal beim Genuß von Warmem; kaltes Wasser gewährt zeitweilige
Linderung [**Bry.**]. * Zunge weiß oder gelb belegt [**Merc.**, **Phos. ac.**].
* Wunder Hals; Gefühl beim Schlingen, als wäre er zusammen=
geschnürt. Schmerzen und Rohheitsgefühl in der Rückenseite des
Halses.

Magen und Bauch.—* Fauler Geschmack im Mund, mit Neigung
zum Erbrechen [Ars., **Bry.**, *** Merc.**, Nux v.]. * Kein Durst [* **Bell.**,
Ipe., Sep.—Immerwährender Durst, *** Nat. m.**, **Nit. ac.**, Verat. alb.].
Alles schmeckt bitter [* **Bry.**, Chin., Colo.]. * Das Aufge=
stoßene schmeckt nach der Speise [Ant. c., Calc. c., Chin., Con.]. Aus=
rülpsen bitterer Flüssigkeit [Bry., Ign., Nux v., Phos.]. Erbrechen
nach jeder Mahlzeit [* **Ars.**, Ferr., Nux v.]. * Erbrechen von
Schleim. Uebelkeit am Morgen [Con., Ipe., Phos.]. Magen=
störung in Folge des Genusses zu fetten Fleisches
[* **Ant. c.**, Ipe., Nux v.]. Magenschmerzen nach dem Essen [* **Ars.**,
Ferr., *** Nux v.**, Sulph.]. Wahrnehmbares Klopfen in der Magen=
grube [**Rhus**, Sep., Tart. em.]. Ausdehnen des Bauches nach
jedem Mahl. * Kolik, mit Frost; Kollern im Bauch, namentlich
des Abends.

Stuhl und After.——Nächtlicher Durchfall; Stühle wässerig,
oder grün wie Galle [* **Ars.**, Cham., Chin., *** Merc.**—Bei gleichen
Erscheinungen des Morgens, Phos., *** Podo.**, *** Sulph.**]. Häufige mit
Schleim vermischte Stühle [* **Ars.**, Bell., *** Cham.**]. * Durch=
fall nach Genuß von Früchten [Ars., *** Chin.**, Colo.—Von Birnen
Verat. alb.—Von Austern, Lyc.]. * Ruhrartige Kolik; die Stühle
bestehen aus Schleim und Blut; Schüttelfrost während des Vor=
ganges [Ipe., *** Merc.**, Sulph.—Siehe Merc.].

Harnorgane. — Unvermögen den Harn zu halten [**Bell.**, **Gel.**]. * Harndrang, mit Ziehen im Bauch. Farbloser Harn, mit gallertartigem Niederschlag [milchartiger, mit blutigen Klümpchen vermischter Harn, * **Phos. ac.** — Sandiger Niederschlag, siehe * **Lyc.**]. Blutiger Harn, mit eiterigem Niederschlag und Nieren= schmerzen [* **Ars.**, **Canth.**, * **Phos.**]. Tripperartiger Ausfluß, mit Brennschmerzen nach dem Harnlassen.

Geschlechtsorgane. — * Regel zu spät und zu spärlich und von zu langer Dauer; dabei Krampfschmerzen im Bauch [**Con.**, * **Dulc.**, **Phos.**, * **Sulph.** — Zu früh und zu spärlich, **Con.**, **Nat. m.**, * **Phos.**, **Sil.** — Zu früh und zu reichlich, **Bell.**, **Calc. c.** — Zu spät und zu reichlich, **Caust.**]. * Unterdrückte Regel, namentlich in Folge von Erkältung [* **Dulc.**, **Merc.**, * **Podo.**, * **Sulph.** — Von Schreck, * **Acon.**, **Lyc.**]. Stellvertretende Regel (Blutspeien) [**Ars.**, * **Phos.**]. * Ver= spätete erste Regel [**Kali b.**, **Nat. m.**, **Sulph.**]. Blut dick, pechschwarz [* **Mag. c.**, **Nux v.**]. Blut schwarz und klumpig [**Ign.**, **Stram.**]. * Menstruale Kolik; Schmerzen sind so heftig, daß sie laut schreiend umherschwankt; Blut dick und dunkel [**Cham.**, **Cimi.**, **Nux v.**]. Un= regelmäßige Kindeswehen [**Bell.**, * **Nux v.**]. Schiefe Lage des Fötus. Dünner, scharfer, oder reichlicher Weißfluß.

Athmungsorgane. — Heiserkeit; kann nicht laut sprechen [**Bell.**, **Merc.**, * **Phos.**]. Kratzen und Trockenheit des Halses [**Nit. ac.**, **Nux v.**]. * Trockner Husten bei Nacht, beim Liegen und beim Erheben aus sitzender Haltung [* **Hyos.** — Trockner Husten bei Nacht, im Bett, so daß man sich aufrichten muß, **Bry.**]. * Husten, mit Auswurf gelben Schleimes, namentlich am Morgen [**Calc. c.**, **Phos. ac.**, * **Sulph.** — Trockner, bellender Husten, **Bell.**, **Nit. ac.**, * **Spong.**]. * Husten, mit Ausspeien schwarzen, geronnenen Blutes [* **Nit. ac.**]. Brust= und Seitenstechen [* **Acon.**, **Bell.**, * **Bry.**]. Engbrüstigkeit [**Bell.**, **Nux v.**, * **Phos.**]. Athmungs= beschwerden, namentlich beim Liegen auf dem Rücken.

Schlaf. — Müdigkeit am Tage [**Merc.**, **Nux v.**, **Phos.**]. * Kann des Nachts vor allerlei Gedanken nicht schlafen [siehe **Nux v.**]. Unruhiger Schlaf. * Beängstigende Träume [* **Bell.**, **Nit. ac.**, **Phos.**].

Fieber. — * Anhaltendes innerliches Fieber, selbst im warmen Zimmer. Zunehmender Schüttelfrost gegen Abend [**Ars.**, **Bell.**, **Phos.**, **Rhus**]. * Wechselfieber; anhaltender Frost; Hitze unbedeu= tend; kein Durst. Kaltes Fieber, mit Magen= und Gallenstörungen [**Ant. c.**, * **Ipe.**, * **Nux v.**].

Haut. — Masern und deren Folgekrankheiten [**Bell.**]. Ausschläge wie von Hühnerblattern: vom Genuß des Schweinefleisches u. dgl. Rose, mit Anschwellung, Brennhitze und Stechen bei Berührung oder Bewegung der Theile [siehe **Bell.**].

Charakteristische Anzeichen.—Klopfen durch den ganzen Körper. * Passend für Frauen oder weinerliche Personen [Bell., Sep.]. Schmerzen, mit Schüttelfrost [Ars., * Bell., Ign., Sep.]. * Wandernde Schmerzen [Bell., * Kali b.]. Brennende, stechende Schmerzen [* Apis, Merc.]. Schlimmer des Abends; in der Dämmerung [Bry., Merc., Phos.]. Schlimmer vom Liegen auf der linken Seite [Acon., Phos.—Schlimmer vom Liegen auf der angegriffenen Seite, Ars., Hepar, Sil.—Besser, * Bry., Calc. c., Ign.]. Besser in freier Luft, im kalten Zimmer [Croc., Sec. cor., Verat. alb.—Besser von Wärme, oder im warmen Zimmer, * Ars., Hepar, Kali b., Rhus].

RHUS TOXICODENDRON.

(Giftsumach.)

Geistessymptome.—Ruhelosigkeit, mit beständiger Lageveränderung [* Ars.]. Zunehmende Angst gegen Abend. Todesfurcht [* Ars., Bry., Nux v., Sec. cor.]. Weinerliche Stimmung, namentlich am Abend; sehnt sich nach Einsamkeit [Lyc.]. Will sich umbringen [Hepar, Nux v., Puls.]. Delirium und Stumpfsinn.

Kopf.—Schwindel beim Aufstehen, wie von Trunkenheit [siehe Gel.]. Vollheits= und Schweregefühl des Kopfes, namentlich in der Stirn [Acon., * Bell., Bry., * Merc.]. Gefühl beim Bücken, als senkte sich ein schwerer Körper in die Stirne nach vornen [Dig.]. Hat beim Gehen ein Gefühl, als wäre das Gehirn losgelöst. * Stechender Kopfschmerz bis nach den Ohren hin. Feuchter, eiteriger Kopfgrind; zerstört die Haarwurzel und riecht abscheulich; schlimmer bei Nacht [Calc. c., Graph., Lyc., * Staph.].

Augen.—Entzündung der Lider, die am Morgen zusammengeklebt sind [siehe Caust., Dig., * Phos.]. * Rothlaufartige Anschwellung der Augen und anliegenden Theile [siehe Bell.].

Ohren.—Otalgie, mit schmerzhaftem Klopfen in den Ohren bei Nacht [siehe Puls.]. Ausfluß blutigen Eiters, mit Harthörigkeit [Graph., * Merc.—Ausfluß dicken, gelben, stinkenden Eiters, Hepar, * Kali b., * Merc., * Puls.]. * Bauerwetzel (Bräune) nach Scharlachfieber.

Nase.—* Nasenbluten des Nachts [siehe * Phos.]. Erguß grüner, stinkender Materie aus der Nase [Graph., Kali b., Merc., Puls.].

Gesicht. — Bläschenartiger Rothlauf des Gesichtes, mit Brennen, Jucken und Stechen; die Bläschen sind eiterwässerig. Milchschorf [Lyc., Merc., * Staph.].

Mund und Hals.—Mund trocken; heftiger Durst [Nat. m., Nit. ac.—Kein Durst, Bell., Lyc.]. * Rothe Zungenspitze. * Zunge trocken, roth und gesprungen [wie verbrannt, Bapt.—Siehe Bell.]. Hals wund, wie von innerlicher Anschwellung; Stechen beim Schlingen.

Magen und Bauch.—Gänzlicher Appetitmangel [* Chin., Hepar, * Merc., Puls.—Außerordentlicher Hunger, Bry., * Nux v., * Verat. alb.]. Die Speisen, namentlich Brot, schmecken bitter [siehe Merc.]. Plötzliches Erbrechen während des Essens. Druckgefühl im Magen wie von einem Stein [siehe Nux v.]. * Heftiges Klopfen im Magen [Nux v., * Puls.]. Kolik; muß gebückt gehen [vollständige Krümmung, Chin., * Colo.]. Krampfhaftes Ziehen in der Lebergegend.

Stuhl. — Dünner, rother Schleim [* Canth., Graph., Sulph.— Dünne, gelbe Schleimstühle, * Apis, Cham.]. Gallertartige Stühle [Colch., Kali b.]. Blutige Stühle [Colch., Colo., Phos.]. Schneidende Kolik vor dem Stuhl. Schneidende Schmerzen und Uebelkeit während des Stuhles. Nach dem Stuhl lassen die Schmerzen nach. Auch schaumige, schmerzlose Stühle.

Harn. — Harnbeschwerde; nur einige Tropfen blutigen Harns gehen ab [Nux v.]. Schneeweißer Harnniederschlag [Colch.—Ziegelartiger, Nat. m., * Phos., Puls.—Rother, sandiger Niederschlag, * Lyc.]. Unvermögen den Harn zu halten [siehe Puls.].

Geschlechtsorgane. — * Störungen der Bärmutter von öfterem Naßwerden [von Erkältung, * Dulc., Merc., Podo., * Puls.]. * Mangelhafte Wochenreinigung; schießende Schmerzen hinauf bis zur Scheide; Gefühl, als wollte der Kopf zerspringen [Bry.]. * Frühgeburt in Folge zu schweren Hebens oder Muttervorfall.

Athmungsorgane.—Rauher Hals; dabei kurzer, bellender Husten. Kurzer, trockner, kitzelnder Husten; namentlich des Abends und vor Mitternacht [trockner Husten, schlimmer nach Mitternacht und des Morgens [Hyos., Nux v.]. * Heftiger Husten, als wollte die Brust zerspringen [Gefühl, als wäre etwas in der Luftröhre losgerissen, Calc. c.]. * Ausstrecken der Hand aus dem Bett verursacht Husten. Husten von Kitzel unter dem Brustbein. Husten am Abend, mit Erbrechen des Genossenen [Carbo v., Ferr.]. Husten, mit Stechen in der Brust [Acon., * Bry., * Puls.—Stechen über dem Auge, mit zerspaltendem Kopfschmerz, Phos.]. Stechen in der Brust und den anliegenden Theilen; schlimmer bei Ruhe [besser, * Bry., Puls.]. Schwächegefühl und Herzklopfen [Bell., Nit. ac.]. Heftiges Herzklopfen beim Stillsitzen [Phos.].

Rücken.—Kreuzschmerzen, wie von Quetschung herrührend; Erleichterung beim Liegen auf harter Unterlage, oder bei Bewegung.

* Schmerzen zwischen den Schulterblättern beim Schlingen. Krie=chende Schmerzen im Rücken.

Extremitäten.—Reißen und Brennen in der Schulter; Erlah=mung des Armes. Erlahmung des Armes, mit Kältegefühl. Reißen in allen Fingergelenken. * Rheumatismus, mit ziehenden, reißenden Schmerzen, mit oder ohne Anschwellung und Röthe: von feuchtem Wetter, Baden oder Anstrengung.

Schlaf. — * Schlaflosigkeit, namentlich vor Mitternacht [**Bry.**, **Graph.**, **Phos.**—Nach Mitternach, *Ars.—Siehe **Nux v.**].

Fieber.—Puls träge und unregelmäßig [**Dig.**, **Merc.**]. Schüttel=frost und andere Symptome meistens am Abend [**Ars.**, **Bell.**, * **Puls.**]. * T y p h u s; Zunge braun und trocken; belegte Zähne; schlaffe Eingeweide; Schlaflosigkeit; Kraftlosigkeit der untern Glieder; Ruhelosigkeit nach Mitternacht; bewegt sich hin und her, um sich Erleichterung zu verschaffen. Wechselfieber. Anfälle gegen 7 Uhr Abends. Schüttelfrost, wie von kaltem Wasser über=gossen; dann Hitze und Ausstrecken der Glieder; Morgenschweiß.

Haut.—Brennender, juckender Ausschlag, mit Anschwellung der Theile; kleine gelbliche Bläschen, die zusammenrinnen und feucht werden. Rothlauf; mehr Brennen als Jucken; Ausschwitzen blut=wässeriger Flüssigkeit [**Canth.**]. Zusammenfließende Bläschen milchichten oder wässerigen Inhaltes. Flechten; wechselnd mit Schmerzen in der Brust und ruhrartigen Stühlen. Nesselsucht, mit brennendem Jucken [**Dulc.**—* Stechen, Brennen, **Apis**, **Urtica** u.]. D r ü s e n a n s c h w e l l u n g.

Charakteristische Anzeichen.—Schmerz in den Knochen, als wären sie abgeschabt [**Phos. ac.**]. Zunehmende Schmerzen bei Nacht, namentlich nach Mitternacht [* **Ars.**, **Bell.**, **Calc. c.**, **Sulph.** — Schlimmer vor Mitternacht, **Phos.**]. * S c h m e r z e n s c h l i m m e r b e i m R u h e n u n d n a c h d e r e r s t e n B e w e g u n g n a c h d e r R u h e [**Con.**, **Lyc.**, **Sulph.**—Besser bei Ruhe, **Acon.**, * **Bry.**, **Merc.**]. Schlimmer nach einem Wechsel der Witterung; auch bei feuchtem, kaltem Wetter. Besser beim Bewegen der Theile; beim Ausstrecken der Glieder; von Wärme.

SABINA.

(Sabenbaum.)

Geistessymptome.—Niedergeschlagenheit [auch **Calc. c.**, **Sulph.**].

Kopf.—Kopfschmerz, namentlich in den Schläfen (rechte Seite); kommt plötzlich und vergeht langsam.

Magen und Bauch.—Verlangen nach Sauerm, wie Limonade. Stechen im Magen bis zum Rücken hin. * Zucken, als wäre etwas Lebendiges im Bauch [auch Croc., Sulph.]. Wehenartige Schmerzen, mit Druckgefühl nach den Geschlechtstheilen hin.

Stuhl.—Durchfall, mit Schmerzen, die sich vom Rücken aus bis zu den Geschlechtstheilen erstrecken. Verstopfung; schmerzhafte und beschwerliche Stühle; die Schmerzen erstrecken sich vom Rücken bis nach den Geschlechtstheilen hin.

Geschlechtsorgane.—Blutung der Mutter; das Blut ist theils klumpig, theils flüssig; der Schmerz erstreckt sich vom Rücken bis zu den Geschlechtstheilen. Unterdrückte Regel, gefolgt von dünnem, übelriechendem Weißfluß. Schmerzhafte Regel, mit heftigem Schmerz vom Rücken aus durch bis zu den Theilen.

Charakteristische Anzeichen. — Passend für starkbeleibte Frauen, deren Regel gewöhnlich reichlich ist.

SECALE CORNUTUM.

(Mutterkorn.)

Geistessymptome.—Große Angst. Raserei; will beißen [siehe Bell.]. Todesfurcht [auch Ars.]. * Melancholie.

Kopf.—Schwindel, wie von Trunkenheit [siehe Gel.]. Dumpfer Schmerz im Hinterkopf. Einseitiger Kopfschmerz, linke Seite [siehe Puls.]. Ausfallen des Haares.

Augen.—Wilder, stierer Blick [auch Stram.]. Doppelsehen [auch Hyos.].

Mund. — Krampfhafte Mundverzerrung. Braune oder schwärzliche Zunge [siehe Ars.]. Zähneknirschen [auch Podo.]. Blutiger Schaum vor dem Mund [auch Stram.]. Unverständliches, stotterndes Reden, als wäre die Zunge gelähmt.

Magen und Bauch.—Nicht zu löschenden Durst [siehe Ars.]. Erbrechen von Galle, Schleim und schwarzer Galle, Würmern, Speise [siehe Ipe.]. * Brennen (oder Kälte) im Bauch [auch Lach., Phos.].

Stuhl.—* Schmerzhafter Durchfall; große Niedergeschlagenheit. Unwillkürlicher Durchfall [siehe Hyos.]. * Schwächender Durchfall, mit rascher Kräfteabnahme [auch Ars., Verat. aib.]. Widerlicher, wässeriger Durchfall (Kindbett).

Geschlechtsorgane.—Regel zu reichlich und zu lang während [siehe Puls.]. * Reichlicher Ausfluß schwarzen Blutes, schlimmer bei der geringsten Bewegung nach einer Fehlgeburt. * Blutung der Mut=

ter; jeder Entleerung geht ein heftiger zusammenziehender Schmerz im Mutterleib, oder Druckgefühl nach unten voran.

Charakteristische Anzeichen.—Passend für dünne Frauenspersonen von melancholischem Temperament und welche den Tod fürchten.

SEPIA.

(Tintenfisch.)

Geistessymptome. — Traurigkeit; weint oft [Lyc., Phos., * Puls.]. * Gleichgültigkeit, selbst gegen die Angehörigen [Chin., Lyc., Merc., * Phos. ac.]. Schwäche des Gedächtnisses und Denkvermögens [Colch., * Nit. ac.].

Kopf. — Schwindel nur beim Gehen in freier Luft [siehe Kali b., Puls.]. * Heftiges, klopfendes Kopfweh; am Abend meist in den Schläfen [* Bell., * Puls.]. Kopfschmerz zum Zerspringen [Bell., Bry.]. Dumpfer, tiefliegender Schmerz in den Augenhöhlen, als wollten die Augen heraustreten. * Paroxysmen einseitigen Kopfschmerzes, mit Uebelkeit und Erbrechen; bohrende, hartnäckige Schmerzen. Kältegefühl oben auf dem Kopf [* Verat. alb.].

Augen.—Schmerz in den Lidern beim Gehen, als wären sie zu schwer [kann sie nicht offen halten, * Gel., Rhus]. Schwarze Flecke schwimmen vor den Augen.

Ohren.—Juckender Ausschlag an den Ohrläppchen und hinter dem Ohr [Aussonderung dicker, gelber Materie, * Kali b., Merc., * Puls.]. Sausen und Dröhnen in den Ohren.

Nase.—Geschwollen und entzündet; die Nüstern sind wund [Lyc., * Nit. ac., Sulph.]. Nasenbluten [siehe Phos.]. Trockner Schnupfen; Nasenverstopfung [* Bry., Nit. ac., * Nux v., Phos.]. Aushusten grünlicher Pflocken.

Gesicht.—* Ist gelb, namentlich quer über der Nase.

Mund und Hals.—* Zahnschmerz während der Schwangerschaft [Bell., * Puls., Staph.—Während der Säugezeit, Chin.—Während der Regel, Calc. c., Carbo v., Cham.].—Ziehende oder klopfende Zahnschmerzen erstrecken sich zuweilen bis zum Ohr; schlimmer, wenn man etwas Warmes oder Kaltes in den Mund genommen. * Weißbelegte Zunge; ist wie verbrannt [Colo.]. Stechendes Wundheitsgefühl [* Apis, Bell.].

Magen und Bauch. — Abneigung vor Speise; Alles schmeckt zu salzig [Carbo v., * Chin.—Siehe Hepar]. Bitteres Aufstoßen [Nit. ac., * Nux v., Phos.]. * Uebelkeit und Erbrechen wäh-

rend der Schwangerschaft [Con., * Nux v., Verat. alb.]. Druckge=
fühl im Magen wie von einem Stein; nach dem Essen [siehe Nux
v.]. * Schmerzhaftes Leerheitsgefühl in der Magengrube, selbst
nach dem Essen [* Ign.—Vollheitsgefühl bis zum Hals hinan nach
dem kleinsten Bissen, * Chin., * Lyc.]. Brennschmerz im Bauch
[* Ars., Phos., Sec. cor.—Kältegefühl, * Ars., Calc. c.].

Stuhl und After.—* Harte, beschwerliche Stühle, mit einem Ge=
fühl von Schwere im After; keine Erleichterung nach dem Stuhl.
Verstopfung während der Schwangerschaft [Bry., Lyc.,
* Nux v.—Wochenbett, Ant. c., Bry., Nux v.—Durchfall wäh=
rend der Schwangerschaft, Ant. c., Dulc., Hyos., Phos.]. Durch=
fall grüner, sauerriechender, schwächender Stühle. Vorfall des
Afters [Podo.].

Harnorgane.—Stinkender Harn; lehmfarbiger Niederschlag, der
am Gefäß festsitzt [siehe Phyto.]. Trüber Harn, mit sandartigem
Niederschlag [siehe * Lyc.]. * Bettnässen, namentlich im ersten
Schlaf.

Geschlechtsorgane.—Druckgefühl in der Mutter, als wollte Alles
hervordringen; dabei Athembeklemmung [* Bell., Nat. m. * Nit. ac.].
Vorfall der Mutter und der Scheide, mit Brennschmerz
im Kreuz [siehe Merc.]. * Brennende, schießende Schmerzen im
Mutterhals [brennender, tiefsitzender Schmerz, * Con.]. Regel zu
früh und zu spärlich [siehe Puls.]. * Störungen bei Einstellung der
Regel [* Lach.]. Weißfluß, mit Jucken in der Scheide; Ausfluß
gelblicher, wässeriger Materie. Milchartiger Weißfluß, nur am
Tage. Reichlicher, wässeriger, widriger Weißfluß.

Athmungsorgane.—Heiserkeit, mit trocknem Husten von Kitzel im
Hals. * Husten am Morgen, mit salzichtem Auswurf [Mag. c.,
* Phos.]. * Druckgefühl in den oberen Theilen des Brustbeines
[Phos., Sulph.]. Gefühl von Schwere in der Brust [Lach.,
* Sulph.]

Rücken.—Schwäche im Kreuz. Klopfen im Kreuz. Steif=
heit im Nacken [Bell., * Phos.]. * Kältegefühl zwischen den Schul=
tern [Brennen, Bry., * Lyc.].

Arme.—Schmerz im Schultergelenk, als wäre es verrenkt [Bry.].
Schmerz im Oberarm, wie von Quetschung [Arn., Gel.]. Heiße
Hände [eine Hand ist kalt, die andere warm, Chin., Dig., Ipe.,
Puls.—Der eine Fuß ist heiß, der andere kalt, * Lyc.].

Beine.—Schwerheitsgefühl in den Beinen. * Füße sind eiskalt
[Graph., * Phos., * Verat. alb.—Gefühl, als ob die Füße mit
feuchtkalten Strümpfen bekleidet wären, * Calc. c.—Brennen
der Fußsohlen, Calc. c., * Phos. ac., * Sulph.]. Reichlicher Fuß=
schweiß. Anschwellung der Füße [* Apis, Ars., Merc.]. Waden=
krampf bei Nacht im Bett [* Colo., Rhus, Sulph.].

Schlaf. — Müde bei Tag und schlaflos bei Nacht [siehe Phos. ac.]. Lautes Sprechen im Schlaf [Nat. m., * Sulph.]. * Gliederreißen des Nachts [über den ganzen Körper im Schlaf, Puls., Sulph.]. Fährt mit lautem Schrei aus dem Schlaf auf [Coff., * Merc., Sulph. — * Erwacht mit erschrecktem Blick [Stram.].

Fieber. — Wechselfieber, mit Durst während des Schauders; Gliederschmerzen; Hände und Füße sind eiskalt. * Die Finger sind wie erstarrt. Hitze und Unfähigkeit die Gedanken zu sammeln nach dem Frostschauder; darnach reichlicher Schweiß. * Fliegende Hitze, namentlich am Nachmittag und des Abends [Lyc., Puls., * Sulph.]. Reichlicher Nachtschweiß [Chin., Merc., * Sil.]. Schweiß nach der geringsten Bewegung.

Haut. — Trockne Krätze und krätzartige Ausschläge [* Merc., Staph. — Siehe Sulph.]. Feuchte Flechten, mit Jucken und Brennen [siehe Graph.]. Wurm am Finger.

Charakteristische Anzeichen. — Namentlich in leichten Fällen und für Frauen [Puls.]. * Bei Frauenkrankheiten, mit plötzlich eintretender Erschlaffung und Ohnmacht [* Puls.]. Schmerzen mit Schüttelfrost [Ars., Bell., * Puls.]. Mangel an natürlicher Wärme. Schlimmer des Nachmittags und am Abend; bei Ruhe [siehe Rhus.]. Besser von warmen Aufschlägen und nach Bewegung.

SILICEA.

(Kieselsäure.)

Geistessymptome. — * Verlust des Muthes; Schwachherzigkeit. Verzagtheit und Melancholie. * Neigung zum Aufstehen [Nat. m., Opi., * Phos.]. Geschwächtes Denkvermögen [* Gel., Lach.].

Kopf. — Gefühl von Trunkenheit [* Gel., * Nux v.]. Schwindel, als wollte man nach vornen niederstürzen; schlimmer beim Bücken, Fahren oder Emporblicken. Kopfschmerz im Genick bis hinauf zum Scheitel. Klopfender Schmerz; am heftigsten in der Stirn und dem Scheitel; dabei Frost [siehe Puls.]. Gefühl wie von einem schweren Gewichte auf der Stirn [siehe Nat. m.]. Gefühl als wäre Alles im Kopf lebendig. * Großer Kopf, mit fließenden Geschwüren [* Calc. c., Merc., Sulph.]. Juckender, feuchter Kopfgrind [* Graph., Hepar, * Lyc., Sulph.]. * Heftiger Kopfschweiß des Abends [* Calc. c., Merc.].

Augen. — Brennen in den Augen [wie von Salz, Nux v.]. Zusammenkleben und Schmerzen der Lider. Die Augen werden vom

Licht geblendet. Schwarze Flecken und Funken vor den Augen [siehe Nux v.].

Ohren. — Verstopfung; öffnet sich zuweilen mit einem lauten Knall [wie von einer Flinte, **Graph.**].

Nase. — Geschwüre in der Nase [siehe **Sep.**]. Verlust des Geruches [**Kali b., Sep.**]. Verstopfung von verdicktem Schleim. * Anhaltendes Jucken der Nasenspitze.

Mund und Hals. — * Zahnschmerz beim Genießen warmer Speisen oder beim Einathmen kalter Luft [**Calc. c., * Merc., Sulph.**]. Gefühl, als wäre ein Haar vorn auf der Zunge [hinten, **Kali b., Nat. m.** — Im Halse, **Kali b.**]. Stechen und Wundheit im Halse nur beim Schlingen [siehe **Apis**].

Magen und Bauch. — * Bitterer Geschmack am Morgen [fauler, **Arn., Bry., * Merc., * Puls.**]. * Das Wasser schmeckt widrig; Erbrechen nach dem Trinken [siehe **Ars.**]. * Hungrig, aber kann nicht essen [Hunger, mit Widerwille vor Speise, **Nux v.**]. B r e n n e n in der Magengrube [* **Ars., Canth., * Nux v., Phos.** — Kälte, **Colch., Sulph.**]. B r e n n e n in den E i n g e w e i d e n. Rumpeln und Windsucht [**Lyc.**].

Stuhl. — * Verstopfung vor der Menstruation und während derselben; harte klumpige Stühle [Verstopfung vor der Regel; Durchfall darnach, **Graph.**]. * Harte beschwerliche Stühle, als ob der Mastdarm sie nicht ausstoßen könnte; sie treten, wenn t h e i l weise e n t f e r n t, wieder zurück [siehe **Nux v.**]. Spulwürmer im Stuhl.

Harn. — Harndrang, mit spärlichem Urin. Rother oder gelber Niederschlag [siehe * **Lyc.**].

Geschlechtsorgane. — Röthe der Vorhaut neben der Krone, mit Jucken [siehe * **Merc.**]. * Schwacher, fast erstorbener Geschlechtstrieb [**Hepar, Lyc., Mag. c.**]. Vermehrte Regel, mit eisiger Kälte über den ganzen Körper. Fluß reinen Blutes aus der Mutter während der Säugeperiode. * Weißes Wasser geht anstatt des Blutes ab [siehe **Puls.**].

Athmungsorgane. — * Anhaltender Husten, mit Auspustung durchsichtigen Schleimes [**Chin., Ferr.**]. Trockner, hackender Husten, mit Wundheitsgefühl in der Brust [**Ars., * Caust., Sep., * Staph.** — Husten, mit Stechen in der Brust, * **Bry., Bell.**].

Rücken. — A n s c h w e l l u n g und K r ü m m u n g der Rückenwirbel [* **Calc. c., Puls., Sulph.**]. Schwellung der Halsdrüsen, mit Eiterung [siehe **Merc.**].

Extremitäten. — Fingergeschwüre, mit wildem Fleisch, oder wenn sich Knochenfraß eingestellt hat [* **Hepar, Merc.** — Im ersten Stadium: brennende Schmerzen, * **Apis.** — Brennen wie Feuer,

* Ars.—Schmerzen sind unerträglich, * Stram.]. Geschwüre am untern Bein [brandige Geschwüre, Lach.—Alte Geschwüre, mit brennenden, reißenden Schmerzen, * Ars., Lyc.]. Uebelriechender Fußschweiß [Nit. ac.].

Fieber.—Hectisches Fieber, namentlich während eines langwierigen Eiterprozesses [* Calc. c., Hepar, Phos., Sulph.]. Wurmfieber. * Reichliche Schweiße, namentlich des Nachts [siehe Merc.].

Haut. — Blutwässerige Anschwellungen, mit Eiterung. * Geschwüre, mit wildem Fleisch und faulem, jauchigem Eiterwasser [* Ars., Hepar, * Sulph.—Geschwüre, mit erhöhten bläulichen Rändern; dünner, übelriechender Eiter. Alte, faule, flache Geschwüre, mit eiterwässerigem Ausfluß, * Lach., Puls.—Schmerzlose Geschwüre, die mit organischer Reaktion des Systems Nichts zu thun haben; Brennen bei Nacht und übelriechender Eiter, * Carbo v., Lach.—Leicht blutende Geschwüre, die heftig brennen, * Ars.]. * Fistelartige Geschwüre, mit stinkender, gelblicher Entleerung [Ant. c., Calc. c.]. Die Haut heilt langsam.

Charakteristische Anzeichen.—Silicea hat einen mächtigen Einfluß auf den Eiterungsprozeß, da er die Eitergeschwüre zu baldiger Reife gelangen läßt [* Hepar]. * Mangel an Lebenswärme [* Sep.]. Fühlt besser, wenn zugedeckt. Schmerzen nach der Impfung. Symptome schlimmer des Nachts und während des Vollmondes. Besser im warmen Zimmer und bei warmer Einhüllung.

SPONGIA.

(Röstschwamm.)

Geistessymptome.—Angstanfälle, mit Schmerz in der Herzgegend. Ausgelassene Heiterkeit, mit unwiderstehlichem Drang zu singen.

Kopf.—Drückender Kopfschmerz in der (rechten) Stirnerhöhung; vermehrt beim Sitzen, beim Betreten eines warmen Zimmers und von Bewegung im Freien; besser beim Liegen auf dem Rücken in horizontaler Haltung [siehe Sabi.]. Gefühl, als stünden die Haare zu Berg [auch Acon.].

Athmungsorgane. — Athmungsbeschwerden von Pflockgefühl. * Chronischer Husten nebst Heiserkeit, wobei die Stimme beim Sprechen oder Singen oft versagt. * Trockenheit des Kehlkopfes, mit heiserem, hohlem, keuchendem Husten. * Trockner Husten, wie das Geräusch einer durch ein Brett gehender Säge. Trockner, hohler Husten bei Tag und Nacht [siehe Nit. ac.]. * Bräune. Herz-

29

klopfen, mit Erstickungsgefühl, keuchendem Athmen und Schmer=
zen im Herzen.   Rheumatische Beschaffenheit der Herzklappen.

STAPHYSAGRIA.

(Läusekraut.)

Geistessymptome.—Aerger und Unwille; wirft Alles weg, was
er gerade zu fassen hat. * Gleichgültigkeit [auch **Phos. ac.**]. Wei=
nerliche Stimmung [siehe **Puls.**].

Kopf. — Gefühl, als wollte der Kopf bersten, namentlich beim
Bücken. Betäubender, beklemmender Kopfschmerz. * Feuchter,
juckender, übelriechender Ausschlag auf dem Kopf und hinter den
Ohren [siehe **Rhus**]. Heftig juckender Grind auf dem behaarten
Theil. Grindkopf.

Mund und Hals.—* Die Zähne sind schwarz oder dunkel gestreift.
Das Zahnfleisch ist schwammig und blutet leicht. Alle Zähne sind
äußerst empfindlich, sobald sie mit Speisen oder Getränken in Be=
rührung kommen. Hals trocken und rauh, mit Wundheits=
gefühl beim Sprechen oder Schlingen [siehe **Phyto.**].

Magen und Bauch.—* Gefühl, als hinge der Magen schlaff
herab. Unersättlicher Hunger, selbst wenn der Magen voll ist. Ver=
langen nach Tabak und Branntwein [auch **Nux v.**]. * Gefühl, als
wollte der Magen sinken. Krampfartige Schmerzen nach dem Essen
und Trinken. * Dickwanstige, mit Kolik behaftete und an Wür=
mern leidende Kinder.

Stuhl.—Verstopfung, mit Stuhldrang [siehe **Nux v.**]. Ruhr=
artige Stühle, mit Drücken und Stechen im Bauch vor dem Stuhl
und darnach [siehe **Merc.**].

Athmungsorgane.—Rauhheitsgefühl im Halse vom Sprechen.
Wundheit und Rauhheit in der Brust, namentlich beim Husten [auch
Caust.]. Heftiger krampfartiger Husten, mit Auspusten gelben,
zähen Schleimes, namentlich des Nachts. Herzklopfen bei der ge=
ringsten Anstrengung oder beim Anhören von Musik.

Fieber.—Puls sehr rasch, aber klein und zitternd. Das Wechsel=
fieber beschränkt sich fast nur auf Schüttelfrost. Der Frost nimmt
seinen Weg vom Rücken aus bis über den Kopf; auch läuft er dem
Rücken hinunter entlang. Brennhitze des Nachts, namentlich an
Händen und Füßen. Nachtschweiße riechen wie faule Eier. Ra=
sender Hunger vor und nach einem Kaltfieberschauer.

Haut.—Juckende Flechten, die beim Kratzen brennen [auch **Merc.**].
Trockne schorfige Flechten an den Gelenken. Die Haut heilt nur

sehr schwer [die geringste Verletzung geht bald in Eiterung über, **Calc. c.**, * **Graph.**, * **Hepar**]. * Zahlreiche Beulen.

STRAMONIUM.

(Stechapfel.)

Geistessymptome. — * Verlangen nach Licht und Gesellschaft [Abneigung dagegen, **Hyos.**]. Ist sehr gesprächig [**Lach.** — Will nicht sprechen, **Dig.**, * **Phos. ac.**, * **Verat. alb.**]. * Bildet sich Allerlei ein: sie glaubt getheilt zu sein, kreuzweise zu liegen u. s. w. — * Schwatzt im Delirium und will davon laufen [**Bell.**, **Opi.**, **Rhus.** — Delirium; sonderbare Einbildungen; will nach Hause gehen, * **Bry.**]. * Wahnsinnig; macht allerlei Geberden, tanzt, singt und lacht. Unbezähmbare Wuth; will beißen [siehe **Bell.**].

Kopf. — Taumeln [siehe **Kali b.**]. Betäubung, mit Schwinden der Sehkraft, des Gehöres und des Bewußtseins [**Hyos.**, * **Opi.**]. Blutandrang nach dem Kopf, mit Klopfen im Scheitel. Gefühl von Leichtigkeit im Kopf [von Schwere, **Calc. c.**, **Nat. m.**, **Phos. ac.**, **Rhus**]. * Wirft den Kopf vom Kissen auf und läßt ihn wieder fallen. Gehirnwassersucht, mit krampfartigen Bewegungen des Kopfes [mit plötzlichem grellem Aufschrei und Bohren des Kopfes in die Kissen, **Apis**, **Hyos.**]. Klopfender Kopfschmerz, namentlich oben auf dem Kopf.

Augen. — * Erweiterte Pupillen; stierer Blick [* **Bell.**, **Hyos.**, **Opi.** — Pupillen zusammengezogen, **Ars.**, **Phos.**]. * Funkelnde Augen.

Mund und Hals. — Zähneknirschen [**Ars.**, **Verat. alb.** — Beim Schlafen, **Cina**, **Podo.** — Mit Schaum vor dem Munde, * **Bell.**, **Hyos.**]. * Furcht vor Wasser und Widerwille vor allen Flüssigkeiten [**Bell.**, **Canth.**, * **Hyos.**]. Blutiger Schaum vor dem Mund [**Ars.**, **Sec. cor.**]. Beschwerliches Schlucken in Folge von Trockenheit und krampfartiger Zusammenschnürung des Halses [**Ars.**, * **Bell.**, **Hyos.**].

Magen. — * Alles schmeckt wie Stroh [bitter, * **Bry.**, **Colo.**, **Puls.** — Siehe **Hepar.**]. Erbrechen sauren Schleimes oder grüner Galle. Schmerz im Unterleib, als würde der Nabel herausgerissen.

Schlaf. — Tiefer, betäubter Schlaf, mit Schnarchen [* **Opi.**]. Liegt auf dem Rücken, mit offenen Augen und stierem Blick [siehe **Opi.**]. Erwacht mit lautem Aufschrei, wie erschreckt von dem zuerst wahrgenommenen Gegenstande [erwacht erschreckt, als hätte er einen gräßlichen Traum gehabt, **Sulph.**].

Charakteristische Symptome. — Schmerzlosigkeit in den größten

Leiden. Krampfzuckungen bei Bewußtsein [ohne Be=
wußtsein, Bell., Hyos.]. * Helles Licht oder Berührung erneuert
die Anfälle [Bell.]. St. Veitstanz [Hyos.—Besonders bei Mäd=
chen, Bell.—Knaben, * Nux v.]. Steifheit des ganzen Körpers.
* Zerrüttung des ganzen Nervensystems. Kommt sich zu klein vor.
Verschlimmerung; nach dem Schlaf [Apis, * Lach., Opi.].
Vom Anblick glänzender Gegenstände, oder bei Berührung
derselben [Bell.]. Besser im hellen Licht [im dunklen, Con., Phos.].

SULPHUR.

(Schwefelblüthe.)

Geistessymptome. —* Niedergeschlagenheit; ist zum Weinen ge=
neigt [siehe Puls.]. Abstumpfung; Unvermögen zu denken. Ver=
legt Alles, oder kann beim Reden nicht den richtigen Ausdruck finden
[Graph.]. Ist äußerst vergeßlich [Croc., Lach.].

Kopf. — Schwindel beim Sitzen [beim Aufstehen von sitzender
Haltung, Bry., * Puls.]. Schwerheitsgefühl in der Stirn
[Calc. c., Nat. m., Phos. ac., Rhus]. * Beständige Hitze oben
auf dem Kopf [Graph., Nat. m.—Kälte, Sep., Verat. alb.].
Druckgefühl in den Schläfen und Beengung des Gehirnes. Klopfen=
der Kopfschmerz, schlimmer des Morgens, nach Bewegung, beim
Bücken, im Freien. Periodischer Kopfschmerz. Fließende Ge=
schwüre bleiben zu lang offen [* Calc. c., Merc., * Sil.]. Grind=
kopf, trockner [siehe Rhus].

Augen. — Brennen in den Augen [Ars., Bell., Caust., Phos.—
Kälte der Augenlider, Con., Lyc.]. Schwärung der Augenränder
[Merc., Nat. m.]. Flecke oder Geschwüre an den Winkeln [Lach.,
Merc., Sil.]. * Unerträglichkeit des Sonnenlichtes [* Bell., Con.,
Ign., Puls.]. Schwarze Mücken vor dem Auge [Merc.—Wie ein
Schwarm Insekten, Caust.].

Ohren. — * Taubheit, mit Dröhnen und Jucken in den Ohren.
Schwirren oder Dröhnen [siehe Chin.]. Schwappen wie von
Wasser.

Nase. — Nasenbluten [siehe Bell., * Phos.]. Verlust des Ge=
ruchsinnes [Caust., Hepar, Phos., Sep., Sil.—Verfeinerter Geruch,
Bell., Colch., * Lyc.]. Trockne Geschwüre an der Nase [Sep.].

Mund und Hals.—Lippen trocken, verbrannt. Reißen in einzel=
nen Zähnen. * Anschwellen des Zahnfleisches, mit klopfenden
Schmerzen [Schwärung des Zahnfleisches, Lyc., Merc., * Staph.—
Leicht blutendes, Ars., * Merc., Nit. ac., Phos.]. Zunge weiß, mit

rother Spitze und rothem Rand. Druck im Hals, wie von einem Klumpen [Graph., * Hepar, Ign., Lach., Nux v.—Gefühl beim Schlingen, als wären Splitter im Hals [Hepar, Nit. ac.]. Gefühl, als wäre ein Haar im Halse [Ars., Kali b.].

Magen und Bauch. — * Fauler Geschmack am Morgen [siehe Puls.]. Gänzlicher Appetitmangel [* Chin., Hepar, * Merc., Puls., * Rhus.—Unbändiger Hunger [Bry., * Nux v., * Verat. alb.]. Die Speisen schmecken zu salzig [Carbo v., Chin., Sep.—Siehe Hepar]. Milch verträgt sich nicht [* Puls., Sep.]. * Saures Aufstülpsen und belästigende Magensäure [Cham., Con., Nit. ac., Nux v.—Bitteres Aufstülpsen nach dem Essen, Bell., Chin., * Nux v.]. Die Magengegend ist gegen Druck sehr empfindlich [Bry., Lach., * Merc., * Nux v.]. * Schmerzhaftes Druckgefühl im Magen wie von einem Gewicht [Ars., Bry., * Nux v., Sep.]. Brennen im Magen [siehe * Ars.]. Schmerzhafte Empfindsamkeit im Magen, als wären dessen Theile rauh und wund [* Bell., Nux v.]. Bewegung im Magen wie von etwas Lebendigem [Croc.].

Stuhl und After.—Verstopfung, mit öfterem erfolglosen Stuhldrang [Caust., * Lyc., * Nux v.]. Harte, knotige, unzureichende Stühle. * Schmerzloser Durchfall am Morgen; kann nicht schnell genug aus dem Bett gelangen [siehe Podo.]. Stuhl ist wässerig, schleimig, enthält unverdaute Speisereste und ist veränderlich. Schneidende Kolik vor dem Stuhl. Stuhlzwang nach dem Stuhl. * Stühle mit Spul- und Madenwürmern. * Blutende Hämorrhoiden.

Geschlechtsorgane. — Tiefe Geschwüre an den Drüsen und der Vorhaut, mit aufgeschwollenen Rändern [siehe Merc.]. Stechen im Penis. Lästiges Jucken in den Schamtheilen [Graph., * Sep.]. Brennen in der Scheide [Canth., Lyc.—Schmerzen und Rauhheitsgefühl, Kali b.—Stechen in der Scheide, Con., Phos.]. Verspätete und beschwerliche erste Regel [siehe * Puls.]. Monatsfluß dick, schwarz, ätzend. Brennender, schmerzhafter Weißfluß, mit Aufschärfung der Theile.

Harnorgane.—Wiederholtes Harnlassen, besonders des Nachts; Harn ist zuweilen hell, zuweilen dick und trüb [häufige wasserhelle Entleerungen, * Cham., Hyos., Ign., Puls.]. Uebelriechender Harn [siehe Nit. ac.]. Brennen in der Scheide während des Harnlassens [siehe Canth.].

Athmungsorgane. — Tiefe, rauhe Stimme [Bell., Bapt., Merc., Phos.]. Loser Husten, mit Wundheitsgefühl und Druck in der Brust; Sprechen bewirkt Husten [Kali b., Puls.]. * Husten, mit grünlichem Eiterauswurf von süßlichem Geschmack [grauer, salziger Auswurf, * Lyc., Phos., Sep.]. * Schleimrasseln in der Lunge;

Husten schlimmer am Morgen. Gefühl von Schwere in der Brust [Lach., Lyc.]. * Stechen in der Brust bis in den Rücken [Merc., Sil.]. Beängstigendes, sichtlich wahrnehmbares Herzklopfen. Gefühl, als wäre das Herz zu groß.

Rücken. — Steifheit des Genickes. Ziehender Schmerz zwischen den Schulterblättern [Brennen zwischen den Schulterblättern, Ars., Lyc.]. Krümmung des Rückgrates [siehe Sil.]. Gefühl, als ob die Rückenwirbel über einander glitten.

Extremitäten. — Ziehende, zerfleischende Schmerzen in Armen und Händen. Zittern der Hände [Lach., Phos., Stram.]. * Nagelgeschwüre [* Hepar, Lach., Merc., Sil.]. Schweregefühl in den untern Gliedern, wie von Lähmung [Bell., Merc., Nux v., Rhus]. Steifheit in den Kniekrümmungen [* Bry., Graph., Sep. — In den Hüften, Acon., Rhus, Staph.]. * Brennen in den Fußsohlen [Phos. ac., Puls.].

Schlaf. — * Schläfrig bei Tag; schlaflos bei Nacht [Lyc., Merc. — Schläfrig, aber kann nicht schlafen, * Bell., Opi.]. * Spricht laut im Schlaf [Bell., Nat. m., Sep. — Singt im Schlaf, Bell., Croc., Phos. ac.]. Reißen und Zucken im Schlaf.

Fieber. — Durst vor dem Frostanfall [Durst nur während derselben, Calc. c., Carbo v., * Ign. — Kein Durst während des Paroxysmus, * Puls., Sep.]. Frost am Abend, gefolgt von heißem Schweiß [Ars., Bell., * Rhus]. Leichter Schüttelfrost von 10 Uhr Morgens bis 3 Uhr Nachmittags [siehe Nat. m.]. * Fliegende Hitze [Lyc., * Sep., Puls.]. * Reichlicher Morgenschweiß nach dem Erwachen.

Haut. — Trocken, hülsig. * Ungesunde Haut; die geringste Verletzung geht in Eiterung über [Calc. c., Graph., * Hepar, Sil.]. * Schuppenflechte, mit Jucken und Kitzeln; Brennen nach dem Kratzen [* Merc., Rhus, Staph.]. * Eiterbläschen. Trockne Flechte, schorfig und heftig juckend [Calc. c., Phos.]. * Aufschärfung der Haut, namentlich wo sie zusammengefaltet ist [Cham., * Graph., Lyc., Merc.]. * Alte Geschwüre, aus welchen wildes Fleisch hervorwächst [Graph., * Sil. — Leicht blutende, heftig brennende Geschwüre, * Ars., Carbo v., Hepar. — Siehe Lach.].

Charakteristische Anzeichen. — Passend für schmächtige, gebückt gehende Personen [magere, mürrische, mit passiven Hämorrhoiden behaftete Leute, * Sec. cor.]. Sprechen ermüdet und regt die Schmerzen an. * Häufiges krampfhaftes Reißen im ganzen Körper [Klopfen, Phos., Puls.]. Ist nach den Krämpfen munter und vergnügt. * Ist gegen 11 Uhr Vormittags sehr schwach; muß etwas zu essen haben. Schlimmer am Abend [besser, Arn.]. Nach Mitternacht [siehe Rhus]. Bei Ruhe [Cocc., Lyc., * Rhus., Sep.].

TARTAR EMETIC.

(Brechweinstein.)

Kopf.—Betäubung. Packender Kopfschmerz, als wäre das Hirn zusammengepreßt [auch Staph.]. Betäubender Kopfschmerz, mit Druck von außen nach innen; in der Stirn und über der Nasenwurzel. Zittern des Kopfes nach jeder Körperbewegung.

Magen und Bauch. — Verlangen nach Saurem und Früchten; nach kalten Getränken, oder hat keinen Durst [siehe Puls.]. Abneigung gegen Milch [Verlangen nach Milch, Merc., Nux v.]. * Anhaltende Uebelkeit [auch * Ipe.]. Anhaltende Uebelkeit, Erbrechen und Durchfall (cholera-morbus). Heftiges Würgen, mit Stirnschweiß [siehe Verat. alb.]. * Erbrechen großer Schleimmassen [auch * Ipe.]. Schmerzen im Magen wie von Ueberladung. Schneidende Windkolik; schlimmer bei gebeugter Haltung [besser darnach, Chin., * Colo.].

Athmungsorgane.—Beschwerliches Athmen; man muß aufrecht sitzen. * Lungenentzündung, mit zu befürchtender Lungenlähmung. Erstickende Hustenanfälle. Rasselnder, hohler Husten; schlimmer des Nachts. Loser, rasselnder Husten, als würde viel Schleim ausgepustet; aber es kommt Nichts [auch Ipe.]. Keuchhusten; Schreien vor jedem Hustenanfall [auch Arn.]. * Gefühl, als wäre die Brust innen mit Sammt belegt. Sichtbares Herzklopfen, ohne Angstgefühl [siehe Dig.].

Besondere Bewandtnisse. — Die Symptome sind schlimmer am Abend und beim Sitzen; beim Sitzen mit gebeugter Haltung; von Wärme. Besser von Erbrechen; in freier Luft u. s. w.

VERATRUM ALBUM.

(Nieswurz.)

Geistessymptome. — Wahnsinn; will Alles zerschneiden [will beißen, schlagen, speien, * Bell., Stram.]. Weigert sich entschieden zu sprechen [* Bell., Ign., Nit. ac., * Phos. ac.—Will immer sprechen, Lach., * Stram.].

Kopf. — Kopfschmerz, mit Uebelkeit und Erbrechen [Ars., Ipe., Kali b., Nux v.]. * Kalter Stirnschweiß. Brennschmerz im Gehirn. Kältegefühl auf dem Scheitel [Calc. c., Sep.—Brennen auf dem Scheitel, Graph., Nat. m., * Sulph.]. Schwerheitsgefühl im ganzen Kopf [Calc. c., Opi., Phos. ac., Rhus.—Kopf fühlt leicht, * Stram.].

Augen. — Stier, wässerig, gesunken [siehe Opi.]. Lähmung der Lider [Schwere der Lider, *Gel., Rhus, Sep.]. Doppeltsehen. Blindheit bei Nacht [Bell.].

Gesicht. —* Kalt, eingesunken; aufgeworfene, blaue Nase [todtblasses, verzerrtes Gesicht, * Ars., Canth.—Verzerrtes bläuliches Gesicht, dabei Mund weit offen, Hyos.]. Mundsperre [Bell., Hyos.].

Mund und Hals.—Zähneknirschen [siehe Stram.]. Zunge roth und geschwollen, oder trocken, schwarz und gesprungen [Ars., Merc., Lyc.]. Zunge kalt und welk [Carbo v.]. Zunge wie verbrannt [Colo.—Fühlt schwer, Nat. m., Nux v.]. Krampfartige Zusammenschnürung des Halses [siehe Hyos.]. Rauheit des Halses. Brennen im Hals [* Ars., Bell., Lach., Phos.—Kälte, Carbo v.].

Magen und Bauch.—Nicht zu löschender Durst [* Acon., * Ars., Phos.]. Starkes Verlangen nach Erfrischungen [* Phos. ac.]. Anhaltende Uebelkeit [* Ipe., Phos., Tart. em.]. Erbrechen von Speise und von saurem, schaumigem, weißem Schleim [siehe Ipe.]. Erbrechen blutiger, schwarzer Galle [Ars., Sec. cor.]. * Erbrechen, mit Durchfall und Erschlaffung [* Ars., Tart. em.]. Das Erbrechen wiederholt sich nach dem Trinken oder der geringsten Bewegung. Schmerzen im Bauch, wie von Messern [* Colo., Con.]. Gefühl, als wären die Eingeweide verflochten [wie zwischen Steinen zermalmt, Colo.]. Brennen im Magen, wie von heißen Kohlen [* Ars., Phos., Sec. cor.].

Stuhl. — Verstopfung, wie von Erschlaffung des Mastdarms; Stuhl hart und zu groß [Nux v.]. Durchfall; Stühle grün, wässerig, flockicht; auch schwärzlich und wässerig. Kneipende Kolik vor dem Stuhl. Während des Stuhles: Blässe, kalter Stirnschweiß und Erbrechen. * Nach dem Stuhl: Leerheitsgefühl im Bauch [siehe Ars.].

Harn. — Grünlicher Harn [Ars., Mag. c.—Schwärzlicher, Colch., Nat. m.—Weiß, wie Milch, Phos. ac.]. Oeftere, aber spärliche Entleerungen dunkelrothen Harnes.

Geschlechtsorgane.—Schmerzhafte Regel, mit Erbrechen und Abweichen, oder entkräftender Durchfall mit kaltem Schweiß. Zurückgetretene Wochenreinigung und ausbleibende Milch, mit Delirium.

Athmungsorgane.—Krankhafter, erstickender Husten; Gesicht blau [Hyos., Ipe.]. * Tiefer, hohler Husten, als käme er aus dem Magen, mit gelbem, zähem, bitterem Auswurf; nur bei Tage [Auswurf nur bei Nacht, Caust., Staph., Tart. em.]. * Husten, mit unwillkürlichem Harnlassen [Caust., Puls.]. Stechen in der Brust, namentlich beim Husten [Bell., Bry, * Puls]. Heftiges, sichtlich wahrnehmbares Herzklopfen.

Rücken und Extremitäten. — Schwäche der Halsmuskeln; sie wollen den Kopf nicht aufrecht halten. Die Hände sind eiskalt. Die Arme sind voll und schwer. Schmerzhaftes Schwergefühl in den Knieen und untern Beintheilen [Nux v., Stram., Sulph.]. * Wadenkrämpfe [siehe Sep.].

Fieber. — Puls unregelmäßig, gewöhnlich klein, fadenartig; oft nicht wahrnehmbar [Ars., Carbo v.]. Wechselfieber; Frost früh am Morgen oder des Vormittags [siehe Nat. m.]. Nur äußerliche Kälte [äußerliche Hitze und innerliche Kälte, Ign.]. Erst heftiger Schüttelfrost, dann Hitze, Durst und endlich Schweiß. Das Blut fließt kalt durch die Adern [heiß, Ars., Rhus]. * Typhusfieber, mit großer Erschlaffung; kalter Schweiß; Bewußtlosigkeit; Erbrechen und wässeriger Durchfall; bläuliches Gesicht; spitze Nase; eingeschrumpfte Haut.

Charakteristische Anzeichen. — * Plötzliche Kräfteabnahme [Acon., * Ars., * Camph.]. Ohnmachtsanfälle nach der geringsten Anstrengung. Zucken in den Gliedern wie von elektrischen Funken [durch den ganzen Körper, Nux v.]. Heftige tonische Krämpfe; die flache Hand und die Fußsohlen sind nach innen gekrümmt. Nach Schreck unwillkürliche Stühle [* Gel., Opi.]. Schlimmr nach dem Trinken; besser nach dem Schlaf [Apis, * Lach., Opi. — Besser nach dem Schlafen, Phos., Sil.]. Besser nach Ausdünstung [siehe Merc.].

Tinkturen für äußerliche Behandlung.

Arnica. — Aeußerlich bei Verrenkungen, Quetschungen, Brüchen und ähnlichen Verletzungen.

Calendula. — Passend bei Schnitt= und Schußwunden (von Schrot).

Cantharides und **Urtica urens** bei äußern Brandwunden und Schorf.

Alphabetiſches Regiſter.